普通高等学校电子信息类专业系列教材

开关电源技术与设计

（第三版）

潘永雄　编著

西安电子科技大学出版社

内容简介

本书为第三版，依据开关电源技术新发展，对第二版内容做了较大幅度的修订。

本书以开关电源常见拓扑结构关键元件设计为主线，面向初学者，以高等学校电类相关专业学生、工程技术人员作为主要的服务对象。全书共14章，本着“注重基础、说透原理、面向设计”的原则安排全书内容，从实用角度出发，力争用通俗易懂的语言，由浅入深，系统、详细地介绍DC-DC、反激、正激、APFC(包含单级与交错式)、APFC反激、推挽、硬开关桥式(包括半桥与全桥)、软开关桥式(包括*LLC*及交错式*LLC*、*LCC*、全桥移相式)等常用拓扑的工作原理和设计思路以及元件参数计算过程。

本书可以作为高等学校相关专业“开关电源技术”课程的教材或参考书，也可以作为相关专业的工程技术人员的参考资料。

图书在版编目(CIP)数据

开关电源技术与设计/潘永雄编著. —3版. —西安：西安电子科技大学出版社，2023.3

ISBN 978-7-5606-6690-7

Ⅰ. ①开… Ⅱ. ①潘… Ⅲ. ①开关电源—设计 Ⅳ. ①TN86

中国版本图书馆CIP数据核字(2022)第225141号

策　　划　马乐惠

责任编辑　马乐惠

出版发行　西安电子科技大学出版社(西安市太白南路2号)

电　　话　(029)88242421　88201467　　邮　　编　710071

网　　址　www.xduph.com　　电子邮箱　xdupfxb001@163.com

经　　销　新华书店

印刷单位　陕西天意印务有限责任公司

版　　次　2023年3月第3版　2023年3月第1次印刷

开　　本　787毫米×1092毫米　1/16　印张 29

字　　数　691千字

印　　数　1～3000册

定　　价　68.00元

ISBN 978-7-5606-6690-7/TN

XDUP　6992003-1

前言

QIANYAN

本书第二版出版至今已三年有余。这期间开关电源领域不仅没有出现具有重大应用价值的新拓扑，而且随着QR反激变换器和*LLC*谐振变换器的普及，许多经典的DC-DC变换器拓扑结构(如CCM模式反激变换器、双管反激变换器、各种形式的正激变换器、硬开关半桥或全桥变换器、具有ZVS开通特性的非对称半桥变换器等)也逐渐失去了往日的光芒，仅出现在特定输入或输出条件下的DC-DC变换器中。

目前输出功率在15 W以内的DC-DC变换器多采用PSR控制策略的DCM模式反激变换器；输出功率在20～100 W之间的DC-DC变换器多采用QR反激变换器或带APFC功能的反激变换器；输出功率在100 W～1 kW之间的DC-DC变换器多采用半桥或全桥结构的*LLC*谐振变换器；输出功率在1 kW以上的DC-DC变换器多采用基于数字化控制的交错式半桥或全桥结构的*LLC*谐振变换器。

在小功率APFC电路中，多采用BCM或CCM模式单级APFC变换器；在大功率APFC变换器中多采用基于硬件或软件控制的交错式PFC架构，甚至基于全数字化控制的无桥或无桥交错式PFC架构。

此外，在高品质开关电源中，以SiC、GaN为代表的第三代功率半导体器件逐渐取代了传统的Si基功率MOS管。

本书第三版在尊重并吸收第一、二版读者意见和建议的基础上，依据开关电源技术的进步与未来发展趋势，在保留第二版架构、风格的前提下，对原书进行了全面、系统的修改，具体包括：

(1) 全面优化、精简了第二版的内容。

(2) 按系统性原则，全面调整、充实了第二版的内容。例如：全面、系统地修改4.2节内容，向读者展示了在开关管关断期间开关管、次级整流二极管的动作细节，以及RCD尖峰脉冲吸收电路元件取值的计算依据及计算精度等；在4.8节增加了开关管关断后输出寄生电容C_{oss}的能量转移过程，便于读者理解QR反激变换器效率比传统DCM模式反激变换器高的原因；全面、系统地修改了7.4～7.7节的内容，如增加了CCM模式APFC变换器和交错式APFC变换器相关设计公式的推导过程，可使读者更容易掌握包括交错式PFC在内的各类PFC变换器的设计过程；在2.8节中简要介绍了磁粉芯的种类和特性，为便于读者理解磁粉芯电感参数的计算方法，分别在2.11节、7.4.2节、8.3.7节的设计示例中增加了磁粉芯电感绕组匝数N及电感系数A_L在直流偏置下的迭代计算过程;全面调整了10.5、10.6节的内容,并在第10章增加了交错式*LLC*半桥谐振变换器的基本知识;调整了12.4节的内容,并增加了反馈补偿网络元件参数快速估算技巧,使没有经验的初学者也能迅速计算出基本满足设计要求的反馈补偿网络的元件参数。

(3) 系统地纠正了第一、二版中不当或存在争议的提法,尽可能地统一和规范了各章中含义相同或相近参数的符号。

(4) 根据前两版读者的建议,增加了部分公式的推导过程以及同一参数不同设计习惯的计算公式。

(5) 采纳了部分读者建议,尽量保留了元件参数的习惯符号。例如,MOS管D-S极间耐压用$V_{(BR)DSS}$(D-S极间的静态击穿电压)表示,阈值电压用$V_{GS(th)}$表示,控制芯片电源用V_{CC}或V_{DD}表示等。尽管这样处理可能不符合出版行业的规范,但却兼顾了电子行业的习惯。

本书共分14章:第1～3章主要介绍常见DC-DC变换器的工作原理、储能电感设计方法以及其他形式DC-DC变换器;第4章详细介绍常见反激变换器电路组成、工作原理、设计方法及计算步骤;第5章介绍开关电源输入通道基本单元电路与元件选择依据;第6章简要介绍典型开关变换器控制芯片特征与功能;第7章介绍APFC变换器组成、工作原理以及设计方法;第8章介绍正激变换器的工作原理及设计方法;第9章简要介绍传统硬开关半桥、全桥以及推挽变换器的电路组成、工作原理和磁性元件选择依据;第10章在简要介绍谐振变换器的概念、常见谐振变换器的电路组成与工作原理的基础上,详细阐述*LLC*及*LCC*半桥谐振变换器电路组成、工作原理与设计方法;第11章简要介绍同步整流技术;第12章简要介绍环路补偿的必要性、补偿原理以及反馈补偿网络选择策略;第13章通过具体实例简要介绍开关电源PCB设计规则及注意事项;第14章简要介绍了开关电源涉及的部分重要元器件及材料的基本知识,包括功率器件、电容器、线材等。

本书既可以作为高等学校相关专业"开关电源技术"课程的教材或参考书,也可以作为相关专业的工程技术人员的参考资料。

本书由广东工业大学潘永雄编著。明纬(广州)电子有限公司胡敏强参与了本书内容的规划、校对工作,并编写了部分章节的内容,在此表示感谢。

尽管我们力求做到尽善尽美,但因水平有限,书中不妥之处在所难免,恳请读者批评、指正。

编　者

2022年4月

目录

MULU

第 1 章　基本 DC - DC 变换器

Buck、Boost、Buck - Boost 等 DC - DC 变换器属于最基本的 DC - DC 变换器，掌握这些变换器的电路组成、元件连接关系及工作原理，将有助于理解后续章节介绍的正激变换器、APFC(有源功率因数校正)电路、反激变换器等常见 AC - DC 变换器的工作过程。

1.1　Buck 变换器

Buck 变换器的原理电路如图 1.1.1 所示，它由切换开关 SW、电感 L、续流二极管 V_D 三个基本元件组成。在实际电路中，承担开关切换功能的器件多为双极型功率晶体管(包括复合管)或功率 MOS 管；续流二极管 V_D 多采用肖特基势垒整流二极管(Schottky Barrier Rectifier Diode)、快恢复功率整流二极管(Fast Recovery Power Rectifier Diode)或超快恢复功率整流二极管(Ultra Fast Recovery Power Rectifier Diode)；而输出滤波电容 C_O 为高、低频滤波效果良好的大容量铝电解电容。为防止变换器自激，还必须在输入端增加输入滤波电容 C_{IN}，如图 1.1.2 所示。

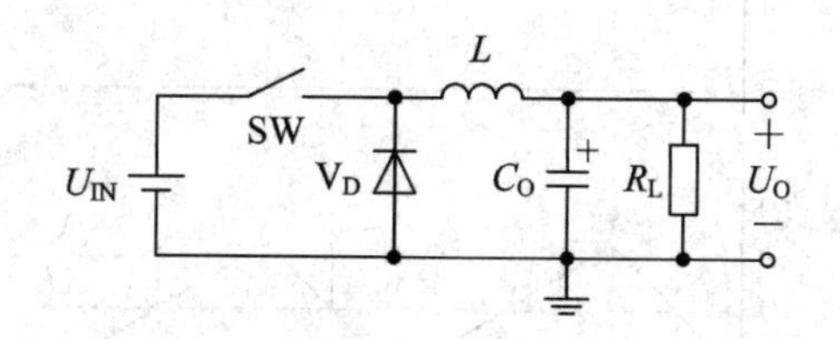

图 1.1.1　Buck 变换器的原理电路

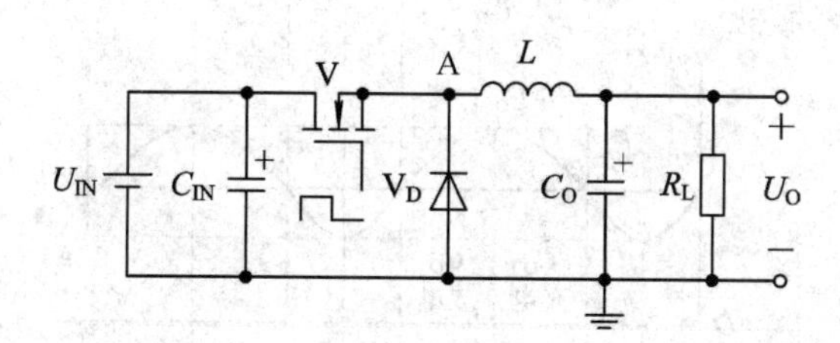

图 1.1.2　Buck 变换器的实际电路(未画出控制电路)

在稳定状态下，该变换器各关键节点电压及关键支路(元件)电流的波形如图 1.1.3 所示。从图 1.1.3 中可以看出，在开关过程中，在开关与电感连接处(即图 1.1.2 中的 A 点)电压变化幅度最大，该点被称为 DC - DC 变换器的开关节点(在 PCB 板上，开关节点布线应尽可能短，以减小电磁辐射量)。

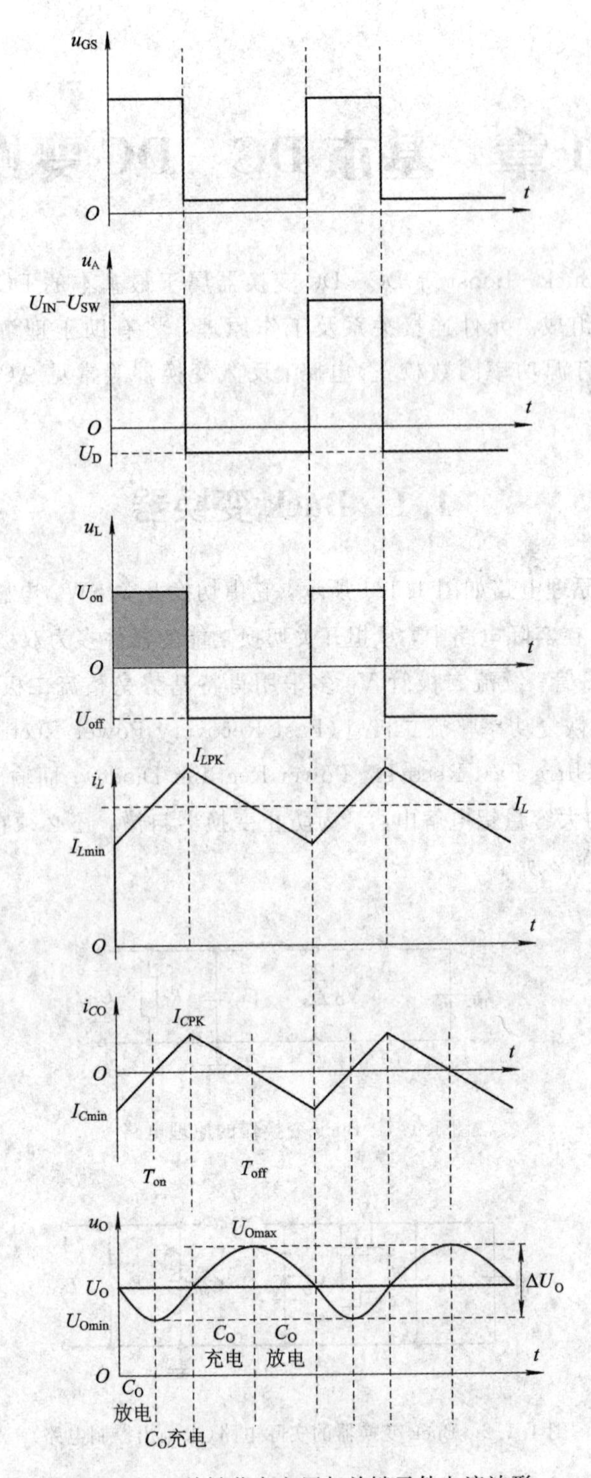

图 1.1.3 关键节点电压与关键元件电流波形

尽管基本 Buck 变换器的开关管与驱动电源串联，开关管驱动困难，但 Buck 变换器不仅是一种最基本的 DC－DC 变换器(理解其工作原理有助于理解开关电源的工作过程)，同时它也是正激、硬开关桥式变换器等的次级输出滤波电路的基本形式。

1.1.1 工作原理

Buck 变换器在开关 SW 接通与断开期间的等效电路如图 1.1.4 所示。

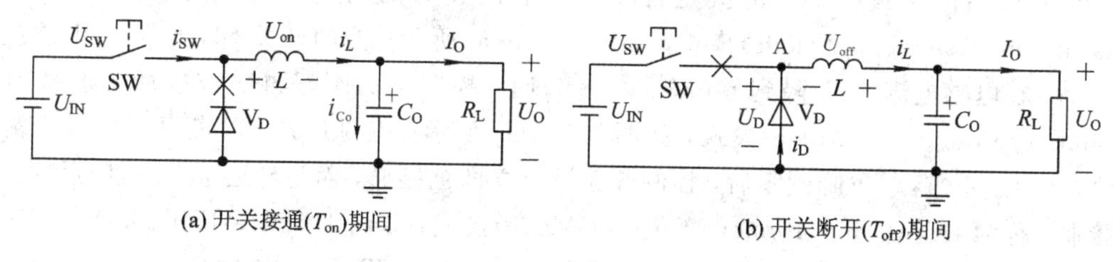

图 1.1.4 Buck 变换器在开关接通与断开期间的等效电路

1. 开关接通(T_{on})期间

Buck 变换器在 T_{on}期间，开关 SW 接通，续流二极管 V_D 反偏(承受的最大反向电压为 U_{INmax})，如图 1.1.4(a)所示。在忽略开关管导通压降 U_{SW}的情况下，导通期间电感 L 端电压 $U_{on}=U_{IN}-U_O$，为常数(在一个开关周期内，将变化缓慢的输入电压 U_{IN}视为恒定引入的，误差很小)，则电感 L 电流为

$$i_L = I_{L\min} + \frac{U_{on}}{L}t \tag{1.1.1}$$

i_L 从最小值 $I_{L\min}$开始线性增加，当 $t=T_{on}$时，i_L 达到峰值 $I_{LPK}=I_{L\min}+\frac{U_{on}}{L}T_{on}$，如图 1.1.5 所示。显然，到 T_{on}时刻，电感 L 电流 i_L 的增量 $\Delta I=\frac{U_{on}}{L}T_{on}$。

2. 开关断开(T_{off})期间

Buck 变换器在 T_{off}期间，开关 SW 断开，如图 1.1.4(b)所示。在忽略续流二极管 V_D 导通压降 U_D 的情况下，截止期间电感 L 端电压 $U_{off}=U_O$，为常数，则电感 L 电流

$$i_L = I_{LPK} - \frac{U_{off}}{L}t \tag{1.1.2}$$

i_L 从峰值 I_{LPK}开始线性减小，经 $t=T_{off}$后，i_L 达到最小值 $I_{L\min}$，即截止期间电感 L 电流 i_L 的减少量 $\Delta I=\frac{U_{off}}{L}T_{off}$。

显然，在 T_{off}期间，续流二极管 V_D 导通，开关节点 A 对地电位为$-U_D$(U_D 为二极管的导通压降)，此时开关 SW 承受的最大电压为 $U_{INmax}+U_D$。在实际电路中，开关管耐压 BV_{DSS}不小于 $1.2(U_{INmax}+U_D)$。

3. "伏秒积"平衡

Buck 变换器在稳定状态下，导通期间电感 L 电流的增加量与关断期间电感 L 电流的减少量必然相同，即

$$\frac{U_{on}}{L}T_{on} = \frac{U_{off}}{L}T_{off}$$

$$U_{on}T_{on} = U_{off}T_{off} \tag{1.1.3}$$

式(1.1.3)就是 DC-DC 变换器设计过程中常用到的所谓"伏秒积"平衡条件。

4. 电感电流状态

控制开关 SW 断开后电感电流 i_L 逐渐下降，在电感电流 i_L 尚未下降到零(即 $I_{L\min}>0$)时，控制开关再次被接通，也就是说，在一个开关周期内电感电流连续，称为 CCM (Continuous Conduction Mode)模式，如图 1.1.5(a)所示；控制开关 SW 断开后电感电流 i_L 下降，在电感电流 i_L 下降到零(即 $I_{L\min}=0$)时，控制开关刚好再次被接通，称为 BCM (Boundary Conduction Mode)模式，如图 1.1.5(b)所示；控制开关 SW 断开后电感电流 i_L 下降，在电感电流 i_L 下降到零后，控制开关没有立即被接通，而是延迟了 T_r 时间后才再次被接通，称为 DCM(Discontinuous Current Mode)模式，如图 1.1.5(c)所示。

显然，在 CCM、BCM 模式下，开关周期 $T_{SW}=T_{on}+T_{off}$；而在 DCM 模式下，$T_{SW}=T_{on}+T_{off}+T_r>T_{on}+T_{off}$。

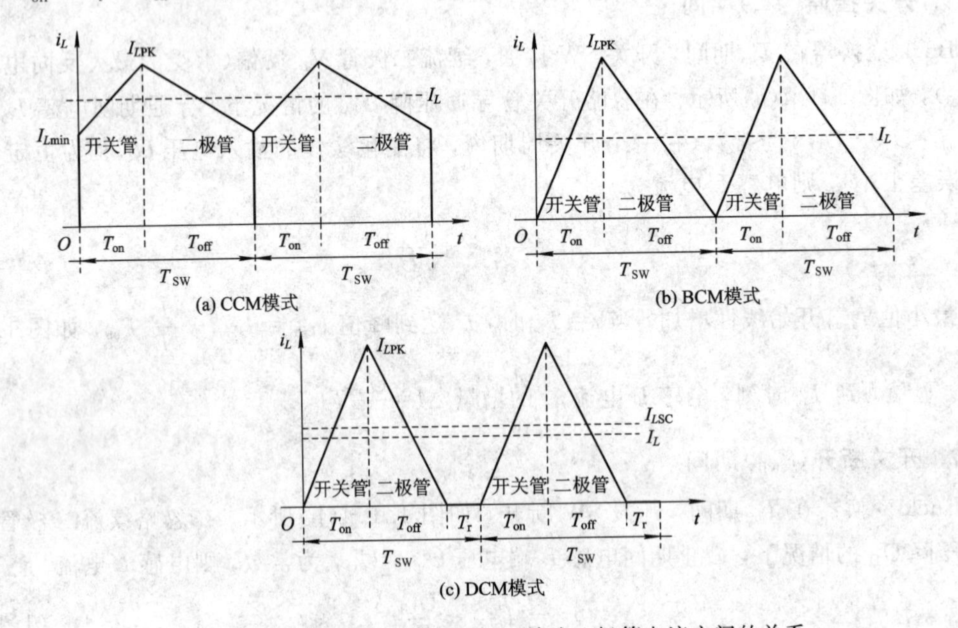

图 1.1.5　电感电流、开关管电流、续流二极管电流之间的关系

在图 1.1.5 中，I_L 表示电感的平均电流，而 $I_{LSC}=\dfrac{I_{L\min}+I_{LPK}}{2}$，表示电感斜坡电流的中值。显然，对 CCM、BCM 模式来说，$I_{LSC}=I_L$；对 DCM 模式来说，$I_L<I_{LSC}$。

通常用 I_{SW}表示控制开关 SW 的平均电流，用 I_{SWSC}表示控制开关斜坡电流的中值，显然 $I_{SWSC}=I_{LSC}$，$I_{SW}=I_{SWSC}T_{on}/T_{SW}=I_{LSC}T_{on}/T_{SW}=DI_{LSC}$。

用 I_D 表示续流二极管 V_D 的平均电流，用 I_{DSC}表示续流二极管斜坡电流的中值，显然 $I_{DSC}=I_{LSC}$，$I_D=I_{DSC}T_{off}/T_{SW}=I_{LSC}T_{off}/T_{SW}$。

1.1.2　占空比 D 与输出电压 U_O 的调制方式

1. 占空比 D

在 CCM、BCM 模式下，开关周期 $T_{SW}=T_{on}+T_{off}$，即占空比

$$D=\frac{T_{on}}{T_{SW}}=\frac{T_{on}}{T_{on}+T_{off}}=\frac{U_{off}}{U_{on}+U_{off}}=\frac{U_O}{U_{IN}}\tag{1.1.4}$$

于是Buck变换器的输出电压

$$U_O = DU_{IN} \tag{1.1.5}$$

由于占空比满足$0<D<1$，可见Buck变换器的输出电压U_O总是小于输入电压U_{IN}。因此Buck变换器也称为降压型DC-DC变换器。

不过，式(1.1.4)是Buck变换器在理想状态下占空比D的表达式。当开关导通压降U_{SW}、续流二极管V_D导通电压U_D均不能忽略时，显然$U_{on}=U_{IN}-U_O-U_{SW}$，$U_{off}=U_O+U_D$，则占空比

$$D = \frac{U_{off}}{U_{on}+U_{off}} = \frac{U_O+U_D}{U_{IN}-U_{SW}+U_D} \tag{1.1.6}$$

在Buck变换器设计过程中，一般不使用式(1.1.4)或式(1.1.6)计算最小占空比D_{min}。

2. 输出电压U_O的调制方式

既然输出电压$U_O=DU_{IN}=(T_{on}/T_{SW})U_{IN}$，那么在输入电压$U_{IN}$变化时，期望输出电压$U_O$稳定不变，可采用如下三种调制方式之一实现。

(1) 脉宽调制(Pulse Width Modulation)：在开关频率f_{SW}(周期T_{SW})不变的情况下，使导通时间T_{on}随输入电压U_{IN}的变化而变化，即通过改变开关信号脉冲宽度的方式来稳定输出电压，简称PWM方式。

脉宽调制方式的优点是开关频率固定，输出滤波电路设计容易；缺点是占空比D的变化范围较小。在脉宽调制方式下，固定的开关频率将在特定频点上产生较大的电磁干扰(EMI)，因此多数PWM控制芯片采用了频率抖动技术来扩展EMI的频谱，降低特定频点上电磁干扰的幅度，以便简化输入端EMI滤波电路的设计和降低EMI滤波电路的成本。

(2) 脉频调制(Pulse Frequency Modulation)：固定导通时间T_{on}，改变开关频率f_{SW}，使输出电压U_O稳定，简称PFM方式。

脉频调制方式的优点是占空比D调节范围大，由于开关频率f_{SW}随输入电压U_{IN}的变化而变化，因此EMI频谱分散性高，容易通过相关的EMI认证；缺点是输出纹波电压ΔU_O随输入电压U_{IN}波动，增加了输出滤波电路的设计难度。

(3) 混合调制：既调宽(改变T_{on})，又调频(改变开关频率f_{SW})。不过，这种调制方式的控制电路相对复杂，在DC-DC变换器中很少采用。

1.1.3　开关管、续流二极管及电感的电流

在Buck变换器中，电感峰值电流

$$I_{LPK} = I_L + \frac{\Delta I}{2} = I_L\left(1+\frac{1}{2}\times\frac{\Delta I}{I_L}\right) = I_L\left(1+\frac{\gamma}{2}\right)$$

其中，$\gamma=\Delta I/I_L$称为电感电流纹波比。显然，在CCM模式下，电感电流最小值$I_{Lmin}=I_L(1-\gamma/2)$。

1. 开关管电流

在Buck变换器中，开关管平均电流I_{SW}与变换器的平均输入电流I_{IN}(即驱动电源U_{IN}的平均输出电流)之间的关系为$I_{SW}=I_{IN}$。根据电流有效值的定义，一个开关周期T_{SW}内开关管电流有效值的平方为

$$I_{\mathrm{SWrms}}^2=\frac{1}{T_{\mathrm{SW}}}\int_0^{T_{\mathrm{on}}}i_{\mathrm{SW}}^2\,\mathrm{d}t=\frac{1}{T_{\mathrm{SW}}}\int_0^{T_{\mathrm{on}}}i_L^2\,\mathrm{d}t=\frac{1}{T_{\mathrm{SW}}}\int_0^{T_{\mathrm{on}}}\left(I_{L\min}+\frac{U_{\mathrm{on}}}{L}t\right)^2\mathrm{d}t$$
$$=\frac{T_{\mathrm{on}}}{3T_{\mathrm{SW}}\Delta I}\left[\left(I_{L\min}+\frac{U_{\mathrm{on}}}{L}T_{\mathrm{on}}\right)^3-I_{L\min}^3\right]=\frac{T_{\mathrm{on}}}{3T_{\mathrm{SW}}\times\Delta I}\left[I_{L\mathrm{PK}}^3-I_{L\min}\right]$$

(1) 在 DCM 模式下，$I_{L\min}=0$，$I_{L\mathrm{PK}}=\Delta I=\dfrac{U_{\mathrm{on}}}{L}T_{\mathrm{on}}$，因此

$$I_{\mathrm{SWrms}}^2=\frac{I_{L\mathrm{PK}}^2}{3}\times\frac{T_{\mathrm{on}}}{T_{\mathrm{SW}}}$$

$$I_{\mathrm{SWrms}}=I_{L\mathrm{PK}}\sqrt{\frac{T_{\mathrm{on}}}{3T_{\mathrm{SW}}}}=I_{L\mathrm{PK}}\sqrt{\frac{D}{3}}\tag{1.1.7}$$

(2) 在 CCM、BCM 模式下，$I_{L\mathrm{PK}}=I_{\mathrm{SWSC}}+\Delta I/2$，$I_{L\min}=I_{\mathrm{SWSC}}-\Delta I/2$，因此

$$I_{\mathrm{SWrms}}^2=\frac{D}{3\times\Delta I}\left[\left(I_{\mathrm{SWSC}}+\frac{\Delta I}{2}\right)^3-\left(I_{\mathrm{SWSC}}-\frac{\Delta I}{2}\right)^3\right]$$
$$=\frac{D}{3}\left(3I_{\mathrm{SWSC}}^2+\frac{\Delta I^2}{4}\right]=DI_{\mathrm{SWSC}}^2\left[1+\frac{1}{12}\left(\frac{\Delta I}{I_{SWSC}}\right)^2\right]$$
$$=DI_{\mathrm{SWSC}}^2\left(1+\frac{\gamma^2}{12}\right)$$

其中，$\gamma=\Delta I/I_{\mathrm{SWSC}}$称为电流纹波比。因此，一个开关周期 T_{SW}内，流过开关管的电流有效值

$$I_{\mathrm{SWrms}}=I_{\mathrm{SWSC}}\sqrt{D\left(1+\frac{\gamma^2}{12}\right)}$$

考虑到在 CCM 模式 Buck 变换器中，$I_{\mathrm{SWSC}}=I_{L\mathrm{SC}}=I_L$，这样在一个开关周期 T_{SW}内，开关管电流的有效值(计算开关损耗时用到)

$$I_{\mathrm{SWrms}}=I_L\sqrt{D\left(1+\frac{\gamma^2}{12}\right)}\tag{1.1.8}$$

开关管电流交流分量有效值(计算输入电容损耗与选择输入滤波电容纹波电流时用到)

$$I_{\mathrm{SWACrms}}=\sqrt{I_{\mathrm{SWrms}}^2-(DI_L)^2}\tag{1.1.9}$$

注：所选的输入滤波电容允许流过的纹波电流必须大于 I_{SWACrms}。

2. 续流二极管电流

在 Buck 变换器中，续流二极管平均电流为

$$I_{\mathrm{D}}=\frac{I_{\mathrm{DSC}}T_{\mathrm{off}}}{T_{\mathrm{SW}}}\text{(适用于 CCM、BCM、DCM 模式)}$$

$$I_{\mathrm{D}}=\frac{I_{L\mathrm{SC}}T_{\mathrm{off}}}{T_{\mathrm{SW}}}=I_L(1-D)\text{ (适用于 CCM、BCM 模式)}\tag{1.1.10}$$

根据电流有效值的定义，一个开关周期 T_{SW}内续流二极管的电流有效值的平方

$$I_{\mathrm{Drms}}^2=\frac{1}{T_{\mathrm{SW}}}\int_0^{T_{\mathrm{off}}}i_{\mathrm{D}}^2\,\mathrm{d}t=\frac{1}{T_{\mathrm{SW}}}\int_0^{T_{\mathrm{off}}}i_L^2\,\mathrm{d}t=\frac{1}{T_{\mathrm{SW}}}\int_0^{T_{\mathrm{off}}}\left(I_{L\mathrm{PK}}-\frac{U_{\mathrm{off}}}{L}t\right)^2\mathrm{d}t$$
$$=-\frac{T_{\mathrm{off}}}{3T_{\mathrm{SW}}\dfrac{U_{\mathrm{off}}}{L}T_{\mathrm{off}}}\left[\left(I_{L\mathrm{PK}}-\frac{U_{\mathrm{off}}}{L}T_{\mathrm{off}}\right)^3-I_{L\mathrm{PK}}^3\right]$$
$$=\frac{T_{\mathrm{off}}}{3T_{\mathrm{SW}}\Delta I}\left[I_{L\mathrm{PK}}^3-I_{L\min}^3\right]$$

(1) 在 DCM 模式下，$I_{L\min}=0$，$I_{LPK}=\Delta I=\dfrac{U_{\text{off}}}{L}T_{\text{off}}$，因此

$$I_{\text{Drms}}^2=\frac{I_{LPK}^2}{3}\frac{T_{\text{off}}}{T_{SW}}$$

$$I_{\text{Drms}}=I_{LPK}\sqrt{\frac{T_{\text{off}}}{3T_{SW}}}\text{（计算续流二极管损耗时用到）}\tag{1.1.11}$$

(2) 在 CCM、BCM 模式下，$I_{LPK}=I_{DSC}+\dfrac{\Delta I}{2}$，$I_{L\min}=I_{DSC}-\dfrac{\Delta I}{2}$，电流纹波比 $\gamma=\dfrac{\Delta I}{I_{DSC}}$，$T_{\text{off}}=(1-D)T_{SW}$，因此

$$I_{\text{Drms}}^2=\frac{1-D}{3\Delta I}\times[I_{LPK}^3-I_{L\min}^3]=(1-D)I_{DSC}^2\left(1+\frac{\gamma^2}{12}\right)$$

考虑到在 CCM 模式的 Buck 变换器中 $I_{DSC}=I_{LSC}=I_L$，因此一个开关周期 T_{SW} 内，续流二极管电流的有效值

$$I_{\text{Drms}}=I_{DSC}\sqrt{(1-D)\left(1+\frac{\gamma^2}{12}\right)}=I_L\sqrt{(1-D)\left(1+\frac{\gamma^2}{12}\right)}\tag{1.1.12}$$

3. 电感电流

在 Buck 变换器中，电感平均电流 I_L 与变换器输出电流 I_O 之间的关系为 $I_L=I_O$。显然，在一个开关周期 T_{SW} 内，流过电感 L 的电流有效值（计算电感线径 d 及绕线损耗时用到）

$$\begin{aligned}I_{L\text{rms}}^2&=\frac{1}{T_{SW}}\int_0^{T_{\text{on}}+T_{\text{off}}}i_L^2\,dt=\frac{1}{T_{SW}}\int_0^{T_{\text{on}}}i_L^2\,dt+\frac{1}{T_{SW}}\int_{T_{\text{on}}}^{T_{\text{on}}+T_{\text{off}}}i_L^2\,dt\\&=\frac{1}{T_{SW}}\int_0^{T_{\text{on}}}i_L^2\,dt+\frac{1}{T_{SW}}\int_0^{T_{\text{off}}}i_L^2\,dt\\&=I_{\text{SWrms}}^2+I_{\text{Drms}}^2\end{aligned}$$

显然，在 DCM 模式下，电感电流有效值

$$I_{L\text{rms}}=I_{LPK}\sqrt{\frac{T_{\text{on}}+T_{\text{off}}}{3T_{SW}}}\tag{1.1.13}$$

在 CCM、BCM 模式下，电感电流有效值

$$I_{L\text{rms}}=I_L\sqrt{1+\frac{\gamma^2}{12}}=I_O\sqrt{1+\frac{\gamma^2}{12}}\tag{1.1.14}$$

根据以上分析可知，在输入电压达到最大时，电流纹波比 γ 达到最大，此时电感电流有效值 $I_{L\text{rms}}$ 也达到最大。由此可求出电感电流 i_L 交流分量有效值（计算输出滤波电容 C_O 损耗与选择输出电容纹波电流时用到）

$$I_{LAC\text{rms}}=\sqrt{I_{L\text{rms}}^2-I_L^2}=\sqrt{I_{L\text{rms}}^2-I_O^2}=\frac{\gamma I_O}{2\sqrt{3}}=\frac{\Delta I}{2\sqrt{3}}\tag{1.1.15}$$

注：所选的输出滤波电容 C_O 允许的纹波电流必须大于 $I_{LAC\text{rms}}$。

开关管的选择：开关管截止时承受的最大电压为 $U_{\text{INmax}}+U_D$；为保险起见，开关管的击穿电压 $BV_{DS}\geqslant 1.2(U_{\text{INmax}}+U_D)$；为尽量减小开关管的导通损耗，开关管电流容量 $I_{DS}\geqslant(2\sim3)I_{\text{SWrms}}$，瞬态最大电流 $I_{SM}\geqslant 1.5I_{LPK}$。

1.1.4 输入电压 U_{IN} 变化对电感峰值电流的影响

在输出电压 U_O、输出电流 I_O、电感量 L 保持不变的情况下，在 T_{on} 期间，电感电流

$$i_L = I_{L\min} + \frac{U_{on}}{L}t = I_{L\min} + \frac{U_{IN} - U_{SW} - U_O}{L}t$$

可见，电感电流 i_L 上升斜率随输入电压 U_{IN} 的增加而增加。而在 T_{off} 期间，电感电流为

$$i_L = I_{LPK} - \frac{U_{off}}{L}t = I_{LPK} - \frac{U_O + U_D}{L}t$$

显然，电感电流 i_L 下降的斜率与输入电压 U_{IN} 无关；占空比 $D=\frac{U_O+U_D}{U_{IN}-U_{SW}+U_D}$，随 U_{IN} 的增加而减小；电感峰值电流

$$I_{LPK} = I_L + \frac{1}{2}\Delta I = I_O + \frac{1}{2}\Delta I = I_O + \frac{U_{off}}{2L}T_{off} = I_O + \frac{U_O}{2L} + U_D(1-D)T_{SW}$$

随 U_{IN} 的增加而增加；而电感平均电流 $I_L=I_O$ 不变，即 ΔI 会随 U_{IN} 的增加而增加，最小电感电流

$$I_{L\min}=I_L-\frac{\Delta I}{2}=I_O-\frac{U_O+U_D}{2L}(1-D)T_{SW}$$

随输入电压 U_{IN} 的增加而减小。输入电压 U_{IN} 变化对电感峰值电流 I_{LPK} 的影响如图 1.1.6 所示。

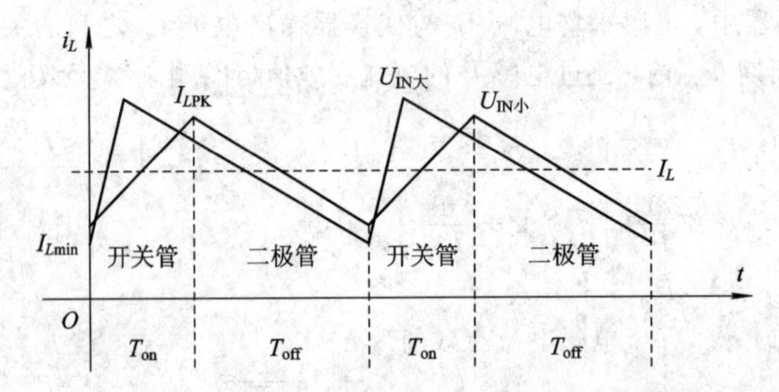

图 1.1.6　输入电压 U_{IN} 变化对 I_{LPK}、T_{on} 的影响

$U_{IN}\uparrow \rightarrow D\downarrow \rightarrow (1-D)\uparrow \rightarrow I_{LPK}\uparrow$，这可能会使电感的峰值电流 I_{LPK} 超出允许值，使电感磁芯进入磁饱和状态，造成开关管过流损坏。可见，对 Buck 变换器来说，必须在最大输入电压 U_{INmax} 下设计变换器的相关参数。

假设变换器的输入功率为 P_{IN}，输出功率为 P_O，效率为 η，考虑到在 Buck 变换器中，电感平均电流 $I_L=I_O$，$I_{IN}=D\times I_L$，则

$$I_{IN}U_{IN}\eta = I_O U_O$$

$$DI_L U_{IN}\eta = I_O U_O$$

占空比

$$D = \frac{U_O}{U_{IN}\eta}$$

则当输入电压 U_{IN} 达到最大值 U_{INmax} 时，最小占空比

$$D_{\min} = \frac{U_O}{U_{INmax}\eta} \quad \text{(适用于 CCM 及 BCM 模式)} \tag{1.1.16}$$

式(1.1.16)是 Buck 变换器设计过程中常用的精度较高的占空比 D 的计算式。

由以上分析不难看出，在 Buck 变换器中，特定输出电压 U_O 对应的输入电压 U_{IN} 的范

围就基本确定了。为避免严重恶化 EMI 的性能指标，最大占空比 D_{max} 上限一般不宜超过 0.75(最坏情况下不能超过 0.85)，于是最小输入电压 $U_{INmin}>\frac{U_O}{D_{max}\eta}$；最小占空比 D_{min} 下限一般也不宜小于 0.25(最坏情况下也不宜小于 0.15)，因此最大输入电压 $U_{INmax}<\frac{U_O}{D_{min}\eta}$。例如，对于输出电压 U_O 为 5.0 V 的 Buck 变换器，在效率 η 为 90%的情况下，最小输入电压 $U_{INmin}>\frac{U_O}{D_{max}\eta}=\frac{5}{0.75\times0.9}\approx7.4$ V，因此在极端情况下 U_{INmin} 也不宜小于 6.5 V(D_{max} 取 0.85)；最大输入电压 $U_{INmax}<\frac{U_O}{D_{min}\eta}=\frac{5}{0.25\times0.9}\approx22.2$ V，在极端情况下 U_{INmax} 也不宜超过 37 V(D_{min} 取 0.15)。

1.1.5　最小电感量

为避免电感磁芯饱和，电感 L 不能小于某一特定值，否则 I_{LPK} 将超出允许值，而

$$\Delta I=\frac{U_{on}}{L}T_{on}=\frac{U_{off}}{L}T_{off}$$

即

$$L>\frac{U_{on}}{\Delta I}T_{on}=\frac{U_{off}}{\Delta I}T_{off}=\frac{U_{on}T_{on}}{\gamma I_L}=\frac{U_{off}T_{off}}{\gamma I_L}\tag{1.1.17}$$

注：式(1.1.17)对 Buck、Boost、Buck - Boost 变换器均适用。

对于 Buck 变换器来说，在 CCM、BCM 模式下，由于 $U_{on}=U_{IN}-U_O$，而 $U_O=D\eta U_{IN}$，$I_{IN}=DI_L$，因此，最小电感量

$$\begin{aligned}L&>\frac{U_{off}T_{off}}{rI_L}=\frac{(U_O+U_D)\times(1-D_{min})}{rI_Of_{SW}}\\&=\frac{U_{on}T_{on}}{\gamma I_L}=\frac{(U_{IN}-U_O)D^2}{f_{SW}I_{IN}\gamma}\\&=\frac{(1-D_{min}\eta)\times[U_{INmax}D_{min}]^2}{f_{SW}P_{IN}\gamma}\end{aligned}\tag{1.1.18}$$

1.1.6　负载变化对电感电流的影响

由于输入电压 U_{IN}、输出电压 U_O 不变，意味着占空比 D、导通电压 U_{on}、截止电压 U_{off} 均保持不变，即电感充电电流、放电电流 i_L 的斜率不变，电感电流的变化量 $\Delta I=\frac{U_O}{L}(1-D)T_{SW}$ 也不变。负载变化仅意味着电感平均电流 $I_L=I_O$ 在变化，如图 1.1.7 所示。

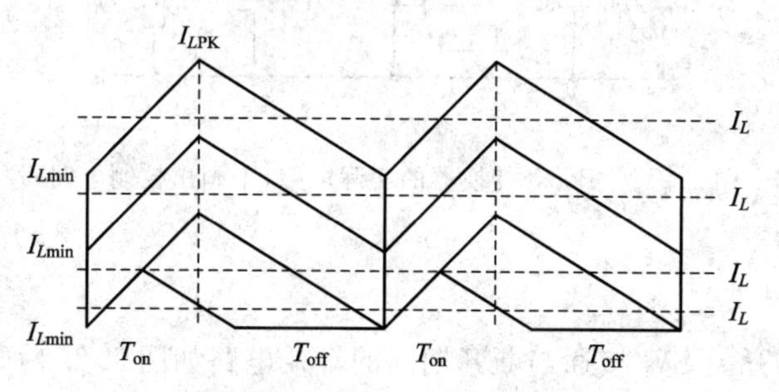

图 1.1.7　负载变化时电感电流的变化趋势

可见，当负载由重变轻时，变换器可能由 CCM 模式经 BCM 模式进入 DCM 模式。

由 $\gamma=\dfrac{\Delta I}{I_L}=\dfrac{U_{on}}{I_L L}T_{on}$ 可知，电感平均电流 I_L 不断下降，电流纹波比 γ 不断增加，当 $\gamma=\gamma_{BCM}=2$ 时，变换器进入 BCM 模式，电感平均电流为 I_{LBCM}，即

$$\gamma_{BCM}=\frac{\Delta I}{I_{LBCM}}=\frac{\gamma I_L}{I_{LBCM}}=2$$

由此可知，在 BCM 状态下，电感平均电流

$$I_{LBCM}=\frac{\gamma}{2}I_L \tag{1.1.19}$$

此时，在 Buck 变换器中 $I_O=I_L$，这意味着负载电流 $I_{Omin}>I_{LBCM}=\dfrac{\gamma}{2}I_O$（$\gamma$ 为满载时电感电流纹波比，I_O 为满载时负载电流），因此变换器依然处于 CCM 模式。

例如，当 γ 取 0.4 时，意味着只要最小负载电流 $I_{Omin}>0.2I_O$，就不会使 Buck 变换器进入 DCM 状态。这是一个非常重要的结论，工作在 CCM 模式的 Buck 变换器的负载其变化范围不宜太大，否则在最小负载下，Buck 变换器有可能会进入 DCM 模式；而为保证在最小负载下，变换器依然工作在 CCM 模式，将被迫减小满载下的电流纹波比 γ——这会使电感体积增大。

1.2 Boost 变换器

Boost 变换器的原理电路如图 1.2.1 所示，实际电路如图 1.2.2 所示。

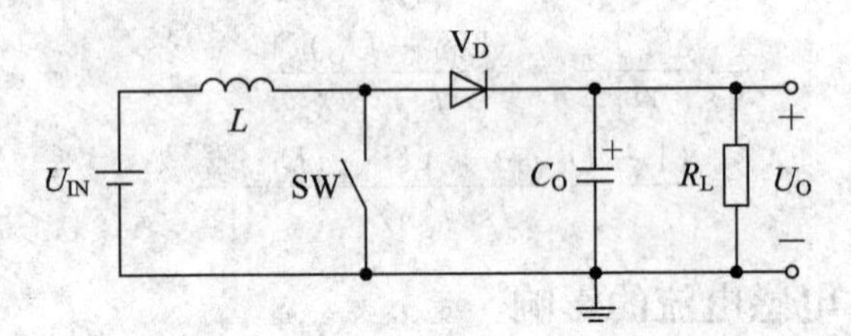

图 1.2.1 Boost 变换器的原理电路图

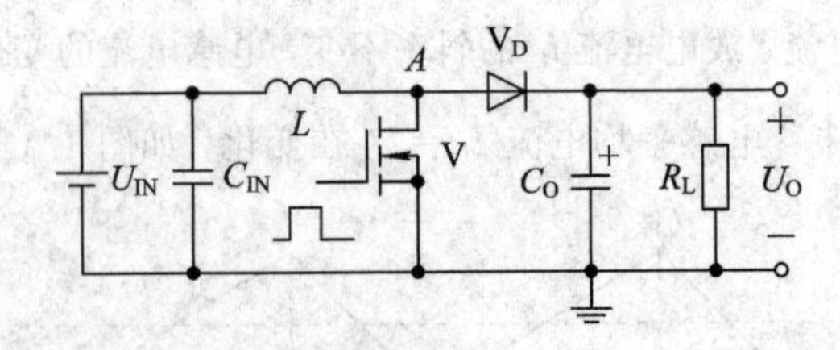

图 1.2.2 Boost 变换器的实际电路(未画出控制电路)

1.2.1 工作原理

Boost 变换器在开关 SW 接通与断开期间的等效电路如图 1.2.3 所示。

在 T_{on} 期间，开关 SW 接通，在忽略开关 SW 导通压降 U_{SW} 的情况下，电感 L 端电压

$U_{on}=U_{IN}$，为常数，电感L电流$i_L=I_{L\min}+\frac{U_{on}}{L}t$，从最小值$I_{L\min}$开始线性增加。当$t=T_{on}$时，$i_L$达到峰值，即$I_{LPK}=I_{L\min}+\frac{U_{on}}{L}T_{on}$，电感$L$电流$i_L$的增量$\Delta I=\frac{U_{on}}{L}T_{on}$。

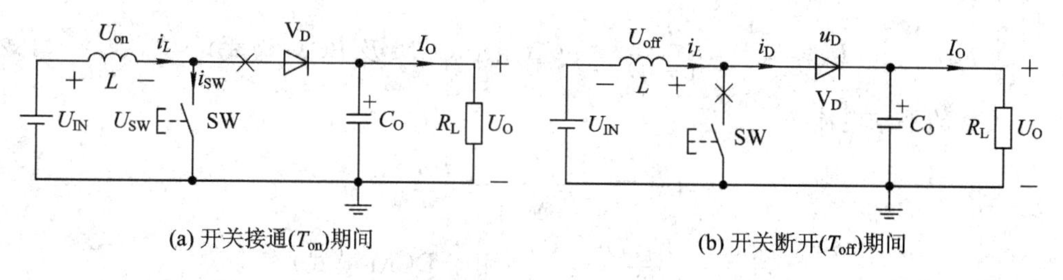

图1.2.3　Boost变换器在SW接通与断开期间的等效电路

显然，在开关SW接通期间，续流二极管V_D截止，它承受的最大反向电压为U_O-U_{SW}。

在T_{off}期间，开关SW断开，在忽略续流二极管V_D压降U_D的情况下，电感L端电压$U_{off}=U_O-U_{IN}$为常数，电感电流$i_L=I_{LPK}-\frac{U_{off}}{L}t$，从峰值$I_{LPK}$开始线性减小。当$t=T_{off}$时，$i_L$达到最小值$I_{L\min}$，电感电流$i_L$的减少量$\Delta I=\frac{U_{off}}{L}T_{off}$。

显然，在开关SW断开期间，开关管承受的最大电压为U_O+U_D。

1.2.2　占空比D

在稳定状态下，由电感“伏秒积”平衡条件$U_{on}T_{on}=U_{off}T_{off}$可知，在CCM、BCM模式下，Boost变换器占空比

$$D=\frac{T_{on}}{T_{on}+T_{off}}=\frac{U_{off}}{U_{on}+U_{off}}=\frac{U_O-U_{IN}}{U_O} \tag{1.2.1}$$

因此，输出电压

$$U_O=\frac{1}{1-D}U_{IN} \tag{1.2.2}$$

由于占空比满足$0<D<1$，可见Boost变换器的输出电压U_O总是大于输入电压U_{IN}。因此Boost变换器也称为升压型DC-DC变换器。

当开关SW的导通电压U_{SW}和续流二极管V_D的导通压降U_D不能视为0时，显然有$U_{on}=U_{IN}-U_{SW}$，$U_{off}=U_O-U_{IN}+U_D$，则占空比

$$D=\frac{U_{off}}{U_{on}+U_{off}}=\frac{U_O-U_{IN}+U_D}{U_O-U_{SW}+U_D} \tag{1.2.3}$$

1.2.3　电感、开关管及续流二极管的电流

续流二极管V_D的平均电流

$$I_D=I_O=\frac{I_{DSC}T_{off}}{T_{SW}}=I_L(1-D)\quad（适用于CCM及BCM模式） \tag{1.2.4}$$

$$I_D = I_O = \frac{I_{LPK} T_{off}}{2T_{SW}} \quad (\text{适用于 DCM 模式})$$

电感平均电流 I_L 与变换器平均输入电流(也就是驱动电源 U_{IN} 的平均输出电流)I_{IN} 之间满足下式:

$$I_{IN} = I_L = \frac{I_O}{1-D} \quad (\text{适用于 CCM 及 BCM 模式}) \tag{1.2.5}$$

开关管的平均电流

$$I_{SW} = \frac{I_{SWSC} T_{on}}{T_{SW}} = \frac{I_{LSC} T_{on}}{T_{SW}}$$

$$I_{SW} = \frac{I_{LPK} D}{2} \quad (\text{适用于 DCM 模式})$$

$$I_{SW} = I_L D = \frac{D}{1-D} I_O \quad (\text{适用于 CCM 及 BCM 模式}) \tag{1.2.6}$$

根据式(1.1.7)、式(1.1.8),开关管的电流有效值(计算开关管导通损耗时用到)

$$I_{SWrms} = I_{LPK} \sqrt{\frac{T_{on}}{3T_{SW}}} = I_{LPK} \sqrt{\frac{D}{3}} \quad (\text{适用于 DCM 模式})$$

$$I_{SWrms} = I_L \sqrt{D\left(1+\frac{\gamma^2}{12}\right)} \quad (\text{适用于 CCM 及 BCM 模式})$$

$$= \frac{I_O}{1-D} \sqrt{D\left(1+\frac{\gamma^2}{12}\right)} \tag{1.2.7}$$

根据式(1.1.11)、式(1.1.12),续流二极管的电流有效值(计算续流二极管 V_D 导通损耗时用到)

$$I_{Drms} = I_{LPK} \sqrt{\frac{T_{off}}{3T_{SW}}} \quad (\text{适用于 DCM 模式}) \tag{1.2.8}$$

$$I_{Drms} = I_{DSC} \sqrt{(1-D)\left(1+\frac{\gamma^2}{12}\right)} \quad (\text{适用于 CCM 及 BCM 模式})$$

$$= I_L \sqrt{(1-D)\left(1+\frac{\gamma^2}{12}\right)}$$

$$= I_O \sqrt{\frac{1}{1-D}\left(1+\frac{\gamma^2}{12}\right)} \tag{1.2.9}$$

续流二极管电流中交流分量有效值(计算输出滤波电容 C_O 的损耗与选择输出滤波电容 C_O 的纹波电流时用到)

$$I_{DACrms} = \sqrt{I_{Drms}^2 - I_D^2} = \sqrt{I_{Drms}^2 - I_O^2}$$

$$= I_O \sqrt{\frac{1}{1-D}\left(D+\frac{\gamma^2}{12}\right)} \quad (\text{适用于 CCM 及 BCM 模式}) \tag{1.2.10}$$

注: 所选的输出滤波电容 C_O 允许流过的纹波电流必须大于 I_{DACrms}。

电感电流 i_L 有效值(计算电感线径 d 及铜损时用到)

$$I_{Lrms} = I_{LPK} \times \sqrt{\frac{T_{on}+T_{off}}{3T_{SW}}} \quad (\text{适用于 DCM 模式})$$

$$I_{Lrms}=I_L\sqrt{1+\frac{\gamma^2}{12}} \quad \text{（适用于 CCM 及 BCM 模式）}$$

$$=\frac{I_O}{1-D}\sqrt{1+\frac{\gamma^2}{12}} \tag{1.2.11}$$

根据电流有效值的定义，即有 $I_{Lrms}=\sqrt{I_L^2+I_{LACrms}^2}$，可求出电感电流交流分量有效值

$$I_{LACrms}=\sqrt{I_{Lrms}^2-I_L^2}$$

$$=\frac{\gamma I_L}{2\sqrt{3}}=\frac{\Delta I}{2\sqrt{3}} \quad \text{（适用于 CCM 及 BCM 模式）} \tag{1.2.12}$$

1.2.4 输入电压 U_{IN} 变化对电感峰值电流的影响

在输出电压 U_O、输出电流 I_O、电感量 L 保持不变的情况下，在 T_{on} 期间电感电流 $i_L=I_{Lmin}+\frac{U_{on}}{L}t=I_{Lmin}+\frac{U_{IN}-U_{SW}}{L}t$，随着输入电压 U_{IN} 的增加，电感电流 i_L 的上升斜率将增大；而在 T_{off} 期间电感电流 $i_L=I_{LPK}-\frac{U_{off}}{L}t=I_{LPK}-\frac{U_O+U_D-U_{IN}}{L}t$，随着输入电压 U_{IN} 的增加，电感电流 i_L 的下降斜率将减小，如图 1.2.4 所示。

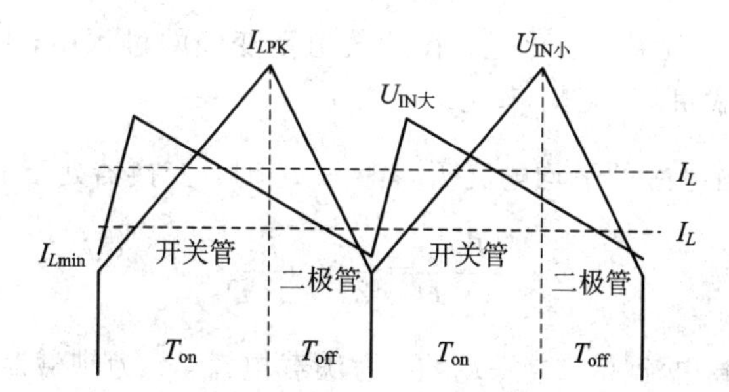

图 1.2.4 输入电压 U_{IN} 变化对电感峰值电流的影响

占空比 $D=\frac{U_O-U_{IN}+U_D}{U_O-U_{SW}+U_D}$，将会随 U_{IN} 的减小而增加。由电感峰值电流

$$I_{LPK}=\frac{I_O}{1-D}+\frac{U_O}{2Lf_{SW}}D(1-D)$$

可知，输入电压 $U_{IN}\downarrow\rightarrow D\uparrow\rightarrow I_{LPK}\uparrow$，这可能会使电感的峰值电流 I_{LPK} 超出允许值，使电感磁芯出现磁饱和现象，造成开关管过流损坏。由图 1.2.4 可以看出，对 Boost 变换器来说，必须在输入电压 U_{IN} 达到最小值 U_{INmin} 时设计 Boost 变换器的相关参数。

假设 Boost 变换器的输入功率为 P_{IN}，输出功率为 P_O，效率为 η，则

$$I_{IN}U_{INmin}\eta=I_OU_O$$

而在 Boost 变换器中，变换器平均输入电流 $I_{IN}=I_L=\frac{I_O}{1-D}$，整理后就可以得到在 Boost 变换器设计过程中常用的精度较高的最大占空比 D_{max}，即

$$D_{max}=\frac{U_O-\eta U_{INmin}}{U_O} \quad \text{（适用于 CCM 及 BCM 状态）} \tag{1.2.13}$$

Boost 变换器与 Buck 变换器类似，由于最小占空比 $D_{min}\geqslant 0.25$（最坏情况下也不宜小于 0.15）、最大占空比 $D_{max}\leqslant 0.75$（最坏情况下也不宜超过 0.85），因此，特定输出电压 U_O

对应的输入电压U_{IN}的范围也就确定了，即

$$\frac{(1-D_{max})U_O}{\eta}\leqslant U_{IN}\leqslant\frac{(1-D_{min})U_O}{\eta}$$

例如，输出电压U_O为5.0 V的Boost变换器，在效率η为94%的情况下，最小输入电压$U_{INmin}\geqslant\frac{(1-D_{max})U_O}{\eta}=\frac{(1-0.75)\times5}{0.94}\approx1.33$ V，在极端情况下，U_{INmin}也不宜小于0.80 V(D_{max}取0.85)；最大输入电压$U_{INmax}\leqslant\frac{(1-D_{min})U_O}{\eta}=\frac{(1-0.25)\times5}{0.94}\approx3.99$ V，在极端情况下U_{INmax}也不宜超过4.52 V(D_{min}取0.15)。

最小电感量

$$L>\frac{U_{on}T_{on}}{\Delta I}=\frac{U_{INmin}D_{max}}{f_{SW}I_L\gamma}=\frac{U_{INmin}D_{max}}{f_{SW}I_{IN}\gamma}=\frac{U_{INmin}^2D_{max}}{f_{SW}P_{IN}\gamma}\tag{1.2.14}$$

1.2.5 负载变化对电感电流的影响

由于输入电压U_{IN}、输出电压U_O不变，意味着占空比D、导通电压U_{on}、截止电压U_{off}均保持不变，即电感的充电电流、放电电流i_L的斜率不变，而电感的平均电流$I_L=\frac{I_O}{1-D}$将随着输出电流I_O的减小而减小。可见，在负载由重变轻的过程中，Boost变换器可能会从CCM模式经BCM模式进入DCM模式。

同样可以证明，当电感的平均电流$I_{LBCM}=\frac{\gamma}{2}I_L$时，变换器处于BCM模式。此时有

$$\frac{I_{Omin}}{1-D}=\frac{\gamma}{2}\times\frac{I_O}{1-D}$$

这意味着最小负载电流$I_{Omin}>\frac{\gamma}{2}I_O$($I_O$为满载电流，$\gamma$为满载时电感的电流纹波比)，变换器依然工作在CCM模式下。

在CCM模式下，电感电流i_L等于驱动电源电流i_{IN}，且电流波形的连续性好，因此Boost变换器的输入端无需连接大容量的输入滤波电容。也正因如此，Boost变换器特别适合作为有源功率因数校正(APFC)电路的输入级。

1.3 Buck-Boost变换器

Buck-Boost变换器的原理图如图1.3.1所示。输出电压U_O可大于输入电压U_{IN}，也可以小于输入电压U_{IN}(由占空比D决定)，且Buck-Boost变换器的输入电压U_{IN}与输出电压U_O的极性相反，即Buck-Boost变换器将输出负电压。

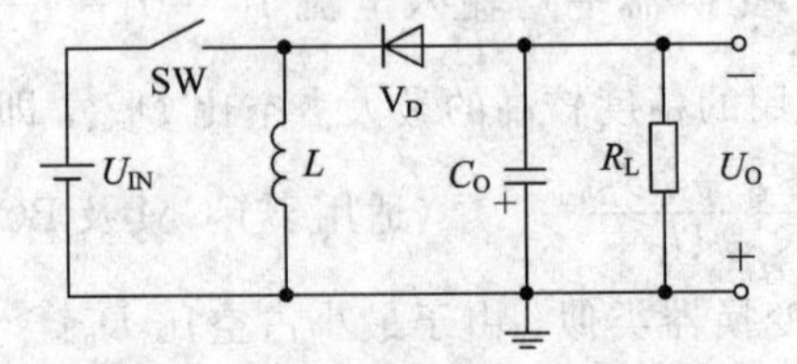

图1.3.1 Buck-Boost变换器原理图

1.3.1　工作原理

Buck-Boost变换器在开关SW接通与断开期间的等效电路如图1.3.2所示。

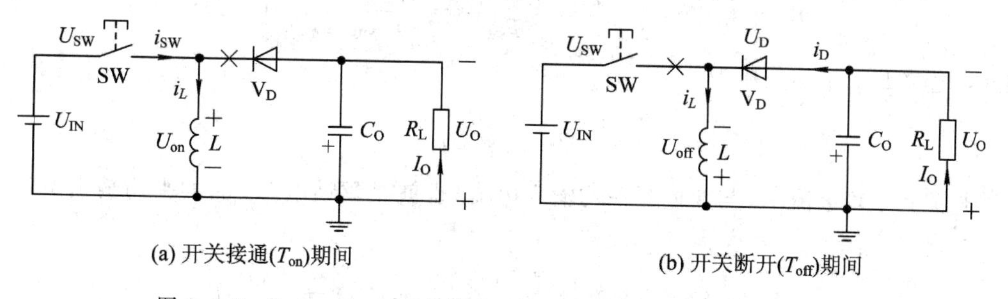

图1.3.2　Buck-Boost变换器在开关SW接通与断开期间等效电路

在T_{on}期间，开关SW接通，在忽略开关SW压降U_{SW}的情况下，电感端电压$U_{on}=U_{IN}$为常数，电感电流$i_L=I_{L\min}+\frac{U_{on}}{L}t$，从最小值$I_{L\min}$开始线性增加。当$t=T_{on}$时，$i_L$达到峰值$I_{LPK}=I_{L\min}+\frac{U_{on}}{L}T_{on}$，导通结束后电感电流$i_L$的增量$\Delta I=\frac{U_{on}}{L}T_{on}$。

在T_{off}期间，控制开关SW断开，在忽略续流二极管V_D的导通压降U_D的情况下，电感端电压$U_{off}=U_O$为常数，电感电流$i_L=I_{LPK}-\frac{U_{off}}{L}t$，从峰值$I_{LPK}$开始线性减小。当$t=T_{off}$时，$i_L$回到最小值$I_{L\min}$，即截止期间电感电流$i_L$的减少量$\Delta I=\frac{U_{off}}{L}T_{off}$。

1.3.2　CCM模式下电压与电流的关系

1. 占空比D

在稳定状态下，由电感"伏秒积"平衡条件$U_{on}T_{on}=U_{off}T_{off}$可知，占空比

$$D=\frac{T_{on}}{T_{SW}}=\frac{T_{on}}{T_{on}+T_{off}}=\frac{U_{off}}{U_{on}+U_{off}}=\frac{U_O}{U_O+U_{IN}} \tag{1.3.1}$$

输出电压

$$U_O=\frac{D}{1-D}U_{IN}\quad（适用于CCM模式与BCM模式） \tag{1.3.2}$$

由于占空比D的取值范围被限制在0.25～0.75之间，因此Buck-Boost变换器的输出电压U_O为(0.33～3.0)U_{IN}。

可见，当占空比$D>0.5$时，Buck-Boost变换器的输出电压$U_O>U_{IN}$，实现了升压功能；而当占空比$D<0.5$时，Buck-Boost变换器的输出电压$U_O<U_{IN}$，实现了降压功能。

当开关SW的导通电压U_{SW}、续流二极管V_D的导通压降U_D不能忽略时，显然$U_{on}=U_{IN}-U_{SW}$，$U_{off}=U_O+U_D$，占空比

$$D=\frac{U_{off}}{U_{on}+U_{off}}=\frac{U_O+U_D}{U_{IN}-U_{SW}+U_O+U_D} \tag{1.3.3}$$

2. 电感、开关管及续流二极管电流

在 Buck - Boost 变换器中，续流二极管 V_D 的平均电流

$$I_D = I_O = \frac{I_{DSC}T_{off}}{T_{SW}} = \frac{I_{LSC}T_{off}}{T_{SW}} = \frac{I_L T_{off}}{T_{SW}} = I_L(1-D) \tag{1.3.4}$$

因此，电感 L 的平均电流为

$$I_L = \frac{I_O}{1-D} \tag{1.3.5}$$

开关管平均电流 I_{SW} 与变换器平均输入电流(也就是驱动电源 U_{IN} 的平均输出电流) I_{IN} 之间满足下式：

$$I_{SW} = I_{IN} = \frac{I_{SWSC}T_{on}}{T_{SW}} = \frac{I_{LSC}T_{on}}{T_{SW}} = I_L D = \frac{D}{1-D}I_O \tag{1.3.6}$$

根据式(1.1.8)，开关管电流有效值(计算开关管导通损耗时用到)

$$I_{SWrms} = I_L\sqrt{D\left(1+\frac{\gamma^2}{12}\right)} = \frac{I_O}{1-D}\sqrt{D\left(1+\frac{\gamma^2}{12}\right)} \tag{1.3.7}$$

开关管电流交流分量有效值(计算输入电容损耗与选择输入滤波电容纹波电流时用到)

$$I_{SWACrms} = \sqrt{I_{SWrms}^2 - (DI_L)^2} \tag{1.3.8}$$

根据式(1.1.12)，续流二极管电流有效值(计算续流二极管 V_D 的导通损耗时用到)

$$I_{Drms} = I_{DSC}\sqrt{(1-D)\left(1+\frac{\gamma^2}{12}\right)} = I_O\sqrt{\frac{1}{1-D}\left(1+\frac{\gamma^2}{12}\right)} \tag{1.3.9}$$

续流二极管电流中交流分量有效值(计算输出滤波电容损耗与选择输出滤波电容纹波电流时用到)

$$I_{DACrms} = \sqrt{I_{Drms}^2 - I_D^2} = \sqrt{I_{Drms}^2 - I_O^2} = I_O\sqrt{\frac{1}{1-D}\left(D+\frac{\gamma^2}{12}\right)} \tag{1.3.10}$$

电感电流 i_L 有效值(计算电感线径 d 及铜损时用到)

$$I_{Lrms} = I_L\sqrt{1+\frac{\gamma^2}{12}} = \frac{I_O}{1-D}\sqrt{1+\frac{\gamma^2}{12}} \tag{1.3.11}$$

根据电流有效值的定义 $I_{Lrms} = \sqrt{I_L^2 + I_{LACrms}^2}$，可求出电感电流交流分量有效值，即

$$I_{LACrms} = \sqrt{I_{Lrms}^2 - I_L^2} = \frac{\gamma I_L}{2\sqrt{3}} = \frac{\Delta I}{2\sqrt{3}} \tag{1.3.12}$$

3. 输入电压 U_{IN} 变化对电感峰值电流的影响

在 U_O、I_O、电感量 L 保持不变的情况下，输入电压 U_{IN} 减小，将使电感 L 充电电流 $\left(i_L = I_{Lmin} + \frac{U_{IN} - U_{SW}}{L}t\right)$ 的斜率减小，而电感放电电流 $\left(i_L = I_{LPK} - \frac{U_O + U_D}{L}t\right)$ 的斜率保持不变，即 $U_{IN}\downarrow \rightarrow D\uparrow \rightarrow I_L\uparrow \rightarrow I_{Lmin}\uparrow$，导致电感峰值电流 $I_{LPK} = \frac{I_O}{1-D} + \frac{U_O(1-D)}{2Lf_{SW}}$ 增加，如图 1.3.3 所示。这可能会使电感峰值电流 I_{LPK} 超出允许值，使电感磁芯饱和，造成开关管过流损坏。可见，对于 Buck - Boost 变换器，必须在输入电压 U_{IN} 达到最小值 U_{INmin} 时设计变换器的相关参数。

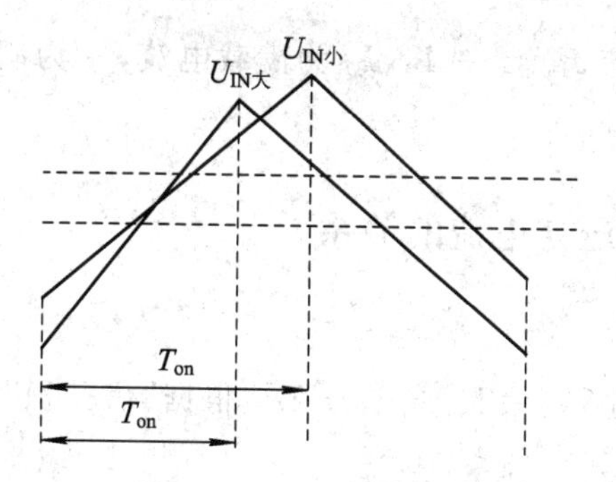

图 1.3.3　输入电压 U_{IN} 对导通时间 T_{on} 的影响

假设 Buck－Boost 变换器的输入功率为 P_{IN}，输出功率为 P_O，效率为 η，则由 $\eta P_{IN}=P_O$ 不难导出 $\eta I_{IN}U_{INmin}=I_O U_O$。

而在 Buck－Boost 变换器中，变换器平均输入电流（也就是驱动电源 U_{IN} 的平均输出电流）$I_{IN}=DI_L=\frac{D}{1-D}I_O$，整理后可得在 Buck－Boost 变换器设计过程中常用到的精度较高的最大占空比

$$D_{max}=\frac{U_O}{U_O+U_{INmin}\eta} \tag{1.3.13}$$

与 Buck 变换器类似，由于占空比 D 取值范围被限制在 0.25～0.75 之间，因此特定输出电压 U_O 对应的输入电压 U_{IN} 的范围也就确定了，即

$$\frac{(1-D_{max})U_O}{\eta D_{max}}\leqslant U_{IN}\leqslant\frac{(1-D_{min})U_O}{\eta D_{min}}$$

例如，输出电压 U_O 为 5.0 V 的 Buck－Boost 变换器，在效率 η 为 90% 的情况下，最小输入电压 $U_{INmin}\geqslant\frac{(1-D_{max})U_O}{\eta D_{max}}=\frac{(1-0.75)\times 5}{0.90\times 0.75}\approx 1.85$ V，在极端情况下 U_{INmin} 也不宜小于 0.98 V（D_{max} 取 0.85）；最大输入电压 $U_{INmax}\leqslant\frac{(1-D_{min})U_O}{\eta D_{min}}=\frac{(1-0.25)\times 5}{0.90\times 0.25}\approx 16.67$ V，在极端情况下 U_{INmax} 也不宜超过 31.48 V（D_{min} 取 0.15）。

最小电感量

$$L>\frac{U_{on}T_{on}}{\Delta I}=\frac{U_{INmin}D_{max}}{f_{SW}I_L\gamma}=\frac{U_{INmin}D_{max}^2}{f_{SW}I_{IN}\gamma}=\frac{(U_{INmin}D_{max})^2}{f_{SW}P_{IN}\gamma} \tag{1.3.14}$$

4. 负载变化对电感电流的影响

由于输入电压 U_{IN}、输出电压 U_O 不变，意味着占空比 D、导通电压 U_{on}、截止电压 U_{off} 保持不变，即电感的充电电流、放电电流 i_L 的斜率不变，而电感的平均电流 $I_L=\frac{I_O}{1-D}$ 随输出电流 I_O 的减小而减小，即在负载由重变轻的过程中，Buck－Boost 变换器也可能由 CCM 模式经 BCM 模式进入 DCM 模式。

同样可以证明，当电感平均电流 $I_{LBCM}=\frac{\gamma}{2}I_L$ 时，变换器处于 BCM 模式，此时有

$$\frac{I_{Omin}}{1-D}=\frac{\gamma}{2}\times\frac{I_O}{1-D}$$

这意味着最小负载电流 $I_{Omin} > \frac{\gamma}{2} I_O$（$I_O$ 为满载电流，γ 为满载时电感的电流纹波比），变换器依然工作在 CCM 模式下。

1.3.3 DCM 模式下电压与电流的关系

1. 输出电压

在 DCM 模式下，周期 $T_{SW}=T_{on}+T_{off}+T_r$，根据“伏秒积”平衡条件 $U_{on}T_{on}=U_{off}T_{off}$，可得 $U_{on}\frac{T_{on}}{T_{SW}}=U_{off}\frac{T_{off}}{T_{SW}}$。

在忽略开关管导通压降 U_{SW}、续流二极管 V_D 导通压降 U_D 的情况下，$U_{on}=U_{IN}$，$U_{off}=U_O$，因此 $U_{IN}\frac{T_{on}}{T_{SW}}=U_O\frac{T_{off}}{T_{SW}}=U_O T_{off} f_{SW}$。

于是输出电压

$$U_O=\frac{DU_{IN}}{T_{off}f_{SW}} \tag{1.3.15}$$

由于在 DCM 模式下，最小电感电流 I_{Lmin} 为 0，续流二极管 V_D 斜坡电流中值 $I_{DSC}=\frac{1}{2}I_{LPK}$，因此输出电流

$$I_O=\frac{I_{DSC}T_{off}}{T_{SW}}=\frac{I_{LPK}T_{off}}{2T_{SW}}=\frac{I_{LPK}T_{off}f_{SW}}{2}$$

再考虑到 $I_{LPK}=\frac{U_{on}T_{on}}{L}$，因此有

$$T_{off}f_{SW}=\frac{2I_O}{I_{LPK}}=\frac{2I_OL}{U_{on}T_{on}}=\frac{2I_OL}{U_{off}T_{off}}=\frac{2I_OL}{U_OT_{off}}$$

$$T_{off}^2 f_{SW}=\frac{2I_OL}{U_O}$$

$$(T_{off}f_{SW})^2=\frac{2Lf_{SW}}{\frac{U_O}{I_O}}=\frac{2Lf_{SW}}{R_L}$$

于是输出电压

$$U_O=\frac{DU_{IN}}{T_{off}f_{SW}}=\frac{DU_{IN}}{\sqrt{\frac{2Lf_{SW}}{R_L}}} \tag{1.3.16}$$

2. 临界连续条件

在 BCM 模式下，有

$$\frac{2Lf_{SW}}{R_L}=(T_{off}f_{SW})^2=\left(\frac{T_{off}}{T_{SW}}\right)^2=(1-D)^2$$

在 DCM 模式下，有

$$\frac{2Lf_{SW}}{R_L}=(T_{off}f_{SW})^2=\left(\frac{T_{SW}-T_{on}-T_r}{T_{SW}}\right)^2=\left(1-D-\frac{T_r}{T_{SW}}\right)^2<(1-D)^2$$

由此可推断(当然也可以证明)，在 CCM 模式下，有

$$\frac{2Lf_{SW}}{R_L} > (T_{off}f_{SW})^2 = (1-D)^2$$

3. 电流关系

续流二极管 V_D 平均电流

$$I_D = I_O = \frac{I_{LPK}T_{off}}{2T_{SW}} \tag{1.3.17}$$

续流二极管的电流有效值(计算续流二极管 V_D 导通损耗时用到)

$$I_{Drms} = I_{LPK}\sqrt{\frac{T_{off}}{3T_{SW}}}$$

开关管的平均电流

$$I_{SW} = I_{IN} = \frac{I_{LPK}}{2}D \tag{1.3.18}$$

开关管的电流有效值(计算开关管导通损耗时用到)

$$I_{SWrms} = I_{LPK}\sqrt{\frac{T_{on}}{3T_{SW}}} = I_{LPK}\sqrt{\frac{D}{3}}$$

电感的电流 i_L 有效值(计算电感线径 d 及铜损时用到)

$$I_{Lrms} = I_{LPK}\sqrt{\frac{T_{on}+T_{off}}{3T_{SW}}}$$

4. 设计公式

在上述推导过程中，默认开关 SW 的导通压降 U_{SW}、续流二极管 V_D 导通压降 U_D 均为 0，在输入电压 U_{IN}、输出电压 U_O 较小时，引起的误差可能较大。当开关管的导通压降 U_{SW}、续流二极管 V_D 的导通压降 U_D 不为 0 时，“伏秒积”平衡条件为

$$(U_{IN}-U_{SW})\frac{T_{on}}{T_{SW}} = (U_O+U_D)\frac{T_{off}}{T_{SW}} = (U_O+U_D)\frac{T_{SW}-T_{on}-T_r}{T_{SW}}$$

由此可得输出电压

$$U_O = \frac{(U_{IN}-U_{SW})D}{1-D-\frac{T_r}{T_{SW}}} - U_D$$

占空比

$$D = \frac{U_O+U_D}{U_O+U_D+U_{IN}-U_{SW}}\left(1-\frac{T_r}{T_{SW}}\right) \tag{1.3.19}$$

为避免在输入电压最小、负载最重的情况下 Buck－Boost 变换器由 DCM 经 BCM 进入 CCM 模式，休止期 T_r 与周期 T_{SW} 的比 T_r/T_{SW} 一般取 0.05～0.10。因此，最大占空比

$$D_{max} = \frac{U_O+U_D}{U_O+U_D+U_{INmin}-U_{SW}}\left(1-\frac{T_r}{T_{SW}}\right) = \frac{U_O+U_D}{U_O+U_D+U_{INmin}-U_{SW}}(0.90\sim0.95)$$

由 $P_{IN} = U_{IN}I_{IN} = U_{IN}\frac{I_{LPK}}{2T_{SW}}T_{on} = U_{IN}\frac{I_{LPK}}{2}D$ 可知，电感的峰值电流

$$I_{LPK} = \frac{2P_{IN}}{DU_{IN}}$$

最小电感量

$$L > \frac{U_{on}T_{on}}{I_{LPK}} = \frac{D^2(U_{IN}-U_{SW})U_{IN}}{2P_{IN}f_{SW}} \tag{1.3.20}$$

考虑到必须在最小输入电压 U_{INmin} 下设计 Buck - Boost 变换器的相关参数，将式(1.3.20)中的 U_{IN} 换为 U_{INmin}，占空比 D 换成 D_{max}，并忽略开关管的导通压降 U_{SW} 后，与 $\gamma=2$ 时的式(1.3.14)相同。实际上式(1.3.20)是 BCM 模式下最小电感 L 的表达式。

若变换器效率用 η 表示，则用式(1.3.17)、式(1.3.18)替换"$\eta I_{INmax}U_{INmin}=U_O I_O$"中的输出及输入电流后，就获得工程设计中常用的 DCM 模式最大占空比 D 表达式，即

$$D_{max} = \frac{U_O}{U_O+\eta U_{INmin}}\left(1-\frac{T_r}{T_{SW}}\right) = \frac{U_O(1-T_r f_{SW})}{U_O+\eta U_{INmin}} \tag{1.3.21}$$

1.4 三种基本 DC - DC 变换器的特性比较

三种基本 DC - DC 变换器的特性比较如表 1.4.1 所示。

表 1.4.1 三种基本 DC - DC 变换器的特性比较

参　数	Buck	Boost	Buck - Boost
U_{on}	$U_{IN}-U_{SW}-U_O$	$U_{IN}-U_{SW}$	$U_{IN}-U_{SW}$
U_{off}	U_O+U_D	$U_O-U_{IN}+U_D$	U_O+U_D
占空比 D	$\frac{U_O+U_D}{U_{IN}-U_{SW}+U_D}$	$\frac{U_O-U_{IN}+U_D}{U_O-U_{SW}+U_D}$	$\frac{U_O+U_D}{U_{IN}-U_{SW}+U_O+U_D}$
电感平均电流 I_L	负载电流 I_O	$\frac{I_O}{1-D}$	$\frac{I_O}{1-D}$
开关管平均电流 I_{SW}	DI_L	DI_L	DI_L
续流二极管平均电流 I_D	$(1-D)I_L$	$(1-D)I_L$(负载电流 I_O)	$(1-D)I_L$(负载电流 I_O)
电源 U_{IN} 输出电流 I_{IN}	$I_{IN}=I_{SW}=DI_L$	$I_{IN}=I_L=\frac{I_O}{1-D}$	$I_{IN}=I_{SW}=DI_L$
电感电流变化量 ΔI	$\frac{U_O}{L}(1-D)T_{SW}$	$\frac{U_O}{L}D(1-D)T_{SW}$	$\frac{U_O}{L}(1-D)T_{SW}$
电感峰值电流 I_{Lmax}	$I_O+\frac{U_O}{2L}(1-D)T_{SW}$ (输入电压最大时出现)	$\frac{I_O}{1-D}+\frac{U_O}{2L}D(1-D)T_{SW}$ (输入电压最小时出现)	$\frac{I_O}{1-D}+\frac{U_O}{2L}(1-D)T_{SW}$ (输入电压最小时出现)
电流纹波率 γ	$\frac{U_O}{I_O L}(1-D)T_{SW}$	$\frac{U_O}{I_O L}D(1-D)^2T_{SW}$	$\frac{U_O}{I_O L}(1-D)^2T_{SW}$
输入端电流纹波	大(输入无电感)	小(输入有电感)，适合作为 APFC 变换器	大(输入无电感)
输出端电流纹波	小(输出有电感)，适合作为恒流驱动，如 LED 驱动	大(输出无电感)	大(输出无电感)

1.5　DC－DC 变换器的电流纹波比 γ 的选择

电感电流变化量 ΔI_L 与电感平均电流 I_L 之比，称为电感电流纹波比 γ，即

$$\gamma=\frac{\Delta I_L}{I_L}$$

而电感峰值电流

$$I_{LPK}=I_L+\frac{1}{2}\Delta I_L=I_L\left(1+\frac{\gamma}{2}\right)$$

显然，$0<\gamma\leqslant 2$。$\gamma=0$，ΔI 为 0，意味着电感 $L\rightarrow\infty$，变换器不可能工作；$\gamma=2$，则 $I_{LPK}=2I_L$，意味着最小电感电流 $I_{L\min}$ 为 0，即 DC－DC 变换器处于临界连续(BCM)状态。

一方面，γ 越大，I_{LPK} 越大，一个开关周期内电感存储的能量就越大，电感的体积就越小；另一方面，I_{LPK} 越大(意味着 ΔI 就越大)，输出滤波电容的充放电电流就越大，在输出滤波电容的 ESR 一定的情况下，输出纹波电压 ΔU_O 也越大，输出滤波电容损耗就会相应增加，降低了 DC－DC 变换器的效率。换句话说，γ 增加，为保持输出纹波电压 ΔU_O 不变，将被迫使用更大容量的输出滤波电容。

(1) 当负载电流 I_O 固定时，根据经验，γ 的取值范围为 0.4～1.0，尽管当 $\gamma>0.6$ 后，γ 增加，电感体积减小的趋势不显著，但当电感磁芯体积能够存储所需的能量时，电感量 L 会因 γ 偏小而增加，造成匝数偏多，因此，当磁芯绕线窗口不能容纳过多线圈匝数时，可适当增大电流纹波比 γ，以降低电感量 L。

(2) 当负载电流 I_O 变化时，必须保证负载电流 I_O 降到最小值 $I_{O\min}$ 时变换器不进入 DCM 模式。根据前面分析可知电流纹波比

$$\gamma=\frac{2I_{O\min}}{I_O}\tag{1.5.1}$$

由式(1.5.1)计算出的纹波比 $\gamma<0.4$，意味着电感的体积偏大，可考虑通过假负载避免变换器进入 DCM 模式。γ 确定后，就可以推算变换器线圈的最小电感量，即

$$L=\frac{U_{on}T_{on}}{\gamma I_L}=\frac{U_{off}T_{off}}{\gamma I_L}$$

但值得注意的是，γ 并不是常数。前面已经分析过，在负载由重变轻的过程中，电感平均电流 I_L 由大变小，由于输入电压、输出电压不变，因此占空比 D 不变，在进入 DCM 模式前 $\Delta I=\frac{U_{on}}{L}T_{on}$ 也不变，从而使电流纹波比 $\gamma=\frac{\Delta I}{I_L}$ 从设定值由小变大(临界值为 2)。

1.6　输出滤波电容的选择

DC－DC 变换器输出滤波电容 C 的容量由下列因素之一对应的最大值确定。

(1) 变换器停止工作一段特定时间后，输出电压不能小于某一特定值所需的最小输出滤波电容 C。

假设 DC－DC 变换器的输出功率为 P_O，输出电压为 U_O，若要求变换器停止工作 T_S 时

间后，最小输出电压为 U_{Omin}，显然，在变换器停止工作期间由输出滤波电容 C 向负载提供能量，即

$$P_O T_S=\frac{1}{2}CU_O^2-\frac{1}{2}CU_{Omin}^2$$

那么所需的最小输出滤波电容

$$C>\frac{2P_O T_S}{U_O^2-U_{Omin}^2} \tag{1.6.1}$$

(2) 由输出纹波电压 ΔU_O 决定的最小输出电容。

变换器输出纹波电压 ΔU_O 的大小由输出滤波电容 C 的容量及等效串联电阻 ESR 决定。C 越大，输出纹波电压 ΔU_O 就越小。鉴于输出滤波电容 C 的容量较大，因而一般只能采用铝电解电容。而铝电解电容损耗较大，即等效串联电阻 ESR 较大，输出脉动电流会对电容 C 充、放电，在 ESR 上引起的输出电压 U_O 波动 ΔU_{ESR} 不仅不能忽略，甚至远大于输出电流(对 Buck 变换器为电感电流，对 Boost、Buck - Boost 变换器为续流二极管电流)对理想电容 C 充电、放电造成的输出电压 U_O 波动 ΔU_C，即

$$\Delta U_O=\Delta U_{ESR}+\Delta U_C$$

在开关电源中，电解电容损耗角的正切 DF(也称为损耗因子)要尽可能小；高频特性要好(能通过的高频纹波电流的大小用电容纹波电流-频率系数表示，即在高频状态下等效串联电阻 ESR 要小)；工作温度上限要高，一般均在 105℃以上；寿命要长；标称耐压大于电容最大端电压的 1.15～1.2 倍；所用电容可承受的纹波电流要大于变换器的最大纹波电流。

在选择输出滤波电容时，满足设计指标要求即可，并非越大越好，否则会使变换器响应速度变慢，或启动时控制器可能会误判为过流，造成变换器不断重复启动、无法进入正常的工作状态。

1.6.1 输出滤波电容因 ESR 电阻引起的输出电压波动

一般情况下，输出纹波电压 ΔU_O 的大小主要由 ΔU_{ESR} 决定。根据 DC - DC 变换器拓扑结构，可计算出流过输出滤波电容 C 的纹波电流 ΔI_C(即峰-峰值)的最大值，即

$$\Delta U_{ESR}=\text{ESR}\Delta I_{Cmax} \tag{1.6.2}$$

对 Buck 变换器来说，当输入电压最大(即占空比最小)时，纹波电流 ΔI_L 达到最大，即

$$\Delta I_{Cmax}=\Delta I_L=\frac{U_{off}T_{off}}{L}=\frac{U_O+U_D}{Lf_{SW}}(1-D_{min})$$

对 Boost 变换器来说，当 $D=0.5$ 时，ΔI_L 最大，即

$$\Delta I_{Cmax}=\Delta I_L=\frac{U_{off}T_{off}}{L}=\frac{U_O}{Lf_{SW}}D(1-D)=\frac{U_O}{4Lf}$$

对 Buck - Boost 变换器来说，当输入电压最大时，纹波电流 ΔI_L 达到最大，即

$$\Delta I_{Cmax}=\Delta I_L=\frac{U_{off}T_{off}}{L}=\frac{U_O+U_D}{Lf_{SW}}(1-D_{min})$$

由输出滤波电容 ESR 引起的输出纹波电压波形的最大值与电感峰值电流同步，如图 1.6.1 所示。

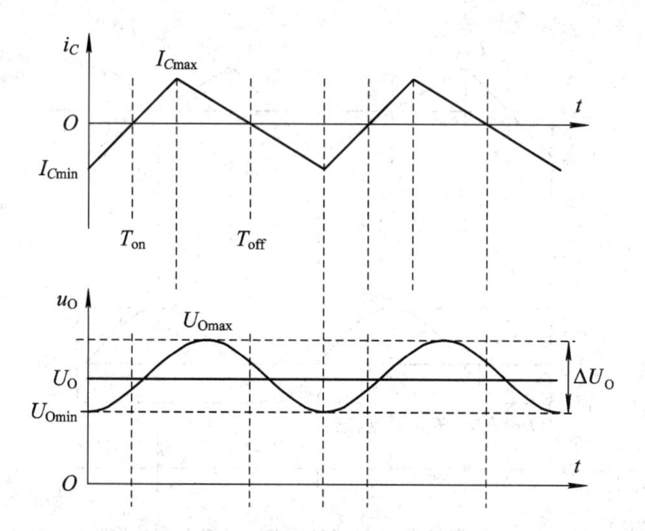

图 1.6.1 由 ESR 引起的输出纹波电压波形与电感电流波形

电解电容等效串联电阻 ESR 的大小与工作频率有关，可根据电容损耗因子 DF 及纹波电流-频率系数计算出特定频率下的等效串联电阻 ESR。

例如，某系列电解电容损耗因子 DF 为 0.09(120 Hz)，纹波电流-频率系数为 0.55 (120 Hz)/1.0(100 kHz)，则

$$\mathrm{ESR}_{100k}=\left(\frac{I_{120}}{I_{100k}}\right)^2\mathrm{ESR}_{120}$$

其中，$\mathrm{ESR}_{120}=\dfrac{\mathrm{DF}}{2\pi\times120C}$($C$ 为电容值)。

由此可见：

(1) 对于 Buck、Buck-Boost 变换器来说，输入电压 U_{IN} 最大时，输出电压纹波 ΔU_O 最大；而对于 Boost 变换器，在输入电压 U_{IN} 达到某一特定值，使占空比 $D=0.5$ 时，输出电压纹波 ΔU_O 最大。

(2) 减少输出电压纹波 ΔU_O 的可行方法是：在输出滤波电容容量一定的情况下，尽可能采用 DF 小的电容品种；在 DF 相同的情况下，可适当增加滤波电容的容量。

1.6.2 一个开关周期内对输出电容 C 充放电引起的输出电压波动

在 Buck 变换器中，输出滤波电容 C 依靠电感电流 i_L 充电。显然，当 $i_L>I_O$ 时，输出电容 C 处于充电状态；而当 $i_L<I_O$ 时，输出电容 C 处于放电状态，如图 1.6.2 所示。

输出滤波电容 C 的充放电电流

$$i_C=i_L-I_O$$

而电感电流 i_L 为三角波，减去直流分量 I_O 后仍为三角波，如图 1.6.2 所示。

因 $i_C=C\dfrac{\mathrm{d}u_C}{\mathrm{d}t}$，故

$$\Delta U_O=\Delta U_C=\frac{I_{C(av)}\Delta T}{C}$$

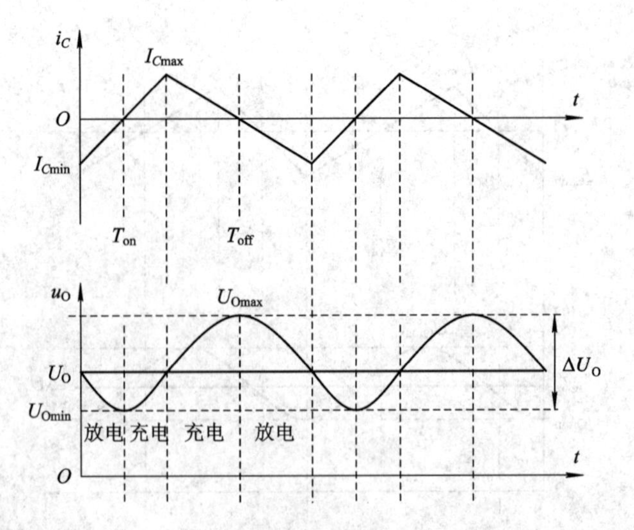

图 1.6.2 Buck 变换器输出滤波电容(理想电容)的端电压波形

显然，电容充电时间从$\frac{T_{on}}{2}$到$\frac{T_{off}}{2}$，即 $\Delta T=\frac{T_{on}+T_{off}}{2}=\frac{T_{SW}}{2}$。充电期间的平均电流 $I_{C(av)}=\frac{\Delta I}{4}$，因此输出滤波电容 C 端电压的变化量

$$\Delta U_O=\Delta U_C=\frac{I_{C(av)}\Delta T}{C}=\frac{\Delta I T_{SW}}{8C}\approx\frac{U_O(1-D)}{8CLf_{SW}^2}$$

输出滤波电容

$$C=\frac{1-D}{8Lf_{SW}^2\dfrac{\Delta U_O}{U_O}} \tag{1.6.3}$$

可见，输出滤波电容 C 的容量与输出纹波电压、频率、电感量有关。

对于 Boost 以及 Buck - Boost 变换器来说，在截止期间，借助续流二极管 V_D 电流 i_D 对输出滤波电容 C 充电。由于二极管平均电流 $I_D=I_O=(1-D)I_L$，因此当 $i_D<I_D$ 时，充电过程结束，依靠输出滤波电容 C 放电给负载提供能量，理想输出滤波电容端电压波形如图 1.6.3 所示。

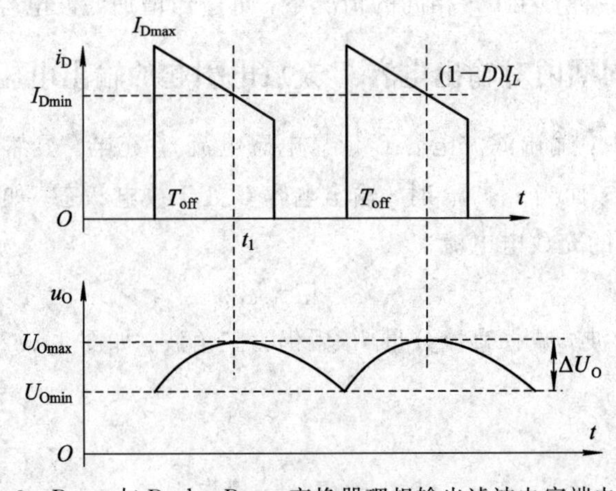

图 1.6.3 Boost 与 Buck - Boost 变换器理想输出滤波电容端电压波形

在截止期间，续流二极管 V_D 电流

$$i_D = I_{LPK} - \frac{U_{off}}{L}t$$

当 $t=t_1$ 时，$i_D = I_{LPK} - \frac{U_{off}}{L}t_1 = (1-D)I_L$，即输出电容 C 的充电时间

$$t_1 = \frac{L}{U_{off}}\left(\frac{1}{2}\Delta I + DI_L\right)$$

输出电容 C 的充电电流

$$i_C = i_D - I_O = I_{LPK} - I_O - \frac{U_{off}}{L}t \qquad \text{（依然是时间 } t \text{ 的线性函数）}$$

所以，有

$$\begin{aligned}
\Delta U_O &= \Delta U_C = \frac{1}{C}i_C\Delta t \\
&= \frac{1}{C}\left[I_{LPK} - I_O - \frac{U_{off}}{L}\times\frac{L}{2U_{off}}\left(\frac{1}{2}\Delta I + DI_L\right)\right]\frac{L}{U_{off}}\left(\frac{1}{2}\Delta I + DI_L\right) \\
&= \frac{1}{8C}\times\frac{L}{U_{off}}(\Delta I + 2DI_L)^2 = \frac{(\Delta I + 2DI_L)^2}{8C\Delta I}T_{off} \\
&= \frac{\Delta I(1-D)T}{8C}\left(1+\frac{2D}{\gamma}\right)^2
\end{aligned}$$

对于 Boost 变换器来说，$\Delta I = \frac{U_O}{L}D(1-D)T_{SW}$，则输出滤波电容

$$C = \frac{U_O D(1-D)^2}{8Lf_{SW}^2\Delta U_O}\left(1+\frac{2D}{\gamma}\right)^2 \tag{1.6.4}$$

对于 Buck-Boost 变换器来说，$\Delta I = \frac{U_O}{L}(1-D)T_{SW}$，则输出滤波电容

$$C = \frac{U_O(1-D)^2}{8Lf_{SW}^2\Delta U_O}\left(1+\frac{2D}{\gamma}\right)^2 \tag{1.6.5}$$

对于 Boost、Buck-Boost 变换器来说，也可以用如下的近似计算方式估算输出滤波电容 C 的容量。其指导思想是：在 T_{off} 期间，输出电容 C 一直处于充电状态，在 T_{off} 结束时输出滤波电容 C 端电压达到最大(事实上，在 T_{off} 期间，当续流二极管 V_D 电流 $i_D = I_O$ 时，输出滤波电容 C 端电压达到最大，此后电容 C 就处于放电状态)；而在 T_{on} 期间，续流二极管 V_D 截止，负载电流 I_O 完全由输出滤波电容 C 提供，其端电压不断下降。根据电容定义，端电压变化量

$$\Delta U_O = \frac{\Delta Q}{C} = \frac{i_C dt}{C} = \frac{I_O T_{on}}{C} = \frac{I_O DT_{SW}}{C} = \frac{DI_O}{Cf_{SW}}$$

即输出滤波电容

$$C = \frac{DI_O}{\Delta U_O f_{SW}} = \frac{DI_O U_O}{\Delta U_O f_{SW} U_O} = \frac{DU_O}{\Delta U_O f_{SW} R_L} \tag{1.6.6}$$

以上讨论仅仅涉及电解电容的容量选择，实际滤波电路中均为由大容量的铝电解电容和小容量的聚丙烯 CBB 电容构成的 CC 型滤波电路。其原因是：一方面，大容量铝电解电容的寄生电感大，对输出信号中的高频分量呈现出较大的感抗；另一方面，大容量铝电解

电容的损耗因子 DF 大，即等效串联电阻 ESR 大，而小容量 CBB 电容的寄生电感小，损耗因子 DF 也小，一般只有 0.001。

在 CC 型滤波电路中，CBB 电容容量一般为 0.10～0.47 μF，具体数值没有严格限制，无需计算。

习 题

1-1 画出 Buck 变换器的原理电路。

1-2 说出 DC-DC 变换器中电感、电流三种工作模式的主要特征。

1-3 简述稳定输出电压 U_O 的三种调制方式及其优缺点。

1-4 应在什么状态下设计 Buck 变换器的参数?

1-5 简述 Buck 变换器的设计过程，并写出相应参数的计算公式。

1-6 应在什么状态下设计 Boost 变换器的参数?

1-7 简述 Boost 变换器的设计过程，并写出相应参数的计算公式。

1-8 应在什么状态下设计 Buck-Boost 变换器的参数?

1-9 简述 Buck-Boost 变换器的设计过程，并写出相应参数的计算公式。

1-10 DC-DC 变换器输出纹波电压 ΔU_O 的大小主要由什么因素决定? 滤波电容 ESR 引起的输出纹波电压与电感电流或续流二极管电流变化在理想电容上引起的输出纹波电压各有什么特征?

第 2 章　DC - DC 变换器储能电感设计

储能电感是 DC - DC 变换器的核心元件，DC - DC 变换器的一些关键指标就是由储能电感的特性决定的。储能电感也是 DC - DC 变换器中唯一的非标元件，往往不能用商品化的标准电感元件代替，设计者需要根据变换器的输入参数、输出参数、开关频率、电感电流模式、目标效率等指标先计算出储能电感的相关参数（磁芯体积、电感量、绕组匝数和线径），再选定磁芯材料及形状，进而量身定制。为此，本章将介绍储能电感磁芯体积的选择依据、电感量及绕组匝数的计算方法、磁芯气隙长度估算及电感制作等方面的基础知识，并通过实例展示电感参数的计算过程。

2.1　磁性元件设计过程涉及的电磁学知识

本节简要介绍磁性元件设计过程中涉及的电磁学知识。

（1）电磁感应定律：位于变化磁场中的 N 匝线圈两端的感应电压 u 与磁通量 Φ 的变化率成正比，即

$$u = N\frac{\mathrm{d}\Phi}{\mathrm{d}t} \tag{2.1.1}$$

在均匀磁场中，如果磁芯的截面积为 A_e，那么根据磁感应强度 B 的含义——B 是单位面积上的磁通，即 $B=\Phi/A_e$，则位于均匀磁场中的 N 匝线圈两端的感应电压

$$u = N\frac{\mathrm{d}\Phi}{\mathrm{d}t} = NA_e\frac{\mathrm{d}B}{\mathrm{d}t} \tag{2.1.2}$$

（2）电感电流 i 与电感端电压 u 的关系为

$$u=L\frac{\mathrm{d}i}{\mathrm{d}t}$$

由此可获得在磁化曲线线性区内磁感应强度 B 与电流 I 之间的两个非常重要的关系式，即

$$NA_e\mathrm{d}B = L\mathrm{d}i \quad \text{（微分形式）} \tag{2.1.3}$$

$$NA_e\Delta B = L\Delta I \quad \text{（增量形式）} \tag{2.1.4}$$

磁感应强度 B 与磁场强度 H 之间的关系为

$$H = \frac{B}{\mu} = \frac{B}{\mu_0\mu_r} \tag{2.1.5}$$

其中，μ 为磁性材料的磁导率；μ_r 为磁性材料的相对磁导率；$\mu=\mu_0\mu_r$（真空磁导率 $\mu_0=4\pi\times10^{-7}\,\mathrm{H/m}$）。

由此可知，当磁导率 μ 不随磁场强度 H 变化时，在磁化曲线的线性区内，磁场强度 H 与电流 I 之间的两个重要的关系式为

$$NA_e\mu\mathrm{d}H = L\mathrm{d}i \quad \text{（微分形式）} \tag{2.1.6}$$

$$NA_e\mu\Delta H = L\Delta I \quad (增量形式) \tag{2.1.7}$$

(3) 对于均匀磁场来说，如果磁路的有效长度为 l_e，则由安培环路定律 $\oint Hdl=NI$ 可知

$$Hl_e = NI \tag{2.1.8}$$

在国际单位制(SI)中，磁感应强度 B 的单位为T(特斯拉)，磁场强度 H 的单位为A/m(安/米)。因此，在均匀磁场中，当电流 I 的单位为A(安)，磁路有效长度 l_e 的单位为m(米)时，磁场强度

$$H=\frac{NI}{l_e} \quad (\mathrm{A/m}) \tag{2.1.9}$$

而在电磁单位制(CGS，即厘米克秒)中，磁感应强度 B 的单位为Gs(高斯)，电流 I 的单位为A(安)，磁路有效长度 l_e 的单位为cm(厘米)，磁场强 H 的单位为Oe(奥斯特)。因此，在均匀磁场中，磁场强度

$$H=\frac{0.4\pi NI}{l_e} \quad (\mathrm{Oe}) \tag{2.1.10}$$

显然，当磁路有效长度 l_e 的单位取mm时，$H=\frac{4\pi NI}{l_e}$ (Oe)，且 $1\ \mathrm{A/m}=0.4\pi\times10^{-2}$ (Oe)，而 $1\ \mathrm{Oe}=\frac{10^2}{0.4\pi}(\mathrm{A/m})$。

当磁场强度 H 的单位为Oe时，由式(2.1.5)可知

$$B=H\mu_0\mu_r=H\frac{10^2}{0.4\pi}\times4\pi\times10^{-7}\times\mu_r=H\mu_r\times10^{-4}(T)=H\mu_r(\mathrm{Gs})$$

可见，磁感应强度 B 单位换算关系为1 T=10 000 Gs。当磁场强度 H 的单位为Oe，磁感应强度 B 的单位为Gs时，材料的相对磁导率为

$$\mu_r=\frac{B(\mathrm{Gs})}{H(\mathrm{Oe})}$$

2.2 电感存储能量与电感磁芯体积之间的关系

在高磁导率的磁芯中增设气隙后，剩磁通密度 B_r 接近0。在这种情况下，在磁化曲线线性区内，$B-I$ 曲线可近似为一条通过原点的直线段，由式(2.1.3)不难得出

$$NA_eB_{DC} = LI_L(平均值) \tag{2.2.1}$$

$$NA_eB_{PK} = LI_{LPK}(峰值) \tag{2.2.2}$$

其中，B_{DC} 为平均磁感应强度；B_{PK} 为峰值磁感应强度；I_L 为电感平均电流；I_{LPK} 为电感峰值电流。由式(2.1.4)和式(2.2.1)可导出 ΔB、B_{DC}、B_{PK} 之间的关系为

$$\gamma=\frac{\Delta I}{I_L}=\frac{\Delta B}{B_{DC}}$$

$$\Delta B=\gamma B_{DC} \tag{2.2.3}$$

$$B_{PK}=B_{DC}+\frac{1}{2}\times\Delta B=B_{DC}\left(1+\frac{\gamma}{2}\right) \tag{2.2.4}$$

$$B_{DC}=\frac{2}{2+\gamma}B_{PK} \tag{2.2.5}$$

假设磁芯磁路的有效长度为 l_e，截面积为 A_e，而 $V_e=l_eA_e$(V_e 称为磁芯的有效体积)，

则由安培环路定律可知

$$I=\frac{Hl_e}{N}=\frac{Bl_e}{\mu_e\mu_0 N}$$

又由于电感存储能量

$$E=\frac{1}{2}LI^2=\frac{1}{2}LI\times I$$

注意到 $LI=NA_eB$，则电感存储的能量

$$E=\frac{1}{2}NA_eB\frac{B\times l_e}{\mu_e\mu_0 N}=\frac{1}{2}\times\frac{B^2}{\mu_e\mu_0}l_eA_e=\frac{B^2V_e}{2\mu_e\mu_0} \tag{2.2.6}$$

其中，μ_e 称为有效磁导率。对于质地均匀、磁路封闭、没有气隙的磁芯材料来说，μ_e 就是相对磁导率 μ_r；而对于含有气隙的磁芯来说，用有效磁导率 μ_e 代替相对磁导率 μ_r 更合理。可见，电感存储的能量与磁芯的有效体积 V_e 成正比，与磁芯的有效磁导率 μ_e 成反比，因而相同体积的磁芯，磁导率 μ_e 越大，其存储的能量就越小。也正因如此，DC－DC 变换器中的储能电感磁芯通过增加气隙方式来降低有效磁导率 μ_e（或使用磁导率不高、损耗较小的磁粉芯作为储能电感的磁芯）。

在激磁电流的作用下，如果磁感应强度 B 的变化范围为 $B_{min}\sim B_{PK}$，那么储能电感及储能变压器吸收或释放的能量

$$\begin{aligned}\Delta E&=\frac{V_eB_{PK}^2}{2\mu_e\mu_0}-\frac{V_eB_{min}^2}{2\mu_e\mu_0}=\frac{V_e}{\mu_e\mu_0}\times\frac{(B_{PK}+B_{min})}{2}(B_{PK}-B_{min})\\&=\frac{V_e}{\mu_e\mu_0}\Delta BB_{DC}\end{aligned} \tag{2.2.7}$$

2.3 储能电感 AP 法公式的推导

在选择 DC－DC 变换器储能电感磁芯时，强烈推荐使用体积法估算电感磁芯的尺寸，原因是通过体积法选择 DC－DC 变换器电感磁芯尺寸时物理概念清晰，准确性较高。但也可以用 AP 法大致估算出磁芯的尺寸，推导过程如下：

假设磁芯绕线窗口的面积为 A_W，在绕线窗口内缠绕了 N 匝截面积为 A_{Cu} 的漆包线后，绕线窗口的利用率 $K_U=\frac{NA_{Cu}}{A_W}$，典型值为 0.3～0.4，则由式(2.2.2)可知，匝数 $N=\frac{LI_{LPK}}{A_eB_{PK}}$，因此有

$$K_U=\frac{NA_{Cu}}{A_W}=\frac{LI_{LPK}A_{Cu}}{A_eA_WB_{PK}}$$

磁芯面积积 AP 为磁芯有效截面积 A_e 与绕线窗口面积 A_W 的乘积

$$AP=A_eA_W=\frac{LI_{LPK}A_{Cu}}{K_UB_{PK}} \tag{2.3.1}$$

由电流密度 $J=I_{LPK}/A_{Cu}$ 可知，$A_{Cu}=I_{LPK}/J$。当电流密度 J 的单位取 A/mm²，电感 L 的单位取 μH，电感峰值电流 I_{LPK} 的单位取 A，峰值磁通密度 B_{PK} 的单位取 T(特斯拉)时，磁芯面积积

$$AP=A_eA_W=\frac{LI_{LPK}^2}{JK_UB_{PK}}\quad(\text{mm}^4) \tag{2.3.2}$$

当电流密度 J 的单位取 A/cm² 时，磁芯面积积

$$AP = A_e A_W = \frac{LI_{LPK}^2}{JK_U B_{PK}} \times 10^{-2}(\text{cm}^4) \tag{2.3.3}$$

对于不同的面积积 AP，如果保持电流密度 J 不变，则 AP 越大，磁芯存储的能量越大，磁芯损耗也就越大，从而加剧了磁芯的温升。为保持温升不变，当 AP 增加时，电流密度 J 应减小。J 与 AP 之间的关系大致为

$$J = K_j(\text{AP})^X$$

其中，K_j、X 为磁芯结构常数，与磁芯材料、形状有关。

于是电流密度

$$J = \frac{LI_{LPK}^2}{K_U B_{PK} \text{AP}} \times 10^{-2} = K_j(\text{AP})^X$$

整理后，得

$$\text{AP} = \left(\frac{LI_{LPK}^2}{K_j K_U B_{PK}} \times 10^{-2}\right)^{\frac{1}{1+X}}(\text{cm}^4) \tag{2.3.4}$$

根据经验，当 AP＝1 cm^4，变压器磁芯温升不超过 30℃时，电流密度 J 的典型值为 400～450 A/cm^2，即电流密度系数 K_j 的典型值为 420 A/cm^2；参数 X 与磁芯的结构有关，当 X 取－0.125 时，磁芯面积积

$$\text{AP} = \left(\frac{LI_{LPK}^2}{420K_U B_{PK}} \times 10^{-2}\right)^{1.143}(\text{cm}^4) = \left(\frac{LI_{LPK}^2}{420K_U B_{PK}} \times 10^{-2}\right)^{1.143} \times 10^4(\text{mm}^4) \tag{2.3.5}$$

2.4　磁芯气隙的设置

2.4.1　在闭合磁路中开气隙的必要性

高磁导率磁芯的磁滞回线接近理想磁芯的磁滞回线，如图 2.4.1 中实线所示。在图 2.4.1 中：线性区(B 随 H 增加而线性增加的区域)很窄；饱和磁感应强度 B_S 对应的磁场强度 H 很小，无法存储能量(原因是电感存储的能量 $E=\frac{1}{2}LI^2$，而电感电流 I 与磁场强度 H 成正比)；剩磁 B_r(即 H 减到 0 时对应的磁感应强度)较大，限制了磁感应强度 B 的摆幅。在磁路中增加气隙后，磁芯的磁滞回线将发生切变，如图 2.4.1 中虚线所示。这样，一方面扩大了磁感应强度 B 线性区的范围，使饱和磁感应强度 B_S 对应的磁场强度 H 增大了——可以存储能量；另一方面，剩磁通 B_r 也变小了，扩展了感应强度 B 的变化范围。另外，增加气隙后也能减少，甚至可避免温度对绕在磁芯上的线圈电感量的影响。

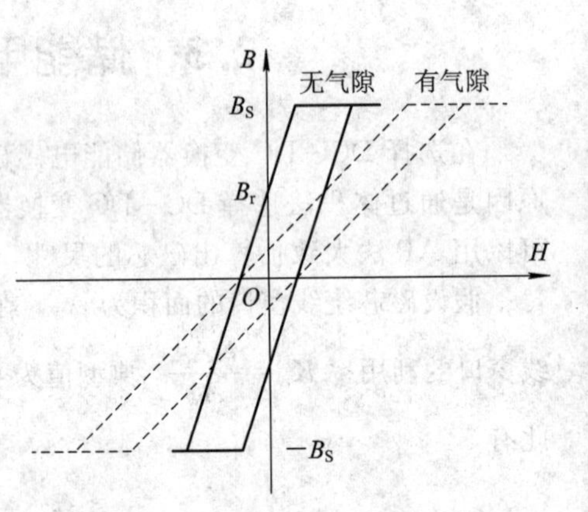

图 2.4.1　气隙对磁滞回线的影响

2.4.2　气隙位置

气隙位置必须合理，否则电感散磁通会显著增加，恶化 DC－DC 变换器的 EMI 指标。典型磁芯结构合理的气隙位置如图 2.4.2 所示。

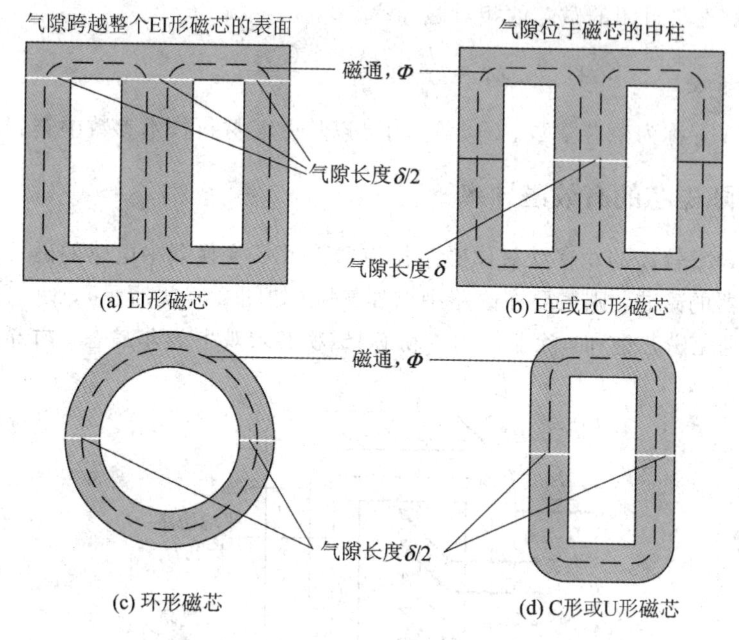

图 2.4.2 典型磁芯结构合理的气隙位置

此外，气隙的端面必须平整、光滑，且要求两端面尽可能平行，否则散磁通会显著增加。

2.4.3 无气隙磁芯的相对磁导率与电感系数

在一个磁路完全封闭的环形磁芯上均匀缠绕了 N 匝线圈后获得的电感结构如图 2.4.3 所示。

假设磁芯的有效截面积为 A_e，磁路的有效长度为 l_e，材料的相对磁导率为 μ_r，由电磁感应定律 ($\mu NA_eH=LI$) 可知 $L=N\mu A_e\dfrac{H}{I}$；再由安培环路定律 ($Hl_e=NI$) 可知 $\dfrac{H}{I}=\dfrac{N}{I_e}$，于是包含了磁芯的线圈电感量

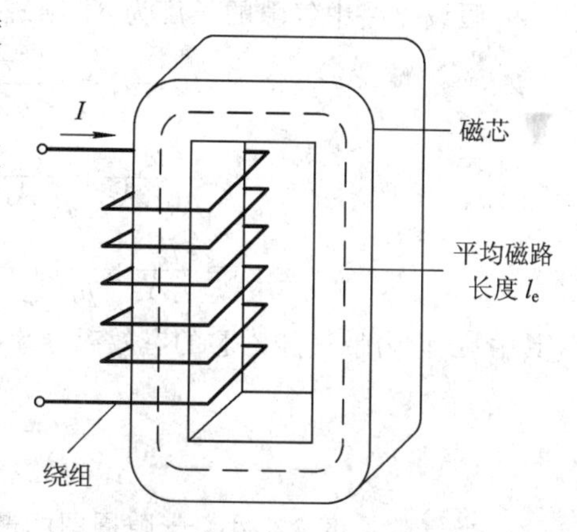

图 2.4.3 无气隙均匀材质磁芯

$$L=\frac{N^2\mu A_e}{l_e}=\frac{\mu_r\mu_0 A_e}{l_e}N^2$$

$$=N^2A_L=\frac{N^2}{R_C} \tag{2.4.1}$$

其中，$A_L=\dfrac{1}{R_C}=\dfrac{\mu_r\mu_0 A_e}{l_e}$，称为无气隙均匀材质磁芯的电感系数；$R_C=\dfrac{1}{A_L}=\dfrac{l_e}{\mu_r\mu_0 A_e}$，称为磁芯磁阻，因为它与电工学中电阻 R 的概念非常类似(与磁路长度 l_e 成正比，与磁芯材料的磁导率 $\mu_r\mu_0$ 及磁路的截面积 A_e 成反比)，电感系数 A_L 有时也称为磁导，同样也是因为与电工学中“电导”的概念类似。显然，材质相同但几何尺寸不同的磁芯的电感系数 A_L 不一定相同，除非两者的磁路截面积 A_e 与磁路长度 l_e 的比值相同。

由此，可得磁路封闭的磁芯的相对磁导率

$$\mu_r = \frac{l_e}{A_e} \times \frac{A_L}{\mu_0} = \frac{C_1 A_L}{\mu_0} \tag{2.4.2}$$

其中，$C_1 = l_e / A_e$，称为磁芯常数。C_1、A_L 均可以从磁芯材料技术参数中查到。

2.4.4　带气隙磁芯的有效磁导率

若采用磁导率较高的功率铁氧体磁芯作为 DC - DC 变换器中电感的磁芯以及反激变换器中储能变压器的磁芯，则需要在磁路中增加气隙(如图 2.4.4 所示)，使电感或储能变压器能够储能，避免磁芯饱和，除非使用磁粉芯(磁粉芯宏观上为非晶态，内部已存在许多微小气隙)。

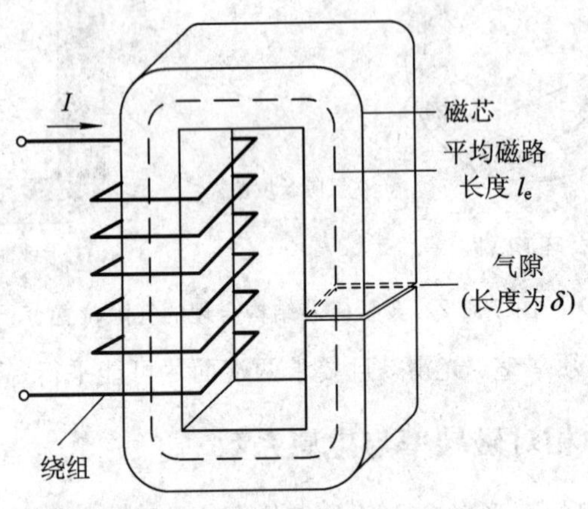

图 2.4.4　在磁路中增加气隙

假设磁路中气隙的长度为 δ，则磁芯的磁阻

$$\begin{aligned} R_m &= R_C + R_\delta = \frac{l_e - \delta}{\mu_r \mu_0 A_e} + \frac{\delta}{\mu_0 A_\delta} \\ &\approx \frac{l_e}{\mu_r \mu_0 A_e} + \frac{\delta}{\mu_0 A_\delta} \quad (\text{一般情况下，气隙长度 } \delta \ll l_e) \\ &= \frac{l_e}{\mu_0 A_e} \times \frac{1}{\mu_r}\left(1 + \frac{A_e \delta}{A_\delta l_e}\mu_r\right) = \frac{l_e}{\mu_0 A_e} \times \frac{1}{\mu_e} \end{aligned} \tag{2.4.3}$$

其中 μ_e 称为带气隙磁芯的有效磁导率，显然有

$$\mu_e = \frac{\mu_r}{1 + \dfrac{A_e}{A_\delta}\dfrac{\delta}{l_e}\mu_r} \tag{2.4.4}$$

当气隙长度 δ 很小，气隙周围的散磁通可忽略不计时，认为 $A_\delta \approx A_e$，则

$$\mu_e = \frac{\mu_r}{1 + \dfrac{\delta}{l_e}\mu_r} \tag{2.4.5}$$

气隙长度 δ 一般取 0.2 ～1.5 mm(小于 0.2 mm 时，加工精度低；大于 1.5 mm 时，磁芯周围的散磁通会显著增加)，磁芯的有效磁路长度 l_e 较大，一般情况下$\dfrac{\delta}{l_e}$为 0.001～0.01，而高磁导率磁芯的相对磁导率 μ_r 很大(如 2300 以上)，使$\dfrac{\delta}{l_e}\mu_r \gg 1$。在这种情况下，

带气隙磁芯的有效磁导率为

$$\mu_e = \frac{\mu_r}{1+\dfrac{\delta}{l_e}\mu_r} \approx \frac{\mu_r}{\dfrac{\delta}{l_e}\mu_r} = \frac{l_e}{\delta} \tag{2.4.6}$$

这意味着在高磁导率磁芯中增加气隙后，降低了磁性材料本身的相对磁导率 μ_r 对电感量 L 的影响；当 $\dfrac{\delta}{l_e}\mu_r \gg 1$ 成立时，磁芯的有效磁导率 μ_e 基本上与磁性材料的相对磁导率 μ_r 无关(这并不是说在磁芯中增加气隙后，就可以使用低磁导率磁芯，原因是当 μ_r 较低时，$\dfrac{\delta}{l_e}\mu_r \gg 1$不一定成立；此外，当 μ_r 偏小时，散磁通会显著增加)。尽管磁性材料本身的相对磁导率 μ_r 受温度影响较大，使包含了磁芯的线圈电感量 L 与温度有关，然而在封闭磁路中增加气隙后，却能减小，甚至避免温度对磁芯电感量 L 的影响。也正因如此，在正激、半桥、全桥等硬开关非储能类高频变压器磁芯中，有时也需要增设微小气隙，以提高磁芯参数的稳定性(需要注意的是，非储能类变压器磁芯的气隙长度 δ 一般很小，否则激磁电流会显著上升)。

由电感量

$$L = \frac{N^2\mu A_e}{l_e} = \frac{\mu_e\mu_0 A_e}{l_e}N^2 \approx \frac{\mu_r\mu_0 A_e}{l_e}\frac{N^2}{1+\dfrac{\delta}{l_e}\mu_r} \tag{2.4.7}$$

可知，在磁芯中增加微小气隙后，电感量 L 减小为原来的 $\dfrac{1}{1+\dfrac{\delta}{l_e}\mu_r}$。

2.5　DC - DC 变换器储能电感磁芯体积的选择依据

在 DC - DC 变换器中，储能电感体积与变换器输出功率有关，输出功率 P_O 越大，所需电感的磁芯体积 V_e 就越大。本节将从数学上推导出储能电感的磁芯体积 V_e 与变换器的输出功率 P_O 之间的关系。

2.5.1　Buck - Boost 变换器储能电感与反激变换器储能变压器磁芯体积的估算

对于 Buck - Boost 变换器与反激变换器来说，在开关管导通期间(T_{on})电感存储能量；在开关管截止期间(T_{off})电感向负载释放能量。一个开关周期内驱动电源 U_{IN} 消耗的能量为 $U_{IN}I_{SWSC}T_{on}$，而 $I_{IN}=\dfrac{I_{SWSC}T_{on}}{T_{SW}}$，由此可知 $U_{IN}I_{SWSC}T_{on}=U_{IN}I_{IN}T_{SW}=\dfrac{P_{IN}}{f_{SW}}$，等于电感能量的变化量，即

$$\Delta E = \frac{V_e}{\mu_e\mu_0}\Delta BB_{DC} = \frac{P_{IN}}{f_{SW}}$$

将式(2.2.3)～式(2.2.5)代入并整理后，磁芯有效体积

$$V_e = \frac{\mu_e\mu_0}{\Delta BB_{DC}} \times \frac{P_{IN}}{f_{SW}} = \frac{\mu_e\mu_0}{\gamma B_{DC}^2} \times \frac{P_{IN}}{f_{SW}} = \frac{\mu_e\mu_0}{4B_{PK}^2} \times \frac{(2+\gamma)^2}{\gamma} \times \frac{P_{IN}}{f_{SW}} \tag{2.5.1}$$

当峰值磁感应强度 B_{PK} 的单位取 T、开关频率 f_{SW} 的单位取 kHz、输入功率 P_{IN} 的单位

取 W 时，电感磁芯的有效体积

$$V_e = 0.314 \times \frac{\mu_e}{B_{PK}^2} \times \frac{(2+\gamma)^2}{\gamma} \times \frac{P_{IN}}{f_{SW}} (mm^3) \tag{2.5.2}$$

由此可见：

(1) 在输入功率 P_{IN}、开关频率 f_{SW} 一定的情况下，气隙长度 δ 越大，有效磁导率 μ_e 越小，所需储能变压器或电感磁芯的体积 V_e 就越小(有利)，但会使电感系数 A_L 偏小，绕线匝数 N 增加，从而使电感铜损迅速上升。δ 偏大，会使空间电磁辐射量 RE 增加。对于反激变换器来说，气隙长度 δ 增大，漏感会相应增加，造成效率降低。反之，气隙长度 δ 太小，μ_e 偏大，所需电感或储能变压器的磁芯体积偏大，使变换器成本上升，体积增加，加工误差增大，批量一致性变差。

因此，在设计过程中，一般将 DC - DC 变换器的电感、反激变换器的储能变压器的磁芯气隙长度 δ 控制在 0.2～1.5 mm 之间，典型值为 0.4～0.8 mm。

由式(2.4.2)可知，当电感系数 A_L 的单位取 nH/T^2，磁芯常数 C_1 的单位取 mm^{-1} 时，有效磁导率

$$\mu_e = 0.8 A_L C_1 \tag{2.5.3}$$

为避免 A_L 太小，造成匝数 N 偏高，μ_e 一般控制在 100～300 之间。当 μ_e 取中间值 200、B_{PK} 取 0.3T(接近铁氧体磁饱和感应强度 B_S)时，磁芯的有效体积

$$V_e \approx 700 \times \frac{(2+\gamma)^2}{\gamma} \times \frac{P_{IN}}{f_{SW}} (mm^3) \tag{2.5.4}$$

(2) 在有效磁导率 μ_e、输入功率 P_{IN}、开关频率 f_{SW} 一定的情况下，电流纹波比 γ 与储能电感或储能变压器的磁芯体积 V_e 之间的关系如图 2.5.1 所示。当 $\gamma < 0.4$ 时，体积 V_e 随 γ 的增加而迅速减小；当 $\gamma > 0.6$ 之后，体积 V_e 随 γ 的增加略为减小。因此，在 CCM 模式中，γ 一般取 0.4～1.0。

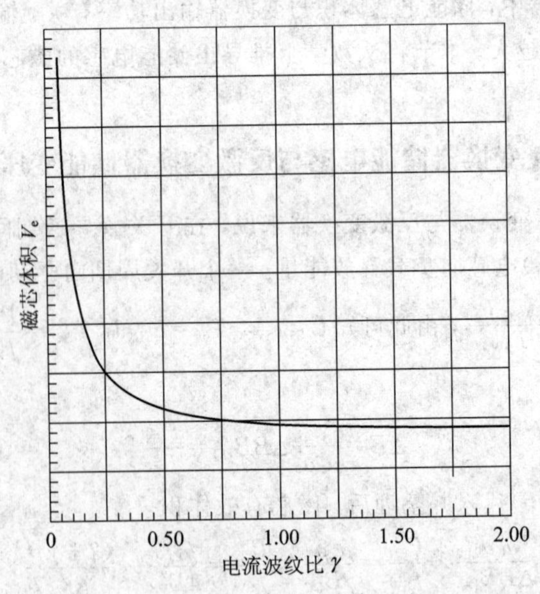

图 2.5.1 电流纹波比 γ 与储能电感(储能变压器)的磁芯体积 V_e 之间的关系

(3) 由于 V_e 与 μ_e 成正比关系，而 $\mu_e=0.8A_LC_1$，因此，为减少匝数 $N=\sqrt{\frac{L}{A_L}}$，就应适当增加电感系数 A_L，为使体积不太大，应选择常数 C_1 小一点的磁芯。

(4) 在有效磁导率 μ_e、输入功率 P_{IN}、电流纹波比 γ 一定的情况下，开关频率 f_{SW} 与储能电感或储能变压器的磁芯体积 V_e 成反比关系。开关频率 f_{SW} 越高，所需磁芯体积 V_e 就越小。但随着开关频率 f_{SW} 的增加，开关管的开关损耗会相应增加。因此，在 DC-DC 变换器设计过程中需要折中选择。

(5) 该计算方法适用于 Buck-Boost 拓扑的 DC-DC 变换器以及反激变换器的各种工作模式(CCM 模式和 DCM 模式)。

对于 CCM 模式，电感的磁芯有效体积可直接使用上面的计算公式。对于 DCM 模式，$B_{min}=B_r$(剩磁)，当 DC-DC 变换器、反激变换器工作在 DCM 模式时，由于气隙的存在，B_r 接近 0，因此

$$\Delta E=\frac{V_e B_{PK}^2}{2\mu_e\mu_0}-\frac{V_e B_{min}^2}{2\mu_e\mu_0}=\frac{V_e B_{PK}^2}{2\mu_e\mu_0}-\frac{V_e B_r^2}{2\mu_e\mu_0}=\frac{V_e B_{PK}^2}{2\mu_e\mu_0}=\frac{P_{IN}}{f_{SW}}$$

即磁芯的有效体积

$$V_e=\frac{2\mu_e\mu_0}{B_{PK}^2}\times\frac{P_{IN}}{f_{SW}}\approx 2.513\mu_e\frac{P_{IN}}{B_{PK}^2 f_{SW}} \tag{2.5.5}$$

这相当于 $\gamma=2$(BCM 模式)时的情形。

(6) 对于输出功率相同的 DC-DC 变换器，其磁芯的体积可在较大范围内选择，要根据设计指标进行折中。例如，若 γ 减小，则磁芯体积 V_e 增加，但电感电流变化量 ΔI、电感峰值电流 I_{LPK} 减小，使电感铜损减小(此外，V_e 大，还意味着磁芯窗口面积也大，可使用粗一点的漆包线绕制，进一步减少了电感的铜损)，进而使开关管电流容量要求低，因此输出滤波电容可以小一点。

2.5.2 Buck 变换器电感磁芯体积的估算

对于 Buck 变换器来说，在开关管导通(T_{on})期间驱动电源消耗的能量($U_{IN}I_{SWSC}T_{on}$)中，一部分(ΔE)存储在电感中，另一部分($U_O I_{SWSC}T_{on}$)直接供给负载，即

$$U_{IN}I_{SWSC}T_{on}=\Delta E+U_O I_{SWSC}T_{on}$$

$$\Delta E=U_{IN}I_{SWSC}T_{on}-U_O I_{SWSC}T_{on}=(U_{IN}-U_O)I_{SWSC}T_{on}$$

注意到 $I_{IN}=\frac{I_{SWSC}T_{on}}{T_{SW}}$，且在 CCM、BCM 模式下，$U_O=DU_{IN}$，则

$$\Delta E=(1-D)U_{IN}I_{IN}T_{SW}=(1-D)\frac{P_{IN}}{f_{SW}}=\frac{V_e}{\mu_e\mu_0}\Delta B\times B_{DC}$$

因此，磁芯的有效体积

$$\begin{aligned}V_e&=\frac{\mu_e\mu_0}{4B_{PK}^2}\times\frac{(2+\gamma)^2}{\gamma}\times\frac{P_{IN}}{f_{SW}}(1-D)\\&=0.314\times\frac{\mu_e}{B_{PK}^2}\times\frac{(2+\gamma)^2}{\gamma}\times\frac{P_{IN}}{f_{SW}}(1-D)\ (\text{mm}^3)\end{aligned} \tag{2.5.6}$$

其中，峰值磁感应强度 B_{PK} 的单位为 T，频率 f_{SW} 的单位为 kHz，输入功率 P_{IN} 的单位为 W，

占空比 D 为最大输入电压 U_{INmax} 对应的最小占空比 D_{min}。

2.5.3 Boost 变换器电感磁芯体积的估算

对于 Boost 变换器来说，在开关管导通(T_{on})期间驱动电源提供的能量($U_{IN}\times I_{SWSC}\times T_{on}$)先存储到电感中，在开关管截止($T_{off}$)期间驱动电源与电感串联向负载提供能量，即截止期间负载获得的能量并不只是电感释放的能量，还有一部分来自驱动电源 U_{IN}。因为在 CCM、BCM 模式 $I_{SWSC}=I_{IN}$，因此这部分能量为

$$\Delta E=U_{IN}I_{SWSC}T_{on}=U_{IN}I_{IN}DT_{SW}=D\frac{P_{IN}}{f_{SW}}=\frac{V_e}{\mu_e\mu_0}\Delta B\times B_{DC}$$

因此，磁芯的有效体积

$$\begin{aligned}V_e&=\frac{\mu_e\mu_0}{4B_{PK}^2}\times\frac{(2+\gamma)^2}{\gamma}\times\frac{P_{IN}}{f_{SW}}D\\&=0.314\times\frac{\mu_e}{B_{PK}^2}\times\frac{(2+\gamma)^2}{\gamma}\times\frac{P_{IN}}{f_{SW}}\times D(\mathrm{mm}^3)\end{aligned}\tag{2.5.7}$$

其中，峰值磁感应强度 B_{PK} 的单位为 T，开关频率 f_{SW} 的单位为 kHz，输入功率 P_{IN} 的单位为 W，占空比 D 为最小输入电压 U_{INmin} 下对应的最大占空比 D_{max}。

可见，相同输出功率的 Buck、Boost 变换器所需的电感的磁芯体积比 Buck－Boost 变换器的小。

由上面分析可以看出，在其他条件相同的情况下，Buck－Boost 变换器所需的电感的磁芯体积最大，除非输入电压与输出电压接近，即在输入电压小于输出电压时需要升压，在输入电压大于输出电压时需要降压，否则应尽可能使用 Buck 变换器(当最小输入电压比输出电压大几伏时)或 Boost 变换器(当最大输入电压比输出电压小几伏时)。

2.6 绕线匝数及线径的规划

2.6.1 最小匝数 N

在含有气隙的磁芯中，剩磁通密度 B_r 接近于 0。在这种情况下，由式(2.2.2)可知，电感线圈匝数

$$N=\frac{LI_{LPK}}{A_eB_{PK}}\tag{2.6.1}$$

其中，B_{PK} 为峰值磁通密度，其大小由饱和磁通密度 B_S 决定。由于 B_S 随温度升高而下降，如各种常用铁氧体材质磁芯在 100℃时 B_S 不小于 0.3 T(即 3000 GS)，磁芯损耗会随磁通密度 B 的增加而迅速增加，因此，在实际应用中，B_{PK} 一般取 0.2 T 到 0.3 T 之间的数值。这里电感 L 的单位取 μH，电感峰值电流 I_{LPK} 的单位取 A，磁芯面积 A_e 的单位取 mm²。

由式(2.6.1)计算出的匝数 N 为最小匝数，实际匝数必须大于计算值(可通过调节气隙长度 δ 控制电感量大小)，否则峰值磁感应强度 B_{PK} 可能大于 0.3T，导致磁芯饱和。但线圈匝数 N 也不宜太大，否则线圈损耗(即铜损)会迅速增加。

2.6.2　趋肤效应与线径 d

当已知电感电流的有效值 I_{Lrms} 时，就可以估算出电感线圈的绕线直径 d，计算依据是电流密度 J 的经验值(一般取 4.2～4.5 A/mm^2)。在公制单位制中，电流密度 J 单位用 A/mm^2 或 A/cm^2 表示，而在英制单位制中，电流密度 J 的单位往往用圆密耳/A(cir. mils/A)表示，含义是 1 A 电流需要多少圆密耳(直径为 1 mil，即 1/1000 英寸的圆面积称为 1 圆密耳)。由于 1 mil≈0.0254 mm，因此 1 圆密耳 $=\frac{0.0254^2}{4}\pi(\text{mm}^2)\approx 5.067\times 10^{-4}\ \text{mm}^2$，即 1 mm^2≈1973.55 圆密耳。于是 4.2～4.5 A/mm^2 约相当于 470 圆密耳/A～440 圆密耳/A。

假设电感用 m 股直径为 d 的漆包裸线绕制而成，则电流密度

$$J=\frac{I_{Lrms}}{m\frac{d^2}{4}\pi}$$

整理后，可得裸线直径

$$d=2\sqrt{\frac{I_{Lrms}}{m\pi J}}\ (\text{mm}) \tag{2.6.2}$$

其中，股数 m 从 1 开始，直到为某一整数值时，线径 d 满足某一特定条件。

在功率电感、变压器设计过程中，未必能够使用单股漆包线绕制电感的原因是：① 在高频状态下，趋肤效应会引起电流在导线中分布不均匀；② 即使不考虑趋肤效应，也会因电感电流太大，所需单股漆包线直径 $d>1.0$ mm，造成绕线困难(粗导线硬度大，密绕不易)。

1. 趋肤效应

直流电流在导体中均匀分布，低频电流引起的磁通变化率不大，也不会在导体中心线两侧产生明显的涡流效应，因此电流分布不均匀现象也不明显，但高频电流引起的磁通变化率很大。根据电磁感应定律，导体中心线左右两侧的涡流效应将随磁通变化率的增加而显著增加，导线中心附近感应电流 i 的方向与外部激磁电流 I 的方向相反，削弱了内侧电流，而在导线边缘感应电流 i 的方向与激磁电流 I 的方向相同，如图 2.6.1 所示，造成离导线中心越远，电流密度越大，即电流趋向于导线的表面——这就是所谓的趋肤效应。

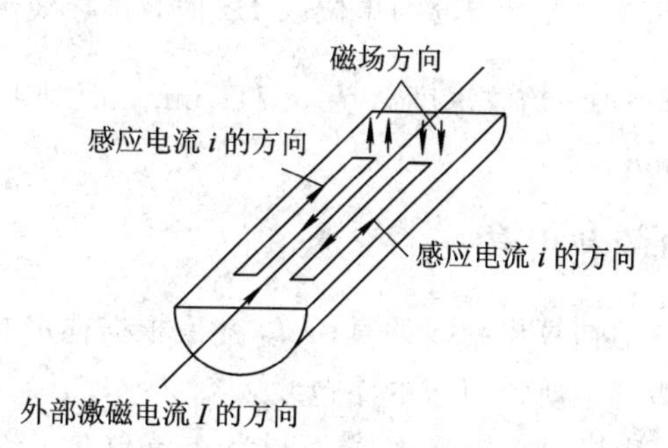

图 2.6.1　趋肤效应原理

趋肤效应的存在使高频电流在导线中的分布不再均匀，如图 2.6.2 所示，从而使导体有效截面积变小，造成导线交流等效电阻 R_{AC} 显著增加。

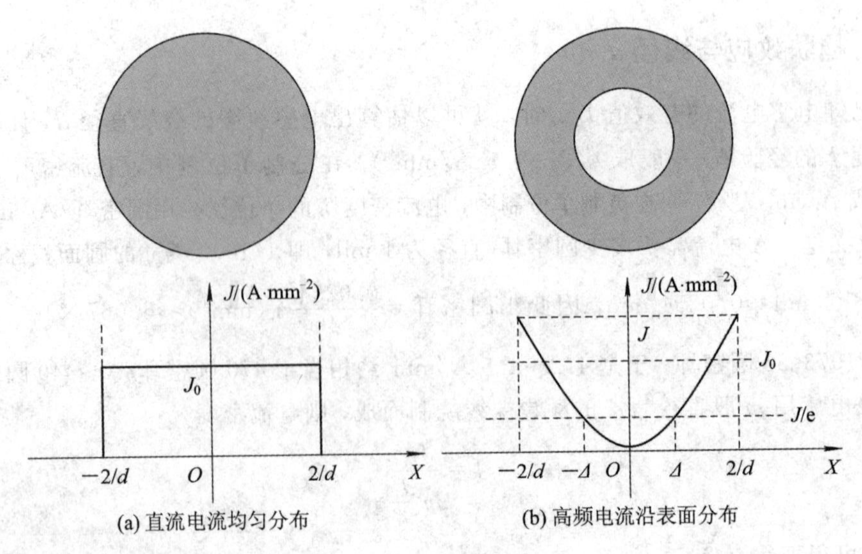

图 2.6.2　电流密度分布

在图 2.6.2 中，J_0 表示平均电流密度，J 表示导体表面电流密度，J/e 表示导体内部某处电流密度下降到 J 的 $1/\mathrm{e}$(e 为自然对数的底数，$\mathrm{e}\approx 2.718\ 28$)。

2. 趋肤效应深度

当频率为 f_{SW} 的高频电流流经金属导体时，趋肤深度

$$\Delta=\sqrt{\frac{2\rho_T}{2\pi f_{\mathrm{SW}}\mu}} \tag{2.6.3}$$

其中，ρ_T 为材料的电阻率，是温度 T 的函数，对于铜导线来说，$\rho_T=1.724\times 10^{-8}\times\left(1+\dfrac{T-20}{234.5}\right)\Omega\cdot\mathrm{m}$；$\mu$ 为金属材料的磁导率，对于铜、铝等非磁性材料来说，$\mu=\mu_0=4\pi\times 10^{-7}\ \mathrm{H/m}$。因此，对于铜导线来说，趋肤深度

$$\Delta\approx\sqrt{\frac{2\times 1.724\times 10^{-8}\times\left(1+\dfrac{T-20}{234.5}\right)}{2\pi\times 4\pi\times 10^{-7} f_{\mathrm{SW}}}}\,(\mathrm{m})\approx\frac{66.1\sqrt{1+\dfrac{T-20}{234.5}}}{\sqrt{f_{\mathrm{SW}}}}\,(\mathrm{mm})$$

例如，当温度 T 为 80℃，频率 f_{SW} 的单位取 Hz 时，铜导线趋肤深度 $\Delta\approx\dfrac{74.1}{\sqrt{f_{\mathrm{SW}}}}(\mathrm{mm})$。对于 10 kHz 的正弦电流来说，趋肤深度 Δ 为 0.741 mm；而对 100 kHz 的正弦电流来说，趋肤深度 Δ 只有 0.234 mm。

2.6.3　估算绕线窗口的利用率

根据电感电流的有效值估算出导线的直径 d，然后根据选定的磁芯绕线窗口的面积 A_{W} 大致可判定绕线窗口能否容纳所需匝数的漆包线。

在面积为 A_{W} 的绕线窗口内缠绕 N 匝截面积为 A_{Cu}(包含了绝缘层的截面积)的漆包线后，绕线窗口的利用率为

$$K_{\mathrm{U}}=\frac{NA_{\mathrm{Cu}}}{A_{\mathrm{W}}} \tag{2.6.4}$$

绕线窗口的利用率也称为绕线因子，与绕线骨架的厚度、绕线预留的安全距离(对于隔离式变换器，一般每边预留 3～4 mm，大小由初级与次级之间的绝缘电压等级决定；对于非隔离式 DC-DC 变换器，无需预留安全间距)、绕线缝隙(与绕线方式)、层间有无绝缘胶带及其厚度等因素有关，如图 2.6.3 所示。一般情况下，隔离式变压器绕线窗口的利用率 K_U 约为0.3，即只有 30%左右的绕线窗口被有效利用；而对于没有安全间距要求的非隔离式 DC-DC 变换器，其电感磁芯绕线窗口的利用率 K_U 约为 0.4～0.5；对于环形磁芯来说，由于密绕不易，绕线窗口的利用率 K_U 也不高，一般仅为 0.3～0.5。换句话说，如果$\frac{NA_{Cu}}{A_W}$远大于以上典型值，则绕线窗口可能无法容纳所需的匝数，将被迫采用更大尺寸的磁芯。

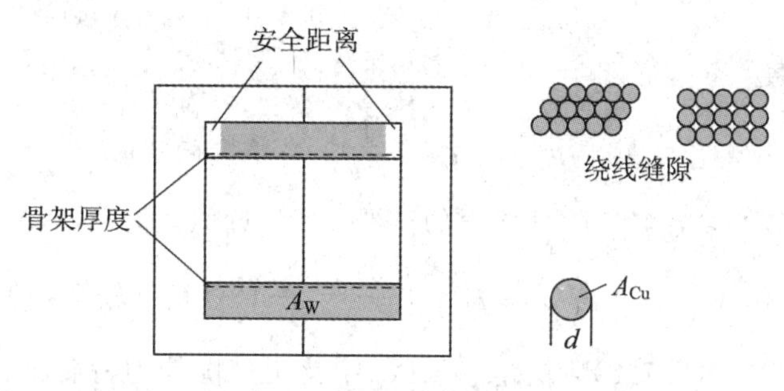

图 2.6.3　绕线窗口

如果磁芯绕线窗口的面积 A_W 略为偏小，无法容纳全部绕线，则在 CCM 模式下，可适当提高电流纹波比 γ，以减小绕线匝数 N。

2.7　磁芯气隙长度的计算

2.7.1　气隙截面积 A_δ 的计算

当气隙长度 δ 远小于气隙端面的尺寸，且气隙被线圈所覆盖，气隙处散磁通可以忽略时，可近似认为气隙截面 A_δ 等于磁芯有效截面积 A_e。

如果气隙长度 δ 较大，则可近似认为气隙截面向外扩展了气隙长度 δ。

对圆截面磁芯来说，气隙截面向外扩展了 δ 后，气隙截面的直径为 $d+\delta$，此时气隙截面积

$$A_\delta \approx \frac{(d+\delta)^2\pi}{4} = \frac{\pi}{4}(d+\delta)^2 = \frac{d^2}{4}\pi\left(1+\frac{\delta}{d}\right)^2 = A_e\left(1+\frac{\delta}{d}\right)^2$$

对矩形截面磁芯来说，气隙截面向外扩展了 δ 后，气隙截面积

$$A_\delta \approx (a+\delta)(b+\delta) = ab+(a+b)\delta+\delta^2$$

2.7.2　带气隙磁芯的电感量 L 与气隙长度 δ 的计算

在高磁导率磁芯材料中，增加气隙 δ 后，如果气隙磁阻 $R_\delta \gg R_C$，则磁芯电感

$$L=\frac{N^2}{R_m}=\frac{N^2}{R_C+R_\delta}\approx\frac{N^2}{R_\delta}\approx\frac{N^2\mu_0 A_\delta}{\delta}$$

气隙长度

$$\delta\approx\mu_0 A_\delta\frac{N^2}{L}\tag{2.7.1}$$

式(2.7.1)的精度一般，除非满足 $R_\delta \gg R_C$。不过当 $R_\delta \gg R_C$ 时，$A_\delta > A_e$，这意味着使用式(2.7.1)计算时必须先估算出气隙的截面积 A_δ，而不宜将磁芯截面积 A_e 近似为气隙截面积 A_δ，否则引起的误差会更大。

当气隙长度 δ 较小或磁芯的磁导率不高，仅满足 $\delta \ll l_e$，不满足 $R_\delta \gg R_C$ 时，磁芯电感量

$$L=\frac{N^2}{R_m}=\frac{N^2}{R_C+R_\delta}=\frac{N^2}{\dfrac{l_e-\delta}{\mu_0\mu_r A_e}+\dfrac{\delta}{\mu_0 A_\delta}}\approx\frac{N^2}{\dfrac{l_e}{\mu_0\mu_r A_e}+\dfrac{\delta}{\mu_0 A_\delta}}=\frac{N^2}{\dfrac{1}{A_L}+\dfrac{\delta}{\mu_0 A_\delta}}$$

由此可导出气隙长度

$$\delta=\mu_0 A_\delta\left(\frac{N^2}{L}-\frac{1}{A_L}\right)\quad(\text{精度高})\tag{2.7.2}$$

当气隙长度 δ 较小，忽略气隙处磁通的扩展面积，近似认为 $A_\delta=A_e$ 时，气隙长度

$$\delta=\mu_0 A_\delta\left(\frac{N^2}{L}-\frac{1}{A_L}\right)\approx\mu_0 A_e\left(\frac{N^2}{L}-\frac{1}{A_L}\right)\quad(\text{精度较高，常用})\tag{2.7.3}$$

显然，式(2.7.2)～(2.7.3)中的电感系数 A_L 为无气隙均匀材质磁芯的电感系数。

2.7.3 气隙长度 δ 的计算步骤

假设气隙长度 δ 很小，即用磁芯的有效截面积 A_e 代替气隙截面积 A_δ，则气隙长度

$$\delta=\mu_0 A_\delta\left(\frac{N^2}{L}-\frac{1}{A_L}\right)\approx4\pi A_e\left(\frac{N^2}{L}-\frac{1}{A_L}\right)\times10^{-4}(\text{mm})$$

其中，A_e 的单位取 mm^2；电感 L 的单位取 μH；无气隙均匀材质磁芯的电感系数 A_L 的单位取 $\mu H/T^2$(与未研磨气隙的组合磁芯，如 EI、EE、PQ 等形状磁芯的电感系数有区别，后者称为组合磁芯的电感系数，比无气隙均匀材质磁芯的电感系数 A_L 小 30%左右)。

尽管无气隙均匀材质磁芯的电感系数 A_L 可从磁芯的技术规格书中查到，但在实践中完全可通过测量未研磨气隙前绕组电感量 L' 来推算出气隙长度 δ。

若未研磨气隙前，绕组的电感量为 L'，则对应的微小气隙长度

$$\delta'=4\pi A_e\left(\frac{N^2}{L'}-\frac{1}{A_L}\right)\times10^{-4}$$

若研磨后，绕组的目标电感量为 L，则对应的气隙长度

$$\delta=4\pi A_e\left(\frac{N^2}{L}-\frac{1}{A_L}\right)\times10^{-4}$$

于是，研磨气隙前后气隙的长度差 $\delta-\delta'=4\pi A_e\left(\dfrac{N^2}{L}-\dfrac{N^2}{L'}\right)\times10^{-4}$ 就近似为所求气隙的长度 δ。

例如，对一个截面积 A_e 为 117.7 mm^2、匝数 N 为 39 的电感线圈，未研磨磁芯中柱前，测得的电感量 $L'=7205\ \mu H$，研磨磁芯中柱后，目标电感量 L 为 285 μH，则气隙长度

$$
\begin{aligned}
\delta &= 4\pi A_e\left(\frac{N^2}{L}-\frac{N^2}{L'}\right)\times 10^{-4}=4\pi A_e N^2\left(\frac{1}{L}-\frac{1}{L'}\right)\times 10^{-4} \\
&= 4\pi\times 117.7\times 39^2\times\left(\frac{1}{285}-\frac{1}{7205}\right)\times 10^{-4} \\
&\approx 0.758\ \text{mm}
\end{aligned}
\tag{2.7.4}
$$

如果式(2.7.4)的计算结果与磁芯截面的几何尺寸相比小于 3%（对于矩形或正方形截面来说，气隙长度 δ 小于磁芯端面边长的 3%；对于圆形截面磁芯来说，气隙长度 δ 小于磁芯直径的 3%），则该计算值就是所求气隙的长度 δ，否则按磁芯截面向外扩展 δ 后计算气隙截面积 A_δ，并用 A_δ 取代式(2.7.4)中的 A_e 后再计算。

气隙长度一般控制在 0.2～1.5 mm 之间。当气隙长度 δ 偏大时，散磁通会迅速增加，使线圈涡流损耗增加和 EMI 干扰增加，这时应选用有效截面积 A_e 大一些的磁芯，以降低气隙长度(可以证明：在其他参数保持不变的情况下，气隙长度 δ 随磁芯的有效截面积 A_e 的增加而减小)；反之，当气隙长度 δ 偏小时，加工精度低，批量生产的一致性差，这时可选用有效截面积 A_e 小一些的磁芯，以增加气隙的长度。

实践和理论计算均表明，电感量相对误差 $\Delta L/L$ 近似等于气隙长度的相对误差 $\Delta\delta/\delta$，而普通磨床的加工精度为 0.02 mm(两个丝)，精密磨床的加工精度为 0.01 mm(一个丝)。因此，当希望由气隙长度误差引起的电感量误差控制在 5%以内时，用普通磨床加工的气隙长度 δ 不宜小于0.40 mm，用精密磨床加工的气隙长度 δ 不宜小于 0.20 mm。

在电感设计过程中，当绕组的电感量 L 偏大时，不能通过减少绕线的匝数 N 来降低电感量 L(会使磁通密度摆幅 ΔB 增大，导致磁芯损耗增加，甚至会引起磁芯饱和)，而应通过增加磁芯气隙长度来减小电感量；当绕组的电感量 L 比目标电感量小 10%以上时，也不宜通过增加绕组的匝数 N 来提高电感量 L(会使线圈损耗增加)，应适当减小气隙长度(在试制过程中，当气隙位于磁芯中柱时，适当研磨磁芯的两个边柱就能减小中柱的气隙长度)，使电感量上升。总之，电感量 L 的大小由变换器的工作状态决定，不宜随意增减，匝数 N 也不宜随意改变，对铁氧体磁芯来说，调节电感量 L 大小的可行方式是调节气隙长度 δ。

2.8　磁芯的选择

在开关电源中，常用的磁芯材料包括了铁氧体磁芯(如锰锌铁氧体、镍锌铁氧体)和金属磁粉芯(如铁粉芯、铁硅铝粉芯、铁硅粉芯、铁镍钼粉芯等)两大类，其主要特性如表 2.8.1所示。这些磁芯材料种类繁多，形状各异，应根据用途、工作频率、性能指标参数(如转换效率、磁芯温升、EMI 指标)等进行选择。DC-DC 变换器中的功率电感、高频开关电源变压器、高频滤波电感、电网共模滤波电感等使用的磁芯材料与形状并不完全相同。例如，对于具有初、次级绕组且又希望各绕组间漏感尽可能小的高频变压器(如反激、正激、推挽等变换器所用的变压器)或损耗尽可能小的高频变压器(如硬开关桥式、*LLC* 谐振变换器、*LCC* 谐振变换器等所用的变压器)，只能选择磁导率较高的功率铁氧体磁芯；对于 DC-DC 变换器中的功率电感(包括正激、硬开关桥式、全桥移相式等变换器的输出滤波电感)既可以选择铁氧体磁芯(损耗小，但需要研磨气隙，成本略高)，也可以采用除铁粉芯外的其他磁粉芯，如铁硅铝或铁镍钼磁粉芯(不需要研磨气隙，成本低，但损耗较大)等；而电网共模滤波电感则最好采用宽频高磁导率的锰锌铁氧体磁芯(磁导率高，绕组匝数少，但饱和磁通密度低，成本高)，因为只有频带宽才能滤除不同频率的EMI信号。

表2.8.1 磁芯材料性能表

磁性材料种类		磁芯损耗	饱和磁通密度 B_S	频率范围	特点
铁氧体	锰锌铁氧体	小	＞0.3 T	＜300 kHz	电阻率低(＜10Ω·m)，磁导率高
	镍锌铁氧体	小	＞0.3 T	＞500 kHz	电阻率高(10^6 Ω·m)，磁导率较低
磁粉芯	铁粉芯	最大	0.5～1.4 T	＜50 kHz	损耗大，性能较差
	铁硅磁粉芯(94%Fe+6%Si)	较高	1.6 T	1.0 MHz	直流偏置特性较好，价格较低(蓝色或棕色)
	铁硅铝磁粉芯(Sendust)(85%Fe+9%Si+6%Al)	低	1.0 T	1.0 MHz	直流偏置特性差，但性价比最高(黑色或灰色)
	铁镍钼磁粉芯(MPP)(17%Fe+81%Ni+2%Mo)	最低	0.8 T	2.0 MHz	综合性能好，价格最高(灰色)
	高通量磁粉芯(50%Fe+50%Ni)	较低	1.5 T	1.0 MHz	直流偏置特性最好，价格较高(黄绿色)
	铁硅镍磁粉芯(85%Fe+15%Si-Ni 合金)	低	1.6 T	1.0 MHz	性能接近铁镍50磁粉芯(红色)

2.8.1 理想磁性材料的主要性能指标

理想磁性材料的主要性能指标如下：

(1) 磁导率 $\mu=\mu_r\mu_0$ 要高。μ_r 高，杂散磁通小，不同绕组之间漏感小，损耗也小，尤其是反激变换器中储能变压器的磁芯。

(2) 电阻率要高。电阻率高，涡流损耗就小，且涡流损耗与工作频率成正比。金属磁性材料的电阻率低，涡流损耗大，如在工频变压器中广泛使用的硅钢材料就不能作为高频变压器或电感的磁芯。

(3) 饱和磁通密度(B_S)要大。饱和磁通密度大，所需绕组匝数就可以少，不仅节约了线材，也降低了电感或变压器的铜损。

(4) 剩磁通密度 B_r 要小，以便获得更大的线性磁化区。

(5) 磁芯损耗要小。

(6) 居里温度要高。

(7) 相对磁导率 μ_r 的温度系数小。

(8) 磁导率 μ_r 不随磁场强度 H、开关频率 F_{SW} 的增加而下降，即磁性材料具有良好的直流偏置特性和频率特性。

2.8.2 常用铁氧体磁芯材料

铁氧体磁芯的特性为：铁氧体类磁芯的相对磁导率 μ_r 较高($\mu_r>1200$)；在磁通饱和前磁导率 μ_r 基本不随磁场强度 H 的变化而变化(即直流偏置特性好)，使电感系数 A_L 与流过绕组的电流几乎无关，仅与温度有关，且随温度的升高而升高(由 2.4.4 节可知，在铁氧体磁芯中增加气隙后，磁芯有效磁导率 μ_e 受温度的影响变小；当气隙长度 δ 较大时，磁芯的有效磁导率 μ_e 几乎与温度无关)，当磁场强度 H 增加到某一特定值后，磁导率 μ_r 急速下降，即铁氧体磁芯材料具有硬饱和特征，如图 2.8.1 所示(注：图中的铁氧体磁芯包含了气隙且有效磁导率 μ_e 为 100)；磁芯损耗也远小于磁粉类磁芯，形态多，只是饱和磁通密度较低(导致绕组匝数偏高)，居里温度 T_C 也不高(只能做到 200 ℃以上)，生产成本较高。

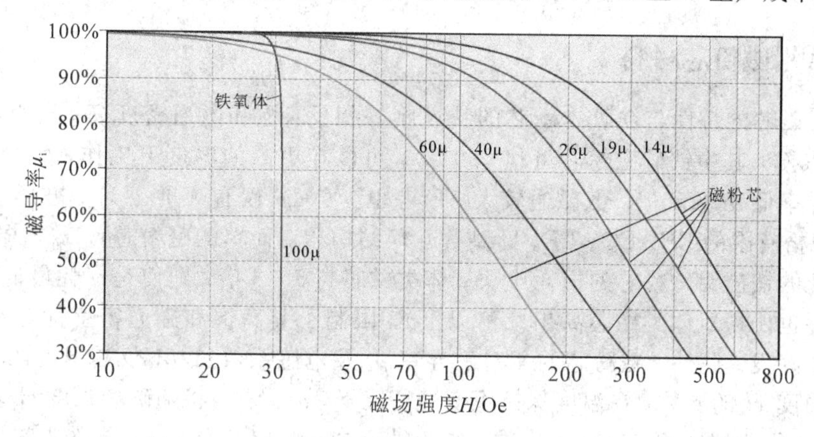

图 2.8.1　磁芯材料磁导率 μ_r 随磁场强度 H 的变化

根据磁导率 μ_r 的高低，可把铁氧体磁芯分为低磁导率磁芯和高磁导率磁芯两大类。其中，低磁导率铁氧体材料的磁导率 $\mu_r<5500$，但电阻率较高，可作为功率电感、功率变压器等的磁芯；而高磁导率铁氧体材料的磁导率 $\mu_r\geqslant 7500$，但电阻率及饱和磁通密度较低，可作为 EMI 滤波(如 AC 滤波)电感的磁芯和低失真信号传输变压器的磁芯。

每一种铁氧体磁芯材料又分为多种材质，彼此特性并不完全相同。例如，常用的功率锰锌铁氧体磁芯材质就有 PC40、PC44、PC47、PC95 等牌号。磁材的牌号越大，同等条件下磁芯的损耗就越小，价格当然也就越高(不同生产厂家的磁性材料的牌号命名不同，如 TDK 公司的 PC40 磁材与风华高科公司的 PG232 磁材、天通磁材公司的 TP4 磁材性能指标接近)。常用的锰锌铁氧体磁材主要性能指标如表 2.8.2 所示。

表 2.8.2　常用锰锌铁氧体磁材的主要性能指标

磁材牌号	初始磁导率 μ_r	饱和磁通密度 B_S/T (100℃时)	居里温度/℃	磁芯损耗/(kW·m^{-3}) (100 kHz，200 mT，100 ℃)
PC40	2300±25 %	0.39	200	410
PC44	2400±25 %	0.39	220	300
PC47	2500±25 %	0.42	230	250
PC50	1400±25 %	0.38	240	250
PC90	2200±25 %	0.45	250	320
PC95	3300±25 %	0.41	215	290

由于铁氧体材料饱和磁通密度 B_S 偏低，因此铁氧体磁芯电感线圈的最小匝数 N 应由 B_S 确定，即$N=\dfrac{LI_{LPK}}{A_e B_{PK}}$(其中 B_{PK} 为对应铁氧体磁材的饱和磁通密度 B_S，工程设计时一般取

0.3T)，然后通过研磨磁芯，在磁路上开设长度适中的小气隙，使绕组匝数 N 对应的电感量接近目标电感量 L。尽管铁氧体磁芯制造商给出了不同形状、尺寸组合磁芯的电感系数 A_L，但并不能借助 $N=\sqrt{L/A_L}$ 计算出铁氧体磁芯的绕组匝数 N，原因是该电感系数 A_L 是未研磨气隙条件下的测试值，用该电感系数借助 $N=\sqrt{L/A_L}$ 计算出的绕组匝数 N 严重不足，导致峰值磁通密度 $B_{PK}=\frac{LI_{LPK}}{NA_e}$ 远大于饱和磁通密度 B_S。

2.8.3 常用磁粉芯材料

磁粉类磁芯的特性与铁氧体磁芯的特性刚好相反：饱和磁通密度高；居里温度 T_C 高(不低于 400℃，其中铁硅磁粉芯可达 700℃)，可以在更高的温度下工作，生产成本较低。但相对磁导率低($\mu_r<550$)，散磁通较大，形态也少(一般仅有 T 形磁环、方形或圆柱形磁棒，以及规格有限的 EE、EQ、LP、U 型等几何结构相对简单的磁粉芯)；磁芯损耗较高(应用最为广泛的铁硅铝磁粉芯的损耗比铁氧体类磁芯高 5～8 倍，即使是损耗最低的 MPP 磁粉芯的损耗也比铁氧体类磁芯高出几倍以上)，限制了其高饱和磁通密度优势在高频强磁场状态下的挥发。此外，磁粉芯的相对磁导率 μ_r 及电感系数 A_L 不仅是温度的函数，同时也是磁场强度 H 的函数，在温度保持不变的情况下，μ_r 及 A_L 将随磁场强度 H 增加而逐渐减小(即直流偏置特性差，没有明确的磁饱和点，如图 2.8.1 所示)，导致在磁粉芯上缠绕 N 匝线圈后所获得的电感量 $L=A_LN^2$ 在强磁场中随着流过绕组电流 I 的增加而逐渐减小，且磁芯的初始磁导率 μ_r 越大，μ_r 及 A_L 随磁场强度 H 的增加而减小的速率也越大，即高磁导率磁粉芯的直流偏置特性更差。

为方便工程应用，磁粉芯生产商提供了一系列标准尺寸规格、不同初始磁导率 μ_r(如 14、26、40、60、75、90、125 等)及电感系数 A_L 的磁环及 EE、EQ、LP、U 形磁粉芯。为便于工程设计时迅速估算出指定磁场强度 H 下的磁导率 μ_r，磁性材料生产商均提供了如图 2.8.1 所示的“磁导率 μ_r 与磁场强度 H(单位为 Oe)”的关系曲线，部分磁粉芯生产商还提供了如图 2.8.2 所示的不同尺寸磁粉芯的直流偏置特性，即“电感系数 A_L 与直流偏置(NI)”的关系曲线。

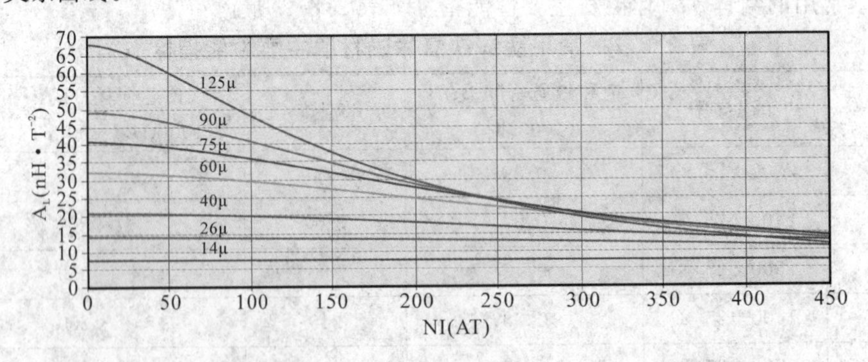

图 2.8.2 电感系数 A_L 与直流偏置曲线举例(截面积 $A_e=22.1\ \text{mm}^2$，磁路长度 $l_e=50.9\ \text{mm}$)

其实这两类曲线完全等效，原因是对具体尺寸的磁芯来说，磁路有效截面积 A_e、磁路有效长度 l_e 两参数已知，由 $H=\frac{4\pi}{l_e}\text{NI}$ 可知，磁场强度 H 与安匝 NI 成正比，即磁场强弱也可以用 NI 表示；而由电感系数 $A_L=\frac{\mu_0 A_e}{l_e}\times\mu_e$ 可知，电感系数 A_L 与材料的有效磁导率 μ_e

也成正比，即图 2.8.1 中的纵坐标也可以换算为电感系数 A_L。

在工程设计中，既不宜用初始电感系数 A_L(0 安培电流下的测试值)，借助 $N=\sqrt{L/A_L}$ 计算出磁粉芯的绕组匝数 N，原因是磁粉芯直流偏置特性差，随着电流 I 的增加，磁场强度 H 同步增加，磁导率 μ_r 将相应下降，使电感系数 A_L 等比例下降，结果按初始电感系数 A_L 计算出的绕组匝数 N 对应的电感量 L 在强磁场下严重偏小。也不能像铁氧体磁材那样用 $N=\frac{LI_{LPK}}{A_e B_{PK}}$(其中 B_{PK} 为对应磁粉芯的饱和磁通密度 B_S)计算出磁粉芯电感的绕组匝数 N，原因是磁粉芯损耗大，为减小磁粉芯的损耗，在实际应用中往往严格限制磁通密度 B 变化量 ΔB 的大小，即峰值磁通密度 B_{PK} 不可能接近磁粉芯的饱和磁通密度 B_S，否则磁芯损耗将很大；另一方面，磁粉芯的磁导率 μ_r 低，用 $N=\frac{LI_{LPK}}{A_e B_{PK}}$ 计算出的绕组匝数 N 对应的电感量 L 严重偏小。

若单个磁粉芯磁环的电感系数 A_L 偏低，造成绕组匝数 N 偏高，可将两个同型号的磁环堆叠在一起构成一个体积 V_e、截面积 A_e、电感系数 A_L 均增加 1 倍的组合磁环，可使绕组匝数降为单个磁环绕组匝数的 $\sqrt{2}/2$，但缺点是增加了绕线难度，只能用手工方式绕线。在这种情况下，最好选择内外径相同的加高磁环，如用 KS106 - 060A - E14(涂层前厚度为14.0 mm)或 KS106 - 060A - E18(涂层前厚度为 18.0 mm)磁环替换内外径相同的 KS106 - 060A 磁环(涂层前厚度为 11.2 mm)，以方便绕线。

有关磁粉芯尺寸的选择策略、绕组匝数计算方法可参阅 2.11、7.4.2、8.3.7 节的设计案例。

2.8.4 磁芯形态的选择

磁芯的形状很多，有的适用于空间高度较高的场合，有的适用于空间高度较低的场合，如平面磁芯。同一形状磁芯的尺寸规格也很多，以适应不同的输出功率。

常见的磁芯形状有 ETD、EER、LP、PQ、RM、ER、EQ、EFD、EE、EI、C、T、U 形等，如图 2.8.3 所示。

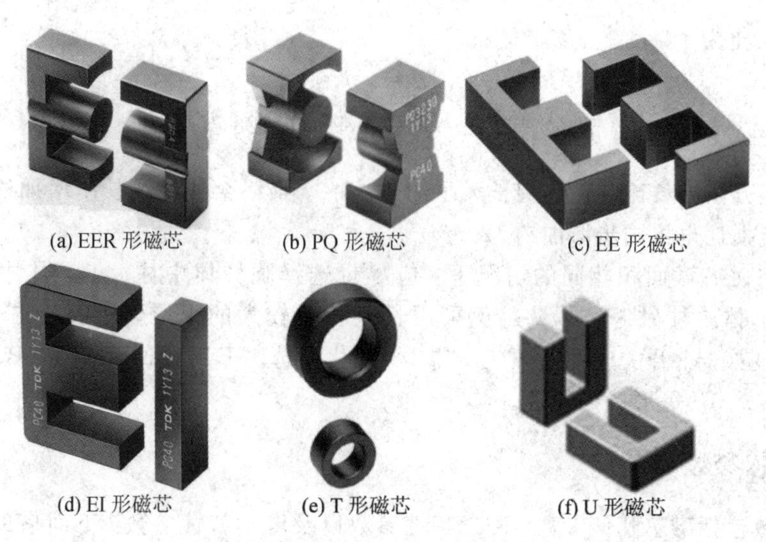

图 2.8.3 常见的磁芯形状

每一种形状的磁芯都是针对具体的应用场合而设计的，各有优缺点，需要根据具体的应用场合、性能指标参数、成本、绕线难易等因素进行折中选择。例如：

(1) EE、EI形磁芯具有较大的绕线窗口面积，散热效果较好，结构简单，成本低廉，应用广泛；但磁芯截面多为正方形或长方形，相同匝数的绕线长度比EER、PQ形等的圆截面磁芯长。此外，在正方形、长方形磁芯骨架上密绕直径较大的漆包线有难度，使同等条件下绕线长度增加，铜损上升。

(2) ETD、EER、ER、EQ形磁芯截面为圆形，绕线长度短，绕线窗口面积也较大，特别适合作为有多个输出绕组的变压器、正向变换器的输出滤波电感等的磁芯，在开关电源中得到了广泛应用。

(3) LP、PQ、RM等形状磁芯的绕线长度短，磁屏蔽效果好，散磁通小，EMI低；但结构复杂，成本略高，绕组散热效果较差。

(4) U形磁芯是AC共模滤波电感的常用磁芯形态之一。

(5) T形磁环的特征是磁路闭合，散热效果好，磁芯材料多为宽频高磁导率的锰锌铁氧体(可作为AC滤波电感的磁芯)或铁硅、铁硅铝、铁镍(高磁通密度)或铁硅镍、钼皮莫合金(MPP，即铁镍钼)类磁粉，常用作DC-DC变换器输出平滑滤波电感的磁芯。由于磁粉芯自身就存在微小气隙，因此无需人为设置气隙，但绕线困难，只能采用人工或半人工绕线方式制作，绕线工艺效率低，制作成本高，批量生产的一致性也略差。

在磁芯中柱截面积A_e相同的情况下，不同形状磁芯中柱截面的周长不同，导致每匝绕线长度不同，从而使铜损(直流损耗与交流损耗)也有不同。

在截面积相同的情况下，圆柱体周长<正方体周长<矩形体周长。例如，对于边长为a的正方形与直径为d的圆柱形，若截面积相等，则

$$a^2=\frac{d^2}{4}\pi$$

即

$$a=\frac{d}{2}\sqrt{\pi}$$

则两者的周长比为

$$\frac{4a}{d\pi}=\frac{4\times\frac{d}{2}\sqrt{\pi}}{d\pi}=\frac{2}{\sqrt{\pi}}\approx1.128$$

可见，正方体周长比圆柱体周长大了约12.8%，最终会使绕线长度增加约12.8%，绕线直流、交流损耗也将同步增加约12.8%。

因此，在磁芯截面积相同的情况下，应尽量选择圆柱体中柱、正方体中柱或长宽相差不大的矩形体中柱磁芯，尽量避免采用长宽相差较大的矩形体中柱磁芯。也就是说，在DC-DC变换器、开关电源高频变压器中，应优先选用ETD、EER、LP、PQ、RM、ER、EQ、EFD、EE、EI等形状的磁芯。

2.8.5 磁芯参数

磁芯参数包括磁芯几何参数、磁学特性参数以及电学特性参数。下面借助图2.8.4所示的由EE形磁芯构成的储能电感或变压器，介绍磁芯的一些重要参数。

(a) EE形磁芯的结构　(b) EE形磁芯的外形　(c) 绕线后的外观

图 2.8.4　由 EE 磁芯构成的储能电感

1. 磁芯几何参数

磁芯几何参数有很多，下面以图 2.8.5 所示的 EE 形磁芯为例，介绍储能电感、变压器设计过程中必须确定的重要的几何参数。

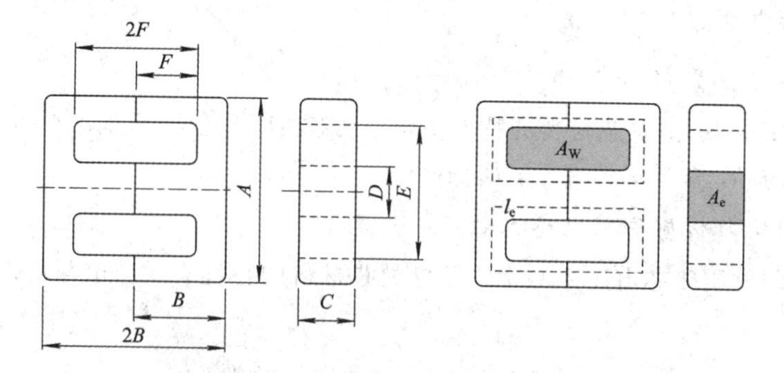

图 2.8.5　EE 形磁芯的几何参数示意图

1）有效截面积 A_e

磁路横截面的大小称为磁芯的有效截面积 A_e。不同形状的磁芯其有效截面积的计算公式不同，对于 EE 形磁芯来说，A_e 近似为 $C\times D$。

由于磁芯中柱截面积 A_e 略小于两个边柱截面积之和，即对于 EE 磁芯来说，$D\leqslant A-E$，因此，中柱磁通密度最大。

2）有效磁路长度 l_e

不同形状的磁芯其有效磁路长度 l_e 的计算公式不同。对于 EE 形磁芯来说，l_e 近似为 $2\times\left[(B+F)+\dfrac{A+E-D}{4}\right]$。

3）有效体积 V_e

磁芯的有效体积为

$$V_e=l_eA_e$$

4）绕线窗口面积 A_W

绕线窗口面积 A_W 由绕线区长度 l_W 与绕线区宽度 h_W 决定，即 $A_W=l_Wh_W$。对于 EE 形磁芯来说，$l_W=2F$，$h_W=\dfrac{E-D}{2}$，$A_W=F(E-D)$。

5）磁芯常数 C_1

有效磁路长度 l_e 与磁芯截面积 A_e 之比称为磁芯常数 C_1，即

$$C_1=\frac{l_e}{A_e} \tag{2.8.1}$$

6）面积积 AP

磁芯有效截面积 A_e 与绕线窗口面积 A_W 的乘积称为面积积 AP。用 AP 法选择磁芯尺寸时，必须知道磁芯的 AP 参数。

7）平均匝长 MLT

在估算绕线直流电阻、交流电阻时需要知道 MLT 参数。不过 MLT 不仅与磁芯绕线窗口的几何尺寸有关，也与线径、绕线方式、绕线层数等工艺参数有关。当实在无法确定 MLT 参数时，只能先测量绕线长度，再估算绕线的直流电阻和交流电阻。

2. 磁学特性参数

1）饱和磁通密度 B_S

饱和磁通密度 B_S 由磁芯材料的特性决定，且随温度升高而下降。在 DC－DC 变换器中多采用铁氧体磁芯，在最坏情况下，B_S 不小于 0.3 T。

2）无气隙均匀材质磁芯电感系数 A_L

无气隙均匀材质磁芯电感系数 A_L 既与磁芯材料的特性有关，也与磁芯的几何尺寸有关，即

$$A_L=\frac{\mu_r\mu_0A_e}{l_e}=\frac{\mu_r\mu_0}{l_e/A_e}=\frac{\mu_r\mu_0}{C_1} \tag{2.8.2}$$

既可从磁芯技术参数表中查到 A_L 参数，也可以根据磁性材料的初始磁导率 μ_r 及磁芯几何参数借助式(2.8.3)获得无气隙均匀材质磁芯的电感系数 A_L。例如，某 PC40 磁材(初始磁导率 μ_r 为 2300)EFD20 磁芯的有效截面积 A_e 为 31 mm^2，有效磁路长度 l_e 为 47 mm，则该磁芯电感系数为

$$A_L=\frac{\mu_r\mu_0A_e}{l_e}=\frac{2300\times4\pi\times10^{-7}\times31\times10^{-6}}{10^{-3}\times47}\approx1906.3\ \text{nH/T}^2$$

但值得注意是，组合磁芯技术规格书中给出的电感系数比用式(2.8.3)计算出的无气隙均匀材质磁芯电感系数 A_L 低 30%，原因是组合磁芯的接触面存在微米级的小气隙。在本例中，组合磁芯电感系数约为(1－30%)×1906.3 nH/T^2≈1334.4 H/T^2(与磁芯技术规格书中给出的电感系数 A_L 为 1400 H/T^2 基本吻合)。

当然可以通过实验方式计算出 A_L 参数——在磁芯上缠绕 N 匝线圈后，借助电桥测量出磁芯的电感量 L，利用电感量 $L=A_LN^2$，即可计算出组合磁芯的电感系数 A_L。不过，在电感设计过程中，仅在估算铁氧体磁芯储能电感气隙长度 δ 时需要知道无气隙均匀材质磁芯的电感系数 A_L。

3）磁芯损耗

磁芯损耗的大小与磁芯材质、开关频率(频率越高，损耗越大，例如开关频率由 50 kHz 提高到 100 kHz 时磁芯损耗将增加 2～3 倍)、磁通密度(磁通密度越大，损耗越大，例如磁通密度由 100 mT 提高到 200 mT 时磁芯损耗将增加 3～5 倍)、磁芯温度等因素有关。因

此，为减小磁芯损耗，必须严格限制开关频率及磁通密度的大小。

4）最小损耗温度范围

磁芯损耗并不是温度的单调函数，大部分铁氧体磁芯在 80℃～110℃时损耗较小，最小损耗温度与磁芯材料的特性有关。为提高开关电源的可靠性，开关电源连续工作时磁芯的最高温度不应大于最小损耗温度。

2.9　电感线圈的绕制

电感线圈一般只有一个绕组，对绕线似乎没有什么特别要求，其实不然，除非绕组只有一个绕线层，如图 2.9.1 所示。在这种情况下，绕组任一端接 DC－DC 变换器的开关节点都可以。

当绕组占据两个或多个绕线层时，绕组起点必须接 DC－DC 变换器的开关节点，如图 2.9.2 所示，这样做有助于改善变换器的 EMI 性能指标。

绕组终点
绝缘胶带
…
绕线骨架
绕组起点

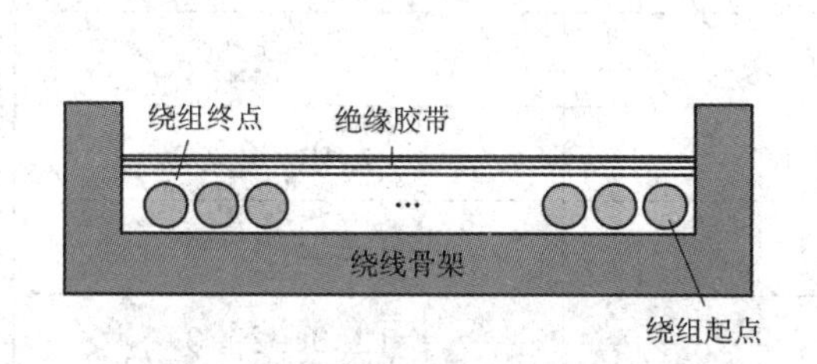

图 2.9.1　绕组只有一个绕线层

绕组终点
绝缘胶带
…
…
…
绕线骨架
绕组起点(接DC-DC变换器的开关节点)

图 2.9.2　绕组具有两个或以上绕线层

当最后一层匝数少，用密绕方式不足以覆盖整个绕线区时，必须采用如图 2.9.3 所示的等间距绕线方式，使最后一层绕线覆盖整个绕线区，这样做也是为了改善变换器的 EMI 性能指标。

当单股漆包线直径无法满足电流的容量要求时，可采用多股线平行并绕的方式来实现。但由于工艺原因，并绕的漆包线股数一般控制在 2～3 之间，最多不超过 4 股，否则很难保证绕线工艺的质量。采用双线或多线并绕时，必须保证各绕线平行排列，如图 2.9.4 所示，不允许交叉，否则 EMI 性能指标会很差，绕线窗口的利用率也会下降。

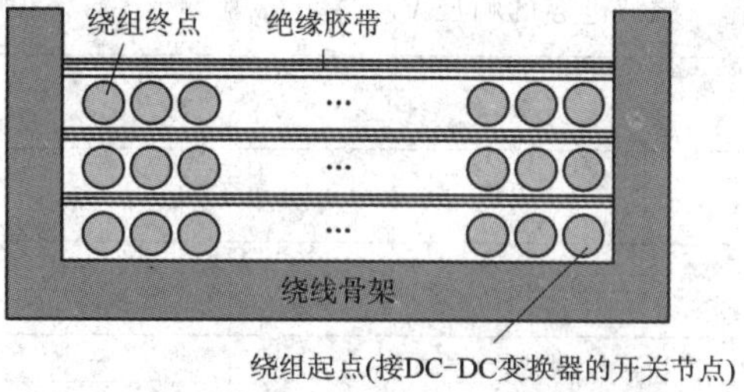

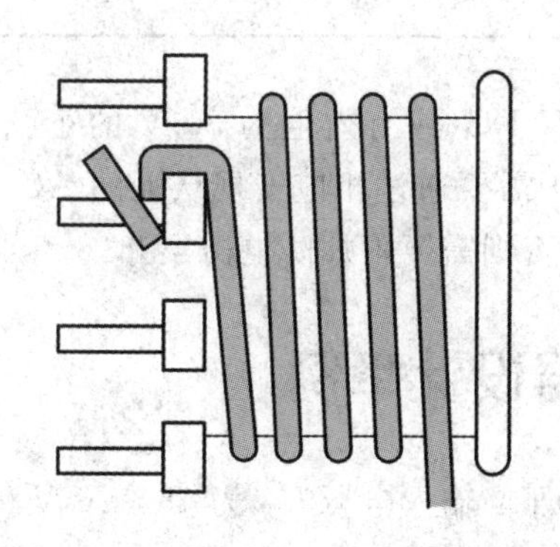

图 2.9.3　匝数不足一层时的等间距绕线方式

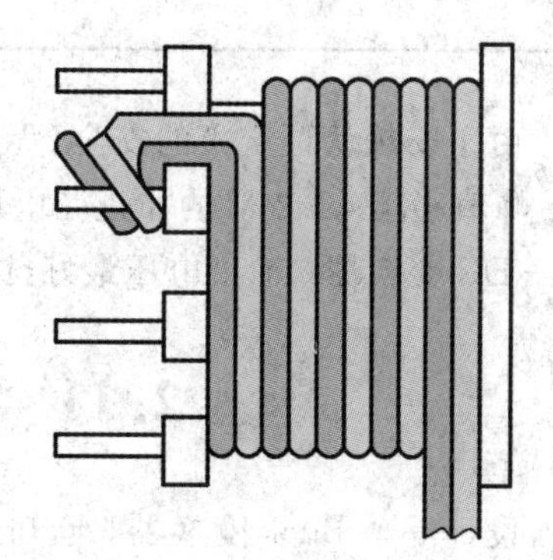

图 2.9.4　双线或多线平行并绕

对于具有两个绕组（如包含电感主绕组和变换器控制芯片的供电绕组）的电感线圈，绕组规划顺序与反激变换器相同，可参阅第 4 章的有关内容。

2.10 输出电压的选择

开关电源的输出电压U_O不能随意选定，因为当前工业标准电源的输出电压U_O已经系列化，如3.3 V、5.0 V、12 V、15 V、18 V、24 V、36 V、48 V、60 V等。即使是非标电源，其输出电压U_O的大小也不能随意选择，原因是开关电源的输出端总要借助电容实现滤波，而标准电容的耐压值已系列化。为提高电源的可靠性，输出电压U_O大小一般取滤波电容耐压值的80%左右。例如，当输出电压U_O取60 V时，使用耐压值为100 V的滤波电容，这不仅没有充分发挥滤波电容的特性，也造成了浪费，还会使电源体积变大。输出电压U_O与滤波电容耐压值的关系如表2.10.1所示。

表2.10.1 输出电压U_O与滤波电容耐压值的关系

滤波电容的耐压V_{BR}/V	80%V_{BR}/V	输出电压U_O的范围/V
6.3	5.0	3.3～5.0
10	8.0	5.0～8.0
16	12.8	10.0～12.0
25	20	12.0～20.0
35	28	20.0～28.0
50	40	28.0～40.0
63	50	40.0～55.0
100	80	55.0～85.0
200	160	85.0～160.0
250	200	160.0～200.0

由于安规认证定义的安全(无危险)电压为60 V DC(或有效值为30 V的正弦交流电压、峰值小于42.2 V的非正弦电压)以下，因此对于需要通过相应安规认证的AC-DC或DC-DC变换器，输出电压最好选择在60 V以下，否则需要附加防电击设计。

2.11 Buck变换器设计举例

设计一个Buck变换器，已知输入、输出参数如下：输入电压U_{IN}为18～26 V，输出电压U_O为13.5 V，输出电流I_O为0.3～2.5 A，目标效率$\eta=90\%$，开关频率f_{SW}为150 kHz，输出纹波电压为50 mV，控制芯片最大电流I_{CL}为3.6 A，最大输入功率$P_{IN}=P_O/0.9=13.5\times2.5/0.9=37.5$ W。

2.11.1　用铁氧体磁芯作为电感磁芯的设计过程

（1）计算最小占空比 $D_{\min}$。最小占空比

$$D_{\min}=\frac{U_{O}}{U_{\mathrm{INmax}}\eta}=\frac{13.5}{26\times0.9}\approx0.577$$

由于在 Buck 变换器中，占空比 D 由输入电压 U_{IN}、输出电压 U_{O} 以及效率 η 决定，因此很难保证在最小输入电压 U_{INmin} 下，最大占空比 $D_{\max}<0.5$。换句话说，Buck 变换器电流型 PWM 控制芯片必须具有斜率补偿功能。

（2）计算电感平均电流 I_{L}。电感平均电流 $I_{L}=I_{O}=2.5$ A。

（3）确定电感电流纹波比 γ。由于负载电流变化较大，因此必须保证在最小负载下，电感工作在 BCM 模式，即电感电流纹波比

$$\gamma=\frac{2I_{L\mathrm{min}}}{I_{L\mathrm{max}}}=\frac{2I_{\mathrm{Omin}}}{I_{\mathrm{Omax}}}=\frac{2\times0.3}{2.5}=0.24>0.2$$

因而无需加负载。

当然，如果所用控制芯片本身具有轻载时自动进入间歇振荡模式的特性，则无需考虑最小负载情况下变换器是否会进入 DCM 模式。这时电感电流纹波比 γ 应按最优经验值 0.6～1.0 选取。

注：在本例中，当控制芯片具有间歇振荡时，电流纹波比上限

$$\gamma<2\left(\frac{I_{LPK}}{I_{L}}-1\right)=2\left(\frac{I_{\mathrm{CL}}}{I_{O}}-1\right)=2\times\left(\frac{3.6}{2.5}-1\right)=0.88$$

在 CCM 模式下，由式(2.2.2)及电感峰值电流 I_{LPK} 表达式可导出绕线匝数 N 是电流纹波比 γ 的函数，即

$$N=\frac{U_{\mathrm{off}}T_{\mathrm{off}}}{A_{e}B_{\mathrm{PK}}}\left(\frac{1}{\gamma}+\frac{1}{2}\right)=\frac{U_{O}(1-D)}{A_{e}\times B_{\mathrm{PK}}\times f_{\mathrm{SW}}}\left(\frac{1}{\gamma}+\frac{1}{2}\right)$$

由此可画出图 2.11.1 所示的绕线匝数 N 与电流纹波比 γ 之间的函数关系图。

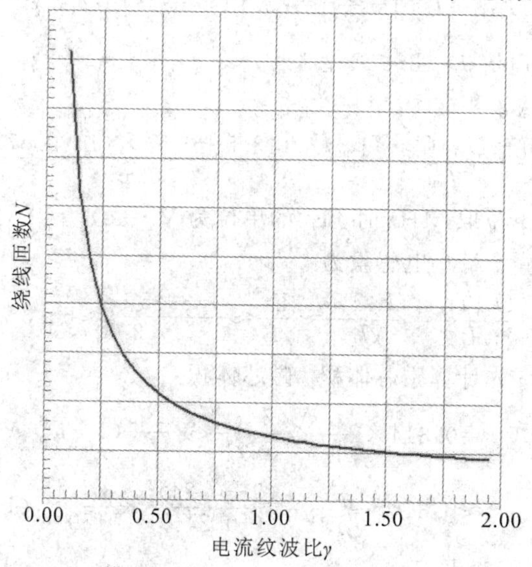

图 2.11.1　CCM 模式下绕线匝数 N 与电流纹波比 γ 之间的关系图

还可以证明磁芯气隙长度 δ 与 $\left(\frac{\gamma}{4}+\frac{1}{\gamma}\right)$ 成正比。气隙长度 δ 与电流纹波比 γ 之间的关

系大致如图 1.11.2 所示。

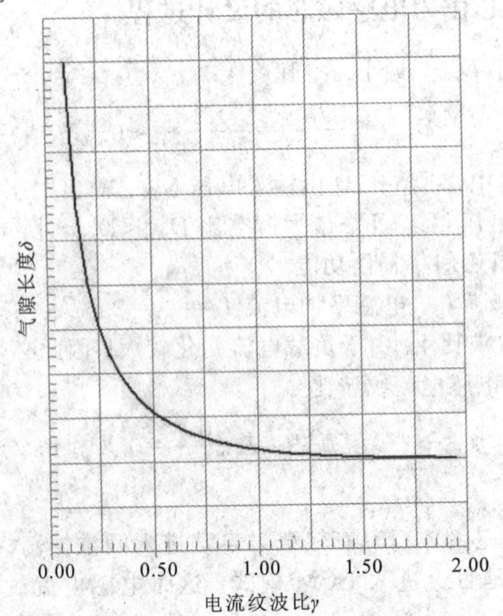

图 2.11.2　气隙长度 δ 与电流纹波比 γ 之间的关系图

可见，在其他条件不变的情况下，适当提高电流纹波比 γ，能有效减小绕线匝数 N(减小了电感的铜损)和气隙长度 δ(减小了散磁通与气隙位置附近绕线的涡流损耗)，这不仅改善了 EMI 性能指标，也降低了磁芯的温升。当然，电流纹波比 γ 升高，会使电感峰值电流 I_{LPK} 升高，导致输出纹波电压 ΔU_O 增加，但可以通过增加输出滤波电容来降低输出纹波电压 ΔU_O。

(4) 计算电感峰值电流。电感峰值电流

$$I_{LPK}=I_L\left(1+\frac{\gamma}{2}\right)=2.5\left(1+\frac{0.24}{2}\right)=2.8\ \text{A}$$

小于控制芯片最大限制电流 I_{CL}(3.6 A)。

(5) 计算伏秒积。伏秒积

$$\text{Et}=U_{off}T_{off}=\frac{(U_O+U_D)(1-D_{min})}{f_{SW}}=\frac{(13.5+0.5)\times(1-0.577)}{0.15}\approx 39.5\ \text{V}\cdot\mu\text{s}$$

当开关频率 f_{SW} 的单位取 MHz 时，Et 的单位为 V·μs。

(6) 计算最小电感量。最小电感量为

$$L=\frac{U_{on}T_{on}}{\gamma I_L}=\frac{U_{off}T_{off}}{\gamma I_L}\approx\frac{\text{Et}}{\gamma I_L}\approx\frac{39.5}{0.24\times 2.5}\approx 65.8\ \mu\text{H}$$

(7) 选择磁芯尺寸。先计算磁芯体积。磁芯体积

$$\begin{aligned}V_e&=0.314\times\frac{\mu_e}{B_{PK}^2}\times\frac{(2+\gamma)^2}{\gamma}\times\frac{P_{IN}}{f_{SW}}(1-D_{min})\\&\approx 0.314\times\frac{\mu_e}{0.3^2}\times\frac{(2+0.24)^2}{0.24}\times\frac{37.5}{150}\times(1-0.577)\\&\approx 7.71\ \mu_e\end{aligned}$$

其中，峰值磁感应强度 B_{PK} 与磁芯材料有关，对于 PC40 磁材来说，B_{PK} 一般为 0.3 T。有效磁导率 μ_e 的取值范围为 100～300，则所需磁芯的体积为 772～2316 mm³。为减小磁芯体

积，拟选用 EFD20 磁芯。该磁芯的参数为：$C_1 = 1.52\ \text{mm}^{-1}$，$A_e = 31\ \text{mm}^2$，$L_e = 47\ \text{mm}$，$A_W = 50\ \text{mm}^2$，组合磁芯电感系数为 1400 nH/T²（相应地无气隙均匀材质磁芯电感系数 A_L 约为$\dfrac{1400}{0.7}$，即 2000 nH/T²），$V_e = 1460\ \text{mm}^3$。对应的有效磁导率 $\mu_e = \dfrac{1460}{7.72} \approx 189$（可通过调整气隙实现）。

（8）计算最小匝数 N。对铁氧体磁芯电感来说，最小匝数

$$N = \frac{LI_{LPK}}{A_e B_{PK}} = \frac{65.8 \times 2.8}{31 \times 0.3} \approx 19.8$$

取 20 圈。

（9）计算电感的电流有效值，选择绕线的线径。电感的电流有效值

$$I_{Lrms} = I_L \sqrt{1 + \frac{\gamma^2}{12}} = I_O \sqrt{1 + \frac{\gamma^2}{12}} = 2.5 \times \sqrt{1 + \frac{0.24^2}{12}} \approx 2.51\ \text{A}$$

根据电流有效值 I_{Lrms} 就可以估算出电感线圈的绕线直径 d，计算依据是电流密度 J 的经验取值（一般取 4.5 A/mm²）。

假设使用 m 股线径为 d 的漆包线绕制，则线径

$$d = 2\sqrt{\frac{I_{Lrms}}{m\pi J}} = \sqrt{\frac{4 \times 2.51}{3.14 \times 4.5 \times m}} \approx \frac{0.843}{\sqrt{m}}\ \text{mm}$$

其中，m 从 1 开始，直到取得某一整数，使线径 d 满足特定条件。

在选择 DC－DC 变换器电感的线径时，是否需要考虑趋肤效应造成电流密度分布不均匀现象不能一概而论，应根据以下情况酌情考虑。

① 变换器工作在 CCM、BCM 模式下，且开关频率小于 500 kHz，可不考虑趋肤效应。

② 变换器工作在 BCM 模式下，且工作频率在 1 MHz 以上，可能需要考虑趋肤效应。

③ 变换器工作在 DCM 模式下，且工作频率在 100 kHz 以上，可能需要考虑趋肤效应。

当不考虑趋肤效应时，m 从 1 开始，直到取得某一整数时，线径 d 在 1.0 mm 以下即可。其原因是大直径漆包线硬度高，绕线时难以保证漆包线紧贴骨架。此外，线径越大，涡流损耗越大。因此，当输出电流较大时，同样需要使用两股或两股以上的漆包线并行绕制。

在本例中，可以使用标称直径为 0.85 mm、外皮直径为 0.94 mm（或标称直径为 0.90 mm，外皮直径为 0.99 mm）的单股漆包线绕制。

当需要考虑趋肤效应时，必须计算出特定温度下的趋肤深度 Δ。例如，在 80℃时，两倍趋肤深度

$$2\Delta = 2 \times \frac{74.1}{\sqrt{f}}(\text{mm}) = 2 \times \frac{74.1}{\sqrt{150\,000}} \approx 0.38\ \text{mm}$$

其中，开关频率 f_{SW} 的单位为 Hz。

在计算绕线直径 d 时，考虑趋肤效应后，直径 d 应不能大于趋肤深度的两倍，即 $d \leqslant 2\Delta$，否则必须使用多股漆包线绕制。

显然，当 $m=5$ 时，$d = \dfrac{0.843}{\sqrt{5}} \approx 0.377\ \text{mm} < 2\Delta$，需使用 5 股标称直径约为 0.38 mm、外皮直径约为 0.44 mm 的漆包线并行绕制。

在保证线径的情况下，还需要结合骨架绕线区的长度及绕线的层数来确定线径。例如，在本例中，EFD20 磁芯绕线区长度为 2×7.7 mm，即 15.4 mm，扣除骨架两边挡板各1 mm

后，实际绕线区长度为13.4 mm(在非隔离的DC-DC变换器中，不考虑安全间距)。如果绕线设计为2层，每层10圈，则每圈大小为13.4/10=1.34 mm，使用标称直径为0.56 mm、外径为0.63 mm的两股漆包线并绕可能会更好。

电流密度J也可以在一定范围内调整，当绕线长度较长(1 m以上)时，电流密度J一般控制在5.0 A/mm^{2}以下，典型值为4.5 A/mm^2。但当绕线长度较短(1 m以下)时，电流密度J也可以选择6.0～8.0A/mm^2。

(10) 判断绕线窗口能否容纳所需的全部绕组。绕线窗口利用率

$$\frac{mNA_{Cu}}{A_W}=\frac{mN\frac{d^2}{4}\pi}{A_W}=\frac{5\times20\times\frac{0.44^2}{4}\pi}{50}\approx0.30<0.40(\text{能够容纳})$$

(11) 计算气隙长度δ。当A_e的单位取mm^2，电感L的单位取μH，无气隙均匀材质磁芯电感系数A_L的单位取μH/T^{2}时，气隙长度

$$\delta=\mu_0A_\delta\left(\frac{N^2}{L}-\frac{1}{A_L}\right)\approx4\pi A_e\left(\frac{N^2}{L}-\frac{1}{A_L}\right)\times10^{-4}$$

$$=4\times3.14\times31\times\left(\frac{20^2}{65.8}-\frac{1}{2.0}\right)\times10^{-4}\approx0.217\ \text{mm}$$

与磁芯端面尺寸相比，δ不大，可不必重新计算。

(12) 选择输出滤波电容。输出电压波纹

$$\Delta U_O=\Delta U_{ESR}+\Delta U_C\approx\Delta U_{ESR}=\Delta I_{Cmax}\times ESR_{150k}$$

而 $\Delta I_{Cmax}=\Delta I=\frac{U_{off}T_{off}}{L}=\frac{U_O+U_D}{Lf_{SW}}(1-D_{min})\approx\frac{13.5+0.5}{65.8\times0.15}\times(1-0.577)\approx0.60\ \text{A}$

所以

$$ESR_{150k}=\frac{\Delta U_O}{\Delta I_{Cmax}}=\frac{50}{600}\approx0.083\ \Omega$$

$$ESR_{120}=\left(\frac{I_{100k}}{I_{120}}\right)^2\times ESR_{150k}\approx\frac{1}{0.55^2}\times0.083\approx0.274\ \Omega$$

注：查电容规格书，纹波电流频率系数为0.55。

$$C=\frac{DF}{2\pi\times120\times ESR_{120}}=\frac{0.12}{2\pi\times120\times0.274}\approx581\ \mu\text{F}$$

注：取标准值680 μF。

流过输出滤波电容的电流有效值

$$I_{Crms}=\sqrt{I_{Lrms}^2-I_O^2}=\sqrt{2.51^2-2.5^2}\approx224\ \text{mA}$$

风华高科的LE系列电容在100 kHz以上时，680 μF/25 V电解电容ESR<0.06 Ω，最大纹波电流为1.400 A，完全能满足设计要求。

不过在DC-DC、AC-DC变换器中，有时可能用2～4只小容量电容并联代替大容量电容，以增加滤波电容的表面积，从而提高开关电源的整体寿命。这样做的原因是大容量电容的体积大，内核温度高，单位容量的表面积小，散热困难，而电容寿命受温度影响很大。

2.11.2 用磁粉芯作为电感磁芯的设计过程

下面以铁硅铝磁环作为上例Buck变换器电感L的磁芯为例，介绍在DC-DC变换器设计中如何选择磁粉芯尺寸以及绕组匝数N的计算过程。

1. 磁粉芯尺寸的选择

先计算电感的 LI^2 参数，然后从美磁公司（Mag-Inc）提供的磁芯选型图中选择符合要求的磁芯零件号。

由于本例的电感量 $L=65.8\ \mu H$，电感平均电流 $I_L=I_O=2.5$ A，因此电感的 $LI^2=0.0658\times2.5^2\approx0.41(mH\cdot A^2)$。查美磁公司提供的磁芯选型（Kool $M\mu^R$ 环型磁芯）图可知，对应的零件号为 77380。该铁硅铝磁环的参数为：涂层前外径 OD 为 17.27 mm，内径 ID 为 9.65 mm，初始磁导率 μ_e 为 125，0 A 时的电感系数 A_L 为（89±8%）nH/T^2，$A_e=23.2\ mm^2$，$L_e=41.4$ mm，$V_e=960\ mm^3$，$A_W=63.8\ mm^2$，$AP=1480\ mm^4$。

当然也可以利用体积法确定磁芯的型号。例如，在本例中假设峰值磁感应强度 B_{PK} 同样取 0.3 T（对铁硅铝磁粉芯来说，B_{PK} 理论上限似乎可取 1.0 T，但为降低磁芯的损耗，B_{PK} 上限一般仅取 0.3～0.4 T），则由式（2.5.6）可知

$$V_e=0.314\times\frac{\mu_e}{B_{PK}^2}\times\frac{(2+\gamma)^2}{\gamma}\times\frac{P_{IN}}{f_{SW}}(1-D_{min})\quad(mm^3)$$

$$\approx0.314\times\frac{\mu_e}{0.3^2}\times\frac{(2+0.24)^2}{0.24}\times\frac{37.5}{150}(1-0.577)\approx7.71\ \mu_e$$

为降低电感的铜损，当磁场强度 H 不大（最大磁场强度 H 对应的电感系数 A_L 不小于初始电感系数 A_L 的 65%）时，应尽可能选用有效磁导率 μ_e 较高（如 75、90、125）的磁芯，以减小电感线圈的绕组匝数 N。在本例中，当 μ_e 取 125 时所需铁硅铝磁粉芯的体积 $V_e\approx7.71\ \mu_e=7.71\times125\approx964\ mm^3$。可见，由体积法与美磁公司查图法获得的磁芯有效体积 V_e 差别不大。

2. 计算绕组匝数 N

（1）由磁芯参数可知，初始电感系数 A_L 的下限

$$A_L=89\times(1-8\%)=81.88\ nH/T^2$$

（2）用初始电感系数 A_L 下限计算出 0 A 对应的绕组匝数

$$N=\sqrt{\frac{L\times10^3}{A_L}}=\sqrt{\frac{65.8\times10^3}{81.88}}\approx28.3（取 29 匝）$$

（3）磁场强度 $H=\frac{4\pi NI}{l_e}=\frac{4\pi\times29\times2.5}{41.4}\approx22.0$ Oe（奥斯特）。查生产商提供的“铁硅铝磁芯磁导率与直流偏置”曲线图可知，在 22.0 Oe 直流偏置下磁导率 μ_e 降为初始值的 73.5%。由电感系数 $A_L=\frac{\mu_0\mu_e A_e}{l_e}$ 可知，当磁导率 μ_e 下降到初始值的 73.5 %时，电感系数 A_L 也将同步下降，即 $A_L=81.88\times73.5\%\approx60.18\ nH/T^2$。

当然，也可以从磁材供应商提供的“电感系数 A_L 与直流偏置（AT）”曲线图中，直接查出指定直流偏置（AT）下对应的电感系数 A_L。例如，当 N 取 29 匝时，安匝 $NI=29\times2.5=72.5$ AT，由 77380 零件号的“电感系数 A_L 与直流偏置（AT）”曲线图可知，对应的电感系数 A_L 约为 65 nH/T^2。显然，这两种查图法获得的电感系数 A_L 接近，但不完全相同，原因是查图法本身误差就比较大。

（4）用指定直流偏置下的电感系数 A_L 修正绕组匝数

$$N=\sqrt{\frac{L\times10^3}{A_L}}\approx\sqrt{\frac{65.8\times10^3}{60.18}}\approx33.07（取 33 匝）$$

(5) 磁场强度 $H=\frac{4\pi NI}{l_e}=\frac{4\pi\times33\times2.5}{41.4}\approx25.0$ Oe。查“铁硅铝磁芯磁导率与直流偏置”曲线图可知，在 25.0 Oe 直流偏置下磁导率 μ_e 降到初始值的 70.0%，相应的电感系数 $A_L=81.88\times70.0\%\approx57.32\ \text{nH/T}^2$。

(6) 用指定直流偏置下的电感系数 A_L 再度修正绕组匝数

$$N=\sqrt{\frac{L\times10^3}{A_L}}\approx\sqrt{\frac{65.8\times10^3}{57.32}}\approx33.9(\text{取 34 匝})$$

匝数 N 仅增加了 $\frac{34-33}{33}\approx3\%$，小于 5%。在计算值 34 匝的基础上再增加 1 匝就视为目标匝数 N，即经过修正后的最终匝数 N 取 35。

反之，不断重复第(5)～(6)步，直到绕组匝数 N 的增幅小于 5%，然后在计算值的基础上再加 1～3 匝(当计算值小于 50 时，加 1 匝；当计算值为 50～100 时，加 2 匝；当计算值>100 时，加 3 匝)就是绕组的目标匝数 N。

(7) 验算目标匝数 N 对应的电感量 L 是否略大于给定的电感量，以及峰值磁感应强度 B_{PK} 是否小于对应磁材的饱和磁感应强度 B_S，并算出 0 A 时电感量 L(加工验收依据之一)。

$H=\frac{4\pi NI}{l_e}=\frac{4\pi\times35\times2.5}{41.4}\approx26.6$ Oe。由“铁硅铝磁芯磁导率与直流偏置”曲线可知，在 26.6 Oe 直流偏置下磁导率 μ_e 降到初始值的 68.8%，相应的电感系数 $A_L=81.88\times68.8\%\approx56.33\ \text{nH/T}^2$，对应的电感量 $L=A_LN^2=56.33\times35^2\approx69.0\ \mu\text{H}>65.8\ \mu\text{H}$。$B_{PK}=\frac{LI_{LPK}}{NA_e}=\frac{69.0\times2.8}{35\times23.2}\approx0.24$ T，小于铁硅铝饱和磁感应强度 B_S(1.0 T)，这说明当绕组最终匝数 N 取 35 时是没有问题的。相应地，0 A 时电感量 $L\geqslant A_LN^2=81.88\times35^2$，即电感量约为 100.3 μH。

习　题

2-1　推导出电感 L 存储的能量 E 与电感磁芯有效体积 V_e 之间的关系。

2-2　对储能电感来说，为什么一定要在高磁导率磁芯中设置气隙?

2-3　推导出带气隙磁芯的电感量表达式。

2-4　在磁芯中增加气隙后，如果气隙长度为 δ，磁路有效长度为 l_e，磁路有效截面积为 A_e。当 $\frac{\delta}{l_e}\times\mu_r\gg1$ 时，磁芯电感 $L=\frac{\mu_0A_e}{\delta}N^2$，几乎与磁材的相对磁导率 μ_r 无关，这是否意味着可以使用低磁导率磁芯作 DC-DC 变换器的电感磁芯?

2-5　分别导出 Buck-Boost、Buck、Boost 变换器所需电感磁芯体积 V_e 的表达式，并说明在相同输出功率条件下，哪一种变换器所需磁芯体积 V_e 最大?

2-6　简述气隙长度 δ 取值范围的依据。

2-7　对于具有中柱的磁芯，气隙为什么尽可能开在磁芯中柱上?

2-8　简述理想磁性材料的主要性能指标。

2-9　简述铁氧体磁芯与磁粉芯的主要区别和应用场合。

2-10　手工绕制电感线圈或变压器时至少需要准备哪些材料?

2-11　为什么在 DC-DC 变换器中，有时需要用多股漆包线绕制电感线圈?

第 3 章 其他形式 DC－DC 变换器

除了第 1 章介绍的三种基本 DC－DC 变换器外，尚有 Cuk、SEPIC、Zeta 三种拓扑的 DC－DC变换器。这三种变换器实际上是 Buck、Boost 变换器的组合，共同特征是由电感 L_1、电感 L_2、大容量耦合电容 C、开关 SW、续流二极管 V_D 等 5 个基本元件构成。在开关 SW 接通（即 T_{on}）期间，电感 L_1、L_2 的电流同时增加（储能），并流经开关 SW；在开关 SW 断开（即 T_{off}）期间，电感 L_1、L_2 的电流同时减小（释放存储的能量），并流经续流二极管 V_D；输出电压 U_O 可以小于输入电压 U_{IN}，也可以大于输入电压 U_{IN}，属升压-降压式非隔离的DC－DC 变换器。

3.1 Cuk 变换器

Cuk 变换器的原理电路如图 3.1.1 所示。其特征是：输入电压 U_{IN}与输出电压 U_O 极性相反，既可以升压，也可以降压；由于输入回路、输出回路均串联电感，因而输入、输出电流纹波小；与 Boost 变换器类似，开关管接地，驱动容易。因此，Cuk 变换器在非隔离的 DC－DC 变换器中得到了一定的应用，被认为是第四种基本的 DC－DC 变换器。

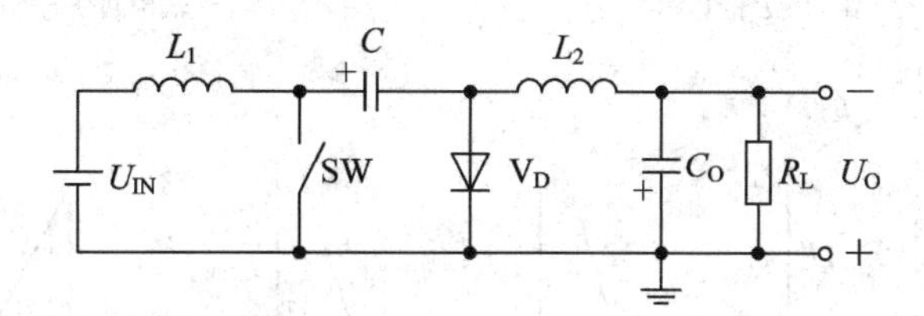

图 3.1.1 Cuk 变换器的原理电路

3.1.1 工作原理

本节介绍 Cuk 变换器的工作原理。Cuk 变换器的等效电路如图 3.1.2 所示。

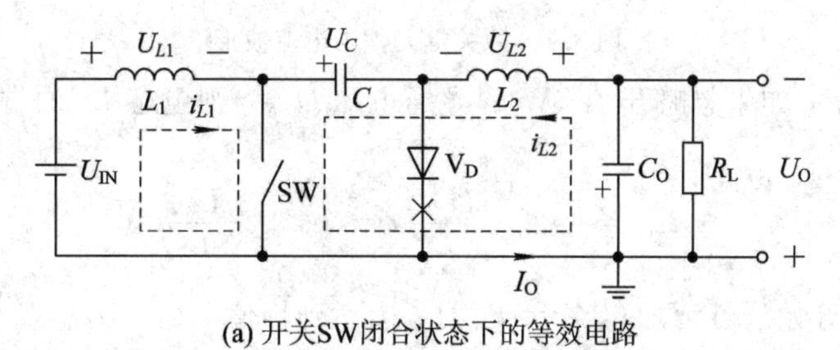

(a) 开关SW闭合状态下的等效电路

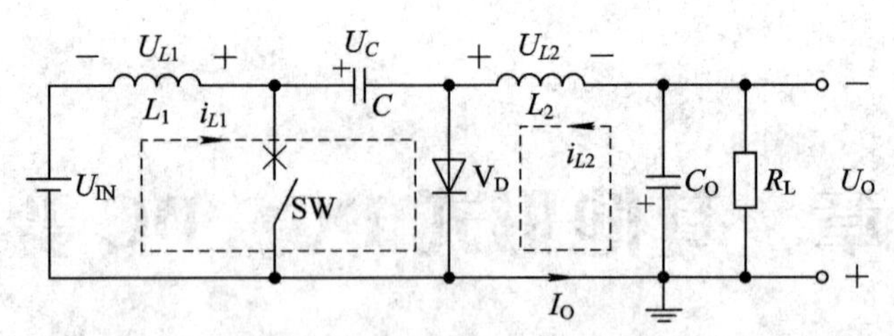

(b) 开关SW断开状态下的等效电路

图 3.1.2 Cuk 变换器的等效电路

1. 开关 SW 闭合

当开关 SW 闭合时，等效电路如图 3.1.2(a)所示，耦合电容 C 正极借助闭合的开关 SW 与续流二极管 V_D 负极相连，使续流二极管 V_D 反偏，输入回路电感 L_1 电流 i_{L1} 线性增加，L_1 处于储能状态；耦合电容 C 通过开关 SW 向负载释放在上一开关周期 T_{off} 期间吸收的能量，导致输出回路电感 L_2 也处于储能状态，电感 L_2 的电流 i_{L2} 也在线性增加。由于耦合电容 C 与电感 L_2 串联，因此耦合电容 C 的放电电流平滑。

Cuk 变换器关键元件的电流波形如图 3.1.3 所示。从图中可以看出，耦合电容 C 的电流纹波很大，因此对耦合电容 C 的参数要求较高，即耦合电容 C 必须能够承受高频大纹波电流，且等效串联电阻 ESR 要尽可能小。

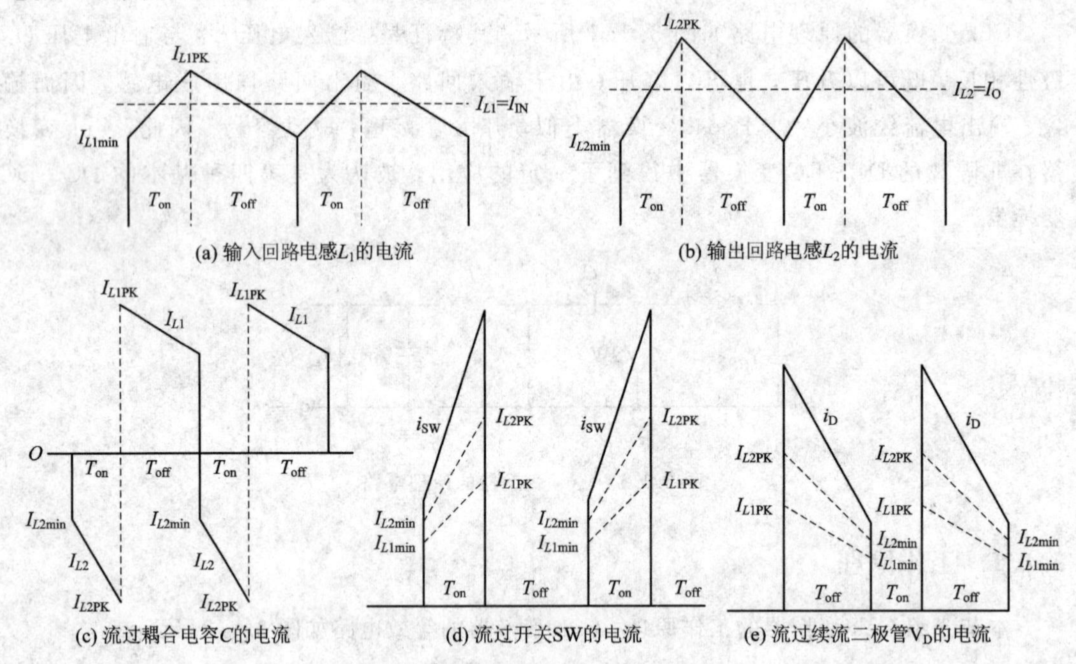

图 3.1.3 关键元件的电流波形

在稳定状态下，如果忽略开关 SW 的导通电压 U_{SW}，则电感 L_1 的端电压 $U_{L1on}=U_{IN}$，于是电感 L_1 电流

$$i_{L1}=I_{L1min}+\frac{U_{L1on}}{L_1}t=I_{L1min}+\frac{U_{IN}}{L_1}t$$

i_{L1} 从最小值 I_{L1min} 开始线性增加，当 $t=T_{on}$ 时，i_{L1} 达到峰值 $I_{L1PK}=I_{L1min}+\frac{U_{IN}}{L_1}T_{on}$。显然，导

通结束后电感 L_1 电流 i_{L1} 的增量 $\Delta I_{L1}=\frac{U_{IN}}{L_1}T_{on}$。

电感 L_2 的端电压 $U_{L2on}=U_C-U_O$（假设耦合电容 C 的容量足够大，在稳定状态下，一个开关周期内，近似认为耦合电容 C 端电压 U_C 为常数），则电感 L_2 电流

$$i_{L2}=I_{L2min}+\frac{U_{L2on}}{L_2}t=I_{L2min}+\frac{U_C-U_O}{L_2}t$$

i_{L2} 从最小值 I_{L2min} 开始线性增加，当 $t=T_{on}$ 时，i_{L2} 达到峰值 $I_{L2PK}=I_{L2min}+\frac{U_C-U_O}{L_2}T_{on}$。导通结束后电感 L_2 电流 i_{L2} 的增量 $\Delta I_{L2}=\frac{U_C-U_O}{L_2}T_{on}$。

显然，续流二极管 V_D 承受的最大反向电压为 U_C。在下面的推导过程中不难发现 $U_C=U_{IN}+U_O$，即续流二极管 V_D 承受的最大电压为 $U_{IN}+U_O$。

流过开关 SW 的电流 i_{SW} 是电感 L_1 电流 i_{L1} 与电感 L_2 电流 i_{L2} 之和，开关导通损耗较大，为此必须选用低导通电阻的功率 MOS 管作为开关元件。

2. 开关 SW 断开

当开关 SW 断开时，等效电路如图 3.1.2(b)所示，电感 L_2 电压反向，续流二极管 V_D 导通，L_2 释放能量，给负载供电；电感 L_1 也释放能量，对耦合电容 C 充电，补充耦合电容 C 在导通期间释放掉的电荷。可见，在开关 SW 断开状态下，流过续流二极管 V_D 的电流 i_D 也是电感 L_1 电流 i_{L1} 与电感 L_2 电流 i_{L2} 之和，因此续流二极管 V_D 的导通损耗也较大。

如果忽略续流二极管 V_D 的导通电压 U_D，则在 V_D 截止时期，电感 L_1 的端电压 $U_{L1off}=U_C-U_{IN}$，因此电感 L_1 电流

$$i_{L1}=I_{L1PK}-\frac{U_{L1off}}{L_1}t=I_{L1PK}-\frac{U_C-U_{IN}}{L_1}t$$

i_{L1} 从峰值 I_{L1PK} 开始线性减小，当 $t=T_{off}$ 时，i_{L1} 达到最小值 $I_{L1min}=I_{L1PK}-\frac{U_C-U_{IN}}{L_1}T_{off}$。显然，截止期结束后电感 L_1 电流 i_{L1} 的减少量 $\Delta I_{L1}=\frac{U_C-U_{IN}}{L_1}T_{off}$。

在 V_D 关断期间电感 L_2 的端电压 $U_{L2off}=U_O$，因此电感 L_2 电流

$$i_{L2}=I_{L2PK}-\frac{U_{L2off}}{L_2}t=I_{L2PK}-\frac{U_O}{L_2}t$$

i_{L2} 从峰值 I_{L2PK} 开始线性减小，当 $t=T_{off}$ 时，i_{L2} 达到最小值 $I_{L2min}=I_{L2PK}-\frac{U_O}{L_2}T_{off}$。显然，截止期结束后电感 L_2 电流 i_{L2} 的减少量 $\Delta I_{L2}=\frac{U_O}{L_2}T_{off}$。

经过上面分析可以看出，在开关 SW 截止期间，开关管承受的最大电压为 U_C，由于 $U_C=U_{IN}+U_O$，因此开关管承受的最大电压为 $U_{IN}+U_O$。

3.1.2　耦合电容电压、输出电压及占空比

在稳定状态下，一个开关周期内，电感电流的增加量与减小量必然相等，即

$$\frac{U_{IN}}{L_1}T_{on}=\frac{U_C-U_{IN}}{L_1}T_{off} \tag{3.1.1}$$

$$\frac{U_C - U_O}{L_2}T_{on} = \frac{U_O}{L_2}T_{off} \tag{3.1.2}$$

在CCM或BCM模式下，开关周期 $T_{SW}=T_{on}+T_{off}$，而 $T_{on}=DT_{SW}$，$T_{off}=(1-D)T_{SW}$，由式(3.1.1)得

$$U_C = \frac{U_{IN}}{1-D}$$

由于占空比 D 满足 $0<D<1$，因此在稳定状态下，耦合电容 C 端电压 U_C 必定大于输入电压 U_{IN}。

由式(3.1.2)得

$$U_O = DU_C = \frac{D}{1-D}U_{IN}$$

由此可见，Cuk 变换器属于一种既可以降压($D<0.5$)，也可以升压($D>0.5$)的DC-DC变换器，且输出电压与输入电压极性相反。考虑到占空比 D 取值范围被限制在0.25～0.75，因此 Cuk 变换器与 Buck-Boost 变换器类似，输出电压 U_O 约为$(0.33\sim3.0)U_{IN}$。

占空比

$$D = \frac{U_O}{U_O + U_{IN}} \tag{3.1.3}$$

因此在稳定状态下，耦合电容 C 的端电压

$$U_C = \frac{U_{IN}}{1-D} = \frac{U_{IN}}{1-\dfrac{U_O}{U_O+U_{IN}}} = U_{IN} + U_O \tag{3.1.4}$$

可以证明：当输入电压 U_{IN}、输出电压 U_O 不大，开关导通电压 U_{SW}、续流二极管 V_D 导通电压 U_D 不能忽略时，耦合电容 C 的端电压

$$U_C = \frac{1}{1-D}U_{IN} - \frac{D}{1-D}U_{SW} - U_D \tag{3.1.5}$$

输出电压

$$U_O = \frac{D}{1-D}(U_{IN} - U_{SW}) - U_D \tag{3.1.6}$$

占空比

$$D = \frac{U_O + U_D}{U_O + U_{IN} + U_D - U_{SW}} \tag{3.1.7}$$

3.1.3 导通及截止期间两电感电压的关系

在开关接通(T_{on})期间，存在

$$U_{L1on} = U_{IN} = N_1\frac{d\Phi_1}{dt}$$

$$U_{L2on} = U_C - U_O = \frac{U_{IN}}{1-D} - \frac{D}{1-D}U_{IN} = U_{IN} = N_2\frac{d\Phi_2}{dt}$$

由此可见，在开关导通(T_{on})期间，电感 L_1、L_2 的端电压相同，即

$$U_{L1on} = U_{L2on} = U_{IN} \tag{3.1.8}$$

同理，也可以证明，在开关截止(T_{off})期间，电感L_1、L_2的端电压也相同，即

$$U_{L1off} = U_{L2off} = U_O \tag{3.1.9}$$

3.1.4 导通及截止期间两电感电流的关系

电感L_1的平均电流I_{L1}就等于变换器的平均输入电流I_{IN}，如果电感L_1的电流纹波比$\gamma_1 = \frac{\Delta I_{L1}}{I_{L1}}$，而$\Delta I_{L1} = \frac{U_{IN}}{L_1} T_{on}$，则

$$\gamma_1 = \frac{\Delta I_{L1}}{I_{L1}} = \frac{U_{IN}}{I_{IN} L_1} T_{on} = \frac{D T_{SW} U_{IN}}{I_{IN} L_1} \tag{3.1.10}$$

$$I_{L1PK} = I_{L1} + \frac{1}{2}\Delta I_{L1} = I_{L1}\left(1 + \frac{\gamma_1}{2}\right) = I_{IN}\left(1 + \frac{\gamma_1}{2}\right) \tag{3.1.11}$$

电感L_2的平均电流I_{L2}等于变换器的输出电流I_O，如果电感L_2的电流纹波比$\gamma_2 = \frac{\Delta I_{L2}}{I_{L2}}$，则

$$\Delta I_{L2} = \frac{U_O}{L_2} T_{off}$$

$$\gamma_2 = \frac{\Delta I_{L2}}{I_{L2}} = \frac{U_O}{I_O L_2} T_{off} = \frac{(1-D) T_{SW} U_O}{I_O L_2} = \frac{D T_{SW} U_{IN}}{I_O L_2} \tag{3.1.12}$$

$$I_{L2PK} = I_{L2} + \frac{1}{2}\Delta I_{L2} = I_{L2}\left(1 + \frac{\gamma_2}{2}\right) = I_O\left(1 + \frac{\gamma_2}{2}\right) \tag{3.1.13}$$

显然，两电感的电流纹波比的比值

$$\frac{\gamma_1}{\gamma_2} = \frac{I_O L_2}{I_{IN} L_1} \tag{3.1.14}$$

由此可见，两电感的电流纹波比不同。

由于在稳定状态下，耦合电容C在T_{on}期间释放掉的电荷量必然等于在T_{off}期间获得的电荷量，即

$$I_{L2} T_{on} = I_{L1} T_{off} \quad \text{(对电容来说，遵守“安秒积”平衡规则)}$$

于是，电感L_2平均电流

$$I_{L2} = \frac{1-D}{D} I_{L1}$$

考虑到$I_{L2} = I_O$，$I_{L1} = I_{IN}$，因此

$$I_O = \frac{1-D}{D} I_{IN} \tag{3.1.15}$$

3.1.5 设计步骤

已知输入电压U_{IN}、输出电压U_O、输出功率P_O、变换器的转换效率η、开关频率f_{SW}，计算电感L_1、L_2的参数，并确定耦合电容C的容量。

与Buck-Boost变换器类似，同样需要在最小输入电压下设计电感L_1、L_2的参数。

(1) 计算最大占空比。假设变换器的输入功率为P_{IN}，输出功率为P_O，效率为η，则

$$I_{IN} U_{INmin} \eta = I_O U_O$$

将式(3.1.15)代入，整理后可得最小输入电压U_{INmin}对应的最大占空比

$$D_{max}=\frac{U_O}{U_O+U_{INmin}\eta}\ \text{（适用于 CCM 及 BCM 状态）} \tag{3.1.16}$$

(2) 计算电感 L_1。由式(3.1.10)可知

$$L_1=\frac{DT_{SW}U_{IN}}{I_{IN}\gamma_1}\text{（电感的电流纹波比}\ \gamma_1\ \text{一般取 0.6）}$$

在小功率变换器中，为减小变换器的体积，电感 L_1、L_2 多采用耦合电感，即在同一磁芯的骨架上采用双线并绕方式，如图 3.1.4 所示，此时电感 L_1、电感 L_2 的磁通量 Φ 相同。由于 $U_{L1on}=U_{L2on}=U_{IN}$，$U_{L1off}=U_{L2off}=U_O$，因此必然存在

$$N_1\times\frac{d\Phi}{dt}=N_2\times\frac{d\Phi}{dt}$$

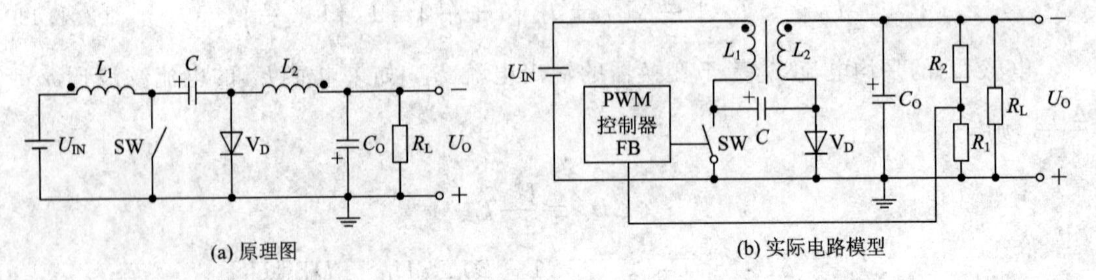

图 3.1.4　采用耦合电感的 Cuk 变换器

可见，在 Cuk 变换器中，当 L_1、L_2 为耦合电感时，必须在同一磁芯的骨架上采用双线并绕相同匝数，使 $N_1=N_2=N$，方能保证 Cuk 变换器的电感 L_1 和 L_2 的伏秒积、耦合电容 C 的安秒积平衡，使 $L_1=L_2=L$，于是由式(3.1.12)可知，电感 L_2 的电流纹波比

$$\gamma_2=\frac{(1-D)T_{SW}U_O}{I_OL_2}=\frac{(1-D)T_{SW}U_O}{I_OL}$$

(3) 计算电感的峰值电流。峰值电流

$$I_{L1PK}=I_{IN}\left(1+\frac{\gamma_1}{2}\right),\quad I_{L2PK}=I_O\left(1+\frac{\gamma_2}{2}\right)$$

(4) 估算磁芯体积。在开关 SW 导通与截止期间电感 L_1、L_2 的端电压相等，即 $U_{L1on}=U_{L2on}$，$U_{L1off}=U_{L2off}$，且同时存储或释放能量。当 L_1、L_2 为耦合电感时，电感量 L_1、L_2 相同，因此磁芯存储能量的增量

$$\begin{aligned}\Delta E&=L_1I_{L1}\Delta I_{L1}+L_2I_{L2}\Delta I_{L2}\\&=I_{IN}U_{IN}T_{on}+I_OU_OT_{off}\\&=\frac{P_{IN}[D+\eta(1-D)]}{f_{SW}}=\frac{V_e}{\mu_e\mu_0}\Delta B\times B_{DC}\end{aligned}$$

等效峰值电流

$$\begin{aligned}I_{LPK}&=I_{L1PK}+I_{L2PK}=I_{IN}\left(1+\frac{\gamma_1}{2}\right)+I_O\left(1+\frac{\gamma_2}{2}\right)\\&=I_{IN}+I_O+\frac{\gamma_1}{2}I_{IN}+\frac{\gamma_2}{2}I_O=I_{IN}+I_O+\frac{\gamma_1}{2}I_{IN}+\frac{\gamma_1}{2}I_{IN}\\&=(I_{IN}+I_O)\left(1+\frac{2\gamma_1I_{IN}}{2(I_{IN}+I_O)}\right)=(I_{IN}+I_O)\left(1+\frac{\gamma}{2}\right)\end{aligned}$$

其中，$\gamma=\frac{2\gamma_1I_{IN}}{I_{IN}+I_O}$，称为等效电流纹波比。考虑到在耦合电感形式的 Cuk 变换器中，

$L_1 = L_2 = L$，则由式(3.1.14)可知$\frac{\gamma_1}{\gamma_2} = \frac{I_O \times L_2}{I_{IN} \times L_1} = \frac{I_O}{I_{IN}}$，于是等效电流纹波比

$$\gamma = \frac{2\gamma_1 I_{IN}}{I_{IN} + I_O} = \frac{2 \times \gamma_1}{1 + \frac{I_O}{I_{IN}}} = \frac{2\gamma_1\gamma_2}{\gamma_1 + \gamma_2}$$

因此，所需磁芯的有效体积

$$\begin{aligned} V_e &= \frac{\mu_e \mu_0}{\Delta B B_{DC}} \times \frac{P_{IN}[D + \eta(1-D)]}{f_{SW}} \\ &= \frac{\mu_e \mu_0}{4B_{PK}^2} \times \frac{(2+\gamma)^2}{\gamma} \times \frac{P_{IN}[D + \eta(1-D)]}{f_{SW}} \end{aligned}$$

当峰值磁感应强度 B_{PK} 的单位为 T、开关频率 f_{SW} 的单位为 kHz、输入功率 P_{IN} 的单位为 W 时，磁芯的有效体积

$$V_e = 0.314 \times \frac{\mu_e}{B_{PK}^2} \times \frac{(2+\gamma)^2}{\gamma} \times \frac{P_{IN}[D+\eta(1-D)]}{f_{SW}} (\text{mm}^3)$$

显然，当效率 η 为 100%时，上式可以简化。尽管 Cuk 变换器的效率不可能达到 100%，但在估算磁芯体积时，将效率 η 视为 100%(带来的误差不大)，以便能迅速估算出磁芯的有效体积。此时有

$$V_e = 0.314 \times \frac{\mu_e}{B_{PK}^2} \times \frac{(2+\gamma)^2}{\gamma} \times \frac{P_{IN}}{f_{SW}} (\text{mm}^3) \tag{3.1.17}$$

据此即可选择磁芯的有效体积 V_e，确定磁芯的截面积 A_e。

(5) 计算绕线匝数。由电磁感应定律可知，峰值磁感应强度

$$B_{PK1} = \frac{L_1 I_{L1PK}}{A_e N_1} = \frac{L I_{L1PK}}{A_e N}$$

$$B_{PK2} = \frac{L_2 I_{L2PK}}{A_e N_2} = \frac{L I_{L2PK}}{A_e N}$$

由于两电感绕在同一磁芯的骨架上，且在 Cuk 变换器开关接通期间两电感的磁通方向相同，因此必须保证

$$B_{PK1} + B_{PK2} = \frac{L_1 I_{L1PK}}{A_e N_1} + \frac{L_2 I_{L2PK}}{A_e N_2} = \frac{L(I_{L1PK} + I_{L2PK})}{A_e N} < B_S (\text{饱和磁通密度})$$

由此可得，两电感绕线匝数

$$N = \frac{L(I_{L1PK} + I_{L2PK})}{A_e B_S} \tag{3.1.18}$$

(6) 计算耦合电容 C 的容量。电容存储的能量

$$E = \frac{1}{2} C U_C^2$$

在忽略电感 L_1、续流二极管 V_D 损耗的情况下，在 T_{off} 期间，耦合电容 C 充电获得的能量由驱动电源 U_{IN} 消耗的能量和电感 L_1 释放的能量两部分组成。其中，驱动电源提供的能量为 $I_{L1} U_{IN} T_{off}$；电感 L_1 释放的能量就是 T_{on} 期间吸收的能量($I_{L1} U_{IN} T_{on}$)。因此

$$\begin{aligned} \Delta E &= C U_C \Delta U_C = I_{L1} U_{IN} T_{on} + I_{L1} U_{IN} T_{off} \\ &= P_{IN} D T_{SW} + P_{IN}(1-D) T_{SW} \\ &= P_{IN} T_{SW} = \frac{P_O}{\eta f_{SW}} \end{aligned}$$

考虑到 $U_O=DU_C$，即 $\Delta U_O=D\Delta U_C$，为减小输出电压 U_O 的纹波电压 ΔU_O，就必须控制耦合电容 C 的端电压 U_C 的变化量 ΔU_C。

因此，耦合电容的容量

$$C=\frac{D^2 P_O}{U_O \Delta U_O \eta f_{SW}}=\frac{D^2 I_O}{\Delta U_O \eta f_{SW}} \tag{3.1.19}$$

3.2 SEPIC 变换器

非隔离的 SEPIC 变换器的原理电路如图 3.2.1 所示。其特点是：既可以升压，也可以降压，且输入电压与输出电压的极性相同；输入回路串联电感，因此输入电流连续性好，纹波小；与 Boost 变换器类似，开关管接地，驱动容易。

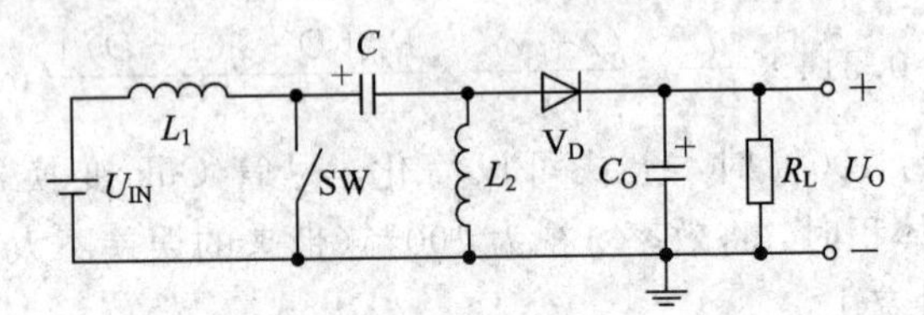

图 3.2.1 非隔离的 SEPIC 变换器的原理电路

3.2.1 工作原理

本节介绍 SEPIC 变换器的工作原理。SEPIC 变换器的等效电路如图 3.2.2 所示。

1. 开关 SW 闭合

当开关 SW 闭合时，等效电路如图 3.2.2(a)所示，电感 L_1 储能，耦合电容 C 通过开关 SW 释放在上一开关周期 T_{off} 期间吸收的能量，使电感 L_2 充电，即 L_2 也处于储能状态，续流二极管 V_D 截止。此时，负载电流 I_O 由输出滤波电容 C_O 提供。

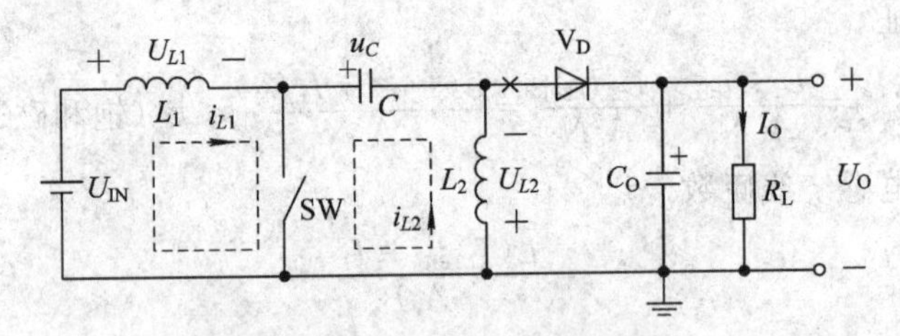

(a) 开关SW闭合状态下的等效电路

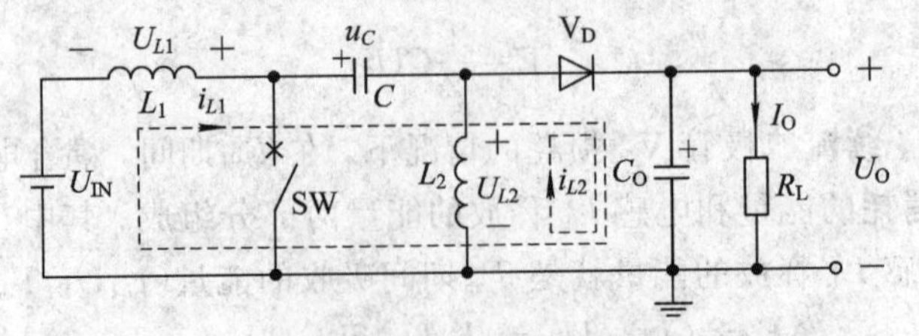

(b) 开关SW断开状态下的等效电路

图 3.2.2 SEPIC 变换器的等效电路

在稳定状态下，如果忽略开关 SW 的导通电压 U_{SW}，则电感 L_1 的端电压 $U_{L1on}=U_{IN}$，

因此在开关 SW 导通期间，电感 L_1 的电流

$$i_{L1}=I_{L1\min}+\frac{U_{L1\text{on}}}{L_1}t=I_{L1\min}+\frac{U_{\text{IN}}}{L_1}t$$

i_{L1} 从最小值 $I_{L1\min}$ 开始线性增加，当 $t=T_{\text{on}}$ 时，i_{L1} 达到峰值 $I_{L1\text{PK}}=I_{L1\min}+\frac{U_{\text{IN}}}{L_1}T_{\text{on}}$。显然，导通期结束后，电感 L_1 的电流 i_{L1} 的增量 $\Delta I_{L1}=\frac{U_{\text{IN}}}{L_1}T_{\text{on}}$。

电感 L_2 的导通电压 $U_{L2\text{on}}=U_C$(由于耦合电容 C 的容量较大，因此在稳定状态下，一个开关周期内，同样认为耦合电容 C 的端电压 U_C 维持不变)，因此电感 L_2 电流

$$i_{L2}=I_{L2\min}+\frac{U_{L2\text{on}}}{L_2}t=I_{L2\min}+\frac{U_C}{L_2}t$$

i_{L2} 从最小值 $I_{L2\min}$ 开始线性增加，当 $t=T_{\text{on}}$ 时，i_{L2} 达到峰值 $I_{L2\text{PK}}=I_{L2\min}+\frac{U_C}{L_2}T_{\text{on}}$。因此，导通结束后，电感 L_2 的电流 i_{L2} 的增量 $\Delta I_{L2}=\frac{U_C}{L_2}T_{\text{on}}$。

显然，续流二极管 V_D 承受的最大反向电压为 U_C+U_O。由于导通期间，两电感电流 i_{L1}、i_{L2} 均流过开关 SW，因此开关 SW 的导通损耗较大，SEPIC 变换器也仅适用于小电流的应用场合。

2. 开关 SW 断开

当开关 SW 断开时，等效电路如图 3.2.2(b)所示，电感 L_2 的电压极性反向，续流二极管 V_D 导通，对负载释放在 T_{on} 期间吸收的能量；同时电感 L_1 也释放在 T_{on} 期间吸收的能量，经耦合电容 C(对耦合电容 C 充电，补充 T_{on} 期间释放掉的电荷)、续流二极管 V_D 向负载供电。可见，在开关 SW 断开的状态下，流过续流二极管 V_D 的电流 i_D 为电感 L_1、L_2 电流之和。

如果忽略续流二极管 V_D 的导通电压 U_D，则 T_{off} 期间电感 L_1 的端电压 $U_{L1\text{off}}=U_C+U_O-U_{\text{IN}}$，因此电感 L_1 的电流

$$i_{L1}=I_{L1\text{PK}}-\frac{U_{L1\text{off}}}{L_1}t=I_{L1\text{PK}}-\frac{U_C+U_O-U_{\text{IN}}}{L_1}t$$

i_{L1} 从峰值 $I_{L1\text{PK}}$ 开始线性减小，当 $t=T_{\text{off}}$ 时，i_{L1} 达到最小值 $I_{L1\min}=I_{L1\text{PK}}-\frac{U_C+U_O-U_{\text{IN}}}{L_1}T_{\text{off}}$。显然，截止期结束后电感 L_1 的电流 i_{L1} 的减少量 $\Delta I_{L1}=\frac{U_C+U_O-U_{\text{IN}}}{L_1}T_{\text{off}}$。

在 T_{off} 期间电感 L_2 的端电压 $U_{L2\text{off}}=U_O$，因此电感 L_2 的电流

$$i_{L2}=I_{L2\text{PK}}-\frac{U_{L2\text{off}}}{L_2}t=I_{L2\text{PK}}-\frac{U_O}{L_2}t$$

i_{L2} 从峰值 $I_{L2\text{PK}}$ 开始线性减小，当 $t=T_{\text{off}}$ 时，i_{L2} 达到最小值 $I_{L2\min}=I_{L2\text{PK}}-\frac{U_O}{L_2}T_{\text{off}}$。显然，截止期结束后电感 L_2 电流 i_{L2} 的减少量 $\Delta I_{L2}=\frac{U_O}{L_2}T_{\text{off}}$。

不难发现，在开关 SW 断开期间，开关 SW 承受的最大电压为 U_C+U_O。在后面的推导过程中可发现 $U_C=U_{\text{IN}}$，即开关管承受的最大电压为 $U_{\text{IN}}+U_O$。为保险起见，工程上开关管

的耐压 BV_{DSS}应不小于 $1.2(U_{IN}+U_O)$。

3.2.2 占空比 D 与输出电压 U_O

在稳定状态下，在一个开关周期内，电感电流的增加量与减小量必然相等，因此

$$\frac{U_{IN}}{L_1}T_{on}=\frac{U_C+U_O-U_{IN}}{L_1}T_{off}$$

$$\frac{U_C}{L_2}T_{on}=\frac{U_O}{L_2}T_{off}$$

在 CCM 或 BCM 模式下，开关周期 $T_{SW}=T_{on}+T_{off}$，而 $T_{on}=D\times T_{SW}$，$T_{off}=(1-D)T_{SW}$，由此得

$$U_C=U_{IN} \tag{3.2.1}$$

$$U_O=\frac{D}{1-D}U_{IN} \tag{3.2.2}$$

由此可见，非隔离的 SEPIC 变换器也属于一种既可以降压($D<0.5$)、也可以升压($D>0.5$)的 DC - DC 变换器，且输出电压与输入电压的极性相同。因此，非隔离的 SEPIC 变换器在 DC - DC 变换器领域得到了一定的应用。考虑到占空比 D 取值范围被限制在 0.25～0.75，即 SEPIC 变换器与 Buck - Boost 变换器类似，输出电压 U_O 为$(0.33\sim3.0)U_{IN}$。

由式(3.2.2)可知 SPICE 变换器的占空比

$$D=\frac{U_O}{U_O+U_{IN}} \tag{3.2.3}$$

3.2.3 导通及截止期间两电感电压的关系

在开关接通(T_{on})期间存在

$$U_{IN}=U_{L1on}=N_1\frac{d\Phi_1}{dt},\quad U_C=U_{L2on}=N_2\frac{d\Phi_2}{dt}$$

在 SEPIC 变换器中，由式(3.2.1)可知 $U_C=U_{IN}$，即在 T_{on}期间，两电感端电压 $U_{L1on}=U_{L2on}=U_{IN}$。同样可以证明，在 T_{off}期间，两电感端电压 $U_{L1off}=U_{L2off}=U_O$。

3.2.4 导通及截止期间两电感电流的关系

电感 L_1 的平均电流 I_{L1} 就等于变换器输入电流 I_{IN}，如果电感 L_1 的电流纹波比 $\gamma_1=\Delta I_{L1}/I_{L1}$，$\Delta I_{L1}=\frac{U_{IN}}{L_1}T_{on}$，于是有

$$\gamma_1=\frac{\Delta I_{L1}}{I_{L1}}=\frac{DT_{SW}U_{IN}}{I_{IN}L_1}=\frac{(1-D)T_{SW}U_O}{I_{IN}\times L_1}$$

$$I_{L1PK}=I_{L1}+\frac{1}{2}\Delta I_{L1}=I_{L1}\left(1+\frac{\gamma_1}{2}\right)=I_{IN}\left(1+\frac{\gamma_1}{2}\right)$$

由于在稳定状态下，耦合电容 C 在 T_{on}期间释放掉的电荷量必然等于在 T_{off}期间获得的电荷量，即

$$I_{L2}T_{on}=I_{L1}T_{off}$$

由此可知电感 L_2 电流的平均值为

$$I_{L2}=\frac{1-D}{D}I_{L1}$$

而流过续流二极管 V_D 的电流为截止期间两电感电流之和，因此流过续流二极管 V_D 的平均电流

$$\begin{aligned}I_D=I_O&=(1-D)I_{L1}+(1-D)I_{L2}\\&=DI_{L2}+(1-D)I_{L2}\\&=I_{L2}\end{aligned}$$

即电感 L_2 的平均电流 I_{L2} 等于输出电流 I_O，亦即 $I_O=\frac{1-D}{D}\times I_{IN}$，可得

$$\Delta I_{L2}=\frac{U_C}{L_2}T_{on}=\frac{U_{IN}}{L_2}T_{on}\quad（注：U_C=U_{IN}）$$

$$\gamma_2=\frac{\Delta I_{L2}}{I_{L2}}=\frac{DT_{SW}U_{IN}}{I_OL_2}$$

$$I_{L2PK}=I_{L2}+\frac{1}{2}\Delta I_{L2}=I_{L2}\left(1+\frac{\gamma_2}{2}\right)=I_O\left(1+\frac{\gamma_2}{2}\right)$$

$$\frac{\gamma_1}{\gamma_2}=\frac{I_OL_2}{I_{IN}L_1}$$

3.2.5　设计步骤

已知输入电压 U_{IN}、输出电压 U_O、输出功率 P_O、变换器的转化效率 η、开关频率 f_{SW}，计算电感 L_1、L_2 的参数，并确定耦合电容 C 的容量。

计算方法与 Buck - Boost 变换器类似，需要在最小输入电压下设计电感 L_1、L_2 的参数。

(1) 计算最大占空比。由于

$$\eta I_{IN}U_{INmin}=I_OU_O$$

而在 SEPIC 变换器中，输入电流 $I_{IN}=\frac{D}{1-D}I_O$，整理后可得最小输入电压 U_{INmin}对应的最大占空比

$$D_{max}=\frac{U_O}{U_O+\eta U_{INmin}}\quad（适用于 CCM 及 BCM 状态）\tag{3.2.4}$$

(2) 计算电感 L_1、L_2 的电感量。

$$L_1=\frac{DT_{SW}U_{IN}}{I_{IN}\gamma_1}\quad（电感 L_1 的电流纹波比 \gamma_1 一般取 0.6）\tag{3.2.5}$$

在小功率变换器中，为减小变换器的体积，电感 L_1、L_2 往往也采用耦合电感，即在同一磁芯的骨架上采用双线并绕方式获得电感 L_1、L_2，如图 3.2.3 所示。此时电感 L_1、L_2 的磁通量 Φ 相同，满足

$$N_1\frac{d\Phi}{dt}=N_2\frac{d\Phi}{dt}$$

这意味着在 SEPIC 变换器中，当 L_1、L_2 为耦合电感时，必须采用双线并绕相同匝数，使 $N_1=N_2=N$，$L_1=L_2=L$，于是

$$\gamma_2=\frac{DT_{SW}U_C}{I_{L2}L_2}=\frac{I_{IN}}{I_O}\gamma_1$$

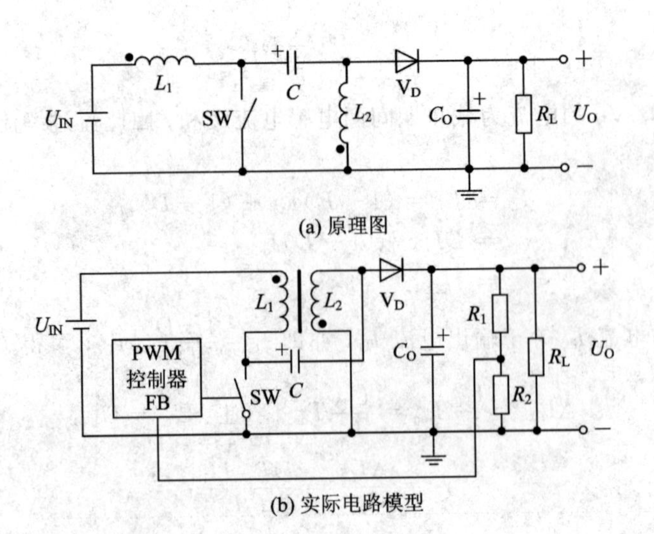

图 3.2.3　采用耦合电感的 SEPIC 变换器

(3) 计算电感的峰值电流。电感的峰值电流为

$$I_{L1PK}=I_{IN}\left(1+\frac{\gamma_1}{2}\right),\ I_{L2PK}=I_O(1+\frac{\gamma_2}{2})$$

(4) 估算磁芯的体积。在导通与截止期间电感 L_1、L_2 的端电压相等，即 $U_{L1on}=U_{L2on}$，$U_{L1off}=U_{L2off}$，且同时存储或释放能量。当 L_1、L_2 为耦合电感时，电感量 L_1、L_2 也相同，因此磁芯存储能量的增量

$$\begin{aligned}\Delta E&=L_1I_{L1}\Delta I_{L1}+L_2I_{L2}\Delta I_{L2}\\&=I_{L1}U_{IN}T_{on}+I_{L2}U_{IN}T_{on}\\&=(I_{IN}+I_O)U_{IN}T_{on}\\&=\left(I_{IN}+\frac{1-D}{D}I_{IN}\right)U_{IN}T_{on}\\&=\frac{P_{IN}}{f_{SW}}=\frac{V_e}{\mu_e\mu_0}\Delta B\times B_{DC}\end{aligned}$$

等效峰值电流

$$\begin{aligned}I_{LPK}&=I_{L1PK}+I_{L2PK}=I_{IN}\left(1+\frac{\gamma_1}{2}\right)+I_O\left(1+\frac{\gamma_2}{2}\right)\\&=I_{IN}+I_O+\frac{\gamma_1}{2}I_{IN}+\frac{\gamma_2}{2}I_O=I_{IN}+I_O+\frac{\gamma_1}{2}I_{IN}+\frac{\gamma_1}{2}I_{IN}\\&=(I_{IN}+I_O)\left(1+\frac{2\gamma_1I_{IN}}{2(I_{IN}+I_O)}\right)=(I_{IN}+I_O)\left(1+\frac{\gamma}{2}\right)\end{aligned}$$

等效电流纹波比

$$\gamma=\frac{2\gamma_1I_{IN}}{I_{IN}+I_O}=\frac{2\gamma_1\gamma_2}{\gamma_1+\gamma_2}$$

电感磁芯的有效体积

$$V_e=\frac{\mu_e\mu_0}{\Delta BB_{DC}}\times\frac{P_{IN}}{f_{SW}}=\frac{\mu_e\mu_0}{4B_{PK}^2}\times\frac{(2+\gamma)^2}{\gamma}\times\frac{P_{IN}}{f_{SW}}$$

当峰值磁感应强度 B_{PK} 的单位为 T、开关频率 f_{SW} 的单位为 kHz、输入功率 P_{IN} 的单位

为 W 时，电感磁芯的有效体积

$$V_e = 0.314 \times \frac{\mu_e}{B_{PK}^2} \times \frac{(2+\gamma)^2}{\gamma} \times \frac{P_{IN}}{f_{SW}}(\text{mm}^3) \tag{3.2.6}$$

据此即可选择电感磁芯的物理尺寸，进而确定磁芯的有效截面积 A_e。

(5) 计算绕线匝数。由电磁感应定律可知峰值磁感应强度

$$B_{PK1} = \frac{L_1 I_{L1PK}}{A_e N_1} = \frac{L I_{L1PK}}{A_e N} \tag{3.2.7}$$

$$B_{PK2} = \frac{L_2 I_{L2PK}}{A_e N_2} = \frac{L I_{L2PK}}{A_e N} \tag{3.2.8}$$

由于两电感绕在同一磁芯的骨架上，且在 SEPIC 变换器导通期间两电感磁通方向一致，因此必须保证

$$B_{PK1} + B_{PK2} = \frac{L_1 I_{L1PK}}{A_e N_1} + \frac{L_2 I_{L2PK}}{A_e N_2} = \frac{L(I_{L1PK} + I_{L2PK})}{A_e N} < B_S(\text{饱和磁通密度})$$

由此可知绕组匝数

$$N = \frac{L(I_{L1PK} + I_{L2PK})}{A_e B_S}$$

(6) 计算耦合电容 C 的容量。由于电容存储的能量

$$E = \frac{1}{2} C U_C^2$$

在 T_{on} 期间，耦合电容 C 减小的能量就等于感 L_2 增加的能量，即

$$\Delta E = C U_C \Delta U_C = L_2 I_{L2} \Delta I_{L2} = I_O U_C T_{on}$$

考虑到 $U_C = U_{IN} = \frac{1-D}{D} U_O$，有 $\Delta U_C = \frac{1-D}{D} \Delta U_O$，于是耦合电容 C 的容量

$$C = \frac{D^2 I_O}{(1-D)\Delta U_O f_{SW}} \tag{3.2.9}$$

3.3　Zeta 变换器

Zeta 变换器原理电路如图 3.3.1(a)所示，它实际上是 SEPIC 变换器的对偶变换器，但耦合电容 C 端电压 U_C 的极性与 SEPIC 变换器相反。

开关 SW 接通期间的等效电路如图 3.3.1(b)所示，电感 L_1 储能，耦合电容 C 通过电感 L_2 对负载放电(相当于驱动电源 U_{IN} 与偶合电容 C 串联后经电感 L_2 向负载供电)，续流二极管 V_D 反偏。

开关 SW 断开期间的等效电路如图 3.3.1(c)所示，电感 L_1 端电压的极性为下正上负，续流二极管 V_D 导通，电感 L_1 通过续流二极管 V_D 对耦合电容 C 充电，释放存储的能量，电感 L_2 也通过续流二极管 V_D 向负载释放存储的能量。

利用同样的方法可以证明：

(1) 耦合电容 C 端电压

$$U_C = U_O \tag{3.3.1}$$

(2) 输出电压

$$U_O = \frac{D}{1-D}U_{IN} \tag{3.3.2}$$

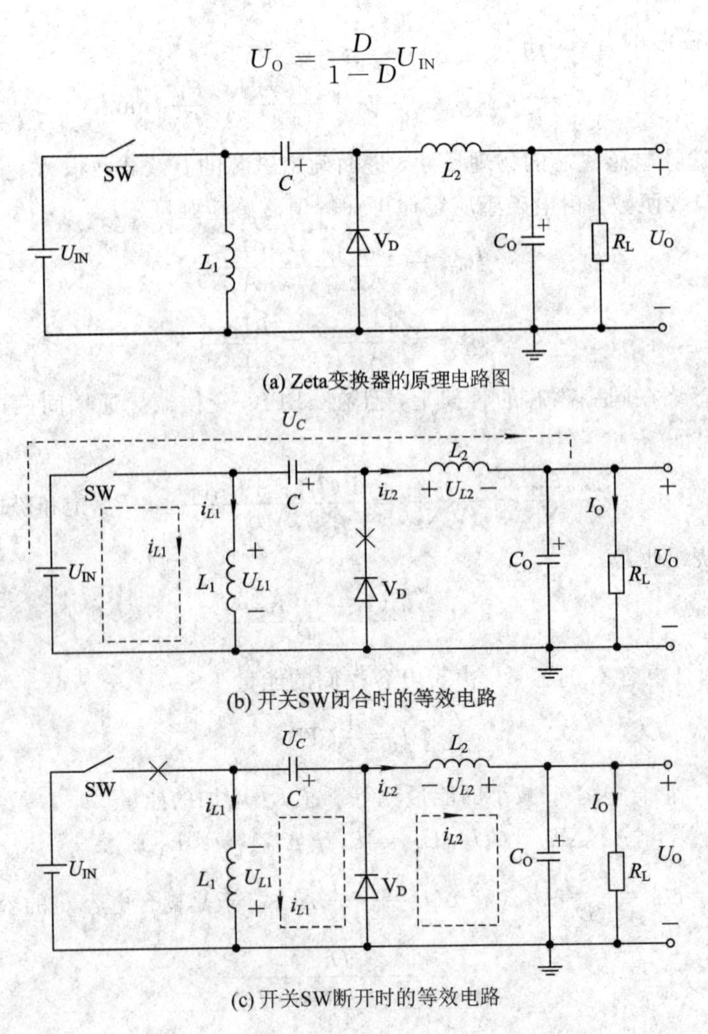

(a) Zeta变换器的原理电路图

(b) 开关SW闭合时的等效电路

(c) 开关SW断开时的等效电路

图 3.3.1　Zeta 变换器

显然，Zeta 变换器既可以升压，也可以降压，且输入电压与输出电压的极性相同。但由于控制开关 SW 与驱动电源 U_{IN} 串联，不共地，造成开关管驱动困难，因此很少单独使用。

(3) 在开关 SW 接通期间，即 T_{on} 期间，$U_{L1on}=U_{L2on}=U_{IN}$；在开关 SW 断开期间，即 T_{off} 期间，电感电压 $U_{L1off}=U_{L2off}=U_O$。

(4) 在开关 SW 断开期间，开关管承受的最大电压为 $U_{IN}+U_{L1off}=U_{IN}+U_O$；而在开关 SW 接通期间，续流二极管承受的最大反向电压为 $U_{L1on}+U_C=U_{IN}+U_O$。

3.4　输入与输出不共地的 Buck 变换器

在基本 Buck 变换器中，当采用 N 沟道 MOS 管作为开关 SW 时，根据 N 沟道 MOS 管的驱动特性，MOS 管导通期间栅极 G 电位必须比 MOS 管源极 S 高 5～10 V，而导通时漏-源之间的电压 U_{DS} 接近 0 V，造成导通期间 MOS 管栅极 G 电位必须比输入电压 U_{IN} 高 5～10 V。换句话说，驱动芯片的电源电压必须比输入电压 U_{IN} 高 5～10 V；

MOS 管截止时，栅极 G 与源极 S 之间的电压差 U_{GS} 又不能大于 15 V。可见，采用基本 Buck 变换器的承担开关功能的 MOS 管驱动非常不便，也非常困难。

不过当负载与驱动电源 U_{IN} 无需共地时，可采用如图 3.4.1 所示的输入、输出不共地的 Buck 变换器拓扑结构就能方便地解决驱动问题。该拓扑结构广泛应用于最小输入电压在 160 V 以上低成本的非隔离式 LED 照明灯具中。

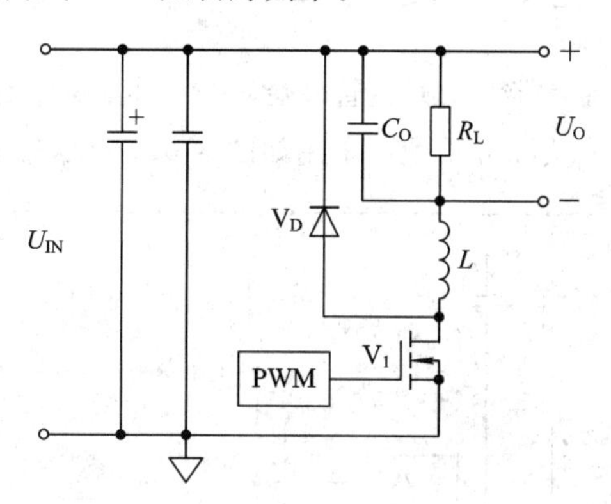

图 3.4.1 负载与驱动电源不共地的 Buck 变换器

由于输出与输入不共地，因此需要借助光耦器件将输出电压 U_O 反馈到 PWM 控制器的反馈输入端 FB，以确保输出电压 U_O 的稳定，如图 3.4.2 所示。

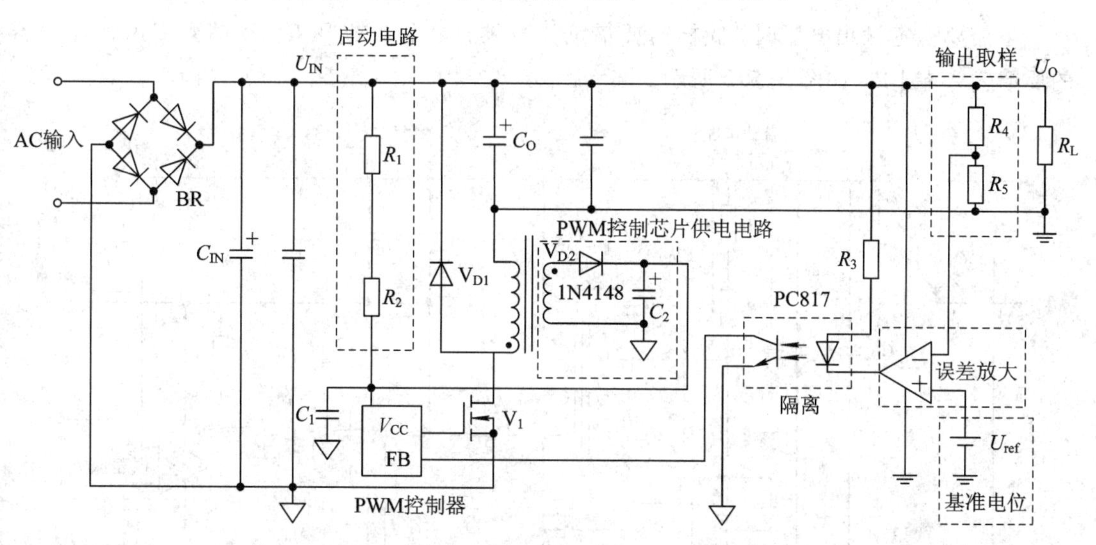

图 3.4.2 不共地 Buck 变换器的控制

如果主绕组的匝数为 N，芯片供电绕组的匝数为 N_A，则开关管截止（即 T_{off}）期间，主绕组 N 端电压为 $U_{off}=U_O+U_{D1}$，芯片供电绕组 N_A 端电压为 $V_{CC}+U_{D2}$。显然有

$$\frac{N_A}{N}=\frac{V_{CC}+U_{D2}}{U_O+U_{D1}}$$

在开关管导通（T_{on}）期间，主绕组 N 端电压为 $U_{on}=U_{IN}-U_O-U_{SW}$，芯片供电绕组 N_A 端电压为

$$U_{NA}=\frac{N_A}{N}(U_{IN}-U_O-U_{SW})=\frac{V_{CC}+U_{D2}}{U_O+U_{D1}}(U_{IN}-U_O-U_{SW})$$

由此可知，芯片供电绕组整流二极管 V_{D2} 反向耐压(保留 20%的工程余量)

$$U_{BR}=1.2\left[\frac{V_{CC}+U_{D2}}{U_O+U_{D1}}(U_{INmax}-U_O-U_{SW})+V_{CC}\right]$$

3.5 驱动方便的 Buck - Boost 变换器

在基本 Buck - Boost 变换器中，开关管的位置与基本 Buck 变换器类似，同样存在开关管驱动困难的问题，为此在实际应用中可采用如图 3.5.1 所示的拓扑结构。

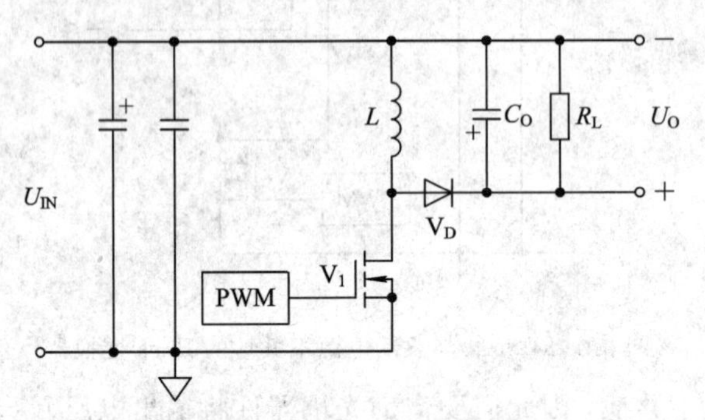

图 3.5.1 驱动方便的 Buck - Boost 变换器拓扑结构

当需要稳定输出电压时，同样需要借助光耦器件将输出电压 U_O 反馈到 PWM 控制器的反馈输入端 FB，如图 3.5.2 所示。

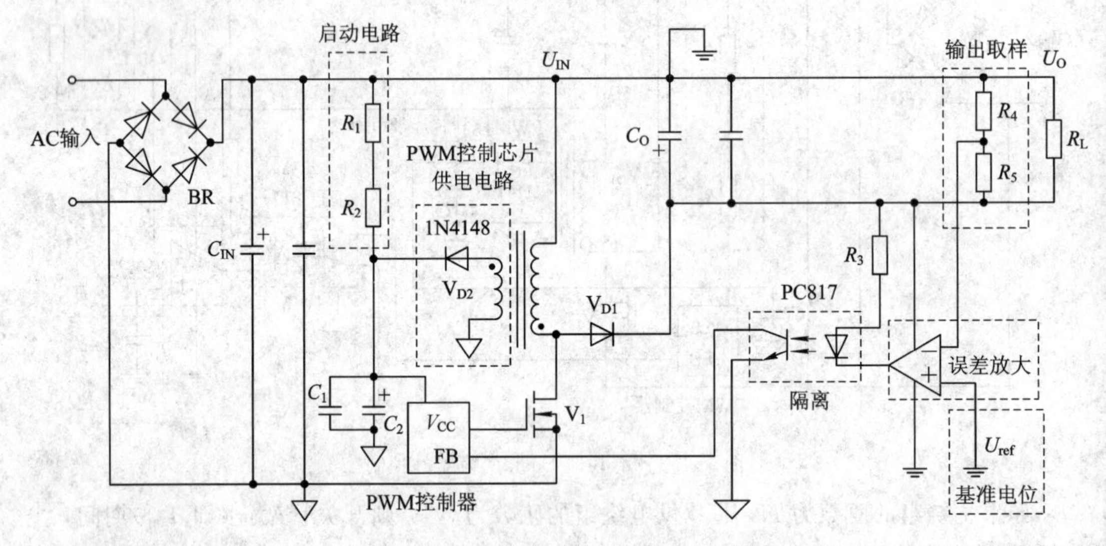

图 3.5.2 实用的 Buck - Boost 变换器

考虑到 Buck - Boost 变换器所需的电感磁芯体积比 Buck 变换器的大，因此在非隔离 DC - DC 变换器中较少使用 Buck - Boost 非隔离变换器，除非输入电压可能小于输出电压。例如，在全电压(输入交流电压为 85～264 V)工作的 LED 照明灯具的非隔离式驱动电源中，当 LED 串联芯片组工作电压在 100～150 V 时，只能选择这种不共地的 Buck-Boost 变换器拓扑结构。

习　　题

3 - 1　Cuk、SEPIC、Zeta 三种拓扑 DC - DC 变换器的共同特征是什么?

3 - 2　画出 Cuk 变换器的原理电路，并简述 Cuk 变换器的主要特征。

3 - 3　画出 SEPIC 变换器的原理电路，并简述 SEPIC 变换器的主要特征。

3 - 4　画出 Zeta 变换器的原理电路，并简述 Zeta 变换器的主要特征。

3 - 5　画出不共地 Buck 变换器的原理电路。

3 - 6　画出不共地 Buck - Boost 变换器的原理电路。

第4章　反激变换器

反激变换器(Flyback Converter)本质上属于 Buck - Boost 变换器，其输入回路与输出回路隔离，可以升压，也可以降压，在 100W 以内高压小电流输出的隔离式开关电源中得到了广泛应用。根据输入电压与输出电压的范围，可选择单管反激(包括传统硬开关反激、BCM 模式 PFC 反激以及 QR 准谐振反激)或双管反激拓扑结构；根据反馈信号取样点位置的不同，可将反激变换器分为次级侧反馈(Secondary Side Regulation，SSR)反激和初级侧反馈(Primary Side Regulation，PSR)反激；根据等效电感电流的特征，可将反激变换器分为 CCM 模式和 DCM 模式，其中 DCM 模式又可再细分为 PWM 调制反激与 PFM 调制反激(如 QR 反激、BCM 模式 PFC 反激变换器等)。

4.1　工作原理

单管 SSR 反激变换器的原理电路如图 4.1.1 所示。图中，初级回路主要由输入滤波电容 C_{IN1}、PWM 控制器、启动电路、PWM 控制器供电电路(由辅助绕组 N_A、小功率高频整

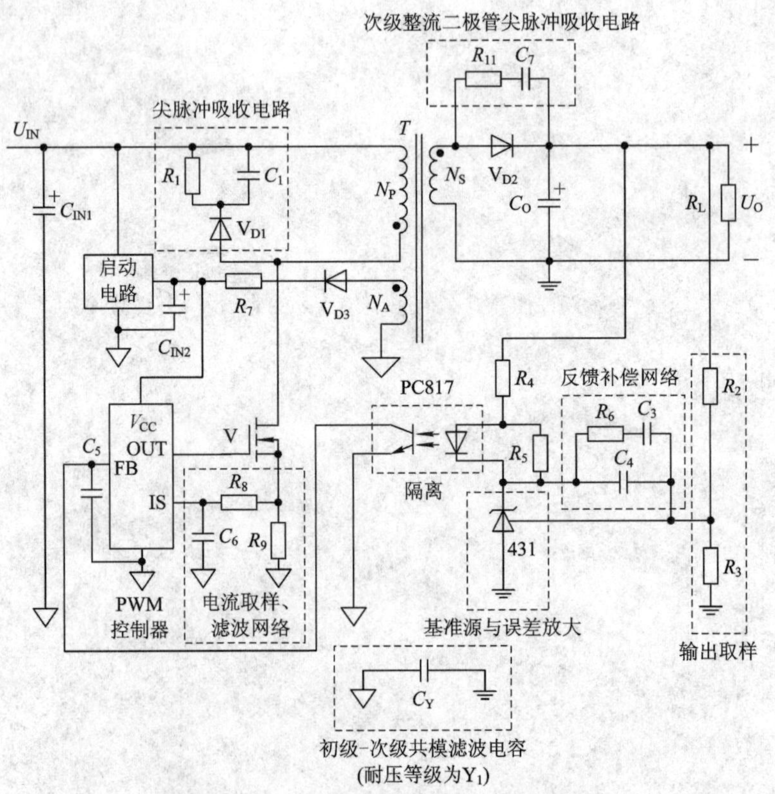

图 4.1.1　单管 SSR 反激变换器的原理电路

流二极管 V_{D3}、滤波电容 C_{IN2} 等元件组成）、变压器初级绕组 N_P、开关管 V 以及由漏感（包括初、次级绕组磁通不完全耦合引起的漏感以及 PCB 布线的寄生电感）引起的尖脉冲吸收电路等部分组成；次级回路主要由变压器次级绕组 N_S、高频整流二极管 V_{D2}、输出滤波电容 C_O 以及为实现输出电压 U_O 稳定的输出电压取样电路、基准电压源、误差放大器、光电耦合器件等单元电路组成。

在图 4.1.1 中，C_Y 为初级-次级共模干扰滤波电容，一般不能省略，除非变换器输出功率很小，且储能变压器 T 也采用了特殊的绕线工艺（如增加了屏蔽绕组）。C_Y 容量大小与共模干扰幅度有关，一般为 220 pF～2.2 nF，但耐压等级要求高，必须用 Y_1 耐压等级的安规电容（或用两个容量相同的 Y_2 耐压等级的安规电容串联获得 Y_1 耐压等级的安规电容）。

跨接在初级和次级之间的 C_Y 电容只能连接在初级侧、次级侧电位相对稳定的节点上，如初级地、次级地之间，不能接在初级侧开关节点（开关管漏极 D）、次级侧开关节点（次级整流二极管 V_{D2} 与次级绕组 N_S 的连接处）上。当初级侧输入端含有大电容滤波时，C_Y 一端也可以接到初级侧高压母线 U_{IN} 上。当次级只有一个绕组时，C_Y 另一端也可以与次级输出端 U_O 相连；反之，当次级具有两个或两个以上绕组时，C_Y 另一端最好接次级侧地，其次是基准绕组（采样输出电压的绕组）的输出端 U_O。

4.1.1　简化电路及波形

单管反激变换器的简化电路如图 4.1.2 所示，各关键节点的电压波形以及主要元件的电流波形如图 4.1.3 所示。

当开关管驱动信号 u_{GS} 为高电平时，开关管 V 导通，储能变压器初级绕组电感 L_P 电流从最小值 I_{LPmin} 开始线性增加，当 $t=T_{on}$ 时，初级绕组电流达到峰值 I_{LPK}。在导通期间，由于次级绕组感应电压与初级绕组电压极性相反，次级整流二极管 V_{D2} 反偏，次级绕组电流 i_{LS} 为 0，可见反激变换器中的变压器初级绕组在 T_{on} 期间相当于储能电感。

当开关管驱动信号 u_{GS} 跳变为低电平时，开关管 V 进入关断状态，次级绕组感应电压极性反向，次级整流二极管 V_{D2} 导通，储能变压器次级绕组电感 L_S 的电流 i_{LS} 从峰值 I_{LSK} 开始线性减小，当 $t=T_{off}$ 时，次级绕组电流 i_{LS} 达到最小值 I_{LSmin}，实现了将存储在磁芯中的能量向负载释放的目的。

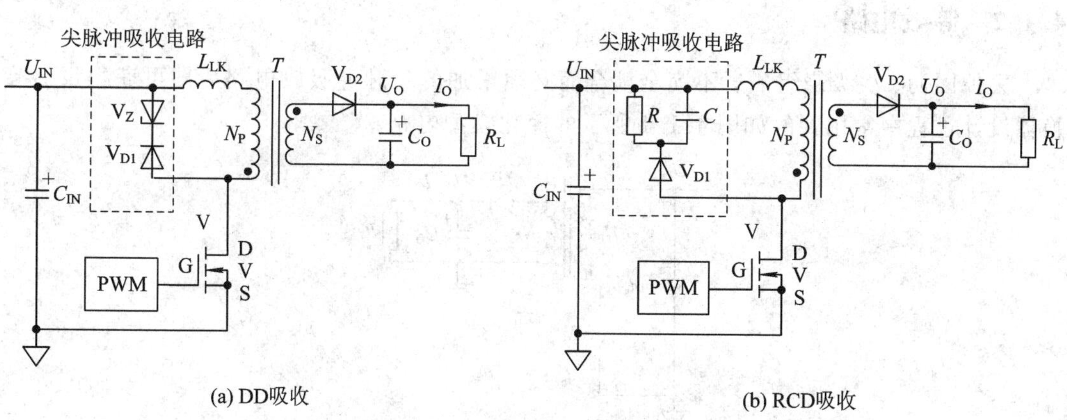

图 4.1.2　单管反激变换器的简化电路

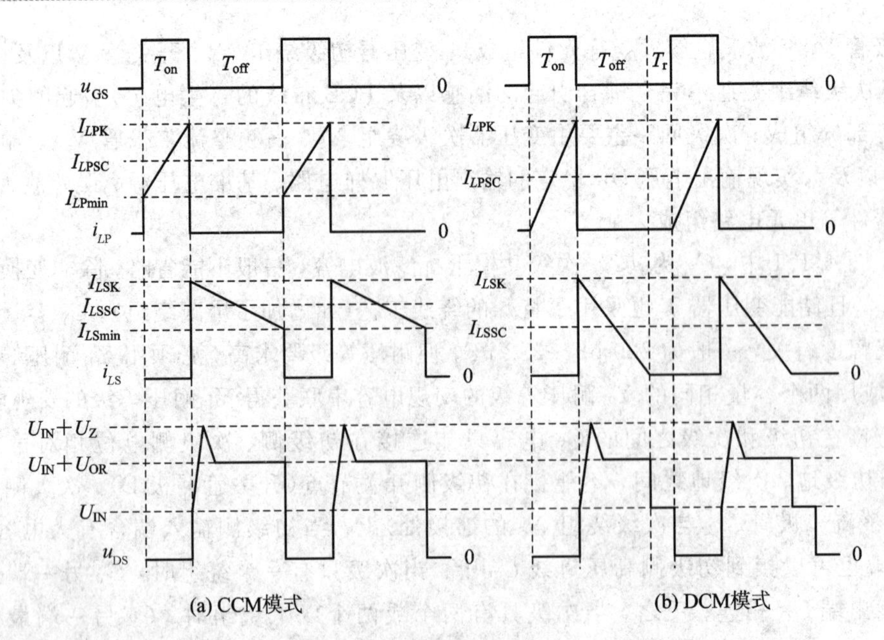

图 4.1.3　电流、电压波形(未考虑寄生电容形成的 LC 串联谐振电压)

由于初级绕组磁通不可能完全耦合到次级绕组，即初级与次级之间存在漏感 L_{LK}，因此，在开关管 V 关断瞬间会在开关管的漏极 D 产生了幅度很高的尖峰电压，即此时漏极 D 的电位大于 $U_{IN}+U_{OR}$(次级绕组的反射电压)。此外，由于整流二极管 V_{D2} 从截止到导通存在一定的延迟，因此关断瞬间初级绕组存储的能量也会在开关管的漏极 D 产生瞬时高压(也正因如此，次级整流二极管 V_{D2} 不能使用低速通用的整流二极管，而必须采用开关速度很高的肖特基功率二极管、快恢复或超快恢复二极管)。所以，在单管反激变换器中，需要在初级绕组 N_P 两端(即开关管漏极 D 与驱动电源母线 U_{IN} 之间)增加 DD 或 RCD 尖峰脉冲电压吸收电路，避免开关管过压击穿，并改善变换器 EMI 性能指标。当二极管 V_{D2} 完全导通以及漏感 L_{LK} 存储的能量完全释放后，开关管 D－S 极间电压 u_{DS} 降为 $U_{IN}+U_{OR}$。在 DCM 模式下，当次级绕组电感 L_S 电流 i_{LS} 下降到 0 后，反射电压 U_{OR} 消失，u_{DS} 进一步下降到 U_{IN}，如图 4.1.3(b)所示。

4.1.2　等效电路

去掉因初、次级绕组磁通不完全耦合而必须增加的尖脉冲吸收电路后即可获得反激变换器设计过程中常用到的如图 4.1.4 所示的简化模型电路。

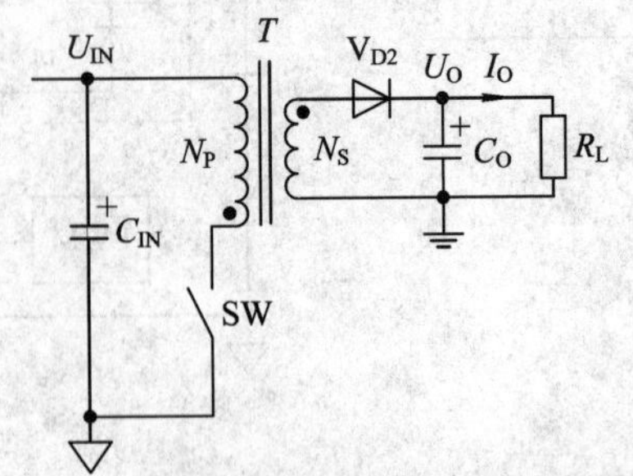

图 4.1.4　单管反激变换器模型电路

如果初级绕组 N_P 磁通与次级绕组 N_S 磁通完全耦合，彼此之间没有漏磁通（即漏感 L_{LK} 为 0），则由电磁感应定律可知 $U_{NP}=-N_P\dfrac{d\Phi}{dt}$，$U_{NS}=-N_S\dfrac{d\Phi}{dt}$，即

$$\frac{U_{NP}}{U_{NS}}=\frac{N_P}{N_S}=n(\text{匝数比})\tag{4.1.1}$$

如果不考虑磁芯损耗与线圈寄生电阻引起的损耗，则在 $t=T_{on}$ 时刻，初级绕组 N_P 电流达到峰值 I_{LPK}，磁芯存储的能量 $E=\dfrac{1}{2}L_P I_{LPK}^2$，该能量通过次级绕组 N_S 释放。如果在开关管关断瞬间次级绕组最大电流用 I_{LSK} 表示，则根据能量守恒原则，必然存在

$$E=\frac{1}{2}L_S I_{LSK}^2=\frac{1}{2}L_P I_{LPK}^2$$

由此可得

$$\frac{L_P}{L_S}=\left(\frac{I_{LSK}}{I_{LPK}}\right)^2$$

考虑到初级、次级线圈绕在同一磁芯的骨架上，电感系数 A_L 应相同，而初级绕组电感 $L_P=N_P^2A_L$（次级绕组开路时测得的电感），次级绕组电感 $L_S=N_S^2A_L$（初级绕组开路时测得的电感），于是有 $\dfrac{L_P}{L_S}=\left(\dfrac{N_P}{N_S}\right)^2$，由此可得

$$\frac{I_{LPK}}{I_{LSK}}=\frac{N_S}{N_P}=\frac{1}{n}\tag{4.1.2}$$

可见，初级绕组峰值电流 I_{LPK} 与次级绕组峰值电流 I_{LSK} 的关系与常规（正向）变压器相同，但反激变换器中的变压器的工作原理与常规变压器的工作原理完全不同。

不过值得注意的是，以上结论是在未考虑给 PWM 控制芯片供电的辅助绕组 N_A 消耗功率的情况下得到的。在反激变换器中，辅助绕组 N_A 也会消耗 50～100 mW 的功率，导致次级绕组实际峰值电流 I_{LSK} 略小于 nI_{LPK}。

为方便计算出反激变换器的相关参数，在计算初级侧回路的参数（如初级绕组电流峰值、有效值）时，常将反激变换器次级侧回路的参数折算到初级回路中，并用 Buck - Boost 变换器等效；而在计算次级侧回路的相关参数时，又将反激变换器初级侧回路的参数折算到次级回路中，并用 Buck - Boost 变换器等效，如图 4.1.5 所示，以便能利用 Buck - Boost 变换器的相关等式直接计算出反激变换器的各关键参数。

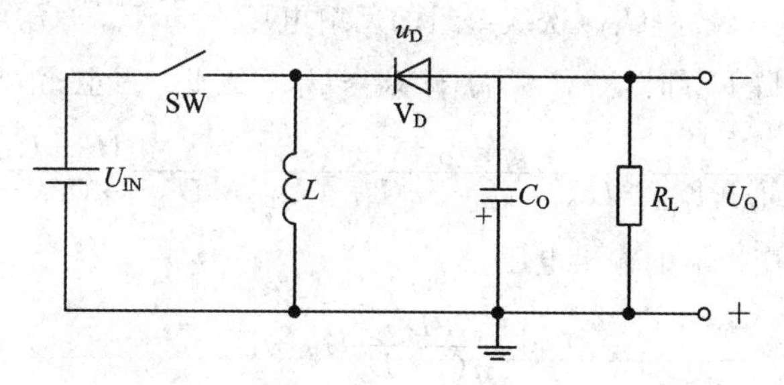

图 4.1.5　等效电路（Buck - Boost 变换器）

折算到初级回路的等效电路与折算到次级回路的等效电路的相关参数如表 4.1.1 所示。

表 4.1.1 等效电路的相关参数

参数名	符号	折算到初级回路	折算到次级回路
输入电压	U_{IN}	U_{IN}	$U_{INR}=\frac{U_{IN}}{n}$
输入电流	I_{IN}	I_{IN}	$I_{INR}=nI_{IN}$
等效电感	L	L_P	$L_S=\frac{L_P}{n^2}$
输入电容	C_{IN}	C_{IN}	n^2C_{IN}
输出电容	C_O	$C_{OR}=\frac{C_O}{n^2}$	C_O
输出电压	U_O	$U_{OR}=nU_O$	U_O
输出电流	I_O	$I_{OR}=\frac{I_O}{n}$	I_O
续流二极管压降	U_D	$U_{DR}=nU_D$	U_D
开关管压降	U_{SW}	U_{SW}	$U_{SWR}=\frac{U_{SW}}{n}$
占空比	D	D	D
电流纹波比	γ	γ	γ

4.1.3 占空比 D 及输出电压 U_O

在 CCM 或 BCM 模式下，由初级回路的等效电路可知占空比

$$D=\frac{T_{on}}{T_{on}+T_{off}}=\frac{U_{off}}{U_{on}+U_{off}}$$

其中，$U_{on}=U_{IN}-U_{SW}$，$U_{off}=U_{OR}$(次级绕组的反射电压)$=n(U_O+U_D)$。当输入电压 U_{IN} 远大于开关管的导通压降 U_{SW} 时，$U_{on}=U_{IN}-U_{SW}\approx U_{IN}$。因此，占空比

$$D=\frac{U_{off}}{U_{on}+U_{off}}=\frac{n(U_O+U_D)}{U_{IN}-U_{SW}+n(U_O+U_D)}\approx\frac{n(U_O+U_D)}{U_{IN}+n(U_O+U_D)}$$

由此可知，反激变换器的输出电压

$$U_O\approx\frac{D}{n(1-D)}U_{IN}-U_D \tag{4.1.3}$$

可见，当输入电压 U_{IN} 变化时，通过调节占空比 D 就能使输出电压 U_O 保持稳定。

显然，当$\frac{D}{n(1-D)}>1$，即$D>\frac{n}{n+1}$时，$U_O>U_{IN}-U_D$，这表明在占空比 D 没有限制的情况下，反激变换器具有升压功能；反之，当$\frac{D}{n(1-D)}<1$，即$D<\frac{n}{n+1}$时，$U_O<U_{IN}-U_D$，反激变换器实现了降压功能。

由于前面在推导占空比 D 的过程中并未考虑变换器效率 η 对占空比 D 的影响，因此在实际计算过程中常借助 Buck - Boost 变换器的占空比的表达式导出反激变换器设计过程中常用到的占空比的表达式，即

$$D_{max}=\frac{U_{OR}}{U_{OR}+U_{INmin}\eta}=\frac{n(U_O+U_D)}{n(U_O+U_D)+U_{INmin}\eta} \tag{4.1.4}$$

其中，效率η 约为 75％～90％，具体数值与输出功率 P_O、输出电流 I_O 的大小、初级-次级绕组漏感 L_{LK}的大小、电感电流工作模式、开关管的导通电阻、磁芯材料的损耗率、开关频率等因素有关。

4.2 漏感能量吸收回路

在反激变换器中，由于储能变压器初级绕组 N_P 对次级绕组 N_S 的漏感 L_{LK} 较大，导致开关管 V 在关断瞬间漏极 D 将出现很高的尖峰电压，为此需要在变压器初级绕组 N_P 的两端设置如图 4.1.2 所示的 DD(由二极管 V_{D1}和 TVS 二极管 V_Z 组成，简称 DD)或 RCD(由二极管 V_{D1}、钳位电容 C 和泄放电阻 R 构成，简称 RCD)钳位电路，以防止开关管 V 过压击穿，并减小 EMI。本节重点讨论 RCD 钳位电路的工作原理与参数计算过程。

设置 RCD 钳位电路的目的是将开关管 V 关断瞬间的尖峰电压峰值限制在合理范围内，并尽量避免在开关管 V 截止期间消耗磁芯存储的能量。因此，RCD 参数的选择必须合理，否则会降低变换器的效率(钳位电容 C_1 偏大或泄放电阻 R 偏小，使钳位电压偏低，将导致截止期间反射电压 U_{OR}大于钳位电压 U_{Clamp}，出现过吸收)，或钳位电压偏高(钳位电容 C 偏小或泄放电阻偏大，出现欠吸收)，影响 EMI 指标，甚至造成开关管 V 过压击穿。其中，二极管 V_{D1} 可采用低频通用二极管(如 1N4006，但需要串联 47～82 Ω 的限流电阻)、超快恢复二极管，电流大小由开关管 V 的峰值电流 I_{LPK} 决定，关键是如何估算出泄放电阻 R、钳位电容 C 的参数，并通过实验方式确定 R、C 的最终参数。

4.2.1 RCD 钳位电路的工作原理

反激变压器初级侧总电感可视为由理想变压器初级绕组电感 L_P 与漏感 L_{LK} 串联组成，如图 4.1.2 所示。其中，L_P 存储的能量$\left(\frac{1}{2}L_P I_{LPK}^2\right)$在开关管关断后可以传送到次级，而漏感 L_{LK} 存储的能量$\left(\frac{1}{2}L_{LK} I_{LPK}^2\right)$不能传送到次级。

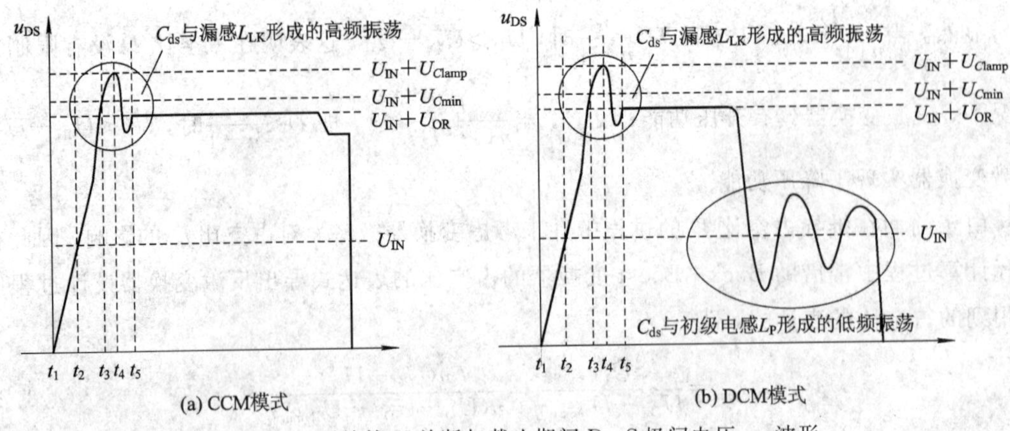

图 4.2.1　开关管 V 关断与截止期间 D－S 极间电压 u_{DS}波形

t_1 时刻开关管 V 关断，在开关管关断瞬间，初级侧电流 i_{LPK}先对 MOS 管 D－S 极间的寄生电容 C_{ds}充电，使端电压 u_{DS}由 0 上升到 U_{IN}，此时开关管 V 完全截止，但次级整流二极管 V_{D2}尚未导通，如图 4.2.1 中的 $t_1 \sim t_2$ 阶段。充电等效电路如图 4.2.2 所示。在此期间，初级绕组电感 L_P 与漏感 L_{LK}端电压的极性未变，依然处于储能状态，次级绕组 N_S 端电压 u_{NS}的极性也没有变，初级绕组电流 i_{NP}还在缓慢增加，但随着寄生电容 C_{ds}端电压 u_{DS}的逐渐上升，初级绕组 N_P 端电压 u_{NP}在逐渐减小。到 t_2 时刻，$u_{DS}=U_{IN}$，导致 u_{NP}为 0。

在 t_2 时刻后，寄生电容 C_{ds}端电压 u_{DS}大于输入电压 U_{IN}，初级绕组电感 L_P 与漏感 L_{LK}端电压极性变为下正上负（相应地次级绕组 N_S 感应电压 u_{NS}反向），磁芯开始释放存储的能量。在 $t_2 \sim t_3$ 期间，初级绕组电感 I_P、漏感 I_{LK}存储的能量继续对 C_{ds}充电，使初级绕组 N_P 端电压 u_{NP}同步增加，当次级绕组 N_S 感应电压 u_{NS}大于输出电压 U_O 时，次级整流二极管开始导通，初级绕组 N_P 端电压 u_{NP}被钳位为 U_{OR}，如图 4.2.3 所示。在 t_3 时刻 u_{DS}上升到 $U_{IN}+U_{Cmin}$时，钳位电路中的二极管 V_D开始导通。

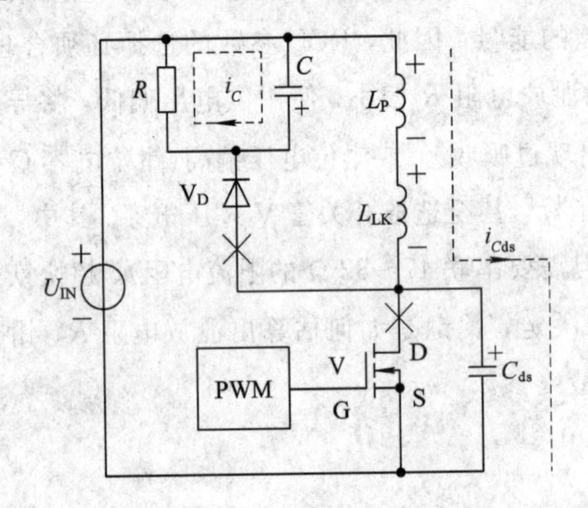

图 4.2.2　$t_1 \sim t_2$ 时刻充电电路

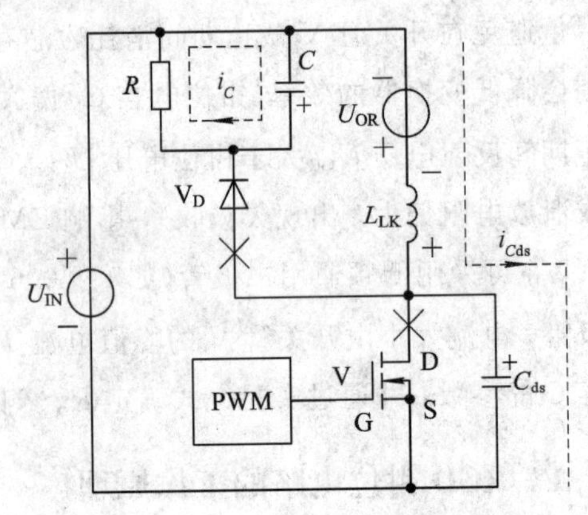

图 4.2.3　$t_2 \sim t_3$ 时段的充电电路

钳位电路内的二极管 V_D导通后，由于钳位电容 $C \gg C_{ds}$，存储在漏感 L_{LK}中的能量迅速对箝位电容 C 充电，如图4.2.4 所示，使钳位电容 C 的端电压由 U_{Cmin} 迅速上升到最大值 U_{Clamp}（即漏感 L_{LK}与钳位电容 C 产生了 LC 串联谐振，经过 1/4 振荡周期后的状态），如图 4.2.1 中的 $t_3 \sim t_4$ 时段。当然，在此过程中寄生电容 C_{ds} 的端电压也将同步上升到$U_{IN}+U_{Clamp}$。

在 t_4 时刻以后，漏感 L_{LK}存储的能量已完全释放，漏感 L_{LK}的端电压为 0，MOS 管漏极 D 的电位下降，吸收回路中的二极管 V_D因反偏而截止，钳位电容 C 通过泄放电阻 R 放电，如图 4.2.5 所示，同时漏感 L_{LK}与寄生电容 C_{ds}形成了高频阻尼振荡。

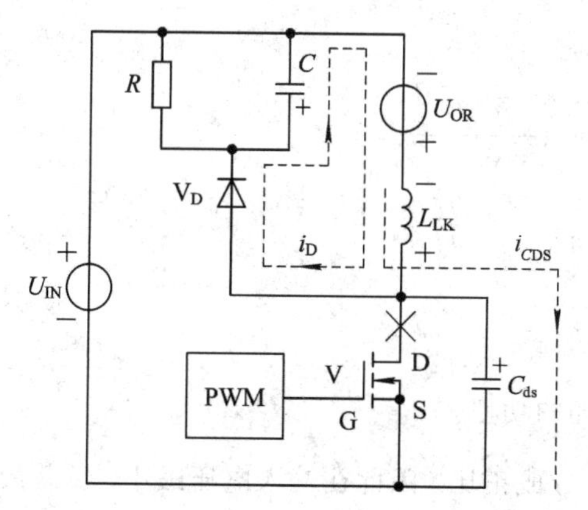

图 4.2.4　$t_3\sim t_4$ 时段的充电电路

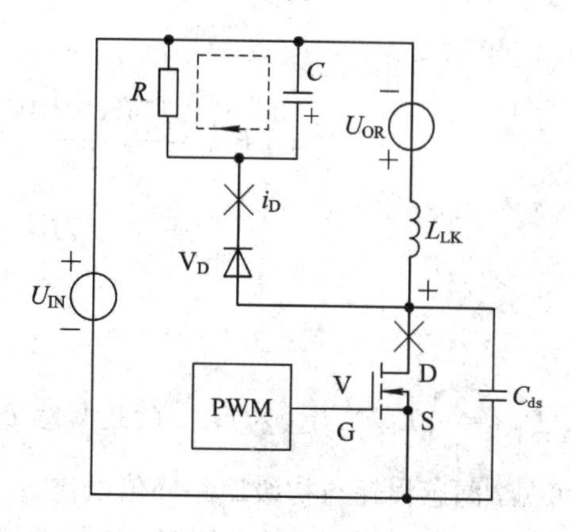

图 4.2.5　漏感能量消失后钳位电容 C 放电通路

4.2.2　RCD 吸收回路损耗与参数计算

当 R、C 参数合理时，在稳定状态下，钳位电容 C 端电压的变化幅度小于 15%，可近似认为不变，在忽略 $t_1\sim t_4$ 期间 R、V_D消耗的功率(电容 C 较小，充电时间很短，而泄放电阻 R 较大，可忽略电容 C 充电期间泄放电阻 R 消耗的功率，二极管 V_D正向压降只有 1 V 左右，即 $U_{D1}\ll U_{Clamp}$，也可以忽略)以及 $t_2\sim t_4$ 期间对输出电容 C_{ds}充电损耗的漏感能量(在 $t_2\sim t_4$期间，驱动电源 U_{IN}、反射电压源 U_{OR}、漏感 L_{LK}三者串联向寄生电容 C_{ds}充电，使端电压由 U_{IN}升高到 $U_{IN}+U_{Clamp}$，自然消耗了存储在漏感 L_{LK}中的部分能量，但考虑到 C_{ds}不大，且 $t_2\sim t_4$ 时段持续时间短，可忽略不计)的情况下，可近似认为 $t_3\sim t_4$ 期间漏感电流 i_{LK}线性下降，经过 T_S 时间后回到零，漏感能量完全释放。在漏感释放能量期间，其端电压及放电电流分别为

$$U_{LKoff}=U_{Clamp}-U_{OR}$$

$$i_{LK}=I_{LPK}-\frac{U_{Clamp}-U_{OR}}{L_{LK}}t$$

即漏感能量释放时间为

$$T_S=t_4-t_3=\frac{I_{LPK}L_{LK}}{U_{Clamp}-U_{OR}} \tag{4.2.1}$$

由于反射电压源 U_{OR}与漏感 L_{LK}串联，因此在漏感能量向 RCD 回路释放的过程中，反射电压源 U_{OR}也相应地消耗了功率(实际上是反射电压源 U_{OR}与漏感 L_{LK}串联向钳位电容 C 充电)。

显然，一个开关周期内漏感电流 i_{LK}流经反射电压源 U_{OR}消耗的功率为

$$P_{OR}=\frac{U_{OR}\times\frac{I_{LPK}}{2}\times T_S}{T_{SW}}=\frac{1}{2}L_{LK}I_{LPK}^2\frac{U_{OR}}{U_{Clamp}-U_{OR}}f_{SW}$$

可见，在漏感能量向 RCD 吸收回路释放的过程中，钳位电容 C 端电压不能太小，否则

在 T_S 时间内原本可以传送到次级回路的能量就会过多地被磁芯和RCD电路消耗掉。

显然，在一个开关周期内，由漏感 L_{LK} 引起的能量损耗包括了漏感 L_{LK} 存储的能量 $\left(\frac{1}{2}L_{LK}I_{LPK}^2\right)$ 和反射电压源 U_{OR} 损耗的能量 $\left(U_{OR}\times\frac{I_{LPK}}{2}\times T_S\right)$，即由漏感 L_{LK} 引起的总损耗为

$$\begin{aligned}P_{LK}&=\frac{\frac{1}{2}L_{LK}I_{LPK}^2}{T_{SW}}+\frac{U_{OR}\times\frac{I_{LPK}}{2}\times T_S}{T_{SW}}\\&=\frac{1}{2}L_{LK}I_{LPK}^2f_{SW}\times\frac{U_{Clamp}}{U_{Clamp}-U_{OR}}\\&=P_{RCD}\times\frac{U_{Clamp}}{U_{Clamp}-U_{OR}}\end{aligned}\tag{4.2.2}$$

其中，$P_{RCD}=\frac{1}{2}L_{LK}\times I_{LPK}^2\times f_{SW}$，就是漏感 L_{LK} 消耗的功率。

可见，漏感损耗与初级回路峰值电流 I_{LPK} 的平方成正比，因此在输入电压最小、负载最重的情况下，漏感损耗最大。同时，也说明了钳位电压 U_{Clamp} 为什么一定要比反射电压 U_{OR} 大50～200 V或 $U_{Clamp}>1.5U_{OR}$ 的原因，否则RCD回路消耗的功率会迅速增加，就会出现所谓的“过”吸收现象。例如，当 $U_{Clamp}=1.5U_{OR}$ 时，$P_{LK}=3P_{RCD}$，由漏感引起的损耗为漏感存储能量的3倍；当 $U_{Clamp}=3U_{OR}$ 时，$P_{LK}=1.5P_{RCD}$，由漏感引起的损耗仅为漏感存储能量的1.5倍。考虑到 U_{Clamp} 越大，对开关管的耐压要求就越高，因此在工程设计中 U_{Clamp} 取 $(1.5\sim2.5)U_{OR}$ 即可，除非输入电压很低或开关管耐压很高。

假设在此过程中，钳位电容 C 吸收了漏感 L_{LK} 存储的能量 $\left(\frac{1}{2}L_{LK}I_{LPK}^2\right)$ 后，端电压由最小值 U_{Cmin} 上升到钳位电压 U_{Clamp}，则

$$\Delta E=\frac{1}{2}CU_{Clamp}^2-\frac{1}{2}CU_{Cmin}^2=\frac{1}{2}L_{LK}I_{LPK}^2$$

由此可导出钳位电容 C 的容量为

$$C=\frac{L_{LK}I_{LPK}^2}{U_{Clamp}^2-U_{Cmin}^2}$$

在 R、C 参数取值得当的情况下，一个开关周期内，钳位电容 C 端电压的变化量仅为5%～15%，钳位电容 C 存储能量的变化量位

$$\Delta E=\frac{1}{2}CU_{Clamp}^2-\frac{1}{2}CU_{Cmin}^2\approx\frac{1}{2}C\times2\times U_{Clamp}\times\Delta U_C=CU_{Clamp}\Delta U_C$$

因此，钳位电容 C 的容量近似为

$$C=\frac{L_{LK}I_{LPK}^2}{2\Delta U_CU_{Clamp}}\tag{4.2.3}$$

其中，$\Delta U_C=U_{Clamp}-U_{Cmin}$，为钳位电容端电压的变化量，一般取 $(0.05\sim0.15)U_{Clamp}$。

漏感能量完全释放后，u_{DS} 下降为 $U_{IN}+U_{OR}$，二极管 V_D 截止，钳位电容 C 通过泄放电阻 R 放电，电容 C 端电压将逐渐下降，在下一开关周期导通结束前箝位电容 C 端电压达到最小值 U_{Cmin}。为避免初级绕组电感 L_P 存储的能量过多地通过RCD电路释放掉，必须确保在下一开关周期关断瞬间钳位电容 C 端电压 U_{Cmin} 仍大于反射电压 U_{OR}。这势必要求在整个

开关周期内钳位电容 C 的端电压基本不变，因此 U_{Cmin} 一般取(0.85～0.95)U_{Clamp}。

当 RCD 钳位电路中的二极管 V_D 截止后，箝位电容 C 通过电阻 R 放电，放电结束后，电容 C 端电压为 U_{Cmin}，而放电时间为 $T_{SW}-T_S$，则

$$U_{Clamp}\,e^{-\frac{T_{SW}-T_s}{RC}}=U_{Cmin}$$

即

$$RC=-\frac{T_{SW}-T_S}{\ln\dfrac{U_{Cmin}}{U_{Clamp}}}=\frac{T_{SW}-T_S}{\ln\dfrac{U_{Clamp}}{U_{Cmin}}}$$

由此可导出泄放电阻为

$$R=\frac{T_{SW}-T_S}{C\times\ln\left(\dfrac{U_{Clamp}}{U_{Cmin}}\right)} \tag{4.2.4}$$

不过，泄放电阻 R 也可以用如下方法近似估算：由于在稳定状态下，一个开关周期内，钳位电容 C 端电压的变化只有 5%～15%，可近似认为电阻 R 端电压不变，且电阻 R 消耗的功率等于 RCD 电路吸收的功率，即

$$R=\frac{U_{Clamp}^2}{P_{RCD}} \tag{4.2.5}$$

不过由式计算出的钳位电容 C 的容量比实际值小。其原因是在 t_3～t_4 期间，反射电压源 U_{OR} 与漏感 L_{LK} 串联向钳位电容 C 充电，考虑到反射电压源 U_{OR} 给 RCD 回路提供的能量 $\left(U_{OR}\times\dfrac{I_{LPK}}{2}\times T_S\right)$ 后，钳位电容 C 获得的总能量为

$$\begin{aligned}\Delta E&=\frac{1}{2}CU_{Clamp}^2-\frac{1}{2}CU_{Cmin}^2\approx CU_{Clamp}\Delta U_C\\&=\frac{1}{2}L_{LK}I_{LPK}^2+U_{OR}\times\frac{I_{LPK}}{2}\times T_S\end{aligned}$$

于是钳位电容为

$$C=\frac{L_{LK}I_{LPK}^2}{2\Delta U_C U_{Clamp}}\left(1+\frac{U_{OR}}{U_{Clamp}-U_{OR}}\right)=\frac{L_{LK}I_{LPK}^2}{2\Delta U_C U_{Clamp}}\times\frac{U_{Clamp}}{U_{Clamp}-U_{OR}} \tag{4.2.6}$$

相应的泄放电阻为

$$R=\frac{U^2{}_{Clamp}}{P_{LK}}=\frac{U_{Clamp}(U_{Clamp}-U_{OR})}{P_{RCD}} \tag{4.2.7}$$

由式(4.2.6)计算出的箝位电容 C 的容量略高于实际值(其原因是反射电压源 U_{OR} 有一小部分能量被初级绕组绕线寄生电阻和磁芯消耗掉)，但精度比式(4.2.3)高，更接近实际值。

当 RCD 钳位电路中 R、C 参数取值合理时，钳位电压 U_{Clamp} 大小适中，钳位电容 C 最小电压 U_{Cmin} 大于反射电压 U_{OR}，如图 4.2.6(a)所示；反之，当箝位电容 C 或泄放电阻 R 偏离设计值时，会使钳位电压 U_{Clamp} 或钳位电容 C 端电压最小值 U_{Cmin} 偏离目标值，出现欠吸收或过吸收，导致开关管 V 过压击穿或变换器效率下降，具体情况如表 4.2.1 所示。

表 4.2.1　RCD 箝位电路中 RC 参数偏离设计值时对箝位电压的影响

泄放电阻 R_1	箝位电容 C_1	U_{Clamp}	U_{Cmin}	ΔU_C	可能的不良后果
合理	偏小	升高	降低	增加	既可能出现过压击穿；又可能使 U_{Cmin} 小于 U_{OR}，导致效率下降
合理	偏大	略有下降	升高	减小	无
偏小	合理	下降	下降	略有升高	容易使 U_{Cmin} 小于 U_{OR}，导致效率下降
偏大	合理	升高	升高	基本不变	容易导致过压击穿
偏小	偏小	下降	下降	变化不大	U_{Cmin} 小于 U_{OR}，导致效率下降
偏大	偏大	升高	升高	偏小	容易导致过压击穿
偏大	偏小	升高	升高	偏大	容易导致过压击穿
偏小	偏大	下降	下降	偏大	U_{Cmin} 小于 U_{OR}，导致效率下降

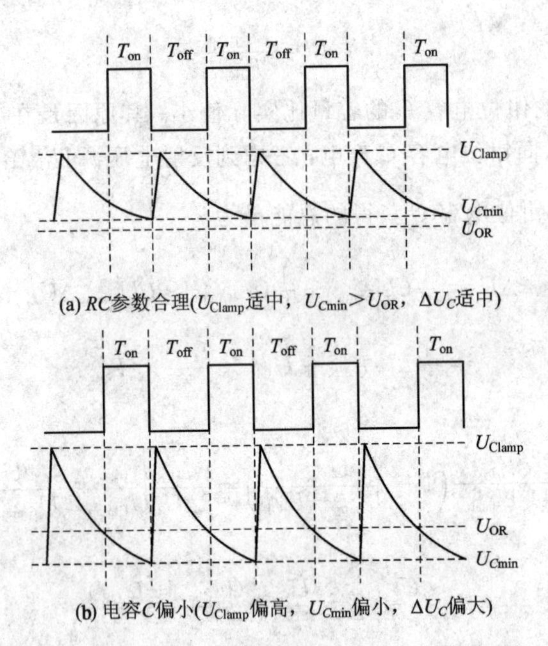

图 4.2.6　RCD 钳位电路中 *RC* 参数对钳位电压的影响

由此不难看出，R、C 取值必须合理，否则会导致钳位电压偏高，造成开关管过压击穿，或钳位电容 C 端电压小于反射电压 U_{OR}，导致效率下降，尤其是当钳位电容 C 容量偏小时，造成的危害更大。

4.2.3　RCD 参数计算过程及实例

本节介绍 RCD 参数的计算过程，具体如下：

(1) 根据输出电压 U_O 及初、次级绕组匝比 n，计算出反射电压 U_{OR}。

(2) 选择钳位电容最小端电压 U_{Cmin}。U_{Cmin} 一般取(0.85～0.95)U_{Clamp}，典型值为0.9 U_{Clamp}。

(3) 根据开关管 V 击穿电压 BV_{DSS} 以及最大输入电压 U_{INmax} 确定 C 的钳位电压 U_{Clamp}，并确保 $U_{Clamp}>1.5U_{OR}$，此时

$$U_{Clamp}=U_{(BR)DSS}-U_{INmax}-30\ \text{V}\quad（留 30 V 的余量）$$

(4) 测量或估算漏感 L_{LK} 的值(将变压器所有次级绕组短路，从初级绕组测到的电感就是漏感 L_{LK})。为提高反激变换器的效率，应尽可能通过改进绕线工艺方式，将反激变压器初级绕组漏感 L_{LK} 控制在初级绕组电感 L_P 的 3%，甚至 1%以内。

(5) 计算钳位电容 C。

(6) 计算泄放电阻 R。假设反激变换器的相关参数为

$$T_{SW}=\frac{1}{f_{SW}}=\frac{1}{150}\approx 6.67\ \mu\text{s}$$

$$U_{Clamp}=U_Z=195\ \text{V}$$

$$U_{OR}=74.8\ \text{V}$$

$$I_{LPK}=0.590\ \text{A}$$

$$L_{LK}=0.02L_P=0.02\times 1270=25.40\ \mu\text{H}（假设漏感为 2\%）$$

当采用 RCD 钳位方式时,RCD 参数的计算过程如下:

$$U_{Cmin}=0.9U_{Clamp}=0.90\times 195=175.5\ \text{V}$$

$$C=\frac{L_{LK}I_{LPK}^2}{U_{Clamp}^2-U_{Cmin}^2}=\frac{25.40\times 0.590^2}{195^2-175.5^2}\approx 1224\ \text{pF}$$

取大于计算值的标准值，这里取 1.5 nF/250 V。由于钳位电容 C 的容量较大，耐压较高，因此可选择稳定性好的有机薄膜电容，如聚丙烯介质电容或高频瓷介电容。

若考虑箝位电容 C 吸收了反射电源 U_{OR} 的能量后为 1983 pF(取小于计算值的标准值 1.8 nF)，则 RCD 钳位电路的平均消耗功率

$$P_{RCD}=\frac{1}{2}L_{LK}I_{LPK}^2f_{SW}=\frac{1}{2}\times 25.40\times 0.590^2\times 150\approx 0.663\ \text{W}$$

由漏感 L_{LK} 引起的总耗损

$$P_{LK}=P_{RCD}\frac{U_{Clamp}}{U_{Clamp}-U_{OR}}=0.663\times\frac{195}{195-74.8}\approx 1.076\ \text{W}$$

漏感能量释放时间

$$T_S=\frac{I_{LPK}L_{LK}}{U_{Clamp}-U_{OR}}=\frac{0.590\times 25.40}{195-74.8}\approx 0.12\ \mu\text{s}$$

泄放电阻

$$R=\frac{T_{SW}-T_S}{C\ln\left(\frac{U_{Clamp}}{U_{Cmin}}\right)}=\frac{6.67-0.12}{1500\times\ln\left(\frac{195}{175.5}\right)}\approx 41.4\ \text{k}\Omega$$

可取 43 kΩ/1 标准电阻 W(或用两只 82 kΩ/0.5 W 的电阻并联)。

如果近似认为在整个开关周期内，电阻 R 两端电压不变，则泄放电阻为

$R=\frac{U_{\text{Clamp}}^2}{P_{\text{RCD}}}=\frac{195^2}{0.663}\approx 57.4\ \text{k}\Omega$(取标准值 56 kΩ；考虑吸收反射电源 U_{OR}能量后为 35.3 kΩ，可取标准值 36 kΩ)

可见，两种计算方法获得的结果差别不大。

泄放电阻功耗较大，一般应采用轴向引线的功率电阻，或用两片 1210 封装贴片电阻串联构成泄放电阻。

(7) 估算 RCD 钳位电路中二极管 V_D 的耐压。反激变换器启动后，钳位电容 C 端电压基本稳定，那么在开关管导通期间，二极管 V_D承受的反向电压达到最大，即

$$U_{\text{D1max}}=U_{\text{Clamp}}+U_{\text{INmax}}$$

在工程设计中，尖峰脉冲吸收电路中的二极管 V_D的耐压与开关管 V 相同，常用 1A/600 V 或 1 A/800 V 耐压的超快恢复二极管，如 ES1JFL(SOD－123 封装)或 ES1JF(SMAF 封装)充当 RCD 吸收电路中的二极管。

为进一步削弱 RCD 吸收电路的 EMI 干扰幅度，可将传统 RCD 吸收电路中的快恢复或超快恢复二极管更换为含有限流电阻的低频通用二极管，如图 4.2.7 所示。

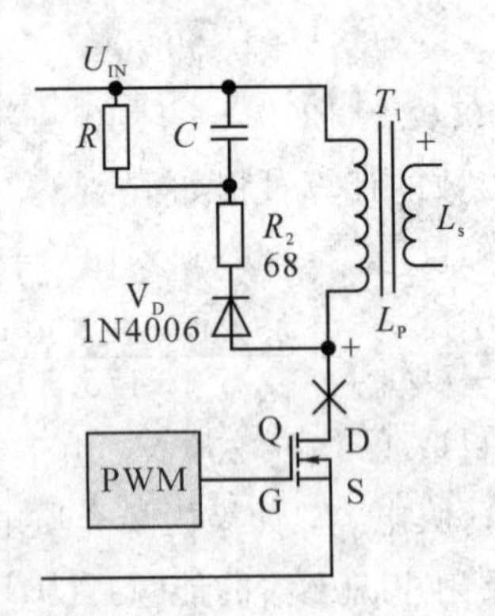

图 4.2.7　EMI 干扰幅度更小 RCD 吸收电路

DD 吸收电路中 TVS 管的参数应满足：① TVS 管额定反向关断电压 V_{RMM}(漏电流 I_R为 1 μA 时对应的反向电压)比反射电压 U_{OR}大 20 V 以上，② 最大箝位电压 $V_C<U_{\text{Clamp}}$，③ 最大峰值脉冲电流 $I_{\text{PP}}>I_{LPK}$(初级绕组峰值电流)。因此，在本例中，若用 DD 吸收电路代替 RCD 吸收电路，则 TVS 管可采用SOD－123F封装的 SWF130A(额定反向关断电压 V_{WMM}为 130 V，最小击穿电压 V_{BRmin}为 144 V，最大箝位电压 V_C 为 209 V，最大峰值脉冲电流 I_{PP}为 0.8 A，峰值脉冲功耗 P_{PPM}为 200 W)，或 SMA 封装的 SMAJ130A(最大峰值脉冲电流 I_{PP}为 1.0 A，峰值脉冲功耗 P_{PPM}为 400 W，其他参数与 SWF130A 相同)，而二极管 D 参数与 RCD 箝位电路相同。

4.2.4　RCD 吸收电路的局限性

RCD 吸收电路成本低廉，在小功率单管反激变换器中得到了广泛的应用，但其局限性也非常明显，一般多用在输入电压相对固定、输出功率变化不大的应用场合，原因是漏感引起的损耗包括了漏感存储的能量 $\left(\frac{1}{2}L_{\text{LK}}I_{\text{LPK}}^2\right)$ 与反射电压源 U_{OR} 损耗的能

量$\left(\frac{1}{2}L_{LK}I_{LPK}^{2}\times\frac{U_{OR}}{U_{Clamp}-U_{OR}}\right)$。

对于确定的 RCD 电路来说，随着输入电压 U_{IN} 的升高，初级回路峰值电流 I_{LPK} 减小，漏感存储的能量会减小，钳位电容 C 端电压 U_{Clamp} 将有所下降，但这势必会增加反射电压源 U_{OR} 的损耗，以致无论输入电压高低，由漏感引起的损耗变化不大。此外，RCD 吸收电路中元件体积较大，不一定适用于小尺寸的应用场合。

而在 DD 吸收回路中，TVS 管最大箝位电压 V_C 恒定，漏感引起的损耗将随输入电压的升高而降低。因此，DD 吸收电路更适用于输入电压与负载变化范围大的小功率应用场合。不过，DD 吸收电路的 EMI 指标不高，因此也不适合于初级绕组峰值电流 $I_{LPK}>2.0$ A 的应用场合，原因是当 $I_{LPK}>2.0$ A 时，所需 TVS 管的峰值脉冲功耗 P_{PPM} 超过 400 W，需采用 SMB 或 SMC 封装的 TVS 管，体积大，成本高。

4.2.5　减小漏感能量吸收回路损耗的方法

从 4.2.2 节的分析可看出：由漏感 L_{LK} 引起的损耗 $P_{LK}=\frac{1}{2}L_{LK}I_{LPK}^{2}\times\frac{U_{Clamp}}{U_{Clamp}-U_{OR}}\times f_{SW}$。因此，减小漏感损耗的方法如下：

(1) 通过改进绕线工艺，如采用三明治绕线方式，尽可能减小漏感 L_{LK}。在反激变换器中，L_{LK} 一般能控制在初级绕组电感 L_P 的 3%以内。

(2) 反复比较，选择最优的磁芯参数，将气隙长度 δ 控制在合理范围内，既能减小初、次绕组的散磁通，使漏感 L_{LK} 尽可能小，又能保证批量产品的一致性。

(3) 适当提高钳位电压 U_{Clamp} 与反射电压 U_{OR} 的差。但提高 U_{Clamp} 会增加开关管的耐压要求；而降低反射电压 U_{OR} 又会导致匝比 n 下降，使次级绕组匝数 N_S 增加，次级整流二极管的耐压要求高。

假如在 4.2.3 节的例子中采用 650 V 耐压 MOS 管，则

$$\begin{aligned}U_{Clamp}&=BV_{DSS}-U_{INmax}-30\quad\text{（留 30 V 的余量）}\\&=650-374-30=246\ \text{V}\end{aligned}$$

RCD 钳位电路平均消耗的功率

$$P_{RCD}=\frac{1}{2}L_{LK}I_{LPK}^{2}f_{SW}=\frac{1}{2}\times25.40\times0.590^{2}\times150\approx0.663\ (\text{W})$$

由漏感引起的总损耗

$$P_{LK}=P_{RCD}\frac{U_{Clamp}}{U_{Clamp}-U_{OR}}=0.663\times\frac{246}{246-74.8}\approx0.953\ \text{W}$$

(4) 适当降低开关频率 f_{SW}。但降低开关频率会使变压器体积增大，输出滤波电容的容量增加。

4.3　反激变换器的设计要领

4.3.1　反射电压 U_{OR}、钳位电压 U_{Clamp} 与最大占空比 D_{max} 的关系

在反激变换器中，反射电压取值 U_{OR} 受以下因素制约。

1. 在 CCM 模式下电流型 PWM 控制芯片没有内置斜率补偿电路

对于没有内置斜率补偿电路的 PWM 控制芯片，在 CCM 模式下，为避免出现次谐振现象，最小输入电压对应的最大占空比 $D_{max}=\frac{U_{OR}}{U_{OR}+\eta U_{INmin}}$ 必须小于 0.5，则

$$U_{OR}=\frac{D_{max}}{1-D_{max}}\eta U_{INmin}<\eta U_{INmin}$$

由于效率 η 总是小于 1，因此在这种情况下，反射电压 U_{OR} 上限应小于最小输入电压 U_{INmin}。例如，若效率 η 为 88%，则当最小输入电压为 85 V 时，

$$U_{OR}=\eta U_{INmin}=0.88\times 85\approx 74.8\ \text{V}$$

那么在最大输入电压 374 V 下，最小占空比

$$D_{min}=\frac{U_{OR}}{U_{OR}+\eta U_{INmax}}=\frac{74.8}{74.8+0.88\times 374}\approx 0.185$$

此值严重偏小！

当最小输入电压 U_{INmin} 为 170 V 时，有

$$U_{OR}=\eta U_{INmin}=0.88\times 170=149.6\ \text{V}$$

则在最大输入电压 374 V 下，最小占空比较大，其值为

$$D_{min}=\frac{U_{OR}}{U_{OR}+\eta U_{INmax}}=\frac{149.6}{149.6+0.88\times 374}\approx 0.313$$

可见，对输入电压为 220 V 的反激变换器来说，反射电压小于最小输入电压的设计约束才能满足。

当然，在单管反激变换器中，反射电压也不宜太大，否则 RCD 钳位电压 $U_{Clamp}=(1.6\sim 2.5)U_{OR}$ 太高，使承担开关功能的 MOS 管耐压要求偏高(对于最大输入电压为 374 V 的单管反激变换器来说，一般优先选择 600 V、650 V、800 V 耐压的 MOS 管，尽量避免使用 800 V 以上的高耐压 MOS 管)。

2. DCM 模式或电流型 PWM 控制芯片内置了斜率补偿电路

对于工作在 BCM、DCM 模式下(或虽然工作在 CCM 模式下，但 PWM 控制芯片内置了斜率补偿电路)的单管反激变换器，反射电压 U_{OR} 取值主要受最大输入电压及开关管耐压的限制，U_{OR} 可大于最小输入电压。

在 MOS 管耐压确定的情况下，漏感能量吸收电路的钳位电压 U_{Clamp} 也就确定了。例如，当 MOS 管耐压为 600 V 时，在最大输入电压为 374 V 的情况下，钳位电压 U_{Clamp} 大约为 195 V。相应地，反射电压 U_{OR} 一般应控制在 78～130 V 之间，理由是：为减小漏感引起的损耗，应尽可能降低反射电压 U_{OR}，使 $\frac{U_{Clamp}}{U_{OR}}$ 在 1.5～2.5 之间，即

$$U_{OR}<\frac{U_{Clamp}}{1.5\sim 2.5}$$

但反射电压 U_{OR} 也不宜太低，因为匝比 $n=\frac{U_{OR}}{U_O+U_D}$。这意味着在输出电压 U_O 一定的情况下，减小反射电压 U_{OR} 将使匝比 n 下降，从而导致如下不良后果：

(1) 次级绕组匝数 $N_S=\frac{N_P}{n}$增加，造成变压器铜损增加，反而会使整机损耗增加。

(2) 次级整流二极管承受的反向耐压 $U_{DRmax}=\frac{U_{INmax}}{n}+U_O$ 增加。在反激变换器中，常用超快恢复二极管作为次级整流二极管。UF5400 系列超快恢复二极管的正向导通压降 V_F、反向恢复时间 t_{rr}两参数随反向耐压的增加而增加，如表 4.3.1 所示。

表 4.3.1　UF5400 系列超快恢复二极管的主要参数

参数	符号	UF5400	UF5401	UF5402	UF5404	UF5406	UF5407	UF5408	单位
最大反向峰值重复电压	V_{RRM}	50	100	200	400	600	800	1000	V
最大反向交流电压有效值	V_{RMS}	35	70	140	280	420	560	700	V
最大反向直流电压	V_{DC}	50	100	200	400	600	800	1000	V
最大正向整流电流	I_O	3.0							A
瞬态浪涌电流	I_{FSM}	150							A
正向导通电压	V_F	1.0				1.7			V
最大反向恢复电流(DC)	I_R	10							μA
满载反向恢复电流		150							μA
最大反向恢复时间	t_{rr}	50				75			ns

因此，在反激变换器设计过程中，当输出电压 U_O 较低时，U_{DRmax}一般控制在 200 V 以内；当输出电压 U_O 较高时，U_{DRmax} 也应控制在 400 V 以内；只有输出电压 U_O 在 100 V 以上时，才使用 500 V 以上高耐压快恢复或超快恢复整流二极管，以减小次级整流二极管的损耗。

(3) 在最大输入电压下，使最小占空比 $D_{min}=\frac{U_{OR}}{U_{OR}+\eta U_{INmax}}$严重偏小，造成最小导通时间 T_{onmin}严重不足(变压器储能时间很短，放能时间很长)，这会恶化 EMI 指标。考虑到开关管开通、关断时间为 100～200 ns，因此 T_{onmin}一般不宜小于 2.0 μs。

此外，在 BCM 模式 PFC 反激变换器中，U_{OR}也不能太小，否则 PF 有可能偏低。因此，在全电压输入条件下，将市电整流滤波后直接作为反激变换器的输入电压时，使用 650 V 耐压 MOS 管可能更合适。

由此可见，反射电压 U_{OR}的大小必须适中，既不能太大，也不能太小，可能需要反复比较、折中才能确定出较理想的反射电压值。理想反射电压值应满足：N_P 与 N_S 之和最小；最大输入电压对应的最小占空比 $D_{min}\geqslant 0.25$；次级整流二极管承受的反方向电压要小，以降低次级整流二极管的损耗；钳位电压 U_{Clamp}与反射电压的比尽可能大，以降低漏感引起的损耗；在兼顾漏感损耗的情况下，开关管的耐压不宜太高。

4.3.2 磁芯几何参数的选择策略

对于特定输出功率的DC-DC变换器来说，电感量L、峰值电流I_{LPK}、磁芯有效体积V_e仅与最小输入电压U_{INmin}、开关频率f_{SW}、电流纹波比γ等因素有关。在V_e保持不变的情况下，表4.3.2给出了电感参数随磁芯有效截面积A_e的变化趋势。(表中数据的电感量L=1054.8 μH，磁芯有效体积V_e=1100.0 mm³，电感峰值电流I_{LPK}=1.0 A，磁芯相对磁导率μ_r=1800，峰值磁通密度B_{PK}=0.25 T)。

表4.3.2 电感参数随磁芯截面积A_e(mm²)的变化趋势

参数类型	符号	数值					
磁芯截面积	A_e/mm²	20	26.86	38.86	41.29	52.86	54.92
有效磁路长度	l_e/mm	55	40.95	28.31	26.64	20.81	20.03
磁芯中柱周长	l_1/mm²	15.85	18.37	22.09	22.77	25.77	26.26
匝数	N	211	158	109	103	80	77
无气隙电感系数	A_L/(μH/T²)	0.82	1.48	3.10	3.51	5.75	6.20
气隙长度	δ/mm	1.030	0.766	0.534	0.507	0.391	0.377
增加气隙后的有效磁导率	μ_e	51.86	51.85	51.5	51.05	51.69	51.61
理想绕线长度	l_P/mm	3344	2903	2407	2345	2062	2022

可见，随着A_e的增加，绕组匝数N迅速下降，绕线长度迅速缩短，使绕线铜损减小，气隙长度δ也在迅速减小，降低了散磁通，减小了电磁辐射量，气隙附近绕线的涡流损耗也会相应减小。

因此，在DC-DC变换器中，应尽可能选用截面积A_e大、有效磁路长度l_e小的磁芯(即DC-DC变换器更应该采用扁平磁芯)。但增加A_e，有效磁路长度l_e将等比例减小，可能会使反激变换器初级-次级绕组的耦合度下降，导致漏感增加，漏感损耗上升。此外，在体积有效V_e一定的情况下，磁芯有效截面积A_e偏大，会使磁芯绕线窗口面积A_w偏小，可能容纳不下全部绕线。例如，PQ2020与PQ2614磁芯有效体积V_e分别为2850 mm³、2880 mm³，几乎相同，其中PQ2020磁芯磁路有效截面积A_e=62.6 mm²，绕线窗口面积A_w=36.7 mm²，而PQ2614磁芯磁路的有效截面积A_e=86.4 mm²，绕线窗口面积A_w=19.7 mm²。因此，在反激变换器中，在磁芯有效体积V_e确定的情况下，磁芯有效截面积A_e的大小必须适中，既不能太小，也不能太大。

4.3.3 反激变换器各绕组顺序的规划

反激变换器包含初级绕组N_P控制芯片供电绕组(也称为辅助绕组)N_A以及一个甚至多个次级绕组N_{S1}，N_{S2}，N_{S3}，…，如图4.3.1所示。

1. 多个次级绕组的连接方式

当次级含有多个绕组时，如果各次级绕组之间存在公共电位参考点(地)，宜采用图 4.3.1(b)或图 4.3.1(c)所示的连接方式，以减小次级绕组的匝数，提高次级绕组与初级绕组之间的耦合度，并改善了负载调整率。

显然，N_{S1}绕组的输出电压大于 N_{S2}绕组，N_{S2}绕组是 N_{S1}绕组的一部分，N_{S1}绕组的实际匝数少。由于全部电流流经 N_{S2}绕组，因此 N_{S2}绕组的线径应适当增加。

在图 4.3.1(b)所示的连接方式中，N_{S1}绕组的电流仅流经整流二极管 V_{D1}，适用于 N_{S1}绕组输出电压不高、而输出电流较大的应用场合；在图 4.3.1(c)中，N_{S1}绕组的电流也流经了 N_{S2}绕组的整流二极管 V_{D2}，因此 V_{D2}的导通损耗将有所增加，但在 T_{on}期间，整流二极管 V_{D1}承受的反向电压小，因此适用于 N_{S1}绕组输出电压高、而输出电流较小的应用场合。

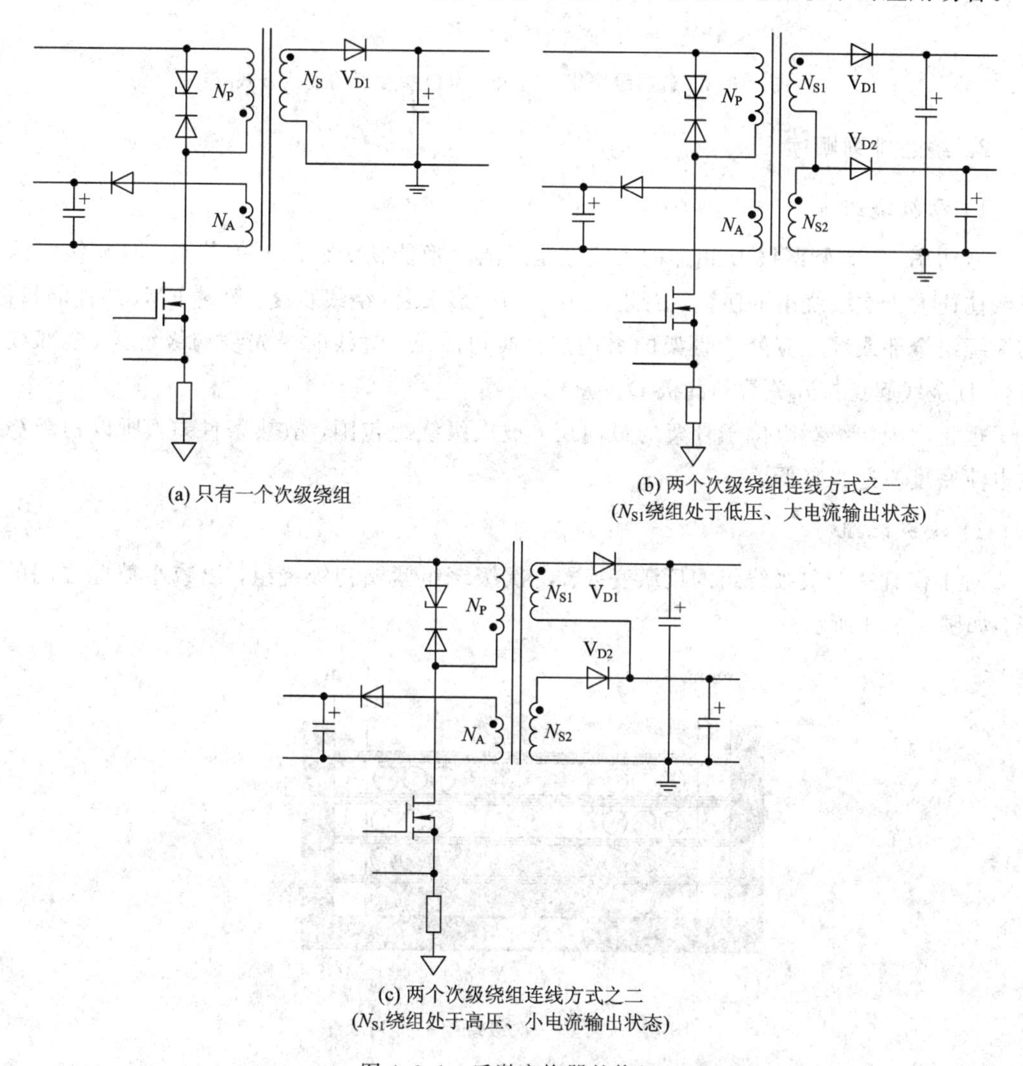

(a) 只有一个次级绕组

(b) 两个次级绕组连线方式之一
(N_{S1}绕组处于低压、大电流输出状态)

(c) 两个次级绕组连线方式之二
(N_{S1}绕组处于高压、小电流输出状态)

图 4.3.1　反激变换器的绕组

当然，如果各次级绕组间没有公共电位参考点，则只能被迫采用如图 4.3.2 所示的连接方式。

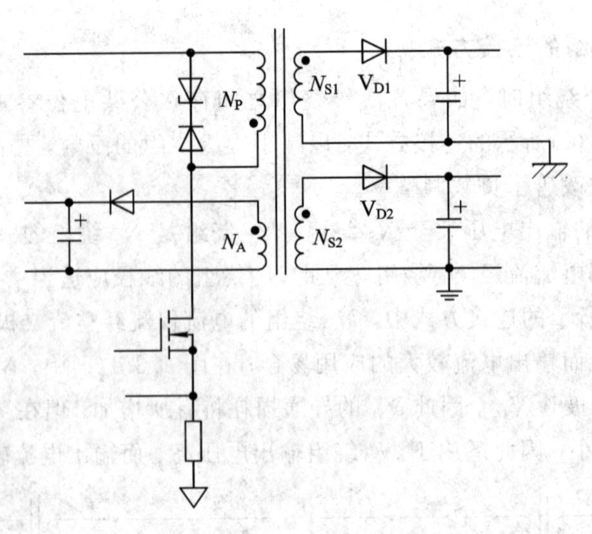

图 4.3.2 各次级绕组没有公共电位参考点的连接方式

2. 绕组排列顺序

1) 初级绕组

与功率 MOS 管漏极 D 相连的入线端是反激变换器初级侧的开关节点，且初级绕组的匝数往往大于次级绕组的匝数。因此，为减小初级绕组的绕线长度，改善 EMI 的性能指标，初级绕组全部或部分应处于骨架的最内层。换句话说，绕线时最先绕初级绕组(全部或部分)，且绕线起点接开关管的漏极 D。

也正因为初级绕组位于骨架的最内层，被次级绕组包围，散热条件差，所以初级绕组的电流密度应适当降低。

2) 次级绕组

对于仅有一个次级绕组的反激变换器，次级绕组紧贴初级绕组，以减小彼此之间的漏感，如图 4.3.3 所示。

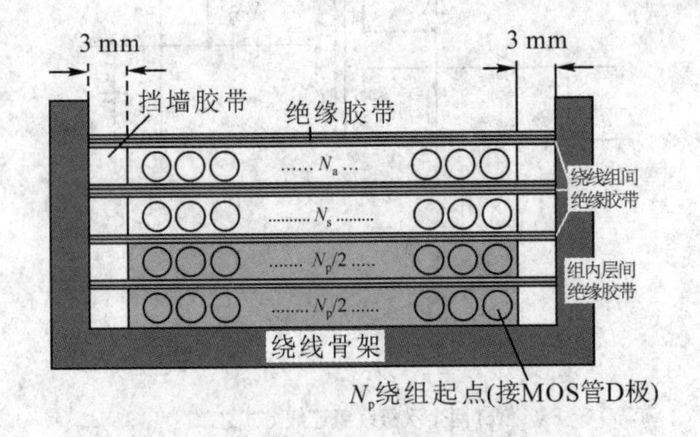

图 4.3.3 单一次级绕组的排列顺序

当次级绕组不止一个时，应按输出功率的大小顺序绕制，即输出功率最大的次级绕组应紧贴初级绕组，使初级绕组与该次级绕组之间紧密耦合，减小彼此间的漏感，同时也能有效缩短大功率次级绕组的绕线长度，减少绕线的铜损。例如，对于如图 4.3.1(b)、

图 4.3.1(c)所示的多次级绕组反激变换器，由于两个次级绕组电流均通过 N_{S2} 绕组，因此应先绕制 N_{S2} 绕组，再绕制 N_{S1} 绕组，如图 4.3.4 所示。

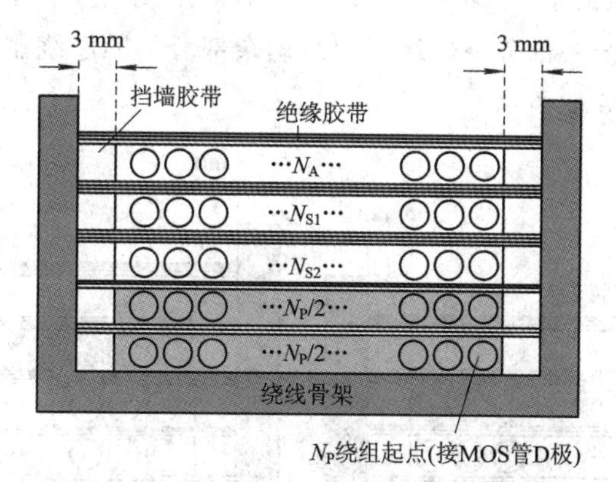

图 4.3.4　按堆叠方式连接的次级绕组的绕制顺序

3）辅助绕组

辅助绕组的位置与辅助绕组 N_A 的用途有关，参考位置如图 4.3.5 所示。当辅助绕组 N_A 仅用于给控制芯片 V_{CC} 引脚供电时，可放置在次级绕组 N_S 之上，即骨架的最外层；若辅助绕组 N_A 除了给控制芯片供电外，还需准确体现输出电压 U_O 的大小，如原边控制(PSR)反激变压器中的辅助绕组 N_A 最好与 N_S 相邻；对于 BCM 模式 APFC 反激变换器、准谐振(QR)反激变换器，N_A 绕组除了给控制芯片供电外，还需 N_A 绕组的输出电压能准确跟踪 u_{DS} 谐振电压的变化，此时 N_A 应与 N_P 相邻；对于采用 PSR 控制策略的具有 QR 特性的 APFC 反激变换器来说，N_A 绕组最好与 N_S、N_P 两绕组同时相邻。

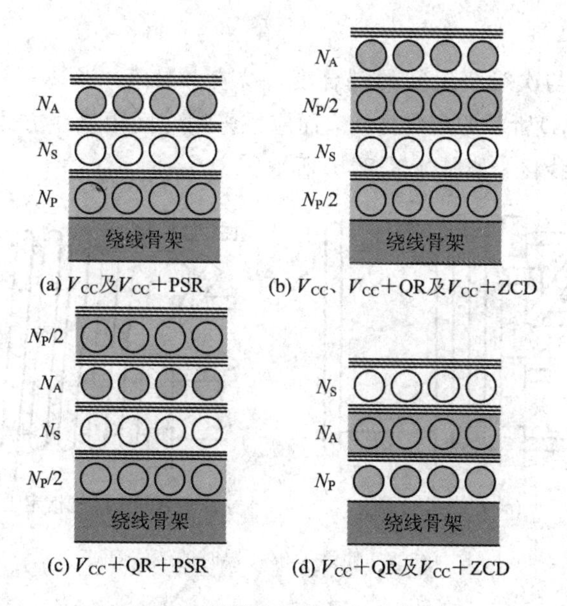

图 4.3.5　辅助绕组用途与参考位置

必须指出的是，以上每一种绕线顺序都有各自的优缺点，几乎不存在最合理的绕线顺序。

4）漏感最小的绕线顺序

为减小初级绕组的漏感，在输出功率较大(如 30 W 以上)的反激变换器中，可将初级绕组分成两部分，按初级一部分→次级→初级剩余部分的顺序绕制，形成类似“三明治”结构的绕组顺序，如图 4.3.6 所示。

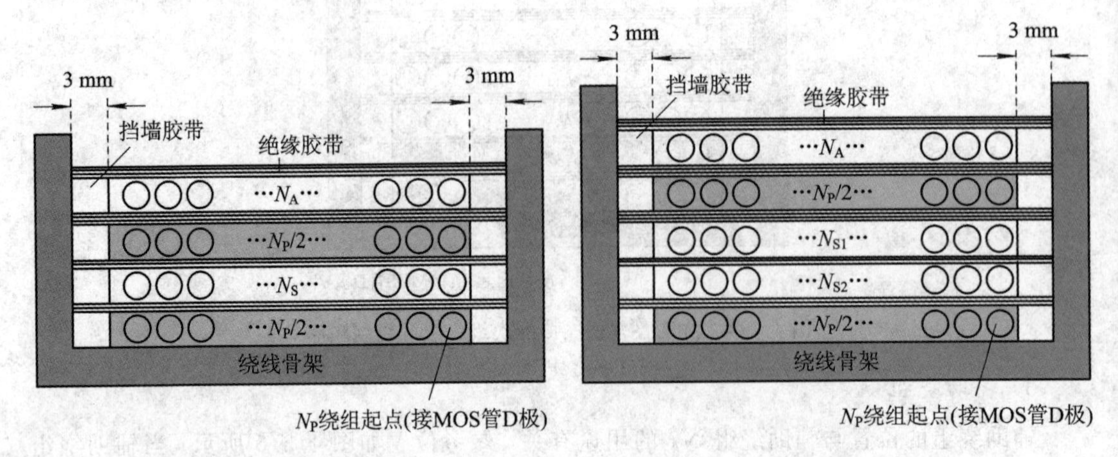

图 4.3.6　漏感最小的“三明治”绕线结构

初级绕组可对半拆分，也可以非对半拆分，这取决于初级绕组的绕线层数。如果初级绕组为 2 或 4 层，可对半拆分；反之，当初级绕组占用 3、4、5、6 个绕线层时，可先缠绕 2～4层初级绕组后，再缠绕次级绕组，最后绕剩余的 1 或 2 层初级绕组。

尽管“三明治”绕线方式能有效减小初-次级绕组间的漏感，但在初-次级绕组之间额外增加了一个接触面，使初-次级绕组间的寄生电容增加，共模干扰增大，恶化了 EMI 指标。

3. 小数层绕线处理

为提高初级绕组与次级绕组间的耦合度，以减小漏感，当某一绕组匝数不足一层时，不宜采用如图 4.3.7(a)所示的密绕方式，而应该采用等间距绕线方式，使绕组最后一个绕线层均匀覆盖整个绕线区，如图 4.3.7(b)所示。

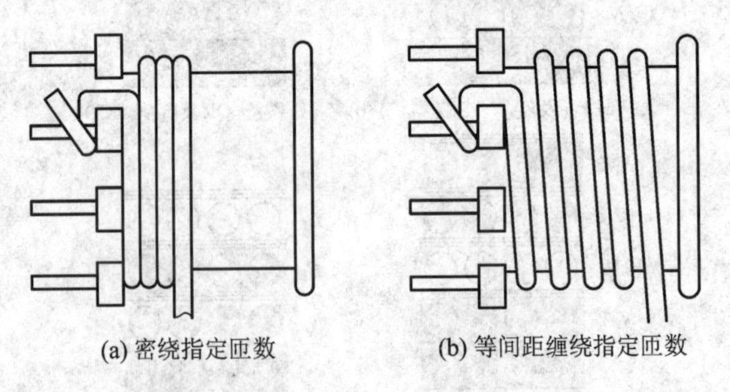

图 4.3.7　匝数不够一层时的绕线策略

4. 同一绕组层与层之间的处理

当绕组匝数较多、占用两个或多个绕线层时，需要在绕组层与层之间缠绕一定数量(如 1～2 层)的绝缘胶带，一方面提高了层与层之间的耐压等级，另一方面也增大了层与层之间的距离，减小了层间的寄生电容，如图 4.3.8 所示。

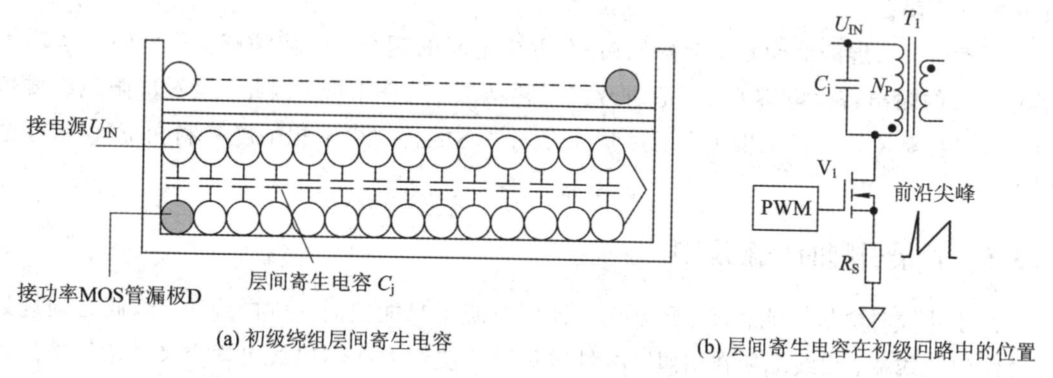

图 4.3.8　在层间增加绝缘胶带

显然，绝缘胶带层数越多，寄生电容越小，前沿尖峰脉冲幅度会相应下降，MOS 管开通损耗也就相应降低(在交流等效电路中，初级绕组层间寄生电容 C_j 与 MOS 输出寄生电容 C_{OSS} 并联)，差模干扰的幅度也会有所下降，但层间绝缘胶带的层数也不宜太多，否则初-次级绕组间的漏感可能会上升，反而使效率下降。

5. 多绕组平行绕线方式

当次级存在两个或多个输出电压相同(包括绝对值相同，如正负输出绕组)且功率相近的绕组时，表明这些绕组的绕线匝数、线径相同，宜采用如图 4.3.9 所示的多绕组平行并绕方式，以提高绕组间的耦合度。

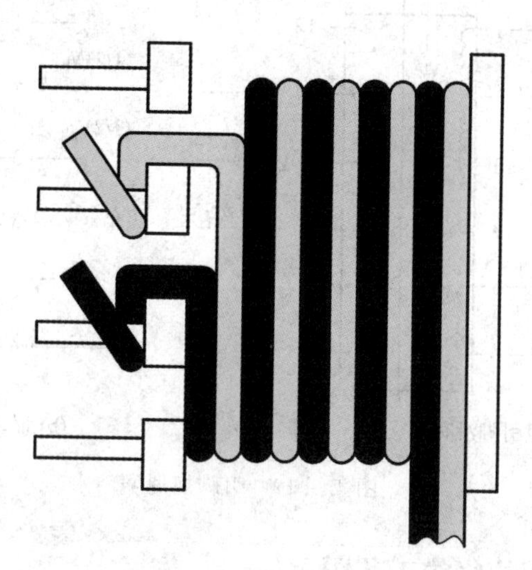

图 4.3.9　多绕组平行并绕

4.3.4　屏蔽绕组的设置与连接

如果共模传导干扰大，无法通过 CE 测试，则可在初级与次级绕组间增加一层屏蔽绕组(线径没有要求)，并将屏蔽绕组一端接初级绕组的出线端即初级侧驱动电源母线 U_{IN} 或初级侧的地)，另一端悬空。这样一方面增加了初-次级绕组间的距离，减小了初-次级绕组间的寄生电容；另一方面，通过屏蔽绕组切断了初-次级绕组共模传导干扰的路径，使共模干扰幅度下降。

当然，引入屏蔽绕组后，会降低初-次级绕组间的耦合度，使漏感上升，同时也增大了开关管的输出寄生电容 C_{OSS}，造成开关损耗增加，效率下降。因此，设置屏蔽绕组要慎重，除非共模传导干扰幅度大，通过其他方式也不能将共模干扰幅度限制在 EMI 指标范围内。

4.3.5 骨架引脚的分配规则

由于绕线时电机只能正转(或反转)，即所有绕组只能按同一方向绕线，因此必须规划好各绕组入线端、出线端所在引脚，尽量避免同一绕组入线与出线出现交叉，尤其是位于内层的初级绕组 N_P 一般不允许交叉，如图 4.3.10(a)所示，原因是当高压绕组的入线、出线端出现交叉时，将不可避免地借助引脚套管来提高引脚间的绝缘等级，这会降低磁芯绕线窗口的利用率，导致初-次级绕组间的漏感增加。只有位于最外层的低压绕组，如控制芯片供电绕组 N_A 的入线、出线端允许交叉，如图 4.3.10(b)所示。

此外，当变压器绕线骨架引脚较多时，应尽量避免使用位于绕线骨架四角的引脚，如图 4.3.10 中的 1、6、7、12 引脚，避免绕组引线与磁芯间距小于安规要求，降低绕组与磁芯间的耐压等级(当绕组引线与磁芯间距小于安规要求时，需借助引脚套管来提高彼此间的耐压等级)。

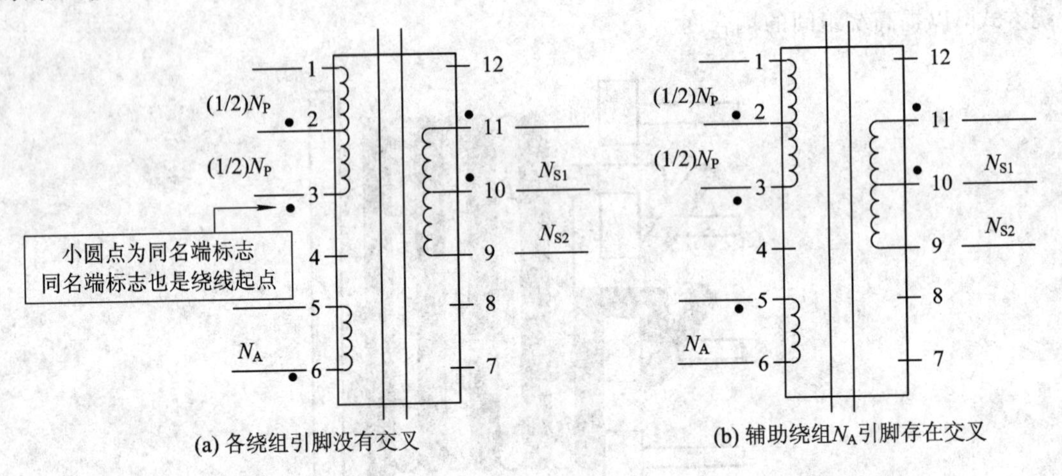

图 4.3.10　引脚规划

4.3.6 变压器或电感的绕线工艺图

完成了变压器的参数计算后，必须给出变压器的绕线工艺图(该图包括了变压器的线路图、剖面图、外观图以及绕线说明信息等)，以便绕线。

在变压器线路图中需要给出各绕组的起点和终点、绕组匝数、绕线直径及电感量(仅限于电感类、储能类变压器及 LLC 变压器的初级绕组，不包括正激、硬开关桥式等正向类变压器的初级绕组)，如图 4.3.11 所示。

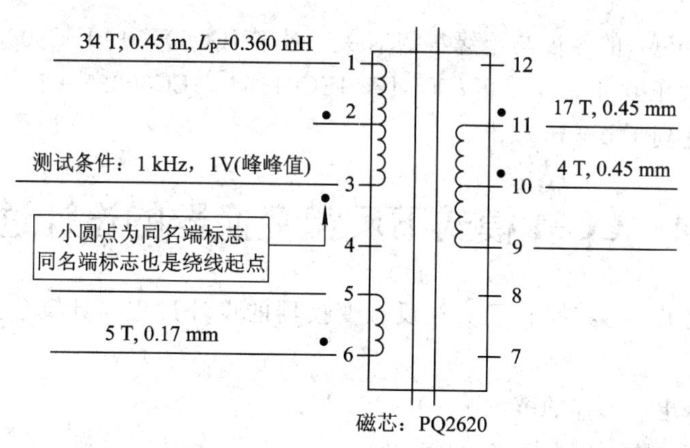

图 4.3.11　变压器线路图示例

在剖面图中，主要要给出绕线的顺序、绕组的起点和终点、绕线的直径及股数等信息，如图 4.3.12 所示。

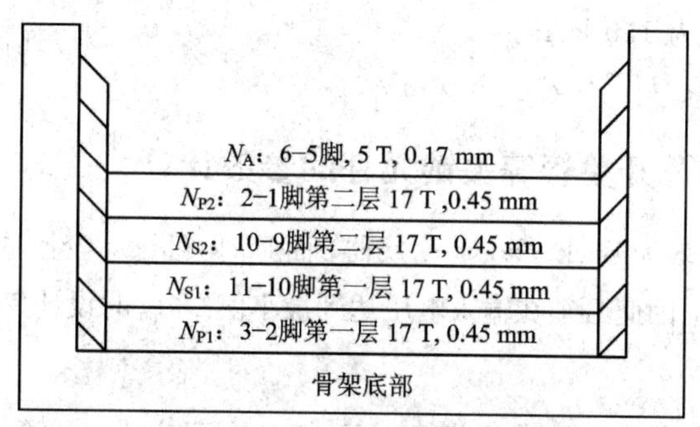

图 4.3.12　变压器绕线剖面图示例

变压器绕线说明信息主要包括磁芯与骨架型号、磁芯材料牌号、气隙有无及位置(如果需要设置气隙，则仅给出目标电感量，并不需要给出气隙长度)、绕组间绝缘电压参数等，如表 4.3.3 所示。

表 4.3.3　变压器绕线说明信息示例

编号	项目	内　容
1	线径	所列线径为裸铜直径
2	气隙位置	气隙位于磁芯的中柱
3	磁芯及骨架	PQ2620 磁芯(PC40 磁材)、骨架(6+6)直插
4	特殊引脚	骨架第 2 引脚为三明治绕线的中间脚
5	初级绕组电感量与漏感	L_P＝0.360 mH(1—3 脚间)，漏感不超过 L_P 的 3%
6	绕组与磁芯、绕组与绕组的绝缘要求	初级对次级测试电压为 2500 V AC，漏电流<2 mA/60 s
		初级对磁芯测试电压为 1500 V AC，漏电流<2 mA/60 s
		DC500 V 绕组与磁芯之间 1 min 大于 100 MΩ
		DC500 V 绕组与绕组之间 1 min 大于 100 MΩ
7	多余引脚处理	剪掉骨架的第 4 引脚
8	绕组间绝缘层	两绕组间垫 3 层绝缘胶带

绕线骨架(bobbin)的厚度与绝缘等级有关，对于 IEC60950、IEC60065 安规认证来说，要求骨架的厚度大于 0.4 mm 即可，而对于 IEC61558、IEC60335 - 2 - 29 安规认证来说，骨架的厚度必须达到 1.0 mm 以上。

4.4 CCM 模式下反激变换器的设计过程

本节通过具体设计实例，简要介绍反激变换器的设计过程与计算公式。该设计实例输入、输出条件如下：

(1) 交流输入电压 U_{AC} 的范围为 90～264 V。

(2) 变换器工作在 CCM 模式。

(3) 输出电压 U_O 为 45 V，输出电流 I_O 为 400 mA，输出功率 P_O 为 18 W。

(4) 效率 $\eta > 88\%$。

(5) 开关频率 f_{SW} 为 150 kHz。

(6) 输出纹波电压 ΔU_O 不大于 200 mV。

4.4.1 储能变压器及开关管等关键元件的参数计算

由于反激变换器等效为 Buck - Boost 变换器，而 Buck - Boost 变换器在输入电压 U_{IN} 最小时，电感峰值电流 I_{LPK} 最大，因此必须在输入电压达到最小值 U_{INmin} 时设计变换器的有关参数。

1. 输入滤波电容 C

由于本例要求最小交流输入电压为 90 V，市电频率应为 60 Hz，而对于 110 V/60 Hz 市电来说，由 5.3.2 节介绍的相关知识可知，当整流二极管的导通时间 t_c 取 2.08 ms 时，最小输入电压

$$U_{INmin} = \sqrt{2}U_{ACmin} \quad \sin 2\pi f\left(\frac{1}{4f} - t_c\right) \approx U_{ACmin} = 90\ \text{V}$$

最小工频滤波电容

$$C > \frac{12.5P_O}{\eta U_{ACmin}^2}(\text{mF})\frac{12.5\times 18}{0.88\times 90^2} \approx 31.6\ \mu\text{F}$$

因此，工频滤波电容取 33 μF/400 V。如果 33 μF/400 V 电容允许的纹波电流偏小，则在空间允许的情况下可采用 47 μF/400 V 输入滤波电容。

2. 确定反射电压 U_{OR}、开关管耐压 BV_{DSS} 及变压器匝比 n

原则上有三种方式确定反射电压 U_{OR}、钳位电压 U_{Clamp}、开关管耐压 BV_{DSS} 及变压器匝比 n。

(1) 由最大占空比 D_{max} 确定。当 PWM 控制芯片的最大占空比 D_{max} 有限制(即使没有限制也不宜超过 0.75)或控制芯片没有内置斜率补偿电路而又需要工作在 CCM 模式时，可按如下步骤计算反射电压 U_{OR}、变压器匝比 n、钳位电压 U_{Clamp}、开关管耐压 BV_{DSS}。

由式(4.1.4)可知，反射电压

$$U_{OR} = \frac{D_{max}}{1 - D_{max}}\eta U_{INmin}$$

匝比

$$n=\frac{U_{OR}}{U_O+U_D}$$

漏感尖峰脉冲吸收电路的钳位电压

$$U_{Clamp}=(1.6\sim2.5)U_{OR}$$

开关管耐压

$$BV_{DSS}=U_{INmax}+U_{Clamp}+30\quad（工程余量）$$

若最小占空比 $D_{min}=\frac{U_{OR}}{U_{OR}+\eta U_{INmax}}\geqslant0.25$，最小导通时间 $T_{onmin}=\frac{D_{min}}{f_{SW}}\geqslant2.0\ \mu s$，那么将开关管耐压 BV_{DSS} 取标准值（如 600 V、650 V、800 V）后，重新核算钳位电压为

$$U_{Clamp}=BV_{DSS}-U_{INmax}-30$$

（2）由最小占空比 D_{min} 确定。当输入电压最大时，占空比 D 最小。但当最小占空比 D_{min} 太小时，最小导通时间 T_{onmin} 可能太短，使 EMI 指标变差。为此，可先确定 D_{min}（下限不宜小于 0.25，不过当控制芯片具有间歇振荡功能时，D_{min} 可适当提高到 0.30～0.35），并按如下步骤计算反射电压 U_{OR}、变压器匝比 n、钳位电压 U_{Clamp}、开关管耐压 BV_{DSS}。

由式（4.1.4）可知，反射电压

$$U_{OR}=\frac{D_{min}}{1-D_{min}}\eta U_{INmax}$$

匝比

$$n=\frac{U_{OR}}{U_O+U_D}$$

漏感尖峰脉冲吸收电路的钳位电压

$$U_{Clamp}=(1.6\sim2.5)U_{OR}$$

开关管耐压

$$BV_{DSS}=U_{INmax}+U_{Clamp}+30\quad（工程余量）$$

如果最大占空比 $D_{max}=\frac{U_{OR}}{U_{OR}+\eta U_{INmin}}$ 满足要求，那么将开关管耐压 BV_{DSS} 取标准值后，重新核算钳位电压为

$$U_{Clamp}=BV_{DSS}-U_{INmax}-30$$

（3）由开关管耐压 BV_{DSS} 确定。根据输出电压 U_O 的大小，凭经验选定开关管的耐压 BV_{DSS}，并指定最小占空比 D_{min}（可取 0.20～0.30，典型值为 0.25）。在这种情况下，可按如下步骤计算反射电压 U_{OR}、变压器匝比 n、钳位电压 U_{Clamp}。

漏感尖峰脉冲吸收电路的钳位电压为

$$U_{Clamp}=BV_{DSS}-U_{INmax}-30\quad（工程余量）$$

由最小占空比 D_{min} 确定反射电压为

$$U_{OR}=\frac{D_{min}}{1-D_{min}}\eta U_{INmax}$$

匝比为

$$n=\frac{U_{OR}}{U_O+U_D}$$

如果最大占空比 $D_{max}=\frac{U_{OR}}{U_{OR}+\eta U_{INmin}}$，箝位电压 U_{Clamp} 与反射电压 U_{OR} 之比不满足要求，则需重新指定 MOS 管耐压或适当微调最小占空比 D_{min}，并重新计算。

在本例中：

$$U_{Clamp}=BV_{DSS}-U_{INmax}-30=600-374-30=196\ \text{V}$$

当最小占空比 D_{min} 取 0.25 时，反射电压

$$U_{OR}=\frac{D_{min}}{1-D_{min}}\eta U_{INmax}=\frac{0.25}{1-0.25}\times 0.88\times 374\approx 110\ \text{V}$$

箝位电压 U_{Clamp} 与反射电压 U_{OR} 的比

$$\frac{U_{Clamp}}{U_{OR}}=\frac{196}{110}\approx 1.782(\text{在 } 1.5\sim 2.5 \text{ 之间，满足要求})$$

最大占空比

$$D_{max}=\frac{U_{OR}}{U_{OR}+\eta\times U_{INmin}}=\frac{110}{110+0.88\times 90}\approx 0.5814(\text{满足要求})$$

变压器匝比

$$n=\frac{U_{OR}}{U_O+U_D}=\frac{110}{48+0.9}\approx 2.25$$

3. 整流二极管 V_D 承受的最大反向电压

整流二极管 V_D 承受的最大反向电压

$$U_{DRmax}=U_{NS}+U_O=\frac{U_{INmax}}{n}+U_O=\frac{374}{2.25}+45\approx 211\ \text{V}$$

可选择耐压为 300～350 V 的超快恢复二极管。

4. 根据体积大小初步确定电流纹波比 γ

由于反激变换器初、次级绕组之间存在漏感，因此电流纹波比 γ 的取值比只有一个绕组的 DC-DC 变换器要大一些，以减小由漏感引起的损耗。一般情况下，在 CCM 模式的反激变换器中，电流纹波比 γ 取 0.6～1.0 之间。γ 越大，变压器体积、漏感引起的损耗就越小，但电感峰值电流较大。

在本例中，γ 取 1.0。

5. 次级侧电流参数

若次级侧电感 L_S 斜坡电流的中值用 I_{LSSC} 表示，则次级侧平均电流(即输出电流)

$$I_O=\frac{I_{LSSC}T_{off}}{T_{SW}}=I_{LSSC}(1-D)$$

次级侧电感 L_S 斜坡电流的中值

$$I_{LSSC}=\frac{I_O}{1-D_{max}}=\frac{0.4}{1-0.5814}\approx 0.956\ \text{A}$$

次级侧电感峰值电流

$$I_{LSK}=I_{LSSC}\left(1+\frac{\gamma}{2}\right)=0.956\times\left(1+\frac{1.0}{2}\right)\approx 1.434\ \text{A}$$

次级整流二极管的电流容量一般取次级侧电感峰值电流 I_{LSK} 的 1.5～2.0 倍。在本例中，输入电压最小时，次级整流二极管平均电流 $I_F=1.5I_{LSK}\approx 2.1$ A，可选用 300 V/2 A 或 3 A 的超快恢复二极管。

次级绕组 N_S 电流的有效值(与整流二极管 V_D 电流的有效值相同，这点与一般 Buck - Boost 变换器有区别)

$$I_{LSrms}=I_{Drms}=I_{LSSC}\sqrt{(1-D_{max})\left(1+\frac{\gamma^2}{12}\right)}$$

$$=0.956\times\sqrt{(1-0.5814)\times\left(1+\frac{1.0^2}{12}\right)}=0.644\ \text{A}$$

在 80℃时，两倍趋肤深度

$$2\Delta=2\times\frac{7.4}{\sqrt{f_{SW}}}=\frac{2\times 7.4}{\sqrt{150\times 10^3}}\approx 0.382\ \text{mm}$$

对应的裸铜线直径

$$d=2\sqrt{\frac{I_{LSrms}}{m\pi J}}=2\times\sqrt{\frac{0.644}{m\times 3.14\times 4.5}}=\frac{0.427}{\sqrt{m}}(\text{mm})$$

其中，电流密度 J 为 4.5 A/mm^2。显然，当 $m=2$ 时，$d=0.302\ \text{mm}<2\Delta$。次级绕组 N_S 可用两股标称直径为 0.31 mm、外皮直径为 0.36 mm 的漆包线并行绕制。

次级侧电流交流分量有效值(也就是流过输出滤波电容的电流有效值，选择输出滤波电容时用到)

$$I_{LSACrms}=I_{Corms}=\sqrt{I_{Drms}^2-I_O^2}=\sqrt{0.644^2-0.40^2}\approx 0.505\ \text{A}$$

6. 初级侧电流参数

若初级侧电感 L_P 斜坡电流的中值用 I_{LPSC} 表示，则根据初级回路等效关系有

$$I_{LPSC}=\frac{I_{OR}}{1-D_{max}}=\frac{I_O}{n(1-D_{max})}=\frac{0.4}{2.25\times(1-0.5814)}\approx 0.425\ \text{A}$$

初级侧电感峰值电流

$$I_{LPK}=I_{LPSC}\left(1+\frac{\gamma}{2}\right)=0.425\times\left(1+\frac{1.0}{2}\right)\approx 0.637\ \text{A}$$

为减小开关管的导通损耗，开关管电流容量一般取初级侧电感峰值电流 I_{LPK} 的 1.5～3.0 倍。在本例中，可选择电流容量为 1.0 A 或 2.0 A、耐压为 600 V 的功率 MOS 管。

初级侧电感电流有效值(与开关管电流有效值相同，这点与一般 Buck - Boost 变换器有区别)

$$I_{LPrms}=I_{SWrms}=I_{LPSC}\sqrt{D_{max}\left(1+\frac{\gamma^2}{12}\right)}=0.425\times\sqrt{0.5814\times\left(1+\frac{1.0^2}{12}\right)}\approx 0.337\ \text{A}$$

对应的裸铜线直径

$$d=2\sqrt{\frac{I_{LPrms}}{m\pi J}}\approx 2\times\sqrt{\frac{0.337}{m\times 3.14\times 4.5}}=\frac{0.309}{\sqrt{m}}$$

其中，电流密度 J 为 4.5 A/mm^2。显然，当 $m=1$ 时，$d=0.309\ \text{mm}<2\Delta$。可用单股标称直径为 0.31 mm、外皮直径为 0.36 mm 的漆包线绕制初级绕组。

初级绕组平均电流(也就是反激变换器的平均输入电流)

$$I_{IN}=\frac{I_{LPSC}T_{on}}{T}=D_{max}I_{LPSC}=0.5814\times 0.425\approx 0.247\ A$$

初级侧电感 L_P 电流交流分量有效值(也就是流过输入滤波电容 C_{IN} 的电流有效值)

$$I_{CINrms}=I_{SWACrms}=\sqrt{I_{SWrms}^2-I_{IN}^2}\approx 0.229\ A$$

7. 计算初级侧电感

反激变换器的输入功率

$$P_{IN}=\frac{P_O}{\eta}=\frac{18}{0.88}\approx 20.45\ W$$

初级侧电感

$$L_P=\frac{U_{on}T_{on}}{\gamma I_{LPSC}}=\frac{(U_{INmin}-U_{SW})D_{max}}{f_{SW}\gamma I_{LPSC}}=\frac{(U_{INmin}-U_{SW})D_{max}^2}{f_{SW}I_{IN}\gamma}\approx\frac{(U_{INmin}D_{max})^2}{f_{SW}P_{IN}\gamma}$$

$$=\frac{(90\times 0.5814)^2}{150\times 0.001\times 20.45\times 1}\approx 893\ \mu H$$

8. 估算电感体积

当峰值磁感应强度 B_{PK} 取 0.3T(接近饱和值)、开关频率 f_{SW} 的单位为 kHz、输入功率 P_{IN} 的单位为 W 时，储能变压器磁芯的有效体积

$$V_e=0.314\times\frac{\mu_e}{B_{PK}^2}\times\frac{(2+\gamma)^2}{\gamma}\times\frac{P_{IN}}{f_{SW}}(mm^3)\approx 4.281\ \mu_e(mm^3)$$

μ_e 一般取 100～300 之间，当 μ_e 取 200 时，变压器磁芯的有效体积 $V_e=856\ mm^3$，初步考虑用 EE19 磁芯(PC40 材质)，该磁芯体积

$$V_e=A_e\times l_e=22.6\ mm^2\times 39.9\ mm\approx 900\ mm^3$$

注： A_e 和 l_e 的值可通过查 EE19 磁芯技术手册得到。

绕线窗口有效面积 A_W 为 54.04 mm^2，未研磨气隙时组合磁芯的电感系数为 1250 nH/T^2，则无气隙均匀材质磁芯的电感系数 A_L 约为 $\frac{1250}{0.7}$ nH/T^2。

9. 计算匝数

初级绕组匝数

$$N_P=\frac{L_P I_{LPK}}{A_e B_{PK}}=\frac{893\times 0.637}{22.6\times 0.3}\approx 83.90$$

次级绕组匝数

$$N_S=\frac{N_P}{n}=\frac{83.90}{2.25}\approx 37.29(\text{取 38 匝})$$

取大于计算值的整数，否则 B_{PK} 可能超过饱和磁通密度，即 $N_P=nN_S=2.25\times 38\approx 85$。

由于次级绕组匝数少，因此应优先保证次级绕组匝数 N_S 取最接近计算值的整数，再根据匝比 n 重新选择初级绕组的匝数 N_P。

10. 计算辅助绕组(PWM 控制芯片供电绕组)匝数

假设辅助绕组输出电压 U_{NA} 为 15 V，则辅助绕组匝数

$$N_A=\frac{U_{NA}+U_{D1}}{U_O+U_D}N_S=\frac{15+0.7}{45+0.9}\times 38\approx 12.99(\text{取 13 匝})$$

计算辅助绕组整流二极管的耐压为

$$V_{(BR)DS}>1.2\times\left(\frac{N_A}{N_P}U_{INmax}+U_{NA}\right)(\text{预留 20\%余量})=1.2\times\left(\frac{13}{85}\times 374+15\right)\approx 86.64\ \text{V}$$

由于辅助绕组输出电流小，因此整流二极管可使用耐压为 100 V 的 1N4148 或 1SS355，导通压降 U_{D1} 取 0.7 V 不会产生太大误差。也因为其负载电流小，对绕线直径没有要求，所以可用线径小一点的漆包线绕制。当然，在绕线窗口容量有余的情况下，也可以用与初级绕组相同线径的漆包线绕制。

11. 估算绕线窗口能否容纳全部绕线

裸铜标称直径为 0.31 mm 的漆包线其外皮直径为 0.36 mm，则绕线窗口利用率

$$\frac{NA_{Cu}}{A_W}=\frac{85\times\frac{0.36^2}{4}\times 3.14+2\times 38\times\frac{0.36^2}{4}\times 3.14+13\times\frac{0.36^2}{4}\times 3.14}{54.04}\approx 0.327(\text{接近 0.3})$$

因此 EE19 磁芯应该能容纳全部的绕线。

12. 估算磁芯气隙长度

在反激变换器中，为减少漏感，提高效率，磁芯气隙长度 δ 不能太大(尽量控制在 0.2～1.5 mm 之间)，因此可近似认为 $A_e=A_\delta$，此时气隙长度

$$\begin{aligned}\delta&=\mu_0 A_\delta\left(\frac{N_P^2}{L_P}-\frac{1}{A_L}\right)\approx 4\pi\times A_e\left(\frac{N_P^2}{L_P}-\frac{1}{A_L}\right)\times 10^{-4}\\&\approx 4\times 3.14\times 22.6\times\left(\frac{85^2}{893}-\frac{0.7}{1.25}\right)\times 10^{-4}\\&\approx 0.214\ \text{mm}\end{aligned}$$

注：如果气隙长度偏小，将导致批量加工一致性差，采用如下措施可适当提高气隙长度 δ：

(1) 当绕线窗口利用率尚未达到 0.35 时(如本例)，在计算初级绕组 N_P 匝数过程中，可适当降低最大磁通密度 B_{PK}。例如，在本例中将 B_{PK} 由原来的 0.30 T 降为 0.26 T，则初级绕组 N_P 匝数由 85 变为 100，相应地次级绕组 N_S 匝数由 38 变为 44，结果将使气隙长度 δ 增加到 0.30 mm 左右。尽管绕组匝数增加会使变压器铜损有所上升，但磁通密度减小也会使磁芯损耗下降，这样两者相互抵消，变压器损耗不会出现明显变化。

(2) 选择有效体积 V_e 或截面积 A_e 小一点的磁芯，重新计算。

13. 输出电容 C_O

在开关电源中，输入、输出滤波电容的 ESR 参数要尽可能小，且流过输出、输入滤波电容的电流有效值不大于所选滤波电容允许的最大纹波电流。

根据次级回路的等效电路可知输出纹波电压为

$$
\begin{aligned}
\Delta U_{O} &= \Delta U_{ESR} + \Delta U_{C} \\
&\approx \Delta U_{ESR} \qquad \text{(先不考虑理想电容充电的影响)} \\
&= \Delta I_{C\max} ESR_{100k} \\
&= \frac{(U_{O}+U_{D})}{L_{S} f_{SW}}(1-D_{\min}) ESR_{100k} \\
&= \frac{n^{2}(U_{O}+U_{D})}{L_{P} f_{SW}}(1-D_{\min}) ESR_{100k}
\end{aligned}
$$

于是 100 kHz 频率下等效串联电阻

$$
ESR_{100k} = \frac{\Delta U_{O}}{\frac{n^{2}(U_{O}+U_{D})}{L_{P} f_{SW}} \times (1-D_{\min})} = \frac{0.2}{\frac{2.25^{2} \times (45+0.9)}{893 \times 10^{-6} \times 150 \times 10^{3}} \times (1-0.25)} \approx 0.154\ \Omega
$$

如果在电容参数表中仅给出 120 Hz 条件下损耗角正切 DF 与纹波电流-频率系数，则可根据如下关系计算出 120 Hz 频率对应的 ESR 参数，即

$$
ESR_{120} = \left(\frac{I_{100k}}{I_{120}}\right)^{2} ESR_{100k} = \left(\frac{1}{0.5}\right)^{2} \times 0.154 \approx 0.62\ \Omega
$$

$$
C = \frac{DF}{2\pi \times 120 \times ESR_{120}} = \frac{0.1}{2\pi \times 120 \times 0.62} = 214\ \mu F \text{(取标准值 220 } \mu F\text{)}
$$

经查 220 μF/63 V 电容在 100 kHz 频率下最大可承受的纹波电流为 885 mA，ESR 为 0.09 Ω，完全满足设计要求。

选定了输出滤波电容的参数后，可用如下算式估算输出纹波电压，即

$$
\begin{aligned}
\Delta U_{O} &= \Delta U_{ESR} + \Delta U_{C} \\
&= \frac{n^{2}(U_{O}+U_{D})}{L_{P} f_{SW}}(1-D_{\min}) ESR_{100k} + \frac{D_{\min} I_{O}}{C f_{SW}} \\
&= \frac{2.25^{2} \times (45+0.9)}{893 \times 150} \times (1-0.25) \times 0.09 \times 10^{3} + \frac{0.25 \times 0.4}{220 \times 150} \times 10^{3} \\
&\approx 117.1\ \text{mV(ESR 引起的输出电压纹波)} + 3.03\ \text{mV} \\
&\approx 120.13\ \text{mV (<设计目标值 200 mV)}
\end{aligned}
$$

4.4.2 具有多个次级绕组与负载电流变化范围较大的反激变换器的参数计算

1. 具有多个次级绕组的反激变换器的设计

1) 等效输出电流 I_{O} 的计算

在这种情况下，先分别累加各次级绕组的输出功率，以便获得总的输出功率 P_{O}；在计算初级绕组电感量 L_{P} 时，可先将其他次级绕组输出功率折算到输出电压最低的次级绕组上。换句话说，以输出电压 U_{O} 最低的次级绕组作为设计的基准绕组，原因是绕组输出电压越低，舍入匝数小数部分后输出电压的相对误差越大。

例如，某反激变换器具有两个次级绕组 N_{S1} 与 N_{S2}，各绕组的输出电压、电流如下：

次级绕组 N_{S1}：输出电压 U_{O1} 为 5 V，输出电流为 4 A。

次级绕组 N_{S2}：输出电压 U_{O2} 为 12 V，输出电流为 0.5 A。

则总的输出功率

$$
P_{O} = P_{O1} + P_{O2} = 5 \times 4 + 12 \times 0.5 = 26\ W
$$

显然，应以 5 V 输出的次级绕组 N_{S1} 作为基准绕组，折算到 5 V 输出绕组后的等效输

出电流，即

$$I_O=\frac{P_O}{U_{O1}}=\frac{26}{5}=5.2\ \text{A}$$

2）匝数 N 的计算

在计算次级绕组匝数时，优先考虑输出电压最低的次级绕组，即基准绕组。例如，在本例中，计算了初级绕组 N_P 后，应优先计算 5 V 输出的次级绕组匝数，即

$$N_{S1}=\frac{N_P}{n}\quad（取整）$$

再利用匝比与输出电压的关系计算出其他次级绕组的匝数，即

$$N_{S2}=\frac{U_{O2}+U_{D2}}{U_{O1}+U_{D1}}N_{S1}$$

3）次级侧各绕组电感斜坡电流中值及绕组电流有效值的计算

分别计算次级侧各绕组电感斜坡电流中值及绕组电流的有效值，然后计算出各次级绕组所需线径的大小。

4）各次级绕组整流二极管 V_D 最大耐压的计算

各次级绕组整流二极管 V_D 的最大耐压为

$$V_{(BR)D1}>1.2\times\left(\frac{N_{S1}}{N_P}U_{INmax}+U_{O1}\right)\quad（预留 20\% 余量）$$

$$V_{(BR)D2}>1.2\times\left(\frac{N_{S2}}{N_P}U_{INmax}+U_{O2}\right)\quad（预留 20\% 余量）$$

2. 输出电流变化范围较大的情况

当输出电流 I_O 变化范围较大时，对于 CCM 模式变换器来说，必须保证在负载最小的情况下变换器不至于进入 DCM 模式；反之亦然。

假设在上例中，输出电流 $I_O=50\sim400$ mA。由于负载电流变化较大，因此必须保证在最小负载下，变换器工作在 BCM 模式，即电流纹波比为

$$\gamma=\frac{2I_{Omin}}{I_{Omax}}=\frac{2\times50}{400}=0.25$$

而不再是理想值 0.6～1.0。

当然，如果变换器控制芯片具有轻载或空载状态下自动进入间歇振荡模式的特性，则可不考虑轻载下变换器是否进入 DCM 模式，电流纹波比 γ 依然可以取 0.6～1.0。

4.5　常见的次级输出电路

4.5.1　恒压输出电路

1. 低压输出次级电路

在开关电源输出电路中，常用 TL431 及其兼容芯片作为基准和误差放大器(EA)，而 TL431 芯片的阴(K)、阳(A)极间最大耐压为 36 V。因此，当输出电压 U_O 不大于 36 V 时，常见的输出电压小于 36 V 的次级恒压输出控制电路如图 4.5.1 所示。

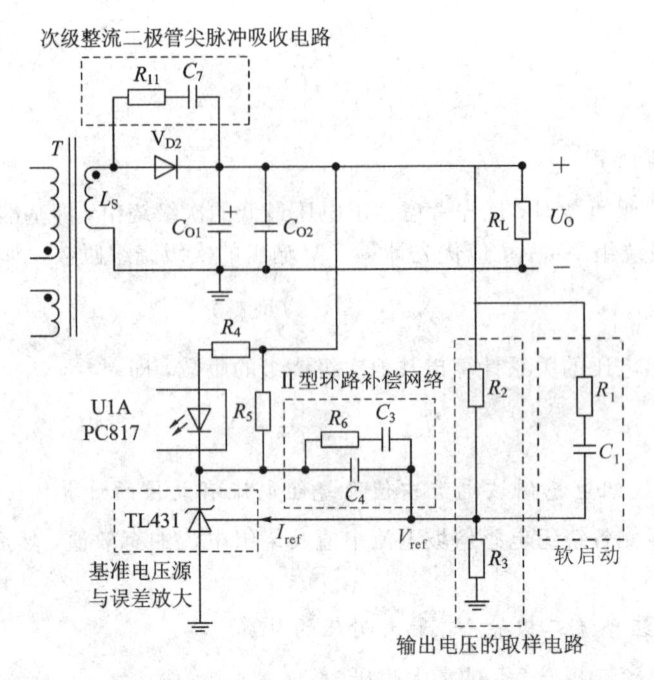

图 4.5.1　常见的输出电压小于 36 V 的次级恒压输出控制电路

在图 4.5.1 中，R_2、R_3 构成了输出电压的取样电路，输出电压为

$$U_O=\left(1+\frac{R_2}{R_3}\right)V_{ref}+R_2I_{ref}\approx\left(1+\frac{R_2}{R_3}\right)V_{ref} \tag{4.5.1}$$

其中，V_{ref}为 TL431 芯片内部的基准电压，典型值为 2.495 V；I_{ref}为芯片内部反相输入端的漏电流，最大值小于 4 μA(不同生产厂家生产的芯片其 I_{ref}参数略有变化)。当输出电压 U_O 较大或 R_2 较小时，一般可忽略 I_{ref}对输出电压 U_O 的影响，U_O 仅由 R_2、R_3 的比值确定。考虑到 I_{ref}最大为 4 μA，为提高 U_O 的精度和稳定性，必须确保流过电阻 R_3 的电流为

$$I_{R3}=\frac{V_{ref}}{R_3}\geqslant(50\sim120)\times I_{ref}=200\sim500\ \mu\text{A}$$

R_3不能太大的另一原因是在输出电压 U_O 一定的情况下，R_3增加会使 R_2增加，从而降低反馈补偿网络的直流增益及低频增益，影响输出电压 U_O 的精度和稳定性。当然，R_3 也不能太小，否则输出电压取样电路的功耗会增加，因此电阻 R_3 一般取4.7～12 kΩ。

在实际电路参数设计过程中，大致确定电阻R_3 后，先令 R_2 取标准值，借助式(4.5.1)计算出 R_3。如果 R_3 不是标准值，可用两只标准阻值的电阻并联获得 R_3。例如，当 U_O 为 24 V 时，电阻 R_2、R_3 的计算过程如下：

假设 R_3 取 7.5 kΩ，则 $R_2=\left(\frac{U_O}{V_{ref}}-1\right)R_3=\left(\frac{24}{2.495}-1\right)\times7.5\approx64.6$ kΩ，那么当 R_2 取标准值 62 kΩ 时，$R_3=\frac{R_2}{U_O/V_{ref}-1}=7.19$ kΩ，可用接近计算值的标准电阻与一个阻值很大的标准电阻并联获得非标电阻，如用 7.5 kΩ//180 kΩ 构成电阻 R_3。要注意的是，为了保证输出电压 U_O 的精度，输出电压取样电阻一般采用误差为 1%的 E96 系列精密电阻。

R_5 为 TL431 芯片提供偏置电流。由于 TL431 芯片的 I_{KAmin}的典型值为 1.0 mA，因此 $R_5<\frac{U_O-V_{KAmin}}{I_{KAmin}}$，其中 V_{KAmin}为 TL431 的最小压降，典型值为 2.5 V。

例如，当输出电压 U_O 为 24 V 时，$R_5 < \frac{24-2.5}{1.0} = 21.5\ k\Omega$，因此 R_5 可取 15～20 kΩ。

R_4 的大小与流过 PC817 光耦内部发光二极管的工作电流 I_F 有关，I_F 一般取 1.0 mA，即

$$R_4 < \frac{U_O - U_F - V_{KA}}{I_F}$$

其中，U_F 为 PC817 光耦内部发光二极管的导通压降，典型值为 1.2 V(红光)。

根据负反馈特性，即输入电压 $U_{IN}\downarrow \rightarrow U_O\downarrow \rightarrow V_{KA}\uparrow$，输出电流 $I_O\uparrow \rightarrow U_O\downarrow \rightarrow V_{KA}\uparrow$，由此不难看出：在输入电压最小重载状态下，$V_{KA}$最大；在输入电压最大空载状态下，$V_{KA}$最小。因此，应在“输入电压最大、空载”状态下，确定光耦限流电阻 R_4。为了获得良好的稳压效果，在最大输入电压下，空载时 V_{KA}应比最小电压 V_{KAmin}大 0.5～2.5 V。例如，当 U_O 为5.0～9.0 V 时，V_{KA}取 3.0～4.0 V；当 U_O 为 9.0～15.0 V 时，V_{KA}取 4.0～4.5 V；当 U_O 为15 V以上时，V_{KA}取 4.5～5.0 V。

例如，当输出电压 U_O 为 24 V 时，空载时 V_{KA} 取 5.0 V，$R_4 < \frac{24-1.2-5.0}{1.0} = 17.8\ k\Omega$。$R_4$ 可取 10～16 kΩ。当然，R_4 的大小还与光耦的电流传输比 K_{CTR}有关：K_{CTR}大，R_4 的取值就可以大一些；反之，R_4 取值就小一些。如果 R_4 太大，则光耦工作电流 I_F 就小，输出电流 $I_C = K_{CTR} I_F$ 偏低，可能无法将控制芯片内置的 PWM 比较器 CP 的反相端 FB 引脚电位拉低，造成空载时输出电压 U_O 偏高，甚至失控。反之，R_4 偏小，则光耦工作电流 I_F 就偏大，输出电流 $I_C = K_{CTR} I_F$ 偏高，导致在输入电压最小、负载最重的情况下，控制芯片内置的 PWM 比较器 CP 的反向端 FB 电位偏低，使输出电压 U_O 小于设计值。

C_3、R_6 以及 C_4 构成了Ⅱ型反馈补偿网络，大小与基准电压源 TL431 芯片的频率特性、变换器开环传递函数的频率特性有关。在输入电压 U_{IN}相对稳定的反激变换器中，C_3经验值约为 22～100 nF，C_4约为 2.4～10 nF(即 C_3约为 C_4的 9～10 倍)，R_6约为 3.6～15 kΩ。

C_7、R_{11}构成了次级整流二极管的尖脉冲吸收电路，属于可选元件。只有当 EMI 性能指标达不到设计要求时，才需要。C_7 的大小一般在 1 nF 左右，但耐压要求高(与整流二极管相同)。C_7、R_{11}需通过实验确定。

R_1、C_1构成了软启动电路，防止在轻载、空载状态下上电瞬间输出电压 U_O 出现过冲，R_1、R_2 阻值大致相同。上电瞬间电容 C_1尚未充电，不大的输出电压就会使 TL431 的反相输入端 V_{ref}电位接近 *TL*431 芯片的内部基准电位(2.495 V)，强迫反馈补偿网络进入工作状态，使输出电压 U_O 缓慢上升到设定值。不过，图 4.5.2 所示的软件启动电路更常见，原因是稳定后上取样电阻为 R_1+R_2，方便了上取样电阻值的选取。

2. 高压输出次级电路

当输出电压 $U_O>36$ V 时，为避免在开、关机瞬间 TL431 芯片出现过压击穿，需要经稳压二极管降压后才能给 TL431 芯片及光耦内部的 LED 供电，参考电路如图 4.5.2 所示。

显然，流过电阻 R_{12}的电流 $I_{R12} = I_{R4} + I_{R5} + I_{D3}$。对于 0.5 W 以下的小功率稳压二极管，最小稳压电流 I_{Zmin}的典型值为 0.5 mA，因此 I_{R12}可取 2.5～3.0 mA，由此可知电阻 $R_{12} = (U_O - V_Z)/(2.5\sim3.0)(k\Omega)$。例如，当输出电压 U_O 为 48 V、稳压二极管的稳定电压 V_Z 为 24 V 时，R_{12}可取 8.2 kΩ 或 9.1 kΩ。

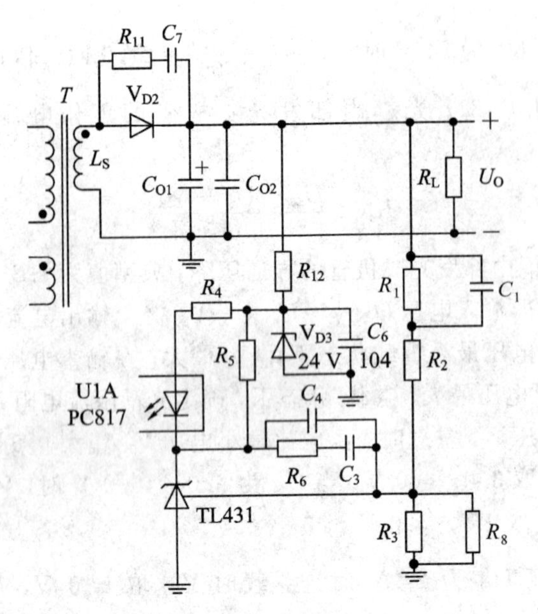

图 4.5.2 输出电压超过 36 V 的次级恒压输出控制电路

稳压二极管的稳定电压 V_Z 一般取 12～27 V，大小由输出电压 U_O 确定，原则是：在最坏的情况下，限流电阻 R_{12} 的电流全部流入稳压二极管时，稳压二极管功耗不大于 0.3 W；限流电阻 R_{12} 消耗的功率小于 125 mW(即在 1/8 W 耗散功率电阻的承受范围内)。

4.5.2 恒流输出电路

4.5.1 节给出了恒压输出电路，然而在 LED 照明驱动电源中，需要变换器具有恒流输出功能。因此，可在恒压输出电路的基础上增加电流取样电路，就能实现恒流输出功能。基本恒流电路如图 4.5.3 所示。

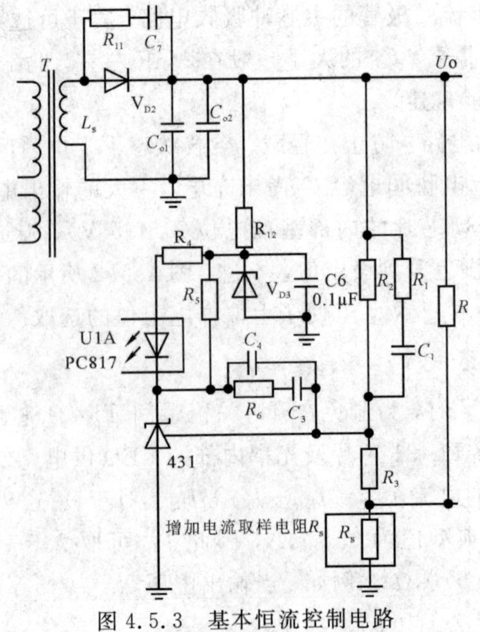

图 4.5.3 基本恒流控制电路

该电路开路输出电压 U_O 高，带负载后，输出电压为

$$U_O = I_{ref}R_2 + \left(1+\frac{R_2}{R_3+R_S}\right)V_{ref} - \frac{R_2}{R_3}(R_S I_O) \approx \left(1+\frac{R_2}{R_3+R_S}\right)V_{ref} - \frac{R_2}{R_3}(R_S I_O)$$

U_O 会随着负载电流 I_O 的增加而下降。为减小电流取样电阻 R_S 的功耗，满载时 R_S 端电压 U_{RS} 一般控制在 0.20～0.35 V 之间。U_{RS} 小，恒流精度差；反之，U_{RS} 偏大，不仅造成 R_S 功耗偏高，而且空载输出电压 U_O 也会偏高很多。

基本恒流电路的恒流精度不高，带负载后，输出电压 U_O 会随负载电流 I_O 的增加而下降。准确地说，该电路更像恒功率输出控制电路。为此，可采用如图 4.5.4 所示的通用恒压恒流控制电路。在图 4.5.4 中，U2A 同相输入端的参考电压 V_{ref} 为 2.50 V，因此当输出电流 I_O 在取样电阻 R_S 上的压降 $I_O R_S$ 小于 U2B 同相端的参考电位时，输出电压 U_O 由 R_{11}、R_{12}、R_{13}、R_{14}（设置 R_{14} 的目的是当 R_{13} 不是标准值时，可通过并联方式获得所需的下取样电阻）确定，即 $U_O = \left(1+\frac{R_{11}+R_{12}}{R_{13}/\!/R_{14}}\right)\times 2.495$，变换器处于恒压输出状态；反之，当输出电流 I_O 在电流取样电阻 R_S 上的压降 $I_O R_S$ 接近 U2B 同相端参考电位时，输出电压 U_O 下降，U2A 输出端电位升高，V_{D2} 截止，恒压控制环路不起作用，U2B 输出端电位下降，V_{D3} 导通进入恒流控制模式，输出电流 I_O 的精度与稳定性均较高。显然，电流环误差放大器 U2B 处于同相放大状态，电流取样信号从同相端输入，而反相端通过电阻 R_6 接地。

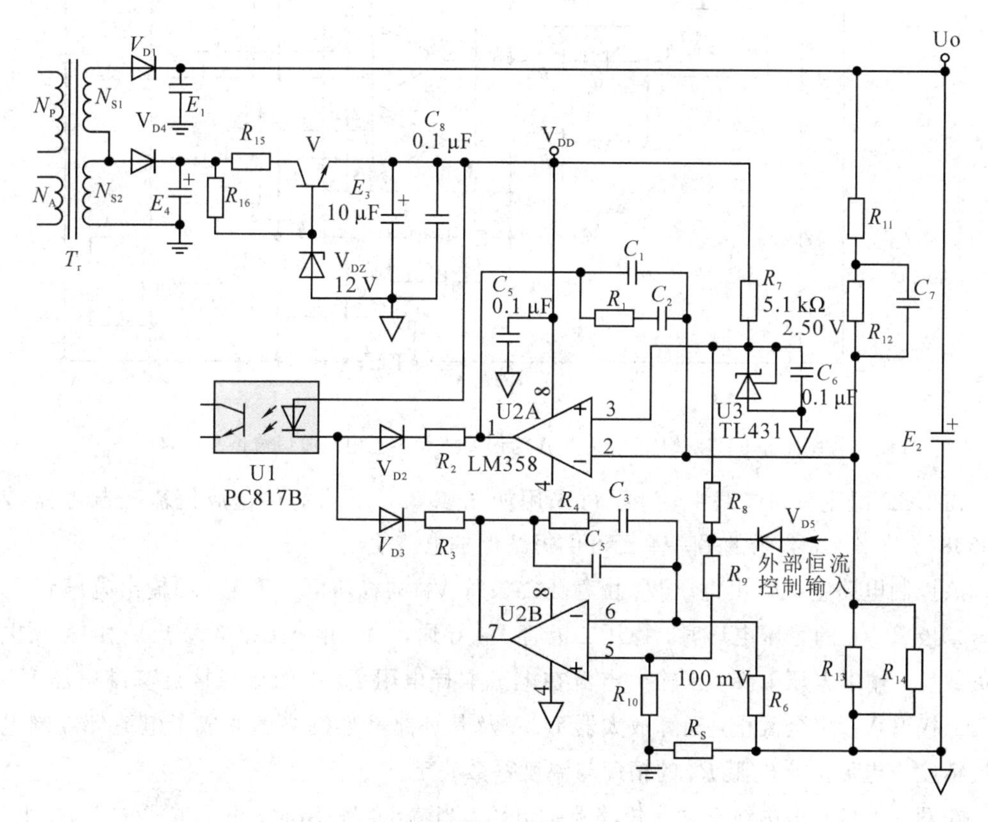

图 4.5.4 通用恒压恒流控制电路

考虑到在轻载、重载状态下，辅助绕组 N_{S2} 输出电压变化较大，为使输出控制电路供电

稳定，在图 4.5.4 中使用了由稳压二极管 D_Z、三极管 V 等元件组成了“二极管稳压三极管扩流”的简易线性串联稳压电路给控制电路供电。

当需要调节恒流状态下输出电流 I_O 的大小时，可在“外部恒流控制输入”端外接输出电压为 0～5.0 V 的信号源，强迫改变 U2B 同相端的基准电位。

图 4.5.4 所示的通用恒压恒流控制电路常用于 AC－DC 充电器、LED 照明驱动电路中。如果输出电压 U_O 不高，也可以取消图 4.5.4 中的辅助绕组 N_{S2}。为减小元件数量，也常采用内置了精密稳压源的 AP4310 双运放芯片作为恒压、恒流的误差放大器，如图 4.5.5 所示。

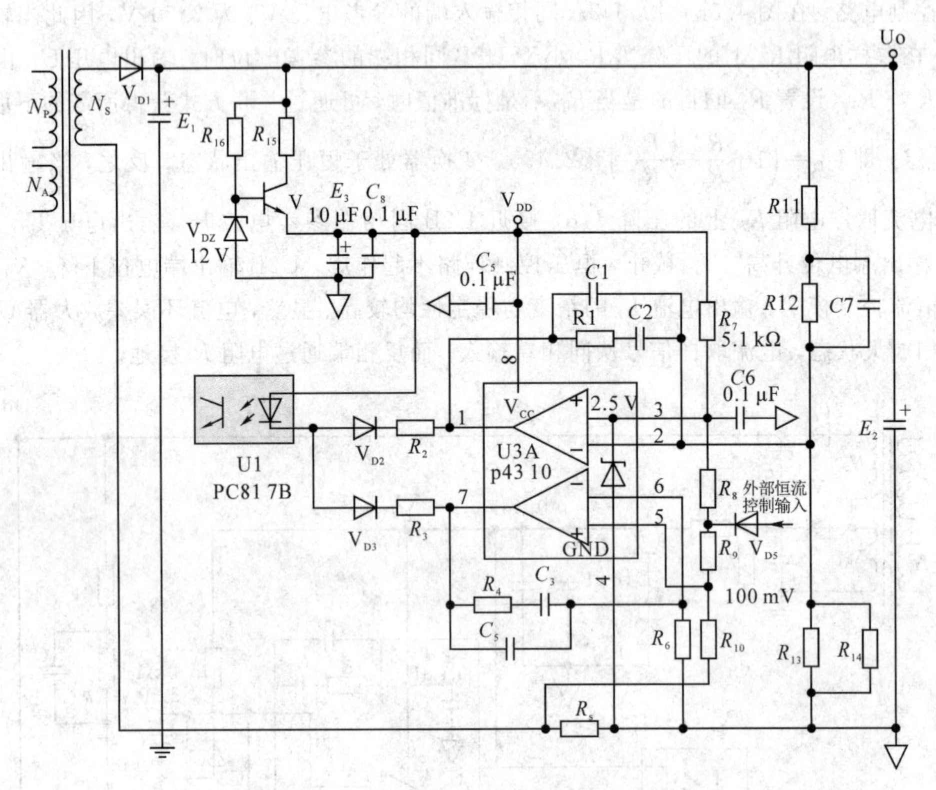

图 4.5.5　以 AP4310 芯片作为误差放大的通用恒压恒流控制电路

在 LED 恒流驱动电路中，甚至可采用如图 4.5.6 所示的单运放恒流控制电路(对于 LM358 运放来说，剩余的另一单元可供短路保护电路使用)。

该控制电路空载输出电压 U_O 由稳压二极管 V_{D5} 的稳压电压确定，当输出电压 U_O 大于稳压二极管 V_{D5} 的稳压电压时，稳压二极管 V_{D5} 导通，输出电压 U_O 略大于 V_{D5} 的稳压电压；带负载后，输出电压下降，当输出电流在电流取样电阻 R_S 上的压降接近基准电压 V_{ref} 时，稳压二极管 V_{D5} 完全截止，运算放大器 U3A 及其环路补偿网络就变成了电流环控制电路，恒流精度由电流取样电阻 R_S 的精度与温度系数确定。

在图 4.5.6 中，虚线框内为短路保护电路，当输出端短路时，电流取样电阻 R_S 上的电压迅速升高，触发 U3B 输出低电平，使 U4 光耦输出低电平，将位于初级侧的 PWM 控制芯片的过热保护引脚拉到低电平，在 0～200 μs 期间，禁止初级侧 PWM 控制芯片输出。

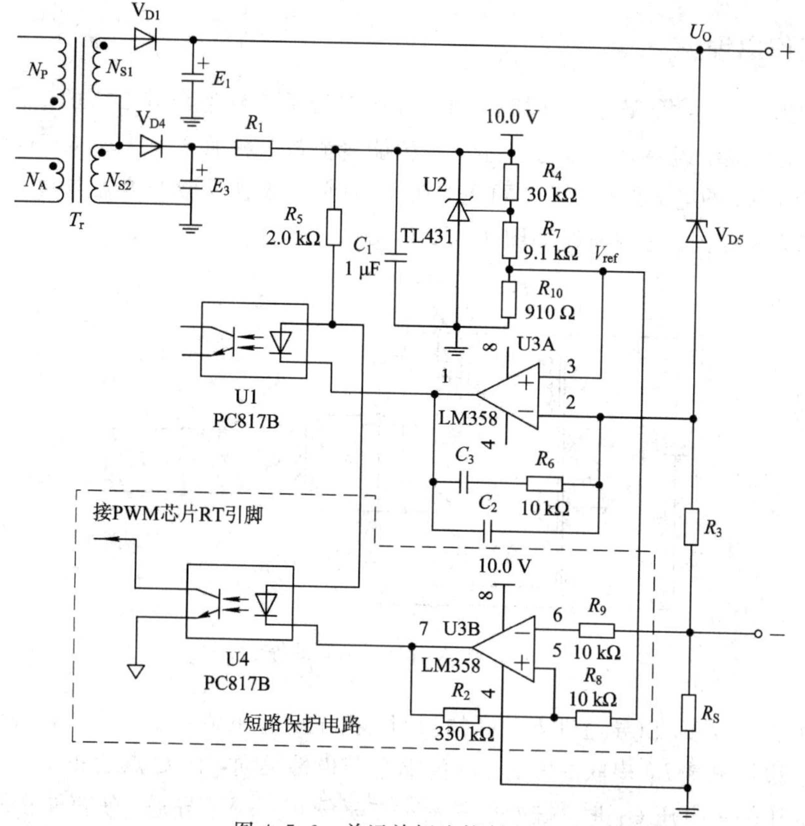

图 4.5.6　单运放恒流控制电路

4.6　双管反激变换器

由于反激变换器初级绕组与次级绕组之间存在漏感，因此开关管关断瞬间，漏极 D 承受的电压

$$U_{DS}=U_{IN}+U_{OR}+U_{LK}$$

U_{DS}会很高，尤其是当输入电压 U_{IN}较大时，可能被迫选择 800 V 甚至更高耐压的 MOS 管。这是非常不利于反激变换器的，原因是：高耐压 MOS 管导通电阻大，导通损耗高；800 V 以上耐压 MOS 管品种少，价格高。在这种情况下可考虑使用如图 4.6.1 所示的双管反激变换器。

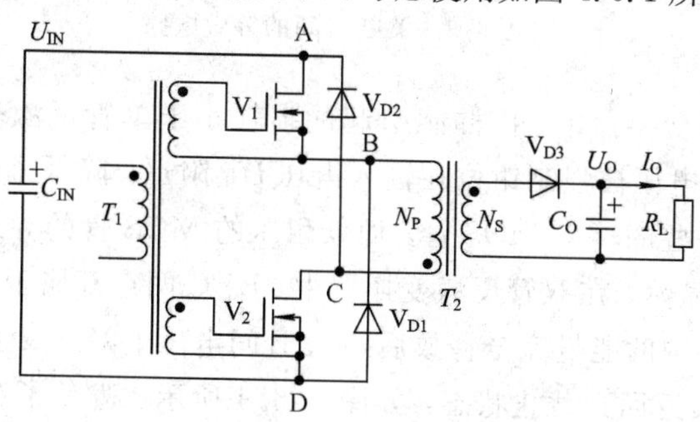

图 4.6.1　双管反激变换器的原理电路

4.6.1 工作原理

在 T_{on}期间，开关管 V_1、V_2 同时导通，在忽略开关管导通压降 U_{SW}的情况下，输入电压 U_{IN}施加到初级绕组 N_P 的 B 与 C 端，漏感能量泄放二极管 V_{D1}、V_{D2}反偏，处于截止状态，初级绕组 N_P 的电流线性增加。可见，在 T_{on}期间，双管反激变换器与单管反激变换器的工作状态完全相同，等效电路如图 4.6.2 所示。

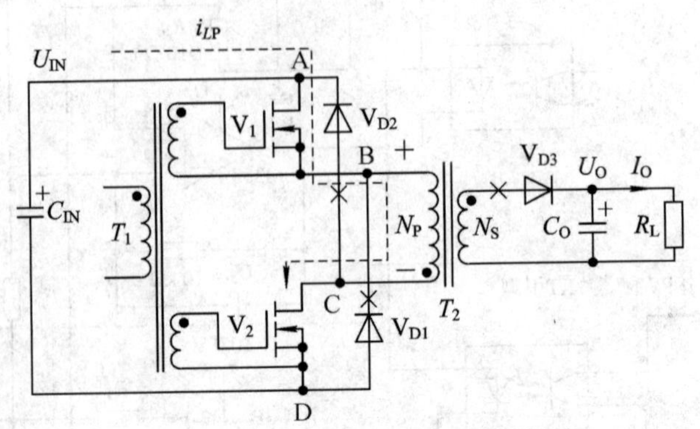

图 4.6.2 开关管导通期间的等效电路

在开关管 V_1、V_2 由导通进入关断的瞬间，由于电感电流不能突变，初级绕组电感 L_P 以及与初级绕组电感 L_P 串联的漏感 L_{LK}的端电压极性反向，使 C 点为正、B 点为负。当 C 点电位略大于输入电压 U_{IN}时，漏感能量泄放二极管 V_{D2}、V_{D1}导通，使存储在漏感 L_{LK}中的能量通过 V_{D2}、V_{D1}对输入电容 C_{IN}充电，回收了存储在漏感 L_{LK}中的绝大部分能量。关断瞬间的等效电路如图 4.6.3 所示。

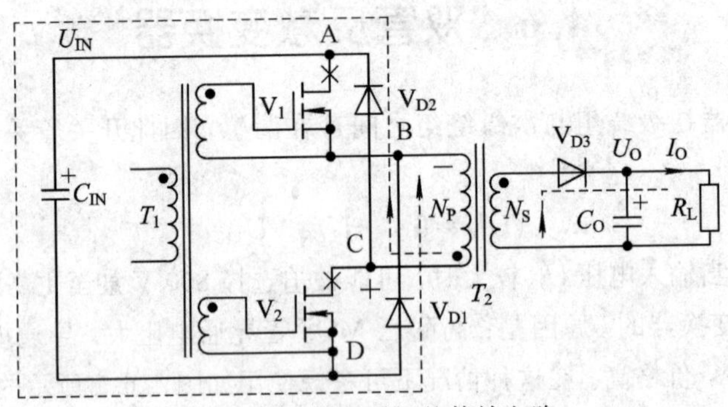

图 4.6.3 关断瞬间的等效电路

可见，在双管反激变换器中，由漏感引起的损耗小于单管反激变换器。V_{D1}、V_{D2}导通后，初级绕组 N_P 的端电压被强制钳位在输入电压 U_{IN}附近，降低了开关管 V_1、V_2 的耐压要求。可使用耐压低一些的功率 MOS 管，而低耐压的 MOS 管的导通电阻小，从而降低了 MOS 管的导通损耗。显然，在双管反激变换器中，B、C 两点都属于初级侧的开关节点。

当存储在漏感 L_{LK}中的能量完全释放后，C、B 间电压下降到反射电压 $U_{OR}=n\times(U_O+U_D)<U_{IN}$，$V_{D1}$、$V_{D2}$又返回到截止状态，如图 4.6.4 所示，避免了存储在磁芯中的能量在 V_1、V_2 截止期间继续通过漏感能量泄放二极管 V_{D1}、V_{D2}向 C_{IN}充电，降低能量的正向传输

效率。在 V_1、V_2 截止期间，必须确保反射电压 U_{OR} 小于输入电压 U_{IN}（工程上，U_{OR} 一般取 $0.9U_{INmin} \sim 0.95U_{INmin}$）。

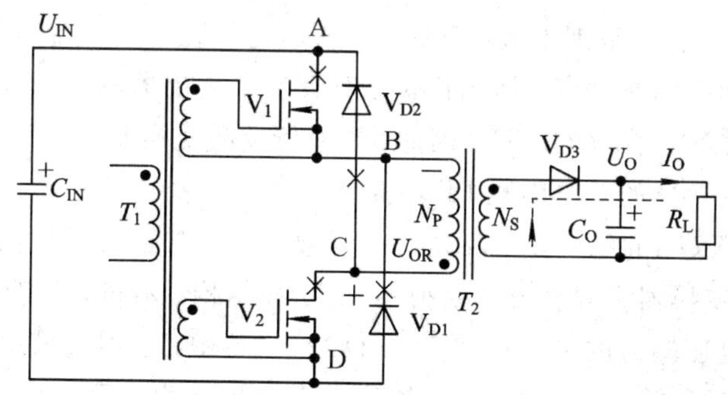

图 4.6.4　漏感能量完全释放后在 V_1、V_2 截止期间等效电路

反射电压为

$$U_{OR} = n(U_O + U_D) = 0.9U_{INmin} \sim 0.95U_{INmin}$$

因此，最大匝比为

$$n = \frac{(0.90 \sim 0.95)U_{INmin}}{U_O + U_D}$$

可见，在双管反激变换器中最大匝比 n 上限由最小输入电压 U_{INmin} 确定。

显然，为改善 EMI 指标，V_{D1}、V_{D2} 由截止状态进入导通状态的响应时间要尽可能短，但考虑到 V_{D1}、V_{D2} 具有 ZCS(Zero Current Switeh)关断特性，对反向恢复时间要求并不高，因此 V_{D1}、V_{D2} 可采用快恢复二极管(FRD)或超快恢复整流二极管(UFRD)；与单管反激相比，开关管 V_1、V_2 的耐压只要略大于最大输入电压 U_{INmax} 即可；漏感能量泄放二极管 V_{D1}、V_{D2} 的耐压要求也不高，只要略大于最大输入电压 U_{INmax} 即可。

4.6.2　优缺点及使用条件

1. 双管反激拓扑结构的优缺点

与单管反激变换器相比，双管反激变换器具有如下优点：

(1) 不需要漏感尖峰脉冲吸收电路，漏感能量通过快恢复或超快恢复二极管回送至输入滤波电容 C_{IN} 中存储，使大部分的漏感能量得到了再利用，从而降低了由漏感引起的损耗。

(2) 开关管耐压要求低，在相同输入电压下，可以使用低耐压 MOS 管，而低耐压 MOS 管的导通电阻 R_{on} 小。因此，尽管在双管反激变换器中使用了两只功率 MOS 管，但在相同输出功率下导通损耗不会高于单管反激变换器(关断损耗较大)。

因此，双管反激变换器常用于输入电压较高或输出功率较大的 DC-DC 变换器中。

不过在双管反激变换器中，必须通过脉冲变压器驱动开关管 V_1、V_2(驱动电路及驱动变压器的设计方法可参阅 8.4.3 节)，一般不能使用技术成熟、类似于半桥或全桥的高端驱动芯片来驱动开关管 V_1 与 V_2，导致双管反激变换器开关管的驱动电路体积较大。其原因是尽管在 V_1 和 V_2 截止期间 B 点电位接近输入电压 U_{IN} 的负极电位，但与输入电压 U_{IN} 负极没有电流通路，造成半桥或全桥高端驱动芯片的自举电容无法充电。

2. 双管反激拓扑结构的应用条件

采用双管反激变换器必须同时满足如下两个条件：

(1) 输入电压 U_{IN}变化范围不大，以保证在输入电压范围内 $U_{OR}<U_{IN}$。

(2) 输入端必须有储能电容。换句话说，双管反激变换器的输入端必须接有大容量的滤波电容，才能存储漏感释放的能量。因此，在双管反激变换器中，市电整流后多采用大电容滤波，致使这类变换器的功率因数 PF 不高。

为实现输入电压 U_{IN}的稳定，以及高功率因数，多在双管反激变换器前增加 APFC 变换器，形成“APFC 变换器＋双管反激变换器”的拓扑结构。不过，随着 *LLC* 半桥谐振变换器的普及应用，在高压输入的中小功率 DC－DC 变换器中，已不再采用双管反激拓扑结构，原因是 *LLC* 半桥谐振变换器效率更高，输出功率密度更大，而且在相同输入、输出条件下，*LLC* 谐振变换器的成本不会高于双管反激变换器。

4.6.3 设计过程

双管反激变换器可以工作在 CCM 模式下，也可以工作在 DCM 模式下，参数计算过程与单管反激变换器基本相同，唯一的区别是需要根据最小输入电压 U_{INmin}确定最大匝比，即

$$n=\frac{(0.90\sim0.95)U_{INmin}}{U_O+U_D}$$

再利用 $U_{DRmax}=U_{NS}+U_O=\frac{U_{INmax}}{n}+U_O$ 确定次级回路整流二极管 V_D 承受的最大反向电压。为保险起见，整流二极管 V_D 的击穿电压 BV_{DSS}取计算值的 1.2 倍。

其后的计算过程与单管反激变换器完全相同，这里不再重复。

4.7 DCM 模式反激变换器

当输出功率不大或输出电压较高时，变换器输出电流 I_O 小，这时采用 DCM 模式反激变换器可能更明智。其原因是 DCM 模式具有如下优点：次级整流二极管反向恢复损耗小，原因是在 DCM 模式下，输出整流二极管工作在 ZCS 关断状态，几乎不存在反向恢复损耗，对整流二极管反向恢复时间要求低；开关管具有 ZCS 开通特性(下一开关周期开始时磁芯存储的能量已完全释放)，开通损耗小；一个开关周期内，初级绕组存储的能量几乎能全部传送到次级，使储能变压器体积变小；不存在次谐振问题，即使占空比 $D>0.5$ 也无需斜率补偿电路；从控制到输出的传递函数没有右半平面(RHP)零点，反馈补偿网络电路简单，即使采用Ⅰ型反馈补偿网络也可以获得很高的环路稳定性。

但是，DCM 模式反激变换器的缺点也非常明显，即初级、次级绕组电感峰值电流大，开关管及次级高频整流二极管导通损耗、关断损耗高，输出纹波电压大，需要用容量更大、ESR 更小的输出滤波电容。

在 DCM 模式下，开关管导通后，初级绕组 N_P 电流 i_{LP}从零开始线性增加，在 T_{on}时刻达到峰值 I_{LPK}；开关管关断后，次级整流二极管 V_D 导通，次级绕组电流 i_{LS}(也就是次级整流二极管电流 i_D)线性下降，经历了 T_{off}时间后，次级整流二极管电流 i_D 下降到零，磁芯存

储的能量完全释放，此时下一开关周期尚未开始(即休止期 $T_r \geqslant 0$)，MOS 管输出电容 C_{oss}($C_{oss}=C_{ds}+C_{gd}$，由于 C_{gd} 较小，约为 C_{ds} 的 20%，因此可近似认为 $C_{oss} \approx C_{ds}$)与初级绕组电感 L_P 形成了 LC 串联谐振，谐振电压幅度等于反射电压 $U_{OR}=n(U_O+U_D)$，振荡周期为 $2\pi\sqrt{L_P \times C_{oss}}$，初级绕组电流 i_{LP} 和次级绕组电流 i_{LS}、开关管 D 极和 S 极间电压 U_{DS}、辅助绕组 N_A 端电压 U_{NA} 的典型波形如图 4.7.1 所示。

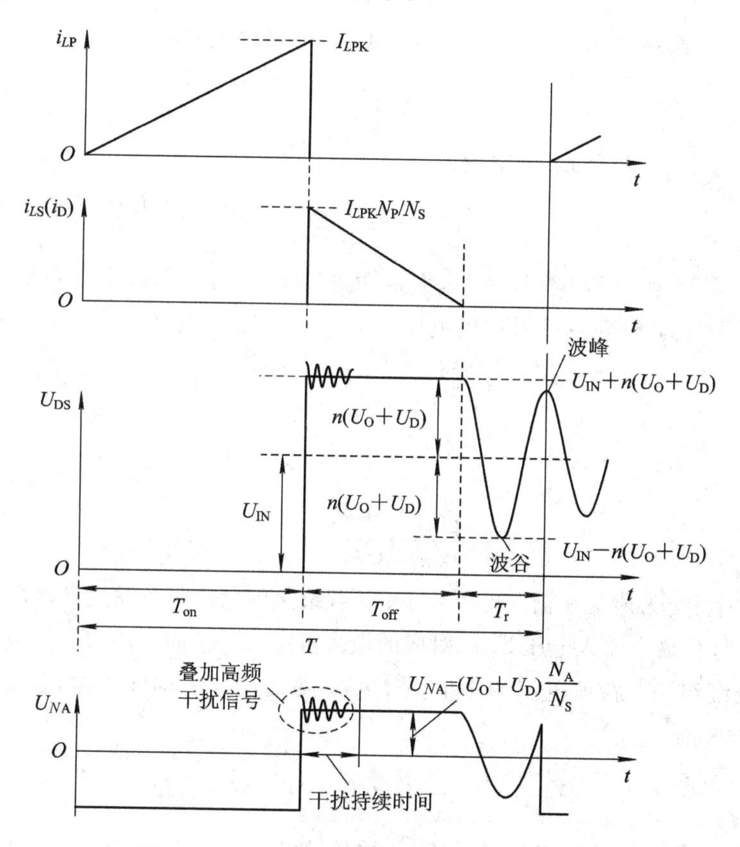

图 4.7.1　DCM 模式反激变换器的关键波形

显然，开关周期

$$T_{SW}=T_{on}+T_{off}+T_r$$

根据开关周期 T_{SW} 是否可变的特征，将 DCM 模式反激变换器分为 PWM 调制 DCM 模式反激变换器(开关周期 T_{SW} 固定)、PFM 调制 DCM 模式反激变换器(开关周期 T_{SW} 可变，如 QR 反激变换器)两大类。

4.7.1　PWM 调制 DCM 模式反激变换器的电流、电压关系

假设开关管导通压降为 U_{SW}、次级整流二极管导通压降为 U_D，在 T_{on} 期间，初级绕组 N_P 电流

$$i_{LP}=\frac{U_{on}}{L_P}t=\frac{U_{IN}-U_{SW}}{L_P}t$$

i_{LP} 从 0 开始线性增加，当时间 $t=T_{on}$ 时，i_{LP} 达到峰值电流 I_{LPK}，于是导通时间

$$T_{on}=\frac{L_P I_{LPK}}{U_{IN}-U_{SW}} \tag{4.7.1}$$

而在 T_{off} 期间，次级绕组 N_S 电流(即次级整流二极管电流 i_D)从峰值 $I_{LSK}=nI_{LPK}$ 线性下降，即

$$i_{LS}=i_D=I_{LSK}-\frac{U_O+U_D}{L_S}t$$

当 $t=T_{off}$ 时，次级绕组 N_S 电流 i_{LS} 下降到 0，于是截止时间

$$T_{off}=\frac{L_S I_{LSK}}{U_O+U_D} \tag{4.7.2}$$

由于 $I_{LSK}=nI_{LPK}$，$L_S=L_P/n^2$，因此

$$T_{off}=\frac{L_S I_{LSK}}{U_O+U_D}=\frac{L_P I_{LPK}}{n(U_O+U_D)}=\frac{L_P\times I_{LPK}}{U_{OR}} \tag{4.7.3}$$

根据"伏秒积"平衡原理 $U_{on}T_{on}=U_{off}T_{off}$，其中 $U_{on}=U_{IN}-U_{SW}$，$U_{off}=U_{OR}=n(U_O+U_D)$，$T_{off}=T_{SW}-T_{on}-T_r$，整理后可得输出电压

$$U_O=\frac{D(U_{IN}-U_{SW})}{n(1-D-f_{SW}T_r)}-U_D \tag{4.7.4}$$

$$\begin{aligned}D&=\frac{n(U_O+U_D)}{n(U_O+U_D)+(U_{IN}-U_{SW})}\left(1-\frac{T_r}{T_{SW}}\right)\\&=\frac{U_{OR}}{U_{OR}+(U_{IN}-U_{SW})}\times(1-T_r f_{SW})\end{aligned} \tag{4.7.5}$$

在工程设计中，为避免在输入电压最小、负载最重的状态下反激变换器由 DCM 模式进入 CCM 模式，在计算最小输入电压 U_{INmin} 对应的最大占空比 D_{max} 时，T_r/T_{SW} 一般取 0.05～0.10。

假设初级绕组 N_P 斜坡电流的中值为 I_{LPSC}，则变换器平均输入电流(也就是驱动电源 U_{IN} 的平均输出电流)

$$I_{IN}=\frac{I_{LPSC}T_{on}}{T_{SW}}=I_{LPSC}D=\frac{1}{2}I_{LPK}D$$

而 $I_{IN}U_{IN}\eta=P_O$，其中 η 为变换器的效率，则初级绕组 N_P 峰值电流

$$I_{LPK}=\frac{2P_O}{\eta U_{IN}D} \tag{4.7.6}$$

由式(1.1.7)可知，初级绕组 N_P 电流有效值(也等于开关管电流有效值)

$$I_{LPrms}=I_{SWrms}=I_{LPK}\sqrt{\frac{T_{on}}{3T_{SW}}}=I_{LPK}\sqrt{\frac{D}{3}}$$

次级绕组 N_S 峰值电流(也就是次级整流二极管峰值电流 I_{DPK})

$$I_{LSK}=nI_{LPK}$$

次级绕组 N_S 平均电流(也就是变换器的平均输出电流 I_O)

$$I_O=\frac{I_{LSK}}{2}\times\frac{T_{off}}{T_{SW}}=\frac{nI_{LPK}}{2}\times\frac{T_{off}}{T_{SW}}$$

由式(1.1.11)可知次级绕组 N_S 电流有效值(也等于次级整流二极管电流有效值)

$$I_{LSrms}=I_{Drms}=I_{LSK}\sqrt{\frac{T_{off}}{3T_{SW}}}=nI_{LPK}\sqrt{\frac{T_{off}}{3T_{SW}}}$$

在 DCM 模式下，初级绕组 N_P 峰值电流

$$I_{LPK}=\frac{U_{IN}-U_{SW}}{L_P}T_{on}=\frac{(U_{IN}-U_{SW})D}{L_P f_{SW}}$$

当 $U_{INmin}\gg U_{SW}$ 时，由式(4.7.6)可知初级绕组 N_P 电感

$$L_P=\frac{U_{IN}D}{I_{LPK}f_{SW}}=\frac{\eta(U_{IN}D)^2}{2P_O f_{SW}}=\frac{2P_O}{\eta I_{LPK}^2 f_{SW}}=\frac{2P_{IN}}{I_{LPK}^2 f_{SW}} \tag{4.7.7}$$

这与 BCM 模式反激变换器最小电感量的表达式完全一致。

将 $I_{INmax}=\frac{1}{2}I_{LPK}D_{max}$、$I_O=\frac{n\times I_{LPK}}{2}\times\frac{T_{off}}{T_{SW}}$ 替换等式"$\eta I_{INmax}U_{INmin}=U_O I_O$"中的输出及输入电流，可获得工程设计中常用的 DCM 模式最大占空比的表达式，即

$$D_{max}=\frac{nU_O}{nU_O+\eta U_{INmin}}\times\left(1-\frac{T_r}{T_{SW}}\right)=\frac{nU_O(1-T_r f_{SW})}{nU_O+\eta U_{INmin}} \tag{4.7.8}$$

4.7.2　PWM 调制 DCM 模式反激变换器的特征

PWM 调制 DCM 模式反激变换器的电路形式与 CCM 模式反激变换器完全相同，在一个开关周期内由变压器存储的能量 $E=\frac{1}{2}L_P I_{LPK}^2=P_{IN}T_{SW}=\frac{P_O}{\eta}T_{SW}$ 可知，初级绕组峰值电流 $I_{LPK}=\sqrt{\frac{2T_{SW}P_O}{\eta L_P}}$。

由于 PWM 调制 DCM 模式反激变换器的开关周期 T_{SW} 固定不变，因此在 PWM 调制方式中，当输出电流 I_O 保持不变时，初级绕组峰值电流 I_{LPK} 与输入电压 U_{IN} 无关，即 U_{IN} 变化仅仅使占空比 D(即 T_{on})发生变化，导致初级回路输入电流平均值 I_{IN} 变化。当输入电压达到最小值 U_{INmin} 时，平均输入电流也达到最大值 I_{INmax}。

在输出电流 I_O 不变的情况下，由于 $I_{LPK}=\Delta I=\frac{U_{IN}-U_{SW}}{L_P}T_{on}$ 不变，因此，输入电压 U_{IN} 减小，T_{on} 将等比例增加，而次级绕组电流下降斜率不变，即 T_{off} 不变，仅仅是休止期 T_r 减小，如图 4.7.2 所示。

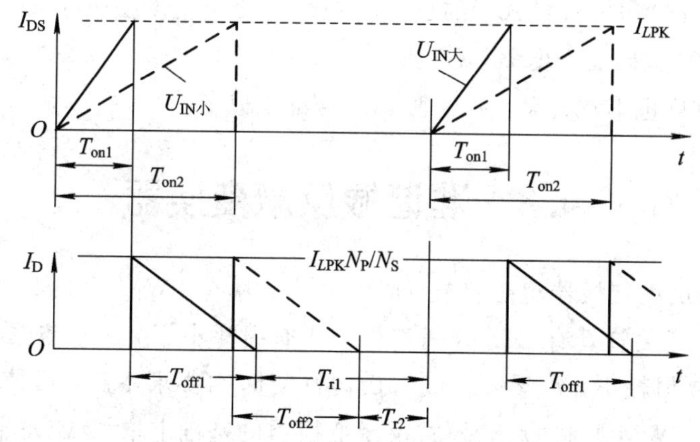

图 4.7.2　负载不变的情况下输入电压 U_{IN} 对导通时间 T_{on} 的影响

这表明在开关周期 T_{SW} 固定的 PWM 调制 DCM 模式反激变换器中，当负载电流 I_O 保

持不变时，次级绕组电流峰值 I_{LSK}、有效值 I_{LSrms} 与输入电压 U_{IN} 无关。换句话说就是次级绕组的损耗与输入电压 U_{IN} 无关，仅与负载电流 I_O 有关。

另一方面，在输入电压 U_{IN} 不变的情况下，当输出电流 I_O 增加时，次级绕组峰值电流 I_{LPK} 会相应增加。由于电感电流上升、下降的斜率均没有变化，因而 T_{on}、T_{off} 将同步增加，导致休止期 T_r 减小，甚至变为 0，如图 4.7.3 所示，使变换器由 DCM 经 BCM 模式进入 CCM 模式——这是不希望出现的工作状态(按 DCM 模式确定的环路补偿网络，一旦进入 CCM 模式，变换器将不再稳定)。

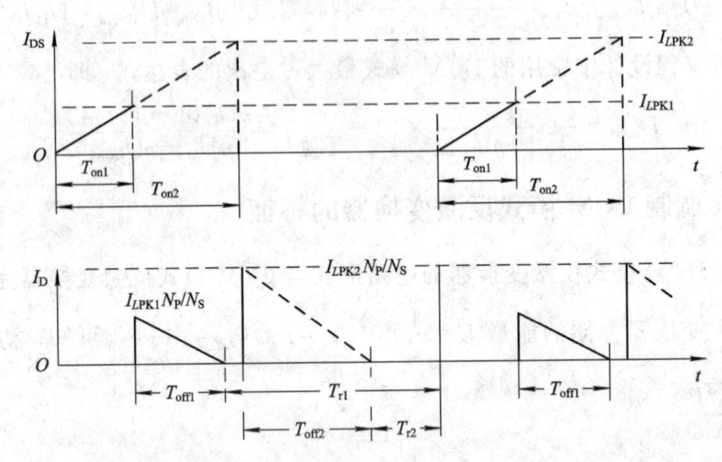

图 4.7.3　输入电压不变的情况下输出电流 I_O 对导通时间 T_{on} 的影响

因此，对于 DCM 模式反激变换器来说，可在输入电压最小、负载最重(为保险起见，一般按 $1.1P_O$ 计算)状态下按临界模式 BCM 设计。设计步骤、计算方法与 CCM 模式下完全相同，区别仅仅是电流纹波比 γ 取 2。

当然，也可以根据开关管耐压，确定 RCD 或 DD 吸收电路的钳位电压，推算出反射电压 U_{OR}，然后根据式(4.7.8)计算出最小输入电压 U_{INmin} 对应的最大占空比 D_{max}，再根据式(4.7.7)计算出初级绕组电感量 L_P。具体计算步骤可参阅 4.8.3 节的设计实例。

此外，由于工作在 DCM 模式下的反激变换器的磁通密度摆幅大，因此在计算次级绕组 N_P 的匝数时，峰值磁通密度 B_{PK} 不宜取 0.3 T，而是取 0.20～0.25 T，以减小变压器磁芯的损耗，电流密度也不宜太大，一般取 4.5 A/mm^2 以下。

4.8　准谐振反激变换器

准谐振(QR)反激变换器也工作在 DCM 模式，具有 PWM 调制 DCM 模式反激变换器的一切优点(如开关管具有 ZCS 开通特性，开通损耗小，次级整流二极管具有 ZCS 关断特性，反向恢复损耗小，对整流二极管反向恢复时间要求不高，可使用价格较低的快恢复二极管)。在 PWM 调制 DCM 模式反激变换器的基础上增加 MOS 管漏源极电压 u_{DS} 的波谷检测电路，如图 4.8.1 所示，并在 u_{DS} 电压波形的谷底触发开关管导通，便获得了 QR 反激变换器。

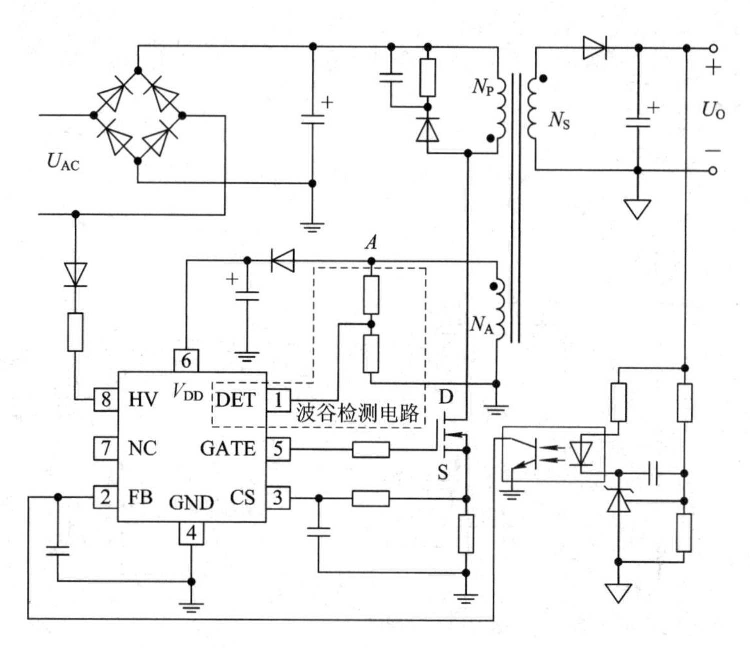

图 4.8.1　QR 反激变换器基本电路

QR 反激变换器具有电路结构简单、成本低廉的优点。在 u_{DS} 谷底触发开关管开通，而在 MOS 管开通瞬间 u_{DS} 电压仅为 $U_{IN}-U_{OR}$，减小了 MOS 管的开通损耗，效率比 PWM 调制 DCM 模式反激变换器高。近年来，随着 QR 控制技术的不断完善，控制芯片价格的不断下降，QR 反激变换器已成为高压、小电流、中功率、离线式 DC - DC 变换器的优选方案之一。

QR 反激变换器采用 PFM 调制策略，需要使用专用的 QR 控制芯片，常见的 QR 控制芯片主要有飞兆的 FAN6300 系列(包括 FAN6300A、FAN6300H)，安森美的 NCP1207、NCP1380、NCP1342 系列，昂保的 OB2201、OB2202、OB2203 等。

尽管在 u_{DS} 波形的谷底触发开关管导通的策略能有效降低 MOS 管的开通损耗，但关断损耗、导通损耗与 PWM 调制 DCM 模式反激变换器相同，依然较高，因此 QR 反激变换器效率提升幅度有限，不可能达到 LLC 变换器的水平。此外，采用 PFM 调制也导致输出滤波效果变差，使输出电压 U_O 纹波幅度会随开关频率 f_{SW} 降低而升高，造成重载纹波电压高，需要容量更大 ESR 更小的输出滤波电容。此外，QR 变换器也不适用于宽电压输入场合，原因是输入电压变化范围越宽，开关频率的变化范围就越大。

4.8.1　工作原理

在 DCM 模式反激变换器中，当次级绕组 N_S 的电流 i_{LS} 回零时，初级绕组电感 L_P 及漏感 L_{LK} 与开关管输出寄生电容 C_{oss} 产生了 LC 串联谐振，如图 4.8.2 所示。在 $t_0 \sim t_1$ 时段(即 1/4 谐振周期)，开关管输出寄生电容 C_{oss} 放电，初级绕组电感 L_P 储能(初级绕组 N_P 电压极性为下正上负)，如图 4.8.2(b)所示，结果存储在输出寄生电容 C_{oss} 中的部分能量向主电感 L_P 及输入滤波电容 C_{IN} 转移，开关管输出寄生电容 C_{oss} 端电压(即开关管漏极 D 电压)按正弦规律下降，到 t_1 时刻下降到 U_{IN}。电流方向为：C_{oss}→L_P 下端→L_P 上端→输入滤波电容 C_{IN} 正极→输入滤波电容 C_{IN} 负极→电流取样电阻→C_{oss} 的另一端。

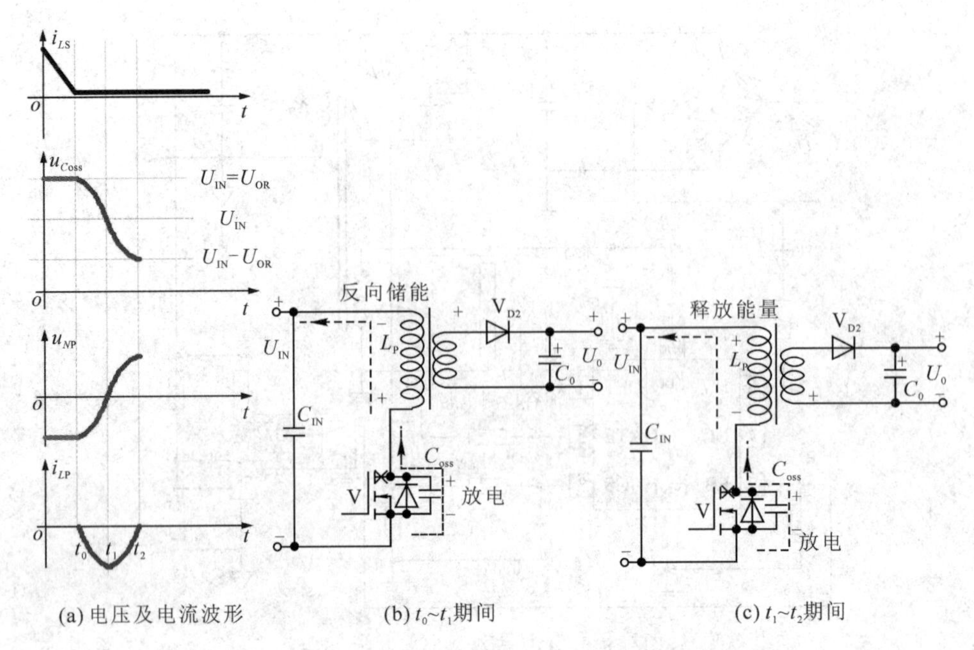

(a) 电压及电流波形 (b) t_0~t_1期间 (c) t_1~t_2期间

图 4.8.2　次级绕组电流 i_{LS} 回零后的电路状态

在 $t_1 \sim t_2$(1/4 谐振周期)时段，输出寄生电容 C_{oss} 继续释放存储的能量，同时电感 L_P 也开始向输入滤波电容 C_{IN} 释放在 $t_0 \sim t_1$ 时段吸收的能量，初级绕组 N_P 电压极性为上正下负，如图 4.8.2(c)所示，电流方向与 $t_0 \sim t_1$ 时段相同，输出寄生电容 C_{oss} 端电压(即开关管漏极 D 电压)继续按正弦规律下降，到 t_2 时刻降到最小值($U_{IN}-U_{OR}$)，电感 L_P 也完全释放了在 $t_0 \sim t_1$ 时段内吸收的能量。

可见，如果在开关管 D－S 极谐振电压波形的谷底触发 MOS 管导通，则存储在输出电容 C_{oss} 中的部分能量$\left[\frac{1}{2}C_{oss}(U_{IN}+U_{OR})^2-\frac{1}{2}C_{oss}(U_{IN}-U_{OR})^2=2C_{oss}U_{IN}U_{OR}\right]$得到了再利用(这部分能量大部分回送到输入滤波电容 C_{IN} 存储，当然也有一小部分能量被初级绕组的寄生电阻及磁芯消耗掉)，MOS 管开通瞬间 D－S 极间电压 u_{DS} 小，开通损耗自然小。假设开关管输出电容 C_{oss} 为 400 pF，输入电压 U_{IN} 为 390 V，反射电压 U_{OR} 为 125 V，满载下最小开关频率 f_{SWmin} 为 45 kHz，则在谷底导通时从 MOS 管输出电容 C_{oss} 转移到输入滤波电容 C_{IN} 的功率

$$P_{Coss}=\frac{2C_{oss}U_{IN}U_{OR}}{T_{SW}}=2C_{oss}U_{IN}U_{OR}f_{SW}$$

$$=2\times400\times10^{-12}\times390\times125\times45\times10^3\approx1.75\ \text{W}$$

如果 QR 反激变换器输出功率为 50 W，则相当于损耗减小了 3.5%，效率当然比 PWM 调制 DCM 模式反激变换器高。

在 PWM 调制 DCM 模式反激变换器中，开关周期 T_{SW} 固定，下一开关周期将开始于 u_{DS} 谐振电压波形的任意位置。可以想象：当下一开关周期刚好起始于谐振电压的波峰处，即 $u_{DS}=U_{IN}+n(U_O+U_D)$时，MOS 管的开通损耗将达到最大，EMI 干扰也最严重；反之，当下一开关周期起始于谐振电压的波谷(也称为谷底)处，即 $u_{DS}=U_{IN}-n(U_O+U_D)$时，MOS 管的开通损耗将最小，EMI 干扰幅度也相应减小。

如果控制芯片能够准确感知次级绕组电流 i_{LS} 回零后 u_{DS} 谐振电压的波谷，并在波谷处触发开关管导通(可以是 u_{DS} 谐振电压的第 1 个谷底，也可以是第 2 个谷底，甚至第 n 个谷底)启动新的开关周期，如图 4.8.3 所示，则开关损耗就会降低，于是便获得了准谐振反激变换器。

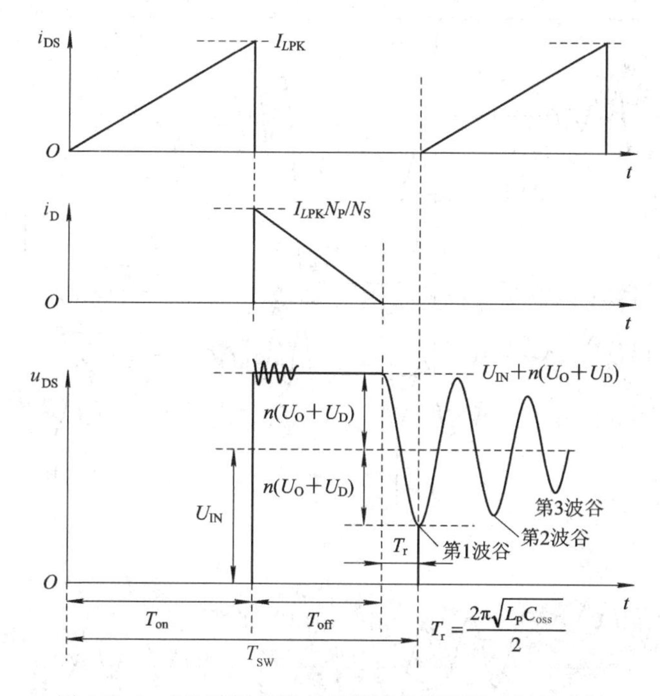

图 4.8.3　QR 谐振反激变换器开关管开通时机的选择

经历第一个谷底后，存储在 MOS 管输出寄生电容 C_{oss} 中的部分能量已通过初级绕组转移到输入滤波电容 C_{IN}(当然也有部分能量被初级绕组的寄生电阻及磁芯消耗掉)，且 MOS 管关断时存在漏电流，当然也就不可避免地消耗了存储在 C_{oss} 电容中的部分能量，因此初级绕组电感 L_P 与 MOS 管输出寄生电容 C_{oss} 形成的 LC 串联谐振属于阻尼振荡，随着时间的推移，电压振幅将会越来越小，即谷底电位将逐渐被抬高，最终趋近于输入电压 U_{IN}。

在 DCM 模式反激变换器中，开关管导通时间 $T_{on}=\dfrac{L_P I_{LPK}}{U_{IN}-U_{SW}}$，截止时间 $T_{off}=\dfrac{L_P I_{LPK}}{n(U_O+U_D)}$。可见，在输入电压 U_{IN} 保持不变的情况下，导通时间 T_{on}、截止时间 T_{off} 均会随初级绕组峰值电流 I_{LPK} 的增加而增加(后面将证明初级绕组峰值电流 I_{LPK} 与负载电流 I_O 成正比)。如果仍然保持 MOS 管在第 1 个谷底导通，则轻载下开关周期 T_{SW} 将减小。可见，QR 反激变换器的开关频率 f_{SW} 会随输入电压 U_{IN}、负载电流 I_O 变化而变化。换句话说，QR 反激变换器需采用脉频调制(PFM)方式。

4.8.2　开关频率限制策略

1. 设置最小关断时间 T_{offmin}

采用 PFM 调制时，输入电压越高，负载越轻，则开关频率 f_{SW} 就越高。为此，多数 QR 反激变换器控制芯片采用了频率限制策略，即在开关管关断后，控制芯片至少需要等待一段时间后才允许搜寻波谷，如图 4.8.4 所示。

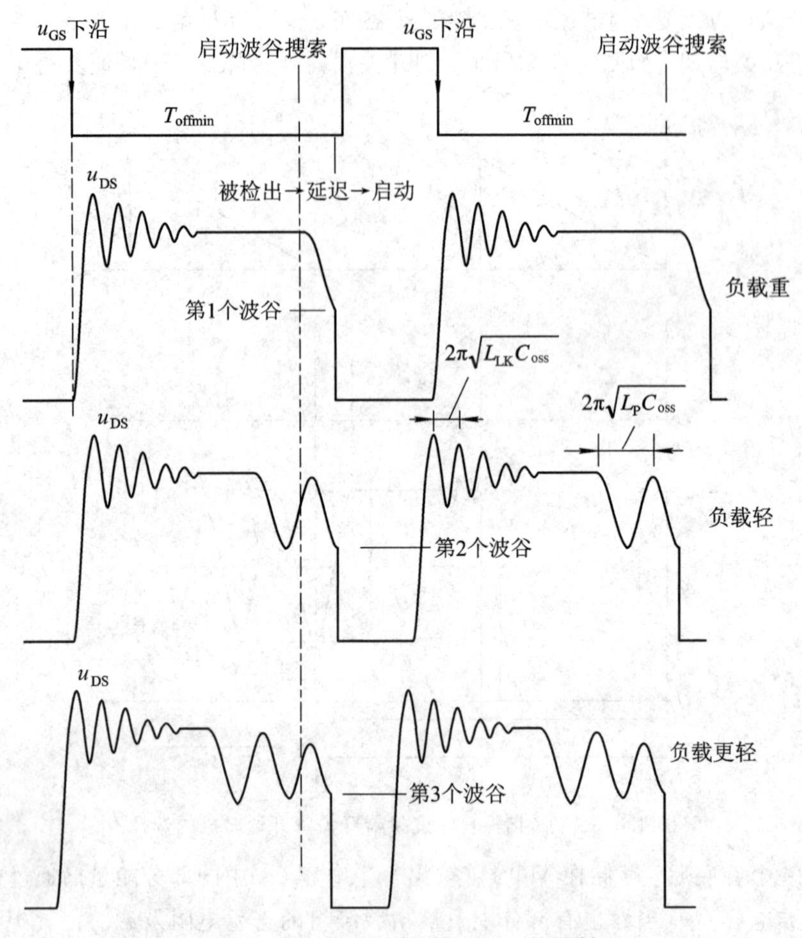

图 4.8.4　最小关断时间 T_{offmin} 的限制

为减小轻载下的开关损耗，一些 QR 控制芯片，如 FAN6300 系列，在栅极驱动信号 u_{GS}的下沿启动 T_{offmin}定时器，在 T_{offmin}期间禁止 u_{GS}驱动信号输出；T_{offmin}定时结束后去磁复位电路开始搜索 u_{DS}信号的谷底。这样就能保证：重载时开关管在第 1 个谷底处导通(即处于准谐振状态)，使开通损耗最小；轻载时开关管在第 2、3 甚至第 n 个谷底处导通，限制了开关频率 f_{SW}因负载电流 I_O 减小而快速上升的趋势，降低了轻载下的开关损耗(但由于第 2、3 及随后谷底的电位略有升高，因此开关管的开通损耗将略有增加)。

2. 最小关断时间 T_{offmin} 受反馈引脚 V_{FB} 电位控制

为进一步降低轻载下的损耗，部分 QR 控制芯片，如 FAN6300 系列，采用了最小关断时间 T_{offmin}受反馈引脚 V_{FB}电位控制的策略。负载轻→输出电压 U_O 升高→反馈引脚 V_{FB}电位下降，当 V_{FB}引脚电位小于特定值 V_{FB1}后，最小关断时间 T_{offmin}随 V_{FB}引脚电位下降而增加(如图 4.8.5 所示)，强迫去磁复位检测电路进入“扩展谷底电压检测”模式，然后需要延迟更长的 T_{offmin}时间后方可启动波谷搜索操作，使轻载下开关频率 f_{SW}大幅下降。当 V_{FB}引脚电位小于 V_{FB2}后，强迫变换器进入间歇振荡模式，每隔一段时间，控制芯片输出驱动信号，进一步降低了空载状态下的开关损耗。

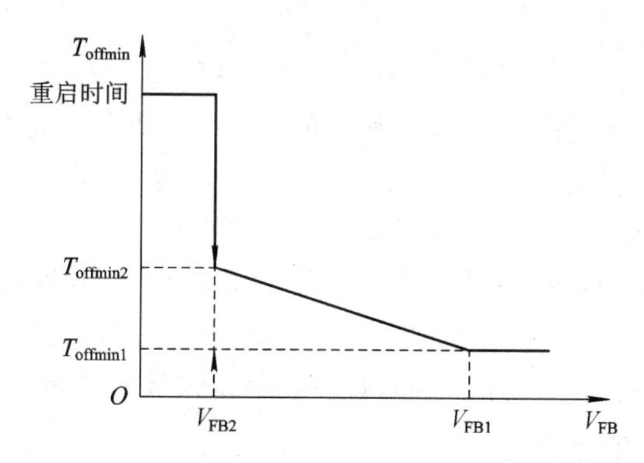

图 4.8.5　最小关断时间 T_{offmin} 受 U_{FB} 电压控制

显然，在负载最重、输入电压 U_{IN} 最小时，导通时间 T_{on} 最大，开关频率 f_{SW} 最低，开关损耗小；而在输入电压较高(导通时间 T_{on} 减小)、满载(使导通时间 T_{on} 增加)的状态下，开关周期 T_{SW} 变化不大。

为减小轻载下的开关损耗，也有部分 QR 控制芯片在重载(如 50%以上)时反激变换器工作在 QR 状态，使负载越重，开关频率 f_{SW} 越小，以降低重载下的开关损耗；反之，轻载下，强迫反激变换器进入开关频率 f_{SW} 固定的 PWM 模式，以降低轻载下的开关损耗，如图 4.8.6 所示。

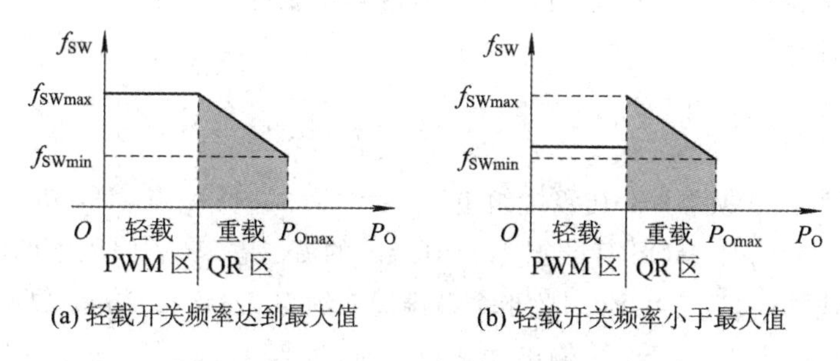

(a) 轻载开关频率达到最大值　　(b) 轻载开关频率小于最大值

图 4.8.6　输出功率与开关频率关系

4.8.3　关键参数的计算

QR 反激变换器关键参数的计算过程与 PWM 调制 DCM 模式反激变换器基本相同。下面以最小输入电压 U_{INmin} 为 90 V，最大输入电压 U_{INmax} 为 374 V，输出功率 P_O 为 60 W(输出电压 U_O 为 24 V、输出电流 I_O 为 2.5 A)，目标效率 η 为 88%的 QR 反激变换器为例，介绍关键参数的计算过程。

1. 根据最大输入电压确定开关管的耐压

由于最大输入电压 U_{INmax} 为 374 V，因此在 QR 反激变换器中最好采用 650 V 耐压的 MOS 管，以便适当增大反射电压 U_{OR}，降低开通损耗。因此，箝位电压

$U_{Clamp}=BV_{DSS}-U_{INmax}-30\ V=650\ V-374\ V-30\ V=246\ V$(耐压裕量为 30 V)

2. 初步确定反射电压 U_{OR} 的范围

为减小漏感损耗，箝位电压 U_{Clamp} 与反射电压 U_{OR} 之比 $K=\dfrac{U_{Clamp}}{U_{OR}}$ 一般控制在 1.6～2.5 之间。在本例中，比例系数 K 拟取 2.0，即反射电压

$$U_{OR}=\frac{U_{Clamp}}{K}=\frac{246}{2}=123\ \text{V}$$

显然，反射电压U_{OR}取值高一点是有好处的：(1) U_{OR}越大，u_{DS}波谷电压越低，MOS管开通损耗越小；(2) 在输出电压U_O一定的情况下，U_{OR}越大，匝比n越大，次级绕组N_S的匝数越小，也有利于减小次级绕组的铜损；n越大，次级整流二极管承受的反向电压越小，可使用更低耐压的整流二极管。但U_{OR}取值也不能太大，否则关断时开关管D-S极承受的电压($U_{INmax}+U_{Clamp}$)偏高；此外，U_{OR}偏大，钳位电压U_{Clamp}与反射电压U_{OR}之比偏小，导致初-次级绕组间漏感L_{LK}引起的损耗增加，使变换器整体效率下降。

3. 计算初-次级绕组匝比 n

根据输出电流I_O大小，大致估算次级整流二极管压降U_D。在本例中，假设U_D取0.9 V，则匝比

$$n=\frac{U_{OR}}{U_O+U_D}=\frac{123}{24+0.9}\approx 4.94$$

4. 确定最小开关频率 f_{SW}

在输入电压最小、负载最重状态下，开关频率f_{SW}最小。为实现准谐振，次级绕组N_S电流下降到零后，由图4.8.3可知至少需要延迟半个谐振周期后才能启动下一开关周期。休止时间T_r范围为

$$T_r>\frac{2\pi\sqrt{L_PC_{oss}}}{2}=\pi\sqrt{L_PC_{oss}}$$

在中小功率反激变换器中，初级绕组电感L_P约为200～1000 μH，功率MOS管输出电容C_{oss}约为100～500 pF(MOS管数据手册中给出的C_{oss}是25 V偏压下的测试值，但随着D-S极间电压的增加，C_{oss}变小)，因此半个谐振周期约为0.44～2.2 μs，典型值可取1.2 μs。

f_{SWmin}一般取30 kHz以上。当输出功率较小时，f_{SWmin}可取小一些，这不仅能降低开关损耗，提升效率，也保证了负载变化较大时，依然能在第一个谷底导通，但所需磁芯体积较大；反之，当输出功率较大时，f_{SWmin}可以取大一点，如50 kHz以上，尽管开关损耗较高，在第1个谷底导通对应的负载变化范围小，但所需磁芯体积较小。

在本例中，T_r取典型值1.2 μs，f_{SWmin}取45 kHz。

5. 最大占空比 D_{max}

由式(4.7.8)可知，最大占空比

$$D_{max}=\frac{nU_O(1-T_rf_{SW})}{nU_O+\eta U_{INmin}}=\frac{4.94\times 24}{4.94\times 24+0.88\times 90}\times(1-1.2\times 10^{-3}\times 45)\approx 0.5671$$

6. 初级绕组电流

由式(4.7.6)可知，初级绕组N_P峰值电流

$$I_{LPK}=\frac{2P_O}{\eta U_{INmin}D_{max}}=\frac{2\times 60}{0.88\times 90\times 0.5671}\approx 2.672\ \text{A}$$

初级绕组N_P(开关管)电流有效值为

$$I_{LPrms}=I_{SWrms}=I_{LPK}\sqrt{\frac{D_{max}}{3}}=2.672\sqrt{\frac{0.5671}{3}}\approx 1.162\ \text{A}$$

7. 初级绕组 N_P 最小电感量

在 $U_{INmin} \gg U_{SW}$ 的情况下，由式(4.7.7)可知初级绕组 N_P 最小电感

$$L_P \approx \frac{2P_O}{\eta I_{LPK}^2 f_{SWmin}} = \frac{2\times 60}{0.88\times 2.672^2\times 45} \approx 425\ \mu H$$

8. 磁芯体积的估算

利用 BCM 模式($\gamma=2$)可大致估算出磁芯有效体积 V_e，进而选择磁芯的型号，以便获得磁芯的有效截面 A_e。磁芯有效体积

$$V_e = 0.314\times\frac{\mu_e}{B_{PK}^2}\times\frac{(2+\gamma)^2}{\gamma}\times\frac{P_{IN}}{f_{SWmin}} = 2.512\times\frac{\mu_e}{B_{PK}^2}\times\frac{P_{IN}}{f_{SWmin}}$$

$$= 2.512\times\frac{\mu_e}{0.3^2}\times\frac{60}{0.88\times 45} \approx 42.3\ \mu_e(mm^3)$$

μ_e 一般取 100～200，当 μ_e 取 150 时，变压器磁芯的有效体积 $V_e = 6345\ mm^3$，初步考虑采用 PQ2625 磁芯(PC40 材质)，该磁芯有效体积为

$$V_e = A_e \times L_e = 118\ mm^2 \times 55.5\ mm = 6549\ mm^3$$

9. 绕组匝数

根据电磁感应定律，不难得出初级绕组 N_P 最小匝数

$$N_P \geqslant \frac{L_P I_{LPK}}{A_e B_{PK}} = \frac{425\times 2.672}{118\times 0.25} \approx 38.49$$

次级绕组匝数 $N_S = \frac{N_P}{n} = \frac{38.49}{4.94} \approx 7.79$(取 8 匝)，初级绕组 $N_P = nN_S = 4.94\times 8 \approx 39.5$(取 40 匝)；辅助绕组 $N_A = \frac{V_{DD}+U_{D1}}{U_O+U_D}\times N_S = \frac{18+0.7}{24+0.9}\times 8 \approx 6$，其中 U_{D1} 为辅助绕组整流二极管的导通电压，在本例中取 0.7 V。

为使波谷电压检测准确，QR 反激变压器辅助绕组 N_A 必须紧贴初级绕组 N_P。

10. 次级绕组电流

由式(4.7.3)可知，最长截止时间

$$T_{offmax} = \frac{L_P \times I_{LPK}}{U_{OR}} = \frac{425\times 2.672}{123} \approx 9.23\ \mu s$$

次级绕组 N_S 电流峰值

$$I_{LSK} = nI_{LPK} = 4.94\times 2.672 \approx 13.20\ A$$

次级绕组 N_S(包括次级整流二极管)电流有效值

$$I_{LSrms} = I_{Drms} = I_{LSK}\times\sqrt{\frac{T_{off}}{3T_{SWmin}}} = 13.20\times\sqrt{\frac{9.23}{3\times 22.22}} \approx 4.91\ A$$

由此可以看出：DCM 模式反激变换器次级绕组峰值电流大，输出功率受到了一定的限制。

11. 尖峰脉冲吸收电路

当采用 RCD 吸收电路时，吸收电路中的二极管 V_D 可采用 US1KF(SMAF 封装，耐压 800 V)超快恢复二极管，箝位电容 C 和泄放电阻 R 的计算方法可参阅 4.2.3 节；当采用 DD 吸收电路时，吸收电路中的 TVS 管需采用 SMC 封装的 SMCJ150A(额定反向关断电压

V_{WMM}为 150 V，最小击穿电压 V_{BRmin}为 167 V，最大箝位电压 V_C 为 243 V，最大峰值脉冲电流 I_{PP}为 6.17 A，峰值脉冲功耗 P_{PPM}为 1500 W)。

4.9 原边反馈(PSR)反激变换器

所谓原边反馈(Primary Side Regulation，PSR)，是指借助变换器初级绕组 N_P、辅助绕组 N_A 的电流或电压信息，感知并控制输出电流 I_O(CC 模式)或输出电压 U_O(CV 模式)，这样就可以省去传统副边(次级)反馈(Secondary Side Regulation，SSR)反激变换器为实现初-次级侧信号耦合所需的线性光耦器件(如 PC817)、次级输出电流或电压的取样电路、基准电压源(如 TL431)等器件，从而简化外围控制电路，降低成本，缩小体积。由于取消了对热敏感度较高的光耦器件，因此变换器工作温度上限也可以适当提高。PSR 变换器在低输出功率(15 W 以内)充电器及 LED 照明驱动电路中得到了广泛应用。

PSR 控制策略变换器一般采用 DCM 模式反激拓扑结构(如图 4.9.1 所示)，原因是在反激变换器中，当电感电流处于 DCM 模式时，初级绕组峰值电流 I_{LPK}与次级绕组输出电流 I_O 或输出电压 U_O 之间存在简单的线性关系。

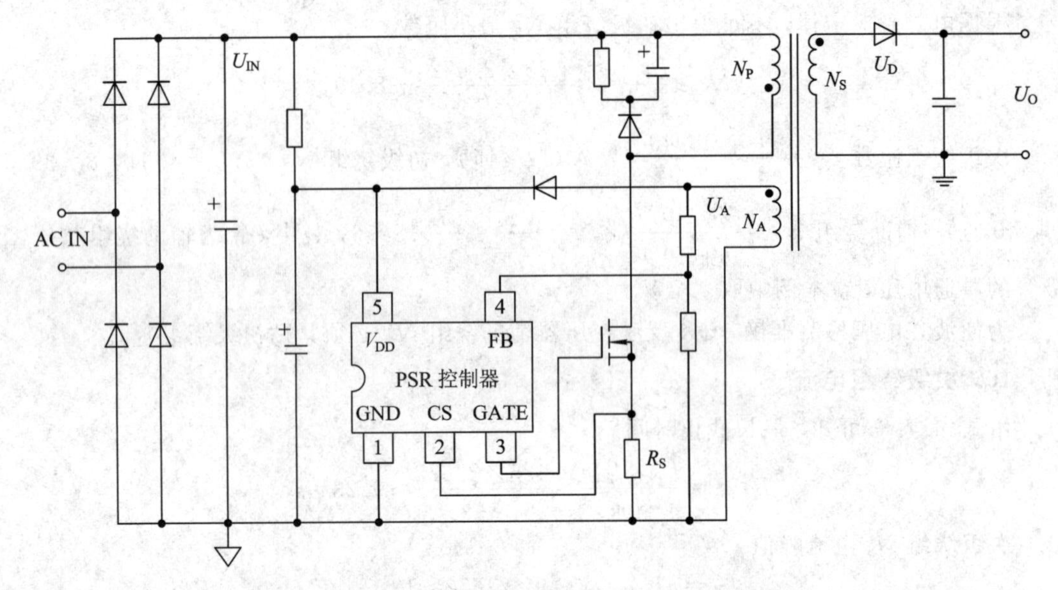

图 4.9.1 基本的 PSR 反激变换器

DCM 模式反激变换器初级绕组电流 i_{LP}、次级绕组电流 i_{LS}(也就是次级整流二极管电流 i_D)、开关管 DS 极电压 u_{DS}以及辅助绕组 N_A 输出电压 u_{NA}波形如图 4.7.1 所示。

4.9.1 输出电压检测及 CV 控制原理

1. 从原边感知输出电压 U_O

在开关管关断期间，辅助绕组 N_A 输出电压 u_{NA}受到初-次级绕组间漏感 L_{LK}及 MOS 管输出电容 C_{oss}形成的高频谐振电压的干扰，导致辅助绕组 N_A 输出电压 u_{NA}不能准确体现输出电压 U_O 的大小，但如果将高频谐振干扰信号滤除(在 u_{NA}信号取样电路中增加 RC 低通

滤波电路)或延迟一段时间，则在谐振干扰信号消失后去磁复位结束前，辅助绕组 N_A 输出电压

$$u_{NA}=(U_O+U_D)\frac{N_A}{N_S}$$

对于特定的反激变换器，辅助绕组匝数 N_A、次级绕组匝数 N_S 是确定的。因此，可通过检测辅助绕组 N_A 输出电压 U_{NA}来间接感知输出电压 U_O 的大小。

2. 稳压原理

假设变换器的效率为 η，负载电阻为 R_L。在 DCM 模式下，一个开关周期 T_{SW}内，初级绕组电感 L_P 存储的能量

$$\frac{1}{2}L_P I_{LPK}^2 = P_{IN}T_{SW} = \frac{P_O}{\eta}\times T_{SW} = \frac{1}{\eta}\times\frac{U_O^2}{R_L}\times T_{SW}$$

因此，输出电压

$$U_O=I_{LPK}\times\sqrt{\frac{\eta L_P R_L}{2T_{SW}}} \tag{4.9.1}$$

当初级绕组峰值电流 I_{LPK}由电流取样电阻 R_S确定、固定为常数时，若负载电阻 R_L 增加(即输出电流 I_O 减小，负载变轻)，则为了稳定输出电压 U_O，需要强迫开关周期 T_{SW}等比例增加(开关频率 f_{SW}减小)；反之，若负载电阻 R_L 减小(即输出电流 I_O 增加，负载变重)，则为了稳定输出电压 U_O，需要强迫开关周期 T_{SW}等比例减小(即开关频率 f_{SW}增加)。显然，当初级绕组峰值电流 I_{LPK}固定为常数时，PSR 控制策略 DCM 模式反激变换器需采用 PFM 调制方式实现稳压。其优点是轻载时开关频率 f_{SW}低，损耗小，控制策略简单；缺点是重载时开关频率 f_{SW}高，开关损耗大。

为避免轻载(空载)时，f_{SW}太低，产生音频噪声，可限制最小频率 f_{SWmin}(如强迫变换器进入间歇振荡模式)；另一方面，重载时，也必须限制最大开关频率 f_{SWmax}。

将 DCM 模式下的初级绕组峰值电流 $I_{LPK}=\frac{U_{IN}-U_{SW}}{L_P}T_{on}$代入式(4.9.1)，可得输出电压

$$U_O=(U_{IN}-U_{SW})T_{on}\sqrt{\frac{\eta R_L}{2TL_P}}$$

这样当开关周期 T_{SW}为常数(即采用 PWM 调制方式)时，若负载电阻 R_L 增加(即输出电流 I_O 减小)，则为了稳定输出电压 U_O，可相应减小导通时间 T_{on}；反之，若负载电阻 R_L 减小(即输出电流 I_O 增加)，则可使导通时间 T_{on} 增加。显然，这与传统 PWM 控制策略相同，即开关周期 T_{SW}固定，其优点是重载时开关损耗不会增加，缺点是轻载时开关损耗没有降低，控制芯片内部同样需要电压误差放大器 VEA 及环路补偿网络。

4.9.2 输出电流检测及 CC 控制原理

在开关管截止期间，次级整流二极管导通，次级绕组电流 $i_{DS}=i_D$ 从峰值电流 I_{LSK}线性减小到 0。显然，在 DCM 模式下，次级绕组的斜坡电流中值 $I_{LSSC}=\frac{I_{LSK}}{2}$，平均输出电流

$$I_O=\frac{I_{LSSC}\times T_{off}}{T_{SW}}=\frac{I_{LSK}}{2}\times\frac{T_{off}}{T_{SW}}=\frac{1}{2}\times\frac{N_P}{N_S}\times I_{LPK}\times\frac{T_{off}}{T_{SW}}$$

对特定的 DCM 模式反激变换器来说，初、次级绕组匝数 N_P 与 N_S 固定不变；对于峰值电流型控制芯片来说，初级绕组峰值电流 I_{LPK} 由电流取样电阻 R_S 确定，也是常数。这样当输出电流 I_O 变化，引起磁复位时间 T_{off} 发生变化时，只需检测 T_{off} 并调整开关周期 T_{SW}，使$\frac{T_{off}}{T_{SW}}$保持恒定，就能使输出电流 I_O 不变，这就是 DCM 模式反激变换器恒流(CC)控制原理。显然，当保持初级绕组峰值 I_{LPK} 为常数时，必须采用 PFM 调制方式。

PSR 控制芯片既可以直接检测磁复位时间 T_{off}，也可以通过检测辅助绕组 N_A 输出电压 u_{NA} 间接感知输出电压 U_O，进而推算出去磁复位时间 T_{off}。其原因是在 DCM 模式下，$T_{off}=\frac{L_P I_{LPK}}{n(U_O+U_D)}$。

显然，U_O 升高(负载重)，T_{off} 下降，为稳定输出电流 I_O，可减小开关周期 T_{SW}(使开关频率 f_{SW} 增加)；反之，U_O 减小(负载轻)，T_{off} 增大，强迫开关周期 T_{SW} 增大，使开关频率 f_{SW} 减小。

当然，也可以采用 PWM 调制方式，即固定开关周期 T_{SW}，当输出电压 U_O 变化时，调节初级绕组峰值电流 I_{LPK}，使输出电流 I_O 保持恒定。例如，当 U_O 增加时，使 T_{on} 增加，导致 T_{off} 减小，强迫初级绕组峰值电流 I_{LPK} 增加，使 $I_{LPK}T_{off}$ 不变，就可以保持输出电流 I_O 不变。可见，采用 PWM 调制方式时，开关损耗不因负载增加而显著增加。

因此，一些 PSR 反激控制芯片无论是 CC 输出方式还是 CV 输出方式，轻载时一律工作于 PFM 模式，重载时工作于 PWM 模式，如图 4.9.2。

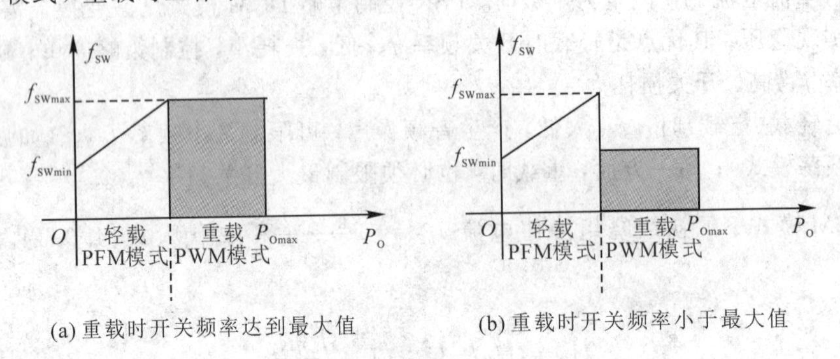

(a) 重载时开关频率达到最大值　　(b) 重载时开关频率小于最大值

图 4.9.2　PSR 反激变换器输出功率与开关频率的关系

4.9.3　PSR 反激变换器的特征及其组合

1. PSR 反激变换器的优缺点

PSR 反激变换器的优点是省去了光耦、基准电压源芯片 TL431，外围元件少，成本低，体积小。但 PSR 反激变换器一般采用 DCM 模式反激拓扑结构，初级绕组峰值电流 I_{LPK} 大，导通损耗高，输出功率受到了一定的限制，仅适用于输出功率不足 15 W 的充电器或小功率 LED 照明驱动电源中。

更为严重的是，无论是 CV 输出还是 CC 输出方式，输出电压 U_O、输出电流 I_O 的精度严重依赖于变压器的参数，批量一致性相对较差，除非每个变压器初级绕组电感 L_P 的误差很小，初-次级绕组间漏感 L_{LK}、次级绕组与辅助绕组间漏感也非常接近。因此，可将 PSR 反激变换器磁芯的气隙长度控制在 0.8～1.0 mm 之间，以减小初级绕组电感 L_P 的相对误差。此外，当初级绕组、辅助绕组、次级绕组不是整数层时，最好重新选择线径，使绕组为整数层，以保证各变压器漏感的一致性。

PSR 反激变换器不支持多路输出，原因是通过检测辅助绕组(或初级绕组)电压间接感知输出电压 U_O 时，如果存在多个次级绕组，则辅助绕组输出电压 u_{NA} 将同时受到多个次级绕组控制，无法保证每一绕组输出电压(或电流)的精度。

2. PSR 反激变换器与 QR 反激变换器的结合

QR 反激变换器与 PSR 反激变换器均采用 DCM 模式反激拓扑结构，都需要检测去磁复位时间，外围电路形式也相同。为减小开关管开通损耗，在 PSR 反激变换器中，增加了辅助绕组输出电压 u_{NA} 谷底检测功能，强迫控制芯片在 u_{DS} 谐振电压波形的谷底触发开关管导通，这样就获得了具有 QR 特性的 PSR 反激变换器。

3. PSR 反激变换器与单管 APFC 反激变换器的组合

在单管 APFC 反激变换器中，电感电流工作在 BCM 模式，通过检测初级侧辅助绕组参数实现稳压或恒流功能，就获得了具有 PSR 特性的 APFC 反激变换器，以便省去光耦、基准电压源芯片 TL431。在此基础上，如果保证开关管在谐振电压 u_{DS} 的第 1 个谷底导通，就可以获得具有 QR 特性的采用 PSR 控制策略的 APFC 反激变换器。

4.10 反激变换器的调试

在焊接无误的条件下，可按如下步骤调试恒压输出的反激变换器。

1. 判别并调试反馈网络元件的参数

在空载状态下，将输入电压调到最低。接通电源后，用万用表、示波器等仪器仪表观测输出电压是否存在，并测量电压大小和稳定性(即输出电压的波动幅度)。如果不正常，则调节电压取样电路中的下取样电阻、反馈补偿网络等的元件参数和光耦偏置电阻的大小。

上电后输出电压 U_O 不存在或很小，原因可能是：(1) 初级绕组电流取样电阻 R_S 偏大或取样电阻 R_S 与控制芯片电流输入引脚间的 RC 低通滤波电路内的滤波电容 C(如图 4.1.1 中的 C_6)严重偏小，触发了控制芯片的过流保护，导致控制芯片反复启动(可用示波器观察控制芯片电流输入引脚的波形确认)；(2) 控制芯片电源引脚 V_{CC} 滤波电容容量偏低，其存储的能量不足以维持变换器的启动进程，触发控制芯片进入欠压保护状态(可用示波器观察控制芯片 V_{CC} 引脚的波形确认)；(3) 控制芯片电源供电绕组 N_A 匝数严重偏小，启动后该绕组输出电压偏低，不能保证 V_{CC} 引脚电压大于欠压保护电压；(4)反馈补偿网络开路，导致控制芯片反馈输入引脚 V_{FB} 偏高。

由于输入电压最低，因此即使漏感能量吸收电路参数不正确，导致钳位电压偏高，也不容易造成开关管过压击穿；由于是空载，因此也不会出现初级回路过流损坏现象，除非初级绕组电感量严重偏离设计值。

在调节反馈补偿网络元件参数的操作过程中，最好用示波器监测输出电压 U_O，以便能即时感知输出电压 U_O 的稳定度及纹波大小。具体方法是：示波器采用直流耦合输入方式，在扫描时间较慢(如“100 ms/格”)的状态下观察输出电压 U_O 的稳定性、上电瞬间是否存在过压以及过压幅度与持续时间等参数；示波器采用交流耦合输入方式，在扫描时间较快(如

“5 μs/格”)的状态下观察输出电压 U_O 高频纹波电压幅度是否满足设计要求。

2. 监测最小输入电压下的负载能力

在空载正常情况下，逐渐增加负载，分别在 25%、50%负载条件下监测输出电压是否稳定，以判别变换器带负载能力。如果一切正常，用示波器监测开关管源极电流采样电阻 R_S 端电压波形，间接感知开关期间初级绕组的电流波形。如果在负载逐渐增加到 110%时，初级绕组电流波形没有出现明显尖峰，则说明在最小输入电压下不会出现磁芯饱和现象；反之，说明出现了磁芯饱和现象，此时可适当减小磁芯气隙的长度，以提高初级绕组的电感量，甚至需要更换磁芯尺寸，重新计算。

在最小输入电压下，如果在负载由小变大的过程中出现输出电压下降，则说明初级绕组电感量偏大，即气隙长度 δ 偏小，需要检查设计参数，重新制作储能变压器。

3. 在全电压范围内观察负载能力

假设在最小输入电压下反激变换器能满负载工作，则基本上可以判定所设计的反激变换器工作正常。可分别施加 25%、50%、75%、100%的负载，输入电压从最小逐渐调到最大，观察输出电压的稳定性，以判别是否在某一输入电压区间存在自激现象。如果存在，则可能是输入滤波电容与 AC 输入滤波电感、初级回路连线寄生电感等形成了 LC 振荡，可通过改变输入滤波电容的参数来抑制或消除这种自激现象。

4. 在全电压范围内观察启动特性

在全电压范围内，逐点(如每隔 10～20 V)观察反激变换器在空载及满负载状态下启动是否正常。

值得注意的是，在调试、维修过程中，当需要更换元件时，断开市电后，必须先用 300～910 Ω/5 W 或以上耗散功率的线绕电阻对输入滤波电容、输出滤波电容及控制芯片的供电滤波电容进行放电操作，然后才能拆卸、更换 PCB 板上的元器件——这不仅避免了可能的触电事故，也避免了在焊接过程中损坏元件。对于输入滤波电容来说，如果 PWM 控制芯片具有欠压保护功能，那么断开市电后，输入滤波电容上的电压下降到某一特定值后，PWM 控制芯片进入欠压锁定状态，输入滤波电容的等效负载突然增大，放电速率变小，短时间内输入滤波电容两端的残余电压依然较大；对于输出滤波电容来说，如果变换器输出端接阻性负载，则断开市电后，端电压可能很快消失，但在空载状态下，电容端电压下降速率很慢，短时间内残余电压也较大，而当输出端接 LED 灯具时，由于照明级 LED 芯片开启电压高达 2.0 V 以上，因此一旦端电压小于 LED 串联芯片组的开启电压后，输出滤波电容的放电速率会显著下降，短时间内残余电压也较大。

习　题

4-1　简述反激变换器的组成，画出反激变换器基本的原理电路。

4-2　位于初级与次级之间的 Y 安规电容起什么作用？指出它的连接原则。

4-3　在反激变换器中为什么一定要在初级主绕组两端设置尖峰脉冲吸收电路？简述常见尖峰脉冲吸收电路的形式及工作原理。

4-4　简述漏感的含义，并写出漏感损耗表达式。

4-5　简述热板与冷板的概念。

4-6　在反激变换器中，简述减小漏感的可能措施，以及在漏感一定的情况下，如何减小漏感损耗。

4-7　如果磁芯有效体积相同，但截面积不同，在反激变换器中如何选择？

4-8　简述储能变压器绕组规划原则，即指出初级绕组、次级绕组、芯片供电辅助绕组排列顺序。

4-9　在什么情况下可考虑设置屏蔽绕组？简述设置屏蔽绕组的优缺点与连接方式。

4-10　简述 RCD 吸收箝位电压与反射电压的取值原则。

4-11　在反激变换器中有几种方法确定反射电压 U_{OR}、开关管耐压 $V_{(BR)DS}$ 及变压器匝比 n？

4-12　简述 CCM 模式反激变换器的设计过程，并列出相关参数的计算公式。

4-13　在 CCM 模式的单管反激变换器中哪两个二极管的反向恢复时间要求高？至少应使用什么类型的二极管，以及最好使用什么类型的二极管？

4-14　简述双管反激变换器的组成、优缺点、设计难点。

4-15　为什么在双管反激变换器中要求在输入电压变化范围内，次级绕组的反射电压 U_{OR} 一定要小于 U_{IN}？

4-16　简述 DCM 模式反激变换器的优缺点。

4-17　简述 DCM 模式反激变换器的调制方式。

4-18　简述 PWM 调制 DCM 模式反激变换器的设计过程，并列出相关参数的计算公式。

4-19　简述 QR 反激变换器的组成。

4-20　QR 反激变换器与 PWM 调制 DCM 反激变换器有什么不同？为什么 QR 反激变换器效率较高？

4-21　简述 QR 反激变换器设计过程，并列出相关参数的计算公式。

4-22　简述在 QR 反激变换器中，在输入电压、输出电压、输出电流一定情况下，如何选择 600 V、650 V、800 V 耐压开关，以及如何借助实验方式观察提高反射电压对变换器效率的影响。

4-23　简述 PSR 反激变换器的特征。

4-24　简述反激变换器调试步骤及注意事项。

4-25　次级整流二极管 RC 缓冲电路有什么作用？在什么情况下才需要此电路，以及此电路参数取值原则是什么？

4-26　简述制约反激变换器输出功率的主要因素。

4-27　简述恒压输出变换器的调试策略。

第5章 输入通道

开关电源输入通道是指 DC－DC 变换器输入端前的电路，包括了输入过流及过压保护、上电浪涌电流抑制、EMI 滤波(也称为 AC 输入滤波)、工频整流及滤波等单元电路，其拓扑结构及性能指标不仅关系到开关电源系统的可靠性、EMI 指标、成本与体积，也决定了上电瞬间浪涌电流的大小。

5.1 EMI 干扰与输入电路形式

5.1.1 EMI 的基本概念及产生原因

开关电源工作在高频(≥50 kHz)、高压(直接将市电整流，瞬间最大直流电压可能高达 374 V 或 431 V，具体数值与最大输入电压有关)、大电流(瞬态电流大小与开关电源输出功率、拓扑结构有关)状态，其内部高速开关元件，如功率 MOS 管、整流(或续流)二极管等在导通及关断的瞬间不可避免地产生了大量的电磁干扰(Electromagnetic Interference, EMI)信号。EMI 信号包括频率较低的传导干扰信号 CE(Conducted EMI)以及频率较高的辐射干扰信号 RE(Radiated EMI)。针对不同应用环境，不同地区和国家都制定了相应的 EMI 限制标准，这些标准对干扰信号的宽度和强度都作了十分明确的规定。例如，对于执行 FCC15/EN55022 CLASS B 标准的设备，传导干扰测试频率范围在 150 kHz～30 MHz 之间，辐射干扰测试频率范围在 30 MHz～1 GHz之间，具体内容可参阅相关标准文件，如 FCC、CISPR 或 EN 等。

传导干扰信号 CE 包括差模(Differential Mode, DM)干扰信号和共模(Common Mode, CM)干扰信号。传导干扰信号 CE 在开关电源输入端的流动路径如图 5.1.1 所示。

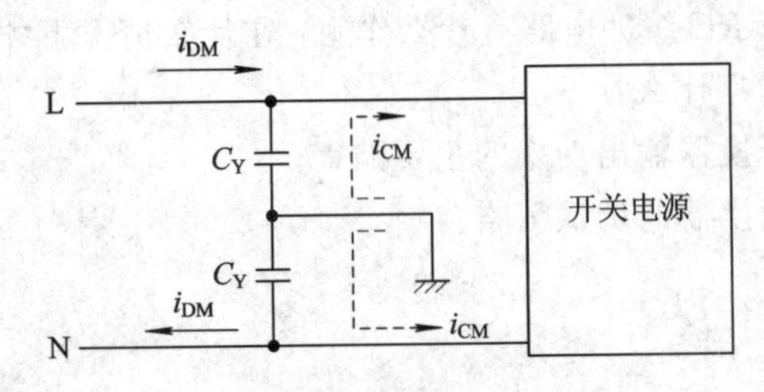

图 5.1.1 CE 在开关电源输入端的流动路径

在开关电源中，产生 DM 干扰信号的主要原因是内部开关器件的寄生电感(包括 PCB 印制导线的寄生电感)与寄生电容(包括分布电容和导电体间的互容)在开关元件开通、关断瞬间引起的瞬态电流$\left(i_C=C\times\frac{du_C}{dt}\right)$或电压$\left(u_L=L\times\frac{di_L}{dt}\right)$剧烈变化，使 DM 信号在开关电源两条输入线(即相线 L 与中线 N)之间流动。

在开关电源中，产生 CM 干扰信号的主要原因是剧烈变化的内部节点电压，通过寄生电容或分布电容耦合到地线，形成 CM 干扰信号。CM 信号在相线与地线及中线与地线间流动。

5.1.2　EMI 信号的度量单位及限制

EMI 干扰信号 U_{noise} 的大小可用 μV 或 mV 表示，但更多的时候用分贝，即 dBμV 表示，彼此之间的换算关系为

$$\text{dB}\mu\text{V} = 20\lg \frac{U_{noise}}{1\ \mu\text{V}}$$

例如，当干扰信号 U_{noise} 为 1.0 mV 时，相当于 $20\lg \frac{1000\ \mu\text{V}}{1\ \mu\text{V}}$，即 60 dBμV。不同标准、不同应用场合对 EMI 信号强度的限制不尽相同，表 5.1.1 和表 5.1.2 分别给出了 A、B 类电器 FCC15 和 CISPR22 标准传导干扰的限制值。

表 5.1.1　A 类(工业)电器传导干扰限制

标准	FCC15 标准				CISPR22 标准			
参数类型	准峰值		平均值		准峰值		平均值	
频率/MHz	dBμV	mV	dBμV	mV	dBμV	mV	dBμV	mV
0.15～0.45	NA	NA	NA	NA	79	9.0	66	2.0
0.45～0.50	60	1.0	NA	NA	79	9.0	66	2.0
0.50～1.705	60	1.0	NA	NA	73	4.5	60	1.0
1.705～30	69.5	3.0	NA	NA	73	4.5	60	1.0

表 5.1.2　B 类(住宅)电器传导干扰限制

标准	FCC15 标准				CISPR22 标准			
参数类型	准峰值		平均值		准峰值		平均值	
频率/MHz	dBμV	mV	dBμV	mV	dBμV	mV	dBμV	mV
0.15～0.45	NA	NA	NA	NA	66～56.9	2.0～0.7	56～46.9	0.63～0.22
0.45～0.50	48	0.25	NA	NA	56.9～56	0.7～0.63	46.9～46	0.22～0.2
0.50～1.705	48	0.25	NA	NA	56	0.63	46	0.2
1.705～30	48	0.25	NA	NA	60	1.0	50	0.32

根据开关电源的工作原理、开关频率特征，在 0.15～0.5 MHz 范围内，EMI 通常以差模干扰信号 DM 为主；在 0.5～5.0 MHz 范围内，EMI 信号中差模、共模干扰成分同时存在；而在 5.0～30 MHz 范围内，EMI 信号以共模干扰信号 CM 为主。

5.1.3　输入电路的形式

为避免开关电源工作时产生的高频尖峰干扰信号污染电网，需要在开关电源的输入端设置 EMI 滤波电路；另一方面，在输入端增加 EMI 滤波电路也是为了防止来自电网的外部高频干扰信号通过电源线传送到开关电源内部，影响 DC－DC 变换器内部元器件的工作状态。此外，为保证开关电源内部元器件的安全，还需要在其输入端设置输入过流、过压保护电路。因此，开关电源输入通道常见的电路形式如图 5.1.2 所示。

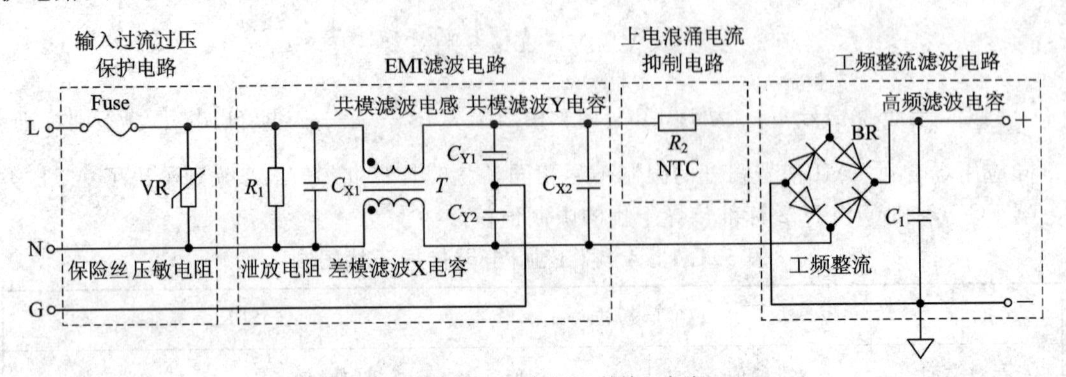

(a) 带接地线（Ⅰ类电器）的输入电路

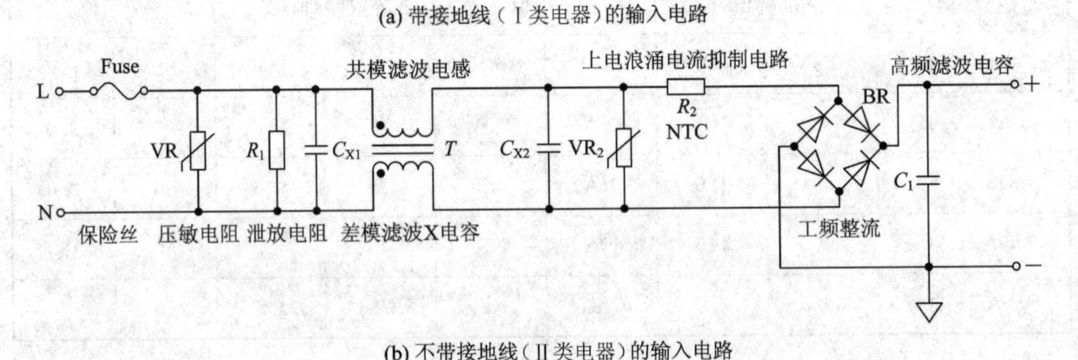

(b) 不带接地线（Ⅱ类电器）的输入电路

图 5.1.2　开关电源输入通道常见电路形式

如果变换器防雷等级要求较高，则除了在保险丝(管)后并联防雷器件(压敏电阻)外，尚需要在 AC 滤波电感 L 后再并联另一压敏电阻 VR_2，如图 5.1.2(b)所示。

可见，开关电源输入电路由输入过流过压保护电路、EMI 滤波电路(也称为 EMI 滤波器或 AC 滤波器)、工频整流滤波电路(在含有功率因数校正电路的 AC－DC 变换器中，工频整流后仅接有 CBB 材质的小容量高频滤波电容 C_1，没有接大容量低频滤波电容)以及为抑制上电浪涌电流的功率型 NTC 热敏电阻(或其他形式的上电浪涌电流抑制电路)等部分组成。

对于如图 5.1.2(b)所示的没有接保护地(PE)的Ⅱ类电器的输入电路来说，无需接 Y 安规共模滤波电容。在这种情况下，共模干扰相对大一些。

当输入保护电路中含有防雷器件，如压敏电阻 VR(过压保护)时，NTC 热敏电阻可串接在整流桥前(如图 5.1.3 中的 A)，也可以串接在整流桥后(如图 5.1.3 中的 B)，以避免压敏电阻动作时，造成 NTC 热敏电阻过流损坏。而当输入保护电路中没有压敏电阻 VR 元件时，NTC 热敏电阻可以串接在 EMI 滤波电路前，如图 5.1.3 中的 C。

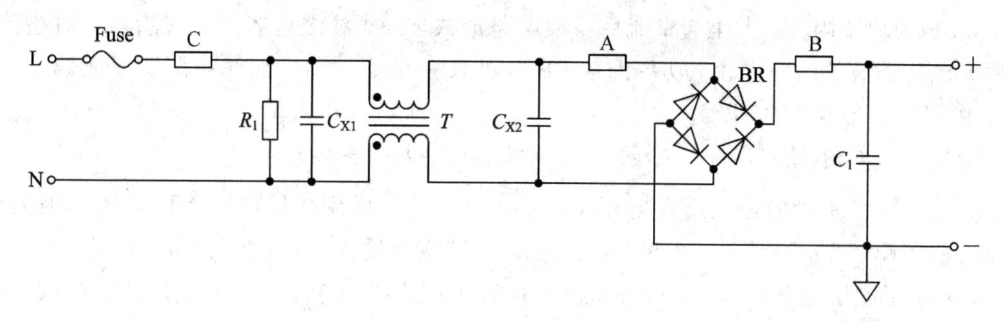

图 5.1.3　NTC 热敏电阻位置

当单级 EMI 滤波器的滤波效果不能通过 EMI 测试时，可串联两级，甚至三级 EMI 滤波器，如图 5.1.4 所示。

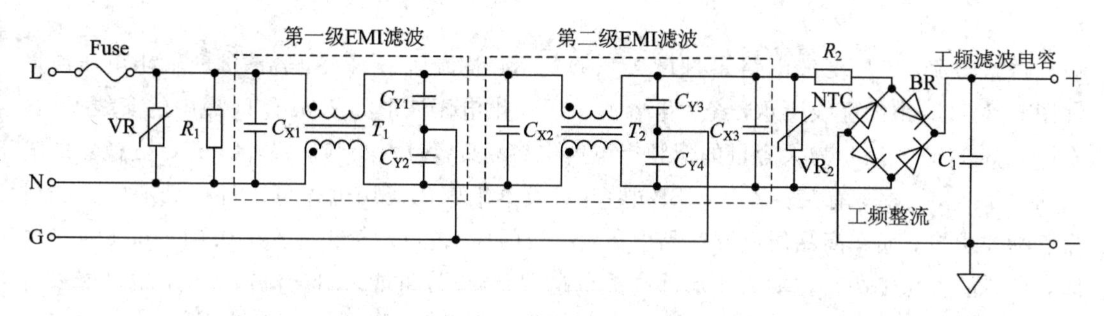

图 5.1.4　具有两级 EMI 滤波的输入电路

当多级 EMI 滤波器串联使用时，相邻的前、后级 EMI 滤波器可共用一只 X 安规电容，如图 5.1.4 中的 C_{X2} 电容，其容量一般为 C_{X1}、C_{X3} 容量的 2～4 倍。

保险丝(管)Fuse 只能串接在火线(L)上，不能串接在零线(N)上，以避免保险丝熔断后，开关电源初级侧依然与火线相连，埋下触电事故的隐患。

当输入通道内 X 滤波电容的总容量大于 0.1 μF 时，需要在保险丝(管)到工频整流输入端前增加泄放电阻，如图 5.1.2～图 5.1.4 中的 R_1(当一只电阻耐压不足时，需要用 2～3 只阻值相同或相近的电阻串联)。泄放电阻只能放在保险丝(管)后、整流输入端前，不能放在保险丝(管)前，以避免保险丝(管)熔断后 X 滤波电容存储的电荷无法泄放。当然，泄放电阻 R_1 也不宜放在整流桥后，原因是对于整流后采用大电容滤波的输入电路来说，在阻值一定(泄放电阻上限由 X 滤波电容总容量决定)的情况下，泄放电阻两端平均电压高，功耗大；对于 APFC 升压或 APFC 单管反激变换器来说，整流桥输出端瞬态尖峰干扰电压高，容易造成泄放电阻过压击穿。

5.2　整流电路

整流二极管参数与变换器输入电压 U_{IN}、输出功率 P_O 有关。

如果变换器最小输入电压对应的最大平均输入电流为 I_{INmax}，则整流二极管平均整流电流

$$I_F=(1.2\sim1.5)\times I_{INmax}=(1.2\sim1.5)\times\frac{P_O}{\eta U_{INmin}}\times PF$$

其中，PF 为功率因数，大小与整流后滤波电路形式、工频滤波电容的容量有关。对整流后采用大电容滤波的电路来说，功率因数 PF 一般只有 0.4～0.6；而对有源功率因数校正电路来说，PF 一般在 0.95 以上。

脉冲整流电流 I_{FSW} 不小于 I_F 的 5 倍，即 $I_{FSM} \geqslant 5I_F$。

整流二极管承受的最大反向电压 $V_R = \sqrt{2} V_{INmax}$，考虑到压敏电阻 VR 残压等因素后，整流二极管耐压 $V_{BR} = (1.5 \sim 2.5)V_R$。例如，对于交流输入电压(有效值)上限为 264 V 的市电，对应的最大值为 374 V，因此整流二极管耐压应不小于 800 V(当输入滤波电路中没有压敏电阻时可选 600 V)。

5.3 工频滤波电路

桥式整流、工频滤波电路如图 5.3.1(a)所示，整流后不加大电容滤波时输出电压波形如图 5.3.1(b)中的虚线所示，经大电容滤波后输出电压波形如图 5.3.1(b)中的实线所示。在图 5.3.1(a)中，C_1 为大容量的低频铝电解电容，其容量大小与后级 DC - DC 变换器的输出功率 P_O 及效率 η 有关；C_2 为 CBB 电容(对成本敏感的民用电器可用价格低廉的聚酯或聚乙酯类电容，而在高品质电源产品中，多用聚丙烯电容)，容量一般在 0.01～0.47 μF 之间，典型值为 0.1 μF，主要用于滤除高频分量(高频信号可能来自交流输入端，也可能来自后级 DC - DC 变换器)，C_2 容量大小与后级 DC - DC 变换器的输出功率无关。

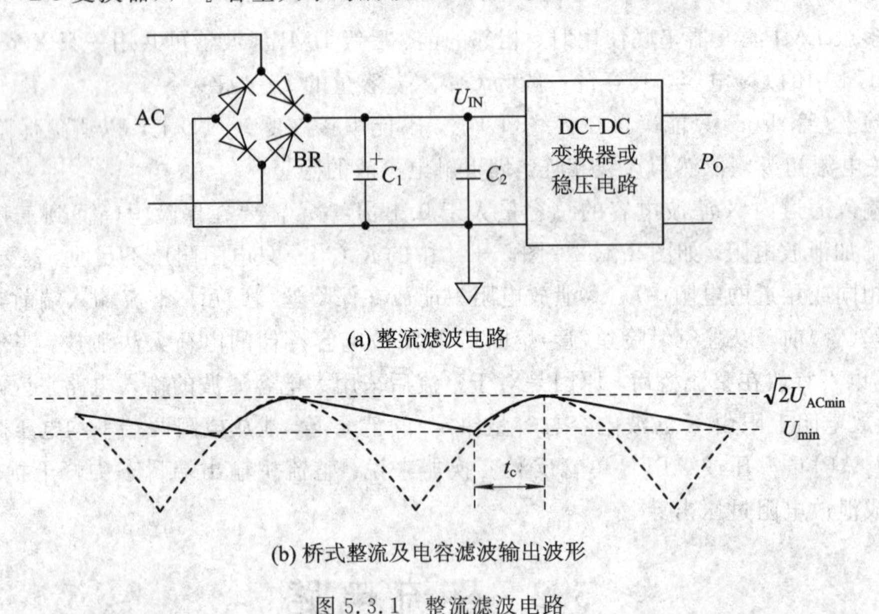

图 5.3.1　整流滤波电路

滤波电容耐压比最大输入电压大 1.1 倍以上，例如，对于最大输入电压为 264 V 的市电电压(最大值为$\sqrt{2} \times 264 = 373$ V)，滤波电容耐压不应小于 400 V。

在输出功率 P_O、后级 DC - DC 变换器(或稳压电路)效率 η 确定的情况下，滤波电容 C_1 的大小将影响 DC - DC 变换器输入电压 U_{IN} 的最小值。DC - DC 变换器输入电压最小值 U_{INmin} 受最大占空比 D_{max} 的限制，因此输入滤波电容不能太小。当然，输入滤波电容也不能太大，除了体积、成本等因素外，滤波电容太大将造成一个市电周期内工频整流电路中的整流二极管导通时间 t_c 太短，致使输入电流谐波幅度增加，功率因数 PF 下降，不仅严重污染供电电网，而且加重了电网的负荷。

5.3.1　工频滤波电容容量的经验值

工频滤波电容 C_1 的大小可按表 5.3.1 所示的经验数据大致选定，然后根据安装空间、成本，选择最接近经验数据的标准容量电容。

表 5.3.1　工频滤波电容的经验值

交流输入电压范围/V	滤波电容的大小/(μF/W)
85～120	3
195～264	1
85～264	3

例如，某 AC－DC 变换器的输出功率为 7 W，输入交流电压为 195～264 V，按"1 μF/W"经验值可选择 6.8 μF/400 V 或 10 μF/400 V 电容。

又如，某 AC－DC 变换器的输出功率为 18 W，输入交流电压为 85～264 V，按"3 μF/W"经验值可选择 47 μF/400 V 电容。

市电整流滤波通用电解电容一般按 E6 分度，共有 1.0、1.5、2.2、3.3、4.7、6.8 六个标准值。

5.3.2　市电不缺周期情况下的最小输入滤波电容

在稳定状态下，当交流输入电压瞬时值 $u_{IN}(t) \geqslant U_{INmin}$ 时，整流二极管导通，工频滤波电容 C 充电；当交流输入电压瞬时值 $u_{IN}(t)$ 达到最大值 $\sqrt{2}U_{ACmin}$ 后，整流二极管截止，由滤波电容 C 向负载供电，直到下一半个市电周期输入电压瞬时值 $u_{IN}(t) \geqslant U_{INmin}$。显然，在这种情况下，在半个市电周期内，整流二极管的导通时间仅为图 5.3.1(b)中的 t_c 时间段。

在整流二极管截止期间，滤波电容 C 存储能量的减少量 $\Delta E = \frac{1}{2}C\left(\sqrt{2}U_{ACmin}\right)^2 - \frac{1}{2}CU_{INmin}^2$ 应等于这期间负载获得的能量 $\frac{P_O}{\eta}\left(\frac{1}{2f}-t_c\right)$，即

$$\frac{1}{2}C\left(\sqrt{2}U_{ACmin}\right)^2 - \frac{1}{2}CU_{INmin}^2 = \frac{P_O}{\eta}\left(\frac{1}{2f}-t_c\right) \tag{5.3.1}$$

而后级 DC－DC 变换器的最小输入电压

$$U_{INmin} = \sqrt{2}U_{ACmin} \times \sin 2\pi f\left(\frac{1}{4f}-t_c\right) \tag{5.3.2}$$

其中，f 为市电频率；t_c 为工频滤波电容的充电时间(也就是工频整流二极管的导通时间)，t_c 越大，滤波电容 C 的充电时间越长，输入电流谐波幅度就越小，后级 DC－DC 变换器最

小输入电压 U_{INmin} 也越小。

对式(5.3.1)整理后可得工频滤波电容 C 的最小值

$$C=\frac{\dfrac{2P_{\mathrm{O}}}{\eta}\left(\dfrac{1}{2f}-t_{\mathrm{c}}\right)}{2U_{\mathrm{ACmin}}^{2}-U_{\mathrm{INmin}}^{2}} \tag{5.3.3}$$

对于 50 Hz 市电频率，t_{c} 一般取 2.0～2.5 ms；对于 60 Hz 市电频率，t_{c} 一般取 1.67～2.08 ms，以减小市电输入电流的谐波幅度。在这种情况下，滤波电容的端电压最小值 U_{INmin} 约为 $0.81\times(\sqrt{2}\times U_{\mathrm{ACmin}})\sim0.71\times(\sqrt{2}\times U_{\mathrm{ACmin}})$。

对于 220 V/50 Hz 市电来说，当 t_{c} 取 2.5 ms 时，后级 DC－DC 变换器最小输入电压、最小滤波电容分别为

$$U_{\mathrm{INmin}}=\sqrt{2}U_{\mathrm{ACmin}}\sin2\pi f\left(\frac{1}{4f}-t_{\mathrm{c}}\right)\approx U_{\mathrm{ACmin}} \tag{5.3.4}$$

$$C=\frac{15P_{\mathrm{O}}}{\eta(2U_{\mathrm{ACmin}}^{2}-U_{\mathrm{INmin}}^{2})}=\frac{15P_{\mathrm{O}}}{\eta U_{\mathrm{ACmin}}^{2}}(\mathrm{mF}) \tag{5.3.5}$$

例如，某 AC－DC 变换器的输出功率为 18 W，效率 η 为 0.88，当输入交流电压为 175～264 V 时，后级 DC－DC 变换器最小输入电压、最小滤波电容分别为

$$U_{\mathrm{INmin}}=U_{\mathrm{ACmin}}=175\ \mathrm{V}$$

$$C=\frac{15P_{\mathrm{O}}}{\eta U_{\mathrm{ACmin}}^{2}}=\frac{15\times18}{0.88\times175^{2}}\approx10.02\ \mu\mathrm{F}\quad(\text{取标准值 }10\ \mu\mathrm{F})$$

对于 110 V/60 Hz 市电来说，当 t_{c} 取 2.08 ms 时，后级 DC－DC 变换器最小输入电压、最小滤波电容分别为

$$U_{\mathrm{INmin}}=\sqrt{2}U_{\mathrm{ACmin}}\sin2\pi f\left(\frac{1}{4f}-t_{\mathrm{c}}\right)\approx U_{\mathrm{ACmin}}$$

$$C=\frac{12.5P_{\mathrm{O}}}{\eta(2U_{\mathrm{ACmin}}^{2}-U_{\mathrm{INmin}}^{2})}=\frac{12.5P_{\mathrm{O}}}{\eta U_{\mathrm{ACmin}}^{2}}(\mathrm{mF})$$

例如，某 AC－DC 变换器输出功率为 18 W，效率 η 为 0.88，当输入交流电压为 85～264 V时，后级 DC－DC 变换器最小输入电压、最小滤波电容分别为

$$U_{\mathrm{INmin}}\approx U_{\mathrm{ACmin}}=85\ \mathrm{V}$$

$$C=\frac{12.5P_{\mathrm{O}}}{\eta U_{\mathrm{ACmin}}^{2}}=\frac{12.5\times18}{0.88\times85^{2}}\approx35.4\ \mu\mathrm{F}\quad(\text{取标准值 }33\ \mu\mathrm{F})$$

由此可见，适用于民用全电压范围(即 85～264 V)的 AC－DC 变换器其所需的工频滤波电容容量远大于 175～264 V 输入电压所需的工频滤波电容的容量。因此，除非必要，否则尽量避免将 220 V/50 Hz 供电环境下使用的 AC－DC 变换器按全电压输入设计，以减小整流滤波电容 C 的体积与成本，并提高功率因数 PF。

5.3.3 市电缺半个或一个市电周期后由最小输出电压决定的最小滤波电容

在 AC－DC 变换器中，有时需要考虑在市电缺少半个或一个市电周期的情况下，如图5.3.2所示，工频滤波电容 C 上的电压不能小于某一特定值 U_{INmin} 所需的最小滤波电容。

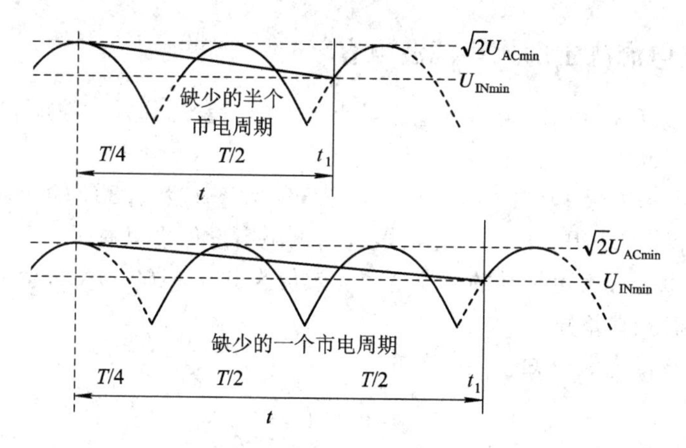

图 5.3.2　缺少半个及一个市电周期后滤波电容上的电压

显然，缺少半个市电周期时，输入电压达到当前周期最大值$\sqrt{2}U_{ACmin}$后，滤波电容 C 持续放电时间为

$$t=\frac{T}{4}+\frac{T}{2}+t_1=\frac{3}{4}T+t_1$$

而缺少一个市电周期时，输入电压达到当前周期最大值$\sqrt{2}U_{ACmin}$后，滤波电容 C 持续放电时间为

$$t=\frac{T}{4}+T+t_1=\frac{5}{4}T+t_1$$

其中，时间 t_1 由最小输入电压 U_{INmin} 确定，即

$$t_1=\frac{1}{2\pi f}\times\arcsin\left(\frac{U_{INmin}}{\sqrt{2}U_{ACmin}}\right)$$

在时间 t 内，电容消耗的能量应等于后级 DC－DC 变换器获得的能量，即

$$\Delta E=\frac{1}{2}C\left(\sqrt{2}U_{ACmin}\right)^2-\frac{1}{2}CU_{INmin}{}^2=\frac{P_O}{\eta}t$$

于是工频滤波电容 C 的最小容量为

$$C=\frac{2tP_O}{\eta(2U_{ACmin}^2-U_{INmin}^2)} \tag{5.3.6}$$

假设某 AC－DC 变换器的输出功率为 18 W，效率 η 为 0.88，输入交流电压为 175～264 V，计算在丢失半个市电周期的情况下后级 DC－DC 变换器输入电压的最小值 U_{INmin} 不小于 120 V 对应的输入滤波电容 C。

由于

$$t_1=\frac{1}{2\pi f}\times\arcsin\left(\frac{U_{INmin}}{\sqrt{2}U_{ACmin}}\right)=\frac{1}{2\pi\times50}\times\arcsin\left(\frac{120}{\sqrt{2}\times175}\right)\approx1.61\ \text{ms}$$

因此丢失半个市电周期时，依赖滤波电容 C 维持向负载供电的时间为

$$t=\frac{3}{4}T+t_1=\frac{3}{4}\times20+1.61=16.61\ \text{ms}$$

输出滤波电容为

$$C=\frac{2\times16.61\times18}{0.88\times(2\times175^2-120^2)}(\text{mF})\approx14.5\ (\mu\text{F})$$

取 15 μF。

5.3.4 由纹波电流决定的最小滤波电容

在 AC-DC 变换器中，决定滤波电容最小容量的因素往往是滤波电容所能承受的纹波电流。

例如，某 AC-DC 变换器的输出功率为 18 W，效率 η 为 0.88，输入交流电压为 175～264 V，按上述计算方法得到的工频滤波电容的最小容量似乎只有 10 μF。但 10 μF/400 V 耐压低频铝电解电容最大可承受的纹波电流有效值为 120～160 mA，具体数值会因生产厂家、系列的不同而略有差异。

根据有功功率的定义可知

$$U_{\text{INmin}} I_{\text{INmax}} \text{PF} = \frac{P_{\text{O}}}{\eta}$$

其中，PF 为功率因数，整流后采用大电容滤波时，功率因数 PF 不高，一般只有 0.5 左右，即输入电流有效值

$$I_{\text{INmax}} = \frac{P_{\text{O}}}{\eta U_{\text{INmin}} \text{PF}} = \frac{18}{0.88 \times 175 \times 0.5} \approx 234 \text{ mA}$$

在半个市电周期内，后级 DC-DC 变换器平均输入电流

$$I_{\text{IN(DC)}} \approx \frac{2P_{\text{O}}}{\eta(\sqrt{2}U_{\text{INmin}} + U_{\text{INmin}})} = \frac{2\times 18}{0.88\times(\sqrt{2}\times 175 + 175)} \approx 97 \text{ mA}$$

于是流过工频滤波电容 C 的交流分量有效值为

$$I_{\text{Crms}} = \sqrt{I_{\text{INmax}}^2 - I_{\text{IN(DC)}}^2} = \sqrt{234^2 - 97^2} \approx 213 \text{ mA}$$

大于 10 μF/400 V 低频铝电容允许的最大纹波电流。查阅有关电容生产厂家的技术资料可知，至少需要 22 μF/400 V 电容才能通过 200 mA 以上的纹波电流。因此，最终采用 22 μF/400 V滤波电容(这也说明了按“1 μF/W”选择工频滤波电容容量经验的有效性)。

又如，在本例中当最小输入交流电压 U_{INmin} 为 85 V 时，纹波电流有效值

$$I_{\text{INmax}} = \frac{P_{\text{O}}}{\eta U_{\text{INmin}} \text{PF}} = \frac{18}{0.88 \times 85 \times 0.5} \approx 481 \text{ mA}$$

根据上面计算获得的最小工频滤波电容的容量为 33 μF，而 33 μF/400 V 低频铝滤波电容允许流过的最大纹波电流一般只有 350～510 mA，勉强可用。如果空间允许，最好采用 47 μF/400 V 电容。

因此，在 AC-DC 变换器设计过程中，更多的时候是在滤波电容 C 容量确定的情况下如何求出电源最小交流电压 U_{ACmin} 对应的最小输入电压 U_{INmin} 的问题。

根据电源最小交流电压 U_{ACmin} 的表达式，可用数值求解方式计算出输入滤波电容 C 对应的最小输入电压

$$U_{\text{INmin}} = \sqrt{2U_{\text{ACmin}}^2 - \frac{2P_{\text{O}}}{\eta C}\left(\frac{1}{2f} - t_{\text{c}}\right)} = \sqrt{2}U_{\text{ACmin}} \sin 2\pi f\left(\frac{1}{4f} - t_{\text{c}}\right)$$

当市电频率 f 为 50 Hz，t_{c} 的单位为 ms，取值范围在 0～5 之间，滤波电容 C 的单位为 mF 时，滤波电容最小输入电压(即后级 DC-DC 变换器的最小输入电压)

$$U_{\text{INmin}} = \sqrt{2U_{\text{ACmin}}^2 - \frac{2P_{\text{O}}}{\eta C}(10 - t_{\text{c}})} = \sqrt{2}U_{\text{ACmin}} \sin 0.314159 \times (5 - t_{\text{c}})$$

例如，AC-DC 变换器的输出功率为 18 W，效率 η 为 0.88，当输入交流电压为 175～

264 V，输入滤波电容 C 为 22 μF 时，通过数值求解方式获得 $t_c=1.674$ ms，最小输入电压 $U_{\text{INmin}}=214$ V。

当市电频率 f 为 60 Hz，t_c 的单位为 ms，取值范围在 0～4.17 之间，滤波电容 C 的单位为 mF 时，滤波电容最小端电压（即后级 DC－DC 变换器的最小输入电压）

$$U_{\text{INmin}}=\sqrt{2U_{\text{ACmin}}^2-\frac{2P_{\text{O}}}{\eta C}(8.333-t_c)}=\sqrt{2}U_{\text{ACmin}}\sin 0.37699\times(4.17-t_c)$$

5.4 输入过流过压保护电路

输入保护电路包括过流与过压保护电路，由保险丝（管）、防雷元件（如压敏电阻或气体放电管）等元器件组成。

5.4.1 保险丝（管）

保险丝（管）必须串接在相线（L）输入端，而不能串接在零线（N）输入端，在保险丝（管）熔断后，确保电器设备与相线（即火线）断开，以降低触电风险。

保险丝（管）的主要作用是避免后级电路出现异常大电流时损坏开关电源内部元件以及烧毁 PCB 板上输入回路的印制导线。保险丝（管）参数选择必须合理，否则会导致后级电路出现异常大电流时保险丝（管）没有熔断，或在上电过程中浪涌电流偶然将保险丝（管）意外损坏，造成开关电源不工作。保险丝（管）的种类很多，除了传统的超快熔断、快熔断、慢熔断保险丝（管）外，尚有高分子自恢复保险丝（片）（PPTC）。在开关电源中多用超快熔断或快熔断保险丝（管）。

保险丝（管）的参数主要有额定电压、额定电流以及熔断时间常数等。

保险丝（管）的电流容量 I_{Fuse} 可按后级输入电流有效值的 2～3 倍选取，太大会失去保护作用，太小有可能在正常启动过程中被浪涌电流损毁，其取值的经验公式为

$$I_{\text{Fuse}}=(2.0\sim3.0)\times\frac{P_{\text{O}}}{\eta U_{\text{INmin}}\text{PF}} \tag{5.4.1}$$

假设最小输入交流电压 U_{INmin} 为 90 V，输出功率 P_{O} 为 18 W，效率 η 为 0.83，整流后采用大容量的电解电容滤波，PF 取 0.5，那么所需保险丝（管）的电流容量

$$I_{\text{Fuse}}=(2.0\sim3.0)\times\frac{18}{0.83\times90\times0.5}\approx0.96\text{ A}\sim1.45\text{ A}$$

取标准值 1 A 或 1.5 A。

额定电压是指保险丝（管）熔断后能承受的最大电压。对于最大输入交流电压为 264 V 的变换器来说，保险丝（管）的最大耐压应不小于 265 V，可选 270 V 标准耐压保险丝（管）。

5.4.2 防雷元件

常用的防雷元件包括压敏电阻、TVS 管、放电管等。这些元件的特性如表 5.4.1 所示。

压敏电阻、TVS 属于限压型过压保护元件，当端电压大于触发电压时，器件进入低阻导通状态，限制了端电压的进一步上升，但这类元件的钳位电压 V_{C} 较大，且 V_{C} 随电流的增加而增加；放电管类保护器件，如陶瓷放电管、玻璃放电管、半导体放电管等属于短路型

过压保护元件，当端电压大于触发电压 V_S 时，器件进入低阻大电流导通状态，端电压迅速下降，其保持电压(导通电压)一般只有 50～150 V，远小于触发电压 V_S。

表 5.4.1　常见防雷元件的特性

<table>
<tr><th colspan="2">种类</th><th>通流量</th><th>响应速度</th><th>精度</th><th>残压</th><th>连续电流</th><th>寄生电容</th><th>漏电</th><th>老化</th></tr>
<tr><td colspan="2">MOV(压敏电阻)</td><td>大</td><td><25 ns</td><td>一般</td><td>较低</td><td>无</td><td>大(<10 nF)</td><td>大</td><td>较快</td></tr>
<tr><td colspan="2" rowspan="2">TVS(瞬态抑制二极管)</td><td rowspan="2">小</td><td rowspan="2"><1 ns</td><td rowspan="2">高</td><td rowspan="2">无</td><td rowspan="2">无</td><td>较大(<100 pF)</td><td rowspan="2">较大</td><td rowspan="2">很慢</td></tr>
<tr><td>有低电容品种</td></tr>
<tr><td rowspan="3">放电管</td><td>玻璃放电管(SPG)</td><td>大</td><td><100 ns</td><td>±20%</td><td>大</td><td>有</td><td>小(<1 pF)</td><td>小</td><td>较快</td></tr>
<tr><td>陶瓷放电管(GDT)</td><td>最大</td><td>0.1～0.3 μs</td><td>±20 %</td><td>大</td><td>有</td><td>稍大(几 pF)</td><td>小</td><td>较快</td></tr>
<tr><td>半导体放电管(TSS)</td><td>大</td><td><10 ns</td><td>高</td><td>大</td><td>有</td><td>偏大(几十～几百 pF)</td><td>大</td><td>很慢</td></tr>
</table>

压敏电阻属于金属-氧化物(氧化锌)可变电阻，价格低廉，通流量大，响应时间短(达到 ns 级，比气体放电管快，较 TVS 管稍慢)，缺点是寄生电容大(压敏电压越小，寄生电容越大)，因此，常用作电子设备交流输入端的过压保护元件。压敏电阻的通流量与结面积成正比，结面积(即直径)越大，通流量越大；厚度越大，压敏电压 V_{1mA}(漏电流为 1mA 时对应的端电压)、钳位电压 V_C(即残压)越高，寄生电容越小。

压敏电阻虽然能瞬间吸收很大的浪涌电流，但不能承受 mA 级以上的连续电流。压敏电阻的主要参数有压敏电压 V_{1mA}、通流量、钳位电压 V_C、额定能量、漏电流、结电容及响应时间等，其中钳位电压 V_C 约为压敏电压 V_{1mA} 的 1.65 倍。

由于压敏电阻击穿后可能造成短路，危及人身安全，因此不宜将压敏电阻用在电网 AC 共模防雷电路中，只能使用气体放电管，如图 5.4.1 中的 G_1，其触发电压 V_S 往往较大，一般在 800 V 以上。

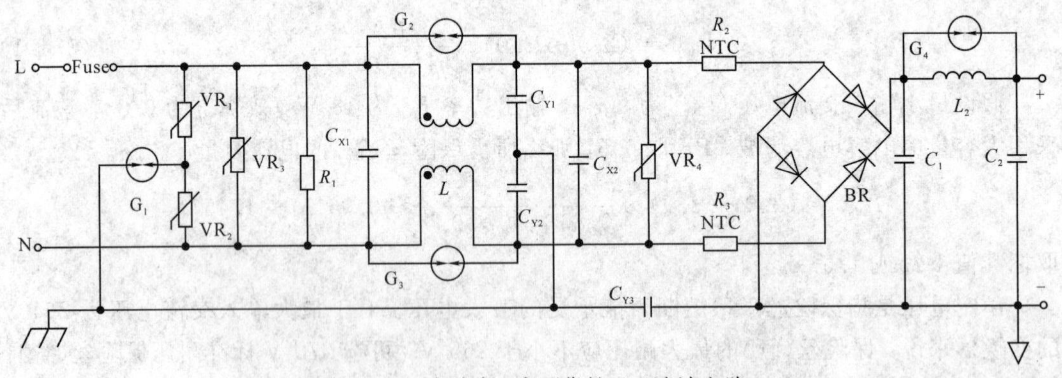

图 5.4.1　大功率、高可靠性 AC 滤波电路

在图 5.4.1 中，整流桥负极(初级侧公共电位参考点)与接地线之间增加了安规电容 C_{Y3}(Y_1 等级)，强化了共模滤波的效果；在整流桥后用 CLC π 型高阶低通差模滤波器代替单一高频电容 C 与线路等效串联电阻 R 构成的 RC 一阶低通滤波器，进一步强化了差模滤波的效果。此外，必要时将用于抑制上电浪涌电流的 NTC 热敏电阻拆分为两部分，并分别接入 L、N 两条电源输入线中，使热敏电阻 R_2、R_3 分别与共模滤波电容 C_{Y1}、C_{Y2} 构成 RC

低通滤波电路，以期进一步削弱共模干扰的幅度。为抑制雷击时感抗较大的滤波电感两端的高压脉冲，在电感量较大的滤波电感两端并联了触发电压 V_S 为 150～200 V 的小功率 1206 或 1210 封装的贴片陶瓷气体放电管 G_2～G_4。

压敏电压 V_{1mA} 必须大于线路的最大直流电压，在电路中最大直流电压 V_{DC} 约为 U_{1mA} 的 0.83 倍。假设线路的最大直流电压为 U_{INmax}，压敏电压标称误差为 α，老化系数为 β(一般取 0.9)，则 V_{1mA} 可按如下规律选择，即

$$V_{1mA} > \frac{U_{INmax}}{\beta(1-\alpha)} \tag{5.4.2}$$

例如，交流输入电压为 90～264 V，压敏电压 V_{1mA} 的标称误差 α 为 10%，则所需的压敏电压 $V_{1mA} > \frac{\sqrt{2}\times 264}{0.9\times(1-0.1)} \approx 461$ V，取标称值 470 V；而当压敏电压 V_{1mA} 的标称误差 α 为 15%时，则所需的压敏电压 $V_{1mA} > \frac{\sqrt{2}\times 264}{0.9(1-0.15)} \approx 488$ V，取标称值 510 V(注：V_{1mA} 也不宜太大，否则钳位电压 V_C 会很大，保护效果将变差)。

在中小功率开关电源中，一般选用 7D(首次 8/20 μs 冲击脉冲可以泄放 1200 A 电流)或 10D(首次 8/20 μs 冲击电压可以泄放 2500 A 电流)尺寸的压敏电阻。因此，本例可选 7D471K(其中 K 表示压敏电压误差为 10%)或 10D471K 规格的压敏电阻，相应的寄生电容约为 100 pF，对应的钳位电压 V_C 约为 775 V，后级市电整流二极管的最小耐压应取 800 V。

不过值得注意的是，防雷元件可以串联使用，但一般不能并联使用，即使是同一型号的防雷元件也不宜通过并联方式来扩大其通流量，原因是两元件的触发电压不可能完全一致，处于并联状态的防雷元件不能同时进入低阻状态。此外，导通电阻也有差别，即使同时进入低阻状态也不能保证电流分配均匀。

气体放电管一般不宜跨接在电源线 L－N 之间，原因是在雷电高压脉冲触发气体放电管导通后，其端电压迅速下降到保持电压。当气体放电管跨接在电源线 L－N 之间时，雷电高压脉冲消失后大于其保持电压的市电输入电压依然能维持气体放电管的导通状态，使保险丝(管)熔断或交流供电过流保护装置动作，导致跳闸。

5.5　功率型 NTC 电阻

功率型 NTC 电阻是一种以氧化锰为主要原料的精密陶瓷电子元件，一般呈黑色(便于散热)或灰色，它具有很高的负温度系数，其阻值会随温度的升高而非线性下降。在电源输入回路串接一只功率型 NTC 热敏电阻，能有效抑制上电瞬间产生的浪涌电流。在正常工作状态下，NTC 电阻体温度较高，由于其负温度效应，电阻值将减小到常温下的 10%以下，功耗不大，几乎不影响电路系统的工作状态。

功率型 NTC 电阻的重要参数有零功率电阻 R_{25}(即 25℃下的静态电阻)、电阻体直径、最大稳态电流 I_{max}、最大稳态电流对应的阻值 $R_{I_{max}}$(与静态电阻及尺寸有关)、允许连接的最大滤波电容 C、热阻、热时间常数等。其中，零功率电阻、电阻体直径、最大稳态电流、允许连接的最大滤波电容等参数非常重要，是选择 NTC 电阻规格的主要依据。

功率型 NTC 电阻的直径、零功率阻值 R_{25} 两参数由接在整流桥后的滤波电容的容量决定，大致关系如表 5.5.1 所示。

表 5.5.1 功率 NTC 电阻的直径 D、零功率电阻 R_{25} 与最大允许连接的滤波电容

直径/mm	R_{25}/Ω	240 V 交流电压下允许连接的最大滤波电容/μF
05D	5.0～25	47
07D	2.5～22	110
09D	3.0～30	150
11D	2.5～5.0	220
	6.0～30	330
13D	1.3～1.5	110
	2.2～30	470
15D	1.0～2.5	330
	3.0～6.0	470
	7.0～30	680
20D	0.7～3.0	680
	3.0～20	820

例如，某开关电源的输入电压为 90～264 V，滤波电容容量为 68 μF，试估算功率型 NTC 电阻的直径与 R_{25} 参数。

由于 NTC 生产厂家只提供 240 V 交流电压下允许连接的最大滤波电容，因此尚需要计算 240 V 交流输入条件下等效滤波电容的容量。根据电容存储能量相等的原则，240 V 交流电压下等效滤波电容容量

$$C_{240\text{V}} = C_{264\text{V}} \times \frac{264^2}{240^2} = 68 \times \frac{264^2}{240^2} \approx 82.3\ \mu\text{F}$$

由此可以确定 NTC 电阻的直径不小于 7D。

热敏电阻最大稳态电流 $I_{\max}$ 必须大于开关电源最大输入电流 I_{INmax}。假设输出功率 P_{O} 为 25 W，最小输入电压为 90 V，效率 η 为 0.85，功率因数 PF 为 0.5，则

$$I_{\max} > I_{\text{INmax}} = \frac{P_{\text{O}}}{\eta U_{\text{INmin}} \text{PF}} = \frac{25}{0.85 \times 90 \times 0.5} \approx 0.65\ \text{A}$$

查 NTC 电阻参数，R_{25} 为 3～8 Ω 的 7D 热敏电阻其最大电流容量均能满足要求，R_{25} 的具体数值视变换器目标效率与允许的浪涌电流大小决定：R_{25} 大，最大稳态电流 $I_{\max}$ 小，稳态电阻高，损耗大，效率会有所下降，但浪涌电流小，PF 值较大；反之，R_{25} 小，稳态电阻小，损耗低，效率较高，但浪涌电流大，PF 值偏小。

不过由于 NTC 电阻的最大稳态电流 $I_{\max}$ 不大，可靠性不高，因此并不适合作为大功率开关电源的浪涌电流抑制元件，在 300 W 以上大功率开关电源中多采用功率电阻和电磁继电器构成浪涌电流的抑制元件。此外，在含有 NTC 电阻的开关电源中，不宜关机后立即上电，必须等待 NTC 电阻温度下降到一定程度后(等待时间长短与 NTC 电阻的热时间常数有关)才能再上电，否则一方面容易损坏 NTC 电阻，另一方面上电瞬间浪涌电流可能会很大，除非刚好在市电电压过零时开机。

5.6　EMI 滤波电路

EMI 滤波电路也称为 AC 滤波电路，如图 5.6.1 所示，它由差模滤波电容(采用 X 安规电容)、共模滤波电容(采用 Y 安规电容)、EMI 共模滤波电感 L，以及为防止触电事故设置的泄放电阻 R(是否需要由差模滤波电容大小决定)等元件组成。

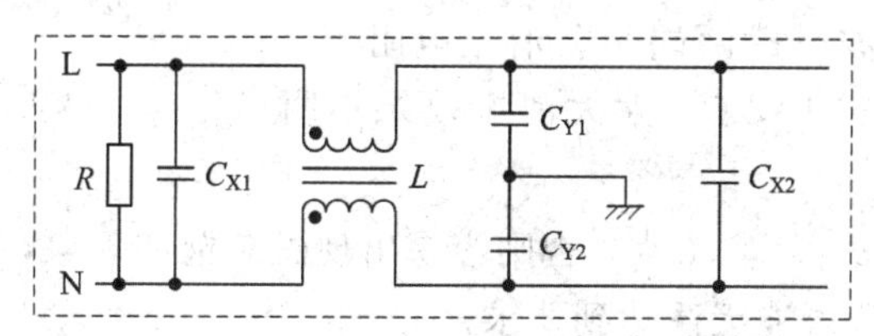

图 5.6.1　基本的 EMI 滤波器

EMI 滤波器本质上是一个低通滤波器，使 0～400 Hz 的低频交流信号(如市电)尽可能无损通过，而对高频的差模、共模干扰信号具有很强的抑制作用，以避免开关电源内部产生的高频干扰信号通过电源线污染电网，同时也避免了来自电网的高频干扰信号影响开关电源内部元件的工作。

AC 共模滤波电感 L 的两个绕组几乎完全耦合，对差模 DM 信号来说，绝大部分磁通相互抵消，不容易引起磁饱和(但绕组寄生电阻引起的损耗不可避免)；对共模 CM 信号来说，磁通相互叠加，呈现出很高的电感量。因此，多采用宽频高磁导率的锰锌铁氧体磁芯，如环形铁氧体磁芯(电感系数 A_L 大，绕组匝数少，铜损小，但绕线难度大)、U 型铁氧体磁芯、EE 型铁氧体磁芯(电感系数 A_L 略小，但绕线容易)等作为共模滤波电感的磁芯。但实际上，两个绕组不可能完全耦合，总会存在一定的漏感 L_d。两个绕组漏感的大小与磁芯材料的磁导率以及两绕组的相对位置有关，绕组靠得越近，漏感越小。EMI 滤波器等效电路如图 5.6.2 所示。

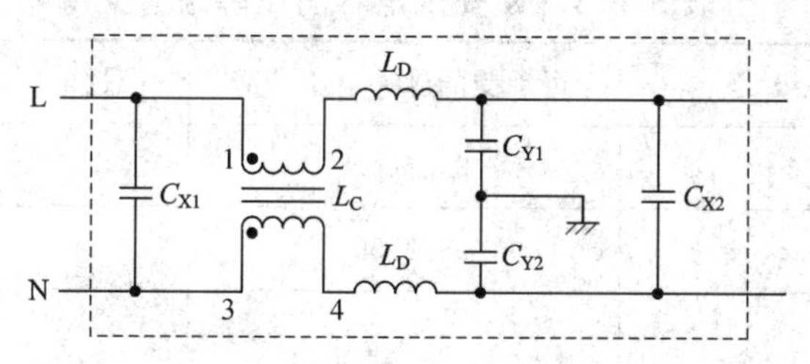

图 5.6.2　EMI 滤波器等效电路

在图 5.6.2 中，共模电感 L_C(3－4 脚开路时，1－2 脚间的电感)一般为 4.7～10 mH，而漏感 L_D(3－4 引脚短路时，1－2 引脚间的电感)一般为共模电感 L_C 的0.5%～2%(与磁芯形状、绕组相对位置等因素有关)。相应地，共模 CM 信号的等效滤波电路、差模 DM 信号的等效滤波电路如图 5.6.3 所示。

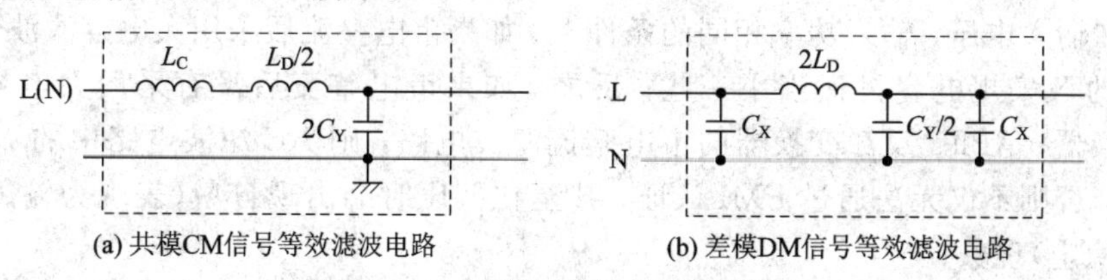

(a) 共模CM信号等效滤波电路　　(b) 差模DM信号等效滤波电路

图 5.6.3　对不同信号的等效电路

可见，在 AC 滤波电路中，因漏感引起的等效差模滤波电感 L_D 提高了对差模干扰信号的滤波效果。因此，可采用绕线方便的 U 形或 EE 形磁芯作 AC 滤波电感的磁芯。也正因如此，对于没有接地线的开关电源输入端，甚至可以采用如图 5.6.4 所示的仅有差模滤波电感、电容的 AC 滤波电路。为避免潜在的 LC 振荡现象，可在差模滤波电感两端并联消振电阻 R_1、R_2，其阻值一般为 3.3～10 kΩ，太大消振效果不明显，太小则电阻功耗大。

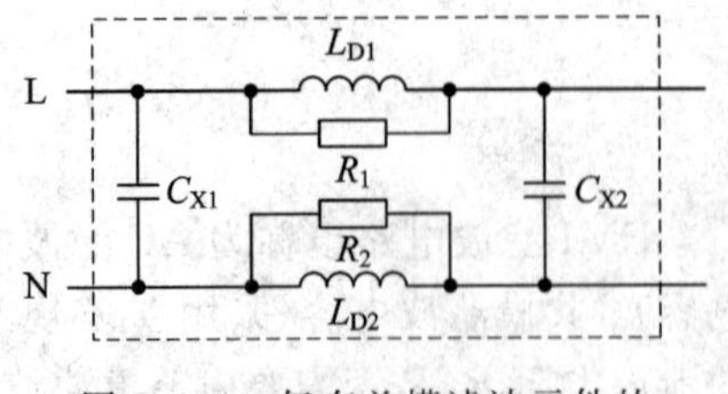

图 5.6.4　仅有差模滤波元件的输入滤波电路

不过差模滤波电感 L_d 不宜太大，否则容易出现磁芯饱和现象，且尽量避免使用工字形磁芯，否则辐射干扰 RE 可能无法达到要求。

5.6.1　安规电容的选择

安规电容主要用于开关电源输入回路的滤波，跨接在电源线 L、N 之间的差模滤波元件由 X 安规电容承担，而跨接在 L、G 与 N、G 之间的共模滤波元件由 Y 安规电容承担。安规电容结构特殊，击穿后处于开路状态，而非短路状态(普通电容击穿后往往处于短路状态)，避免了因滤波电容损坏引起电源线短路或触电事故。因此，在 AC 滤波电路中，不能用 CBB 电容替代 X 或 Y 安规电容。

1. X 安规电容

X 安规电容材质为聚酯薄膜电容，体积较大，耐压很高，主要参数有脉冲耐压、容量、低频交流耐压参数等。其中脉冲耐压分为 3 个等级，分别标为 X1、X2、X3，具体含义如表 5.6.1 所示。

表 5.6.1　X 安规电容耐压等级含义

耐压等级	可承受的脉冲电压/kV	过电压等级 IEC664
X1	2.5～4.0	Ⅲ
X2	≤2.50	Ⅱ
X3	＜1.2	—

在 X 安规电容上，除了标明电容量(如 0.1 μF)外，还标明了耐压等级，如 X1 275 VAC，表明该 X 安规电容的脉冲耐压等级达到 IEC664Ⅲ标准，低频交流耐压为 275 V(有效值)。

在 AC 滤波电路中，跨接在 L、N 之间的两个 X 安规电容的容量一般为 0.033～0.47 μF，大小与变换器输入瞬态峰值电流、后级整流滤波电路形式等因素有关，具体参数由 EMI 实验确定。在输入电压、输入功率相同的条件下，如果市电整流后采用大电容滤波，则 AC 滤波电路中的 X 安规电容可适当小一些；反之，如果市电整流后没有采用大电容滤波，如 APFC 变换器、APFC 反激变换器的市电整流滤波电路，则 AC 滤波电路中的 X 安规电容要大一些，否则不仅无法通过 EMI 认证，甚至在低压时会出现自激(表现为输入功率突然增加或不稳定)现象。

在 AC 滤波电感 L 确定的情况下，如果差模滤波效果达不到要求，可适当增加 X 安规电容的容量。必要时可在AC滤波电感的磁芯上开一微小气隙，有意增加差模电感量，改善差模滤波效果，原因是加大X安规滤波电容的容量有时会受到体积、损耗及功率因数PE的限制：X安规电容容量越大，其体积也越大；当X安规电容总容量达到0.1 μF以上时，必须增加泄放电阻R，使拔去交流输入插头后开关电源输入端的残留电压在1 s时间内下降到额定电压的37%(即1/e)以内，避免产生电击事故，X安规电容的容量越大，泄放电阻R的阻值就越小，损耗也就越大。

例如，交流输入电压有效值为220 V，即最大值为311 V，跨接在L、N之间的两个X安规电容总容量为2×0.1 μF，试计算泄放电阻R的最大值。

利用电容充放电时间的计算式可知泄放电阻

$$R = \frac{t}{C \times \ln \dfrac{U_C(\infty) - U_C(0)}{U_C(\infty) - U_C(t)}} = \frac{t}{C}$$

其中，t为1.0 s；$U_C(\infty)=0$；$U_C(0)=\sqrt{2}U_{\mathrm{INmax}}$；$U_C(t)=\sqrt{2}U_{\mathrm{INmax}}\times 0.37$。将有关参数代入后可得$R=5.0\ \mathrm{M\Omega}$，取标准值4.7 MΩ(或两只阻值为2.4 MΩ或三只阻值为1.5 MΩ的标准电阻串联)。

X安规电容的残压泄放电阻R的耐压由跨接在L-N之间的压敏电阻的箝位电压V_C(约为压敏电压$V_{1\mathrm{mA}}$的1.65倍)确定。例如，当压敏电阻的压敏电压$V_{1\mathrm{mA}}$为470 V(±10%)时，则泄放电阻R耐压不小于箝位电压$V_C=470\times(1+10\%)\times 1.65=853$ V(用两只阻值相同的1206封装电阻串联勉强达到要求)；当压敏电阻的压敏电压$V_{1\mathrm{mA}}$为510 V(±10%)时，则泄放电阻R耐压不小于925 V(用三只阻值相同或相近的1206封装电阻串联才能达到要求)。

2. Y安规电容

Y安规电容的主要参数有耐压、容量等，其中耐压分为4个等级，分别标为Y1、Y2、Y3、Y4，具体含义如表5.6.2所示。

表 5.6.2 Y安规电容耐压等级含义

耐压等级	额定电压/V	可承受的脉冲电压/kV
Y1	≥250	8
Y2	150～250	4
Y3	150～250	—
Y4	<150	2.5

跨接在L、G以及N、G之间的Y安规电容的耐压等级为Y2，大小由泄漏电流确定。IEC60335-1标准对泄漏电流进行了规定。因此，Y安规电容不能太大，如果共模滤波效果达不到要求，则只能适当增加AC滤波电感的电感量。

IEC60335-1标准对泄漏电流的要求如下：

(1) 对Ⅱ类器具，不超过0.25 mA。

(2) 对0类、0Ⅰ类和Ⅲ类(超低安全电压)器具，不超过0.5 mA。

(3) 对Ⅰ类便携式器具，不超过0.75 mA。

(4) 对Ⅰ类伫立式电动器具，不超过 3.5 mA。

(5) 对Ⅰ类伫立式电热器具，不超过 0.75 mA 或 0.75 mA/kW，两者中取大值，但不允许超过 5 mA。

例如，输入交流电压为 242 V，要求对大地漏电流 $I_{\rm leak}$ 不超过 0.50 mA，则 Y 安规电容总容量

$$C=\frac{I_{\rm leak}}{2\pi f U_{\rm INmax}}=\frac{0.50}{2\times\pi\times 50\times 242}\approx 6.58\ {\rm nF}$$

因此，开关电源 AC 滤波电路一般选择容量为 2.2 nF 的 Y2 安规电容。

5.6.2 EMI 滤波电感的设计

确定了 Y 安规电容容量后，就可以计算共模电感量 $L_{\rm C}$。一般 EMI 传导干扰测试频率范围为 150 kHz～30 MHz。假设把共模滤波器的转折频率设定在 50 kHz，即转折频率

$$f_{\rm p}=\frac{1}{2\pi\sqrt{L_{\rm C}C_{\rm Y}}}$$

则 AC 共模滤波电感量

$$L_{\rm C}=\frac{1}{C_{\rm Y}(2\pi f_{\rm p})^2}=\frac{1}{2.2\times 10^{-9}\times(2\times 3.14\times 50\times 10^3)^2}\approx 4.61\ {\rm mH}$$

可取 4.7 mH 标准 AC 滤波电感。

习　题

5-1　DC-DC 变换器输入通道包括了哪些电路？

5-2　EMI 的含义是什么？指出 CE 干扰包括了哪些类型信号？产生的原因是什么？并指出各自的传导路径。

5-3　当输入通道中存在压敏元器件时，NTC 热敏电阻放置位置有什么要求？

5-4　保险丝(管)Fuse 放置位置有什么要求？X 滤波电容泄放电阻有什么作用？放置位置有什么限制？

5-5　简述工频滤波电容容量选择依据。

5-6　假设输入电压为 180～305 V，后级 DC-DC 变换器输出功率为 16 W，效率为 88%，试确定整流后工频滤波的容量及耐压。

5-7　指出常用防雷击元件的种类及各自优缺点。

5-8　简述在 AC-DC 变换器中压敏电阻参数的选择依据。

5-9　当压敏电阻标称电压为 470 V 时，桥式整流二极管耐压选择 600 V 可以吗？为什么？

5-10　NTC 热敏电阻有什么作用？有哪些重要参数？

5-11　当开关电源输入电压为 90～264 V、市电整流滤波电容容量为 47 μF 时，NTC 热敏电阻直径能否采用 5D？为什么？

5-12　简述 EMI 滤波器的组成，并画出其电路图。

5-13　为什么放电管类防雷元器件不能并接在 L-N 线间？

第 6 章　开关变换器控制芯片

开关变换器控制器(芯片)是 DC - DC 变换器的核心，可分为 PWM 控制芯片和 PFM 控制芯片两大类。其中，PWM 控制芯片的主要功能是产生频率相对固定、脉冲宽度随变换器输入电压和输出电压(或输出电流)变化的脉冲信号来控制变换器内开关管的导通时间，从而使 DC - DC 变换器的输出电压(或输出电流)保持稳定；而 PFM 控制芯片的主要功能是产生低电平时间、高电平时间或占空比 D 其中之一固定，但开关频率随变换器的输入电压、输出电压(或输出电流)变化的脉冲信号来控制开关管的相对导通时间，从而使 DC - DC 变换器输出电压(或输出电流)保持稳定。

根据采样对象的不同，可将控制器分为电压型和电流型两大类。为简化不同拓扑变换器的外围电路，众多半导体器件生产厂家为不同拓扑变换器设计了相应的 PWM 控制芯片或 PFM 控制芯片。其中，传统硬开关反激、正激变换器可共用同一类 PWM 控制芯片，如 UC384X 系列、FAN67XX 系列以及昂宝(On - Bright)公司的 OB2262、OB2263、OB2273 等；传统硬开关半桥、全桥变换器也可以共用同一类 PWM 控制芯片，如 TL494 及其兼容芯片 KA7500、SG3525 芯片等；而 FAN7930、L6562、MC33262、OB6563 等 PFM 控制芯片又专为 BCM 模式的 APFC 变换器设计；QR 反激变换器有专用的控制芯片，如飞兆的 FAN6300 系列(包括 FAN6300A、FAN6300H)，安森美的 NCP1207、NCP1380 系列，昂宝的 OB2201、OB2202、OB2203 等；半桥 *LLC*、*LCC* 谐振变换器也有专用的 PFM 控制芯片，如 ST 公司的 L6599 与 L6599A，飞兆半导体的 FAN7621、FAN7631 等。

开关变换器控制芯片种类繁多，同一拓扑变换器对应的控制芯片型号有很多，功能、性能指标也不尽相同，引脚多少、排列顺序也可能有差异。

6.1　电压型控制

电压型控制(Voltage Mode Control，VMC)是最早使用的开关变换器控制方式，属于单闭环负反馈控制系统，内部基本结构如图 6.1.1 中虚线框所示，由误差放大器 EA、比较器 CP、振荡器 OSC、锯齿波发生器以及承担电平状态锁存功能的 SR 触发器等部件构成。

其工作原理可概括为：通过对输出电压 U_O 进行取样，控制 PWM 信号的占空比 D(即导通时间 T_{on})使输出电压 U_O 保持稳定。在电压型 PWM 控制器中，振荡器开关频率(即开关周期 T_{SW})固定，锯齿波发生器输出信号斜率也固定，PWM 调制器是一个电压比较器，误差放大器 EA 输出信号 V_C 与斜率固定的锯齿波电压信号进行比较，从而控制脉冲头的宽窄。振荡器 OSC 输出高电平，SR 触发器的反相输出端 $\overline{Q}$ 输出低电平，同时锯齿波发生器复位，输出电压从最小值线性增加到 V_m(锯齿波电压信号的幅度)，在锯齿波输出电压小于误差放大器 EA 输出信号 V_C 期间，PWM 比较器 CP 输出低电平(即 R 端为低电平)，结果 SR 触发器 Q 端(PWM 信号)输出高电平，开关管 V_1 导通；当锯齿波输出电压大于误差放大器 EA 输出信号 V_C 后，比较器 CP 输出跳变为高电平，使 SR 触发器状态翻转，Q 端(PWM 信号)输出低电平，开关管 V_1 截止，完成了一个开关周期的开关动作。

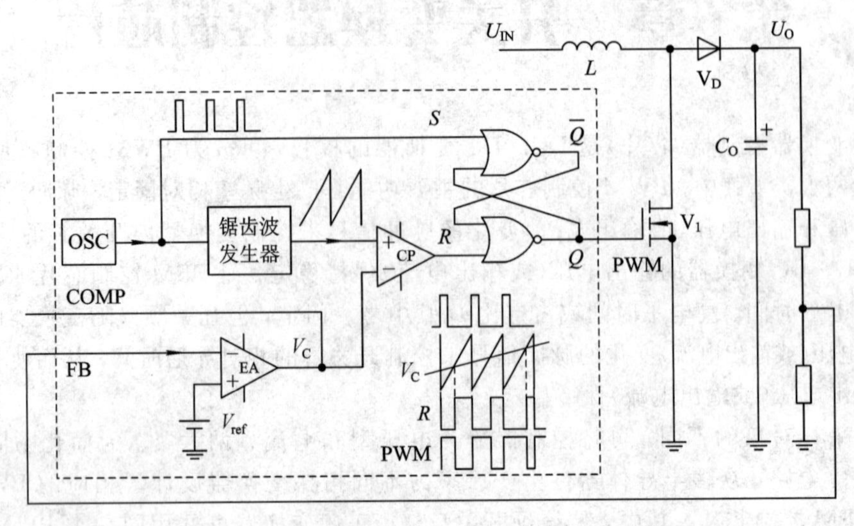

图 6.1.1 基于电压型 PWM 控制器的 Boost 变换器模型电路

误差放大器 EA 输出电压 V_C 的大小受输出电压 U_O 控制。例如，当输出电压 U_O 偏高时，误差放大器 EA 反相输入端电位 V_{FB} 升高，与同相端基准电位 V_{ref}(给定量)比较后，误差信号($V_e = V_{ref} - V_{FB}$)减小，放大器输出信号 V_C 将下降，PWM 脉冲宽度变小，使输出电压 U_O 下降，最终使输出电压 U_O 保持稳定。反之，当输出电压 U_O 偏低时，误差放大器 EA 反相输入端电位 V_{FB} 下降，输出信号 V_C 将上升，PWM 脉冲宽度变大，迫使输出电压 U_O 回升，最终使输出电压 U_O 保持稳定。

由于锯齿波电压

$$v_{st} = \frac{V_m}{T_{SW}} t$$

随着时间 t 的线性增加，当 $t = T_{SW}$ 时，锯齿波电压幅度 $v_{st} = V_m$。锯齿波电压 v_{st} 与误差放大器 EA 输出信号 V_C 的交点对应的时间就是 T_{on}，即

$$\frac{V_C}{V_m} = \frac{T_{on}}{T_{sw}} = D$$

而在 Buck 变换器中，输出电压 $U_O = DU_{IN} = \frac{V_C}{V_m} U_{IN}$。因此，只要误差放大器 EA 的线性度足够高，使控制信号 V_C 与输出电压 U_O 保持严格的线性关系，就能保证占空比 D 与输出电压保持线性关系。可见，电压型 PWM 控制器更适合作为 Buck 变换器的控制器。

电压型控制器不需要斜率补偿电路，只有一个闭环反馈回路，但反馈补偿电路设计相对复杂(需要用到Ⅲ型补偿网络)，最大缺点是对输入电压 U_{IN} 的变化反应速度慢。例如，当输入电压 U_{IN} 发生阶跃跳变时，由于变换器输出端接有大容量滤波电容，因此输出电压 U_O 可能会出现明显的波动，经历一段时间后输出电压 U_O 才逐渐趋于稳定。所以，在电压型 PWM 控制器中可能还需要增加前馈电路，强迫锯齿波电压斜率随输入电压 U_{IN} 升高而增加，如 TI 公司的 UCC3750 电压型 PWM 控制芯片。

6.2 电流型控制

为改善开关控制器的动态响应速度，1972年F. C. Shiwarz提出了电流型控制(Current Mode Control，CMC)模型，它实际上是电流、电压双闭环负反馈控制系统，借助电压闭环负反馈稳定输出电压U_O，以便获得良好的负载调整率，借助电感或开关管电流闭环负反馈形成的前馈特性提高了对输入电压U_{IN}突变的响应速度，以便获得良好的线电压调整率。

电流型控制器包括了峰值电流型控制、平均电流型控制、电流滞环型控制三种方式。

6.2.1 峰值电流型控制

1978年C. W. Deisch等人提出了峰值电流型控制策略，该控制策略的内部基本结构如图6.2.1中虚线框所示。在图6.2.1中，输出电压U_O取样电路、误差放大器EA构成了电压控制环；电感电流取样电阻R_S、RC低通滤波电路构成了电流控制环。

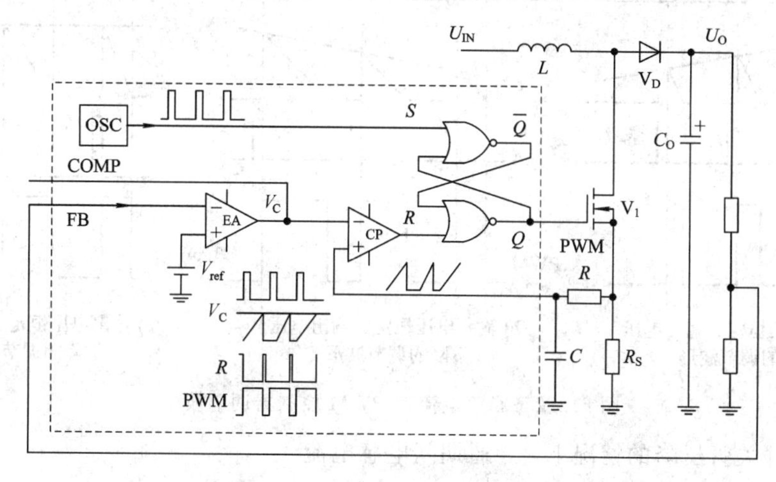

图6.2.1 基于电流型PWM控制器的Boost变换器

峰型电流型控制器与电压型控制器相比，无需锯齿波电压发生器，PWM调制所需的斜坡电压信号由电感电流i_L经RC滤波后产生。其原因是：在T_{on}期间，电感电流i_L线性增加，在电流取样电阻R_S上形成的电压信号完全可替代锯齿波电压发生器的输出信号。不过电感L匝间存在寄生电容C_j，导致开关管开通瞬间存在较大的充电电流，在电流取样电阻R_S上会形成一个较大的尖峰脉冲(称为前沿尖峰)。增加RC低通滤波器的目的就是为了削弱该前沿尖峰脉冲，并滤除可能存在的高频干扰信号。

峰值电流型PWM控制器的工作原理可概括为：通过对输出电压U_O进行取样，控制PWM信号的占空比D(即导通时间T_{on})，使输出电压U_O保持稳定；通过对电感电流i_L进行取样，使变换器能够即时感知输入电压U_{IN}的变化。在峰值电流型PWM控制器中，振荡器开关频率(即开关周期T_{SW})也固定不变，误差放大器EA的输出信号V_C的幅度由输出电压U_O决定。在开关管V_1截止期间，电流取样电阻R_S端电压为0，PWM比较器CP输出低电平。当振荡器OSC输出高电平时，SR触发器Q端(PWM信号)输出高电平，开关管V_1导通，电感电流i_L线性增加，经RC低通滤波后送PWM比较器CP同相输入端，使PWM比较器CP同相输入端电压线性增加。当电感电流达到某一特定值后，PWM比较器

CP同相端电位大于误差放大器EA输出电压V_C，PWM比较器CP输出高电平，触发SR触发器状态翻转，强迫Q端(PWM信号)输出低电平，开关管V_1截止，电流取样电阻R_S上的电压迅速跳变为0，比较器CP输出端为低电平，借助SR触发器的状态记忆功能，PWM信号保持低电平，维持开关管V_1的截止状态，直到下一个OSC脉冲出现为止。

输出电压U_O对PWM脉冲宽度的控制过程可概括为：当输出电压U_O偏高时，误差放大器EA反相输入端FB电位V_{FB}(输出采样信号)升高，与误差放大器EA同相输入端基准电位V_{ref}(给定量)比较后，误差信号($V_e=V_{ref}-V_{FB}$)减小，误差放大器EA输出信号V_C下降，不大的电感电流i_L就可以使PWM比较器CP输出高电平，使SR触发器状态提前翻转，强迫开关管V_1截止，使PWM脉冲宽度变窄。由于电感峰值电流减小，因此电感存储(或变压器传输)的能量就相应减小，输出电压U_O随即下降，最终使输出电压U_O保持稳定，如图6.2.2(a)所示；反之，亦然，如图6.2.2(b)所示。

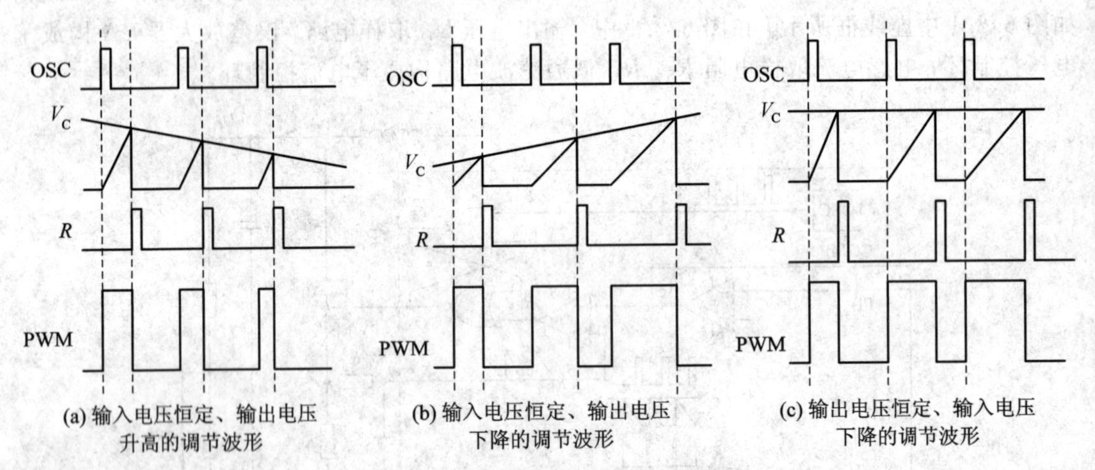

(a) 输入电压恒定、输出电压升高的调节波形　(b) 输入电压恒定、输出电压下降的调节波形　(c) 输出电压恒定、输入电压下降的调节波形

图6.2.2　峰值电流型PWM控制器调节波形

在忽略开关管压降的情况下，导通期间电感电流

$$i_L=\frac{U_{IN}}{L}t$$

而电流取样电阻R_S的端电压V_S与i_L成正比，因此斜坡电压斜率与输入电压U_{IN}成正比，即电流型PWM控制器天生就具备了电压前馈特性，对输入电压U_{IN}突变的响应速度快，如图6.2.2(c)所示，相位补偿也相对容易，唯一的不足是在占空比$D\geqslant0.5$的CCM模式中必须增加斜率补偿电路，方能保证系统的稳定，否则会出现次谐振现象。

6.2.2　峰值电流型控制器次谐振现象与斜率补偿电路

峰值电流型控制器工作在CCM模式下，当占空比$D\geqslant0.5$时，可能存在次谐振现象。具体表现为系统受到干扰(如输入电压或负载突变)后，在相邻的两个开关周期中，导通时间T_{on}长、短会交替出现，使系统进入失控状态。换句话说，出现了比正常开关频率更低的振荡，即存在所谓的次谐振现象。

1. 次谐振现象成因

峰值型电流型控制器工作在CCM模式下，占空比$D>0.5$时出现的次谐振现象可用图6.2.3形象地解释。图中粗实线表示正常状态下的斜坡电压，虚线表示受干扰后的斜坡电压。

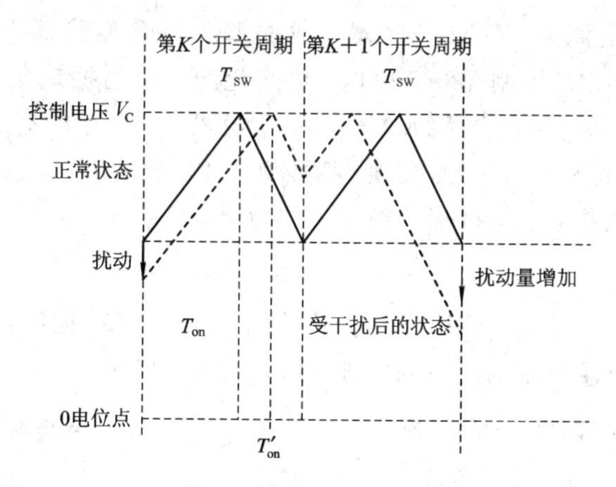

图 6.2.3　CCM 模式下占空比 $D\geqslant0.5$ 时的次谐振现象

假设图 6.2.3中斜线为 Boost 变换器电感电流 i_L 的采样信号，则导通期间电流采样电阻 R_S 上斜坡电压 $V_S=\frac{U_{IN}}{L}R_St$ 随导通时间线性增加，变换器受到扰动后的第 K 个开关周期内电感电流从最小值 $I'_{L\min}$线性增加。由于扰动已经消失，输入电压 U_{IN}已经恢复到正常状态，因此导通期间斜坡电压 V_S 的斜率与正常状态相同，结果第 K 个开关周期导通时间增加到 T'_{on}。由于输出电容的存在，输出电压 U_O 对扰动反应迟钝，几乎没有变化，导致误差放大器 EA 的输出信号 V_C 几乎不变，截止期间电感电流下降斜率也不变，而开关周期 T_{SW} 固定不变，在第 $K+1$ 个开关周期开始时电感电流最小值 $I'_{L\min}$ 比正常状态大，导致第 $K+1$ 个开关周期导通时间 T_{on}缩短，使第 $K+1$ 个开关周期截止时间 T_{off} 延长了许多，最小电感电流比$I'_{L\min}$更小，致使扰动量进一步增加。如此往复，变换器进入不稳定状态，形成次谐振。

可以想象，如果变换器工作在 BCM 或 DCM 模式，每个开关周期电感电流 i_L 均从 0 开始，则扰动过后，不可能出现这种次谐振现象，即扰动仅影响当前开关周期的导通时间 T_{on}。

峰值电流型控制器在 CCM 模式下，如果占空比 $D<0.5$，则变换器受到扰动后，可采用几何作图方式证明扰动将影响随后的多个开关周期，但扰动量会逐渐减小，如图 6.2.4 所示。经历若干开关周期后，变换器最终回到正常工作状态，宏观上观察不到次谐振现象。

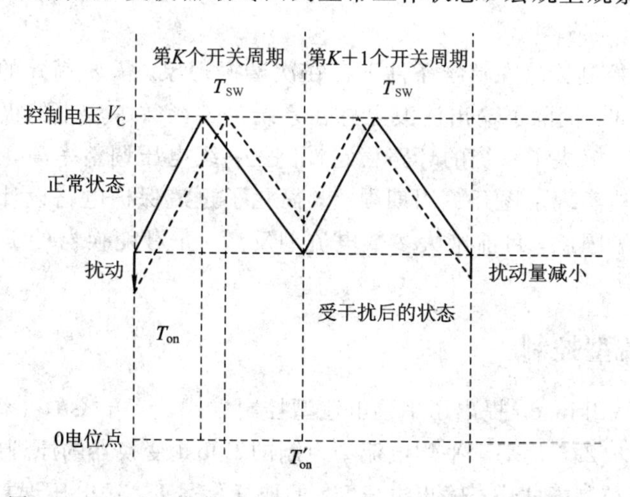

图 6.2.4　CCM 模式下占空比 $D<0.5$ 时扰动幅度逐渐减小

为此，在由峰值电流型 PWM 控制器构成的 DC－DC 变换器中，如果变换器工作在 CCM 模式，则将占空比 D 限制在 0.5 以内，可避免产生次谐振现象；在最小输入电压下，当占空比 D 可能大于 0.5 时，选择 DCM 或 BCM 模式，也不存在次谐振现象；在最小输入电压下，占空比 D 可能大于 0.5，且变换器又必须工作在 CCM 模式时，则只能借助斜率补偿电路，方能避免次谐振现象，确保变换器工作稳定。

2. 斜率补偿

为避免占空比 $D>0.5$ 时，CCM 模式下峰值电流型 PWM 控制器出现次谐振现象，可使比较器的控制电压 V_C 呈现为向下的斜坡，如图 6.2.5 所示。

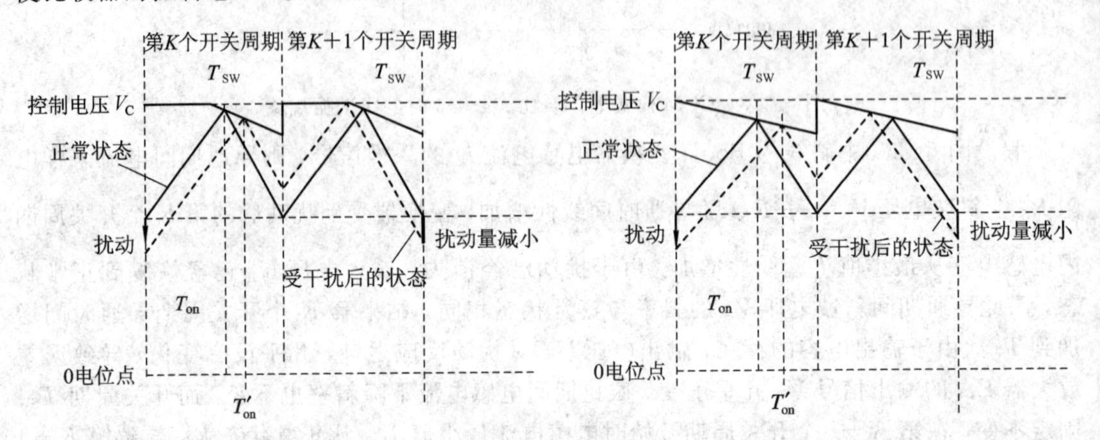

图 6.2.5　控制电压随导通时间线性减小

当然，也可以在电感电流 i_L 对应的斜坡电压 V_S 上叠加一个同频的斜率补偿电压 V'_S，使等效的斜坡电压斜率增加。

不过这两种补偿方式完全等效，就本质上说，均使占空比减小。由比较器特性可知，在比较器 CP 反相输入端叠加一个同频的线性减小的补偿电压 V'_S，与在比较器 CP 同相输入端叠加一个同频的线性增加的信号 V'_S完全等效。正因如此，在峰值电流型 PWM 控制器中，在 PWM 比较器 CP 同相输入端 U_P 信号上叠加一个线性增加的同频信号 V'_S实现斜率补偿更方便。

尽管峰值电流控制策略在特定条件下存在次谐振现象，需要额外的斜率补偿电路，但其优点也非常多，如：消除了输出滤波电感在系统传递函数中产生的极点，使系统传递函数由二阶降为一阶，解决了系统的环路稳定性问题；线电压调整率高，对输入电压突变响应速度快；很方便地实现了逐开关周期限流，简化了过流保护电路设计；当多模块并联工作时均流控制容易。因此，目前绝大多数电流型反激、正激变换器的 PWM 控制芯片均采用这一控制方式。

6.2.3　平均电流型控制

1987 年 B. L. Wilkinson 提出了平均电流型控制方式，该方式在功率因数校正变换器中得到了应用。如图 6.2.6 是基于平均电流型控制的 Boost 变换器的原理电路。

在平均电流型控制方式中，输出电压 U_O 的取样信号 V_{FB}送电压误差放大器 EA 的反相输入端，EA 输出信号 V_e 作为电流调节器 CA 的基准，电感平均电流 i_L 与 V_e 比较并经电流调节器生成控制信号 V_C，控制信号 V_C 再与锯齿波电压比较后产生 PWM 控制信号。可见，平均电流控制也是电压、电流双闭环控制系统。

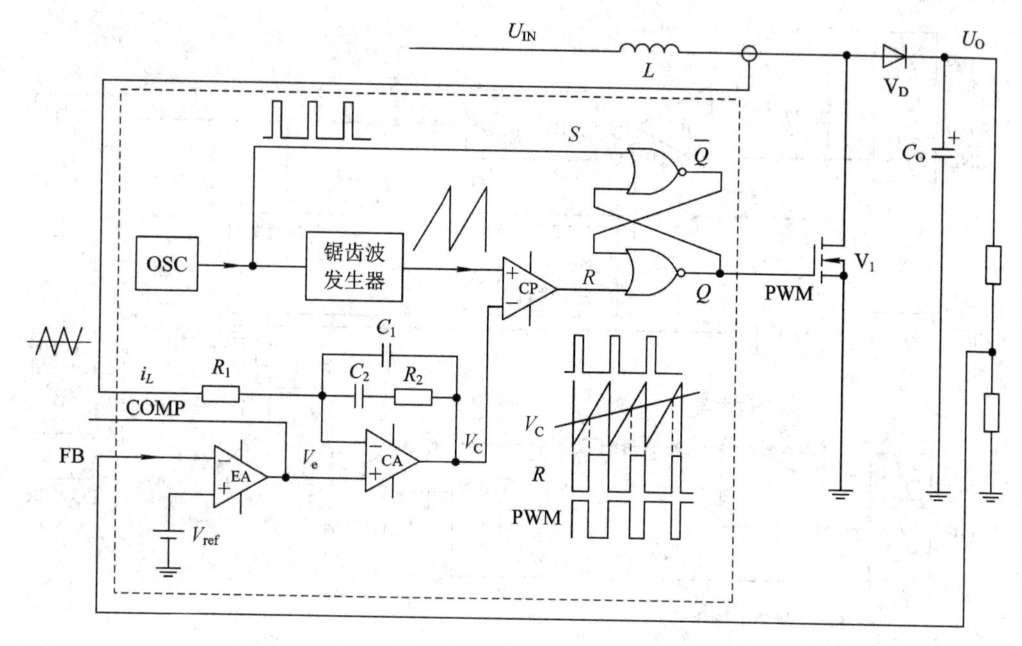

图 6.2.6　基于平均电流型控制的 Boost 变换器的原理电路

这种控制方式采样电感的平均电流，优点是抗干扰能力强，稳定性高，不足的是电感平均电流采样电路复杂，检测元件体积大，功耗高。

6.2.4　电流滞环型控制

电流滞环型控制也通过采样电感电流 $i_L(t)$，并与给定的电感上限电流 $I_{L\max}$、下限电流 $I_{L\min}$ 比较。当变换器电感电流 $i_L(t)>I_{L\max}$ 时，PWM 控制器输出低电平，使开关管断开，电感电流 $i_L(t)$ 下降；在电感 $i_L(t)$ 下降过程中，当 $i_L(t)<I_{L\min}$ 时，PWM 控制器输出高电平，使开关管导通，电感电流 $i_L(t)$ 上升，如此往复。由于电感电流上升、下降斜率与负载轻重、输入电压有关，因而电流滞环型控制器的开关频率不固定，会随负载的轻重和输入电压的高低而变化，属于 PFM 调制范畴。

除了上述电压、电流控制方式外，尚有电荷控制、单周期控制、数字 PID 控制等，这里就不一一介绍了。

6.3　电流型 PWM 控制器典型芯片

Unitrode 公司开发的 UC384X 系列峰值电流型 PWM 控制芯片包括了 UC3842/UC3843、UC3844/ UC3845 芯片，生产厂家众多，内部结构如图 6.3.1 所示，采用 SO8 或 SO14 封装，引脚排列如图 6.3.2 所示，是早期 DC－DC 变换器常用的 PWM 控制芯片之一。这些芯片彼此差异不大，其中 UC3842/UC3843 的占空比 D 没有限制，最大可达 100%；而 UC3844/UC3845 的最大占空比被限制为 50%，更适合作为占空比 D 不宜超过

50%的正激变换器的控制芯片。UC3842 与 UC3843 之间的差别仅仅是启动电压、欠压锁定电压的不同。

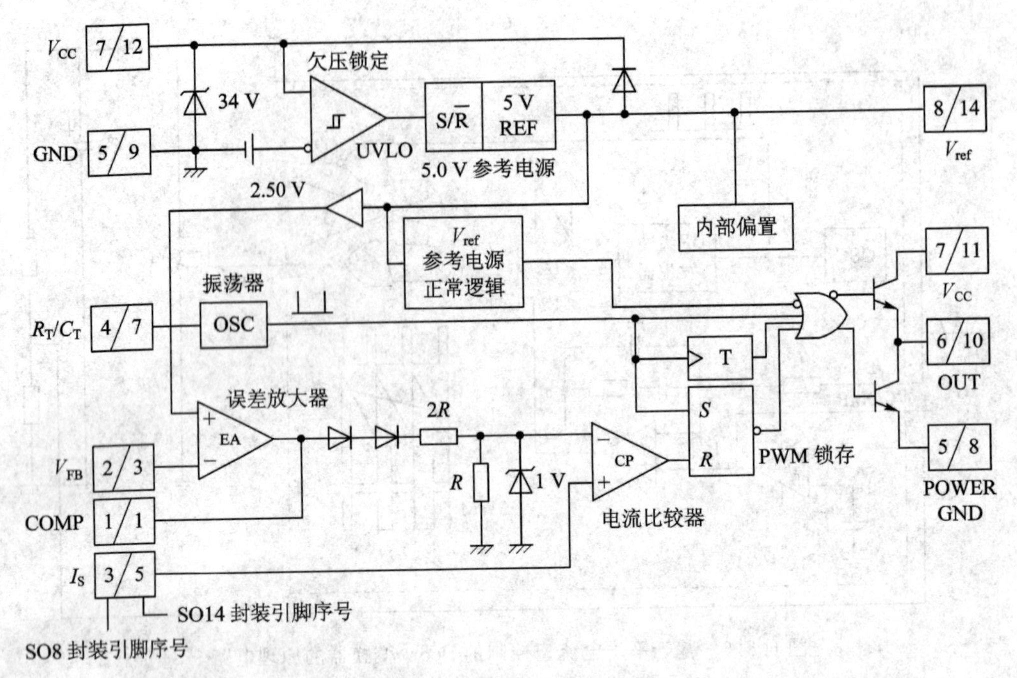

图 6.3.1　UC384X 系列芯片内部结构

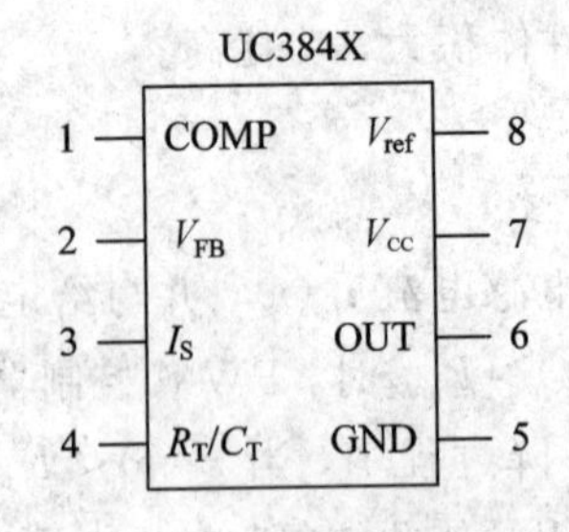

图 6.3.2　SO8 封装引脚排列

6.3.1　启动电路

1. 电阻限流启动电路

UC384X 系列芯片的最大启动电流为 1 mA，典型值为 0.5 mA，原则上可通过限流电阻接市电整流滤波电路的输出端以获得所需的启动电流，如图 6.3.3 中的电阻 R_{13}、R_{14}。

限流电阻大小与最小输入电压有关。例如，当最小输入电压为 176 V 时，芯片电源引脚启动电压 V_{CCon} 为 16 V，则启动限流电阻

$$R_{13}+R_{14}<\frac{U_{INmin}\times\sqrt{2}-V_{CCon}}{1\ \mathrm{mA}}=\frac{176\times\sqrt{2}-16}{1\ \mathrm{mA}}\approx 240\ \mathrm{k\Omega}$$

限流电阻消耗的功率

$$P>\frac{(1.2U_{INmax}-V_{CC})^2}{R}$$

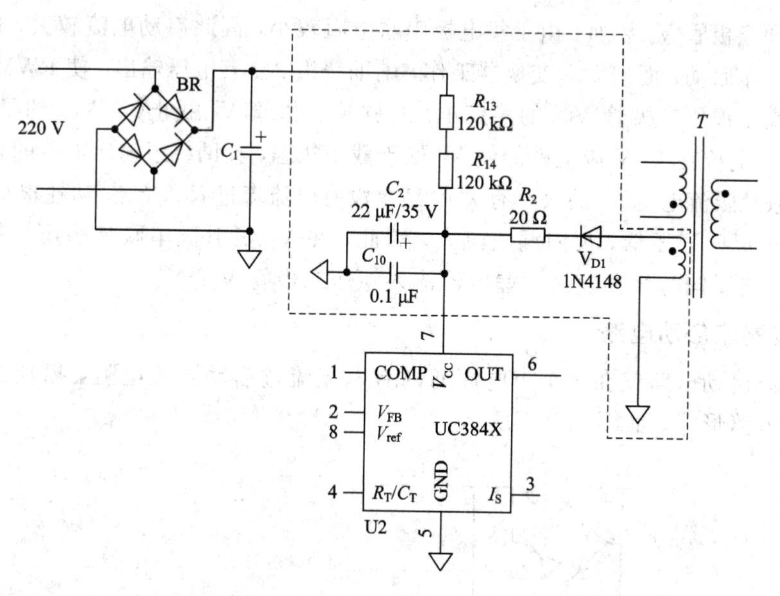

图 6.3.3 电阻限流启动电路

可见，限流电阻消耗的功率由最大输入电压 U_{INmax} 确定。例如，当最大输入电压 U_{INmax} 为 264 V 时，限流电阻消耗的功率 $P>\frac{(1.2\times 264-15)^2}{240\times 10^3}\approx 0.379$ W，即至少需要两只耗散功率为 1/4 W 以上的电阻串联。

为避免因控制芯片电源引脚 V_{CC} 滤波电容 C_2 漏电造成低压时启动困难，C_2 的耐压一般不宜小于 35 V，最好选容量为 22～47 μF、耐压为 50 V 的高频电解电容。

2. 三极管有源启动电路

当输入电压较小时，如全电压工作的反激变换器，在低功耗应用中，为减小启动电阻的功耗，可采用二极管稳压、三极管扩流形式的有源启动电路，如图 6.3.4 所示。

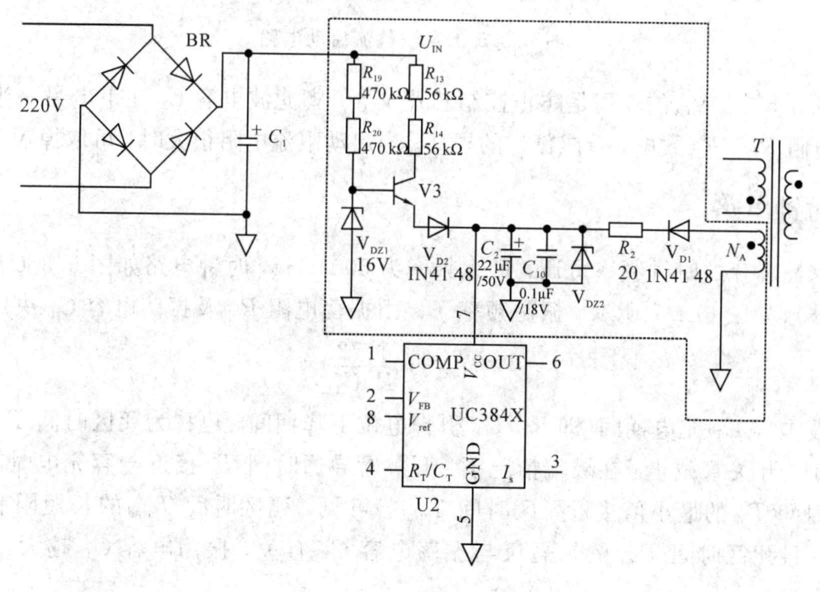

图 6.3.4 有源启动电路

启动瞬间三极管 V_3 导通，由于集电极串联电阻较小，因此启动电流较大，保证了 PWM 控制芯片的可靠启动；而启动后变换器工作，辅助绕组 N_A 有电压输出，使 PWM 控制芯片电源引脚电位高于稳压二极管 V_{DZ1} 的稳定电压，强迫三极管 V_3 截止(若 V_{DZ1} 的稳压电流为 16 V，则 V_{CC} 引脚电位在 15 V 以上就能使 V_3 处于截止状态，辅助绕组输出电压的高低与辅助绕组 N_A 的匝数及限流电阻 R_2 的大小有关)，结果没有电流流过 R_{13}、R_{14}，功耗很小。由于 NPN 三极管发射结反向耐压低，反向漏电流大，因此，在 V_3 发射极串联高耐压二极管 V_{D2}，避免当 V_3 发射结反偏时存在较大的漏电流流入稳压二极管 V_{DZ1}。

3. 半波整流启动电路

半波整流启动电路仅在半个市电周期内有电流流过启动限流电阻，损耗低，也是常用的一种启动电路形式，如图 6.3.5 所示。

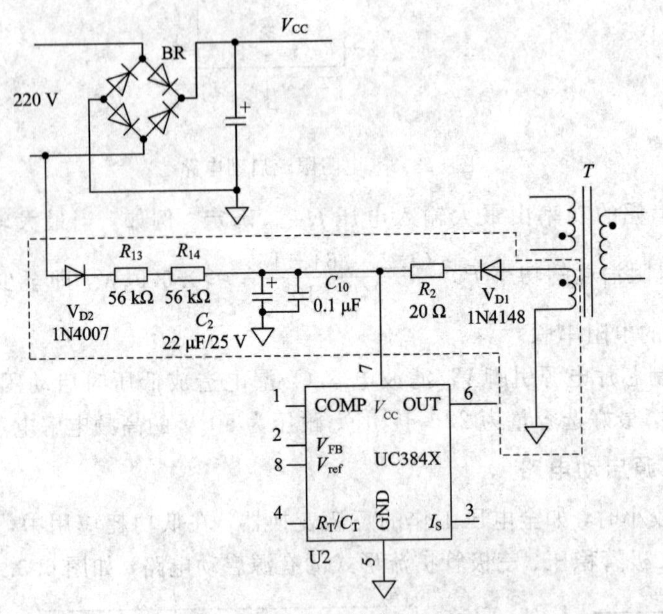

图 6.3.5 半波整流启动电路

在图 6.3.5 中，V_{D2}的作用是防止控制芯片 V_{CC}引脚滤波电容 C_2 在市电另一半周期通过启动限流电阻 R_{13}、R_{14}放电，造成额外的损耗。当启动限流电阻很大时，可取掉 V_{D2}。

6.3.2 时钟电路

UC384X 芯片的时钟频率可调，最大频率为 500 kHz，时钟电路如图 6.3.6 所示，时钟电路引脚波形如图 6.3.7 所示。振荡频率 f_{OSC} 由振荡电阻 R_T 及振荡电容 C_T 决定，即

$$f_{OSC} = \frac{1.72}{R_T C_T} \tag{6.3.1}$$

在振荡电容 C_T 放电期间(即 R_T/C_T 引脚电位下降期间，也称为死区时间 T_{dead})，PWM 输出低电平，开关管截止。在极端情况下，开关管导通时间 T_{on} 接近电容充电时间，此时开关管截止时间 T_{off} 的最小值接近死区时间 T_{dead}。可见，死区时间 T_{dead} 的长短限制了最大占空比 D_{max}，且死区时间 T_{dead} 的长短仅与振荡电容 C_T 有关，振荡电容 C_T 越大，T_{dead} 越长。D_{max} 的计算式为

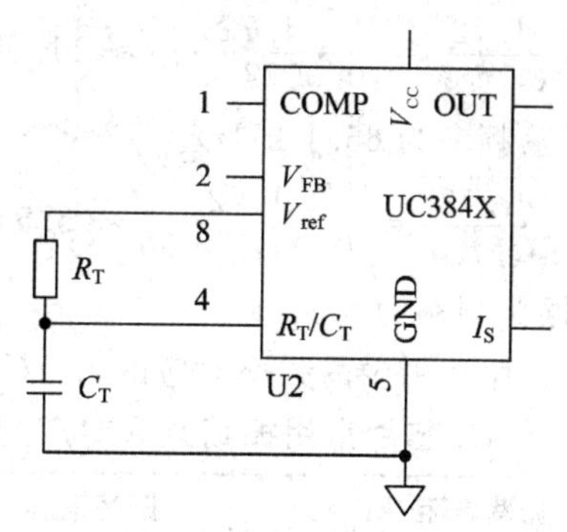

图 6.3.6　UC384X 时钟电路

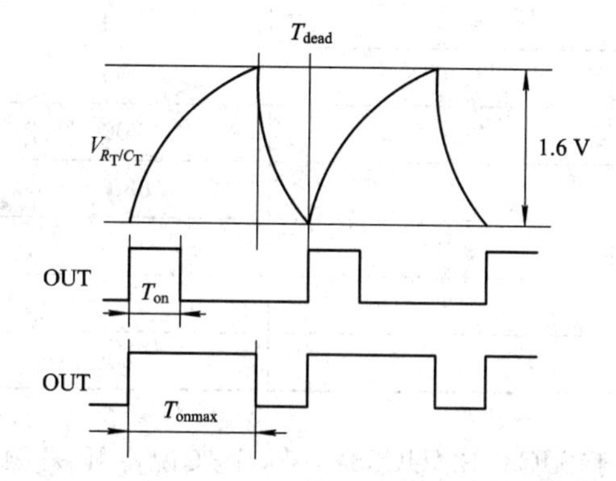

图 6.3.7　UC3842/UC3843 时钟电路引脚波形

$$D_{max}=\frac{T_{onmax}}{T_{SW}}=1-\frac{T_{offmin}}{T_{SW}}=1-\frac{T_{dead}}{T_{SW}}\quad（对 UC3842、UC3843 芯片）$$

$$D_{max}=\frac{T_{onmax}}{2T_{SW}}=0.5-\frac{T_{offmin}}{2T_{SW}}=0.5-\frac{T_{dead}}{2T_{SW}}\quad（对 UC3844、UC3845 芯片）$$

为发挥 UC384X 控制芯片的性能，T_{dead}一般不应超过振荡周期的 15%，因此在实际设计中应先根据死区时间 T_{dead} 的长短，通过图 6.3.8 选择标准振荡电容 C_T，然后通过式(6.3.1)确定振荡电阻 R_T(不过必须保证 $R_T>5$ kΩ)。

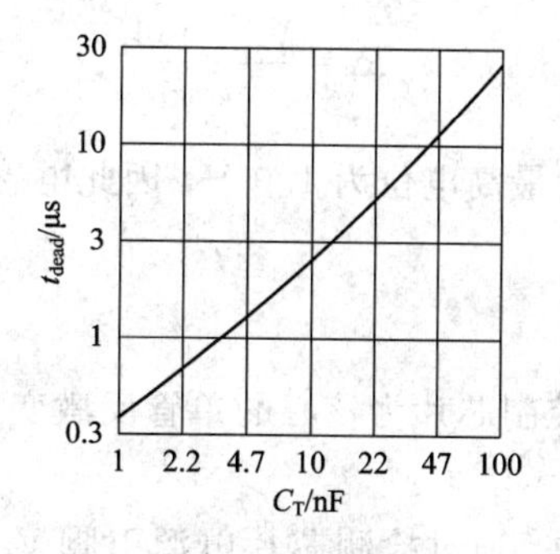

图 6.3.8　电容 C_T 与死区时间 T_{dead} 的关系

例如，对于 UC3842/UC3843 芯片来说，若开关频率 f_{SW} 为 66 kHz，开关周期约为 15 μs，则死区时间 $T_{dead}<15$ μs×15%，即 2.25 μs。由此可知，振荡电容 $C_T\leqslant 6.8$ nF，可选择2.2 nF、3.3 nF 或 4.7 nF(最好采用稳定、高频特性良好的聚丙烯材质电容或涤纶电容)。因此有

$$R_T = \frac{1.72}{C_T f_{OSC}} = \frac{1.72}{0.0022 \times 66} \approx 11.85\ \text{k}\Omega$$

即 R_T 取标准值 12 kΩ(实际振荡频率为 65.1 kHz)。

$$R_T = \frac{1.72}{C_T f_{OSC}} = \frac{1.72}{0.0047 \times 66} \approx 5.54\ \text{k}\Omega$$

即 R_T 取标准值 5.6 kΩ(实际振荡频率为 65.3 kHz)。

UC384X 系列 PWM 控制芯片常用振荡频率对应的 R_T/C_T 参数如表 6.3.1 所示。

表 6.3.1　UC384X 芯片常用振荡频率对应的 R_T/C_T 参数

振荡频率 f_{OSC}/kHz	振荡电阻/kΩ	振荡电容/pF	实际振荡频率/kHz
66	12	2200	65.1
	5.6	4700	65.3
133	13	1000	132.3
	5.6	2200	139.6
198	13	680	195.0
	9.1	1000	189.0
266	13	470	281.0
	10	680	253.0

值得注意的是，对于 UC3842/UC3843 芯片来说，开关频率 $f_{SW} = f_{OSC}$；而对于 UC3844/UC3845 芯片来说，开关频率 $f_{SW} = 0.5 f_{OSC}$。

6.3.3　斜坡电流取样电阻 R_S 的确定

假设 EA 放大器输出电压为 V_C(即补偿端 1 脚电压)，则电流比较器反相输入端电压

$$V_N = \frac{V_C - 2 \times 0.7}{3R} R = \frac{V_C - 1.4}{3}$$

若开关管(即电感)峰值电流为 i_{LPK}，则电流比较器同相端电位为 $R_S i_{LPK}$，于是电流取样电阻

$$R_S = \frac{V_C - 1.4}{3 i_{LPK}}$$

由于比较器反相输入端的最高电位为 1.0 V，因此电感峰值电流 i_{LPK} 最大被限制为 $\frac{1}{R_S}$。

6.3.4　典型应用电路

以 UC384X 系列 PWM 控制芯片为核心的单管反激变换器的典型应用电路如图 6.3.9 和图 6.3.10 所示。

在图 6.3.9 所示的电路中，通过检测芯片电源引脚 V_{CC} 电压的变化可间接感知输出电压 U_O 的变化，原因是辅助绕组 N_A 输出电压能跟踪次级绕组 N_S 电压的变化，即 $V_{CC} + U_{D1} = (U_O + U_{D3})\frac{N_A}{N_S}$。这种电路的优点是不需要光电耦合器件(如 PC817)、基准放大电路(如 TL431，可直接使用控制芯片内置误差放大器 EA)，元件少，成本低。此外，输入电压的变

化也会立即传送到 PWM 控制芯片 UC384X 内置误差放大器 EA 的反相输入端 FB，变换器对输入电压的变化反应迅速，即提高了线电压的调整率。不足之处是，由于输出端接有大容量滤波电容，因此对负载变化反应较迟钝，即负载调整率不高。此外，未直接采样输出电压 U_O，稳压精度也不高。

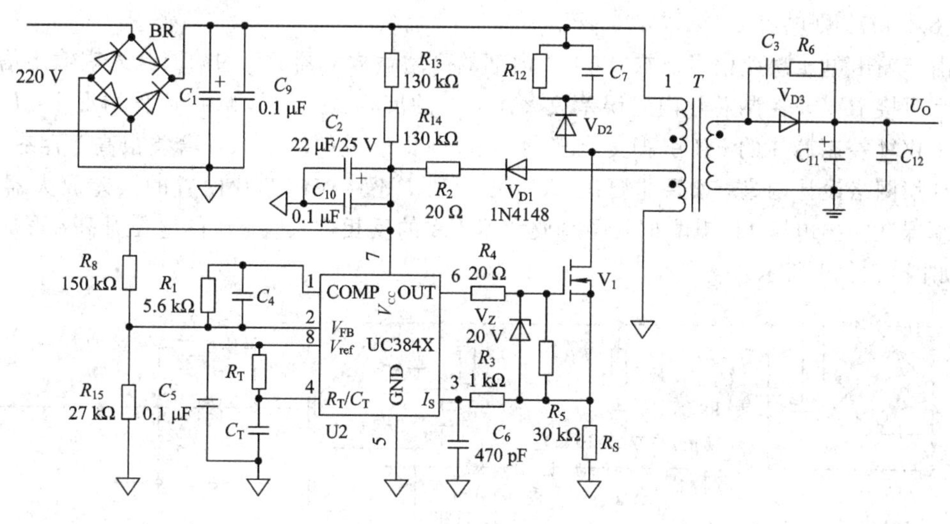

图 6.3.9　基于原边电压取样反馈的反激变换器

在图 6.3.10 所示的应用电路中，直接对输出电压 U_O 进行采样，借助光耦 PC817B 将输出电压 U_O 的变化转化为光耦输出电流的变化。例如，当输出电压 U_O 增大时，TL431 芯片输入参考端电位上升，TL431 输出电流增加，使 PC817B 二极管电流 I_F 增加，导致 PC817B 输出三极管 C、E 极间电压下降，引起 PWM 控制芯片内置的 PWM 比较器 CP 的反相端电位下降，使导通时间 T_{on} 减小，迫使输出电压 U_O 下降。

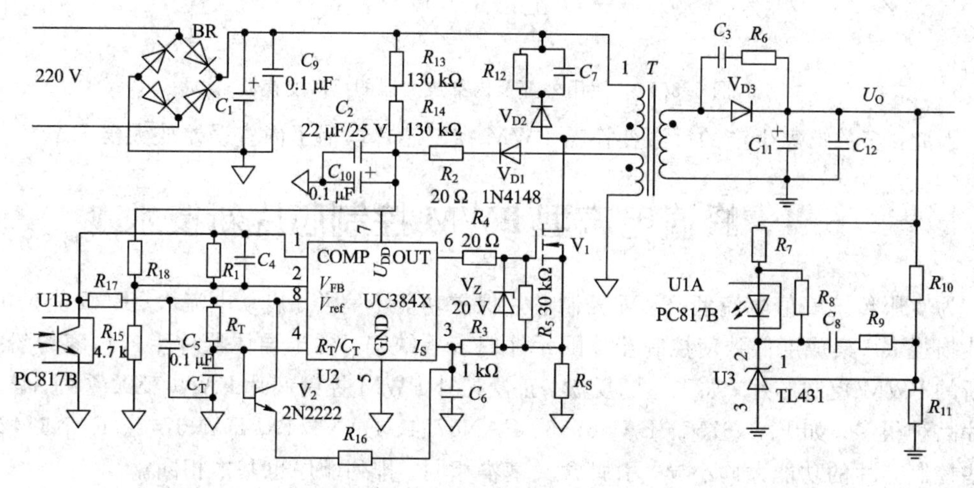

图 6.3.10　借助光耦器件传递输出采样信号的单管反激变换器

在图 6.3.10 中，V_2、R_{16} 构成了斜率补偿电路，将 R_T/C_T 引脚同频斜坡电压接到 PWM 比较器的同相输入端，以便在 CCM 模式下允许占空比 D 超过 0.5。

由于主绕组 N_P 匝与匝、层与层之间存在寄生电容以及存在次级整流二极管反向恢复时间，MOS 管开通瞬间流过电流取样电阻 R_S 的电流很大，形成了所谓的前沿尖峰脉冲。

为避免该尖峰信号误触发 PWM 控制芯片的过流保护操作，电流检测信号需经 RC 低通滤波适当削弱前沿尖峰幅度后方能接控制芯片的电流检测输入引脚，作为锯齿波信号。前沿尖峰脉冲的持续时间大约为数百纳秒，因此 RC 低通滤波器的时间常数一般也取数百纳秒。例如，当图6.3.10中电阻 R_3 取 1 kΩ 时，电容 C_6 可取 330～680 pF。当然，如果电阻 R_3 取 3.3～8.2 kΩ，则电容 C_6 可取 100 pF。

由于输出电压误差信号已被 *TL*431 内部的高增益放大器放大过，因此光耦输出信号一般不宜再接 *PWM* 控制芯片内置误差放大器 *EA* 的反相输入端 *FB*(在这种情况下，*UC*384 系列 *PWM* 控制芯片的 *FB* 引脚交流接地)，否则将形成两级放大，增益很高，容易自激，导致补偿网络设计困难。如果非要用 *UC*384 系列 *PWM* 控制芯片内置的误差放大器 *EA*，则必须保证输出电压 U_O 升高时，误差放大器 *EA* 的反相输入端 *FB* 的电位升高，形成负反馈，如图 6.3.11 所示。

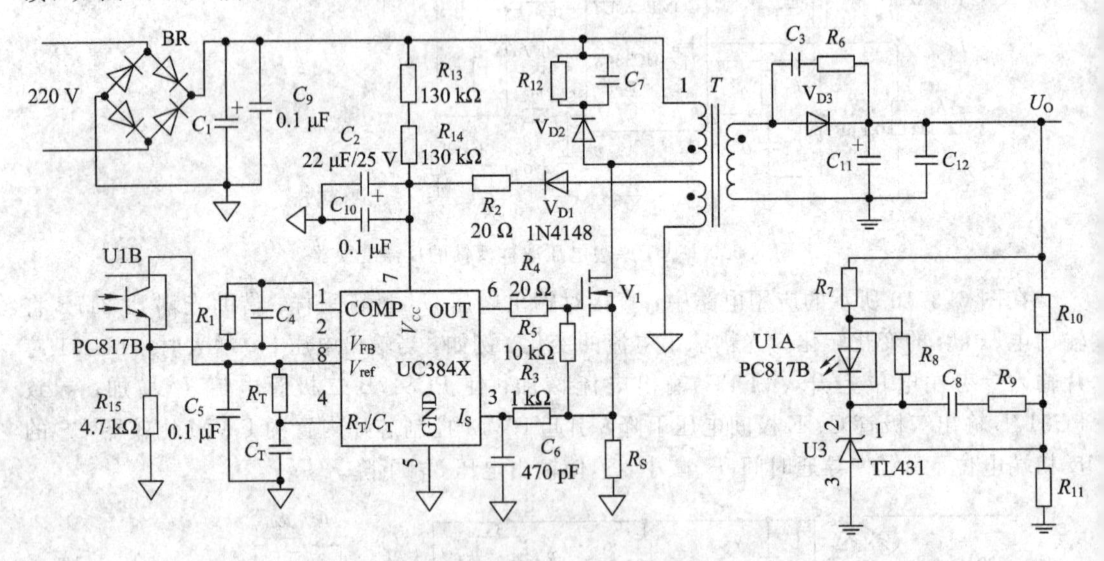

图 6.3.11　使用外部及内部放大器的反激变换器

因此，多数厂家生产的反激变换器 PWM 控制芯片取消了内置误差放大器 EA。

6.4　峰值电流型 PWM 控制芯片新技术

为克服传统峰值电流型 PWM 控制芯片保护功能不完善、启动电流大、EMI 能谱集中、轻载损耗大、集成度低致使控制器外围元件偏多等缺陷，各半导体器件生产厂家纷纷推出了新的 PWM 控制芯片，如飞兆的反激、正激拓扑 PWM 控制芯片 FAN67XX 系列。该系列芯片品种很多，如 FAN6757、FAN6756、FAN6754、FAN6749、FAN6747、FAN6742 等，这些控制芯片的功能大同小异，引脚含义基本相同，排列顺序也基本相同。

下面以 FAN6757 控制芯片为例，逐一简要介绍新增的功能。

6.4.1　FAN6757 芯片的内部框图

FAN6757 PWM 控制芯片的内部结构如图 6.4.1 所示，它由振荡电路、PWM 比较器、PWM脉冲驱动器、高压启动电路、斜率补偿电路，以及过压、欠压、过热、短路等保护电

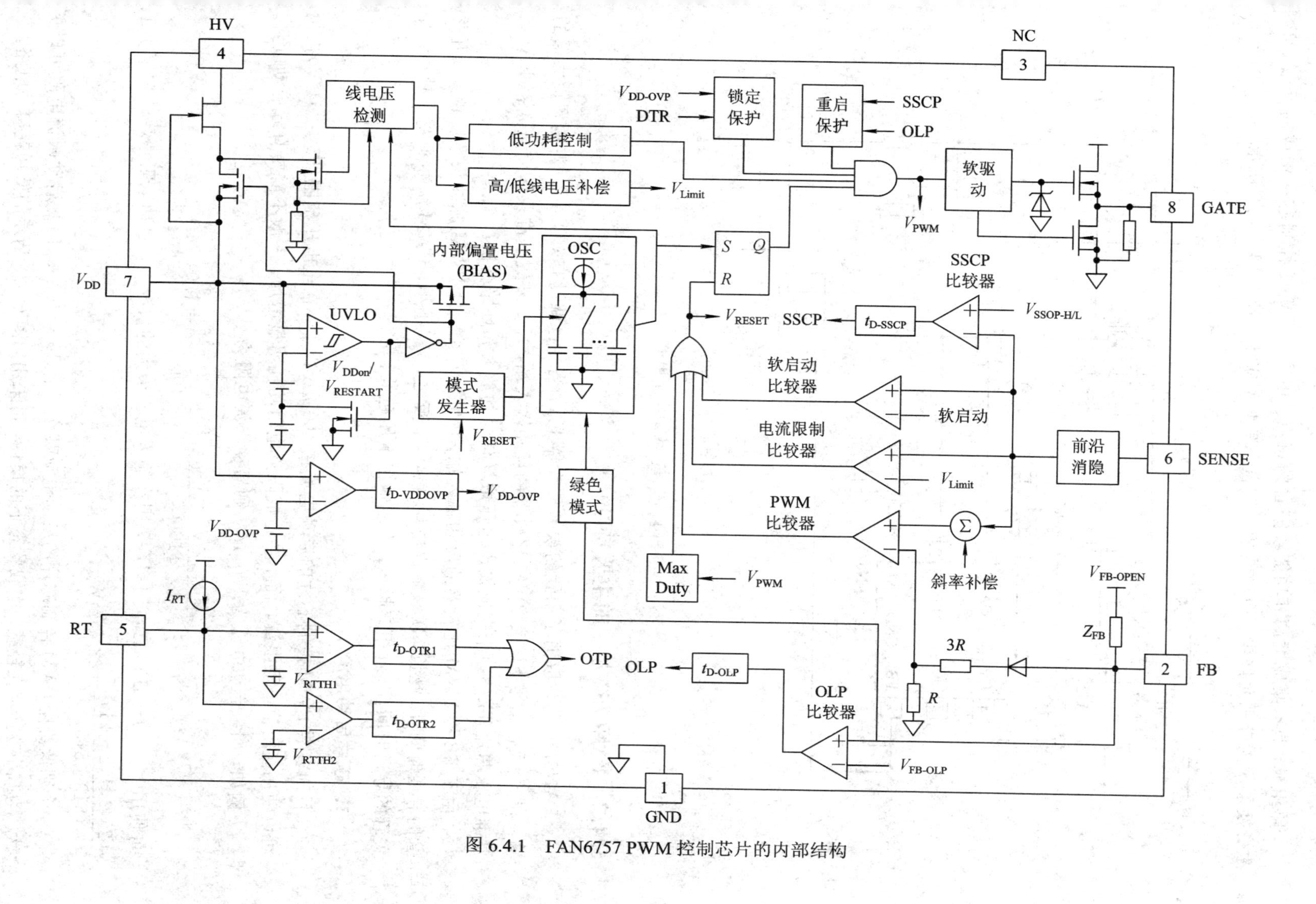

图 6.4.1　FAN6757 PWM 控制芯片的内部结构

路组成，具有集成度高和功能较完善的特点。由这类 PWM 控制芯片构成的反激、正激变换器所需外围元件少，而功能相对完善，其典型应用电路如图 6.4.2 所示。

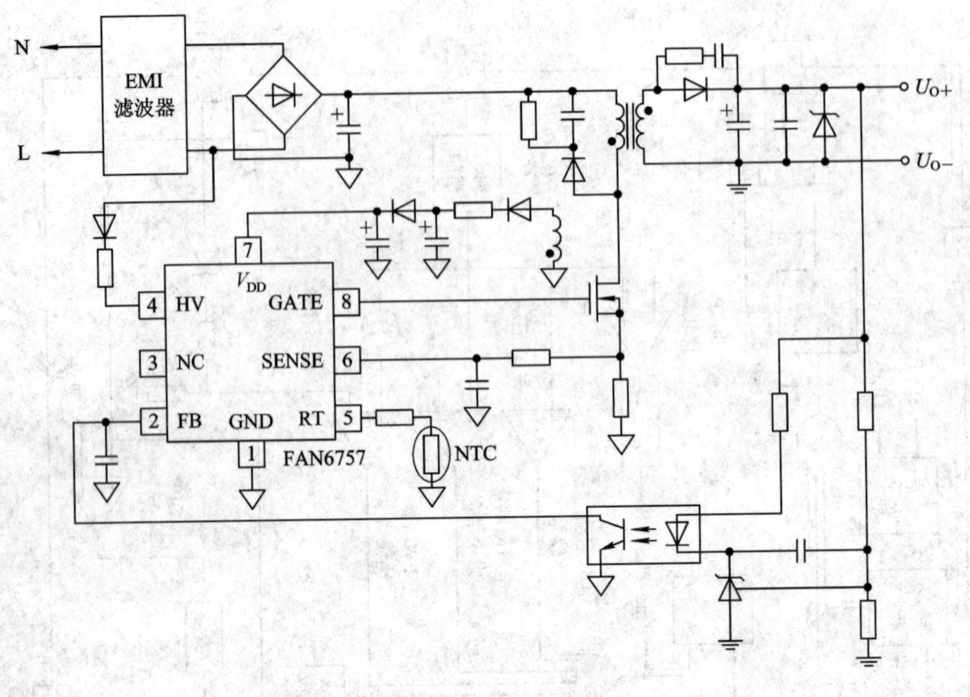

图 6.4.2　典型应用电路

6.4.2　FAN6757 芯片的主要特征

FAN6757 芯片取消了内置的误差放大器 EA，当然也就没有 COM 引脚(内置放大器的输出端)，反馈信号 FB 接 PWM 比较器的反相输入端，需要外置基准及误差放大器 EA(如基准电压芯片 TL431)来完成输出电压取样信号的放大和环路补偿。

由于 FB 接 PWM 比较器的反相输入端，因此，V_{FB}越大，PWM 脉冲头宽度越大，开关管的导通时间 T_{on}越长，次级输出电压就越高；反之，V_{FB}越小，PWM 脉冲头宽度越小，开关管的导通时间 T_{on}就相应越短，次级输出电压越低。

1. 芯片启动电流小

目前多数 PWM 控制芯片的启动电流在 100 μA 以下，在全电压范围(85～264 V)内也可以使用高阻值电阻限流，而不会造成限流电阻功耗明显增加，一般不需要有源启动电路。

例如，如果启动电流为 100 μA，则启动限流电阻为

$$R<\frac{U_{\text{INmin}}\times\sqrt{2}-V_{\text{DD}}}{100}=\frac{85\times\sqrt{2}-16}{100}=1.04\ \text{M}\Omega$$

可使用 510 kΩ+510 kΩ 电阻串联，则在输入电压最大的情况下，启动电阻消耗的功率小于 $\frac{(264\times1.2-16)^2}{(510+510)}=88.7\ \text{mW}$。

个别低功耗 PWM 控制芯片的启动电流甚至只有 10～50 μA，因此启动限流电阻可以更大。为减小变换器在轻载、空载状态下的损耗，可采用如图 6.4.3 所示的低功耗启动电路。

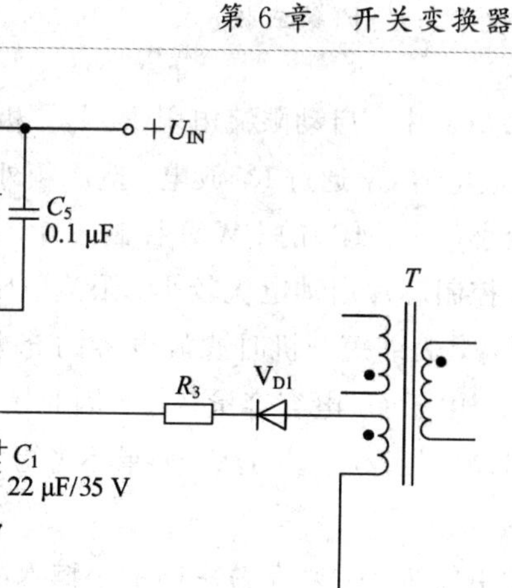

(a)启动电流较大

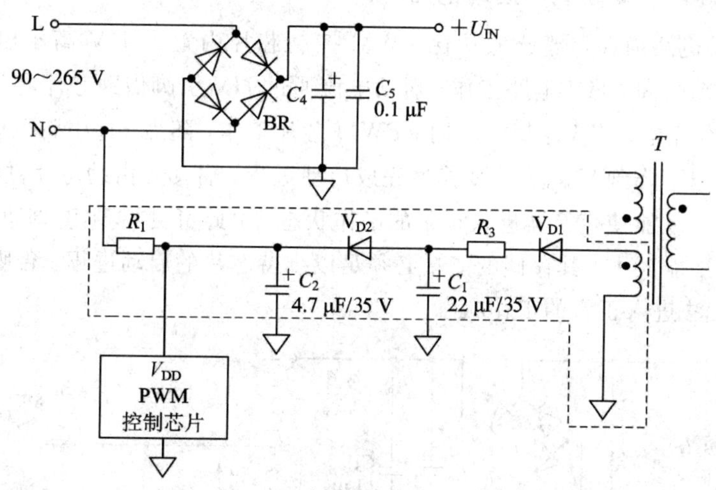

(b) 启动电流较小

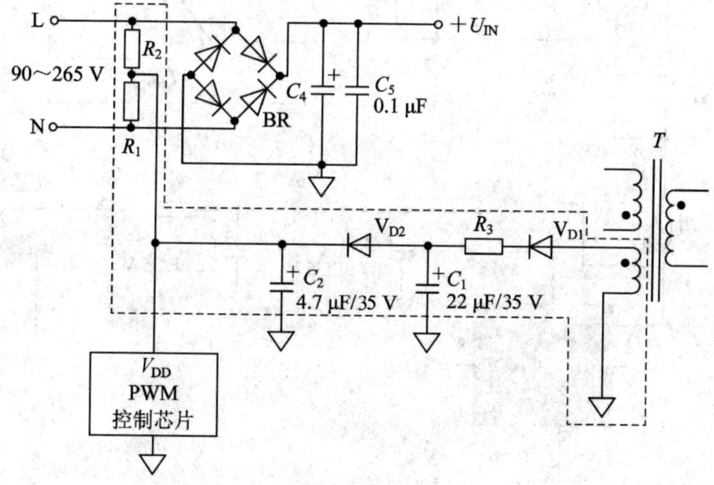

(c) 启动电流很小

图 6.4.3　低功耗启动电路

在图 6.4.3(a)中，启动限流电阻 R_1 与二极管 V_{D3} 串联，目的是防止 PWM 控制芯片电源引脚 V_{DD} 滤波电容 C_1 通过 R_1 放电，造成额外损耗。该启动电路适用于启动电流较大、启动限流电阻较小(<1 MΩ)的 PWM 控制芯片。

当 PWM 控制芯片启动电流较小、限流电阻较大(>1 MΩ)时，可取消防止 C_1 电容放电的二极管 V_{D3}，为缩短开机时滤波电容的充电时间，增加了二极管 V_{D2} 及电容 C_2，如图 6.4.3(b)所示。由于 C_2 电容容量较小，因此接通电源后，C_2 端电压很快就能上升到 PWM 控制芯片的启动电压 V_{DDon}。当然，如果不考虑上电启动时间的长短问题，也可以省去二极管 V_{D2} 与电容 C_2。

如果启动电流很小，则在特定的最小输入电压下，启动限流电阻>2 MΩ，可使用如图 6.4.3(c)所示的启动电路。启动限流电阻由输入 AC 滤波电路中的 X 安规电容放电电阻来承担，既减少了元件数目，也降低了整机的损耗。

2. 带 HV 高压启动功能的启动电路

为减小启动电路损耗，部分低功耗 PWM 控制芯片内置了 HV 高压启动电路，如图 6.4.4 所示。启动瞬间，HV 电路工作，启动电流通过 HV 引脚借助芯片内部开关流向 V_{DD} 引脚，对 C_2 电容充电。当 $V_{DD} \geqslant V_{DDon}$ 时，PWM 芯片工作，随后 V_{DD} 引脚电位下降，只要在 V_{DD} 引脚电位尚未下降到 V_{DDoff} 前，变换器完成启动进程，启动后借助芯片供电辅助绕组 N_A 给 V_{DD} 引脚供电，就能使变换器进入正常的工作状态。由此可见，V_{DD} 引脚滤波电容(有时也称为保持电容)不能太小，其存储的能量必须足以维持芯片的启动进程，否则系统将不断重复启动过程，无法进入正常的工作状态。

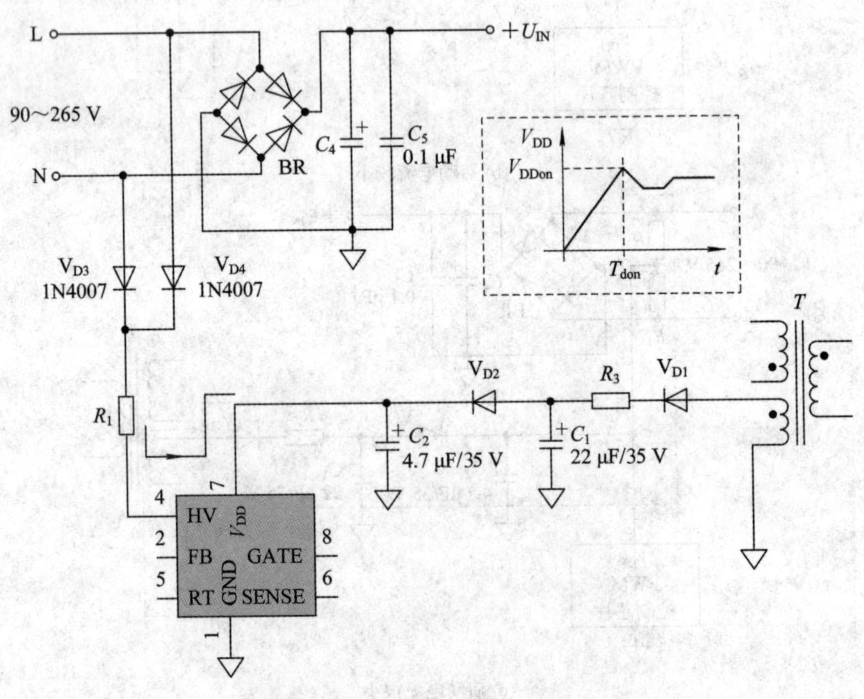

图 6.4.4　HV 启动电路

启动后 HV 电路被关闭，功耗很小。在这类启动电路中，可用半波整流方式，即只保留

二极管 V_{D3}、V_{D4} 中的一只，但不能将启动限流电阻 R_1 直接与线电压或高压母线 U_{IN} 相连，必须串联二极管 V_{D3}、V_{D4}，以避免电流倒向，损坏内部的 HV 启动电路。

3. 内置了斜率补偿电路

除早期设计的电流型 PWM 控制芯片（如前面介绍的 UC384X 系列）外，最近十年内开发的大部分电流型 PWM 控制芯片，如果最大占空比 D_{max} 允许大于 0.5，则一般都内置了斜率补偿（Slope Compensation）电路，以简化 CCM 模式下占空比 $D>0.5$ 时的外围电路。

4. 频率抖动技术（扩展 EMI 频谱）

为简化开关电源 AC 滤波电路的设计，目前绝大部分 PWM 控制芯片均采用频率抖动技术，即开关频率 f_{SW} 随机跳变，范围在 5%～8%之间，这样 EMI 传导干扰 CE 及辐射干扰 RE 信号频谱的分散性高，容易通过相关的 EMI 认证。尽管 f_{SW} 随机抖动范围越大，EMI 干扰频谱的分散性越高，但输出滤波效果会变差，也不利于高频变压器等元件的设计，因此 f_{SW} 抖动范围也不宜太大。

5. 轻载时自动降低开关频率

当负载变小时，输出电压 U_O 升高，输出取样电压上升，光耦输出电流 i_{CE} 增加，反馈输入端 FB 电位 V_{FB} 下降。当 $V_{FB}<V_{FB\text{-}N}$ 时，开关频率 f_{SW} 由重载时的 65 kHz 随反馈引脚 FB 电位 V_{FB} 线性下降到 23 kHz，以减小轻载下的开关损耗，提高轻载状态下的电源效率；当 $V_{FB\text{-}ZDCR} \leqslant V_{FB} \leqslant V_{FB\text{-}G}$ 时，开关频率固定为 23 kHz，避免产生音频噪声，如图 6.4.5 所示。

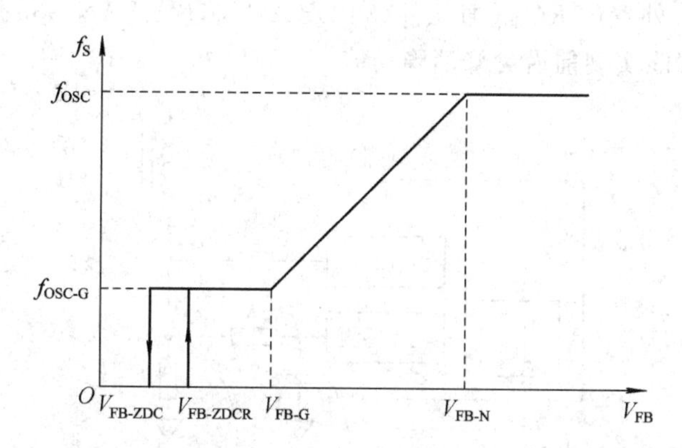

图 6.4.5 轻载时开关频率 f_{SW} 随反馈引脚 FB 电位 V_{FB} 的变化

6. 轻载及空载时自动进入间歇振荡模式

当开关频率降低至 23 kHz 后，输出电压 U_O 依然偏高，则 V_{FB} 将继续下降，强迫芯片进入间歇振荡模式。当 $V_{FB}<V_{FB\text{-}ZDC}$ 时，禁止 PWM 输出，随后输出电压 U_O 开始下降，光耦输入电流 i_F 下降，输出电流 i_{CE} 减小，控制芯片反馈输入端 FB 电位回升。当 $V_{FB}>V_{FB\text{-}ZDCR}$ 时，PWM 输出又被使能，如此往复，如图 6.4.6 所示。这样就能有效降低变换器在轻载或空载状态下的开关损耗，也避免了轻载或空载下变换器由 CCM 模式进入 DCM 模式，造成输出异常。

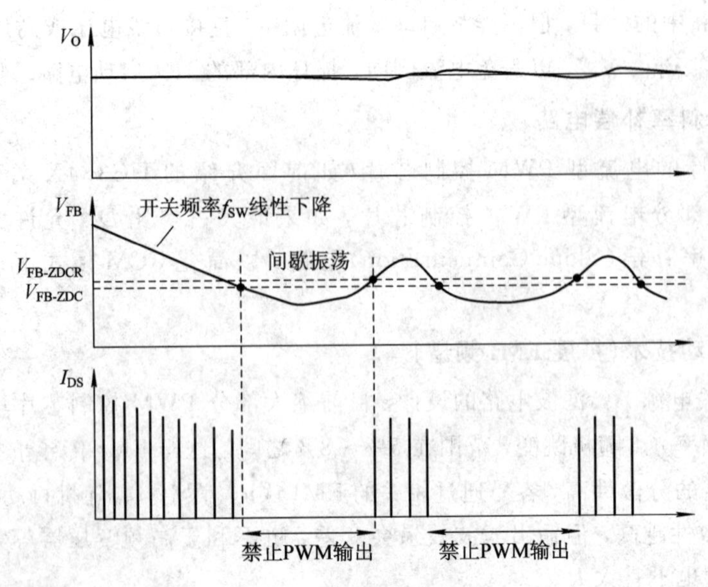

图 6.4.6　间歇振荡模式

7. 前沿消隐(LEB)

由于主绕组 N_P 匝与匝之间、层与层之间存在寄生电容以及次级整流二极管反向恢复时间的存在，导致 MOS 管开通瞬间流过电流取样电阻 R_S 的电流很大，形成了所谓的前沿尖峰脉冲，如图 6.4.7 所示。为避免前沿尖峰脉冲误触发 PWM 控制芯片的过流保护功能，需要外接 RC 低通滤波电路。为此，大部分 PWM 控制芯片集成了 LEB 功能，将 RC 低通滤波器内置，以便省去外置的 RC 低通元件(如 OB2273 芯片、FAN7930 芯片)，或使用小电阻、小容量电容，就能实现前沿尖峰消隐功能。

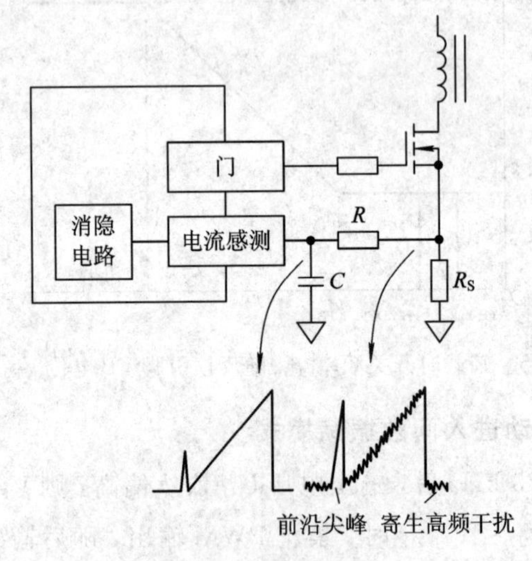

图 6.4.7　前沿尖峰脉冲

不过实践表明，具备 LEB 功能的 PWM 控制芯片外置 RC 低通滤波器依然有必要，外置低通滤波器的时间常数可以小一些，如控制在 100 ns 以下，主要目的是滤除电流取样信号中寄生的高频干扰信号。

8. 可变的逐周期限流阈值电压

传统电流型 PWM 控制芯片的逐周期限流阈值电压 $V_{\mathrm{Limit}}=I_{LPK}R_{\mathrm{S}}$ 固定不变，这会造成高压时功率极限偏高。为此，FAN67XX 系列电流型 PWM 控制芯片的逐周期限流阈值电压 V_{Limit} 随输入电压瞬时值 u_{IN} 变化而变化，如图 6.4.8 所示。

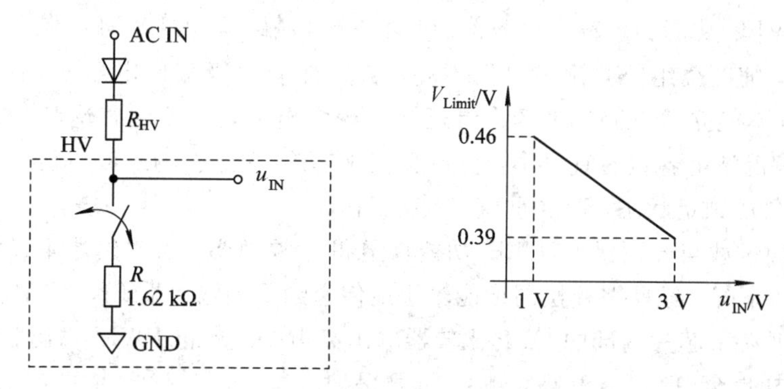

图 6.4.8　U_{Limit} 受输入电压瞬时值的控制

显然，控制 V_{Limit} 大小的输出电压 $u_{\mathrm{IN}}=\dfrac{R}{R+R_{\mathrm{HV}}}U_{\mathrm{INmin}}$。假设最小输入电压 $U_{\mathrm{INmin}}=86\times\sqrt{2}=122$ V，HV 引脚限流电阻 R_{HV} 为 200 kΩ，则 $u_{\mathrm{IN}}=\dfrac{1.62}{1.62+200}\times122\approx1.0$ V，对应的 V_{Limit} 约为 0.46 V；而当 $U_{\mathrm{INmin}}=175\times\sqrt{2}\approx248$ V 时，$u_{\mathrm{IN}}=\dfrac{1.62}{1.62+200}\times248\approx2.0$ V，对应的 $V_{\mathrm{Limit}}=0.495-0.035\times u_{\mathrm{IN}}=0.495-0.035\times2.0=0.425$ V。

可见，采用这类芯片作为反激变换器的 PWM 控制芯片时，初级绕组 N_{P} 电流采样电阻 R_{S} 不仅与最小输入电压下初级绕组 N_{P} 的峰值电流 I_{LPK} 有关，还与输入电压对应的 V_{Limit} 有关，即

$$R_{\mathrm{S}}=\frac{V_{\mathrm{Limit}}}{1.1I_{LPK}}\text{（增加了 10\% 的余量）}$$

例如，最小输入电压 $U_{\mathrm{INmin}}=122$ V，相应的 V_{Limit} 约为 0.46 V，假设初级绕组峰值电流 I_{LPK} 为 2.0 A，则电流取样电阻 $R_{\mathrm{S}}=\dfrac{V_{\mathrm{Limit}}}{1.1I_{LPK}}=\dfrac{0.46}{1.1\times2.0}\approx0.21$ Ω。当输入电压 $U_{\mathrm{INmin}}=374$ V 时，相应的 V_{Limit} 约为 0.39 V，初级绕组峰值电流 $I_{LPK}=\dfrac{V_{\mathrm{Limit}}}{1.1R_{\mathrm{S}}}=\dfrac{0.39}{1.1\times0.21}\approx1.69$ A。

6.4.3　保护功能

为提高开关电源系统的可靠性，近年设计的 PWM 控制芯片除了传统的 V_{DD} 欠压锁定（Under-Voltage-Lock Out，UVLO）功能外，还增加了 V_{DD} 过压保护（OVP）功能、过载与开环保护（OLP）功能、系统过热保护（OTP）功能以及电流感测短路保护（SSCP）功能等。其中，OVP、OLP 功能对提高开关电源系统的可靠性尤为重要。

1. V_{DD} 欠压锁定

当 PWM 控制芯片的电源引脚电压 V_{DD} 小于 UVLO 电压后，PWM 输出被禁止。在反激变换器中，启动后引脚电压 V_{DD} 往往由辅助供电绕组 N_{A} 供给，而辅助绕组 N_{A} 的输出电

压与次级绕组 N_S 的输出电压成正比，当输出严重过载时，次级绕组的输出电压 U_O 下降，相应地辅助绕组的输出电压 U_A 也跟着下降。可见，UVLO 功能对输出过载有一定的保护作用。

2. 过载与开环保护(OLP)

仅依靠 UVLO 功能实现输出过载保护并不一定可靠，除非 PWM 控制芯片的 V_{DD} 引脚滤波电容较小，辅助绕组 N_A 输出电压不高，否则即使次级输出电压 U_O 因过载而下降，V_{DD} 引脚电压并不能立即下降，初级绕组还会出现大电流，导致磁芯饱和，造成开关管损坏。但 V_{DD} 引脚滤波电容也不宜太小，否则滤波效果差，V_{DD} 引脚纹波电压大，可能会触发控制芯片进入欠压锁定状态，反复重启，无法工作。

为此，增加过载与开环保护(OLP)功能就显得非常必要。当输出严重过载时，次级绕组输出电压 U_O 下降，经反馈补偿网络能较快地传递到反馈输入端 FB，使 V_{FB} 升高，当 V_{FB} 大于某一特定值后，芯片内部的 OLP 比较器输出高电平，禁止 PWM 输出。此外，反馈补偿网络开路同样也会引起 V_{FB} 升高，触发 OLP 保护。

为避免输出电压 U_O 上的高频干扰信号误触发 OLP 功能，具有 OLP 功能的多数 PWM 控制芯片均设置 OLP 延迟电路，即 V_{FB} 引脚电位大于 OLP 触发电压且持续时间达到某一特定值(如 50 ms)以上才触发 OLP 功能。因此，过载时依赖 OLP 功能非常可靠，但作短路保护未必可行(可使用过热保护功能实现短路保护，参见如图 4.5.6 所示的控制电路)。

3. V_{DD} 过压保护(OVP)

由于某种原因，如反馈网络异常，使输出电压 U_O 升高，造成 V_{DD} 引脚电压升高，此时如果没有 OVP 功能，可能会损坏 PWM 控制芯片本身及负载电路。对于内置了 OVP 功能的芯片，当 V_{DD} 引脚电压大于某一特定值后，禁止 PWM 输出，直到 V_{DD} 引脚电压下降到安全值以下。

4. 过热保护(OTP)

PWM 芯片内置了一个具有滞回特性的比较器与恒流源 I_{RT}，借助外部 NTC 热敏电阻就可以实现过热保护。FAN6757 及其兼容芯片的过热保护电路如图 6.4.9 所示。

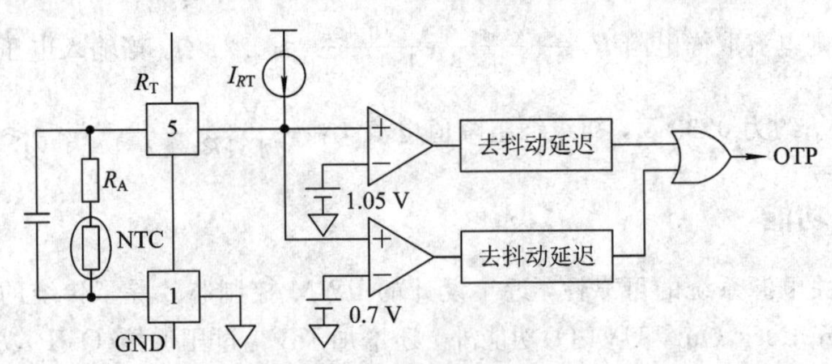

图 6.4.9 过热保护电路

显然，R_T 引脚电位 $V_{RT}=R_{RT}I_{RT}=(R_A+R_{NTC})I_{RT}$。当温度不高时，$R_T$ 引脚电位 V_{RT} 大于阈值电压 1.05 V，OTP 功能无效。随着温度的升高，NTC 热敏电阻 R_{NTC} 阻值不断下降，当 R_T 引脚电位 V_{RT} 小于阈值电压 0.7 V 后，OTP 功能有效，禁止 PWM 输出，直到温度下降到正常状态，这样就可以避免电源系统过热损坏。

由于过热后，触发保护动作延迟时间短，因此 PWM 芯片有时也作为输出短路保护使用。

习　题

6-1　简述电压型开关变换器控制芯片的组成及优缺点。

6-2　简述电流型开关变换器控制芯片的组成及优缺点。

6-3　电流型 *PWM* 控制芯片在什么情况下可能存在次谐振现象？列举避免次谐振现象的措施。

6-4　电流型控制芯片有几种控制策略？

6-5　控制芯片启动电流为什么是越小越好？

6-6　早期电流型 *PWM* 控制芯片只有什么保护功能？

6-7　简述性能优良、功能相对完善的电流型控制芯片的特征。

6-8　近年生产的 *PWM* 控制芯片一般取消了内置的误差放大器 *EA*，使用这类芯片构成稳压输出电路时必须外置什么器件？

6-9　简述间歇振荡功能的用途。

第7章　功率因数校正(PFC)电路

在电子设备中，广泛采用稳压技术实现“粗电”到“精电”的变换，因此功率因数校正(Pawer Factor Correction，PFC)就显得很迫切，否则电力传输线上的损耗就会显著增加，电网谐波也会变得非常丰富。而许多中小功率(1 kW以内)PFC校正电路就是在整流器与负载之间插入具有特定功能的DC-DC变换器，使电网输入电流的波形尽可能接近正弦波，并与输入电压波形保持同步。可见，这种有源功率因数校正电路也属于DC-DC变换器的范畴。

7.1　市电整流电容滤波电路的电流波形特征

在开关电源中，110 V/220 V市电经如图7.1.1(a)所示的桥式整流电容滤波电路后获得如图7.1.1(b)所示的脉动直流高压U_O，作为后级DC-DC变换器的直流输入电压。

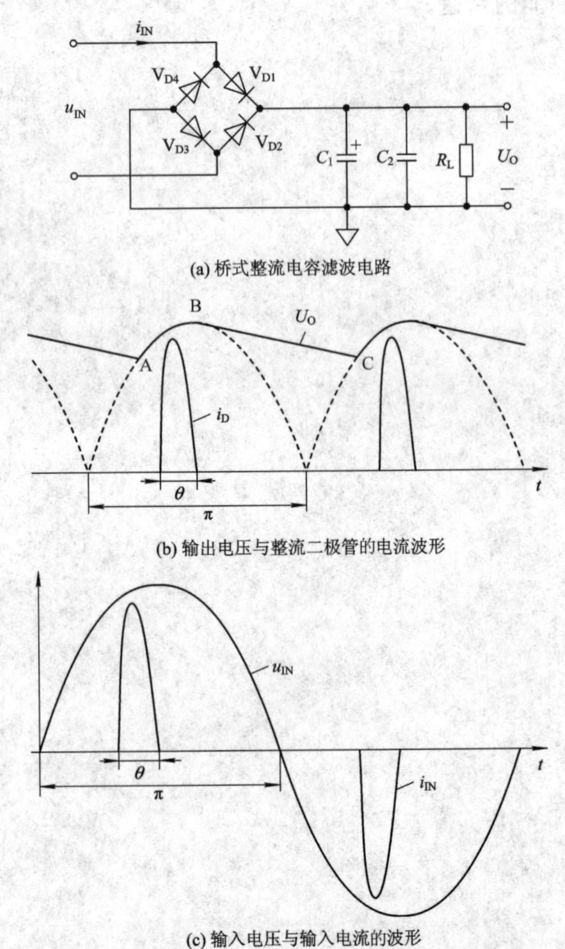

(a) 桥式整流电容滤波电路

(b) 输出电压与整流二极管的电流波形

(c) 输入电压与输入电流的波形

图7.1.1　桥式整流电容滤波电路的电压与电流波形

由图 7.1.1 可以看出，经电容滤波后，输出电压 U_O 的脉动性小了很多，但整流二极管的电流波形 i_D(也就是电网输入电流 i_{IN} 的波形)与输入电压 u_{IN} 波形差异很大，导通角 θ 远小于 π，畸变严重，已不再是正弦波形态，如图 7.1.1(c)所示。其原因是：在稳定状态下，滤波电容 C 端电压 U_O 在最大值 $\sqrt{2}U_{IN}$ 与最小值 U_{Omin} 之间变化，只有当输入电压 u_{IN} 大于滤波电容端电压 U_O 时，整流桥内的整流二极管才导通，如图 7.1.1(b)中的 A 点；二极管导通后，滤波电容端电压 U_O 随输入电压 u_{IN} 的增加而增加，当 u_{IN} 达到最大值 $\sqrt{2}U_{IN}$ 时，U_O 也达到最大值，如图 7.1.1(b)中的 AB 段；u_{IN} 减小，U_O 会随之下降，当 u_{IN} 小于滤波电容端电压 U_O 时，整流二极管截止，滤波电容 C 向负载 R_L 放电，当时间常数 R_LC 较大时，输出电压 U_O 近似线性下降，如图 7.1.1(b)中的 BC 段；在市电下半个周期，当 u_{IN} 大于 U_O 时，整流桥内的整流二极管再度导通，如此往复。

显然，滤波电容 C 容量越大，输出电压 U_O 的脉动性越小，整流二极管导通角 θ 也就越小，二极管脉动电流 i_D 的峰值也就越大，输入电流 i_{IN} 波形失真就越严重，即谐波丰富，有效值大(视在功率大)，而平均值小(有功功率小)。

7.2 非线性电路的功率因数 PF 及总谐波失真度 THD

理论上，按正弦规律变化的输入电压 u_{IN} 施加到线性电阻负载两端时，输入电流 i_{IN} 的波形才能与输入电压 u_{IN} 的波形保持一致，即仍为正弦波，且相位相同。此时负载获得的功率

$$P=U_{IN}(\text{输入电压有效值})\times I_{IN}(\text{输入电流有效值})$$

7.2.1 非线性电路的功率因数 PF

当负载为非线性元件时，$U_{IN}I_{IN}$(称为视在功率)往往大于负载实际获得的功率 P(称为有功功率)，两者之比称为功率因数(Power Factor)，简称 PF，即

$$\mathrm{PF}=\frac{P}{U_{IN}I_{IN}}$$

在图 7.1.1 所示的桥式整流电容滤波电路中，功率因数 PF 的典型值为 0.4～0.6。

在非线性电路中，输入电压 u_{IN} 的波形失真不大，仍基本保持正弦波形态，但输入电流的波形发生畸变，输入电流 i_{IN} 有效值

$$I_{IN}=\sqrt{I_1^2+I_2^2+I_3^2+\cdots+I_n^2}$$

其中，I_1、I_2、…、I_n 为输入电流中基波、2 次、3 次、…、n 次谐波电流的有效值。

如果基波电流 i_1 相对于输入电压 u_{IN} 滞后或超前的相位角为 φ，则功率因数

$$\mathrm{PF}=\frac{U_{IN}I_1\cos\varphi}{U_{IN}I_{IN}}=\frac{I_1}{I_{IN}}\cos\varphi=k_dk_\varphi$$

其中，$k_d=I_1/I_{IN}$ 称为畸变因子(Distortion Factor)，它表征了基波电流有效值与输入电流有效值之比；$k_\varphi=\cos\varphi$，称为位移因子(Displacement Factor)，它体现了基波电流分量 i_1 与输入电压 u_{IN} 之间的相位差。

在非线性电路中输入电流谐波丰富，即使电流基波分量 i_1 与输入电压 u_{IN} 保持同步，即相位角 φ 为 0，位移因子 $k_\varphi=1$，但基波电流有效值 I_1 也小于输入电流的有效值 I_{IN}，使畸

变因子 $k_d = I_1/I_{IN} < 1$，导致 PF 小于 1。

7.2.2 非线性电路的总谐波失真度 THD

在非线性电路中，由于电流谐波分量的存在，造成输入电流波形畸变，其严重程度可用总谐波失真度 THD(Total Harmonic Distortion)表征，定义为

$$THD = \frac{I_h}{I_1}$$

其中，$I_h = \sqrt{I_2^2 + I_3^2 + \cdots + I_n^2}$，即 I_h 是扣除了基波电流有效值 I_1 后各高次谐波电流的有效值；THD 表征了高次谐波电流有效值与基波电流有效值之比，显然

$$THD^2 = \frac{I_h^2}{I_1^2} = \frac{I_h^2 + I_1^2 - I_1^2}{I_1^2} = \frac{I_{IN}^2 - I_1^2}{I_1^2} = \frac{1}{k_d^2} - 1$$

即总谐波失真度为

$$THD = \sqrt{\frac{1}{k_d^2} - 1}$$

因此，当位移因子 $k_\varphi = 1$ 时，功率因数

$$PF = k_d k_\varphi = k_d = \frac{1}{\sqrt{1 + THD^2}}$$

在非线性电路中，当等效输入电容不大，位移因子 k_φ 接近 1 时，PF 的大小主要由总谐波失真度 THD 决定，PF 与 THD 典型值的关系如表 7.2.1 所示。

表 7.2.1 非线性电路 PF 与 THD 的关系

PF	THD(%)	PF	THD(%)
1	0	0.850	61.9
0.999	5.0	0.800	75.0
0.997	8.0	0.707	100
0.990	14.2	0.700	102
0.978	15.0	0.600	133.3
0.970	25.0	0.550	151.8
0.950	32.8	0.500	173.2
0.900	48.4	0.447	200.0

7.2.3 低功率因数(PF)对电网的危害

PF 小，意味着视在功率 $U_{IN} I_{IN}$ 大，而负载实际获得的有功功率小。例如，某一设备输入电压有效值为 220 V，输入电流有效值为 10 A，则视在功率为 220 V×10 A=2200 V·A（视在功率用 V·A 或 kV·A，即伏安或千伏安表示）。如果 PF 只有 0.5，则意味着负载实际获取的功率 $P = U_{IN} I_{IN} PF = 220\ V \times 10\ A \times 0.5$，仅有 1100 W。

反之，如果功率因数 PF 为 1 或接近 1，则对于 1100 W 的负载来说，输入电流有效值仅为 5 A。

这说明 PF 小，输入电流有效值大，电网负荷重，会造成以下影响：

(1) 对于相同线径的输电线路来说，输电线路的损耗($I_{IN}^2 \times R$，其中 R 为输电线路的等效电阻)就大。可见，提高 PF 也可以达到节能效果。

(2) 谐波电流丰富的电子设备容易造成继电器误动作，损坏变电设备。当这类电器集中在电网中的某一相使用时，会造成三相四线制电网中线电流急剧增加，导致中线过载，严重时会引起电网故障。

(3) 高次谐波电流丰富，对电网造成了严重污染，容易干扰接在同一相线上的其他用电设备。

为此，有必要限制电器设备谐波电流的大小。

7.2.4 电器/设备谐波标准

1995 年发布的 IEC－1000－3－2 文件将单相或三相电器/设备分为 A、B、C、D 四大类，每相输入电流不大于 16 A。其中，A 类为平衡三相设备，B 类为台式工具，C 类为照明设备，D 类为功率小于 600 W 的 PC、监视器、电视机等。对于功率小于 25 W 的 LED 灯具，一般执行 A 类电器谐波电流限制标准，而对于功率大于等于 25 W 的 LED 灯具，一般执行 C 类电器谐波电流限制标准。随着 LED 灯具的普及，目前国内外已制定了针对 LED 灯具的谐波电流限制标准，如国际标准 IEC61000－3－2：2009、欧洲标准 EN61000－3－2：2006(IDT：IEC61000－3－2：2005)、国家标准 GB17625.1—2003 (IDT：IEC61000－3－2：2001)等。

A、C、D 类电器/设备谐波电流的限制值分别如表 7.2.2～表 7.2.4 所示。

表 7.2.2　A 类电器/设备谐波电流的限制值

<table>
<tr><th colspan="2">奇次谐波电流</th><th colspan="2">偶次谐波电流</th></tr>
<tr><th>奇次谐波数</th><th>最大允许值/A</th><th>偶次谐波数</th><th>最大允许值/A</th></tr>
<tr><td>3</td><td>2.30</td><td>2</td><td>1.08</td></tr>
<tr><td>5</td><td>1.14</td><td>4</td><td>0.43</td></tr>
<tr><td>7</td><td>0.77</td><td>6</td><td>0.30</td></tr>
<tr><td>9</td><td>0.40</td><td rowspan="5">$8 \leqslant n \leqslant 40$</td><td rowspan="5">$0.23 \times 8/n$</td></tr>
<tr><td>11</td><td>0.33</td></tr>
<tr><td>13</td><td>0.21</td></tr>
<tr><td>$15 \leqslant n \leqslant 39$</td><td>$0.15 \times 15/n$</td></tr>
</table>

表 7.2.3　C 类电器/设备谐波电流的限制值

谐波数	最大允许的谐波电流与基波电流的比(%)
2	2
3	30×PF(其中 PF 为设备功率因数)
5	10
7	7
9	5
$11 \leqslant n \leqslant 39$	3

注: C 类设备 3 次谐波电流允许值上限与功率因数有关，PF 越小，3 次谐波电流允许值越小。

表 7.2.4　D 类电器/设备谐波电流的限制值

谐波数	每 W 允许的最大谐波电流/(mA/W)	最大允许值/A
3	3.4	2.3
5	1.9	1.14
7	1.0	0.77
9	0.5	0.40
11	0.35	0.33
$13 \leqslant n \leqslant 39$	$3.85/n$	$0.21 \times 13/n$

7.3　AC-DC 变换器功率因数校正(PFC)电路

7.3.1　无源功率因数校正电路

1. *LC* 校正电路

根据电感电流不能突变的原理，整流后采用 *LCC* 滤波电路替代 *CC* 滤波电路，如图 7.3.1 所示，可在一定程度上提高功率因数(PF 一般可做到 0.8～0.9)。*LCC* 滤波电路的优点是电路结构简单，可靠性高，EMI 小；缺点是体积大，重量重，电感损耗大，PF 很难接近 1。

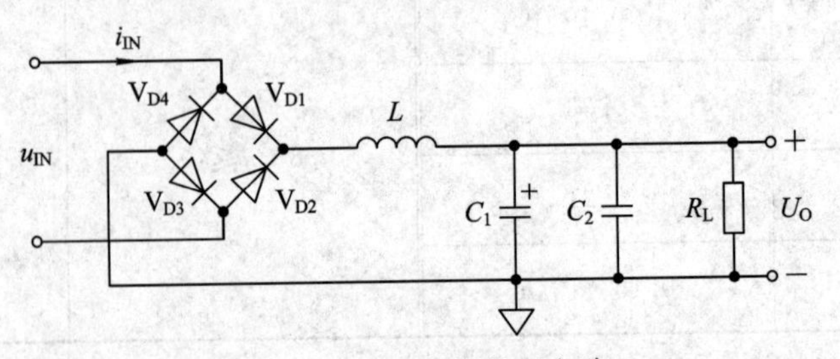

图 7.3.1　*LC* 无源校正电路

2. 填谷式 PF 校正电路

在小功率 AC-DC 反激变换器中，用电容 $C_1 \sim C_2$ 及二极管 $V_{D5} \sim V_{D7}$ 构成如图 7.3.2 所示的填谷式滤波电路代替传统电容滤波电路，以扩展整流二极管电流 i_D 的导通角 θ，可将 PF 提高到 0.8～0.9。在图 7.3.2 中，电容 C_1 和 C_2 容量相等、漏电流相近，在二极管 V_{D6} 支路上可串联上电浪涌电流抑制电阻 R(用 NTC 热敏电阻代替通用的线绕功率电阻，其效率会有所提升)，大小一般为 5.1～10 Ω，耗散功率在 1 W 以上。

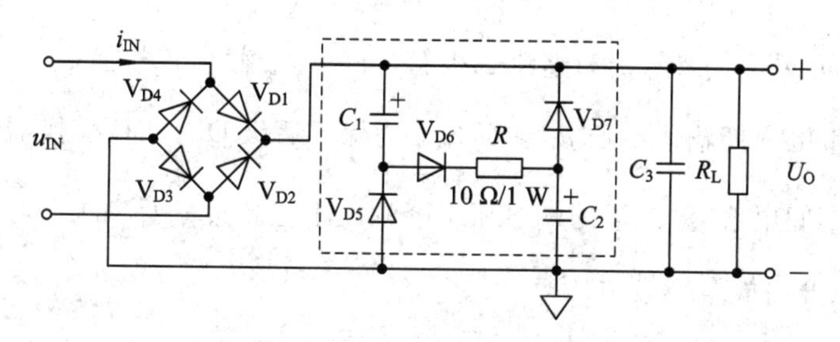

图 7.3.2　填谷式 PF 校正电路

1) 工作原理

在半个市电周期内，当输入电压 u_{IN} 未达到最大值 $\sqrt{2}U_{INmax}$ 前，整流二极管电流 i_D 一部分流过负载 R_L，另一部分对电容 C_1、C_2 充电；当输入电压 u_{IN} 达到最大值 $\sqrt{2}U_{INmax}$ 时，电容 C_1、C_2 端电压分别达到 $\frac{\sqrt{2}}{2}U_{INmax}$；当输入电压 u_{IN} 由最大值 $\sqrt{2}U_{IN}$ 下降到 $\frac{\sqrt{2}}{2}U_{IN}$ 前，二极管 V_{D5}、V_{D7} 因反偏而处于截止状态，整流二极管 V_{D1} 及 V_{D3}（或 V_{D2} 和 V_{D4}）继续导通，导通角由 CC 形式电容滤波时的 θ 扩展到 θ'；当输入电压 u_{IN} 小于 $\frac{\sqrt{2}}{2}U_{IN}$ 时，二极管 V_{D5}、V_{D7} 导通，整流桥内的二极管 $V_{D1} \sim V_{D4}$ 均截止，电容 C_1、C_2 同时放电，并联向负载供电，电容 C_1、C_2 端电压将逐渐下降到最小值 U_{Omin}。在下半个市电周期内，当输入电压 $u_{IN} > U_{Omin}$ 时，整流桥内的二极管 $V_{D1} \sim V_{D4}$ 再次导通，如此往复。输出电压 U_O、整流二极管电流 i_D 的波形如图 7.3.3 所示。

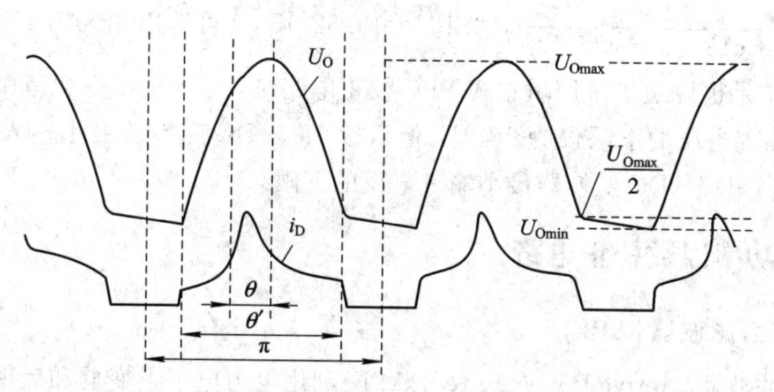

图 7.3.3　输出电压 U_O 与整流二极管电流 i_D 波形

该电路的优点是体积略小于 LC 功率因数校正电路，可靠性高，EMI 小，PF 也容易达到 0.85 以上(但不可能达到 0.95 以上)。不足之处是输出功率小，输出电压变化范围大，损耗较大，效率不高；输入电压允许变化的范围小，一般不超过15%，只能用在220 V输入的小功率AC-DC反激变换器中。

2) 电容C_1、C_2容量的估算

下面通过具体实例介绍电容C_1、C_2容量的估算方法。

假设输入交流电压为185～264 V，后级反激式变换器输出功率为18 W，效率为88%，估算C_1、C_2容量与最小输出电压U_{Omin}。

当输入电压u_{IN}小于$\frac{\sqrt{2}}{2}U_{\text{IN}}$时，整流二极管$V_{D1}$～$V_{D4}$截止，电容$C_1$、$C_2$并联向负载供电，直到下半个市电周期输入电压$u_{\text{IN}} \geqslant U_{\text{Omin}}$。为保证后级DC-DC变换器最小输入电压不小于设定值，这期间电容C_1、C_2的端电压下降幅度不宜超过$\frac{\sqrt{2}}{2}U_{\text{IN}}$的10%。由此可知：

电容C_1、C_2开始放电时端电压

$$U_C = U_{C1} = U_{C2} = \frac{\sqrt{2}}{2}U_{\text{IN}} = \frac{\sqrt{2}}{2} \times 185 \approx 130.8\ \text{V}$$

最小输出电压

$$U_{\text{Omin}} = \frac{\sqrt{2}}{2}U_{\text{IN}} \times (1-10\%) = \frac{\sqrt{2}}{2} \times 185 \times 90\% \approx 117.7\ \text{V}$$

电容放电时间

$$t = \frac{\arcsin 0.5}{2\pi f} + \frac{\arcsin\left(\frac{U_{\text{Omin}}}{\sqrt{2}U_{\text{IN}}}\right)}{2\pi f} = 1.667 + \frac{\arcsin\left(\frac{117.7}{\sqrt{2} \times 185}\right)}{2 \times \pi \times 50} \approx 3.154\ \text{ms}$$

显然，电容存储的能量变化量$\Delta E = 2\left(\frac{1}{2}CU_C^2 - \frac{1}{2}CU_{\text{Omin}}^2\right)$应等于这期间后级DC-DC变换器获得的能量$\frac{P_O}{\eta}t$。因此，电容$C_1$、$C_2$容量

$$C = C_1 = C_2 = \frac{P_O}{\eta(U_C^2 - U_{\text{Omin}}^2)}t$$

$$= \frac{18}{0.88 \times (130.8^2 - 117.7^2)} \times 3.157 = 19.82\ \mu\text{F}$$ （可选用22 μF/250 V电解电容）

以上计算结果也说明了采用填谷式PFC校正电路时，输入电压变化范围不宜太大。在本例中，交流输入电压的下限仅为185V，但后级DC-DC变换器最小输入电压已下降到117.7 V，接近了DC-DC变换器最小输入电压的下限。

7.3.2 有源功率因数校正电路

1. 有源电力滤波器(APF)

有源电力滤波器(Active Power Filter，APF)利用电力电子逆变器和反馈技术实时检测非线性负载的电流、电压波形，向电网提供所需的谐波电流，使电网电流波形尽可能接近正弦波，降低了电流的THD值，改善了电网的供电质量。不过，有源电力滤波器APF成本高，输出功率大(一般不小于10 kW)，不适合小功率应用场合。

2. 有源功率因数校正电路(APFC)

在整流器与非线性负载之间插入具有特定功能的DC-DC变换器，使输入电流$i_{IN}(t)$波形尽可能接近正弦波，能实现这一功能的DC-DC变换器统称为有源功率因数校正电路(Active Power Factor Correction，APFC)。

这类电路的优点是：体积小，校正后的PF接近于1，支持宽电压输入。目前支持全电压输入(85～264 V或85～305 V)的小功率APFC电路技术非常成熟，应用也很普及。缺点是：输出功率小(传统有桥APFC电路的输出功率在1 kW以下，交错式APFC电路的输出功率为1～3 kW，无桥APFC电路的输出功率为2～5 kW)，EMI滤波难度大，电路相对复杂，使电源系统的可靠性有所下降，体积和成本有所上升。

7.4 单相Boost APFC变换器

从原理上看，绝大部分DC-DC变换器的拓扑结构，如Boost、Buck-Boost、Flyback、SEPIC等都可以作为APFC变换器的主电路，但Boost变换器输入端串联了大电感，输入电流波形连续性好，电网瞬态输入电流与瞬态输入电压成正比，即输入电流波形失真小；开关管源极与整流桥的负极相连，开关管驱动容易；输出相同功率所需电感磁芯的体积小，效率高；结构简单，性价比优良，更适合作为中小功率APFC变换器的主电路。

APFC电路的主要作用是：校正输入电流$i_{IN}(t)$的波形，使PF尽可能接近1；完成电压预调节功能，使APFC电路输出电压U_O变化范围小，给后级DC-DC变换器提供了较稳定的直流输入电压U_{IN}。

APFC电路的固有缺陷是在直流输出电压U_O上叠加了100/120 Hz的低频交流纹波电压。尽管增大APFC变换器输出滤波电容C_O的容量可减小低频交流纹波电压的幅度，但不可能完全消除。

单级Boost APFC变换器可以工作在如下三种模式之一：

(1) 电感电流断续模式(DCM)。

(2) 电感电流连续模式(CCM)。

(3) 电感电流临界连续模式(BCM或CrM，有时也称为TM)。

7.4.1 DCM模式Boost APFC变换器

DCM模式Boost APFC变换器的原理电路如图7.4.1(a)所示，该电路由整流桥、输入高频滤波电容C_{IN}以及基于电压控制的Boost变换器组成。

电感电流i_L在一个开关周期T_{SW}内是不连续的，半个市电周期内电感电流i_L波形如图7.4.1(b)所示。显然，一个开关周期T_{SW}由开关管导通时间T_{on}(电感电流i_L从0上升到最大值所经历的时间)、电感电流i_L从最大值下降到0经历的时间T_{off}、休止期T_r三部分组成。其中，T_r总是大于0。

由于开关周期T_{SW}远远小于市电周期T，在T_{on}期间，电感端电压$u_{IN}(t)-u_{SW}$可近似为常数，因此电感电流

$$i_L = \frac{u_{IN}(t) - U_{SW}}{L}t = \frac{\sqrt{2}U_{IN}\sin(\omega t)}{L}t$$

由此可知 i_L 随时间 t 线性增加。当 $t = T_{on}$时，电感峰值电流

$$i_{LPK}(t) = \frac{\sqrt{2}U_{IN}\sin(\omega t)}{L}T_{on}$$

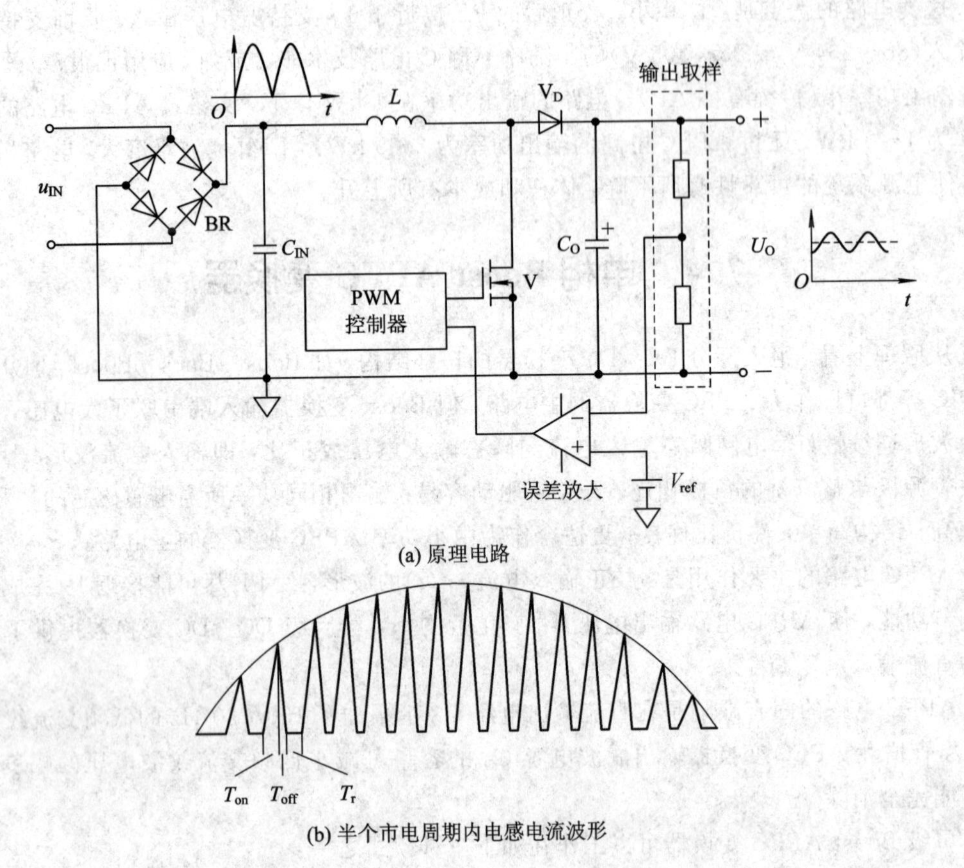

图 7.4.1　DCM 模式 Boost APFC 变换器的原理电路及相关波形

在半个市电周期内，如果开关管导通时间 T_{on} 恒定，那么电感峰值电流 $i_{LPK}(t)$的波形包络将按正弦规律变化，且与输入电压 $u_{IN}(t)$相位一致，而在 T_{off}期间，电感电流从峰值 $i_{L(PK)}(t)$线性下降到 0。不过，由于休止期 T_r 的存在，一个开关周期 T_{SW} 内电感平均电流 I_L(t)(也就是输入电流瞬时值 $i(t)$)不再严格按照正弦规律变化，因此校正后的功率因数 PF 理论上不可能达到 1。

尽管 DCM 模式 Boost APFC 变换器具有控制电路简单，续流二极管 V_D 工作在 ZCS 关断状态，关断损耗小(对续流二极管 V_D 的反向恢复时间要求低，快恢复二极管就能满足要求)，只需电压反馈，无需检测电感或开关管电流等优点，但电感峰值电流大，PF 不高，目前已被 BCM 模式 Boost APFC 变换器所取代。

7.4.2　CCM 模式 Boost APFC 变换器

DCM 模式和 BCM 模式 Boost APFC 变换器的电感峰值电流大，在中、大功率应用中

多采用CCM模式Boost APFC变换器。

在CCM模式中，一个开关周期T_{SW}内，电感电流连续，输入电流脉动小，EMI滤波相对容易，但控制电路复杂，需要检测电感电流$i_L(t)$，可采用开关频率固定PWM调制峰值电流控制、平均电感电流控制或开关频率不固定的PFM调制的电流滞环控制等方式。为稳定输出电压，并使电感电流$i_L(t)$能实时跟踪输入电压$u_{IN}(t)$的变化，在CCM模式APFC控制电路中需要电流放大器CA及其环路补偿网络，CCM模式Boost APFC变换器的原理电路如图7.4.2所示。不过，续流二极管V_D不具有ZCS关断特性，其反向恢复时间必须尽可能短，即续流二极管V_D需采用超快恢复二极管(UFRD)，甚至是反向恢复时间很短的SiC功率二极管。

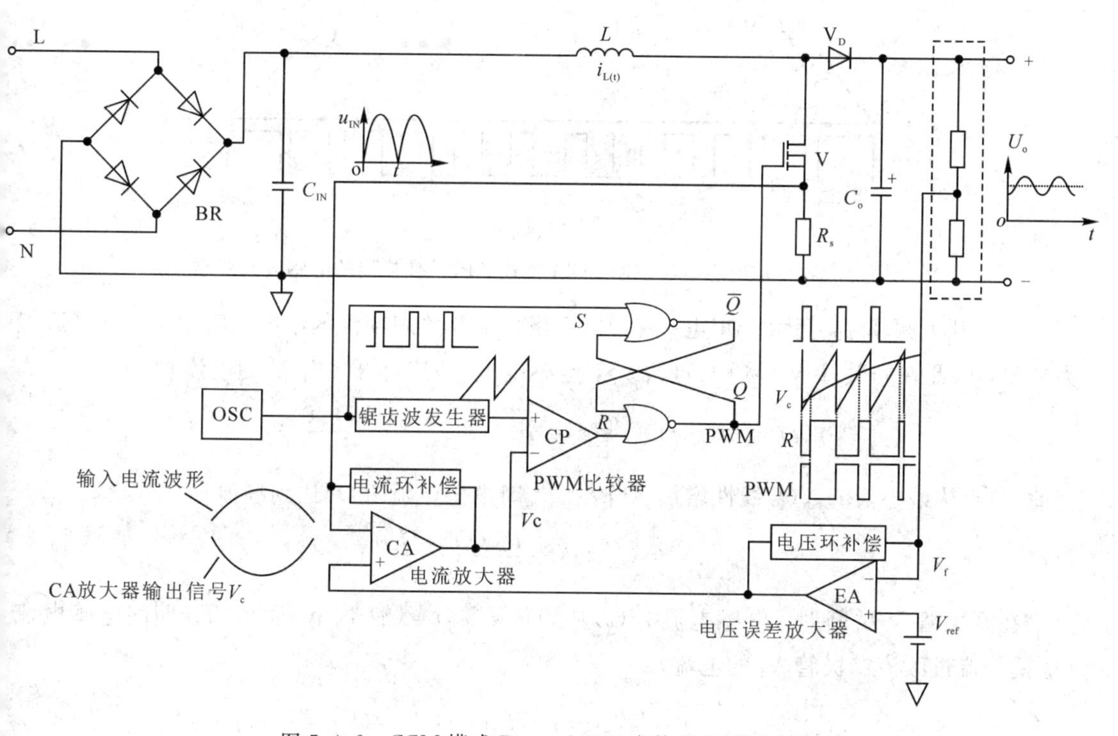

图7.4.2　CCM模式Boost APFC变换器的原理电路

CCM模式APFC的工作原理可概括为：电感电流i_L流经采样电阻R_S后转换为与电流$i_L(t)$成正比的电压信号并送至电流放大器CA的反相端，这样CA输出信号V_C就受到输入电压瞬时值$u_{IN}(t)$的控制。例如，在输出电压U_O保持不变的情况下，$u_{IN}(t)\uparrow\rightarrow$输入电流$i_{IN}(t)\uparrow\rightarrow V_C\downarrow\rightarrow$占空比$D$减小；反之，$u_{IN}(t)\downarrow\rightarrow$输入电流$i_{IN}(t)\downarrow\rightarrow V_C\uparrow\rightarrow$占空比$D$增加，使电感平均电流$I_L(t)$能实时跟踪输入电压$u_{IN}(t)$的波形。

此外，当输出电压U_O变化时，同样可以影响占空比D，最终使输出电压U_O保持稳定。例如，当输出电压U_O增大时，$V_f\uparrow\rightarrow$EA放大器输出端(与电流放大器CA的同相输入端相连)电位$\downarrow\rightarrow V_C\downarrow$，导致占空比$D$减小，使输出电压$U_O$下降。

平均电感电流控制CCM模式APFC变换器应用非常广泛，控制芯片品种多。下面就简要介绍平均电感电流控制CCM模式APFC变换器的工作原理及关键元件参数的计算方法。

1. 工作原理

在平均电感电流控制 CCM 模式 APFC 变换器中，采用开关周期 T_{SW} 固定的 PWM 调制方式，而导通时间 T_{on} 受输入电压瞬时值 $u_{IN}(t)$ 和输出电压 U_O 的控制。在 U_O 恒定的情况下，一个市电周期内各开关周期的导通时间 T_{on} 将随输入电压瞬时值 $u_{IN}(t)$ 的变化而变化，如图 7.4.3 所示。

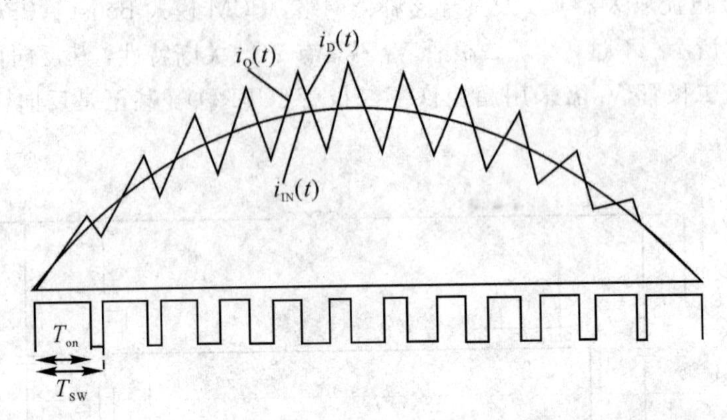

图 7.4.3　平均电感电流控制 CCM 模式 APFC 变换器的电感电流波形

由于开关频率 f_{SW} 远大于市电频率 f，于是一个开关周期内的市电瞬时值 $u_{IN}(t)$ 可近似为常数，因此在开关管 V 导通期间(T_{on})，电感电流(即流过开关管 V 的电流)

$$i_L(t) = i_{L\min}(t) + \frac{u_{on}}{L}t = i_{L\min}(t) + \frac{u_{IN}(t) - U_{SW}}{L}t$$

因此 $i_L(t)$ 从最小值 $i_{L\min}(t)$ 线性增加，当 $t = T_{on}$ 时电感电流 $i_L(t)$ 达到峰值

$$i_{LPK}(t) = i_{L\min}(t) + \frac{u_{IN}(t) - U_{SW}}{L}T_{on}$$

在开关管 V 关断时，电感电流 $i_L(t)$ 从峰值 $i_{LPK}(t)$ 线性减小，即在 T_{off} 期间电感电流(也就是流过续流二极管 V_D 的电流)

$$i_L(t) = i_{LPK}(t) - \frac{u_{off}}{L}t = i_{LPK}(t) - \frac{U_O + U_D - u_{IN}(t)}{L}t$$

其中，$u_{IN}(t)$ 为输入市电的瞬时值，即 $u_{IN}(t) = \sqrt{2} \times U_{IN}\sin(2\pi ft)$；$U_{SW}$ 为开关管 V 的导通压降；U_O 为 APFC 变换器的输出电压；U_D 为续流二极管 V_D 的导通压降。由“伏秒积”平衡条件可知占空比

$$D(t) = \frac{T_{on}}{T_{SW}} = \frac{U_{off}}{U_{on} + U_{off}} = \frac{U_O + U_D - u_{IN}(t)}{U_O + U_D - U_{SW}} \approx \frac{U_O - u_{IN}(t)}{U_O}$$

$$= \frac{U_O - \sqrt{2}U_{IN}\sin(2\pi ft)}{U_O} \qquad (7.4.1)$$

因此 $D(t)$ 与输入市电瞬时值 $u_{IN}(t)$ 有关。在半个市电周期内，当市电瞬时值 $u_{IN}(t)$ 接近 0 时，占空比 $D(t)$ 最大，接近 1；而当市电瞬时值 $u_{IN}(t)$ 达到最大值 $\sqrt{2}U_{IN}$ 时，占空比 $D(t)$ 最小，接近 $\frac{U_O - \sqrt{2}U_{IN}}{U_O}$。

2. 电感电流及电感量 L

一个开关周期内电感平均电流 $I_L(t)$被视为市电输入电流的瞬时值 $i_{IN}(t)$。假设校正后的输入电流 $i_{IN}(t)$接近正弦波，且与输入电压 $u_{IN}(t)$同相，那么对输出功率为 P_O、转换效率为 η、校正后的功率因数为 PF 的 APFC 变换器来说，输入电流 $i_{IN}(t)$的有效值

$$I_{IN}=\frac{P_O}{\eta PFU_{IN}}$$

由此可知输入电流的瞬时值

$$i_{IN}(t)=\sqrt{2}I_{IN}\sin(2\pi ft)=\frac{\sqrt{2}P_O}{\eta PFU_{IN}}\sin(2\pi ft) \tag{7.4.2}$$

在最小输入电压 U_{INmin}的峰值处，电流瞬时值(也就是输入电压 $u_{IN}(t)$峰值处一个开关周期内的电感平均电流 $I_L(t)$)达到最大，即

$$I_{Lmax}(t)=I_{INmax}=\sqrt{2}I_{IN}=\frac{\sqrt{2}P_O}{\eta PFU_{INmin}} \tag{7.4.3}$$

在一个开关周期内，电感电流变化量(也称为电感纹波电流)为

$$\Delta i_L(t)=\frac{u_{on}}{L}T_{on}\approx\frac{u_{IN}(t)}{Lf_{SW}}D(t)=\frac{u_{IN}(t)}{Lf_{SW}}\times\frac{U_O-u_{IN}(t)}{U_O} \tag{7.4.4}$$

显然，若输入电压 $u_{IN}(t)$最大值$\sqrt{2}U_{IN}\leqslant\frac{U_O}{2}$，即 $U_{IN}\leqslant\frac{\sqrt{2}U_O}{4}$，则 $\Delta i_L(t)$将随输入电压 $u_{IN}(t)$的增加而增加，在市电峰值处电感纹波电流 $\Delta i_L(t)$最大，如图 7.4.4(a)所示，即

$$\Delta i_{Lmax}=\frac{\sqrt{2}U_{IN}}{Lf_{SW}}\times\frac{U_O-\sqrt{2}U_{IN}}{U_O} \tag{7.4.5}$$

反之，若输入电压 $u_{IN}(t)$最大值$\sqrt{2}U_{IN}>\frac{U_O}{2}$，即 $U_{IN}>\frac{\sqrt{2}U_O}{4}$，则当市电瞬时值 $u_{IN}(t)=\frac{U_O}{2}$时，电感纹波电流 $\Delta i_L(t)$最大，即 $\Delta i_{Lmax}=\frac{U_O}{4Lf_{SW}}$，如图 7.4.4(b)所示。

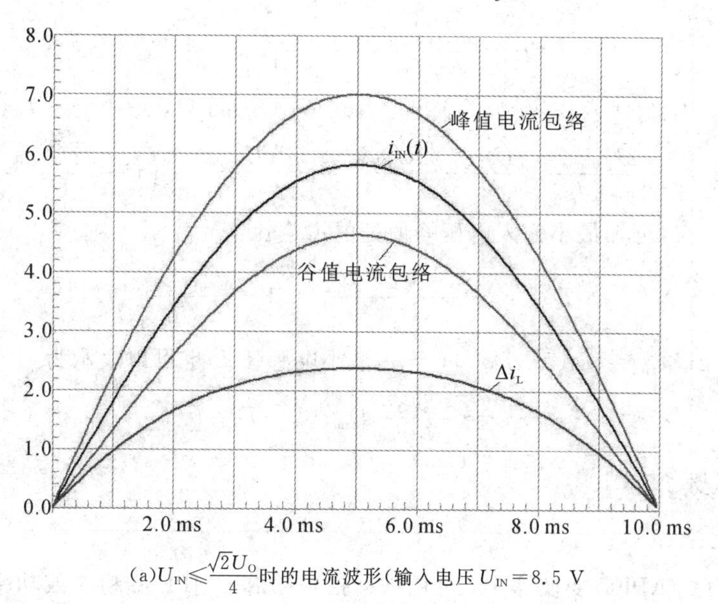

(a)$U_{IN}\leqslant\frac{\sqrt{2}U_O}{4}$时的电流波形(输入电压 $U_{IN}=8.5$ V

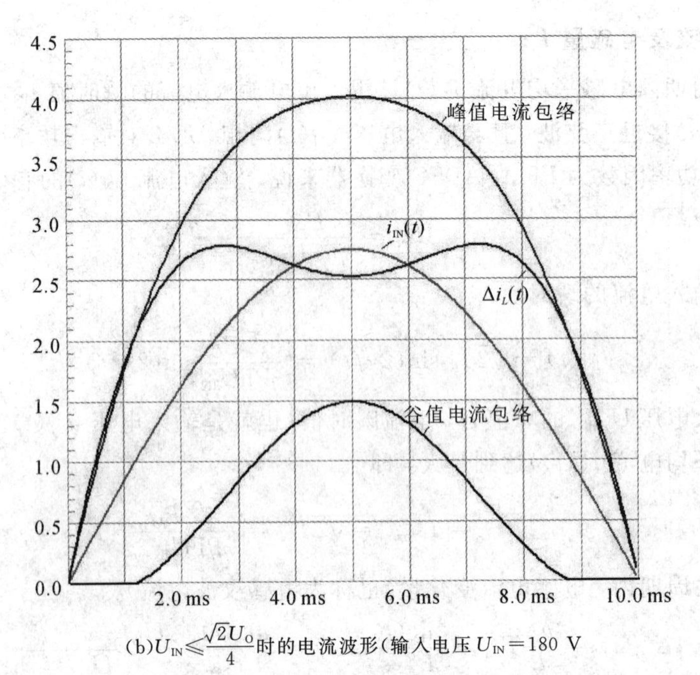

(b)$U_{IN}\leqslant\frac{\sqrt{2}U_O}{4}$时的电流波形(输入电压 $U_{IN}=180$ V

图 7.4.4　电感电流的波形(输出功率为 350 W，开关频率 f_{SW} 为 50 kHz)

可见，在输入电压 U_{IN}、输出电压 U_O、开关频率 f_{SW} 一定的情况下，电感电流变化量 Δi_L 与电感量 L 成反比。L 越小，Δi_L 越大，所需电感磁芯的体积就越小，但在轻载状态下电感电流 $i_L(t)$ 容易退出 CCM 模式(除非控制芯片具有间歇振荡特性)，在兼顾电感磁芯体积与负载变化范围后，最小输入电压峰值处对应的电感电流纹波比 $\gamma=\frac{\Delta i_L(t)}{I_L(t)}=\frac{\Delta i_L}{I_{INmax}}$ 一般取 0.2～0.6(对铁氧体磁芯，典型值可取 0.36)或 0.6～1.0(对磁粉芯)，即

$$\Delta i_L=\gamma I_{INmax}=(0.2\sim1.0)I_{INmax}$$

由式(7.4.5)可知，最小电感量

$$L=\frac{\sqrt{2}U_{INmin}}{\Delta i_L f_{SW}}\times\frac{U_O-\sqrt{2}U_{INmin}}{U_O}\tag{7.4.6}$$

将 $\Delta i_L=\gamma\times I_{INmax}$ 代入式(7.4.6)，再结合式(7.4.3)可知，最小电感 L 也可以表示为

$$L=\frac{\sqrt{2}U_{INmin}}{\gamma I_{INmax}f_{SW}}\times\frac{U_O-\sqrt{2}U_{INmin}}{U_O}=\frac{\eta PFU_{INmin}^2}{\gamma f_{SW}P_O}\times\left(1-\frac{\sqrt{2}U_{INmin}}{U_O}\right)$$

根据式(7.4.1)可知最小输入电压峰值处的占空比

$$D_{max}=\frac{U_O-\sqrt{2}U_{INmin}}{U_O}=1-\frac{\sqrt{2}U_{INmin}}{U_O}\tag{7.4.7}$$

由此可得 $\sqrt{2}U_{INmin}=U_O(1-D_{max})$，于是最小电感量 L 也可以表示为

$$L=\frac{U_O}{\Delta i_L f_{SW}}D_{max}(1-D_{max})\tag{7.4.8}$$

3. 绕组匝数 N

1) *磁芯选择*

在 CCM 模式 APFC 变换器中，可用铁硅铝磁粉芯、MPP 磁粉芯或功率铁氧体磁芯作

为升压电感 L 的磁芯。在计算绕组匝数 N 前，宜用 AP 法大致估算磁芯的尺寸，推导过程如下：

由窗口利用率 $K_U=\frac{NA_{cu}}{A_W}$ 可知，绕组匝数 $N=\frac{K_U A_W}{A_{cu}}$。把绕组匝数 N 代入电磁感应定律 $NA_e\Delta B=L\Delta I=U_{on}T_{on}$，整理后可得磁芯的面积积

$$\mathrm{AP}=A_W A_e=\frac{U_{on}T_{on}A_{cu}}{K_U\Delta B}$$

在输入电压的峰值处，$U_{on}=\sqrt{2}U_{IN}$，导通时间 $T_{on}=D_{max}T_{SW}=\frac{D_{max}}{f_{SW}}$；而绕线截面积 $A_{cu}=\frac{I_{IN}}{J}$。当电流密度 J 的单位为 A/mm²，开关频率 f_{SW} 的单位为 kHz，磁通密度变化量 ΔB 的单位为 T 时，电感磁芯的面积积

$$\mathrm{AP}=A_W A_e=\frac{\sqrt{2}U_{IN}I_{IN}D_{max}}{K_U\Delta BJf_{SW}}\times 10^3(\mathrm{mm}^4) \tag{7.4.9}$$

在非隔离的 DC－DC 变换器中，窗口利用率 K_U 可取 0.4～0.5，而在 CCM 模式下 ΔB 可取 0.20～0.25 T，电流密度 J 的典型值为 4.5 A/mm²。在磁芯 AP 值确定的情况下，就可以大致选定磁芯的尺寸，进而确定磁芯的有效截面积 A_e。

2）绕组匝数 N

由前面的推导不难获得每个开关周期导通结束后的电感峰值电流

$$i_{LPK}(t)=i_{IN}(t)+\frac{\Delta i_L}{2}=\frac{\sqrt{2}P_O}{\eta \mathrm{PF}U_{IN}}\sin(\omega t)+\frac{\sqrt{2}U_{IN}\sin(\omega t)}{2Lf_{SW}}\times\frac{U_O-\sqrt{2}U_{IN}\sin(\omega t)}{U_O}$$

可以证明：当输入电压 U_{IN} 不大于某一特定值(如 200V)的情况下，在输入电压 $u_{IN}(t)$ 的峰值处，电感电流增量 Δi_L 不一定最大，但电感峰值电流 i_{LPK} 将达到最大。因此，在最小输入电压 U_{INmin} 的峰值处，电感峰值电流最大，即

$$I_{LPKmax}=I_{INmax}+\frac{\Delta i_L}{2}=\frac{\sqrt{2}P_O}{\eta \mathrm{PF}U_{INmin}}+\frac{\sqrt{2}U_{INmin}}{2Lf_{SW}}\times\frac{U_O-\sqrt{2}U_{INmin}}{U_O}$$

这样在磁芯有效截面积 A_e 确定的情况下，由电磁感应定律可知电感线圈的匝数

$$N=\frac{LI_{LPKmax}}{A_e B_{PK}} \tag{7.4.10}$$

对铁氧体磁芯来说，峰值磁感应强度 B_{PK} 可取 0.3 T。

3）铁氧体磁芯参数计算特例

例如，对最小输入电压 U_{INmin} 为 90V(此时效率 η 为 94%，PF 为 0.99)，输出功率 P_O 为 350 W，输出电压 U_O 为 385 V(在开关频率 f_{SW} 固定的 CCM 模式 APFC 变换器中，输出电压 U_O 最小可选 385 V)，对开关频率 f_{SW} 为 65 kHz 的 CCM 模式 APFC 变换器来说，当使用锰锌铁氧体磁芯作为升压电感的磁芯时，磁芯尺寸及绕组匝数的计算过程如下：

(1) 90 V 市电峰值处的占空比。

$$D_{max}=1-\frac{\sqrt{2}U_{INmin}}{U_O}=1-\frac{\sqrt{2}\times 90}{385}=0.669$$

(2) 输入电流有效值。

$$I_{IN}=\frac{P_O}{\eta PFU_{INmin}}=\frac{350}{0.94\times0.99\times90}=4.179\ \text{A}$$

(3) 最大输入电流瞬时值。

$$I_{INmax}=\sqrt{2}I_{IN}=\sqrt{2}\times4.179=5.909\ \text{A}$$

(4) 当输入市电最小时其峰值处的电感纹波电流。

$$\Delta i_L=\gamma I_{INmax}=0.4\times5.909=2.364\ \text{A}$$

(5) 最小电感量。

$$L=\frac{U_O}{\Delta i_L f_{SW}}D_{max}(1-D_{max})=\frac{385}{2.364\times65}\times0.669(1-0.669)=554.8\ \mu\text{H}$$

(7) 流过电感的最大峰值电流。

$$I_{LPKmax}=I_{INmax}+\frac{\Delta i_L}{2}=5.909+\frac{2.364}{2}=7.091\ \text{A}$$

(8) 电感磁芯面积积。

$$\text{AP}=A_w\times A_e=\frac{\sqrt{2}U_{IN}\times I_{IN}\times D_{max}}{K_U\Delta BJf_{SW}}\times10^3$$

$$=\frac{\sqrt{2}\times90\times4.179\times0.669}{0.5\times0.20\times4.5\times65}\times10^3\approx12\ 163\ (\text{mm}^4)$$

由此可选 PQ3220 规格、PC40 材质的磁芯，该磁芯的 AP 值为 13736 mm^4，A_e=170 mm^2，L_e=55.5 mm。

(9) 绕组匝数。

$$N=\frac{LI_{LPKmax}}{A_eB_{PK}}=\frac{554.8\times7.091}{170\times0.3}\approx77.1(\text{取 }78)$$

4) 磁粉芯参数计算特例

在上例中，若采用铁硅铝磁环作为升压电感的磁芯，则可按如下步骤确定磁环的尺寸及绕组的匝数 N。

(1) 计算流过绕组的平均电流。根据正弦电流平均值与最大值之间的关系，在半个市电周期内，流过电感的平均电流

$$I_{IN(ave)}=\frac{2I_{INmax}}{\pi}\approx\frac{2\times5.909}{3.14}\approx3.762\ \text{A}$$

考虑到磁粉芯的有效磁导率 μ_e 偏小，为减小绕线匝数 N，电流纹波比 γ 拟取 0.7，即最小输入市电峰值处的电感纹波电流

$$\Delta i_L=\gamma I_{INmax}=0.7\times5.909=4.136\ A$$

最小电感量

$$L=\frac{U_O}{\Delta i_L f_{SW}}D_{max}(1-D_{max})=\frac{385}{4.136\times65}\times0.669(1-0.669)\approx317.1\ \mu\text{H}$$

流过电感的最大峰值电流

$$I_{LPKmax}=I_{INmax}+\frac{\Delta i_L}{2}=5.909+\frac{4.136}{2}=7.977\ A$$

(2) 按美磁公司的磁芯尺寸选择规则，先计算 LI^2=0.317×3.762^2≈4.5 mH·A^2。由 $L\times I^2$ 值，查美磁公司提供的“磁芯选型(Kool Mμ® 环型磁芯)图”可知，可选的铁硅铝磁芯

零件号为77934或77586。注意到77586的初始电感系数A_L仅为38 nH/T^2，严重偏低，绕组匝数将偏高；尽管77934初始电感系数A_L较高，但其初始磁导率μ_e为90(偏高)，在强磁场下电感系数A_L衰减大，也不合适。根据经验，在APFC变换器中所选铁硅铝磁环的初始磁导率μ_e不宜超过75，初始电感系数A_L不宜小于80，以便将绕组匝数N控制在80以内。据此，选择与77934零件号内、外径相同，但厚度较大的东睦科达磁电公司的KS106-060A-E18磁环：初始磁导率μ_e为60，0 A时的电感系数A_L为(120±8%)nH/T^2，涂层前外径OD为26.90 mm，内径ID为14.70 mm，AP为16406 mm^4，A_e=105.1 mm^2，l_e=63.5 mm，V_e=6670 mm^3。考虑磁芯电感系数A_L误差后，该磁芯初始电感系数下限A_L=120×(1-8%)=110.4 nH/T^2。

当然也可以利用体积法估算出磁粉芯的体积V_e，进而确定磁芯的具体型号。在本例中，当有效磁导率μ_e取60、峰值磁感应强度B_{PK}取0.35 T时，由式(2.5.7)可知

$$V_e = 0.314\times\frac{\mu_e}{B_{PK}^2}\times\frac{(2+\gamma)^2}{\gamma}\times\frac{P_{IN}}{f_{SW}}\times D_{max}(\mathrm{mm}^3)$$

$$= 0.314\times\frac{60}{0.35^2}\times\frac{(2+0.7)^2}{0.7}\times\frac{372.3}{65}\times 0.669\approx 6137\ \mathrm{mm}^3$$

与美磁公司计算结果对应的磁芯体积大致相同。

(3) 用初始电感系数A_L下限计算0安培时对应的绕组匝数，即

$$N=\sqrt{\frac{L\times 10^3}{A_L}}=\sqrt{\frac{317.1\times 10^3}{110.4}}\approx 53.6(\text{取 54 匝})$$

(4) 当绕组匝数N为54时，磁场强度$H=\frac{4\pi NI}{l_e}=\frac{4\pi\times 54\times 5.909}{63.5}\approx 63.2$ Oe。查“铁硅铝磁芯磁导率与直流偏置”曲线图可知，磁导率μ_e降为初始值的68%，电感系数A_L也将同步下降到初始值的68%，即A_L=120×(1-8%)×68%≈75.07 nH/T^2。

(5) 用指定直流偏置下的电感系数A_L修正绕组匝数，即

$$N=\sqrt{\frac{L\times 10^3}{A_L}}=\sqrt{\frac{317.1\times 10^3}{75.07}}\approx 64.99(\text{取 65 匝})$$

(6) 当绕组匝数N为65时，磁场强度$H=\frac{4\pi NI}{l_e}=\frac{4\pi\times 65\times 5.909}{63.5}\approx 76.0$ Oe。查“铁硅铝磁芯磁导率与直流偏置”曲线图可知，磁导率μ_e降到初始值的62%，电感系数A_L也将同步下降到初始值的62%，即A_L=120×(1-8%)×62%=68.45 nH/T^2。

(7) 用指定直流偏置下的电感系数A_L再度修正绕组匝数，即

$$N=\sqrt{\frac{L\times 10^3}{A_L}}=\sqrt{\frac{317.1\times 10^3}{68.45}}\approx 68.1(\text{取 69 匝})$$

匝数N增加$\frac{69-65}{65}\approx 6.2\%$，仍大于5%，需重复(6)～(7)步的迭代计算过程。

当绕组匝数N取69时，磁场强度$H=\frac{4\pi NI}{l_e}=\frac{4\pi\times 69\times 5.909}{63.5}\approx 80.7$ Oe。查“铁硅铝磁芯磁导率与直流偏置”曲线图可知，磁导率μ_e降到初始值的58%，电感系数A_L也将同步下降到初始值的58%，即A_L=120×(1-8%)×58%=64.03 nH/T^2，相应的绕组匝数

$$N=\sqrt{\frac{L\times 10^3}{A_L}}=\sqrt{\frac{317.1\times 10^3}{64.03}}\approx 70.4(\text{取 71 匝})$$

匝数 N 增加 $\frac{71-69}{69}\approx 2.9\%$，小于 5%。在计算值 71 匝基础上再增加 3 匝就是绕组的目标匝数 N，即经过修正后的绕组最终匝数 N 为 74 匝。

(8) 验算目标匝数 N 对应的电感量 L 是否略大于给定的电感量，以及峰值磁感应强度 B_{PK} 是否小于对应磁材的饱和磁感应强度 B_S。

当绕组匝数 N 为 74 时，磁场强度 $H=\frac{4\pi NI}{l_e}=\frac{4\pi\times 74\times 5.909}{63.5}\approx 86.5$ Oe，磁导率 μ_e 降到初始值的 54.5%，对应的电感系数 $A_L=120\times(1-8\%)\times 54.5\%\approx 60.17\ \text{nH/T}^2$，电感量 $L=A_L\times N^2=60.17\times 74^2\approx 329.5\ \mu\text{H}>317.1\mu\text{H}$。$B_{PK}=\frac{LI_{LPKmax}}{A_e N}=\frac{329.5\times 7.977}{105.1\times 74}\approx 0.338\ T$，小于铁硅铝磁芯的饱和磁感应强度 B_S(1.0 T)。这说明绕组最终匝数 N 取 74 能满足设计要求，无需重新计算。反之，说明匝数 N 偏小，必须重新计算。

(9) 0 A 时的最小电感量 $L=A_L N^2=120\times(1-8\%)\times 74^2>604.5\ \mu\text{H}$(磁芯定制参数之一)。

4. 输出滤波电容 C_O 的容量

在一个开关周期 T_{SW} 内，流过续流二极管 V_D 的平均电流

$$I_D(t)=i_{DSC}(t)\frac{T_{off}}{T_{SW}}=i_{IN}(t)[1-D(t)]=i_{IN}(t)\frac{u_{IN}(t)}{U_O}=\frac{2I_{IN}U_{IN}}{U_O}\sin^2(2\pi ft)$$

$$=\frac{I_{IN}U_{IN}}{U_O}[1-\cos(4\pi ft)]=\frac{I_O}{\eta PF}[1-\cos(4\pi ft)] \tag{7.4.11}$$

计算流过续流二极管 V_D 平均电流的方法与 BCM 模式 APFC 完全相同，可以证明输出滤波电容 C_O 容量计算式与式(7.5.20)、式(7.5.21)完全相同，可参阅 7.5.8 节内容。

5. 电感、续流二极管、开关管的电流有效值

1) 电感电流有效值及绕组直径 d

在一个开关周期 T_{SW} 内，电感电流纹波比

$$\gamma(t)=\frac{\Delta i_L(t)}{I_L(t)}=\frac{\Delta i_L(t)}{i_{IN}(t)}=\frac{U_{IN}}{Lf_{SW}I_{IN}}\times\left(1-\frac{u_{IN}(t)}{U_O}\right) \tag{7.4.12}$$

电感电流有效值

$$I_{Lrms}(t)=i_{IN}(t)\sqrt{1+\frac{\gamma^2(t)}{12}}$$

考虑到在 CCM 模式下，$\gamma(t)$ 不大，满足 $\frac{\gamma^2(t)}{12}<<1$，为方便计算，忽略 $\frac{\gamma^2(t)}{12}$ 项的影响。因此，一个开关周期 T_{SW} 内电感电流有效值 $I_{Lrms}(t)=i_{IN}(t)\sqrt{1+\frac{\gamma^2(t)}{12}}\approx i_{IN}(t)$。于是半个市电周期内电感电流的有效值为

$$I_{Lrms}=\sqrt{\frac{2}{T}\int_0^{\frac{T}{2}}L_{Lrms}^2(t)\mathrm{d}t}=\sqrt{\frac{2}{T}\int_0^{\frac{T}{2}}i_{IN}^2(t)\mathrm{d}t}=I_{IN} \tag{7.4.13}$$

如果电流密度用 J 表示，导线股数用 m 表示，则绕线直径

$$d=2\sqrt{\frac{I_{IN}}{m\pi J}} \tag{7.4.14}$$

在开关频率不高的CCM模式中，可以不考虑趋肤效应，只要m为某一整数后，线径d小于1.0 mm即可。在本例中，线径$d=2\sqrt{\frac{4.179}{m\times 3.14\times 4.5}}\approx\frac{1.087}{\sqrt{m}}$。显然，需用裸铜直径为0.77 mm，外皮直径为0.884 mm的两股漆包线并行绕制。

2）续流二极管电流有效值与流过输出滤波电容C_O的纹波电流

在一个开关周期T_{SW}内，续流二极管的电流有效值

$$I_{Drms}(t)=i_{IN}(t)\sqrt{[1-D(t)](1+\frac{\gamma^2(t)}{12})}\approx i_{IN}(t)\sqrt{\frac{u_{IN}(t)}{U_O}}$$

因此在半个市电周期内，流过续流二极管V_D的电流有效值的平方

$$\begin{aligned}I_{Drms}^2&=\frac{2}{T}\int_0^{\frac{T}{2}}I_{Drms}^2(t)\mathrm{d}t=\frac{2}{T}\int_0^{\frac{T}{2}}\frac{i_{IN}^2(t)u_{IN}(t)}{U_O}\mathrm{d}t=\frac{4\sqrt{2}I_{IN}^2U_{IN}}{TU_O}\int_0^{\frac{T}{2}}\sin^3(\omega t)\mathrm{d}t\\&=\frac{4\sqrt{2}I_{IN}^2U_{IN}}{TU_O}\int_0^{\frac{T}{2}}\left(\frac{1}{2}\sin(\omega t)-\frac{1}{2}\sin(\omega t)\cos(2\omega t)\right)\mathrm{d}t\\&=\frac{4\sqrt{2}I_{IN}^2U_{IN}}{TU_O}\int_0^{\frac{T}{2}}\left[\frac{3}{4}\sin(\omega t)-\frac{1}{4}\sin(3\omega t)\right]\mathrm{d}t\\&=\frac{4\sqrt{2}I_{IN}^2U_{IN}}{TU_O}\times\frac{2T}{3\pi}=\frac{8\sqrt{2}}{3\pi}\times\frac{I_{IN}^2U_{IN}}{U_O}=\frac{8\sqrt{2}}{3\pi}\times\frac{P_{IN}^2}{U_{IN}U_O}\end{aligned}$$

于是，流过续流二极管V_D的电流有效值

$$I_{Drms}=I_{IN}\sqrt{\frac{8\sqrt{2}}{3\pi}\times\frac{U_{IN}}{U_O}}=\sqrt{\frac{8\sqrt{2}}{3\pi}\times\frac{\left(\frac{P_O}{\eta}\right)^2}{U_{IN}U_O}}\tag{7.4.15}$$

流过输出滤波电容C_O的电流有效值

$$I_{Crms}=\sqrt{I_{Drms}^2-I_O^2}=\sqrt{\frac{8\sqrt{2}}{3\pi}\times\frac{I_{IN}^2U_{IN}}{U_O}-I_O^2}=\sqrt{\frac{8\sqrt{2}}{3\pi}\times\frac{\left(\frac{P_O}{\eta}\right)^2}{U_{IN}U_O}-\left(\frac{P_O}{U_O}\right)^2}\tag{7.4.16}$$

3）开关管的电流有效值

一个开关周期T_{SW}内，流过开关管的电流有效值

$$I_{Vrms}(t)=i_{IN}(t)\sqrt{D(t)(1+\frac{\gamma^2(t)}{12})}\approx i_{IN}(t)\sqrt{1-\frac{u_{IN}(t)}{U_O}}$$

因此在半个市电周期内，流过开关管V的电流有效值的平方

$$\begin{aligned}I_{Vrms}^2&=\frac{2}{T}\int_0^{\frac{T}{2}}I_{Qrms}^2(t)\mathrm{d}t=\frac{2}{T}\int_0^{\frac{T}{2}}\left[i_{IN}^2(t)\left(1-\frac{u_{IN}(t)}{U_O}\right)\right]\mathrm{d}t\\&=\frac{2}{T}\int_0^{\frac{T}{2}}i_{IN}^2(t)\mathrm{d}t-\frac{2}{T}\int_0^{\frac{T}{2}}\frac{i_{IN}^2(t)\times u_{IN}(t)}{U_O}\mathrm{d}t\\&=\frac{4I_{IN}^2}{T}\int_0^{\frac{T}{2}}\sin^2(2\pi ft)\mathrm{d}t-\frac{4\sqrt{2}I_{IN}^2U_{IN}}{TU_O}\int_0^{\frac{T}{2}}\sin^3(2\pi ft)\mathrm{d}t\\&=\frac{4I_{IN}^2}{T}\times\frac{T}{4}-\frac{4\sqrt{2}I_{IN}^2U_{IN}}{T\times U_O}\times\frac{2T}{3\pi}=I_{IN}^2-\frac{8\sqrt{2}}{3\pi}\times\frac{I_{IN}^2U_{IN}}{U_O}=I_{IN}^2\left(1-\frac{8\sqrt{2}}{3\pi}\times\frac{U_{IN}}{U_O}\right)\end{aligned}$$

于是流过开关管 V 的电流有效值

$$I_{\text{Vrms}} = I_{\text{IN}}\sqrt{\left(1-\frac{8\sqrt{2}}{3\pi}\times\frac{U_{\text{IN}}}{U_{\text{O}}}\right)} = \left(\frac{P_{\text{IN}}}{U_{\text{IN}}}\right)\sqrt{\left(1-\frac{8\sqrt{2}}{3\pi}\times\frac{U_{\text{IN}}}{U_{\text{O}}}\right)} \tag{7.4.17}$$

常见的基于平均电感电流控制方式的 CCM 模式 APFC 控制器主要有 Infineon 公司的 ICE2PCS02(G)、ICE2PCS05G、ICE3PCS02G、ICE3PCS05G 芯片，ON Semi 公司的 NCP1654 芯片，TI 公司的 UCC28019(A)、UCC28180 等。这类芯片功能大同小异，引脚功能及排列顺序可能因生产厂商、型号的不同而略有差异。其中，ICE2PCS02(G)、UCC28019(A)芯片引脚功能及排列完全相同，外围电路兼容(但因内部各基准电位不同导致外围器件参数存在差异)，典型应用电路如图 7.4.5 所示。NCP1654 芯片引脚与 UCC28019(A)基本兼容，只是第 2 引脚含义略有区别，但 ICE3PCS02G 芯片与上述芯片引脚差异较大。

图 7.4.5 中未给出的元件参数需要根据输出功率 P_{O}，期望的 PF、THD、效率 η 等因素确定。启动二极管 V_{D2} 的电流容量与输出功率没有直接关系，仅与输出滤波电容 E_1 的大小有关，对于输出功率在 150 W 左右的 APFC，可用电流容量为 3 A 的 1N5406 低频整流二极管。

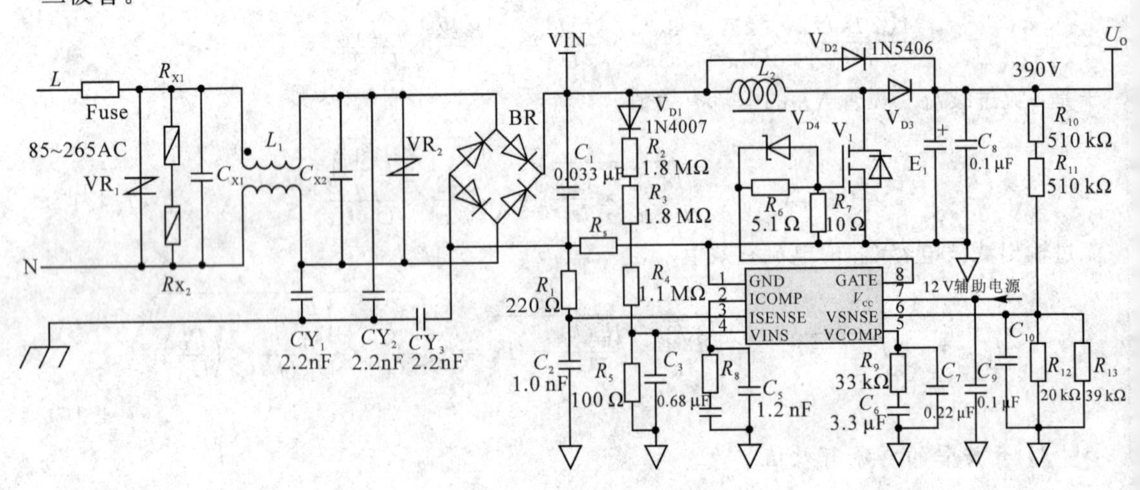

图 7.4.5　基于 UCC28019 控制芯片的 CCM 模式 APFC 变换器实例

7.5　BCM 模式 Boost APFC 变换器

BCM 模式 Boost APFC 变换器的原理电路如图 7.5.1 所示。在图 7.5.1 中，C_{IN} 为输入高频滤波电容，容量为 0.01～0.22 μF。BCM 模式 Boost APFC 变换器的工作原理与 BCM 模式 Boost 变换器完全相同，为保证在任何负载状态下，电感电流均处于 BCM 模式，在电感 L 上增加了零电流检测(ZCD)绕组(注意两绕组的极性)，相应地 BCM 模式 Boost 控制器也具有零电流检测(ZCD)输入功能。开关管 V 截止后，存储在电感 L 中的能量向负载释放，同时 ZCD 绕组感应电压施加到控制芯片的 ZCD 引脚，当存储在电感 L 中的能量完全释放后，电感电流 i_L 为 0，ZCD 绕组电压消失，经短暂延迟后，立即触发开关管 V 导通，进入下一开关周期，使变换器电感电流工作在 BCM 模式。此外，为使电感峰值电流 $i_{\text{LPK}}(t)$

能实时跟踪输入市电的瞬时值 $u_{IN}(t)$，在 BCM 模式 Boost APFC 控制电路中，一般需要设置市电瞬时值采样电路，其输出信号接模拟乘法器的一个输入端 MULT。当然，也有一些 BCM 模式 APFC 控制芯片无需外置市电瞬时值采样电路，而是直接从 ZCD 引脚获取市电瞬时值信号，原因是在 T_{off}期间，$U_{off}=U_O-u_{IN}(t)$。

BCM 模式的优点是：① 校正后的 PF 容易接近 1，原因是在 BCM 模式中，一个开关周期内电感的电流平均值等于输入电流的瞬时值；② 在每个开关周期，电感电流均从 0 开始，开关管 V 工作在 ZCS 开通状态，开通损耗较小；③ 续流二极管 V_D 具备 ZCS 关断特性，关断损耗小，几乎不存在反向恢复损耗问题，对续流二极管 V_D的反向恢复时间要求低，快恢复二极管(FRD)、超快恢复二极管(UFRD)就能满足要求，无需采用价格昂贵的 SiC 功率二极管。

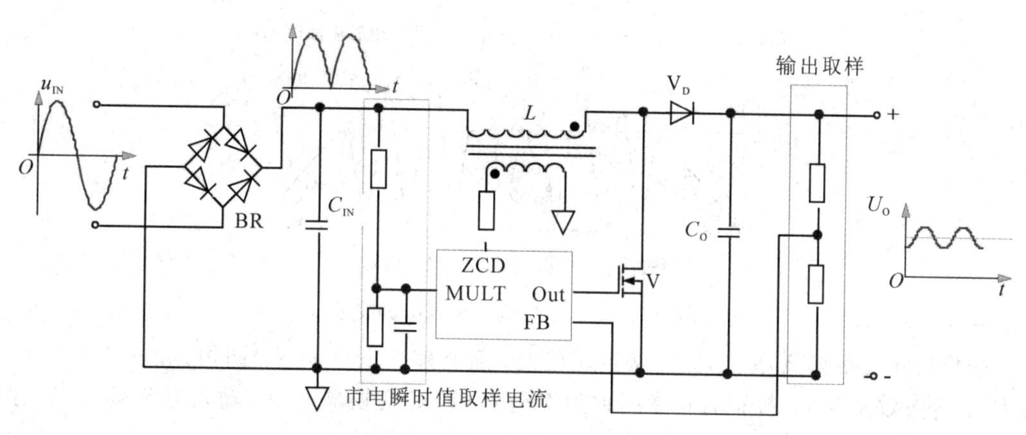

图 7.5.1　BCM 模式 Boost APFC 变换器的原理电路

支持 BCM 模式 Boost APFC 变换器的典型产品有 Fairchild 公司的 FAN7530、FAN7930、FAN7930B 芯片，ST 公司的 L656X 系列(包括 L6561、L6562、L6562A)芯片，德国英飞凌(Infineon)的 TDA4863 芯片，ON Semi 公司的 MC33262、MC34262 以及 NCL2801(特征是 THD 失真小)芯片等。

BCM 模式 Boost APFC 变换器的缺点是电感峰值电流大，致使开关管导通损耗高，EMI 干扰大，导致其输出功率受到了限制，一般控制在 50～250 W 之间。当输出功率在 250 W 以上时，需要用 CCM 模式 Boost APFC 变换器或交错式 Boost APFC 变换器，否则电感峰值电流 i_{LPK}会很大，造成变换器效率下降，EMI 滤波难度增加；而当输出功率小于 50 W 时，往往直接用带 PFC 功能的反激变换器(以 BCM 模式 Boost APFC 控制芯片作为反激变换器的控制芯片)，以降低变换器的成本。

7.5.1　电感峰值电流 $i_{LPK}(t)$与驱动电源输入电流 $i_{IN}(t)$

由于开关频率 f_{SW}远大于市电频率 f，于是一个开关周期内的市电瞬时值 $u_{IN}(t)$可近似为常数，因此在开关管 V 导通期间(T_{on})，电感电流(即流过开关管 V 的电流)

$$i_L(t)=\frac{u_{on}}{L}t=\frac{u_{IN}(t)-U_{SW}}{L}t$$

$i_L(t)$从零开始线性增加，当 $t=T_{on}$时电感电流 $i_L(t)$达到峰值，即

$$i_{LPK}(t)=\frac{u_{IN}(t)-U_{SW}}{L}T_{on}\approx\frac{u_{IN}(t)}{L}T_{on} \tag{7.5.1}$$

在开关管 V 关断后，电感电流 $i_L(t)$ 从峰值 $i_{LPK}(t)$ 线性减小，即 $i_L(t)=i_{LPK}(t)-\frac{u_{off}}{L}t=i_{LPK}(t)-\frac{U_O+U_D-u_{IN}(t)}{L}t$，经历 T_{off} 时间后，电感电流 $i_L(t)$ 回零。

$$i_{LPK}(t)\approx\frac{U_O-u_{IN}(t)}{L}T_{off} \tag{7.5.2}$$

显然，一个开关周期内从驱动电源 $u_{IN}(t)$ 流出的平均电流 $I_L(t)$ 为 $\frac{i_{LPK}(t)}{2}$，该电流被视为 t 时刻市电输入电流 $i_{IN}(t)$ 的瞬时值，即 $I_L(t)=i_{IN}(t)$。当输入电压瞬时值达到最大时，电流瞬时值 $i_{IN}(t)$ 也最大，电感峰值电流 $i_{LPK}(t)$、输入电流 $i_{IN}(t)$ 的波形如图 7.5.2 所示。

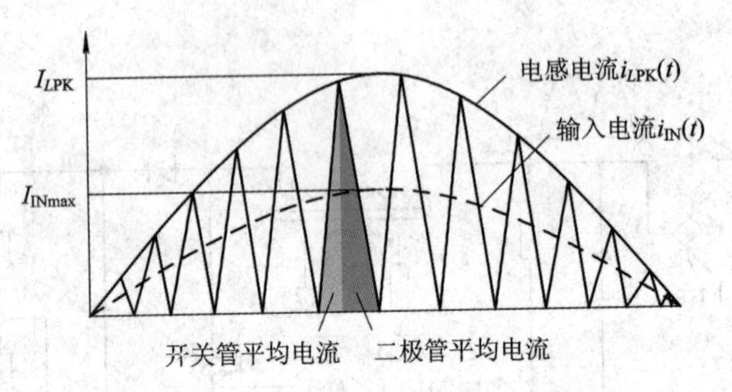

图 7.5.2　电感电流与输入电流波形

如果校正后的输入电流 $i_{IN}(t)$ 接近正弦波，且与输入电压 $u_{IN}(t)$ 同相，那么对输出功率为 P_O、转换效率为 η、校正后功率因数为 PF 的 APFC 变换器来说，输入电流 $i_{IN}(t)$ 的有效值 $I_{IN}=\frac{P_O}{\eta PFU_{IN}}$。

后面推导将发现：BCM 模式 Boost APFC 变换器在一个市电周期内导通时间 T_{on} 恒定，因此在半个市电周期内，各开关周期电感峰值电流 $i_{LPK}(t)$ 的包络也按正弦规律变化。如果电感峰值电流包络最大值用 I_{LPK} 表示，则电感峰值电流可写成

$$i_{LPK}(t)=\frac{u_{IN}(t)}{L}T_{on}=\frac{T_{on}\times\sqrt{2}\times U_{IN}}{L}\sin(\omega t)=I_{LPK}\sin(\omega t) \tag{7.5.3}$$

因此，在一个市电周期内从驱动电源 $u_{IN}(t)$ 流出的电流 $i_{IN}(t)=i_{LPK}(t)/2$ 也按正弦规律变化，即

$$i_{IN}(t)=\frac{I_{LPK}}{2}\sin(\omega t)=\sqrt{2}I_{IN}\sin(\omega t)=\frac{\sqrt{2}P_O}{\eta PFU_{IN}}\sin(\omega t)$$

于是在输入电压 $u_{IN}(t)$ 峰值处的电感峰值电流

$$I_{LPK}=2\sqrt{2}I_{IN}=\frac{4P_O}{\eta PF\sqrt{2}U_{IN}} \tag{7.5.4}$$

显然，当输入电压 U_{IN} 最小时，电感峰值电流最大，即

$$I_{LPKmax}=\frac{4P_O}{\eta\times PF\times\sqrt{2}U_{INmin}} \tag{7.5.5}$$

根据 Boost 变换器的特征，一个开关周期内电感电流的有效值

$$I_{Lrms}(t)=I_L(t)\sqrt{1+\frac{\gamma^2}{12}}=\frac{2}{\sqrt{3}}I_L(t)=\frac{2}{\sqrt{3}}i_{IN}(t)\text{（在 BCM 模式下，}\gamma=2\text{）} \tag{7.5.6}$$

根据电流有效值的定义，半个市电周期内电感电流有效值的平方

$$I_{Lrms}^2=\frac{2}{T}\int_0^{\frac{T}{2}} I_{Lrms}^2(t)\mathrm{d}t=\left(\frac{2}{\sqrt{3}}\right)^2\times\frac{2}{T}\int_0^{\frac{T}{2}}[i_{IN}(t)]^2\mathrm{d}t=\left(\frac{2}{\sqrt{3}}\right)^2\times I_{IN}^2$$

因此，在一个市电周期 T 内，电感电流有效值

$$I_{Lrms}=\frac{2}{\sqrt{3}}I_{IN}=\frac{1}{\sqrt{6}}\times\frac{4P_O}{\eta\times \mathrm{PF}\times\sqrt{2}U_{IN}}=\frac{I_{LPK}}{\sqrt{6}} \tag{7.5.7}$$

可见，一个市电周期内电感电流有效值 I_{Lrms}是输入市电有效值 I_{IN}的$\frac{2}{\sqrt{3}}$倍(约 1.155 倍)。

7.5.2 最小开关频率 f_{SWmin}的推导

因为

$$i_{LPK}(t)=2I_{IN}(t)=2\times\sqrt{2}\times I_{IN}\sin(\omega t)=\frac{4P_O}{\eta\times \mathrm{PF}\times\sqrt{2}\times U_{IN}}\sin(\omega t)$$

所以

$$T_{on}=\frac{Li_{LPK}(t)}{u_{IN}(t)}=\frac{2LI_{IN}(t)}{u_{IN}(t)}=\frac{2LI_{IN}}{U_{IN}}=\frac{2P_OL}{\eta \mathrm{PF}U_{IN}^2} \tag{7.5.8}$$

可见，在一个市电周期内，各开关周期导通时间 T_{on}为常数，仅与该市电周期输入电压的有效值 U_{IN}有关，与输入电压瞬时值 $u_{IN}(t)$无关。在 BCM 模式下，由“伏秒积”平衡条件可知占空比

$$D(t)=\frac{T_{on}}{T_{SW}}=\frac{U_{off}}{U_{on}+U_{off}}=\frac{U_O+U_D-u_{IN}(t)}{U_O+U_D-U_{SW}}\approx\frac{U_O-u_{IN}(t)}{U_O}=1-\frac{u_{IN}(t)}{U_O}$$

截止时间

$$T_{off}=[1-D(t)]T_{SW}=\frac{[1-D(t)]}{D(t)}T_{on}=\frac{u_{IN}(t)}{[U_O-u_{IN}(t)]}T_{on}=\frac{2LI_{IN}u_{IN}(t)}{U_{IN}[U_O-u_{IN}(t)]}$$

$$=\frac{L\times2\times\sqrt{2}\times I_{IN}\sin(\omega t)}{U_O-\sqrt{2}U_{IN}\sin(\omega t)}=\frac{4P_OL\sin(\omega t)}{\eta\times \mathrm{PF}\times\sqrt{2}\times U_{IN}\times[U_O-\sqrt{2}U_{IN}\sin(\omega t)]}$$

$$T_{off}=\frac{Li_{LPK}(t)}{U_O-U_{IN}(t)}=\frac{2LI_{INP}\sin(\omega t)}{U_O-\sqrt{2}U_{IN}\sin(\omega t)}=\frac{4P_OL\times\sin(\omega t)}{\eta\times \mathrm{PF}\times\sqrt{2}\times U_{IN}\times[U_O-\sqrt{2}U_{IN}\sin(\omega t)]}$$

可见，在一个电市周期内，各开关周期关断时间 T_{off}与输入电压瞬时值$u_{IN}(t)$有关。

$$f_{SW}=\frac{D}{T_{on}}=\frac{1}{T_{on}}\times\frac{U_O-u_{IN}(t)}{U_O}=\frac{1}{T_{on}}\times\frac{U_O-\sqrt{2}U_{IN}|\sin(2\pi ft)|}{U_O}$$

$$=\frac{\eta \mathrm{PF}U_{IN}^2}{2P_OL}\times\frac{U_O-\sqrt{2}U_{IN}|\sin(2\pi ft)|}{U_O} \tag{7.5.9}$$

其中，f 为输入市电的频率，这意味着：

(1) 为保证 $f_{SW}>0$，在输出电压 U_O一定的情况下，输入电压上限有限制，否则会在输入电压最大值附近使 BCM 模式 APFC 控制器停止振荡，使 PF 下降。例如，当输出电压 U_O设定为 380 V 时，如果交流输入电压有效值超过 269 V，则在输入电压最大值 269×1.414≈380 V 附近，控制器会停止振荡。

从式(7.5.9)不难看出，$U_O-\sqrt{2}U_{IN}|\sin(2\pi ft)|>0$ 才能保证 $f_{SW}>0$，即在 Boost APFC 变换器中，$U_O>\sqrt{2}U_{INmax}$。例如，当最大输入电压 U_{INmax}为 264 V 时，输出电压 $U_O>$

$\sqrt{2}\times264\approx373.4$ V，为避免在市电峰值附近，开关频率 f_{SW} 太低，实际输出电压 U_O 往往取 390～415 V(输出电压 U_O 越高，最大输入电压对应的 PF 值越大，THD 也会相应下降)。

(2) 在一个市电周期 T 内，当输入电压 $u_{IN}(t)$ 达到最大值时，开关频率 f_{SW} 最小。在不同输出电压 U_O 下，由式(7.5.9)不难画出如图 7.5.3 所示的输入电压有效值与最小开关频率 f_{SW} 之间的关系。当输出电压 U_O 为 404 V 时，在交流输入电压为 85 V 和 265 V 时具有相同的最小开关频率 f_{SW}；当输出电压 U_O>404 V 时，仅在交流输入电压为 85 V 时出现最小开关频率；当输出电压 U_O<404 V 时，仅在交流输入电压为 265 V 时出现最小开关频率。

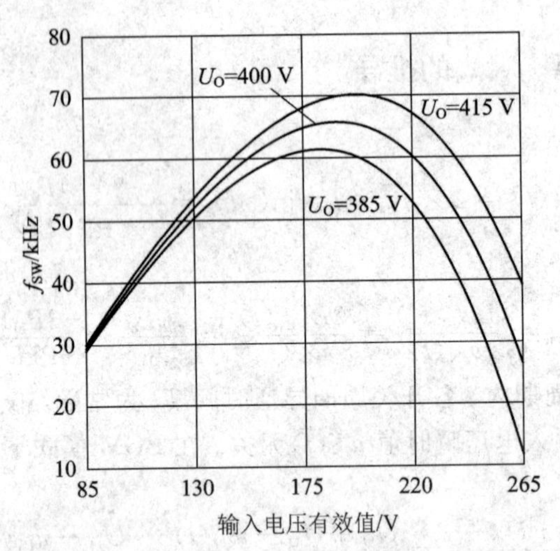

图 7.5.3　最小开关频率与交流输入电压有效值之间的关系

由此可见，最小开关频率要么出现在最小输入电压 U_{INmin} 的峰值处，要么出现在最大输入电压 U_{INmax} 的峰值处，通过如下方法即可判别出最小开关频率出现在何处。

假设最小输入电压 U_{INmin} 峰值处对应的开关频率为 f_{SW1}，最大输入电压 U_{INmax} 峰值处对应的开关频率为 f_{SW2}，则

$$\frac{f_{SW1}}{f_{SW2}}=\frac{U_{INmin}^2(U_O-\sqrt{2}U_{INmin})}{U_{INmax}^2(U_O-\sqrt{2}U_{INmax})}$$

如果 $\frac{f_{SW1}}{f_{SW2}}>1$，说明最小开关频率出现在最大输入电压 U_{INmax} 的峰值处；反之，最小开关频率出现在最小输入电压 U_{INmin} 的峰值处；如果 $\frac{f_{SW1}}{f_{SW2}}=1$，则在最小输入电压与最大输入电压的峰值处均出现最小开关频率。

(3) 在一个市电周期内，当输入电压 $u_{IN}(t)$ 过零时，开关频率 f_{SW} 最大，为 $\frac{1}{T_{on}}$。

7.5.3　最小电感量的确定

在最小开关频率 f_{SWmin} 确定的情况下，由式(7.5.9)可知，当最小开关频率 f_{SWmin} 出现在最小输入电压峰值处时，电感量

$$L=\frac{\eta PFU_{INmin}^2}{2P_Of_{SWmin}}\times\frac{U_O-\sqrt{2}U_{INmin}}{U_O}\tag{7.5.10}$$

反之，当最小开关频率 f_{SWmin} 出现在最大输入电压峰值处时，电感量

$$L=\frac{\eta \mathrm{PF} U_{\mathrm{INmax}}^{2}}{2 P_{\mathrm{O}} f_{\mathrm{SWmin}}} \times \frac{U_{\mathrm{O}}-\sqrt{2} U_{\mathrm{INmax}}}{U_{\mathrm{O}}} \tag{7.5.11}$$

为避免在最小开关频率处出现人耳能听到的噪音，最小开关频率 f_{SWmin} 一般取 25～45 kHz。最小开关频率 f_{SWmin} 大小必须适中，f_{SWmin} 低，在输入电压高端，市电过零时开关频率较低，开关损耗小，PF 值较高，但会使电感磁芯体积偏大，绕线匝数多，电感铜损增加；f_{SWmin} 高，所需电感磁芯体积小，绕线匝数少，电感铜损低，但在输入电压高端，市电过零时开关频率偏高，造成开关损耗增加。

由于在一个市电周期内，由式(7.5.8)可知各开关周期导通 T_{on} 不变，即各开关周期导通 T_{on} 仅与当前市电周期输入电压有效值 U_{IN} 有关，因此当输入电压达到最小值 U_{INmin} 时，T_{on} 必然达到最大，即

$$T_{\mathrm{onmax}}=\frac{2 P_{\mathrm{O}} L}{\eta \mathrm{PF} U_{\mathrm{INmin}}^{2}} \tag{7.5.12}$$

而当输入电压达到最大值 U_{INmax} 时，T_{on} 必然达到最小，即

$$T_{\mathrm{onmin}}=\frac{2 P_{\mathrm{O}} L}{\eta \mathrm{PF} U_{\mathrm{INmax}}^{2}} \tag{7.5.13}$$

在输入电压最大的市电周期内，当市电瞬时值 $u_{\mathrm{IN}}(t)$ 接近 0 时，开关频率最高，由式(7.5.9)可知

$$f_{\mathrm{SWmax}}=\frac{1}{T_{\mathrm{onmin}}}=\frac{\eta \mathrm{PF} U_{\mathrm{INmax}}^{2}}{2 P_{\mathrm{O}} L} \tag{7.5.14}$$

7.5.4 开关管电流与开关管导通损耗的计算

在 BCM 模式下，电流纹波比 $\gamma=2$。由式(1.2.7)可知，在一个开关周期内流过开关管 V 的电流有效值

$$I_{\mathrm{Vrms}}(t)=I_{L}(t) \sqrt{D(t)\left(1+\frac{\gamma^{2}}{12}\right)}=i_{\mathrm{IN}}(t) \sqrt{D(t)\left(1+\frac{\gamma^{2}}{12}\right)}=i_{\mathrm{IN}}(t) \sqrt{\frac{4}{3}\left(1-\frac{u_{\mathrm{IN}}(t)}{U_{\mathrm{O}}}\right)}$$

因此，在半个市电周期内，流过开关管 V 的电流有效值的平方为

$$\begin{aligned}
I_{\mathrm{Vrms}}^{2} &=\frac{2}{T} \int_{0}^{\frac{T}{2}} I_{\mathrm{Vrms}}^{2}(t) \mathrm{d} t=\frac{4}{3} \times \frac{2}{T} \int_{0}^{\frac{T}{2}}\left[i_{\mathrm{IN}}^{2}(t)\left(1-\frac{u_{\mathrm{IN}}(t)}{U_{\mathrm{O}}}\right)\right] \mathrm{d} t \\
&=\frac{4}{3} \times\left(\frac{2}{T} \int_{0}^{\frac{T}{2}} i_{\mathrm{IN}}^{2}(t) \mathrm{d} t-\frac{2}{T} \int_{0}^{\frac{T}{2}} \frac{i_{\mathrm{IN}}^{2}(t) \times u_{\mathrm{IN}}(t)}{U_{\mathrm{O}}} \mathrm{d} t\right) \\
&=\frac{4}{3} \times\left(\frac{4 I_{\mathrm{IN}}^{2}}{T} \int_{0}^{\frac{T}{2}} \sin ^{2}(2 \pi f t) \mathrm{d} t-\frac{4 \sqrt{2} I_{\mathrm{IN}}^{2} U_{\mathrm{IN}}}{T U_{\mathrm{O}}} \int_{0}^{\frac{T}{2}} \sin ^{3}(2 \pi f t) \mathrm{d} t\right) \\
&=\frac{4}{3} \times\left(\frac{4 I_{\mathrm{IN}}^{2}}{T} \times \frac{T}{4}-\frac{4 \sqrt{2} I_{\mathrm{IN}}^{2} U_{\mathrm{IN}}}{T U_{\mathrm{O}}} \times \frac{2 T}{3 \pi}\right) \\
&=\frac{4}{3} \times\left(I_{\mathrm{IN}}^{2}-\frac{8 \sqrt{2}}{3 \pi} \times \frac{I_{\mathrm{IN}}^{2} U_{\mathrm{IN}}}{U_{\mathrm{O}}}\right)=\frac{4}{3} \times I_{\mathrm{IN}}^{2}\left(1-\frac{8 \sqrt{2}}{3 \pi} \times \frac{U_{\mathrm{IN}}}{U_{\mathrm{O}}}\right)
\end{aligned}$$

于是流过开关管 V 的电流有效值

$$I_{\mathrm{Vrms}}=I_{\mathrm{IN}} \times \sqrt{\frac{4}{3} \times\left(1-\frac{8 \sqrt{2}}{3 \pi} \times \frac{U_{\mathrm{IN}}}{U_{\mathrm{O}}}\right)}=\sqrt{\frac{4}{3}} \times\left(\frac{P_{\mathrm{IN}}}{U_{\mathrm{IN}}}\right) \sqrt{\left(1-\frac{8 \sqrt{2}}{3 \pi} \times \frac{U_{\mathrm{IN}}}{U_{\mathrm{O}}}\right)}$$

由式(7.5.4)可知 $I_{IN}=\frac{I_{LPK}}{2\sqrt{2}}$，因此流过开关管 V 的电流有效值也可以表示为

$$I_{Vrms}=\frac{I_{LPK}}{2\sqrt{2}}\times\sqrt{\frac{4}{3}\times\left(1-\frac{8\sqrt{2}}{3\pi}\times\frac{U_{IN}}{U_O}\right)}=I_{LPK}\times\sqrt{\left(\frac{1}{6}-\frac{4\sqrt{2}U_{IN}}{9\pi U_O}\right)} \quad (7.5.15)$$

7.5.5 利用“体积法”大致估算电感磁芯的尺寸

当磁感应强度峰值 B_{PK} 的单位为 T、开关频率 f_{SW} 的单位为 kHz、输入功率 P_{IN} 的单位为 W 时，储能电感体积

$$V_e=0.314\times\frac{\mu_e}{B_{PK}^2}\times\frac{(2+\gamma)^2}{\gamma}\times\frac{P_{IN}}{f_{SW}}\times D_{max}(\text{mm}^3)$$

在 BCM 模式下，电流纹波比 γ 为 2，并注意到 $D_{max}=T_{onmax}f_{SW}$，则

$$V_e=2.514\times\frac{\mu_e}{B_{PK}^2}\times\frac{P_{IN}}{f_{SW}}\times D_{max}=2.514\times\frac{\mu_e}{B_{PK}^2}\times P_{IN}\times T_{onmax}(\text{mm}^3) \quad (7.5.16)$$

其中，T_{onmax} 是最大导通时间(单位为 ms)，而 μ_e 是设置了气隙后磁芯的有效磁导率，一般通过调节气隙长度将 μ_e 控制在 100～300 之间。开关频率为 APFC 变换器最小输入电压峰值处的开关频率。考虑到 BCM 模式 APFC 变换器开关频率 f_{SW} 变化范围大，峰值电流高，一般不宜用磁粉芯作为其升压电感的磁芯。

根据电磁感应定律，可得升压电感的绕组匝数为

$$N>\frac{LI_{LPK}}{A_eB_{PK}}$$

此处的 I_{LPK} 应为最小输入电压对应的最大峰值电流，铁氧体磁材的峰值磁通密度 B_{PK} 可取 0.3T。

7.5.6 零电流检测辅助绕组匝数

ZCD 绕组匝数与 ZCD 检测电压 V_{ZCD} 有关，截止期间主绕组端电压 $U_{off}\approx U_O-u_{IN}(t)$，由此可知：

$$U_{ZCD}=\frac{N_A}{N}(U_O-u_{IN}(t))$$

显然，当市电零点时，输入电压 $u_{IN}(t)\to 0$，ZCD 绕组电压 U_{ZCD} 最大；而当输入电压 $u_{IN}(t)$ 接近最大输入电压 $\sqrt{2}\times U_{INmax}$ 时，ZCD 绕组电压 U_{ZCD} 最小。因此，必须保证当输入电压达到最大值 $\sqrt{2}\times U_{INmax}$ 时，ZCD 辅助绕组输出电压 $U_{ZCD}>V_{ZCD}$，即

$$N_A=\frac{NV_{ZCD}}{U_O-\sqrt{2}U_{INmax}}$$

为避免在最大输入电压 $\sqrt{2}U_{INmax}$ 处，辅助绕组 N_A 的输出电压可能小于 V_{ZCD}，造成 ZCD 检测失败，影响变换器的功率因数 PF，一般需在计算值的基础上再适当增加 1～3 匝。

7.5.7 续流二极管电流

在 BCM 模式下，流过续流二极管 V_D 的电流波形及输出电压波形的关系如图 7.5.4 所示。

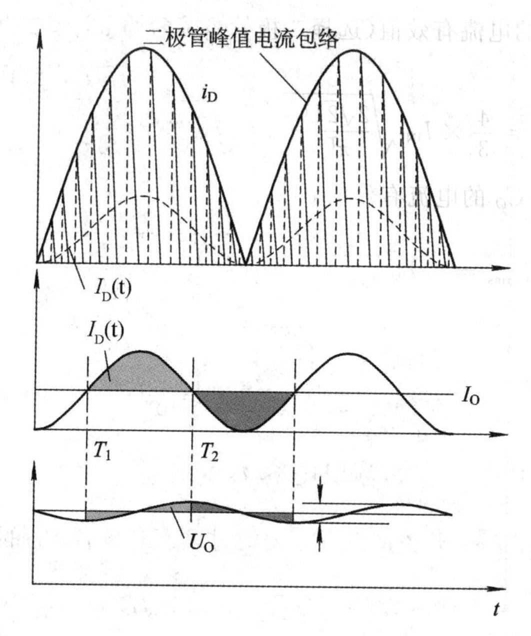

图 7.5.4 二极管电流波形与输出电压波形的关系

根据 Boost 电路工作原理，在一个开关周期内流过续流二极管的平均电流为

$$I_D(t)=\frac{i_{LPK}(t)}{2}(1-D)=i_{IN}(t)\times\frac{u_{IN}(t)}{U_O}=\frac{2I_{IN}U_{IN}}{U_O}\sin^2(\omega t)$$
$$=\frac{U_{IN}I_{IN}}{U_O}[1-\cos(2\omega t)]$$

考虑到 $U_{IN}I_{IN}PF\eta=P_O=U_OI_O$，则

$$I_D(t)=\frac{I_O}{\eta\times PF}[1-\cos(2\omega t)]=\frac{I_O}{\eta\times PF}[1-\cos(4\pi ft)] \tag{7.5.17}$$

由式(1.2.9)可知，一个开关周期内流过续流二极管 V_D的电流有效值

$$I_{Drms}(t)=i_{DSC}(t)\times\sqrt{[1-D(t)]\times(1+\frac{\gamma^2}{12})}$$

其中，$i_{DSC}(t)$是续流二极管 V_D斜坡电流的中值，显然 $i_{DSC}(t)=\frac{i_{LPK}}{2}=i_{IN}(t)$(该时刻输入电流的瞬时值)，而在 BCM 模式下，电流纹波比 $\gamma=2$。因此，一个开关周期内，流过续流二极管 V_D的电流有效值

$$I_{Drms}(t)=i_{DSC}(t)\times\sqrt{[1-D(t)]\times(1+\frac{\gamma^2}{12})}=\sqrt{\frac{4}{3}}\times i_{IN}(t)\times\sqrt{\frac{u_{IN}(t)}{U_O}}$$

因此在半个市电周期内，流过续流二极管 V_D的电流有效值的平方

$$I_{Drms}^2=\frac{2}{T}\int_0^{\frac{T}{2}}I_{Drms}^2(t)\mathrm{d}t=\frac{4}{3}\times\frac{2}{T}\int_0^{\frac{T}{2}}\frac{i_{IN}^2(t)u_{IN}(t)}{U_O}\mathrm{d}t=\frac{4}{3}\times\frac{4\sqrt{2}I_{IN}^2U_{IN}}{TU_O}\int_0^{\frac{T}{2}}\sin^3(\omega t)\mathrm{d}t$$
$$=\frac{4}{3}\times\frac{4\sqrt{2}I_{IN}^2U_{IN}}{U_OT}\times\frac{2T}{3\pi}=\frac{32\sqrt{2}}{9\pi}\times\frac{I_{IN}^2U_{IN}}{U_O}$$
$$=\frac{32\sqrt{2}}{9\pi}\times\frac{P_{IN}^2}{U_{IN}U_O}=\frac{32\sqrt{2}}{9\pi}\times\frac{(P_O/\eta)^2}{U_{IN}U_O}$$

即流过续流二极管 V_D 的电流有效值(选择二极管电流容量、计算二极管导通损耗时需要)

$$I_{Drms}=\frac{4}{3}\times I_{IN}\sqrt{\frac{2\sqrt{2}U_{IN}}{\pi U_O}}=\sqrt{\frac{4}{3}}\times\sqrt{\frac{8\sqrt{2}}{3\pi}\times\frac{\left(\frac{P_O}{\eta}\right)^2}{U_{IN}U_O}} \tag{7.5.18}$$

流过输出滤波电容 C_O 的电流有效值

$$I_{Crms}=\sqrt{I_{Drms}^2-I_O^2}=\sqrt{\frac{32\sqrt{2}}{9\pi}\times\frac{I_{IN}^2U_{IN}}{U_O}-I_O^2}$$

$$=\sqrt{\frac{32\sqrt{2}}{9\pi}\times\frac{\left(\frac{P_O}{\eta}\right)^2}{U_{IN}U_O}-\left(\frac{P_O}{U_O}\right)^2} \tag{7.5.19}$$

7.5.8 由输出纹波电压决定的输出电容 C 的计算

由式(7.5.17)可知，一个开关周期 T_{SW} 内流过续流二极管 V_D 的平均电流

$$I_D(t)=\frac{I_O}{\eta PF}[1-\cos(4\pi ft)]$$

为简单起见，忽略效率 η(在 Boost APFC 变换器中，η 一般在 0.93 以上)、功率因数 PF 的影响(PF 一般不小于 0.98)。换句话说，认为 $\eta=1$、PF=1，则一个开关周期内续流二极管 V_D 的平均电流(被视为二极管 V_D 电流的瞬时值)

$$I_D(t)\approx I_O(1-\cos 4\pi ft)$$

因此，对输出滤波电容 C 的充放电电流

$$i_C=I_D(t)-I_O=-I_O\cos(4\pi ft)$$

根据电容电流与端电压的关系 $du_C=\frac{1}{C}i_C dt$，在 $T_1\sim T_2$(令输出滤波 C 充电电流 $i_C=-I_O\cos(4\pi ft)=0$，即可获得 $T_1=\frac{T}{8}$，$T_2=\frac{3T}{8}$)时间段内，电容两端电压变化量(输出纹波电压)为

$$\Delta U_{O(P\text{-}P)}=\int_{T_1}^{T_2}\frac{1}{C}i_C dt=-\frac{I_O}{C}\int_{T_1}^{T_2}\cos(4\pi ft)dt=\frac{I_O}{2\pi fC}$$

可见，输出滤波电容 C 的大小与输出电压 U_O 纹波电压 $\Delta U_{O(P\text{-}P)}$ 的大小有关，即输出滤波电容为

$$C=\frac{I_O}{2\pi f\Delta U_{O(P\text{-}P)}}=\frac{P_O}{2\pi fU_O\Delta U_{O(P-P)}} \tag{7.5.20}$$

此外，在开关电源中，当市电异常，如缺少一个或两个市电周期时，允许输出电压变化幅度的大小也与输出滤波电容有关。

例如，当电网缺失了一个市电周期(T=20 ms)后，允许输出电压下降到 U_O'，则电容储存能量的变化量

$$\Delta E=\frac{1}{2}C\left[U_O-0.5\Delta U_{O(P\text{-}P)}\right]^2-\frac{1}{2}CU_O'^2=P_OT$$

于是输出滤波电容的容量

$$C=\frac{2P_O T}{[U_O-0.5\Delta U_{O(P-P)}]^2-(U'_O)^2} \tag{7.5.21}$$

7.5.9　基于 BCM 模式的 Boost APFC 设计实例

本节通过具体设计实例，简要介绍 BCM 模式下 Boost APFC 变换器的设计过程与计算公式。该设计实例要求如下：

(1) 交流输入电压 U_{IN}范围为 90～265 V。

(2) 输出电压 U_O为 395 V，输出电流为 380 mA，输出功率 P_O 为 150 W。

(3) 效率>95%。

(4) 最小工作频率为 35 kHz。

(5) 功率因数 PF>0.98。

(6) 输出保护电压为 415 V。

设计步骤如下所述。

1. 计算电感电流

电感峰值电流最大值

$$I_{LPKmax}=\frac{4P_O}{\eta\times PF\times\sqrt{2}U_{INmin}}=\frac{4\times150}{0.95\times0.98\times\sqrt{2}\times90}\approx5.064\ A$$

电感电流有效值

$$I_{Lrmsmax}=\frac{I_{LPKmax}}{\sqrt{6}}=\frac{5.064}{\sqrt{6}}\approx2.067\ A$$

电网输入电流有效值(最大)

$$I_{INmax}=\frac{I_{INPmax}}{2\sqrt{2}}=\frac{5.064}{2\sqrt{2}}\approx1.79\ A$$

注：电网输入电流是设计 AC 滤波器必须具备的参数。

由于交流输入电压范围为 90～265 V，而输出电压为 395 V，因此有

$$\frac{f_{SW\_90}}{f_{SW\_265}}=\frac{U_{INmin}^2(U_O-\sqrt{2}U_{INmin})}{U_{INmax}^2(U_O-\sqrt{2}U_{INmax})}=\frac{90^2\times(395-\sqrt{2}\times90)}{265^2\times(395-\sqrt{2}\times265)}\approx1.526>1$$

这说明当交流输入电压达到最大 265 V 时，出现最小开关频率。为避免在最小开关频率处出现人耳能感知到的噪音，最小开关频率 f_{SWmin}一般取 25～60 kHz，本设计取 35 kHz。

由式(7.5.11)可知，最小电感量

$$L=\frac{\eta PFU_{INmax}^2}{2P_O f_{SWmin}}\times\frac{U_O-\sqrt{2}U_{INmax}}{U_O}=\frac{0.95\times0.98\times265^2}{2\times150\times35}\times\frac{395-\sqrt{2}\times265}{395}$$
$$\approx319\ \mu H$$

当交流输入电压为 90V 时，由式(7.5.12)可知，最长导通时间

$$T_{onmax}=\frac{2P_O L}{\eta PFU_{INmin}^2}=\frac{2\times150\times319}{0.95\times0.98\times90^2}\approx12.69\ \mu s$$

2. 计算输入功率并估算电感磁芯体积及绕组匝数

输入功率

$$P_{IN}=\frac{P_O}{\eta}=\frac{150}{0.95}\approx 158\ W$$

电感磁芯体积

$$V_e=2.512\times\frac{\mu_e}{B_{PK}^2}\times P_{IN}\times T_{onmax}=2.512\times\frac{\mu_e}{0.30^2}\times 158\times 12.69\times 10^{-3}$$
$$\approx 55.96\mu_e(mm^3)$$

在 APFC 变换器中，为减小磁芯的体积，μ_e 一般为 80～120，当 μ_e 取 100 时，电感磁芯有效体积 $V_e=5596\ mm^3$，初步考虑用 PR2620 磁芯(PC40 材质)。该磁芯体积

$$V_e=A_eL_e=119\times 46.3=5490\ mm^3$$

主绕组匝数 N 要求

$$N>\frac{LI_{LPKmax}}{A_eB_{PK}}=\frac{319\times 5.064}{119\times 0.3}\approx 45.2$$

取 46 匝。

3. 计算绕线直径

在最小输入电压下，开关频率

$$f_{SW-90}=1.526f_{SW-265}=53.41\ kHz$$

在 80℃时，两倍趋肤深度

$$2\Delta=2\times\frac{7.4}{\sqrt{f_{SW}}}=\frac{2\times 7.4}{\sqrt{53.41\times 10^3}}\approx 0.641\ mm$$

$$d=2\sqrt{\frac{I_{Lrmsmax}}{m\pi J}}\approx 2\times\sqrt{\frac{2.067}{m\times 3.14\times 4.5}}$$

其中，电流密度 J 取 4.5 A/mm²。显然，当 $m=2$ 时，$d\approx 0.541\ mm<2\Delta$。可用两股标称直径为 0.56 mm、外皮直径为 0.60 mm 的漆包线并绕制成，考虑到 BCM 模式电感峰值电流较大，最好用两股标称直径为 0.60 mm、外皮直径为 0.676 mm 的漆包线并绕制成。

4. 磁芯气隙长度 δ 的估算

无气隙均匀材质磁芯电感系数

$$A_L=\frac{\mu_r\mu_0A_e}{l_e}=\frac{2300\times 4\pi\times 10^{-7}\times 119\times 10^6}{10^3\times 46.3}\approx 7.428\ \mu H/T^2$$

气隙长度(一般气隙长度不大，可近似认为 $A_\delta=A_e$)

$$\delta=\mu_0A_\delta\left(\frac{N_P^2}{L_P}-\frac{1}{A_L}\right)\approx\mu_0A_e\left(\frac{N_P^2}{L_P}-\frac{1}{A_L}\right)$$
$$=4\pi\times 119\times\left(\frac{46^2}{319}-\frac{1}{7.428}\right)\times 10^{-4}(mm)$$
$$\approx 0.97\ mm$$

其中，A_e 的单位为 mm²，电感 L 的单位为 μH，无气隙均匀材质磁芯电感系数 A_L 的单位为 $\mu H/T^2$。

不过在实际操作过程中，无论事先是否已计算过气隙长度，在试制过程中均需要通过边磨边测量绕组电感量的方式来确定气隙的实际长度。

5. 输出滤波电容

输出滤波电容 C 的大小与输出电压 U_O 的纹波电压 $\Delta U_{O(P-P)}$ 的大小有关。由于保护电压为 415 V，而输出电压为 395 V，即 $\Delta U_{O(P-P)}$ 最大可为 $2\times(415-395)=40$ V，为避免误触发过压保护动作，$\Delta U_{O(P-P)}$ 设定为 10 V，则

$$C=\frac{I_O}{2\pi f\Delta U_{O(P-P)}}\approx\frac{380}{2\times3.14\times50\times10}\approx121\ \mu F$$

取标准值 150 μF/450 V 高频铝电解电容。

6. 开关管的选择

开关管 V 的最大电流应该等于电感最大电流，即

$$I_{Vmax}=I_{LPKmax}=5.064\ A$$

开关管 V 的最大电流有效值

$$I_{Vrms}=I_{LPKmax}\times\sqrt{\frac{1}{6}-\frac{4\sqrt{2}U_{IN}}{9\pi U_O}}=5.064\times\sqrt{\frac{1}{6}-\frac{4\sqrt{2}\times90}{9\pi\times395}}\approx1.763\ A$$

开关管承受的最大电压

$$U_{VDS}=U_{OVP}+U_D=415+1.0=416\ V$$

考虑到设计余量后，MOS 管耐压应为 500 V 或 600 V（电流容量为 8 A，最好采用 10 A 以上）。

7. 续流二极管

续流二极管 V_D 最大电流等于电感最大电流，即

$$I_{Dmax}=I_{LPKmax}=5.064\ A$$

续流二极管电流有效值

$$I_{Drms}=\frac{4}{3}\times I_{INmax}\sqrt{\frac{2\sqrt{2}U_{INmin}}{\pi U_O}}=\frac{4}{3}\times1.791\sqrt{\frac{2\sqrt{2}\times90}{3.14\times395}}\approx1.082\ mA$$

流过输出滤波电容 C_O 的电流有效值

$$I_{Crms}=\sqrt{I_{Drms}^2-I_O}=\sqrt{1.082^2-0.380^2}\approx1.013\ A$$

续流二极管承受的最大电压

$$U_{Dmax}=U_{OVP}=415\ V$$

可选用 500 V/10 A 快恢复或超快恢复二极管作续流二极管 V_D。

7.5.10　基于 FAN7930B 控制芯片的 APFC 电路

基于 FAN7930B 控制芯片的有源功率因数校正(APFC)电路如图 7.5.5 所示。该电路由 AC 滤波电路、整流、芯片供电电路、功率因数校正电路等部分组成。FAN7930B 芯片并没有内置模拟乘法器，而是借助 ZCD 引脚感知输入市电的瞬时值，原因是 $u_{NO}\approx\frac{N_Z}{N_P}[U_O-u_{IN}(t)]$。

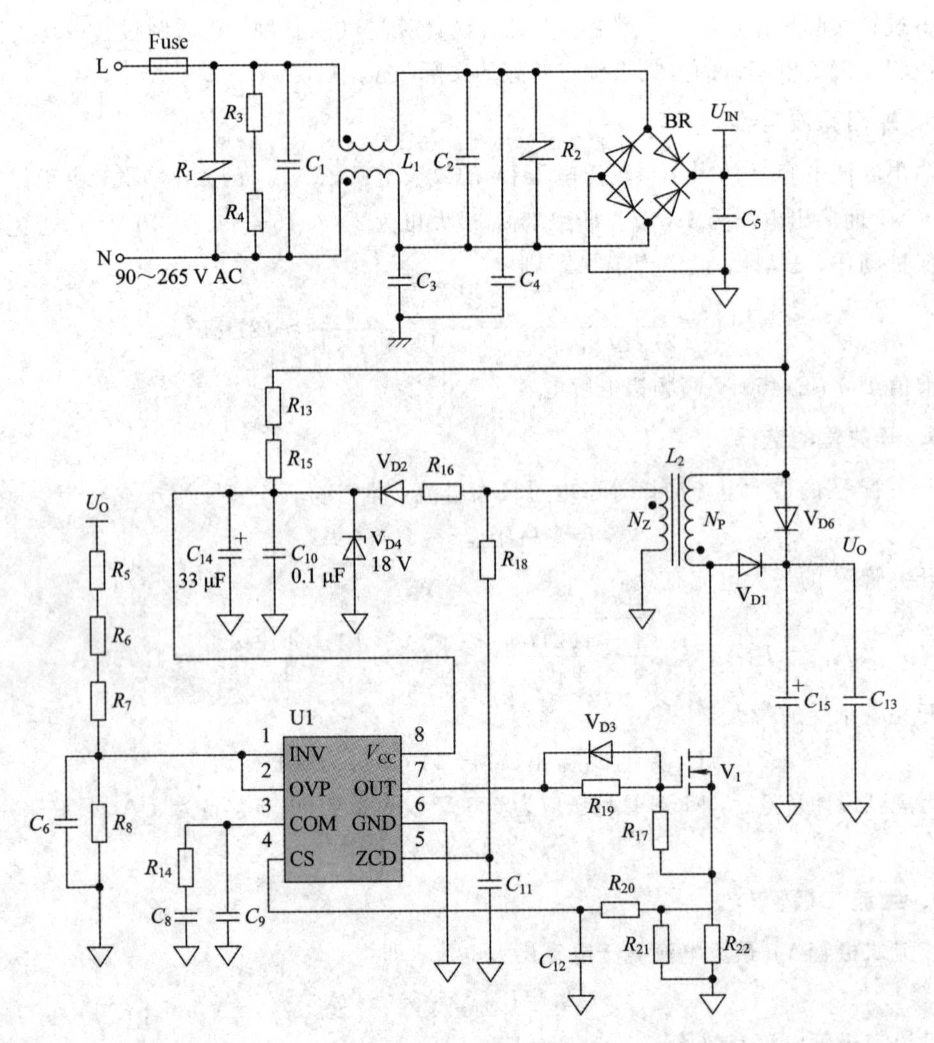

图 7.5.5　基于 FAN7930B 控制芯片的 APFC 电路

下面以 7.5.9 节的设计参数为例，介绍基于 FAN7930B 控制芯片的 APFC 电路其他外围元件参数的选择过程。

1. 输入滤波电容的选择

输入滤波电容包括了各级 AC 滤波网络的差模滤波电容 C_1、C_2(X_1 或 X_2 安规电容)，以及整流后高频滤波电容 C_5(CBB 电容)，即

$$C_i = C_1 + C_2 + C_5$$

总输入电容 C_i 一般取 0.1～2.2 μF，大小由输出功率 P_O、输入电压 U_{IN}决定。C_i 大小必须适中，否则将严重影响 EMI 指标与 PF 值：C_i 大，滤除差模干扰的效果好，EMI 指标高，但 PF 值将有所下降；反之，C_i 小，PF 值有所回升，但差模干扰的滤波效果差，与 AC 滤波电感差模分量、PCB 走线寄生电感形成的 LC 振荡频率偏高，表现为当输入电压较低时，出现自激现象，造成输入功率异常增加或 PF 不稳定。

设计时，由目标 PF 值估算出最大允许输入电容 C_i。假设 APFC 变换器为理想变换器，

PF 为 1，则对于效率为 η、输出功率为 P_O 的变换器来说，交流等效负载

$$R_{LAC}=\frac{\eta U_{IN}^2}{P_O}$$

假设输入电容 C_i 造成输入电流、输入电压的相位差为 θ，则因 C_i 存在，功率因数

$$PF=\cos\theta=\frac{1}{\sqrt{1+(2\pi fR_{LAC}C_i)^2}}$$

其中，f 为输入市电频率。这样当目标 PF 确定时，总输入电容

$$C_i<\frac{1}{2\pi fR_{LAC}}\times\sqrt{\frac{1}{PF^2}-1}$$

例如，当效率 η 为 0.94，输出功率 P_O 为 100 W，输入电压 U_{IN} 为 220 V，期望最小 PF 为 0.99(考虑到变换器波形畸变因子 $k_d<1$ 后，变换器的实际 PF 更低)时，有

$$R_{LAC}=\frac{\eta U_{IN}^2}{P_O}=\frac{0.95\times 220^2}{150}\approx 306.53\ \Omega$$

$$C_i<\frac{1}{2\pi fR_{LAC}}\times\sqrt{\frac{1}{PF^2}-1}\approx\frac{1}{2\times 3.14\times 50\times 306.53}\times\sqrt{\frac{1}{0.99^2}-1}\approx 1.48\ \mu F$$

由于整流后高频滤波电容 C_5 耐压要求高，对于 220 V 市电来说，耐压不小于 450 V，一般选 0.047～0.33 μF/630 V，因此输入电容主要由 AC 输入滤波电容 C_1、C_2 构成。在本例中，设计时 C_1 取 0.22 μF、C_2 取 0.47 μF 或 C_1 取 0.33 μF、C_2 取 0.47 μF，调试时根据 EMI 指标及是否出现自激现象再适当增加 C_1、C_2 的容量。

2. 电感电流取样电阻

R_{21}、R_{22} 构成了电感电流的取样电阻，大小与电感最大峰值电流 I_{LPKmax} 有关。由于 FAN7930B 电流检测输入引脚 CS 内部限制电压 U_{CSLIM} 为 0.8 V，因此为避免低压时因电流取样电阻 R_{CS} 偏大，造成 MOS 提前关断，致使低压状态的负载能力不足，可预留 10%的余量，即最大电流达到计算值 I_{LPKmax} 的 1.1 倍时，电流取样电阻上的压降等于内部限制电压 U_{CSLIM}。由此可知

$$R_{CS}=R_{21}/\!/R_{22}=\frac{U_{CSLIM}}{I_{LPKmax}\times 1.1}=\frac{0.8}{5.064\times 1.1}\approx 0.144\ \Omega$$

由于电流取样电阻 R_{CS} 与 MOS 管串联，因此电流取样电阻消耗的功率为

$$P_{RCS}=I_{Lrmsmax}^2\times R_{CS}=2.067^2\times 0.144\approx 0.615\ mW$$

可使用耗散功率为 1/2 W 的 270 mΩ 与 300 mΩ 的两只无感贴片电阻并联构成电流取样电阻 R_{CS}。不过，需要注意的是，这两个电阻阻值的差别不能大，否则功率分配将严重不均衡，当功率分配不均衡时，必须确保单个电阻体能够承受所消耗的功率。

3. 启动电阻

启动电路由启动电阻 R_{13}、R_{15} 及二极管 V_{D6} 构成。上电瞬间二极管 V_{D6} 导通，整流后市电通过二极管 V_{D6} 对输出滤波电容 C_{15} 充电，避免了启动瞬间因输出电压 U_O 偏低，造成开关管 V_1 过流损坏。完成启动后，输出电压大于输入电压(Boost 变换器固有特性)，使 V_{D6} 反偏，V_{D6} 不再工作。因此启动二极管 V_{D6} 完全可以使用价格低廉的通用低频整流管，电流容量与输出滤波电容大小有关，一般可取 3 A，耐压不小于 500 V 即可。

R_{13}、R_{15}构成了高压启动电阻。FAN7930B 的最大启动电流为 190 μA，必须确保在最小输入电压下，电路能够正常启动，即启动电阻

$$R_{start}=R_{13}+R_{15}<\frac{\sqrt{2}U_{INmin}-V_{start}}{I_{start}}=\frac{\sqrt{2}\times 90-13}{190}\approx 0.6\ \text{M}\Omega$$

考虑到辅助绕组输出整流二极管漏电流以及电源引脚滤波电容的漏电流后，启动电阻 R_{start} 还应适当减小，因此可选 480 kΩ。为减小功耗，提高效率，启动电阻 R_{start} 也不能太小。

启动电阻最大消耗的功率

$$P_{start}=\frac{U_{INmax}^2}{R_{start}}=\frac{265^2}{480}\approx 146\ \text{mW}$$

因此可使用两只耗散功率为 1/8 W 的 240 kΩ 电阻串联构成启动电阻。在电阻降压启动电路中，芯片 V_{CC} 引脚滤波电容不能太小(一般不小于 68 μF)，否则当输入电压偏高时，辅助绕组输出电压小，如果 V_{CC} 引脚滤波电容存储的能量不足，则芯片将停止工作，造成高压输入状态下 APFC 电路工作不正常。

当启动电阻 R_{start} 偏小，造成功耗偏高时，可采用如图 7.5.6 所示的二极管稳压、三极管扩流的启动电路(在这种情况下，V_{CC} 引脚滤波电容可以小一点)。考虑到 FAN7930B 的最大启动电压 V_{start} 为 13 V，二极管 V_{D5} 的稳压电压可取 15 V，这样就能保证 V_3 管发射极电压(1.4～15 V)大于芯片的最大启动电压，使电路能可靠启动。启动后，当辅助绕组输出电压高，使 V_{CC} 引脚电压大于 14 V 时，三极管 V_3 截止，启动电阻功耗不大。在三极管 V_3 截止期间，启动电阻 R_{13}、R_{15} 端电压小，V_3 的 C、E 之间将承受很高的电压，因此三极管 V_3 耐压一般不能小于 500 V，参考型号为 TO-92 封装的 MJE13001。

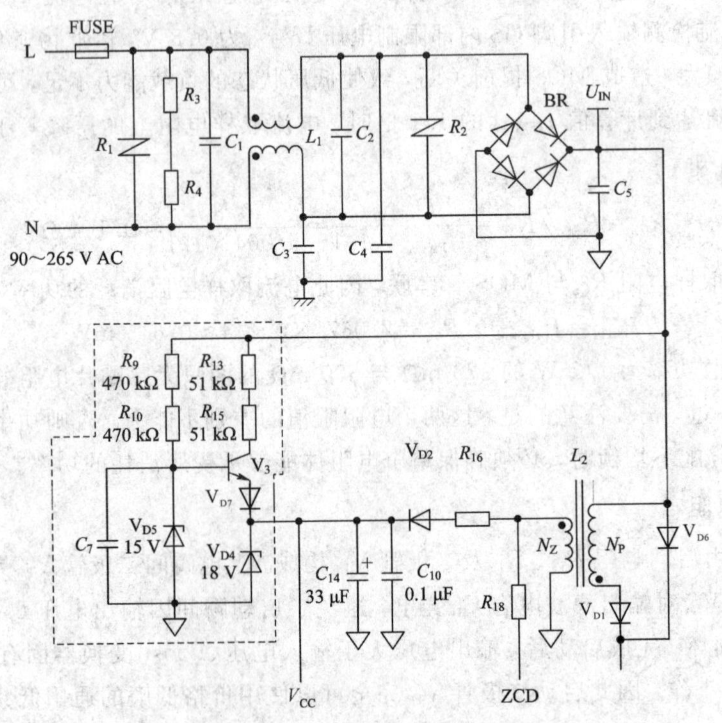

图 7.5.6 三极管供电启动电路

4. 输出电压取样电路

$R_5 \sim R_8$ 构成了输出电压采样电路，由于 FAN7930B 芯片的反相输入端 INV 内部基准电压 V_{ref1} 为 2.500 V。因此，输出电压

$$U_O = \left(1 + \frac{R_5 + R_6 + R_7}{R_8}\right) \times V_{ref1}$$

流过 R_8 的电流必须大于 INV 引脚偏置电流的 50～100 倍，因此 R_8 的阻值一般在 100 kΩ以内。当 R_8 取 56 kΩ 时，有

$$R_5 + R_6 + R_7 = \left(\frac{U_O}{V_{ref1}} - 1\right) \times R_8 = \left(\frac{395}{2.5} - 1\right) \times 56 \approx 8792\ \mathrm{k\Omega}$$

可考虑用两个 3.0 MΩ 和 1 只 2.7 MΩ 的标准电阻串联构成 $R_5 \sim R_7$。

FAN7930B 反相输入端 INV 具有过压保护功能。输出电压 U_O 升高，反相输入端 INV 电压也相应升高，当 INV 端电压达到内部限制电压 V_{ref2}(=2.675 V)时，芯片进入过压保护状态——停止输出开关脉冲，直到 INV 引脚电压小于内部限制电压 V_{ref2}。因此，INV 引脚对应的输出保护电压

$$U_{O\_P(INV)} = \left(1 + \frac{R_5 + R_6 + R_7}{R_8}\right) \times V_{ref2} = \left(1 + \frac{8700}{56}\right) \times 2.675 \approx 418\ \mathrm{V}$$

5. 输出过压保护电路

FAN7930B 还具有独立的过压保护输入端 OVP，内部基准电压 V_{ref} 为 2.845 V。一般情况下，将 OVP 端与 INV 端相连，即不使用 OVP 端的过压保护功能。除非嫌 INV 端保护电压偏高，才需要使用 OVP 端的过压保护功能。

当 OVP 引脚出现过压时，芯片立即进入过压保护状态——停止输出开关脉冲，直到 V_{CC} 引脚电位下降到芯片停止操作电压 V_{stop}，然后 V_{CC} 引脚电位又回升到启动电压 V_{start}，芯片才能再次启动，这与 INV 引脚的过压保护功能略有不同。换句话说，当 OVP 输入端出现过压时，往往需要关闭电源，重新上电后 FAN7930B 控制芯片才能再次启动。

6. ZCD 电阻确定

如果辅助绕组 N_A 仅作为 ZCD 信号检测电路，控制芯片内部零电流检测电压 V_{ZCD} 为 1.5 V，则

$$N_A = \frac{NV_{ZCD}}{U_O - \sqrt{2}U_{INmax}} = \frac{46 \times 1.5}{395 - \sqrt{2} \times 265} \approx 3.4$$

在计算值的基础上增加 1～2 匝，即辅助绕组 N_A 取 4～5 匝似乎足够。

如果启动后控制芯片电源 V_{CC} 也需要由辅助绕组 N_A 提供，则需要适当提高辅助绕组匝数，以便在输入电压瞬时值 $u_{IN}(t)$ 较大时，辅助绕组输出电压 U_{NA} 不要太小，确保 V_{CC} 引脚电位大于停止操作电压 V_{stop}；但辅助绕组匝数也不能太大，否则当输入电压瞬时值 $u_{IN}(t)$ 较小时，辅助绕组输出电压太高，可能会引起控制芯片 V_{CC} 引脚内部的钳位二极管(FAN7930B 为 20 V)过流。正因如此，最好在 V_{CC} 引脚并联 18 V 稳压二极管，如图 7.5.6 中的 V_{D4}，将 V_{CC} 引脚电位控制在内部稳压二极管的钳位电位之下。

显然，当输入电压瞬时值 $u_{IN}(t)$ 为 0 时，辅助绕组 N_A 瞬时电压达到最大值。根据经验，

U_{NA}最大值一般控制在30～40 V之间，即

$$N_A=\frac{NU_{NA}}{U_O-u_{IN}(t)}=\frac{46\times 35}{395-0}\approx 4.07\ 匝$$

取4匝。

由于FAN7930B芯片停止操作电压V_{stop}为9.5 V，因此在确定了辅助绕组N_A匝数后，就可以推算出辅助绕组输出电压等于U_{stop}时对应的输入电压瞬时值，即

$$u_{IN}(t)=U_O-\frac{N\times U_{NA}}{N_A}=U_O-\frac{N\times(V_{stop}+U_D)}{N_A}$$

$$=395-\frac{46\times(9.5+0.7)}{4}\approx 277.7\ \text{V}$$

显然，当输入电压瞬时值$u_{IN}(t)>277.7$ V后，辅助绕组输出电压已经不足以维持V_{CC}引脚电位在操作电压之上，这时只能靠V_{CC}引脚的滤波电容，或启动电路中三极管导通后借助启动电阻给芯片提供操作电流，如图7.5.7所示。

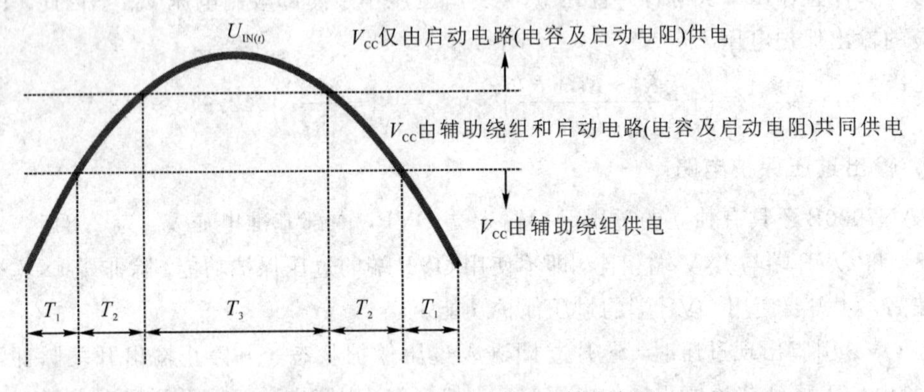

图7.5.7　芯片电源引脚V_{CC}供电来源

当辅助绕组最大电压取35 V时，辅助绕组供电限流电阻R_{16}取200 Ω以上，使辅助绕组整流二极管以及内部稳压二极管(稳压电压为20～24 V)最大瞬时电流

$$I_Z=\frac{U_{NA}-U_Z}{R_{16}}=\frac{35-20}{200}=75\ \text{mA}<100\ \text{mA}$$

由于辅助供电绕组输出电压的变化范围较大，因此最好采用如图7.5.8所示的供电电路：将辅助供电绕组N_A与过零检测绕组N_Z分开，同时辅助绕组输出电压经V_{D4}和V_2构成的稳压电路稳压后再送芯片V_{CC}引脚。在这种情况下，N_A的匝数可以适当增加，限流电阻R_{16}的阻值也可以减小。由于NPN三极管发射结反向耐压低，反向漏电流较大，为此在V_3发射极串联了保护二极管V_{D7}，以减小V_3发射结反偏状态下的漏电流(由于V_3导通时V_{CC}引脚电位只有13.6 V左右，小于V_{D4}管的稳压电压，因此无需在V_2管发射极串联保护二极管)。

确定了过零检测绕组N_Z匝数后，根据FAN7930B的特性，ZCD检测电阻

$$R_{ZCD}=R_{18}=\frac{28}{42-T_{onmax}}\times\frac{\sqrt{2}U_{INmin}N_Z}{0.469N}=\frac{28}{42-12.69}\times\frac{\sqrt{2}\times 90\times 4}{0.469\times 46}\approx 22.5\ \text{k}\Omega$$

可取标准值22 kΩ或24 kΩ。

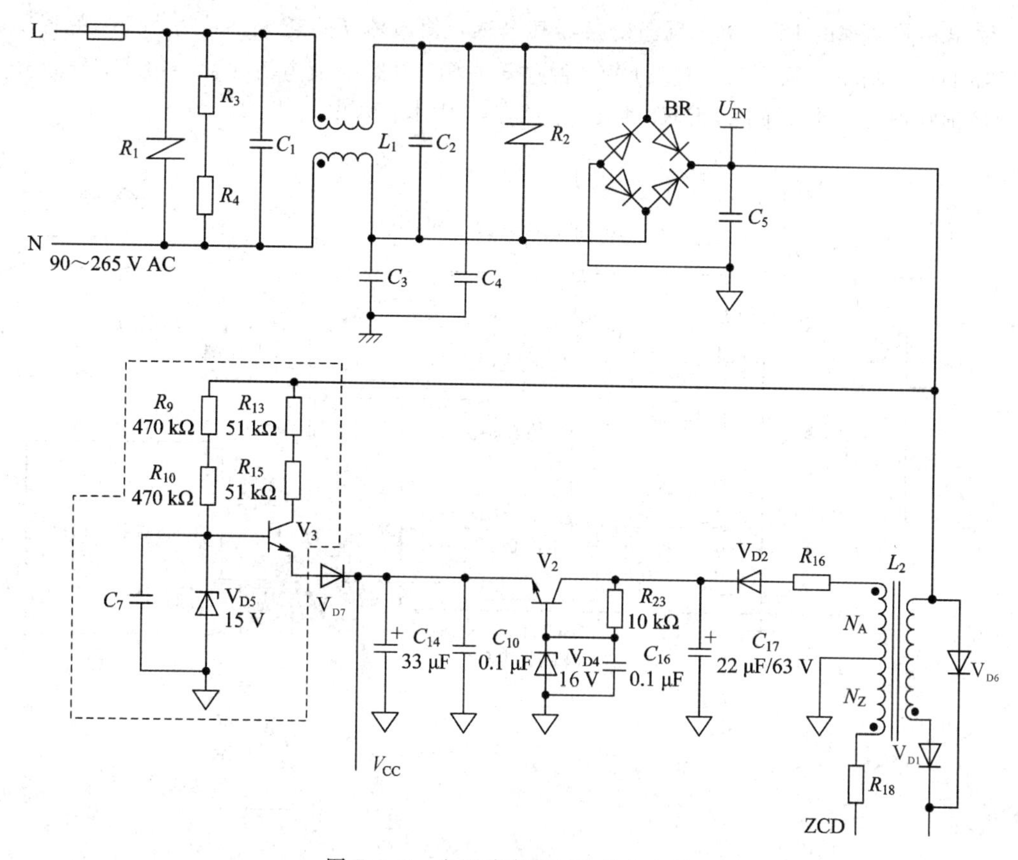

图 7.5.8　电压稳定的芯片供电电路

7. 补偿网络

反馈补偿网络由电阻 R_{14} 和电容 C_8、C_9 组成。C_8 经验值为 1.0～3.3 μF，C_9 为 22～470 nF(C_8 约为 C_9 的 9～10 倍)，R_{14} 为 10～33 kΩ，需要通过计算及实验确定。

7.6　带 PFC 功能的单管反激变换器

在单管反激变换器中，使用 BCM 模式 PFC 控制器(芯片)作为反激变换器的控制器(芯片)就构成了带 PFC 功能的单管反激变换器，也称为 PFC 单管反激变换器，如图 7.6.1 所示。

漏感吸收电路可以是 RCD 吸收电路，也可以是 DD 吸收电路。与没有 PFC 功能的单管反激变换器的最大区别是输入滤波电容 C_{IN} 的容量很小，一般只有 33～330 nF。

尽管 PFC 单管反激变换器输出电压 U_O 同样存在 100/120 Hz 的低频交流波纹电压，但功率因数 PF 高，输入电流谐波失真小，输出电压可高于输入电压，也可以低于输入电压，输出回路与输入回路隔离，结构简单，性价比高。因此，在中小功率 AC - DC 变换器中得到了广泛应用。

PFC 单管反激变换器的电路拓扑形式属于 Buck - Boost 变换器，与 BCM 模式 Boost APFC 变换器不同。在 PFC 单管反激变换器中，除了开关管电压应力大(即耐压要求高)

外，输出相同功率的 PFC 单管反激变换器其电感峰值电流 I_{LPK} 较大。因此，PFC 单管反激变换器的输出功率一般不宜超过 50 W，否则开关管、电感峰值电流 I_{LPK} 会很大，导致开关管导通损耗增加，效率下降，EMI 滤波电路复杂，成本、体积上升。

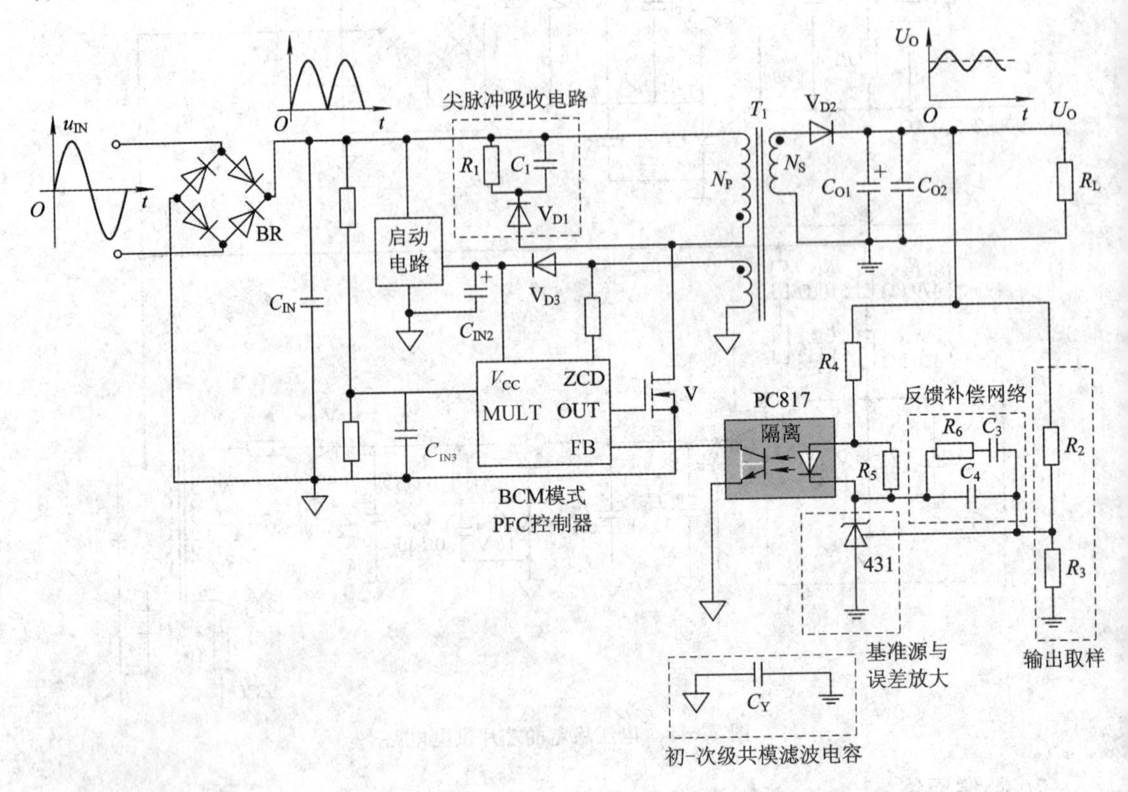

图 7.6.1　带 PFC 功能的单管反激变换器的原理电路

由于在 PFC 单管反激变换器中初级侧市电整流后没有采用大电容滤波，初级侧高压母线电位变化大，且含有一定量的高频干扰信号，因此初级和次级之间的共模滤波电容 C_Y 只能跨接在初级侧地与次级侧地之间。

7.6.1　电感峰值电流 $i_{LPK}(t)$

考虑到开关频率 f_{SW} 远大于市电频率 f，因此在开关管 V 导通期间输入电压 $u_{IN}(t)$ 可近似为常数，这样在一个开关周期内 BCM 模式 PFC 单管反激变换器主绕组电感 L_P 的电流

$$i_{LP}(t)=\frac{u_{IN}(t)-U_{SW}}{L_P}t\approx\frac{u_{IN}(t)}{L_P}t$$

从 0 开始线性增加，经历了 T_{on} 时间后主绕组电感 L_P 电流达到峰值，即

$$i_{LPK}(t)=\frac{u_{IN}(t)}{L_P}T_{on}=\frac{\sqrt{2}U_{IN}T_{on}}{L_P}\sin(\omega t)=I_{LPK}\sin(\omega t) \tag{7.6.1}$$

其中，$I_{LPK}=\frac{\sqrt{2}U_{IN}T_{on}}{L_P}$ 是半个市电周期内主绕组 N_P 峰值电流的最大值，$u_{IN}(t)$ 为 t 时刻输入电压的瞬时值。可见，当导通时间 T_{on} 在半个市电周期内为常数时，各开关周期电感峰值电流 $i_{LPK}(t)$ 与输入电压 $u_{IN}(t)$ 的瞬时值成正比，即电感峰值电流 $i_{LPK}(t)$ 的包络仍然是正弦

波，如图 7.6.2 所示。

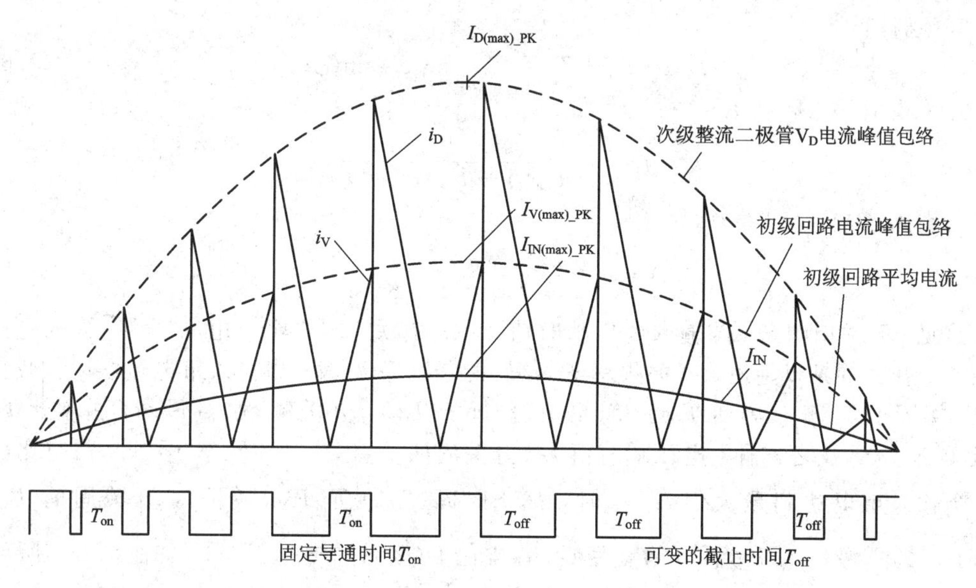

图 7.6.2 初级与次级回路电流波形

7.6.2 截止时间 T_{off} 与输入电流 $i_{IN}(t)$

当开关管驱动信号 u_{GS} 跳变为低电平时，开关管 V 截止，次级绕组 N_S 感应电压的极性突变为"上正下负"，次级整流二极管 V_{D2} 导通，存储在磁芯中的能量向负载释放，储能变压器次级绕组 N_S 电流从峰值 $i_{LSK}(t)$ 开始线性减小，当 $t=T_{off}$ 时，次级绕组电流 $i_{LS}(t)$ 回零。

1. 截止时间 T_{off}

根据反激变换器等效原理，在次级回路的 Buck - Boost 等效电路中，电感 $L_S=\frac{L_P}{n^2}$；次级回路导通瞬间最大电流为 $ni_{LPK}(t)$，$U_{off}=U_O+U_D$，那么在开关管截止期间次级回路电流 $i_{LS}(t)$ 从峰值 $i_{LSK}(t)=ni_{LPK}(t)$ 开始线性下降，即

$$
\begin{aligned}
i_{LS}(t) &= i_{LSK}(t)-\frac{U_{off}}{L_S}t \\
&= ni_{LPK}(t)-\frac{n^2(U_O+U_D)}{L_P}t
\end{aligned}
$$

经历了 T_{off} 时间后，次级回路电流下降到 0，即

$$
ni_{LPK}(t)-\frac{n^2(U_O+U_D)}{L_P}T_{off}=0
$$

整理后可得

$$
T_{off}=\frac{L_P i_{LPK}(t)}{n(U_O+U_D)}=\frac{T_{on}\times\sqrt{2}\times U_{IN}}{n(U_O+U_D)}\sin(\omega t)=T_{on}K_V\sin(\omega t) \tag{7.6.2}
$$

其中，$K_V=\frac{\sqrt{2}U_{IN}}{n(U_O+U_D)}=\frac{\sqrt{2}U_{IN}}{U_{OR}}$，其含义是输入电压最大值与反射电压之比(在开关管耐压一定的情况下，反射电压 U_{OR} 确定)，K_V 仅与输入电压有效值 U_{IN} 有关。可见，截止时间 T_{off} 与输入电压 $u_{IN}(t)$ 的瞬时值成正比，但与 BCM 模式 Boost PFC 电路的截止时间 T_{off} 的

表达式不同。

开关周期

$$T_{SW}=T_{on}+T_{off}=T_{on}[1+K_V\sin(\omega t)] \tag{7.6.3}$$

开关频率

$$f_{SW}=\frac{1}{T_{on}[1+K_V\sin(\omega t)]} \tag{7.6.4}$$

占空比

$$D(t)=\frac{T_{on}}{T_{on}+T_{off}}=\frac{1}{1+K_V\sin(\omega t)} \tag{7.6.5}$$

可见，开关周期 T_{SW} 与输入电压瞬时值 $u_{IN}(t)$ 有关。在半个市电周期内，输入电压瞬时值小，开关周期 T_{SW} 短，开关频率 f_{SW} 高，占空比 $D(t)$ 大，当输入市电过零时，截止时间 T_{off} 接近于0，开关周期 $T_{SW}=T_{on}$ 最短(接近于 T_{on})，开关频率 f_{SW} 最高，占空比 $D(t)$ 接近1(最大)；反之，输入电压瞬时值大，开关周期 T_{SW} 长，开关频率 f_{SW} 低，占空比 $D(t)$ 小，当输入市电达到最大值 $\sqrt{2}U_{IN}$ 时，截止时间 $T_{off}=T_{on}K_V$(最长)，开关周期 $T_{SW}=T_{on}(1+K_V)$(最长)，开关频率 f_{SW} 最低，占空比 $D(t)=\frac{1}{1+K_V}$(最小)，如图7.6.3所示。

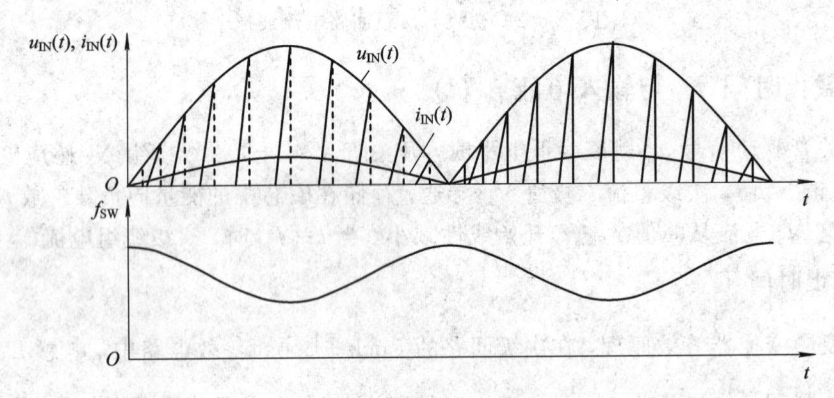

图7.6.3　输入电压、输入电流、开关频率变化曲线

可以证明，工作在BCM模式下的PFC单管反激变换器，其最小开关频率 f_{SWmin} 仅出现在最小输入电压 U_{INmin} 的峰值处，如图7.6.4所示，这与BCM模式下的Boost PFC变换器有所区别。

从图7.6.4中还可以看出，随着输入电压 U_{IN} 的增加，最小开关频率 f_{SWmin} 将相应增加，但变化并不显著，200 V交流输入电压对应的最小开关频率仅比85 V交流输入电压对应的开关频率增加了一倍。

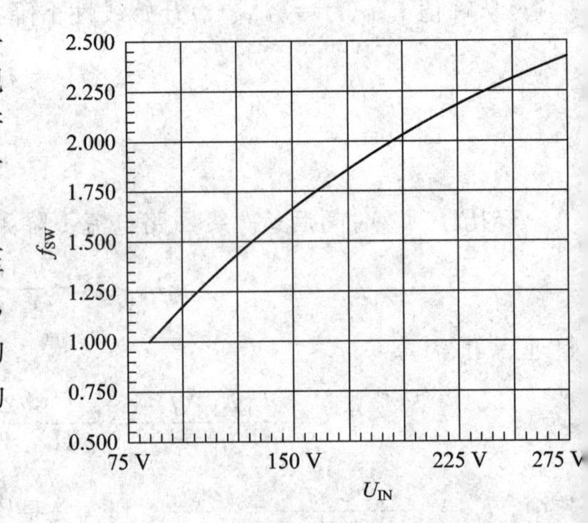

图7.6.4　最小开关频率 f_{SWmin} 与输入电压有效值 U_{IN} 的关系

2. 一个开关周期内初级回路的平均电流(瞬时输入电流)

在反激变换器中，开关管V与主绕组 N_P

串联。由式(7.6.1)、式(7.6.3)可知，在开关管导通结束后初级侧电感峰值电流 $i_{LPK}(t)=\frac{u_{IN}(t)}{L_P}T_{on}$，因此导通期间初级侧斜坡电流的中值为$\frac{i_{LPK}(t)}{2}$，于是导通期间初级回路的平均电流 $I_{LP}(t)$（该电流也被视为 t 时刻输入电流 $i_{IN}(t)$ 的瞬时值）

$$i_{IN}(t)=I_{LP}(t)=\frac{\frac{i_{LPK}(t)}{2}T_{on}}{T_{SW}}=\frac{u_{IN}(t)}{2L_P T_{SW}}T_{on}^2=\frac{T_{on}\times\sqrt{2}\times U_{IN}\sin(\omega t)}{2L_P\times[1+K_V\sin(\omega t)]}\quad(7.6.6)$$

注意到在半个市电周期内，主绕组 N_P 峰值电流最大值 $I_{LPK}=\frac{T_{on}\times\sqrt{2}\times U_{IN}}{L_P}$，因此 PFC 反激变换器输入电流瞬时值

$$i_{IN}(t)=\frac{I_{LPK}}{2}\times\frac{\sin(\omega t)}{1+K_V\sin(\omega t)}\quad(7.6.7)$$

可见，在 PFC 单管反激变换器中，输入电流 $i_{IN}(t)$ 与输入电压瞬时值 $u_{IN}(t)$ 有关，但已不是 BCM 模式下 Boost APFC 电路那样简单的正比关系。因此，可以预料在 PFC 单管反激变换器中，PF 不可能太高。

K_V 对整流后输入电流波形的影响如图 7.6.5 所示。因此可以看出，K_V 越大，输入电流波形失真程度越严重。

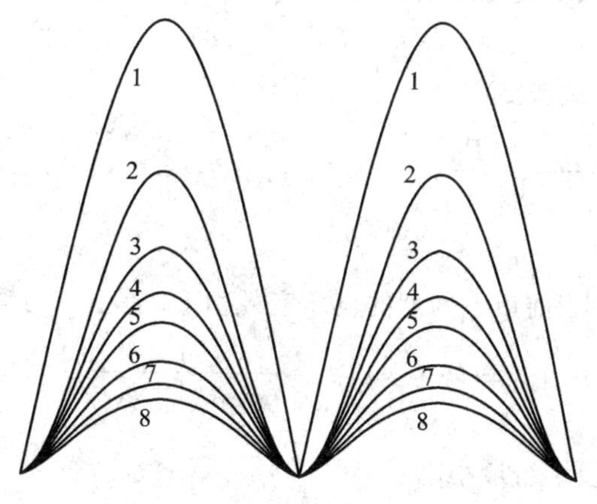

1—K_V=0.0；2—K_V=0.5；3—K_V=1.0；4—K_V=1.5；
5—K_V=2.0；6—K_V=3.0；7—K_V=4.0；8—K_V=5.0。

(a) 整流桥后

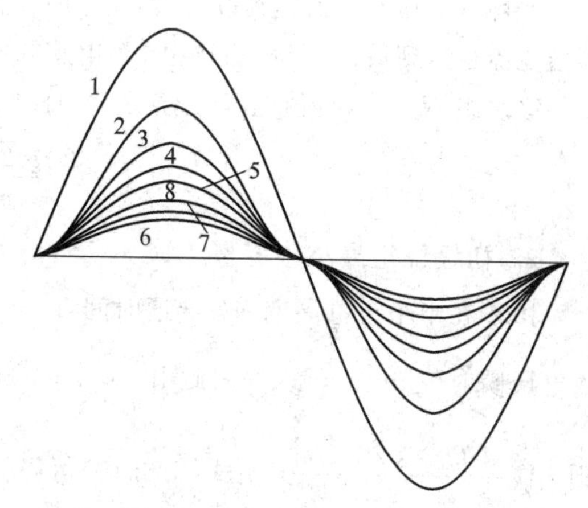

1—K_V=0.0；2—K_V=0.5；3—K_V=1.0；4—K_V=1.5；
5—K_V=2.0；6—K_V=3.0；7—K_V=4.0；8—K_V=5.0。

(b) 整流桥前

图 7.6.5　K_V 对输入电流波形的影响

由此可以得出如下结论：

(1) K_V 越小，PFC 反激变换器输入电流瞬时值 $i_{IN}(t)$ 越接近正弦波，PF 就越大。当 $K_V\to 0$ 时，PF接近于 1。但这是不可能的，原因是当 $K_V\to 0$，意味着反射电压 $U_{OR}=n(U_O+U_D)$ 趋近为无穷大，截止期间开关管将承受很高的电压应力。一方面，高耐压功率管 MOS 价格高；另一方面，导通电阻大，会降低变换器的效率。

(2) K_V 越大，PFC 反激变换器输入电流瞬时值 $i_{IN}(t)$ 偏离正弦波形态的程度越严重，PF 就越小。因此，在相同输出电压 U_O 下，匝比 n 越大，K_V 越小，PF 就越高(但匝比 n 越大，意味着反射电压 U_{OR} 越大，需要更高耐压的开关管，这与开关管的耐压要求相矛盾)。此外，在开关管耐压一定的情况下，U_{OR} 大，会导致箝位电压 U_{Clamp} 与反射电压 U_{OR} 的比值

下降，使漏感损耗增加。因此，在 *APFC* 单管反激变换器中，最好使用 650 V，甚至 800 V 耐压的开关管，以便在不降低 U_{Clamp} 与 U_{OR} 比值的情况下，适当增大反射电压 U_{OR}，提高变换器的 PF。

(3) 对于同一个 PFC 反激变换器来说，输入电压 U_{IN} 越小，K_V 越小，PF 越高；反之，输入电压 U_{IN} 越大，K_V 越大，PF 越低。

7.6.3 初级绕组的峰值电流与最小电感量

最小输入电压 U_{INmin} 对应的电流有效值

$$I_{INmax}=\frac{P_O}{\eta U_{INmin}\mathrm{PF}} \tag{7.6.8}$$

1. 初级绕组峰值电流

在半个市电周期内，当输入电压 $u_{IN}(t)$ 达到最大值时，输入电流瞬时值 $i_{IN}(t)$ 也达到最大值 $\sqrt{2}I_{IN}$，由式(7.6.7)可知

$$\sqrt{2}I_{IN}=\frac{I_{LPK}}{2}\times\frac{1}{1+K_V} \tag{7.6.9}$$

当输入电压有效值达到最小值 U_{INmin} 时，输入电流有效值将最大(即 I_{INmax})，对应的电感峰值电流也达到最大，即初级绕组 N_P 电感峰值电流 $i_{LPK}(t)$ 最大，由式(7.6.8)、式(7.6.9)可知初级绕组 N_P 最大峰值电流(计算主绕组匝数 N_P 需要)

$$I_{LPK}=\frac{2\times\sqrt{2}(1+K_V)P_O}{\eta U_{INmin}\mathrm{PF}} \tag{7.6.10}$$

2. 初级绕组最小电感量 L_P

由于在半个市电周期内，导通时间 T_{on} 仅与当前市电周期的电压有效值 U_{IN} 有关，与输入电压瞬时值 $u_{IN}(t)$ 无关，因此由式(7.6.4)可知在市电峰值处 $T_{on}=\frac{1}{f_{SWmin}(1+K_V)}$。考虑到 $I_{LPK}=\frac{T_{on}\times\sqrt{2}\times U_{IN}}{L_P}$，由式(7.6.10)可得初级绕组最小电感

$$L_P=\frac{\eta \mathrm{PF}U_{INmin}^2}{2f_{SWmin}P_O(1+K_V)^2} \tag{7.6.11}$$

最小开关频率 f_{SWmin} 一般取 30～50 kHz。f_{SWmin} 取值偏低，则在输入电压偏高时，最大开关频率 f_{SWmax}(最大输入电压过零时，开关频率最大)较低，开关损耗小，效率较高，但会使变压器磁芯的体积变大，初级、次级绕组匝数上升。反之，f_{SWmin} 取值偏高，尽管磁芯的体积可以小一些，初级、次级绕组匝数下降，但在电压输入偏高时，最大开关频率 f_{SWmax} 较高，开关损耗大，效率较低。

3. 计算最大、最小导通时间及最大开关频率 f_{SWmax}

由于在半个市电周期内导通时间 T_{on} 保持恒定，仅与当前市电周期输入电压的有效值 U_{IN} 有关，而与输入电压的瞬时值 $u_{IN}(t)$ 无关，因此在确定了初级绕组电感 L_P 后，就可以借助式(7.6.10)在当前市电周期最大值处求出当前市电周期内每个开关周期中开关管的导通时间 T_{on}，即

$$T_{on}=\frac{I_{LPK}L_P}{\sqrt{2}U_{IN}}=\frac{2L_P(1+K_V)P_O}{\eta PFU_{IN}^2}$$

当输入电压 U_{IN} 最小时，导通时间最长，即

$$T_{onmax}=\frac{2L_P(1+K_V)P_O}{\eta PFU_{INmin}^2} \tag{7.6.12}$$

当输入电压 U_{IN} 最大时，导通时间最短，即

$$T_{onmin}=\frac{2L_P(1+K_{Vmax})P_O}{\eta PF\times U_{INmax}^2} \tag{7.6.13}$$

在输入电压最大的市电周期内，当输入电压瞬时值 $u_{IN}(t)$ 接近 0 时，由式(7.6.2)可知，截止时间 T_{off} 接近 0，开关周期 T_{SW} 最小，开关频率 f_{SW} 最大，即

$$f_{SWmax}=\frac{1}{T_{onmin}+T_{off}}\approx\frac{1}{T_{onmin}}=\frac{\eta PFU_{INmax}^2}{2L_P(1+K_{Vmax})P_O} \tag{7.6.14}$$

7.6.4　初级绕组的电流有效值

根据反激变换器的特征，一个开关周期内，开关管电流有效值与初级绕组电流有效值相同，即

$$I_{SWrms}(t)=I_{LPrms}(t)=I_{LPSC}(t)\sqrt{D\left(1+\frac{\gamma^2}{12}\right)}$$

注意到初级绕组电感斜坡电流的中值 $I_{LPSC}(t)=\frac{I_{LPK}}{2}\sin(\omega t)$，占空比 $D(t)=\frac{1}{1+K_V\sin(\omega t)}$，又由于变换器工作在 BCM 模式下，因此 $\gamma=2$，即

$$I_{SWrms}(t)=I_{LPrms}(t)=I_{LPK}\sin(\omega t)\sqrt{\frac{1}{3\times[1+K_V\sin(\omega t)]}}$$

根据电流有效值的定义，在半个市电周期 $\left(0\sim\frac{T}{2}\right)$ 内，流过开关管 V 的电流有效值的平方

$$I_{Vrms}^2=\frac{2}{T}\int_0^{\frac{T}{2}}I_{SWrms}^2(t)\mathrm{d}t=\frac{2I_{LPK}^2}{3T}\int_0^{\frac{T}{2}}\frac{\sin^2(\omega t)}{1+K_V\sin(\omega t)}\mathrm{d}t$$

令 $\omega t=\theta$，那么在$[0,\frac{T}{2}]$区间的积分，就相当于在$[0,\pi]$区间的积分。因此，在半个市电周期内，流过开关管 V 的电流有效值的平方

$$I_{Vrms}^2=\frac{I_{LPK}^2}{3}\times\frac{1}{\pi}\int_0^{\pi}\frac{\sin^2\theta}{1+K_V\sin\theta}\mathrm{d}\theta$$

可用计算机软件(如 Protel 99SE 或 Matlab)画出 $\frac{\sin^2(\theta)}{1+K_V\sin(\theta)}$ 函数的图像，再求出 0～π 区间平均值方式获得 $\frac{1}{\pi}\int_0^{\pi}\frac{\sin^2(\theta)}{1+K_V\sin(\theta)}\mathrm{d}\theta$ 的值。不过，为方便计算也可以将 $\frac{1}{\pi}\int_0^{\pi}\frac{\sin^2(\theta)}{1+K_V\sin(\theta)}\mathrm{d}\theta$ 用特征函数 $F_2(K_V)=\frac{0.5+1.4\times10^{-3}K_V}{1+0.815K_V}$ 进行拟合，即

$$I_{Qrms}^2=I_{LPrms}^2=\frac{I_{LPK}^2}{3}\times F_2(K_V)$$

因此，开关管初级绕组电流有效值

$$I_{\mathrm{Vrms}}=I_{L\mathrm{Prms}}=I_{L\mathrm{PK}}\times\sqrt{\frac{F_2(K_{\mathrm{V}})}{3}}\tag{7.6.15}$$

值得注意的是，开关管电流有效值 I_{Vrms} 并不等于市电输入电流的有效值 I_{IN}。当输入市电达到最小值时，市电输入电流的有效值由式(7.6.8)确定。

7.6.5 次级回路电流

次级回路整流二极管峰值电流等于次级绕组峰值电流，即

$$i_{\mathrm{DK}}(t)=i_{\mathrm{LSK}}(t)=ni_{\mathrm{LPK}}(t)=nI_{\mathrm{LPK}}\sin(\omega t)$$

可见，次级电感峰值电流的包络仍然为正弦波。

在一个开关周期内，次级回路平均电流 $I_{\mathrm{LS}}(t)$ 等于整流二极管平均电流 $I_{\mathrm{D}}(t)$(也被认为是次级回路瞬时电流 $i_{\mathrm{LS}}(t)$)，即

$$\begin{aligned}I_{\mathrm{D}}(t)=I_{L\mathrm{S}}(t)=i_{\mathrm{LS}}(t)&=(1-D(t))\frac{i_{L\mathrm{SK}}(t)}{2}=(1-D(t))\frac{ni_{L\mathrm{PK}}(t)}{2}\\&=\frac{K_{\mathrm{V}}\sin(\omega t)}{1+K_{\mathrm{V}}\sin(\omega t)}\times\frac{nI_{L\mathrm{PK}}\sin(\omega t)}{2}\\&=\frac{nI_{L\mathrm{PK}}}{2}\times K_{\mathrm{V}}\times\frac{\sin^2(\omega t)}{1+K_{\mathrm{V}}\sin(\omega t)}\end{aligned}\tag{7.6.16}$$

可见，与 Boost APFC 变换器相比，PFC 反激变换器次级回路瞬时电流波形已不再是单一的正弦信号，波形畸变程度也与 K_{V} 有关，K_{V} 越大，畸变就越严重，如图 7.6.6 所示。

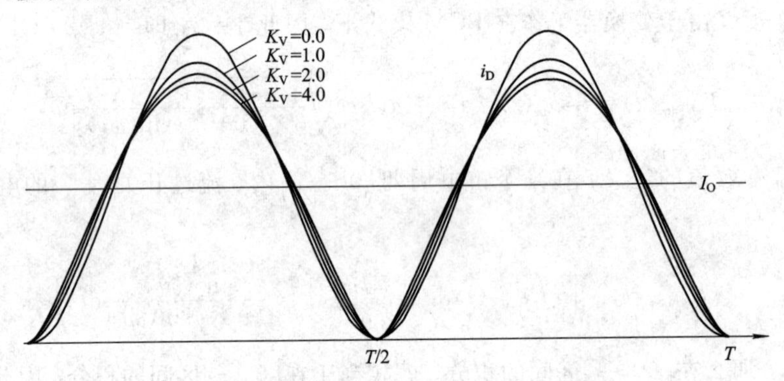

图 7.6.6　次级整流二极管瞬时电流波形

半个市电周期内次级回路电流平均值应等于输出电流，即

$$I_{\mathrm{O}}=\frac{nI_{L\mathrm{PK}}}{2}\times K_{\mathrm{V}}\times\frac{1}{\pi}\int_0^{\pi}\frac{\sin^2\theta}{1+K_{\mathrm{V}}\sin\theta}\mathrm{d}\theta=\frac{nI_{L\mathrm{PK}}}{2}K_{\mathrm{V}}F_2(K_{\mathrm{V}})$$

由此导出初级回路峰值电流 $I_{L\mathrm{PK}}$ 的另一形式为

$$I_{L\mathrm{PK}}=\frac{2I_{\mathrm{O}}}{nK_{\mathrm{V}}F_2(K_{\mathrm{V}})}\tag{7.6.17}$$

因此，次级回路峰值电流

$$I_{L\mathrm{SK}}=nI_{L\mathrm{PK}}=\frac{2I_{\mathrm{O}}}{K_{\mathrm{V}}F_2(K_{\mathrm{V}})}\tag{7.6.18}$$

值得注意的是，式(7.6.17)、式(7.6.18)并未考虑变换器的效率 η 和 PF 值。

根据 Buck - Boost 等效模型，由式(1.3.9)可知，一个开关周期内整流二极管电流有效值

$$I_{\mathrm{Drms}}(t)=I_{LSSC}(t)\sqrt{\frac{4}{3}\times(1-D(t))}=i_{\mathrm{LSK}}(t)\sqrt{\frac{(1-D(t))}{3}}$$

因此，半个市电周期内整流二极管电流有效值(计算次级绕组线径时需要用到)

$$\begin{aligned}I_{\mathrm{Drms}}&=\sqrt{\frac{2}{T}\int_0^{\frac{T}{2}}I_{\mathrm{Drms}}^2(t)\,\mathrm{d}t}\\&=I_{LSK}\times\sqrt{\frac{K_{\mathrm{V}}}{3}}\times\sqrt{\frac{1}{\pi}\int_0^{\pi}\frac{\sin^3\theta}{1+KV\sin\theta}\mathrm{d}\theta}\end{aligned}$$

为计算方便，将 $\frac{1}{\pi}\int_0^{\pi}\frac{\sin^3\theta}{1+K_{\mathrm{Vsin}}\theta}\mathrm{d}\theta$ 用特征函数 $F_3(K_{\mathrm{V}})=\frac{0.424+5.7\times10^{-4}K_{\mathrm{V}}}{1+0.862K_{\mathrm{V}}}$ 进行拟合，因此

$$I_{\mathrm{Drms}}=I_{LSK}\times\sqrt{\frac{K_{\mathrm{V}}}{3}F_3(K_{\mathrm{V}})}=nI_{LPK}\sqrt{\frac{K_{\mathrm{V}}}{3}F_3(K_{\mathrm{V}})}\tag{7.6.19}$$

7.6.6　输出滤波电容 C 的选择与输出电压纹波

输出滤波电容 C 充放电流

$$i_C(t)=i_{\mathrm{D}}(t)-I_{\mathrm{O}}$$

考虑到 $\frac{n\times I_{LPK}}{2}\times K_{\mathrm{V}}\times F_2(K_{\mathrm{V}})=I_{\mathrm{O}}$，整流二极管电流 $i_{\mathrm{D}}(t)$ 由式(7.6.16)确定，则

$$\begin{aligned}i_C(t)&=\frac{I_{\mathrm{O}}}{F_2(K_{\mathrm{V}})}\times\frac{\sin^2(\omega t)}{1+K_{\mathrm{V}}\sin(\omega t)}-I_{\mathrm{O}}\\&=\frac{I_{\mathrm{O}}}{2F_2(K_{\mathrm{V}})}\times\frac{1-\cos(2\omega t)}{1+K_{\mathrm{V}}\sin(\omega t)}-I_{\mathrm{O}}\end{aligned}$$

这说明充电电流 $i_C(t)$ 不仅含 2 次谐波，也含高次谐波。显然，令 $i_C(t)=0$，可以解出时间 T_1 与 T_2，$i_C(t)$ 从 T_1 开始对输出电容 C 进行充电，直到 T_2 结束，如图 7.6.7 所示。

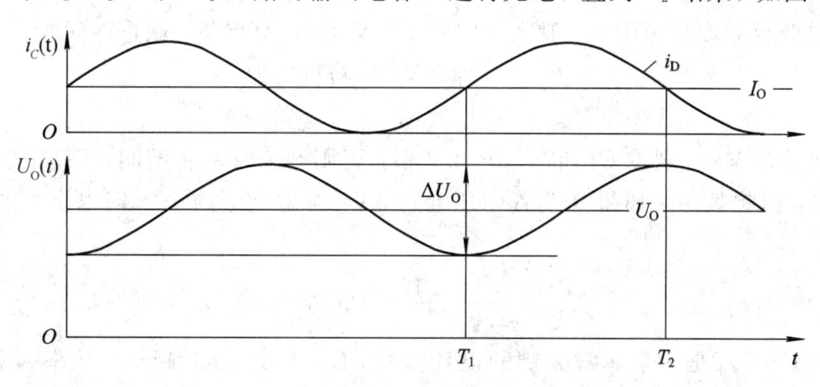

图 7.6.7　输出电压波形

由于电容两端电压增量

$$\mathrm{d}u=\frac{1}{C}i_C\,\mathrm{d}t$$

因此在 $T_1\sim T_2$ 时间段内，电容两端电压变化量(输出纹波电压)

$$\Delta U_{O(P-P)} = \int_{T_1}^{T_2} \frac{1}{C} i_C \mathrm{d}t = \frac{1}{C} \times \int_{T_1}^{T_2} i_C \mathrm{d}t$$

显然，输出滤波电容 C 容量越大，输出电压纹波 $\Delta U_{O(P-P)}$ 越小。

要精确求出在 $T_1 \sim T_2$ 期间输出滤波电容 C 端电压的变化量有一定的难度。因此，在实践中可用 Boost APFC 输出滤波电容容量与输出纹波电压 $\Delta U_{O(P-P)}$ 的关系进行估算，然后根据目标纹波电压 $\Delta U_{O(P-P)}$ 的大小，通过实验方式最终确定输出滤波电容 C 的大小。滤波电容 C 的计算式为

$$C = \frac{I_O}{2\pi f \Delta U_{O(P-P)}}$$

计算出输出滤波电容 C 的容量后，必须验证所选输出滤波电容允许的最大纹波电流是否大于流过输出电容 C 的电流有效值，即

$$I_{Crms} = \sqrt{I_{Drms}^2 - I_O^2}$$

7.6.7 全电压输入 PFC 单管反激变换器设计实例

本节通过具体设计实例，简要介绍 PFC 单管反激变换器的设计过程与计算公式。本设计实例输入/输出条件如下：

(1) 交流输入电压 U_{IN} 的范围为 90～265 V。

(2) 变换器工作在 BCM 模式。

(3) 输出电压为 80 V，输出电流为 250 mA，即输出功率为 20 W。

(4) 效率大于 88% 90 V 输入电压下，PF 为 0.99。

(5) 最小开关频率为 35 kHz。

(6) 次级整流二极管 V_D 的正向导通压降为 0.9 V。

(7) 输出纹波电压为 5 V。

设计步骤如下所述。

1. 确定反射电压 U_{OR}

在 PFC 单管反激变换器中，一般优先使用 650 V 耐压 MOS 管，截止期间 MOS 管承受的最大电压取 615 V(耐压留 35 V 余量)，即 TVS 管箝位压为

$$V_Z = BV_{DSS} - U_{INmax} = 615 - 375 = 240\ \text{V}$$

TVS 管箝位压 V_C 一般取 U_{OR} 的 1.5～2.2 倍，否则开关管截止期间，DD 吸收电路的功耗可能太大，影响效率，如果开关管耐压允许，V_C 可取 U_{OR} 的 1.6 倍以上。本例中取 2.0，即

$$U_{OR} = \frac{V_C}{2.0} = \frac{240}{2.0} = 120\ \text{V}$$

注：反射电压 U_{OR} 是一个非常关键的设计参数，U_{OR} 越大，K_V 越小，功率因数 PF 越高，电感峰值电流 I_{LPK} 也就越低，初级回路损耗下降，匝比 n 上升，次级绕阻匝数 N_S 相应减小，次级整流二极管耐压 U_{DRmax} 相应降低，次级回路损耗下降。在 PFC 反激变换器中，提高 U_{OR} 的唯一限制条件是开关管耐压 $U_{(BR)DS}$。不过，在设计过程中，也不能无限制地提高 U_{OR}，否则将被迫使用更高耐压的开关管！而 800 V 以上耐压功率 MOS 管品种少，价格高，导通电阻大，使开关管导通损耗增加。

2. 计算匝比 n

假设次级整流超快恢复二极管压降 U_D 为 0.9 V，则

$$n=\frac{U_{OR}}{U_O+U_D}=\frac{120}{80+0.9}\approx 1.483$$

即整流二极管 V_D 承受的最大反向电压

$$U_{DRmax}=\frac{U_{INmax}}{n}+U_O=\frac{375}{1.483}+80\approx 332.9\ V$$

选择耐压为 350～400 V 的超快恢复二极管即可，如 ES5G(耐压 440 V，反向恢复时间为 35 ns)。

3. 计算系数 K_V 与特征函数 $F_2(K_V)$

由于 Buck－Boost 变换器在输入电压最小时电感电流峰值 I_{LPK} 最大，因此必须在最小输入电压下设计变换器的有关参数。系数 K_V 为

$$K_V=\frac{\sqrt{2}U_{IN}}{n(U_O+U_D)}=\frac{\sqrt{2}U_{IN}}{U_{OR}}=\frac{\sqrt{2}\times 90}{120}\approx 1.0605$$

特征函数 $F_2(K_V)$ 为

$$F_2(K_V)=\frac{0.5+1.4\times 10^{-3}K_V}{1+0.815K_V}=\frac{0.5+1.4\times 10^{-3}\times 1.0605}{1+0.815\times 1.0605}\approx 0.2690$$

4. 计算初级绕组电感峰值电流最大值

初级绕组电感峰值电流最大值

$$I_{LPK}=\frac{2\times\sqrt{2}\times(1+K_V)\times P_O}{U_{INmin}\eta PF}=\frac{2\times\sqrt{2}\times(1+1.0605)\times 20}{90\times 0.88\times 0.99}\approx 1.486\ A$$

由于开关管与初级绕组串联，因此开关管 V 的最大电流

$$I_{Vmax}=I_{LPK}=1.486\ A$$

根据反射电压 U_{OR} 及初级绕组峰值电流 I_{LPK} 的大小，本例中的 TVS 管型号可选 SMAJ150A (SMA 封装，额定反向关断电压 V_{RMM} 为 150 V，最小击穿电压 V_{BRmin} 为 167 V，最大箝位电压 V_C 为 243 V，最大峰值脉冲电流 I_{PP} 为 1.6 A，峰值脉冲功耗 P_{PPM} 为 400W)。

5. 计算初级绕组最小电感量

初级绕组最小电感量

$$L_P>\frac{\eta U_{INmin}^2 PF}{2f_{SWmin}P_O(1+K_V)^2}=\frac{0.88\times 90^2\times 0.99}{2\times 35\times 20\times(1+1.0605)^2}\approx 1187\ \mu H$$

最长导通时间

$$T_{onmax}=\frac{2L_P(1+K_V)P_O}{\eta PFU_{INmin}^2}=\frac{2\times 1187\times(1+1.0605)\times 20}{0.88\times 0.99\times 90^2}\approx 13.86\ \mu s$$

最大输入电压对应的系数

$$K_{Vmax}=\frac{\sqrt{2}U_{INmax}}{U_{OR}}=\frac{\sqrt{2}\times 265}{120}\approx 3.123$$

最短导通时间

$$T_{onmax}=\frac{2L_P(1+K_{Vmax})P_O}{\eta PFU_{INmax}^2}=\frac{2\times 1187\times(1+3.123)\times 20}{0.88\times 0.99\times 265^2}\approx 3.20\ \mu s$$

最大开关频率

$$f_{\text{SWmax}} = \frac{1}{T_{\text{onmin}} + T_{\text{off}}} \approx \frac{1}{T_{\text{onmin}}} = 312.5\ \text{kHz}$$

6. 估算电感体积

输入功率

$$P_{\text{IN}} = \frac{P_{\text{O}}}{\eta} = \frac{20}{0.88} \approx 22.7\ \text{W}$$

当磁感应强度峰值 B_{PK} 的单位为 0.3T(接近饱和值)、最小开关频率 f_{SWmin} 的单位为 kHz、输入功率 P_{IN} 的单位为 W 时，储能变压器磁芯有效体积

$$V_{\text{e}} = 2.512 \times \frac{\mu_{\text{e}}}{B_{\text{PK}}^2} \times \frac{P_{\text{IN}}}{f_{\text{SWmin}}} = 2.512 \times \frac{\mu_{\text{e}}}{0.3^2} \times \frac{22.7}{35} \approx 18.0167\mu_{\text{e}}(\text{mm}^3)$$

μ_{e} 一般取 100～300 之间，当 μ_{e} 取 200 时，变压器磁芯有效体积 $V_{\text{e}} = 3625\ \text{mm}^3$，初步考虑用 EDR2810 磁芯(PC40 材质)。该磁芯体积

$$V_{\text{e}} = A_{\text{e}} L_{\text{e}} = 85.0 \times 24.6 = 2091\ \text{mm}^3$$

7. 计算绕阻匝数 N

初级绕组匝数

$$N_{\text{P}} > \frac{L_{\text{P}} I_{L\text{PK}}}{A_{\text{e}} B_{\text{PK}}} = \frac{1187 \times 1.486}{85 \times 0.3} \approx 69.2$$

取 70 匝。

次级绕组匝数

$$N_{\text{S}} = \frac{N_{\text{P}}}{n} = \frac{69.2}{1.48} \approx 46.7$$

取大于计算值的整数(47 匝)，否则磁通密度 B 可能超过饱和值

因此，初级绕组为 70 匝，次级绕组为 47 匝。

注：如果 N_{P}、N_{S} 匝数偏大，造成绕线困难的话，则在 PFC 反激变换器中，建议适当提高最小开关频率 f_{SWmin}(如 45 kHz)，以减小电感量 L_{P}。

8. 计算初级绕组电流有效值

开关管电流有效值与初级绕组电流有效值相等，即

$$I_{\text{Vrms}} = I_{L\text{Prms}} = I_{L\text{PK}} \times \sqrt{\frac{F_2(K_{\text{V}})}{3}}$$

$$= 1.486 \times \sqrt{\frac{0.269}{3}} \approx 0.445\ \text{A}$$

在 80 ℃时，两倍趋肤深度

$$2\Delta = 2 \times \frac{7.4}{\sqrt{f_{\text{SW}}}} = \frac{2 \times 7.4}{\sqrt{35 \times 10^3}} \approx 0.791\ \text{mm}$$

$$d = 2\sqrt{\frac{I_{\text{LPrms}}}{m \times \pi \times J}} \approx 2\sqrt{\frac{0.445}{m \times 3.14 \times 4.5}}$$

其中，电流密度 J 取 4.5 A/mm²。显然，当 $m=1$ 时，$d=0.35\ \text{mm} < 2\Delta$。因此，初组绕组

可用单股标称直径为 0.35 mm、外皮直径为 0.41 mm 的漆包线绕制。

9. 计算特征函数 $F_3(K_V)$ 与次级绕组电流有效值

特征函数

$$F_3(K_V)=\frac{0.424+5.7\times10^{-4}K_V}{1+0.862K_V}$$

$$=\frac{0.424+5.7\times10^{-4}\times1.0605}{1+0.862\times1.0605}\approx0.220$$

次级绕组、次级整流二极管电流有效值相等，即

$$I_{LSrms}=I_{Drms}=nI_{LPK}\sqrt{\frac{K_V}{3}\times F_3(K_V)}$$

$$=1.483\times1.486\times\sqrt{\frac{1.0605}{3}\times0.22}\approx0.615\ \text{A}$$

次级绕组裸铜线直径

$$d=2\sqrt{\frac{I_{LSrms}}{m\pi J}}\approx2\sqrt{\frac{0.615}{m\times3.14\times4.5}}$$

其中，电流密度 J 取 4.5 A/mm^2。显然，当 $m=1$ 时，$d=0.42$ mm$<2\Delta$。因此次级绕组可用单股标称直径为 0.42 mm、外皮直径为 0.48 mm 的漆包线绕制。

10. 计算 ZCD 辅助绕组匝数

ZCD 绕组匝数与 ZCD 检测电压 V_{ZCD} 有关，开关管截止期间次级绕组电压 $U_{off}=U_O+U_D$，因此必须保证在最大输入电压处 ZCD 辅助绕组输出电压大于 V_{ZCD}，则

$$\frac{N_A}{N_S}=\frac{V_{ZCD}}{U_{off}}=\frac{V_{ZCD}}{U_O+U_D}$$

即

$$N_A=\frac{N_S V_{ZCD}}{U_O+U_D}$$

假设控制芯片(如 FAN7930B)的 V_{ZCD} 为 1.5 V，则

$$N_{ZCD}=\frac{N_S\times V_{ZCD}}{U_O+U_D}=\frac{47\times1.5}{80+0.9}\approx0.87\ \text{匝}$$

为避免辅助绕组输出电压偏低，造成 ZCD 检测失败，一般可在计算值的基础上增加 1～3。不过在 PFC 反激变换器中，ZCD 绕组同时也是 PFC 控制芯片的供电绕组，因此实际上以控制芯片所需的电源电压 V_{CC} 为准，而不是以 V_{ZCD} 为准。假设芯片电源电压 V_{CC} 为 16 V，辅助绕组整流二极管导通电压 U_{DA} 取 0.7 V，则

$$N_A=\frac{N_S\times(V_{CC}+U_{DA})}{U_O+U_D}=\frac{47\times16.7}{80+0.9}\approx9.7\ \text{匝}$$

取 10 匝。

值得注意的是，如果初-次级采用“三明治”绕线顺序，则位于最外层的电源供电绕组与次级绕组耦合不紧密，一般需要在计算值的基础上再增加 1 匝。例如，在本例中，若采用“三明治”绕线顺序，则 N_A 绕组最好取 11 匝，否则输出电压可能偏低。

辅助绕组整流二极管耐压

$$V_{(BR)D}>1.2\times\left(\frac{N_A}{N_P}\times U_{INmax}+V_{CC}\right)(\text{预留 }20\%\text{余量})$$
$$=1.2\times\left(\frac{11}{70}\times 375+16\right)\approx 89.9\ \text{V}$$

11. 估算输出电容

按 Boost APFC 方式大致估算的输出滤波电容

$$C=\frac{I_O}{2\pi f\Delta U_{O(P-P)}}\approx\frac{0.25}{2\times 3.14\times 50\times 5}\approx 159\ \mu\text{F}$$

可考虑用两只 100 μF 电容并联或一只 220 μF 电容构成输出滤波电容。流过滤波电容的电流有效值

$$I_{Crms}=\sqrt{I_{Drms}^2-I_O^2}=\sqrt{0.615^2-0.250^2}\approx 562\ \text{mA}$$

经查 100 μF/100 V 电容最大允许纹波电流在 560 mA 以上，大于流过电容电流的有效值。

7.6.8 基于 FAN7930B 控制芯片的 PFC 单管反激变换器

PFC 单管反激变换器与常规单管反激变换器的电路结构类似，只是市电整流后没有采用大容量电解电容滤波，其中的 PWM 控制芯片为 BCM 或 DCM 模式的 PFC 控制器(在 PFC 单管反激变换器中采用 CCM 模式没有意义，原因是在 CCM 模式下传输相同功率所需储能变压器的体积大，且初级绕组平均电流大，损耗高，效率低)。基于 BCM 模式 FAN7930B 控制芯片的 PFC 单管反激变换器如图 7.6.8 所示。

下面以 7.6.7 节的设计参数为例，介绍基于 FAN7930B 控制芯片的 PFC 单管反激变换器其他外围元件参数的选择过程。

1. 输入滤波电容

输入滤波电容的选择策略与 APFC 变换器相同，这里不再赘述，可参阅 7.5.10 节。

2. 电流取样电阻

R_{11}、R_{12} 构成了初级绕组峰值电流的取样电阻，大小与电感最大峰值电流 I_{LPK} 有关。其计算方法与基于 Boost 拓扑结构的 APFC 变换器相同，即

$$R_{CS}=R_{11}/R_{12}=\frac{V_{CSLIM}}{I_{LPK}\times 1.1}=\frac{0.8}{1.472\times 1.1}\approx 0.494\ \Omega$$

由于电流取样电阻 R_{CS} 与开关管、初级绕组串联，因此电流取样电阻消耗的功率与初级绕组电流有效值 I_{LPrms} 有关，即

$$P_{RCS}=I_{LPrms}^2\times R_{CS}=0.440^2\times 0.494=95\ \text{mW}$$

可使用两只耗散功率为 1/8 W 或 1/4 W 的 1.0 Ω 电阻并联构成电流取样电阻 R_{CS}。

3. INV 引脚偏置

V_{CC} 电源经 R_4、R_2 分压给 INV 引脚提供 0.5 V 以上的偏置电压，保证电源电压 $V_{CC}>$ 7.5 V 后，芯片进入工作状态。

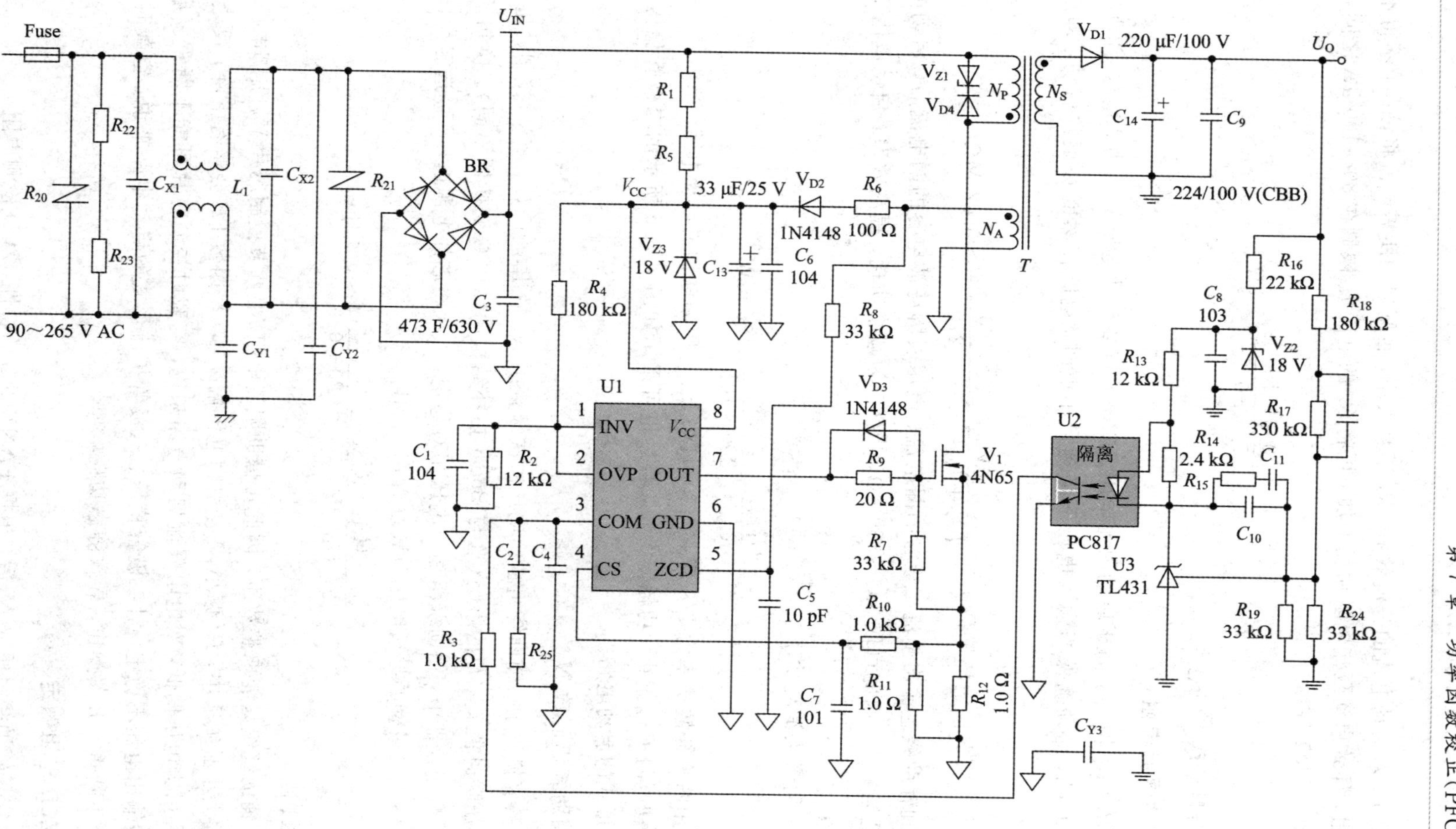

图 7.6.8　基于 FAN7930B 控制芯片的 PFC 单管反激变换器

考虑到 R_4 对启动电流的分流效应，R_4 不宜太小，否则启动所需电流将偏高，不得不减小启动电阻，导致启动限流电阻功耗增加。可将 R_4 的电流 I_{R4} 限制在 80～100 μA 之间，因此 R_4 可取 150 kΩ，由此可得

$$R_2=\frac{0.5\times R_4}{V_{CC}-0.5}=\frac{0.5\times150}{7.5-0.5}\approx11\ \mathrm{k\Omega}$$

考虑设计余量后取 12 kΩ。

4. 启动限流电阻

电阻 R_1、R_5 构成了高压启动限流电阻。FAN7930B 启动电压 V_{start} 为 13 V，启动电流最大为 190 μA，必须确保当输入电压下降到最小值时，电路依然能够正常启动，即启动电阻

$$R_{start}=R_1+R_5<\frac{\sqrt{2}U_{INmin}-V_{start}}{I_{start}+I_{R4}}=\frac{\sqrt{2}\times90-13}{270}\approx0.42\ \mathrm{M\Omega}$$

考虑到辅助绕组输出整流二极管的漏电流、电源引脚滤波电容的漏电流后，启动电阻 R_{star} 还应适当减小，因此可取 300～360 kΩ。当然，为减小功耗，提高效率，启动电阻 R_{start} 也不能太小。

启动电阻最大消耗功率

$$P_{start}=\frac{U_{INmax}^2}{R_{start}}=\frac{265^2}{360\times10^3}\approx195\ \mathrm{mW}$$

因此可使用两只耗散功率为 1/8 W 的 150～180 kΩ 电阻串联构成启动电阻。

当启动电阻 R_{start} 偏小、功耗偏大时，当然也可采用如图 7.5.6 所示的二极管稳压、三极管扩流形式的启动电路。

5. 辅助绕组匝数 N_A

在反激变换器中，辅助绕组输出电压由次级绕组 N_S 输出电压(U_O+U_D)控制，几乎不受输入电压瞬时值 $u_{IN}(t)$ 的影响(这与 Boost 拓扑结构的 APFC 变换器不同)。换句话说，在 PFC 反激变换器中，辅助绕组输出电压相对稳定，如果将芯片电源电压 V_{CC} 选定为16 V，辅助绕组整流二极管的导通电压 U_{DA} 为 0.7 V，则

$$N_A=\frac{N_S\times(U_{CC}+U_{DA})}{U_O+U_D}=\frac{47\times16.7}{80+0.9}\approx9.7\ \text{匝}$$

取 10 或 11 匝。

由于辅助绕组只能取整数匝，因此可借助限流电阻 R_6 调节控制芯片 V_{CC} 引脚电压的大小。R_6 的大小必须适中，R_6 偏小，V_{CC} 引脚电压偏高，功率因数 PF 会略有下降；反之，R_6 偏大，V_{CC} 引脚电压偏低，对电阻限流启动电路来说，空载时控制芯片可能不断重复启动，造成空载输出电压不稳定，对二极管稳压、三极管扩流形式的启动电路来说，空载时扩流三极管会不断重复开关操作，导致静态功耗增加。

6. ZCD 电阻确定

在确定了辅助绕组匝数 N_A 后，根据 FAN7930B 的特性，ZCD 检测电阻

$$R_{ZCD}=R_8=\frac{28}{42-T_{onmax}}\times\frac{\sqrt{2}U_{INmin}N_A}{0.469N_P}$$

$$=\frac{28}{42-13.86}\times\frac{\sqrt{2}\times90\times10}{0.469\times70}$$

$$\approx38.6\ \text{k}\Omega$$

可取标准值 39 kΩ 或 43 kΩ。

ZCD 检测电阻的大小必须适中，否则可能会引起 PF 下降，甚至会导致输出电压不稳定。

7. 补偿网络

次级回路基准电源 TL431 补偿网络由电阻 R_{15} 以及电容 C_{10}、C_{11} 组成；FAN7930B 补偿网络由电阻 R_{25} 以及电容 C_4、C_2 组成，需通过计算、实验确定。根据实践经验，对于 APFC 变换器来说，决定补偿网络零点频率的补偿电容 C_2、C_{11} 一般取 1 μF 左右，且 TL431 零点频率一般在 3～5 Hz 之间，由此可大致推定 R_{15} 为 27～47 kΩ；而控制芯片反馈输入端 COM(或 FB)零点频率一般在 10～15 Hz 之间，由此可大致确定 R_{25} 取值在 10～24 kΩ 之间，具体参数通过实验确定。

8. 光耦与 TL431 的偏置

R_{14} 给基准电源 TL431 提供静态偏置，使光耦 PC817 内部发光二极管截止时给 TL431 输出端提供确定的偏置电流；在光耦导通时，R_{14} 电流一般控制在 0.5 mA 左右，而 PC817 内部发光二极管的典型工作电压 V_F 为 1.2 V，即

$$R_{14}=\frac{V_F}{0.5}=\frac{1.2}{0.5}=2.4\ \text{k}\Omega$$

可取 2.4～2.7 kΩ。

在开关电源中，所用光耦的电流传输比一般为 0.8～1.6，而光耦输出电流 I_C 一般为 1 mA 左右，因此内部发光二极管工作电流 I_F 一般也选择 1 mA 左右，即流过限流电阻 R_{13} 的电流应该控制在 1.5 mA 左右，即

$$R_{13}<\frac{V_{Z1}-V_F-U_{KAmin}}{I_F+I_{R14}}=\frac{18-1.2-4.5}{1.5}\approx8.2\ \text{k}\Omega$$

光耦限流电阻的大小最终应由光耦电流传输比决定。如果限流电阻偏大，则启动后输出电压将大于设计值，原因是光耦输出电流偏小，控制芯片 COM 引脚电位无法跟随输出电压变化，造成 PWM 脉冲宽度调节失效，导致输出电压偏高。

稳压二极管限流电阻由输出电压 U_O 决定，小功率稳压二极管工作电流 I_Z 控制在 1.0～5.0 mA之间。由此可知，流过限流电阻 R_{16} 的电流大约为 2.5 mA，则

$$R_{16}=\frac{U_O-V_{Z2}}{2.5\ \text{mA}}=\frac{80-18}{2.5}=24.8\ \text{k}\Omega$$

取标准值 22 kΩ 或 24 kΩ。

7.6.9　PFC 单管反激变换器的调试

PFC 单管反激变换器的调试方法与一般反激变换器的大致相同，也是先在最小输入电压、空载条件下通过调节输出电压下的取样电阻(如图 7.6.8 中的 R_{19}、R_{24})，以及反馈补偿网络参数(如 R_{15}、C_{11}、C_{10}、R_{25}、C_2、C_4)，使输出电压 U_O 稳定在设计值附近。

当输出电压稳定后，就可以在输出端接示波器，借助电参数测量仪，在满负载、额定输入电压条件下，仔细调节反馈补偿网络参数、ZCD电阻，使PF值、高频纹波电压幅度达到设计要求。在正常状态下，在输入电压许可范围内，叠加在输出电压U_O上的低频(100 Hz/120 Hz)纹波电压应近似为正弦波，如图7.6.9(a)所示。在输出电流一定的情况下，低频交流纹波电压峰-峰值U_{P-P}与输出滤波电容的容量有关。当高频纹波电压幅度不大、密度也较低时，就认为反馈环路元件参数调节到位，否则尚需调节反馈补偿网络中与极点频率有关的补偿电容参数，如图7.6.8中的C_4与C_{10}。当PF较高，但低频纹波电压峰值呈现一大一小现象，如图7.6.9(b)所示时，也同样需要调节反馈补偿网络中与零点频率有关的元件参数；而当PF值较低或跳动时，低频纹波电压将严重失真，如图7.6.9(c)或图7.6.9(d)所示，表明反馈补偿网络元件参数严重偏离目标值。

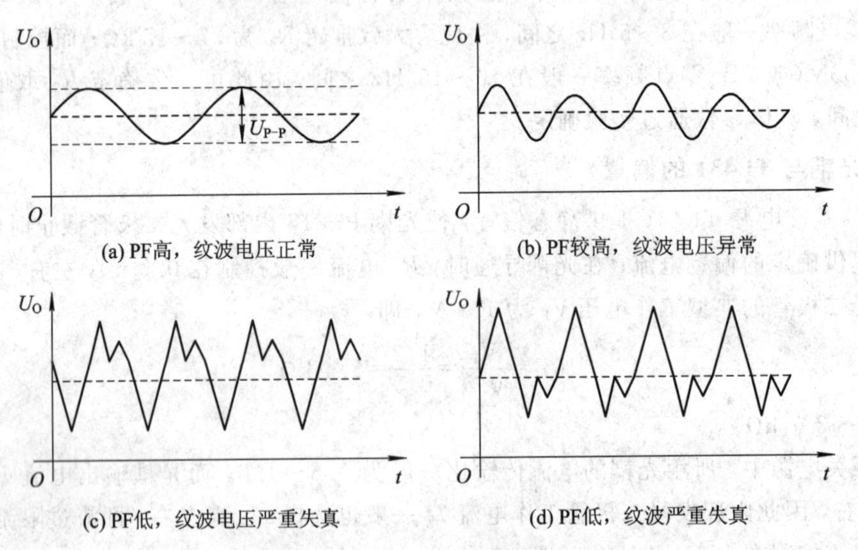

图7.6.9　输出直流电压中的低频纹波

对于BCM模式APFC变换器与PFC反激变换器来说，如果交流输入电压变化范围不大，如180～264 V，则额定输入电压220 V对应的PF值可以调到0.98以上；反之，当输入电压变化范围大，如90～264 V时，在220 V输入电压下，PF值不宜太高，达到0.97左右即可，否则在90 V输入电压下，PF值或输出低频纹波电压可能会出现异常或抖动现象。

7.7　单相大功率APFC电路

单相市电整流后采用图7.7.1(a)所示的基于Boost拓扑结构的APFC电路效率不高，一般不超过97%，损耗相对较大，此外输出滤波电容C_O充电电流i_{CO}的纹波电流Δi_{CO}较大，如图7.7.1(b)所示，因此输出功率受到了一定限制，如CCM模式Boost APFC电路的输出功率一般在500 W以下，而BCM模式Boost APFC电路的输出功率多在250 W以内，否则不仅APFC电路温升高，降低了APFC电路及电源整体的可靠性，缩短了电源系统的寿命，也使EMI滤波难度增加。为此，当输出功率较大，如500 W以上时，多采用交错式APFC电路或无桥APFC电路。

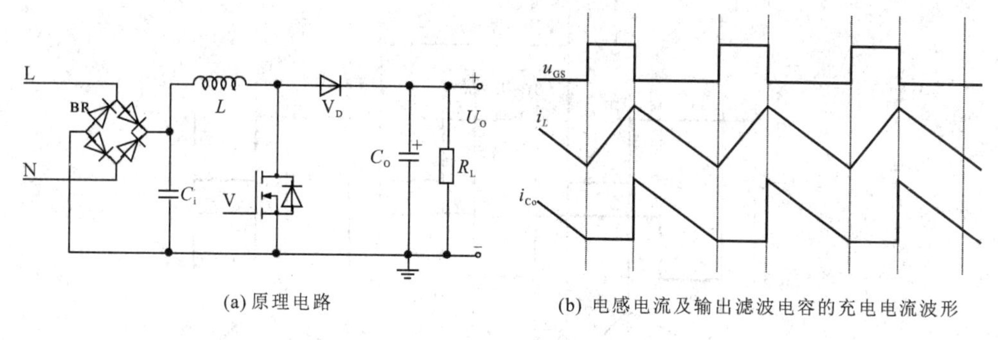

(a) 原理电路　　(b) 电感电流及输出滤波电容的充电电流波形

图 7.7.1　传统单级 APFC 变换器及波形

7.7.1　交错式 APFC 电路

在大功率 APFC 电路中，输入电流大，即使升压电感 L 工作在 CCM 模式，电感峰值电流 i_{LPK} 依然很高，在输入端采用两级甚至三级 AC 滤波电路也未必能通过 EMI 认证。此外，单只功率二极管、开关管的电流容量有限。为此，可采用如图 7.7.2 所示的交错式 APFC (Interleaved APFC)电路。

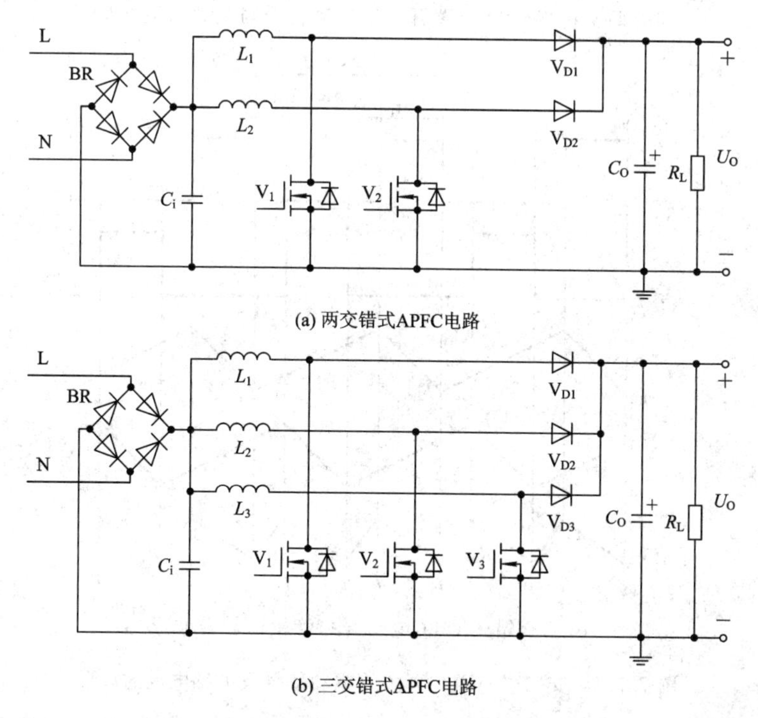

(a) 两交错式APFC电路

(b) 三交错式APFC电路

图 7.7.2　交错式 APFC 原理电路

在两交错式 APFC 电路中，开关管 V_1、V_2 驱动信号的相位差为 180°，使开关管 V_1、V_2 交替导通，结果由 L_1、V_1、V_{D1} 构成的 Boost 升压电路与由 L_2、V_2、V_{D2} 构成的 Boost 升压电路各承担一半的输出功率，输入电流 i_{IN} 是电感 L_1 电流 i_{L1} 与电感 L_2 电流 i_{L2} 的线性叠加，减小了输入电流 $i_{IN}=i_{L1}+i_{L2}$ 的纹波，降低了 AC 输入端 EMI 滤波电路的设计难度，如图 7.7.3 所示。此外，一个开关周期内输出滤波电容 C_O 充电电流 i_{CO} 出现两次，使其纹波电流 Δi_{CO} 减小了一半(原因是每路仅承担一半的输出功率)。

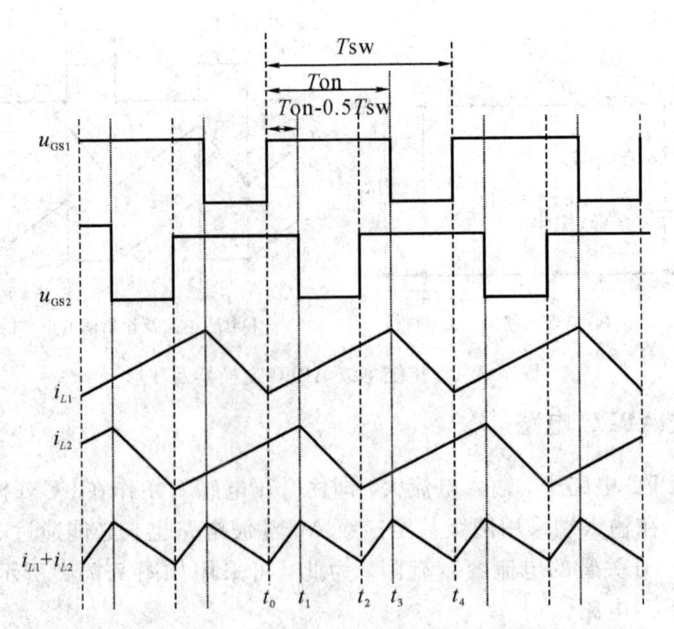

(a) 两交错式APFC电路开关管驱动信号与电感电流波形

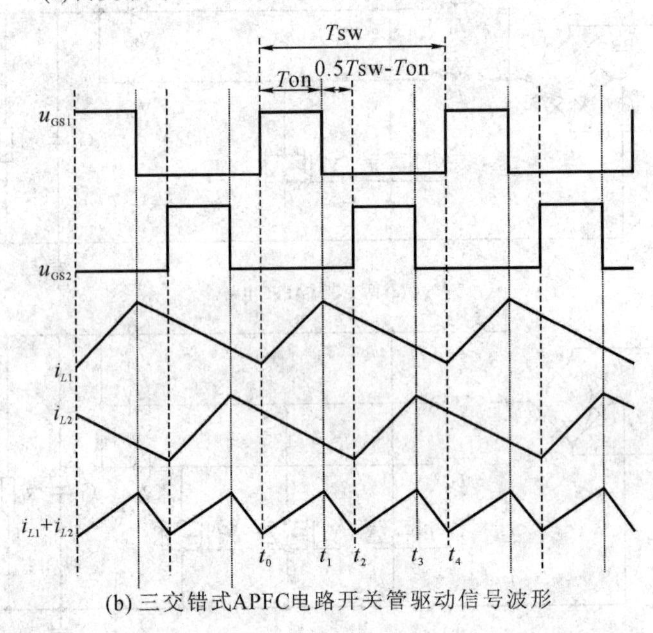

(b) 三交错式APFC电路开关管驱动信号波形

图 7.7.3　交错式 APFC 开关管驱动信号及电感电流的波形

在两交错式 APFC 电路中，电感 L_1、L_2 可工作在 BCM 模式(输出功率较小，但 PFC 控制电路简单，续流二极管可采用价格低廉的 FRD 或 UFRD 二极管)，也可以工作在 CCM 模式(输出功率较大，但 PFC 控制电路相对复杂，续流二极管 V_D 必须采用价格较高的 UFRD，甚至 SiC 功率二极管)；开关管 V_1、V_2 可以是功率 MOS 管(包括 Si 基功率 MOS 管、SiC 功率 MOS 管或 GaN 功率 MOS 管)，也可以是 IGBT 管。

1. BCM 模式下两交错式 PFC 升压电感的瞬态电流

在下面的推导中，做了如下约定或假设：

(1) 由于开关频率 f_{SW} 远大于输入市电频率 f，因此在一个开关周期 T_{SW} 时间内，认为输入市电瞬时值 $u_{IN}(t)$ 保持不变，当常数看待。

(2) 交错的两路 PFC 电路元件参数完全相同，即电感量 $L_1=L_2=L$，每路输出的功率 $P_{O1}=P_{O2}=\frac{P_O}{2}$，每路峰值电流 $i_{LPK}(t)$ 的平均值 $\frac{i_{LPK}(t)}{2}$ 仅为电网瞬时输入电流 $i_{IN}(t)$ 的一半，即 $\frac{i_{LPK}(t)}{2}=\frac{i_{IN}(t)}{2}$。因此，每路峰值电流包络为

$$i_{LPK}(t)=i_{IN}(t)=\sqrt{2}I_{IN}\sin(\omega t)=\frac{2P_O}{\eta\times PF\times\sqrt{2}\times U_{IN}}\sin(\omega t)$$

由式(7.5.8)可知，导通时间 $T_{on}=\frac{Li_{LPK}(t)}{u_{IN}(t)}=\frac{LI_{IN}}{U_{IN}}$，即

$$\frac{T_{on}}{L}=\frac{i_{LPK}(t)}{u_{IN}(t)}=\frac{I_{IN}}{U_{IN}} \tag{7.7.1}$$

1) 在 $u_{IN}(t)\leqslant 0.5U_O$ 的情况下

在忽略开关管导通压降 U_{SW}、续流二极管 V_D 导通压降 U_D 的情况下，由“伏秒积”平衡条件可知占空比 $D(t)=\frac{U_O-u_{IN}(t)}{U_O}$。当输入电压瞬时值 $u_{IN}(t)\leqslant\frac{U_O}{2}$ 时，占空比 $D(t)\geqslant 0.5$，两开关管导通时间存在交叠现象，如图 7.7.3(a)所示。

(1) 在 t_0 时刻，开关管 V_1 导通，升压电感 L_1 储能，电感 L_1 电流 $i_{L1}(t)$ 从 0 开始线性增加，即

$$i_{L1}(t)=\frac{u_{IN}(t)}{L}t \tag{7.7.2}$$

开关管 V_2 仍处于导通状态，升压电感 L_2 仍在储能，考虑到在 t_0 时刻，电感 L_2 已经历了 $0.5T_{SW}$ 的储能时间，因此电感 L_2 电流

$$\begin{aligned}i_{L2}(t)&=\frac{u_{IN}(t)}{L}\times 0.5T_{SW}+\frac{u_{IN}(t)}{L}t\\&=\frac{u_{IN}(t)}{2L}T_{SW}+\frac{u_{IN}(t)}{L}t\end{aligned} \tag{7.7.3}$$

于是在 $t_0\sim t_1$ 期间，等效电流

$$i(t)=i_{L1}(t)+i_{L2}(t)=\frac{u_{IN}(t)}{2L}T_{SW}+\frac{2u_{IN}(t)}{L}t \tag{7.7.4}$$

从最小值 $\frac{u_{IN}(t)}{2L}T_{SW}$ 开始线性增加，经历 $T_{on}-0.5T_{SW}$ 时间后，达到最大值，即

$$i_{PK}(t)=\frac{u_{IN}(t)}{2L}T_{SW}+\frac{2u_{IN}(t)}{L}(T_{on}-0.5T_{SW})=\frac{4u_{IN}(t)T_{on}-u_{IN}(t)T_{SW}}{2L}$$

(2) 到 t_1 时刻，开关管 V_1 仍然导通，升压电感 L_1 仍在储能，考虑到在 t_1 时刻，电感 L_1 已经历了 $T_{on}-0.5T_{SW}$ 的储能时间，因此电感 L_1 电流

$$i_{L1}(t)=\frac{u_{IN}(t)}{L}(T_{on}-0.5T_{SW})+\frac{u_{IN}(t)}{L}t \tag{7.7.5}$$

而开关管 V_2 被关断，升压电感 L_2 开始进入放能状态，电感 L_2 电流 $i_{L2}(t)$ 从最大值 $\frac{u_{IN}(t)}{L}\times T_{on}$ 开始线性下降，即

$$i_{L2}(t)=\frac{u_{IN}(t)}{L}T_{on}-\frac{U_O-u_{IN}(t)}{L}t \tag{7.7.6}$$

于是在 $t_1\sim t_2$ 期间，等效电流

$$i(t)=i_{L1}(t)+i_{L2}(t)=\frac{4u_{IN}(t)T_{on}-u_{IN}(t)T_{SW}}{2L}-\frac{U_O-2u_{IN}(t)}{L}t \tag{7.7.7}$$

从最大值 $\frac{4u_{IN}(t)T_{on}-u_{IN}(t)T_{SW}}{2L}$ 开始线性下降。经历 T_{off} 时间后，达到最小值，即

$$i_{min}(t)=\frac{3u_{IN}(t)T_{SW}-2U_OT_{off}}{2L}=\frac{u_{IN}(t)T_{SW}-2[U_O-u_{IN}(t)]T_{SW}+2U_OT_{on}}{2L}$$

考虑到 $[U_O-u_{IN}(t)]T_{SW}=U_OD(t)T_{SW}=U_OT_{on}$，因此等效电流 $i(t)=i_{L1}(t)+i_{L2}(t)$ 的最小值

$$i_{min}(t)=\frac{u_{IN}(t)T_{SW}-2[U_O-u_{IN}(t)]T_{SW}+2U_OT_{on}}{2L}=\frac{u_{IN}(t)T_{SW}}{2L}$$

由于两路 PFC 变换器元件参数完全相同，因此 $t_2\sim t_4$ 期间等效电流 $i(t)=i_{L1}(t)+i_{L2}(t)$ 的波形与 $t_0\sim t_2$ 期间的波形完全相同。可见等效电流 $i(t)=i_{L1}(t)+i_{L2}(t)$ 的频率比开关管 V_1 或 V_2 的开关频率 f_{SW} 提高了一倍，等效电流 $i(t)=i_{L1}(t)+i_{L2}(t)$ 的平均值

$$I_L(t)=\frac{i_{PK}(t)+i_{min}(t)}{2}=\frac{1}{2}\times\left(\frac{4u_{IN}(t)T_{on}-u_{IN}(t)T_{SW}}{2L}+\frac{u_{IN}(t)T_{SW}}{2L}\right)=\frac{u_{IN}(t)T_{on}}{L} \tag{7.7.8}$$

2）在 $u_{IN}(t)>0.5U_O$ 的情况下

当输入电压瞬时值 $u_{IN}(t)>\frac{U_O}{2}$ 时，占空比 $D(t)<0.5$，两开关管不再同时导通，如图 7.7.3(b)所示。

(1) 在 t_0 时刻，开关管 V_1 导通，升压电感 L_1 开始储能，电感 L_1 电流 $i_{L1}(t)$ 从 0 开始线性增加，即

$$i_{L1}(t)=\frac{u_{IN}(t)}{L}t \tag{7.7.9}$$

开关管 V_2 仍处于截止状态，升压电感 L_2 放能，考虑到在 t_0 时刻，电感 L_2 经历了 $0.5T_{SW}-T_{on}$ 的放能时间，因此电感 L_2 电流

$$\begin{aligned}i_{L2}(t)&=\frac{u_{IN}(t)}{L}T_{on}-\frac{U_O-u_{IN}(t)}{L}\times(0.5T_{SW}-T_{on})-\frac{U_O-u_{IN}(t)}{L}t\\&=\frac{U_OT_{on}}{2L}-\frac{U_O-u_{IN}(t)}{L}t\end{aligned}$$

于是在 $t_0\sim t_1$ 期间，等效电流

$$i(t)=i_{L1}(t)+i_{L2}(t)=\frac{U_OT_{on}}{2L}+\frac{2u_{IN}(t)-U_O}{L}t \tag{7.7.10}$$

从最小值$\frac{U_O T_{on}}{2L}$开始线性增加，经历 T_{on}时间后，达到最大值，即

$$i_{PK}(t)=\frac{U_O T_{on}}{2L}+\frac{2u_{IN}(t)-U_O}{L}T_{on}=\frac{4u_{IN}(t)T_{on}-U_O T_{on}}{2L}$$

(2) 到 t_1 时刻，开关管 V_1被关断，升压电感 L_1 开始进入放能状态，电感 L_1 电流$i_{L1}(t)$从最大值$\frac{u_{IN}(t)}{L}T_{on}$开始线性下降，即

$$i_{L1}(t)=\frac{u_{IN}(t)}{L}\times T_{on}-\frac{U_O-u_{IN}(t)}{L}t \tag{7.7.11}$$

而开关管 V_2仍处于关断状态，升压电感 L_2 放能，考虑到在 t_1 时刻，电感 L_2 经历了 $0.5T_{SW}$的放能时间，因此电感 L_2 电流

$$\begin{aligned}i_{L2}(t)&=\frac{u_{IN}(t)}{L}T_{on}-\frac{U_O-u_{IN}(t)}{L}\times 0.5T_{SW}-\frac{U_O-u_{IN}(t)}{L}t\\&=\frac{2u_{IN}(t)T_{on}-U_O T_{on}}{2L}-\frac{U_O-u_{IN}(t)}{L}t\end{aligned} \tag{7.7.12}$$

于是在 $t_1\sim t_2$ 期间，等效电流

$$i(t)=i_{L1}(t)+i_{L2}(t)=\frac{4u_{IN}(t)T_{on}-U_O T_{on}}{2L}-\frac{2[U_O-u_{IN}(t)]}{L}t \tag{7.7.13}$$

从最大值$\frac{4u_{IN}(t)\times T_{on}-U_O\times T_{on}}{2L}$开始线性下降，经历 $0.5T_{SW}-T_{on}$时间后，达到最小值，即

$$i_{min}(t)=\frac{4u_{IN}(t)T_{on}-U_O T_{on}}{2L}-\frac{2[U_O-u_{IN}(t)]}{L}\times(0.5T_{SW}-T_{on})=\frac{U_O T_{on}}{2L}$$

由于两路 PFC 变换器参数完全相同，因此 $t_2\sim t_4$ 期间等效电流 $i(t)=i_{L1}(t)+i_{L2}(t)$的波形与 $t_0\sim t_2$ 期间的波形完全相同。显然，等效电流 $i(t)=i_{L1}(t)+i_{L2}(t)$的平均值

$$I_L(t)=\frac{i_{PK}(t)+i_{min}(t)}{2}=\frac{1}{2}\times\left(\frac{4u_{IN}(t)T_{on}-U_O T_{on}}{2L}+\frac{U_O T_{on}}{2L}\right)=\frac{u_{IN}(t)T_{on}}{L}$$

将式(7.7.1)代入相关参数的表达式后，可得表 7.7.1 所示的一个开关周期 T_{SW}内两交错 BCM 模式 PFC 变换器等效电流 $i(t)$的相关参数。例如，当 $u_{IN}(t)\leqslant 0.5U_O$ 时，等效电流 $i(t)=i_{L1}(t)+i_{L2}(t)$峰值

$$\begin{aligned}i_{PK}(t)&=\frac{4u_{IN}(t)T_{on}-u_{IN}(t)T_{SW}}{2L}=\frac{2u_{IN}(t)T_{on}}{L}-\frac{u_{IN}(t)\frac{T_{on}}{D(t)}}{2L}\\&=\left(2u_{IN}(t)-u_{IN}(t)\frac{U_O}{2[U_O-u_{IN}(t)]}\right)\times\frac{T_{on}}{L}\\&=u_{IN}(t)\left(2-\frac{U_O}{2[U_O-u_{IN}(t)]}\right)\times\frac{I_{IN}}{U_{IN}}\\&=\sqrt{2}U_{IN}\sin(\omega t)\left(2-\frac{U_O}{2[U_O-u_{IN}(t)]}\right)\times\frac{I_{IN}}{U_{IN}}\\&=\sqrt{2}I_{IN}\sin(\omega t)\left(2-\frac{U_O}{2[U_O-u_{IN}(t)]}\right)=i_{IN}(t)\left(2-\frac{U_O}{2[U_O-u_{IN}(t)]}\right)\end{aligned}$$

表 7.7.1 一个开关周期 T_{SW} 内 BCM 模式两交错 PFC 变换器等效电流 $i(t)$ 参数

参数 \ 电压瞬时值 $u_{IN}(t)$	$u_{IN}(t) \leqslant 0.5U_O$	$u_{IN}(t) > 0.5U_O$
每路电感平均电流	$i_{IN}(t)$	$i_{IN}(t)$
谷值电流包络	$i_{IN}(t)\dfrac{U_O}{2[U_O-u_{IN}(t)]}$	$\dfrac{U_O I_{IN}}{2U_{IN}}=\dfrac{U_O}{2}\times\dfrac{P_{IN}}{U_{IN}^2}$
峰值电流包络	$i_{IN}(t)\left(2-\dfrac{U_O}{2[U_O-u_{IN}(t)]}\right)$	$i_{IN}(t)\left(2-\dfrac{U_O}{2\times u_{IN}(t)}\right)$
纹波电流 $\Delta i_{IN}(t)$	$i_{IN}(t)\left(2-\dfrac{U_O}{U_O-u_{IN}(t)}\right)$	$i_{IN}(t)\left(2-\dfrac{U_O}{u_{IN}(t)}\right)$

由此，不难画出图 7.7.4 所示的低、高输入电压下半个市电周期内，等效电流 $i(t)$谷值电流包络、峰值电流包络及平均电流的波形。

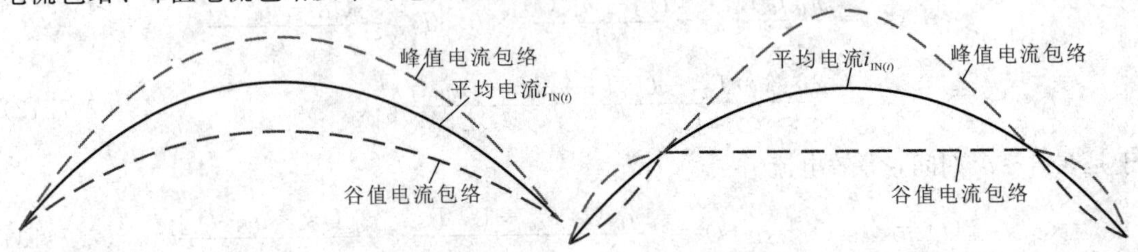

图 7.7.4 半个市电周期内 BCM 模式两交错式 PFC 变换器等效电流 $i(t)$的波形

2. 三交错 APFC 变换器电感电流的波形

在三交错式 APFC 电路中，开关管 V_1、V_2、V_3 驱动信号的相位差为 120°，如图 7.7.5 所示，控制开关管 V_1、V_2、V_3 交替导通，结果由 L_1、V_1、V_{D1} 构成的 Boost 升压电路，L_2、V_2、V_{D2} 构成的 Boost 升压电路，L_3、V_3、V_{D3} 构成的 Boost 升压电路各承担 1/3 的输出功率，输入电流 $i_{IN}=i_{L1}+i_{L2}+i_{L3}$，结果输入电流 i_{IN}的纹波更小，可以输出更大的功率。

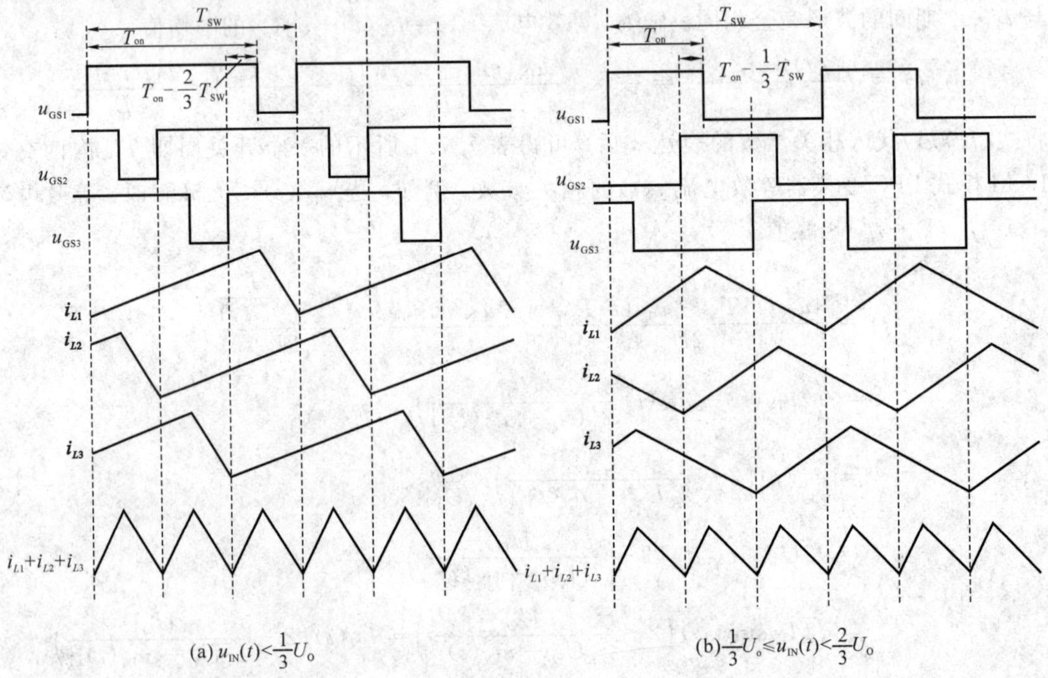

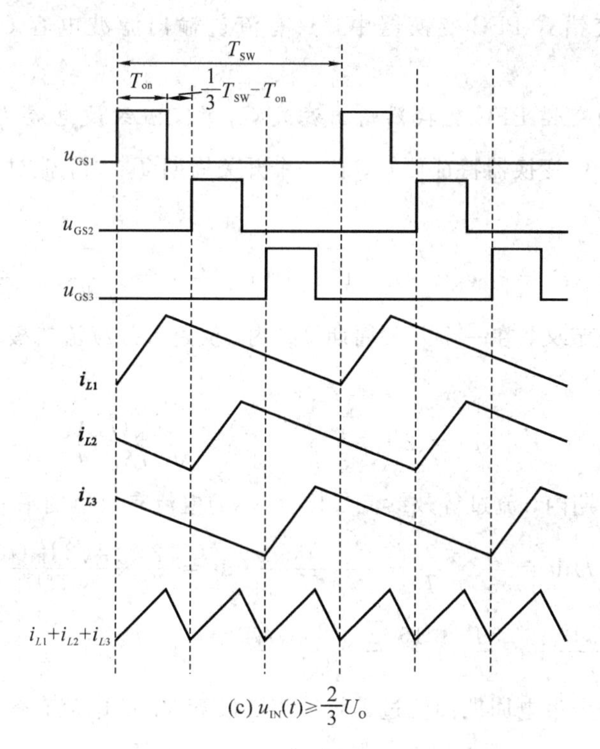

(c) $u_{IN}(t)\geqslant\frac{2}{3}U_O$

图 7.7.5　三交错式 APFC 开关管的驱动信号

当输入电压 $u_{IN}(t)<\frac{1}{3}U_O$ 时，占空比 $D(t)=1-\frac{u_{IN}(t)}{U_O}>\frac{2}{3}$，交错导通的开关管 V_1～V_3 在一个开关周期 T_{SW} 的不同时段内，存在两管甚至三管同时导通的现象，如图 7.7.5(a)所示；当输入电压 $\frac{1}{3}U_O\leqslant u_{IN}(t)<\frac{2}{3}U_O$ 时，占空比 $\frac{1}{3}<D(t)\leqslant\frac{2}{3}$，交错导通的开关管 V_1～V_3 在一个开关周期 T_{SW} 的不同时段内，存在两管同时导通的现象，如图 7.7.5(b)所示；当输入电压 $u_{IN}(t)>\frac{2}{3}U_O$ 时，占空比 $D(t)=1-\frac{u_{IN}(t)}{U_O}<\frac{1}{3}$，交错导通的开关管 V_1～V_3 在一个开关周期 T_{SW} 的不同时段内，均不存在同时导通现象，如图 7.7.5(c)所示。可见，等效电流 $i(t)=i_{L1}+i_{L2}+i_{L3}$ 的工作频率是开关管驱动信号频率 f_{SW} 的 3 倍。

为输出更大的功率，在三交错式 APFC 电路中，电感 L_1、L_2、L_3 一般工作在 CCM 模式，续流二极管 V_D 必须采用 UFRD，甚至 SiC 功率二极管；开关管 V_1、V_2、V_3 可以是 Si、SiC 或 GaN 功率 MOS 管，也可以是 IGBT 管。

3. 交错式 PFC 变换器参数设计原则

交错式 PFC 变换器参数设计不难，无论是 BCM 模式交错，还是 CCM 模式交错，也无论是两交错还是三交错，每路升压电感磁芯尺寸的选择方式、电感量 L、绕组匝数 N、绕组线径 d 等参数的计算方式与相应模式单路 *PFC* 变换器设计完全相同。这些参数的具体计算方法可参阅 7.4.2 节、7.5 节，这里不再重复，唯一需要注意的是，每一路承担的输出功率仅为总输出功率 P_O 的 1/2(两交错)或 1/3(三交错)。由于在交错式 PFC 变换器中各升压电感 L 并非同步储能或放能，因此一般只能采用独立电感形式，不宜采用磁集成电感形式。在交错式 PFC 变换器中，只有流过输出滤波电容 C_O 的交流纹波电流 I_{Crms}的计算策略不同。

1) BCM 模式两交错 PFC 变换器输出滤波 C_O 的交流纹波电流 I_{Crms}及开关管电流

由 BCM 模式 PFC 变换器特征可知，在一个开关周期 T_{SW}内，流过一只续流二极管 V_D 的电流有效值

$$I_{D1rms}(t)=I_{D2rms}(t)=i_{DSC}(t)\times\sqrt{(1-D)(1+\frac{\gamma^2}{12})}=\sqrt{\frac{4}{3}}\times\frac{i_{IN}(t)}{2}\times\sqrt{\frac{u_{IN}(t)}{U_O}}$$

根据电流有效值定义，在一个开关周期 T_{SW}内，流过等效续流二极管 V_D的电流有效值的平方

$$I_{Drms}^2(t)=2\left(\sqrt{\frac{4}{3}}\times\frac{i_{IN}(t)}{2}\times\sqrt{\frac{u_{IN}(t)}{U_O}}\right)^2$$

因此，在半个市电周期内，流过等效续流二极管 V_D的电流有效值的平方

$$I_{Drms}^2=\frac{2}{T}\int_0^{\frac{T}{2}}I_{Drms}^2(t)\mathrm{d}t=\frac{2}{3}\times\frac{2}{T}\int_0^{\frac{T}{2}}\frac{i_{IN}^2(t)u_{IN}(t)}{U_O}\mathrm{d}t=\frac{2}{3}\times\frac{4\sqrt{2}I_{IN}^2U_{IN}}{TU_O}\int_0^{\frac{T}{2}}\sin^3(2\pi ft)\mathrm{d}t$$

$$=\frac{2}{3}\times\frac{4\sqrt{2}I_{IN}^2U_{IN}}{TU_O}\times\frac{2T}{3\pi}=\frac{16\sqrt{2}}{9\pi}\times\frac{I_{IN}^2U_{IN}}{U_O}$$

由此可得，在半个市电周期内流过等效续流二极管 V_D 的电流有效值

$$I_{Drms}=\sqrt{\frac{2}{3}}\times\sqrt{\frac{8\sqrt{2}}{3\pi}\times\frac{\left(\frac{P_O}{\eta}\right)^2}{U_{IN}U_O}}$$

显然，在半个市电周期内每只续流二极管 V_D的电流有效值

$$I_{D1rms}=I_{D2rms}=\sqrt{\frac{1}{3}}\times\sqrt{\frac{8\sqrt{2}}{3\pi}\times\frac{\left(\frac{P_O}{\eta}\right)^2}{U_{IN}U_O}}$$

流过输出滤波电容 C_O 的电流有效值

$$I_{Crms}=\sqrt{I_{Drms}^2-I_O^2}=\sqrt{\frac{16\sqrt{2}}{9\pi}\times\frac{I_{IN}^2U_{IN}}{U_O}-I_O^2}=\sqrt{\frac{16\sqrt{2}}{9\pi}\times\frac{\left(\frac{P_O}{\eta}\right)^2}{U_{IN}U_O}-\left(\frac{P_O}{U_O}\right)^2}$$

由于每路仅承担 1/2 的输入功率，显然流过每只开关管的电流有效值

$$I_{V1rms}=I_{V2rms}=\frac{1}{2}\times\sqrt{\frac{4}{3}}\times\left(\frac{P_{IN}}{U_{IN}}\right)\sqrt{\left(1-\frac{8\sqrt{2}}{3\pi}\times\frac{U_{IN}}{U_O}\right)}$$

因此，流过等效开关管 V 的电流有效值

$$I_{Vrms}=\frac{\sqrt{2}}{2}\times\sqrt{\frac{4}{3}}\times\left(\frac{P_{IN}}{U_{IN}}\right)\sqrt{\left(1-\frac{8\sqrt{2}}{3\pi}\times\frac{U_{IN}}{U_O}\right)}$$

2) CCM 模式两交错 PFC 变换器输出滤波 C_O 的交流纹波电流 I_{Crms}及开关管电流

由 CCM 模式 PFC 变换器的特征可知，在一个开关周期 T_{SW}内，流过一只续流二极管 D 的电流有效值

$$I_{D1rms}(t)=I_{D2rms}(t)=\frac{i_{IN}(t)}{2}\times\sqrt{(1-D)\times(1+\frac{\gamma^2(t)}{12})}\approx\frac{i_{IN}(t)}{2}\times\sqrt{\frac{u_{IN}(t)}{U_O}}$$

根据电流有效值的定义，在一个开关周期 T_{SW} 内，等效续流二极管 V_D 的电流有效值的平方

$$I_{Drms}^2(t) = 2\left(\frac{i_{IN}(t)}{2}\times\sqrt{\frac{u_{IN}(t)}{U_O}}\right)^2$$

因此，在半个市电周期内流过等效续流二极管 V_D 的电流有效值的平方

$$I_{Drms}^2 = \frac{2}{T}\int_0^{\frac{T}{2}} I_{Drms}^2(t)dt = \frac{1}{2}\times\frac{2}{T}\int_0^{\frac{T}{2}}\frac{i_{IN}^2(t)u_{IN}(t)}{U_O}dt = \frac{1}{2}\times\frac{4\sqrt{2}I_{IN}^2U_{IN}}{TU_O}\int_0^{\frac{T}{2}}\sin^3(2\pi ft)dt$$

$$= \frac{1}{2}\times\frac{4\sqrt{2}I_{IN}^2U_{IN}}{TU_O}\times\frac{2T}{3\pi} = \frac{4\sqrt{2}}{3\pi}\times\frac{I_{IN}^2U_{IN}}{U_O}$$

由此可得，在半个市电周期内流过等效续流二极管 V_D 的电流有效值

$$I_{Drms} = \sqrt{\frac{1}{2}}\times\sqrt{\frac{8\sqrt{2}}{3\pi}\times\frac{\left(\frac{P_O}{\eta}\right)^2}{U_{IN}\times U_O}}$$

显然，在半个市电周期内每只续流二极管 V_D 的电流有效值

$$I_{D1rms} = I_{D2rms} = \frac{1}{2}\times\sqrt{\frac{8\sqrt{2}}{3\pi}\times\frac{\left(\frac{P_O}{\eta}\right)^2}{U_{IN}U_O}}$$

流过输出滤波电容 C_O 的电流有效值

$$I_{Crms} = \sqrt{I_{Drms}^2 - I_O^2} = \sqrt{\frac{4\sqrt{2}}{3\pi}\times\frac{I_{IN}^2U_{IN}}{U_O} - I_O^2} = \sqrt{\frac{4\sqrt{2}}{3\pi}\times\frac{\left(\frac{P_O}{\eta}\right)^2}{U_{IN}U_O} - \left(\frac{P_O}{U_O}\right)^2}$$

由于每路仅承担 1/2 的输入功率，显然流过每只开关管的电流有效值

$$I_{V1rms} = I_{V2rms} = \frac{1}{2}\times\left(\frac{P_{IN}}{U_{IN}}\right)\sqrt{\left(1 - \frac{8\sqrt{2}}{3\pi}\times\frac{U_{IN}}{U_O}\right)}$$

因此，流过等效开关管 V 的电流有效值

$$I_{Vrms} = \frac{\sqrt{2}}{2}\times\left(\frac{P_{IN}}{U_{IN}}\right)\sqrt{\left(1 - \frac{8\sqrt{2}}{3\pi}\times\frac{U_{IN}}{U_O}\right)}$$

3) CCM 模式三交错 PFC 变换器输出滤波 C_O 的交流纹波电流 I_{Crms} 及开关管电流

由 CCM 模式 PFC 变换器特征可知，在一个开关周期 T_{SW} 内，流过一只续流二极管 V_D 的电流有效值

$$I_{D1rms}(t) = I_{D2rms}(t) = I_{D3rms}(t) = \frac{i_{IN}(t)}{3}\times\sqrt{(1-D)(1+\frac{\gamma^2(t)}{12})}$$

$$\approx \frac{i_{IN}(t)}{3}\times\sqrt{\frac{u_{IN}(t)}{U_O}}$$

根据电流有效值定义，在一个开关周期 T_{SW} 内，流过等效续流二极管 V_D 的电流有效值的平方

$$I_{Drms}^2(t) = 3\left(\frac{i_{IN}(t)}{3}\times\sqrt{\frac{u_{IN}(t)}{U_O}}\right)^2$$

因此，在半个市电周期内流过等效续流二极管 V_D 的电流有效值的平方

$$I_{\mathrm{Drms}}^2=\frac{2}{T}\int_0^{\frac{T}{2}}I_{\mathrm{Drms}}^2(t)\mathrm{d}t=\frac{1}{3}\times\frac{2}{T}\int_0^{\frac{T}{2}}\frac{i_{\mathrm{IN}}^2(t)u_{\mathrm{IN}}(t)}{U_{\mathrm{O}}}\mathrm{d}t=\frac{1}{3}\times\frac{4\sqrt{2}I_{\mathrm{IN}}^2U_{\mathrm{IN}}}{TU_{\mathrm{O}}}\int_0^{\frac{T}{2}}\sin^3(2\pi ft)\mathrm{d}t$$

$$=\frac{1}{3}\times\frac{4\sqrt{2}I_{\mathrm{IN}}^2U_{\mathrm{IN}}}{TU_{\mathrm{O}}}\times\frac{2T}{3\pi}=\frac{8\sqrt{2}}{9\pi}\times\frac{I_{\mathrm{IN}}^2U_{\mathrm{IN}}}{U_{\mathrm{O}}}$$

由此可得，在半个市电周期内流过等效续流二极管 V_D 的电流有效值

$$I_{\mathrm{Drms}}=\sqrt{\frac{1}{3}}\times\sqrt{\frac{8\sqrt{2}}{3\pi}\times\frac{\left(\frac{P_{\mathrm{O}}}{\eta}\right)^2}{U_{\mathrm{IN}}U_{\mathrm{O}}}}$$

显然，在半个市电周期内每只续流二极管 V_D 的电流有效值

$$I_{\mathrm{D1rms}}=I_{\mathrm{D2rms}}=I_{\mathrm{D3rms}}=\frac{1}{3}\times\sqrt{\frac{8\sqrt{2}}{3\pi}\times\frac{\left(\frac{P_{\mathrm{O}}}{\eta}\right)^2}{U_{\mathrm{IN}}\times U_{\mathrm{O}}}}$$

流过输出滤波电容 C_O 的电流有效值

$$I_{\mathrm{Crms}}=\sqrt{I_{\mathrm{Drms}}^2-I_{\mathrm{O}}^2}=\sqrt{\frac{8\sqrt{2}}{9\pi}\times\frac{I_{\mathrm{IN}}^2U_{\mathrm{IN}}}{U_{\mathrm{O}}}-I_{\mathrm{O}}^2}=\sqrt{\frac{8\sqrt{2}}{9\pi}\times\frac{\left(\frac{P_{\mathrm{O}}}{\eta}\right)^2}{U_{\mathrm{IN}}U_{\mathrm{O}}}-\left(\frac{P_{\mathrm{O}}}{U_{\mathrm{O}}}\right)^2}$$

由于每路仅承担 1/3 的输入功率，显然流过每只开关管的电流有效值

$$I_{\mathrm{V1rms}}=I_{\mathrm{V2rms}}=I_{\mathrm{V3rms}}=\frac{1}{3}\times\left(\frac{P_{\mathrm{IN}}}{U_{\mathrm{IN}}}\right)\sqrt{\left(1-\frac{8\sqrt{2}}{3\pi}\times\frac{U_{\mathrm{IN}}}{U_{\mathrm{O}}}\right)}$$

因此，流过等效开关管 V 的电流有效值

$$I_{\mathrm{Vrms}}=\frac{\sqrt{3}}{3}\times\left(\frac{P_{\mathrm{IN}}}{U_{\mathrm{IN}}}\right)\sqrt{\left(1-\frac{8\sqrt{2}}{3\pi}\times\frac{U_{\mathrm{IN}}}{U_{\mathrm{O}}}\right)}$$

4）输出滤波电容容量

可以证明：交错式 PFC 变换器所需输出滤波电容 C_O 容量的计算公式与式(7.5.20)、式(7.5.21)完全相同。例如，对于 BCM 模式两交错 PFC 变换器来说，在一个开关周期内，等效续流二极管 V_D的平均电流

$$I_D(t)=2\left[\frac{i_{\mathrm{LPK}}(t)}{2}\times\frac{T_{\mathrm{off}}}{T_{\mathrm{SW}}}\right]=2\left[\frac{i_{\mathrm{IN}}(t)}{2}(1-D(t))\right]$$

$$=i_{\mathrm{IN}}(t)\frac{u_{\mathrm{IN}}(t)}{U_{\mathrm{O}}}=\frac{2I_{\mathrm{IN}}\times U_{\mathrm{IN}}}{U_{\mathrm{O}}}\sin^2(\omega t)=I_{\mathrm{O}}[1-\cos(2\omega t)]$$

与单路非交错式 PFC 变换器相同，由此不难得出所需输出滤波电容 C_O 的计算式相同的结论。

尽管在输出电流 I_O、输出电压 U_O 及纹波电压 ΔU_O 相同的情况下，采用交错式 PFC 并不能减小输出滤波电容 C_O 的容量，但流过输出滤波电容 C_O 的纹波电流有效值 I_{Crms} 比非交错式 PFC 小，因此输出滤波电容 C_O 的损耗低，相应地输出电容 C_O 的温升也有所下降，延长了电容的寿命。

交错式 APFC 电路控制容易，也解决了 EMI 偏高、不容易通过 EMI 认证的问题，商品化的控制芯片，如 FAN9611(BCM 模式两交错 PFC)、FAN9672(CCM 模式两交错 PFC)、FAN9673(CCM 模式三交错 PFC)、UCC28070(CCM 模式两交错 PFC)技术成熟，价格也

不高，但交错式 APFC 电路依然保留了整流桥，市电整流损耗较大，效率不高(与传统有桥非交错式 *APFC* 电路大致相同)，只是输出功率大。

在交错式 PFC 变换器中，多采用开关频率 f_{SW} 固定的 CCM 模式，一方面电感峰值电流小，损耗低，EMI 滤波容易；另一方面在全数字化控制方式中各驱动信号相位差控制容易。

7.7.2 无桥 APFC 电路

在图 7.4.1、图 7.4.2、图 7.5.1 所示的传统有桥 APFC 变换器中，当开关管 V 导通、续流二极管 V_D 截止、升压电感 L 储能时，在整流桥 BR 内总是有两只整流二极管导通；当开关管 V 截止、续流二极管 V_D 导通、升压电感 L 释放能量时，整流桥 BR 内也总是有两只整流二极管导通。可见，有桥 Boost 拓扑 APFC 变换器在任何时候总是有 3 只大功率元件处于导通状态，导通损耗较大。假设后级 PFC 电路的效率为 η，输出功率为 P_O，校正后的功率因数 PF 接近 1，即输入电流近似为正弦波，则流过整流桥的电流有效值 $I_{IN}=\dfrac{P_O}{\eta PFU_{IN}}\approx\dfrac{P_O}{\eta U_{IN}}$。根据全波整流平均值与有效值的关系，显然流过整流桥的平均电流 $I_{IN(avg)}=\dfrac{2\sqrt{2}}{\pi}I_{IN}\approx\dfrac{2\sqrt{2}P_O}{\pi\eta U_{IN}}$。如果整流二极管导通压降 U_D 为 1.0 V，最小交流输入电压 U_{IN} 为90 V，则整流桥消耗的平均功率为

$$P_{Br(avg)}=2U_D I_{IN(avg)}\approx\frac{4\sqrt{2}U_D P_O}{\pi\eta U_{IN}}=\frac{4\sqrt{2}U_D}{\pi U_{IN}}\times\frac{P_O}{\eta}\approx2.0\%\times\frac{P_O}{\eta}$$

对于输入功率为 3 kW 的 APFC 电路来说，整流桥将消耗 3 kW×2.0%，约 60 W 的功率，即一只整流二极管消耗的功率约为 30 W。尽管减少一只整流二极管对效率的提升仅为 1.0%，意义似乎不大，但 30 W 的损耗会增加 APFC 变换器内部的温升，影响了变换器的可靠性。此外，整流桥散热器的体积也较大，不利于减小 APFC 电路的体积。

为此，1983 年 Daniel M. Mitchell 等人提出了 Dual Boost PFC(双 Boost PFC)及 Totem-PolePFC(图腾式 PFC)两种基本的无桥 PFC(Bridgeless PFC)拓扑电路，如图 7.7.6 所示。

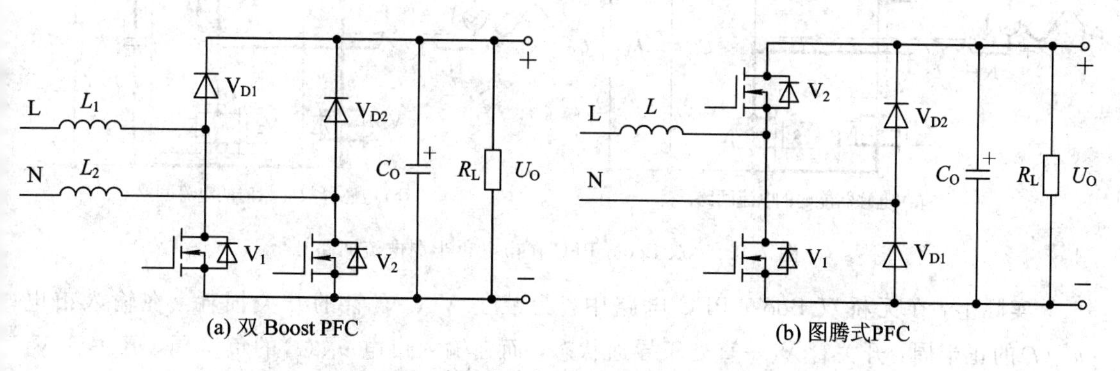

图 7.7.6 两种基本的无桥 PFC 拓扑电路

1. 双 Boost PFC 电路

在双 Boost PFC 电路中，开关管 V_1、V_2 源极 S 接地，驱动容易。当电感 L_1、L_2 工作在 CCM 模式时，续统二极管 V_{D1}、V_{D2}必须采用超快恢复二极管(UFRD)，甚至是反向恢复时间很短的 SiC 功率二极管。在市电正半周，当开关管 V_1 导通时，电感 L_1、L_2 同时储能，电流方向如图 7.7.7(a)所示。如果此时 V_2 管未导通，则电感电流将借助 V_2 管寄生的体二极管流动，如果此时 V_2 管导通，电感电流将同时流过 V_2 管 S-D 极间的沟道和寄生的体二极管(流入 V_2 沟道的电流大小与 V_2 管的导通电阻 R_{on}有关。当 V_1 管截止时，续流二极管 V_{D1} 导通，电感 L_1、L_2 同时释放存储的能量，电流方向如图 7.7.7(b)所示。如果此时 V_2 管仍处于导通状态，则回路电流将同时流过 V_2 管 S-D 极间的沟道和寄生的体二极管；反之，如果 V_2 管处于截止状态，则回路电流将借助 V_2 管寄生的体二极管流动。

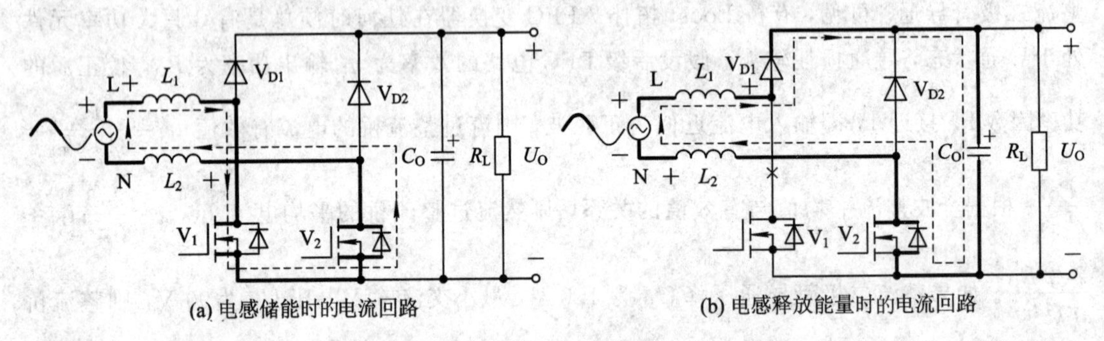

图 7.7.7 双 Boost PFC 在市电正半周电流回路

在市电负半周，当开关管 V_2 导通时，电感 L_2、L_1 同时储能，电流方向如图 7.7.8(a)所示，如果此时 V_1 管未导通，则回路电流将借助 V_1 管寄生的体二极管流动，如果 V_1、V_2 管同时导通，则回路电流将同时流过 V_1 管 S-D 极间的沟道和寄生的体二极管；当 V_2 管截止时，续流二极管 V_{D2} 导通，电感 L_2、L_1 同时释放存储的能量，电流方向如图 7.7.8(b)所示，如果此时 V_1 管仍处于导通状态，则回路电流将同时流过 V_1 管 S-D 极间的沟道和寄生的体二极管，反之，如果 V_1 管处于截止状态，则回路电流将借助 V_1 管寄生的体二极管流动。

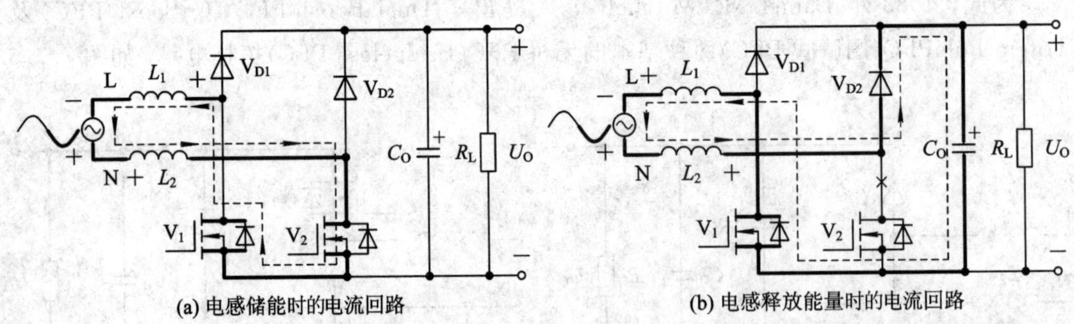

图 7.7.8 双 Boost PFC 在市电负半周电流回路

实际上，在无桥双 Boost PFC 电路中，为减小 V_1、V_2 管的开关损耗，在输入市电 $u_{IN}(t)$的正半周，开关管 V_2一直处于导通状态，而在输入市电 $u_{IN}(t)$的负半周，开关管 V_1 也一直处于导通状态，即开关管 V_1、V_2驱动信号的波形如图 7.7.9 所示。

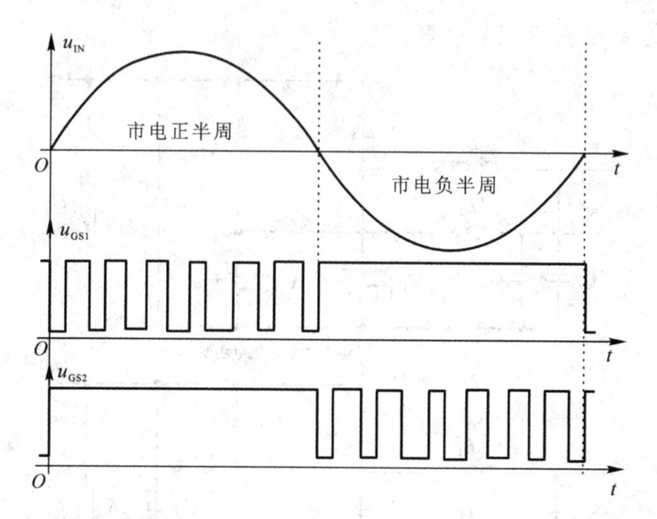

图 7.7.9　无桥双 Boost PFC 电路开关管驱动信号的波形

显然，在双 Boost PFC 电路中，电感 L_1、L_2 可以是两个独立的电感，也可以是共用同一磁芯的磁集成电感，原因是两者同时储能和放能。当采用磁集成电感时，L_1、L_2 同名端的关系如图 7.7.10 所示。

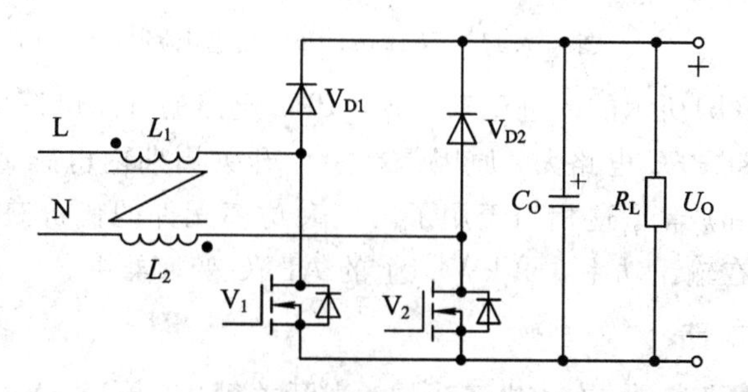

图 7.7.10　采用耦合电感的双 Boost PFC 原理电路

由此可见，在双 Boost PFC 电路中，任何时候只有两只大功率元件处于导通状态，导通损耗自然比传统有桥 APFC 电路小，但输出滤波电容 C_O 的负极，即公共电位参考点的电位处于跳变状态，EMI 干扰严重。为此，后来又出现了许多改进型电路，如图 7.7.11 所示。

在图 7.7.11(a)中，在交流输入线 L、N 与公共电位参考点之间增加了 EMI 滤波电容 C_1 及 C_2，使公共电位参考点高频干扰信号通过电容 C_1、C_2 耦合到交流输入线 L、N，再借助 AC 滤波电路内的 Y 电容滤除，在一定程度上降低了共模传导干扰的幅度。但该电路在电感 L_1、L_2 释放存储能量期间，与 EMI 滤波电容 C_1 及 C_2 易产生 LC 振荡，不仅干扰了 PFC 控制电路的动作，也增加了环路损耗。显然，为减小 LC 振荡造成的损耗，电感 L_1、L_2 只能用独立电感。

在图 7.7.11(b)中，电感 L_1、L_2 为独立电感，相当于两个 Boost PFC 并联。在市电正半周，二极管 V_{D4} 导通，仅有微弱电流流过 V_2、L_2，相当于 V_2、L_2 被二极管 V_{D4} 短路；同理，在市电负半周，二极管 V_{D3} 导通，也仅有微弱电流流过 V_1、L_1，相当于 V_1、L_1 被二极管 V_{D3} 短路。可见，公共电位参考点的状态与有桥 PFC 类似，降低了 EMI 干扰信号的幅度，因此得到了广泛应用。由于在市电正半周内，V_{D4} 总是处于导通状态，而 V_{D3} 处于截止状态，在市电负半周内，V_{D3} 总是处于导通状态，而 V_{D4} 处于截止状态，因此，二极管 V_{D3}、

V_{D4}可采用通用大功率低频整流二极管。

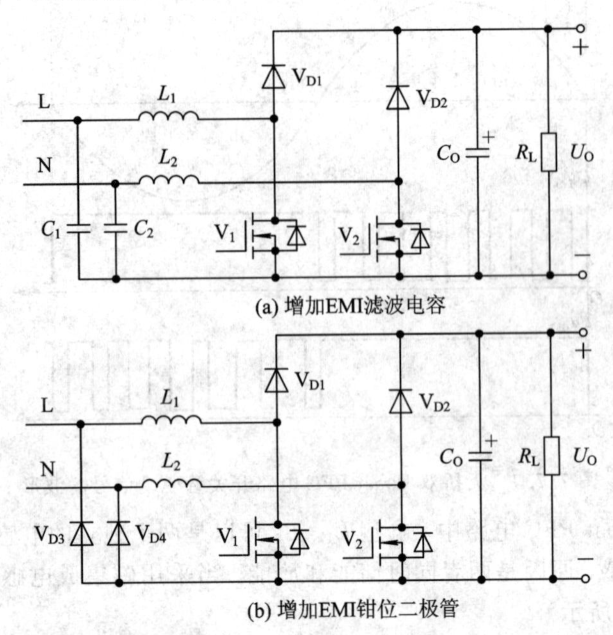

(a) 增加EMI滤波电容

(b) 增加EMI钳位二极管

图 7.7.11　双 Boost PFC 改进电路

显然，图 7.7.11(b)所示的改进型双 Boost PFC 电路的升压电感的体积比图 7.7.6(a)所示的基本型双 Boost PFC 电路大，原因是在一个开关周期内电感 L_1、L_2 只有一只在工作，即不再同时储能和放能。这相当于用了两倍大功率元件的代价获得了 1%左右效率的提升，因此一般仅用在输出功率在 2 kW 以上的 APFC 变换器中。

2. 图腾式 PFC 电路

对图腾式 PFC 电路来说，在市电正半周，当开关管 V_1 导通、V_2 截止时，升压电感 L 储能，电感 L 端电压的极性为"左正右负"，同时二极管 V_{D1} 导通，电流方向如图 7.7.12(a)所示；当开关管 V_1 截止时，升压电感 L 释放存储的能量，电感 L 端电压极性突变为"左负右正"，在 V_2 管未导通时，回路电流将借助 V_2 管寄生的体二极管对输出滤波电容 C_O 充电，反之，如果 V_2 管也导通，则回路电流将同时流过 V_2 管 S-D 极间的沟道和寄生的体二极管，对输出滤波电容 C_O 充电，电流方向如图 7.7.12(b)所示。可见，在市电正半周，二极管 V_{D1} 总是处于导通状态，输出滤波电容 C_O 的负极，即公共电位参考点电位比交流输入线 N 高了一只二极管的导通电压，相对稳定，共模干扰信号的幅度受到了抑制。

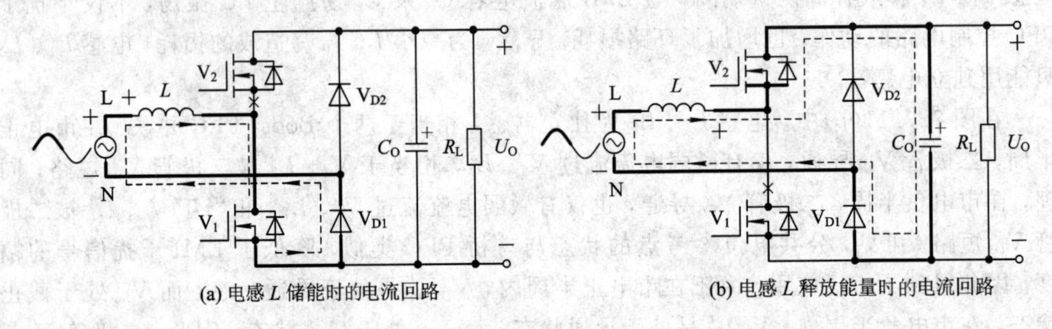

(a) 电感 L 储能时的电流回路　　(b) 电感 L 释放能量时的电流回路

图 7.7.12　图腾式 PFC 市电正半周电流回路

在市电负半周，当开关管 V_2 导通、V_1 截止时，升压电感 L 储能，电感 L 端电压的极性为"左负右正"，此时二极管 V_{D2} 导通，电流方向如图 7.7.13(a)所示；当开关管 V_2 截止时，升压电感 L 释放存储的能量，二极管 V_{D2} 导通，电感 L 端电压极性突变为"左正右负"，如果 V_1 管未导通，则回路电流将借助 v_1 管寄生的体二极管流动，反之，如果 V_1 管也导通，则回路电流将同时通过 V_1 管 S-D 极间的沟道和寄生的体二极管流动，电流方向如图 7.7.13(b)所示。可见，在市电负半周，二极管 V_{D2} 也总是处于导通状态，公共电位参考点电位处于浮动状态，共模干扰似乎较大，但交流输入端 N(零线)经二极管 D2 接大容量输出滤波电容的正极，因此电源线共模干扰信号幅度并不大，与传统有桥 APFC 变换器情况类似。

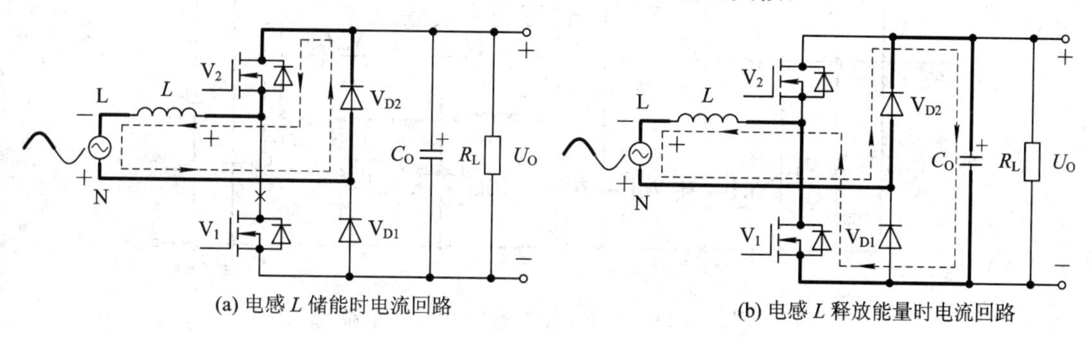

图 7.7.13　图腾式 PFC 市电负半周电流回路

从以上分析可以看出，在图腾式 PFC 电路中，开关管 V_1、V_2 不能同时导通，否则会过流损坏；由于二极管 V_{D1}、V_{D2} 在整个市电正或负半周的状态不变，因此 V_{D1}、V_{D2} 可以使用通用的大功率低频整流二极管。当然，在高品质电源系统中，V_{D1}、V_{D2} 也可以采用关断时间较短的 FRD 二极管。

此外，在图腾式 PFC 变换器中，在市电的正半周，当储能电感 L 释放能量时，主要依赖开关管 V_2 寄生的体二极管实现续流，而 Si 基功率 MOS 管寄生的体二极管反向恢复时间长，反向恢复电流大。电感 L 只能工作在 BCM 或 DCM 模式，并不能工作在 CCM 模式，否则开关管 V_1 开通瞬间(下一开关周期)会有大电流过流 V_1、V_1 管，引起严重的 EMI 干扰，甚至可能损坏开关管 V_1、V_2。

在市电负半周，当储能电感 L 释放能量时，也主要依赖开关管 V_1 寄生的体二极管实现续流，同样存在类似问题。

DCM、BCM 模式电感峰值电流 i_{LPK} 大，损耗高，并不适合于大功率输出的应用场合。不过，随着寄生体二极管反向恢复时间很短的 SiC 功率 MOS 管，以及反向恢复时间几乎为零的 GaN 功率 MOS 管的普及应用，为升压电感 L 工作在 CCM 模式提供了器件支撑，图腾式 PFC 变换器的应用价值才得以体现。

7.7.3　无桥交错式 APFC 电路

在无桥 APFC 变换器中，任何时候只有两只大功率元件处于导通状态，功率元件导通损耗小，效率高，但当输出功率较大时，电感峰值电流高，EMI 滤波电路设计难度很大。为此，在大功率 PFC 电路中，可在无桥双 Boost 改进型电路中用两交错式或三交错式 PFC 电路代替单一 Boost 架构的 PFC 电路，形成无桥交错结构的 PFC 变换器，如图 7.7.14 所示。

在大功率 APFC 变换器中，也可以采用图 7.7.15 所示的功率元件数目相对较少的交错图腾式 PFC 变换器。其中 L_1、功率 MOS 管 V_1 及 V_2、低频大功率二极管 V_{D1} 及 V_{D2} 构成了一套图腾式 PFC 变换器，而 L_2、功率 MOS 管 V_3 及 V_4、低频大功率二极管 V_{D1} 及 V_{D2} 构成了另一套图腾式 PFC 变换器，即两套图腾式 PFC 变换器共用了低频二极管 V_{D1}、V_{D2}。两套图腾式 PFC 变换器电感 L_1、L_2 交替储能及放能，便构成了无桥交错式 PFC 变换器。

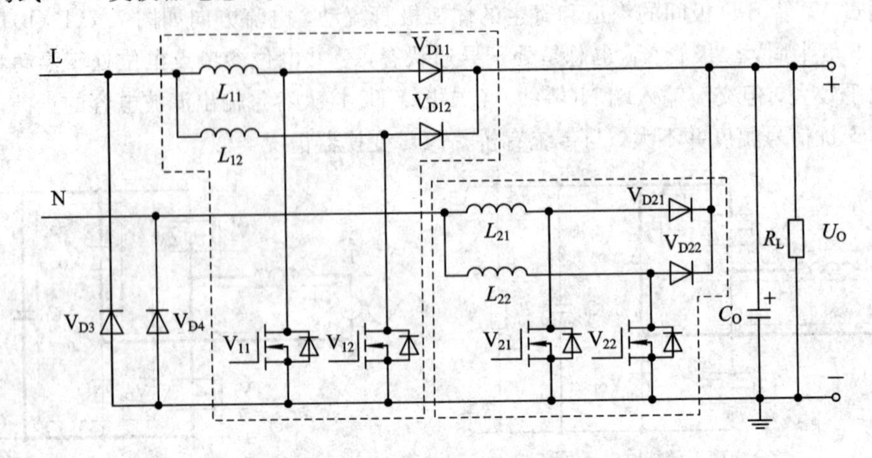

图 7.7.14　无桥交错结构的 PFC 变换器

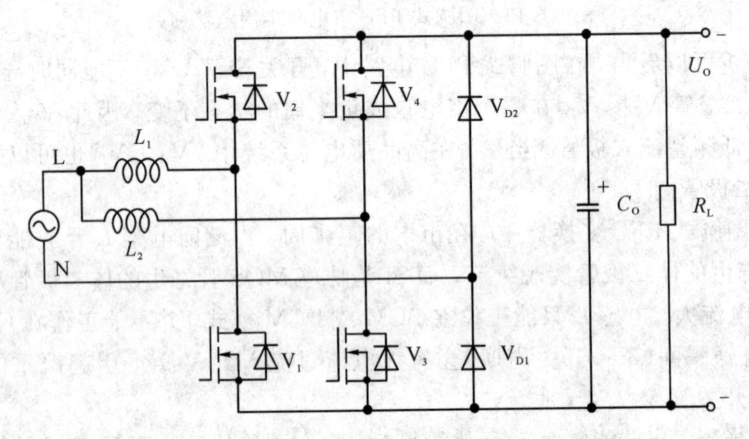

图 7.7.15　交错图腾式 PFC 变换器的原理电路

当输入市电瞬时值 $u_{IN}(t) \leqslant 0.5U_O$ 时，占空比 $D(t) \geqslant 0.5$，电感 L_1、L_2 储能时间存在交叠现象，即在特定时段内开关管 V_1、V_3 同时导通，如图 7.7.3(a)所示；反之，当输入市电瞬时值 $u_{IN}(t) > 0.5U_O$ 时，占空比 $D(t) < 0.5$，电感 L_1、L_2 不同时储能，即开关管 V_1、V_3 不再同时导通，如图 7.7.3(b)所示。

尽管无桥 PFC 电路损耗较小，但除了图 7.7.11(b)所示的改进型双 Boost 无桥 PFC 电路、图 7.7.14 所示的无桥交错结构的 PFC 电路外，无论是双 Boost PFC 电路还是图腾式 PFC 电路，升压电感充电电流方向在市电正负半周刚好相反，给电流检测带来了不便。在大功率 PFC 电路中，由于峰值电流大，为减小损耗，一般均需要电流互感器检测升压电感的电流，因此 PFC 控制电路复杂。技术成熟、工作稳定可靠的无桥 PFC 控制芯片很少，一般需要借助高速 MCU(或内嵌了 DSP 部件的 MCU)芯片、MOS 管(或 IGBT)驱动芯片构建无桥大功率 APFC 系统的控制电路，软硬件设计、调试难度大，开发周期长。

习　　题

7-1　简述桥式整流大电容滤波输入电流严重偏离正弦波形态的原因。

7-2　写出在非线性电路中谐波总失真度 THD 与功率因素 PF 之间的关系。

7-3　功率因素 PF 小有哪些危害?

7-4　画出填谷式 PF 校正电路的原理图，简述其工作原理。为什么填谷式 PF 校正电路不适用于宽电压输入场合?

7-5　简述有源 APFC 电路的种类及功能。APFC 电路输出电压除了直流高压外，还有什么频率的交流电压?

7-6　简述 Boost APFC 电路电感电流三种模式及其特征。

7-7　简述 DCM 模式 Boost APFC 电路的优缺点。

7-8　简述 CCM 模式 Boost APFC 电路的优缺点。

7-9　简述 CCM 模式 APFC 变换器的设计过程，并分别写出用铁氧体及铁硅铝磁粉芯作为升压电感磁芯时各参数的计算公式。

7-10　简述 BCM 模式 APFC 变换器的设计过程，并写出各参数的计算公式。

7-11　简述 PFC 单管反激变换器的优缺点，并写出各参数的计算公式。

7-12　交错式 APFC 和无桥 APFC 各有什么优缺点?

第8章 正激变换器

反激变换器输出功率一般不超过100 W，除非输出电压较高、输出电流较小。此外，反激变换器不宜用在输出电压低输出电流大的应用场合，原因是磁芯气隙长度δ有限，在反激变换器中储能变压器存储的能量与初级绕组N_P电流I_{NP}^2成正比，而电流I_{NP}与磁通密度B成正比，存储的能量受磁芯饱和磁通密度B_S的限制。当输出功率较大(如100～300 W范围内)，或输出功率虽然不太大，但输出电压低、输出电流很大(如5 A以上)时，可考虑用正激变换器(Forward)。正激变换器与反激变换器的工作原理完全不同，其拓扑结构比半桥变换器简单，元件数目相对较少，性价比较高。但正激、半桥、全桥及推挽等正向变换器的共同特征是过载能力差，可承受的输入电压变化范围小。

不过，随着*LLC*半桥谐振变换器的普及，正激变换器已逐渐淡出DC-DC变换器的主流拓扑。在输出电压小于10 V的电源系统中，电源工程师有时宁愿用LLC谐振变换器将前级PFC变换器输出的385～430 V的直流高压转换为9～12 V的中间电压后，再借助Buck变换器将9～12 V直流电压转换为3.3～5.0 V的直流低压，也不愿意用效率不高的硬开关的正激变换器。

8.1 正激变换器及其等效电路

正激变换器原理电路如图8.1.1所示。虽然电路形式与反激变换器相似，但工作原理完全不同。在正激变换器中，开关管V导通时，初级绕组N_P与次级绕组N_S同时有电流流动，变压器T是真正意义上的变压器，且两者产生的磁通方向相反，相互抵消。换句话说，当变压器T为理想变压器(磁芯相对磁导率μ_r为无穷大，激磁电流$i_{Lm}(t)$接近零；初级绕组和次级绕组完全耦合，没有漏感)时，磁芯内部的磁通为零。

当开关管V导通时，次级绕组N_S同时导通，输出滤波电感L中的电流$i_L(t)$线性增加；当开关管V截止时，次级侧续流二极管V_{D3}导通，整流二极管V_{D2}截止。由此可见，正激变换器可等效为如图8.1.2所示的Buck变换器。实际上，正激变换器就是一种隔离型的Buck变换器。显然，在图8.1.1中初级侧绕组N_P与开关管漏极V的连接处是初级侧的开关节点，次级整流二极管V_{D2}两端都属于次级侧的开关节点。

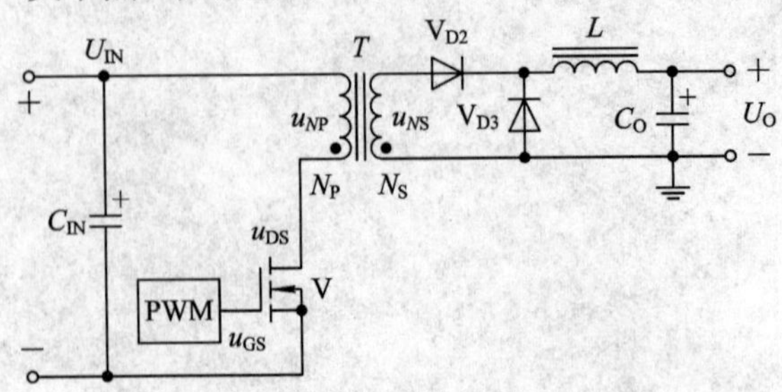

图8.1.1 正激变换器原理电路

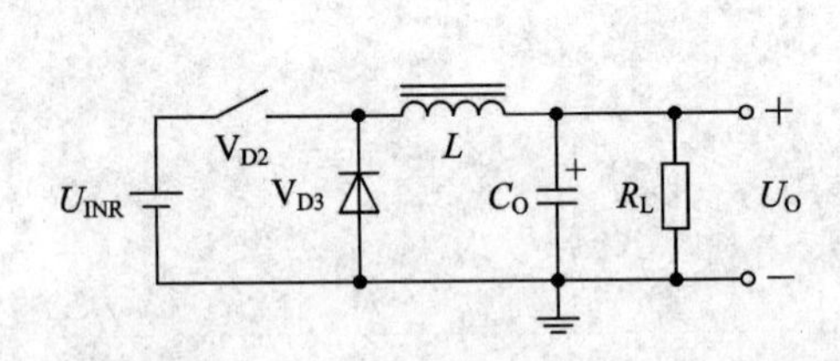

图8.1.2 正激变换器次级等效电路(Buck变换器)

在忽略开关管 V 导通压降 U_{SW}、整流二极管 V_{D2} 导通压降 U_{D2} 及续流二极管 V_{D3} 导通压降 U_{D3} 的情况下，Buck 变换器等效输入电压(来自初级绕组的映射电压)以及输出滤波电感 L 端电压分别为

$$U_{INR}=\frac{N_S}{N_P}U_{IN}=\frac{U_{IN}}{n},\ U_{on}=U_{INR}-U_O,\ U_{off}=U_O$$

在正激变换器中，为减小输出电流的纹波，重载下 Buck 滤波电感 L 一般工作在 CCM 模式。因此，占空比

$$D=\frac{U_{off}}{U_{on}+U_{off}}=\frac{U_O}{U_{INR}-U_O+U_O}=\frac{U_O}{U_{INR}}=\frac{nU_O}{U_{IN}}$$

即输出电压

$$U_O=\frac{1}{n}DU_{IN} \tag{8.1.1}$$

在开关管 V 导通压降 U_{SW}、整流二极管 V_{D2} 导通压降 U_{D2} 及续流二极管 V_{D3} 导通压降 U_{D3} 不能忽略的情况下，Buck 变换器等效输入电压及输出滤波电感 L 端电压分别为

$$U_{INR}=\frac{N_S}{N_P}(U_{IN}-U_{SW}),\ U_{on}=U_{INR}-U_{D2}-U_O,\ U_{off}=U_O+U_{D3}$$

占空比

$$D=\frac{U_{off}}{U_{on}+U_{off}}=\frac{U_O+U_{D3}}{\frac{N_S}{N_P}(U_{IN}-U_{SW})-U_{D2}+U_{D3}}$$

考虑到 V_{D2}、V_{D3} 一般为同型号的肖特基功率二极管，即 $U_{D2}=U_{D3}$，则占空比

$$D=\frac{U_O+U_{D3}}{\frac{N_S}{N_P}(U_{IN}-U_{SW})}=\frac{n(U_O+U_{D3})}{(U_{IN}-U_{SW})} \tag{8.1.2}$$

当 $U_{IN}\gg U_{SW}$ 时，占空比 D 可近似为

$$D\approx\frac{U_O+U_{D3}}{\frac{N_S}{N_P}U_{IN}}=n\frac{U_O+U_{D3}}{U_{IN}} \tag{8.1.3}$$

输出电压

$$U_O=\frac{1}{n}DU_{IN}-U_{D3} \tag{8.1.4}$$

可见，在输出电压 U_O 较低的状态下，正激变换器输出电压 U_O 还与续流二极管 V_{D3} 的正向导通压降 U_{D3} 有关。

当存在两个或以上次级绕组时，各次级绕组输出电压 U_{Oi} 可表示为

$$U_{O1}=\frac{N_{S1}}{N_P}DU_{IN}-U_{D31}$$

$$U_{O2}=\frac{N_{S2}}{N_P}DU_{IN}-U_{D32}$$

$$\vdots$$

$$U_{Oi}=\frac{N_{Si}}{N_P}DU_{IN}-U_{D3i}$$

显然，次级各绕组的匝比关系为

$$\frac{N_{S1}}{N_{S2}}=\frac{U_{O1}+U_{D31}}{U_{O2}+U_{D32}},\ \frac{N_{S1}}{N_{S3}}=\frac{U_{O1}+U_{D31}}{U_{O3}+U_{D33}} \tag{8.1.5}$$

由于在正激、半桥、全桥等正向变换器中，各次级绕组均由主绕组 N_P 驱动，其输出电压将受到次级绕组中基准绕组输出电压的控制，因此不难得出如下结论：

(1) 在含有两个次级绕组的正激变换器中，若选择 N_{S1} 绕组为基准绕组，那么两次级绕组匝比 N_{S1}/N_{S2} 与输出电压比 $(U_{O1}+U_{D31})/(U_{O2}+U_{D32})$ 越接近，N_{S2} 绕组输出电压 U_{O2} 的精度就越高。理论上，当 N_{S1}/N_{S2} 严格等于 $(U_{O1}+U_{D31})/(U_{O2}+U_{D32})$ 时，N_{S2} 绕组输出电压 U_{O2} 的误差为零。

(2) 在含有三个及以上次级绕组的正激变换器中，一般很难保证除基准绕组外的其他次级绕组输出电压的精度，除非基准绕组匝数 N_{SB} 与任一次级绕组匝数 N_{Si} 之比 N_{SB}/N_{Si} 严格等于基准绕组输出电压 $U_{OB}+U_{D3B}$ 与相应次级绕组输出电压 $U_{Oi}+U_{D3i}$ 之比 $(U_{OB}+U_{D3B})/(U_{Oi}+U_{D3i})$。

由于 Buck 拓扑结构输出滤波电路与工作在 CCM 模式下的 Buck 变换器相同，因此可直接利用 Buck 变换器的相关设计公式计算输出滤波电感磁芯的参数。

8.2 正激变换器磁通复位方式概述

当变压器磁芯材料相对磁导率 μ_r 达不到无穷大、初-次级绕组间漏感 L_{LK} 不为 0 时，包括正激，以及硬开关半桥、全桥、推挽等正向变换器在内的高频变压器等效电路可用图 8.2.1表示。

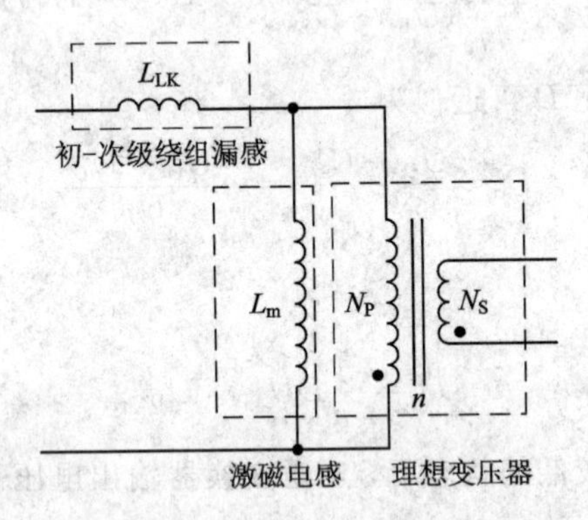

图 8.2.1　考虑了初-次级绕组间漏感 L_{LK} 与激磁电感 L_m 后的正向变压器等效电路

因此，当开关管 V 导通时，初级绕组电流 $i_{NP}(t)$ 包含了与次级绕组电流 $i_{NS}(t)$ 成正比的映射电流 $i_{NS}(t)/n$，以及激磁电流 $i_{Lm}(t)$，即

$$i_{NP}(t)=i_{Lm}(t)+\frac{i_{NS}(t)}{n}$$

其中，激磁电流 $i_{Lm}(t)$ 与负载电流大小无关，仅与初级绕组激磁电感量 L_m、初级绕组端电压 $(U_{IN}-U_{SW})$、导通时间 T_{on} 有关。激磁电感 L_m 存储的能量也不能传送到次级，原因是开关管 V 关断时次级整流二极管 V_{D2} 截止。

可见，在正激变换器中，激磁电流 $i_{Lm}(t)$越小(激磁电感 L_m 越大)，初-次级绕组间漏感 L_{LK}越小，能量正向传输的效率就越高。

扣除激磁电流 $i_{Lm}(t)$后的次级绕组映射电流 $i_{NS}(t)/n$ 与次级绕组电流 $i_{NS}(t)$在磁芯中产生的磁通大小相等，方向相反，相互抵消。换句话说，磁芯参数(如磁通大小、存储能量与磁芯损耗高低等)完全由激磁电流 $i_{Lm}(t)$确定，与负载无关。也就是说，从磁场角度看，磁芯感知不到负载电流的变化。

在图 8.1.1 所示的正激变换器原理电路中，当开关管 V 导通时，次级绕组 N_S 感应电压“上正下负”，整流二极管 V_{D2}导通，输出滤波电感 L 的电流 $i_L(t)$线性增加；当开关管 V 截止时，次级侧续流二极管 V_{D3}导通，整流二极管 V_{D2}截止，激磁电流产生的磁通无法借助次级绕组复位(这与反激变换器不同)，因此在正激变换器中必须增加激磁磁通复位电路，使当前开关周期结束后，变压器磁芯的磁通密度 B 回到该开关周期的起点，避免积累，否则正激变换器将无法正常工作，甚至会烧毁开关管。

正激变换器磁通复位电路种类繁多，除常见的三绕组去磁复位、RCD 去磁复位、双二极管去磁复位、谐振去磁复位方式外，还有单管有源去磁复位、双管有源去磁复位、双管谐振去磁复位等。虽然不同形式的去磁复位电路工作原理不尽相同，但设计思路却一致——在开关管 V 截止后，借助特定路径，将变压器中的激磁能量转移到输入滤波电容 C_{IN}存储以实现能量再利用，或设法将激磁能量引到无源器件，如功率电阻上消耗掉，以确保在下一开关周期开关管开通前变压器磁芯不存在剩余的磁化能量。每一种去磁复位方式都有各自的优缺点以及特定的应用场合，设计者可根据效率、体积、成本、可靠性以及环路补偿难易程度等指标进行选择。鉴于正激变换器已逐渐被 LLC 半桥谐振变换器取代，因此本章仅介绍常用的三种去磁正激变换器。

8.3　三绕组去磁正激变换器

在初级绕组 N_P(也称为主绕组)、次级绕组 N_S 的基础上增加第三个绕组 N_R(也称为磁复位绕组)，便构成了如图 8.3.1 所示的三绕组去磁正激变换器，这样在开关管 V 截止期间，激磁磁通就可以借助复位绕组 N_R 实现去磁操作，并将存储在磁芯中的绝大部分激磁能量($\frac{1}{2}L_m I_{Lm}^2$)回送到输入滤波电容 C_{IN}中存储。

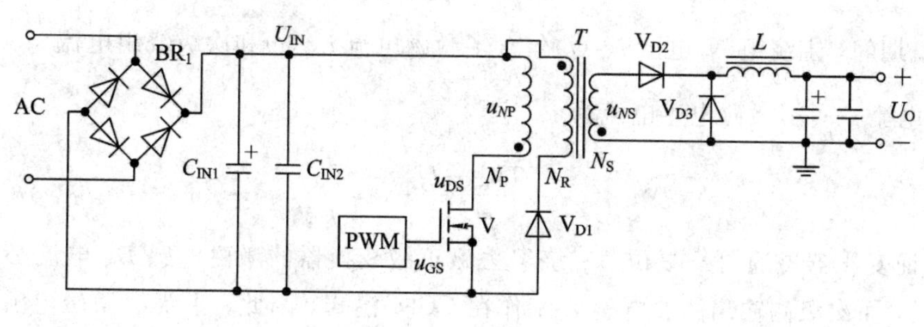

图 8.3.1　三绕组去磁正激变换器

通过复位绕组 N_R 实现正激变换器磁通复位的优点在于绝大部分激磁能量 $\left(\frac{1}{2}L_m I_{Lm}^2\right)$、复位绕组 N_R 与次级绕组 N_S 之间的漏感能量通过复位绕组 N_R 回送到输入滤波电容 C_{IN} 中存储(但主绕组 N_P 与复位绕组 N_R 之间的漏感能量没有得到再利用)，实现了能量的再利用。三绕组去磁正激变换器的优点是结构简单，可靠性高，环路补偿容易；缺点是变压器绕线难度大，加工成本略高，原因是为保证磁通可靠复位，磁复位绕组 N_R 与主绕组 N_P 匝数相同，线径相等。此外，对开关管耐压要求高，磁通复位期间开关管承受的电压应力为 $2U_{IN}$(未考虑主绕组 N_P 与磁复位绕组 N_R 之间的漏感 $L_{LK(PR)}$ 产生的尖峰电压)。

8.3.1 三绕组去磁正激变换器的波形

三绕组去磁正激变换器各关键节点电压波形、绕组与二极管电流波形如图 8.3.2 所示。

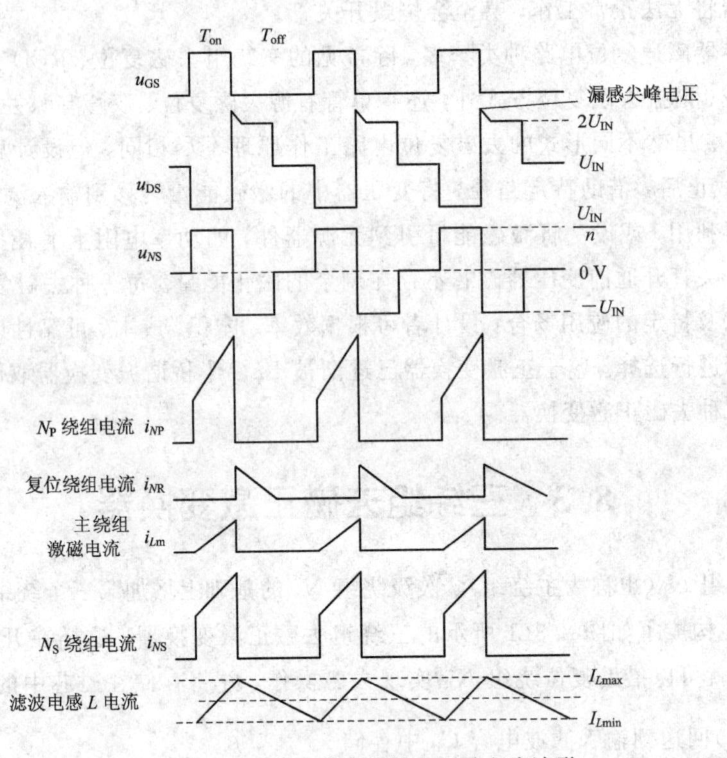

图 8.3.2 单管正激变换器电压及电流波形

在 T_{on} 期间，主绕组 N_P 电流 $i_{NP}(t)$ 包含了激磁电流 $i_{Lm}(t)$ 和次级绕组电流 $i_{NS}(t)$ 映射到主绕组的电流 $\frac{i_{NS}(t)}{n}$，激磁电感电流为

$$i_{Lm}(t) = \frac{U_{IN} - U_{SW}}{L_m} \approx \frac{U_{IN}}{L_m}t$$

为保证变压器磁通可靠复位，三绕组去磁正激变换器的激磁电感 L_m 电流必须工作在 DCM 模式，而次级侧输出滤波电感 L 工作在 CCM 模式。因此，主绕组激磁电流 $i_{Lm}(t)$ 最小值为 0，最大值为 $(U_{IN}T_{on})/L_m$。由于滤波电感 L 工作在 CCM 模式，因此输出滤波电感 L

电流的最小值 $I_{L\min}$ 大于 0，而在 T_{on} 期间，V_{D3} 截止，输出滤波电感 L 电流 $i_L(t)$ 等于次级绕组电流 $i_{NS}(t)$，折算到初级侧的电流为 $\frac{i_{NS}(t)}{n}$。可见，主绕组 N_P 电流在 T_{on} 开始时不是 0，而是 $\frac{I_{NS\min}}{n}$，即开关管开通瞬间电流不是零(只有在轻载状态下，滤波电感 L 进入 BCM、DCM 模式时，续流二极管 V_{D3} 才能处于 ZCS 关断状态，开关管 V 才能工作在 ZCS 开通状态)。

在 T_{off} 期间，次级绕组 N_S 端电压 u_{NS} 极性突变为“上负下正”，V_{D2} 截止(可见整流二极管 V_{D2} 不可能工作在 ZCS 关断状态，反向恢复损耗高，且关断瞬间次级绕组瞬态电流大，为降低反向恢复损耗，减小环路的瞬态电流，整流二极管 V_{D2} 必须是超快恢复二极管或肖特基整流二极管)。为保证磁通复位，磁复位绕组 N_R 匝数与主绕组 N_P 匝数相同，且彼此之间要耦合紧密(如主绕组 N_P、磁复位绕组 N_R 可采用双线并绕方式，以保证两绕组之间紧密耦合，减小彼此间的漏感)。

当磁通完全复位后，主绕组 N_P 端电压为 0，只有开关管 V 的漏电流 I_{DSS} 流过主绕组 N_P，相应地次级绕组 N_S 感应电压也变为 0。

值得注意的是，在正激变换器中，尽管激磁电感 L_m 电流工作在 DCM 模式，但激磁电感 L_m 远远大于反激变换器中初级绕组电感 L_P，在激磁能量完全释放后，L_m 与开关管 V 的输出寄生电容 C_{oss} 形成的 LC 串联谐振频率很低，开关管漏源极电压 u_{DS} 几乎保持不变，近似等于 U_{IN}，因此不存在 QR 正激变换器这一拓扑结构。

8.3.2　最恶劣条件

对 DC－DC 变换器来说，必须在最恶劣条件下设计变换器的相关参数，才能保证当输入电压 U_{IN} 与输出电流 I_O 在允许范围内变化时，变换器依然能够正常工作。也就是说，在设计 DC－DC 变换器相关参数时，首先要明确在什么状态下会引起磁芯饱和或损耗最大。

由式(8.1.2)可知，正激变换器中变压器的伏秒积

$$\begin{aligned} U_{on}T_{on} &= (U_{IN}-U_{SW})DT_{SW} \\ &= (U_{IN}-U_{SW})\times\frac{n(U_O+U_{D3})}{(U_{IN}-U_{SW})}T_{SW} = \frac{n(U_O+U_{D3})}{f_{SW}} \end{aligned} \tag{8.3.1}$$

因此伏秒积为常数，与输入电压 U_{IN} 大小无关——当输入电压 U_{IN} 减小时，导通时间 T_{on} 将等比例增加；反之，当输入电压 U_{IN} 增加时，导通时间 T_{on} 将等比例减小。

从次级输出回路看，$U_{IN}\downarrow\rightarrow U_{INR}\downarrow\rightarrow T_{on}\uparrow\rightarrow DI_O$(次级绕组平均电流)增加，导致初级主绕组平均电流 $\frac{DI_O}{n}$ 增加。变压器初级、次级绕组电流增加意味着变压器损耗增加，因此对于变压器来说，最恶劣的条件为“负载最重，输入电压 U_{IN} 最小”的情况。

当然，由于输出回路可等效为 CCM 模式下的 Buck 变换器，因此最恶劣条件仍然是“负载最重，输入电压 U_{IN} 最大”的情况。

8.3.3　最大占空比 D_{max} 的限制

对于三绕组去磁正激变换器来说，在开关管 V 关断后磁复位期间，磁复位绕组 N_R 对

主绕组 N_P 的映射电压 $U_{OR}=\frac{N_P}{N_R}(U_{IN}+U_{D1})\approx\frac{N_P}{N_R}U_{IN}$，开关管 D-S 极间承受的最大电压与反激变换器的情况类似，即

$$U_{DS}=U_{IN}+U_{OR}=U_{IN}+\frac{N_P}{N_R}(U_{IN}+U_{D1})\approx U_{IN}\left(1+\frac{N_P}{N_R}\right)$$

而次级整流二极管 V_{D2} 承受的最大反向电压

$$U_{DR}=\frac{N_S}{N_R}(U_{IN}+U_{D1})-U_{D3}$$

可见，磁通复位绕组 N_R 匝数不宜太小，否则截止期间开关管 D-S 极间承受的电压 U_{DS}、次级整流二极管 V_{D2} 承受的反向电压 U_{DR} 就会迅速增加；尽管增加磁通复位绕组 N_R 的匝数，开关管 D-S 极间承受电压 U_{DS}、次级整流二极管承受的反向电压 U_{DR} 会下降，但绕线窗口又未必能够容纳得下。此外，也会降低磁复位绕组 N_R 与主绕组 N_P 之间的耦合度。因此，在三绕组去磁正激变换器中，一般取 $N_R=N_P$。

主绕组 N_P 与磁复位绕组 N_R 之间的关系与反激变换器类似，最大占空比(即变压器工作在 BCM 模式下，间歇期 T_r 时间为 0)

$$D_{max}=\frac{T_{on}}{T_{on}+T_{off}}=\frac{U_{off}}{U_{on}+U_{off}}=\frac{U_{OR}}{U_{IN}+U_{OR}}\approx\frac{\frac{N_P}{N_R}U_{IN}}{U_{IN}+\frac{N_P}{N_R}U_{IN}}=\frac{N_P}{N_P+N_R}=0.5$$

为保证激磁磁通可靠复位，在最小输入电压 U_{INmin} 下，最大占空比 D_{max} 必须限制在0.45以内，即必须保证休止时间 $T_r>0$。考虑到占空比 D 取值范围为 0.15～0.45，由式(8.3.1)可知，在三绕组去磁正激变换器中最大输入电压 U_{INmax} 不超过最小输入电压 U_{INmin} 的 3 倍，即三绕组去磁正激变换器不支持宽电压输入。

在 $N_R=N_P$ 的情况下，开关管承受的电压 $U_{DS}=U_{IN}(1+N_P/N_R)=2U_{IN}$，因此正激变换器开关管 V 在截止期间承受的电压很高，如果最大输入电压有效值为 264 V，至少需要 800 V 耐压的开关管，而高耐压功率 MOS 管导通电阻大，导通损耗高。也正因如此，有时反而愿意使用结构略为复杂的双管正激变换器或第 9 章将介绍的半桥变换器拓扑结构。

8.3.4 激磁电流回零时间 T_{off} 与次级回路 Buck 滤波电感磁复位时间 T_{off-s} 的关系

由于 $N_R=N_P$，因此激磁电感峰值电流 $I_{LmPK}=\frac{U_{IN}-U_{SW}}{L_m}T_{on}=\frac{U_{IN}+U_{D1}}{L_m}T_{off}$。显然导通时间 T_{on} 略大于激磁电流 $i_{Lm}(t)$ 回零时间 T_{off}，即 $T_{on}>T_{off}$。

由于次级 Buck 滤波输出电路由初级回路的映射电压 U_{INR} 驱动，因此初-次级回路导通时间 T_{on} 相同。在重载下，滤波电感 L 处于 CCM 模式，考虑到占空比 $D<0.5$，次级回路 Buck 滤波电感磁复位时间 $T_{off-s}>T_{on}>T_{off}$。在轻载下，输出滤波电感处于 DCM 模式，但在输入电压保持不变的情况下，由图 1.1.7 可知，滤波电感 L 储能时间 T_{on} 与去磁复位时间 T_{off-s} 等比例减小，因此次级回路 Buck 滤波电感磁复位时间 $T_{off\_S}>T_{on}>T_{off}$。即在三绕组去磁正激变换器中，无论负载轻重，激磁磁通完全复位(次级绕组感应电压 u_{NS} 消失)后开关管才会导通，整流二极管 V_{D2} 近似工作在 ZVS 开通状态。

8.3.5　估算变压器的最大匝比 n

在三绕组去磁正激变换器中，为保证磁通可靠复位，最大占空比 $D_{\max}$ 必须小于0.5，因此先在最小输入电压 U_{INmin} 下，由式(8.1.2)估算出变压器的最大匝比，即

$$n=\frac{N_P}{N_S}=\frac{U_{\text{INmin}}-U_{\text{SW}}}{U_O+U_{D3}}D_{\max}\approx\frac{U_{\text{INmin}}}{U_O+U_{D3}}D_{\max} \tag{8.3.2}$$

工程上 $D_{\max}$ 一般取0.4(最大也不超过0.45)，即留有一定的余量，避免在最小输入电压下，最大占空比 $D_{\max}>0.5$，影响磁通复位；而输出电压 U_O、最小输入电压 U_{INmin} 已知，U_{D3} 为肖特基二极管的导通压降，一般为0.3～0.9 V，具体数值与输出电流 I_O 大小、二极管 V_{D3} 的特性有关。不过，在最小输入电压下估算出的最大匝比 n 仅作为变压器设计的初始参考值，变压器的实际匝比 n 由初级绕组匝数 N_P、次级绕组匝数 N_S 最终确定。但不宜严重偏离由式(8.3.2)确定的匝比，避免最小输入电压 U_{INmin} 对应的最大占空比 $D_{\max}$ 超过0.5，导致磁通无法复位。

由于在三绕组去磁正激变换器中，占空比 D 必须小于0.5，因此最好选择最大占空比限制在0.5以下的PWM控制芯片，如UC3844/5(民用级)、UC2844/5(工业级)、UC1844/5(军用级)、NCP1252A、NCP1252D、NCP1252E，而不宜采用最大占空比没有限制的同功能的UC3842/3(民用级)、UC2842/3(工业级)、UC1842/3(军用级)、NCP1252B或NCP1252C芯片等。

8.3.6　变压器参数选择

1. 磁芯体积

在正激变换器中，在开关管V导通期间，初级、次级绕组同时有电流流动，流过初级绕组的负载映射电流产生的磁通与负载电流产生的磁通相互抵消，磁芯感知不到负载电流的变化，以致空载时磁芯损耗与重载下的磁芯损耗几乎相同。造成变压器磁芯饱和的因素是激磁电流 I_{Lm} 引起的磁感应强度 B，但这并不是说任何尺寸的磁芯都能传送相同的功率。

其原因是负载电流依然流过次级绕组，负载映射电流也依然流过初级绕组，即在电流密度 J 一定的情况下，初级绕组、次级绕组的线径由负载电流大小决定。也就是说，变压器磁芯绕线窗口面积必须能够容纳特定匝数、线径的初级和次级绕线。因此，在正激、推挽、半桥、全桥等硬开关正向变换器中宜用AP法估算磁芯尺寸。

由式(2.6.4)可知绕组匝数 $N=\frac{K_U A_W}{A_{Cu}}$，把匝数 N 代入电磁感应定律 $NA_e\Delta B=L\Delta I=U_{on}T_{on}$，整理后得磁芯面积积

$$\text{AP}=A_W A_e=\frac{U_{on}T_{on}A_{Cu}}{K_U\Delta B}=\frac{U_{IN}A_{Cu}}{I_{PSC}K_U\Delta B}\times\frac{I_{PSC}T_{on}}{T_{SW}}\times T_{SW}$$

其中，I_{PSC} 为初级绕组 N_P 斜坡电流的中值。

考虑到一个开关周期内流经初级绕组 N_P 的平均电流 $I_{IN}=\frac{I_{PSC}T_{on}}{T}$，于是有

$$\text{AP}=\frac{I_{IN}U_{IN}A_{Cu}}{I_{PSC}K_U f_{SW}\Delta B}$$

注意到一个开关周期内，变换器输入功率 $P_{IN}=U_{IN}\times I_{IN}$，则

$$\mathrm{AP}=\frac{P_{IN}A_{Cu}}{I_{PSC}K_U f_{SW}\Delta B}=\frac{P_{IN}}{\frac{I_{PSC}}{A_{Cu}}K_U f_{SW}\Delta B}=\frac{P_{IN}}{JK_U f_{SW}\Delta B}$$

当电流密度 $J=\frac{I_{PSC}}{A_{Cu}}$的单位取 A/mm²，频率 f_{SW}的单位取 kHz，磁通密度变化量 ΔB 的单位取 T，输入功率 P_{IN}的单位取 W 时，磁芯面积积

$$\mathrm{AP}=\frac{P_{IN}}{JK_U f_{SW}\Delta B}\times 10^3(\mathrm{mm}^4) \tag{8.3.3}$$

在正激变换器中，磁通密度摆幅大，为减小磁芯损耗，ΔB 一般取 0.2T 或 0.15T，而不是饱和磁通密度 B_s(有时也称为最大磁通密度 B_{PK}，对于铁氧体材料，$B_s>0.3$T)，原因是在正激变压器中磁芯不开气隙，剩磁 B_r 较大。ΔB 与 B_s的关系如图 8.3.3 所示。

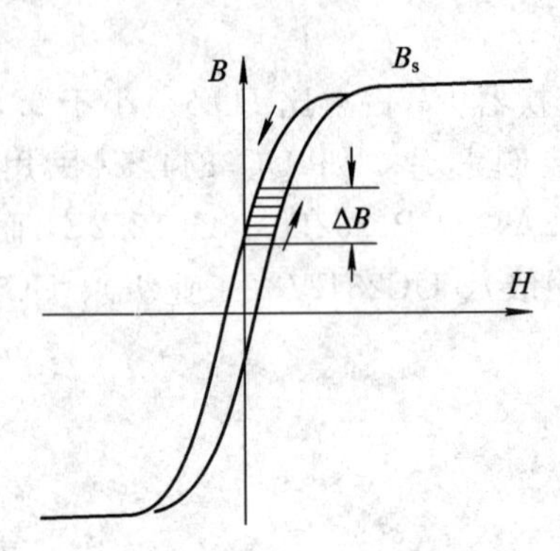

图 8.3.3　磁通密度变化量 ΔB 与饱和磁通密度 B_s之间的关系

2. 绕组匝数

选定磁芯型号后，就可以知道磁芯的有效截面积 A_e，结合式(8.1.2)，由 $N_P A_e \Delta B=L\Delta I=U_{on}T_{on}=(U_{IN}-U_{SW})DT_{SW}=(U_O+U_{D3})\times n/f_{SW}$ 的关系，就可以求出初级绕组匝数 N_P。

当开关频率 f_{SW}的单位取 kHz，磁芯截面 A_e 的单位取 mm²，磁通密度变化量 ΔB 的单位取 T 时，初级绕组匝数

$$N_P=\frac{(U_O+U_{D3})n}{f_{SW}A_e\Delta B}=\frac{(U_{INmin}-U_{SW})D_{max}}{f_{SW}A_e\Delta B}\approx\frac{U_{INmin}D_{max}}{f_{SW}A_e\Delta B} \tag{8.3.4}$$

这说明在开关频率 f_{SW}、磁芯有效截面积 A_e、磁通密度变化量 ΔB 一定的情况下，初级绕组匝数 N_P 仅与最小输入电压 U_{INmin}及最小输入电压下对应的最大占空比 D_{max}有关。

显然，具有相同 AP 值的磁芯，磁芯有效截面积 A_e 越大，绕组匝数 N_P 就越小，绕线总长度会相应减小，变压器铜损也会相应降低。

利用式(8.3.2)给出的初级绕组 N_P 与次级绕组 N_S 的关系可获得次级绕组，即

$$N_S=\frac{N_P}{n}=\frac{U_O+U_{D3}}{f_{SW}A_e\Delta B} \tag{8.3.5}$$

这说明在开关频率 f_{SW}、磁芯有效截面积 A_e、磁通密度变化量 ΔB 一定的情况下，次级绕组匝数 N_S 仅与输出电压 U_O 有关。

值得注意的是，在设计正激、推挽、半桥、全桥等无需研磨磁芯中柱的正向变换器的变压器时，一般只关心绕组匝数与线径，并不关心各绕组的电感量。所用磁芯材料的相对磁导率 μ_r 应尽可能大（μ_r 越大，激磁电流 I_{Lm} 就越小，各绕组间的漏感也越小），且无须设置气隙（有时设置微小气隙是为了降低磁芯磁导率 μ_r 的温度系数），甚至可使用磁路完全闭合的高磁导率磁环作为高频变压器的磁芯。

8.3.7　设计实例

本节通过具体设计实例，简要介绍三绕组去磁正激变换器的设计过程与计算公式。本设计实例要求如下：

(1) 交流输入电压 U_{AC} 的范围为 176～264 V。

(2) 第一次级绕组输出电压为 5 V，输出电流为 10 A，输出功率为 50 W。

(3) 第二次级绕组输出电压为 12 V，输出电流为 4 A，输出功率为 48 W。

(4) PWM 控制芯片供电绕组输出电压为 15 V，输出电流为 20 mA。

(5) 效率大于 83%。

(6) 工作频率为 133 kHz。

设计步骤如下所述。

1. 计算输出功率、输入功率

输出功率

$$P_O = 5 \times 10 + 12 \times 4 = 98\ \text{W}$$

输入功率

$$P_{IN} = \frac{P_O}{\eta} = \frac{98}{0.83} \approx 118\ \text{W}$$

2. 计算输入滤波电容及最大、最小输入电压

对于 220V/50Hz 市电来说，当整流二极管的导通时间 t_c 取 2.5 ms 时，最小输入电压

$$U_{INmin} = \sqrt{2} U_{ACmin} \sin 2\pi f \left(\frac{1}{4f} - t_c\right) \approx U_{ACmin} = 176\text{V}$$

由式(5.3.5)可知，对应的最小输入滤波电容为

$$C > \frac{15P_O}{\eta(2U_{ACmin}^2 - U_{INmin}^2)} = \frac{15P_O}{\eta U_{ACmin}^2} = \frac{15 \times 98}{0.83 \times 176^2} \approx 57.2\ \mu\text{F}$$

可用两只 33 μF/400 V 电容并联或一只 68 μF/400 V 电容构成输入滤波电容。

最大输入电压

$$U_{INmax} = \sqrt{2} U_{ACmax} = \sqrt{2} \times 264 \approx 373\ \text{V}$$

3. 估算匝比 n

为保证激磁磁通可靠复位，将最大占空比 D_{max} 限制为 0.45。为避免舍入小数而引起较大误差，在计算匝比 n 时应选择输出电压最低的次级绕组作为基准绕组，如本例中的 5.0 V 输出绕组。由于 5.0 V 输出绕组电流较大，为提高效率，一般用低导通压降的肖特基功率二极管作整流、续流二极管，假设 V_{D3} 的导通电压为 0.5 V，则最大匝比

$$n = \frac{U_{INmin}}{U_O + U_{D3}} \times D_{max} = \frac{176}{5.0 + 0.5} \times 0.45 \approx 14.4$$

4. 选择正激变压器的磁芯

正激变压器磁芯的面积积

$$AP = \frac{P_{IN}}{JK_U f_{SW} \Delta B} \times 10^3 = \frac{118}{4.5 \times 0.3 \times 133 \times 0.22} \times 10^3 \approx 2987(mm^4)$$

拟采用 PC40 磁材、PQ2020 规格的磁芯。该磁芯的参数为：AP=4079.2 mm^4，A_e=62 mm^2，A_W=65.8 mm^2，A_L=3150 nH/N^2。

5. 计算各绕组的匝数

当开关频率 f_{SW} 的单位为 kHz，磁芯截面 A_e 的单位为 mm^2，磁通密度变化量 ΔB 的单位为 T 时，主绕组最小匝数

$$N_{Pmin} = \frac{(U_O + U_{D3})n}{f_{SW} A_e \Delta B} \times 10^3 = \frac{(5.0 + 0.5) \times 14.4}{133 \times 62 \times 0.22} \times 10^3 \approx 43.7$$

取 44 匝。

第一次级绕组(5V)匝数

$$N_{S1} = \frac{N_P}{n} = \frac{43.7}{14.4} \approx 3.03$$

取 3 匝。

第二次级绕组(12 V)匝数

$$N_{S2} = \frac{U_{O2} + U_{D32}}{U_{O1} + U_{D31}} N_{S1} = \frac{12 + 0.4}{5 + 0.5} N_{S1} = 2.2545 \times 3 \approx 6.8$$

取 7 匝。

考虑到 12 V 绕组输出电流只有 4 A，续流二极管导通电压取 0.4 V。

由于在正激变换器中次级绕组输出电压低，匝数少，因此当次级含有多个绕组时，在绕组匝数规划过程中未必能采用简单的“舍入取整”的处理方式，否则可能无法保证除基准绕组外的其他次级绕组输出电压的精度。当各次级绕组输出电压精度要求较高时，可根据初-次级绕组匝比，将基准绕组匝数取不小于计算值的特定整数。例如，在本例中，当 N_{S1} 取 4 匝时，N_{S2}=2.2545×4=9.018 匝(最接近整数 9)，可保证两次级绕组输出电压精度达到最高。此时主绕组 $N_P = N_R = nN_{S1}$=14.4×4=57.6，取 56 匝。当然，这样处理后，绕组匝数会上升，导致变压器铜损增加；但初级绕组匝数增加也会使磁通密度变化量 ΔB 减少，磁芯损耗有所下降。

确定了各绕组的匝数后，实际匝比 n、最大占空比 D_{max}、最小占空比 D_{min}、磁通密度变化量 ΔB、除基准绕组外的次级绕组的输出电压分别由下面的表达式决定，即

$$n = \frac{N_P}{N_{S1}}$$

$$D_{max} = \frac{U_{O1} + U_{D31}}{U_{INmin}} n,\ D_{min} = \frac{U_{O1} + U_{D31}}{U_{INmax}} n$$

$$\Delta B = \frac{(U_{O1} + U_{D31})n}{f_{SW} A_e N_P} \times 10^3$$

$$U_{O2} = \frac{N_{S2}}{N_P} D_{max} U_{INmin} - D_{32}$$

表 8.3.1 给出了两种绕组匝数取值方式的计算结果。由表 8.3.1 可见，方案 2 输出电

压精度高。

表 8.3.1　绕组调整方式计算结果比较

参数	符号	方案 1	方案 2
5.0 V 输出绕组匝数	N_{S1}	3	4
12.0 V 输出绕组匝数	N_{S2}	7	9
主绕组匝数	N_P	44	56
实际匝比	n	14.67	14
最大占空比	D_{max}	$\frac{5+0.5}{176}\times 14.67\approx 0.4584$	$\frac{5+0.5}{176}\times 14\approx 0.4375$
最小占空比	D_{min}	$\frac{5+0.5}{374}\times 14.67\approx 0.2157$	$\frac{5+0.5}{374}\times 14\approx 0.2059$
磁通密度变化量/T	ΔB	$\frac{5\times 14.67}{133\times 62\times 44}\times 10^3\approx 0.202$	$\frac{5\times 14}{133\times 62\times 56}\times 10^3\approx 0.152$
12.0 V 绕组输出电压/V	U_{O2}	$\frac{7}{44}\times 0.4584\times 176-0.4\approx 12.44$	$\frac{9}{56}\times 0.4375\times 176-0.4\approx 11.98$
12.0 V 绕组输出电压误差	$\frac{\Delta U_{O2}}{U_{O2}}$	$\left\vert\frac{12.44-12}{12}\right\vert\times 100\%\approx 3.67\%$	$\left\vert\frac{11.98-12}{12}\right\vert\times 100\%\approx 0.17\%$
特征	—	匝数少，输出电压精度较低	匝数多，变压器铜损上升，输出电压精度高

由此可见，在正激变换器中，只有当各次级绕组输出电压满足特定关系时，才能保证设计结果最佳，最终采用哪一种计算方式由输出电压精度、变压器损耗确定。

PWM 控制芯片供电绕组(15 V)匝数

$$N_A=\frac{U_{O3}+U_{D33}}{U_{INmin}}N_R=\frac{15+0.7}{176}\times 56\approx 4.995$$

取 5。

由于 15 V 绕组输出电流小，一般可用 1N4148 二极管作为整流二极管，导通电压取 0.7 V。

考虑到供电绕组 N_A 输出功率小，输出电压较高，宜采用反激拓扑结构，原因是反激拓扑的次级绕组无需电感滤波和二极管续流，这不仅减小了滤波电路的体积，也提高了供电绕组 N_A 的过载能力。供电绕组 N_A 同名端的连接原则是：开关管导通时，供电绕组整流二极管截止，开关管截止时供电绕组整流二极管导通，即芯片供电绕组的能量来自激磁磁通复位时释放的部分能量。

不过，上述辅助绕组 N_A 的计算方法仅适用于输入电压 U_{IN} 变化不大的场合，如前级为 APFC 电路。当输入电压 U_{IN} 变化范围较大时，如果 PWM 控制芯片 V_{CC} 引脚具有欠压、过压保护功能时，必须注意选择 PWM 控制芯片供电绕组的 N_A 匝数，以保证输入电压达到最大值 U_{INmax} 时，V_{CC} 电压小于控制芯片的过压保护电压，同时又必须保证当输入电压下降到最小值U_{INmin}时，V_{CC}电压大于控制芯片的欠压保护电压，以避免控制芯片进入欠压保护状态。

例如，在本例中假设V_{CC}引脚过压保护电压V_{OVP}为18 V，V_{CC}引脚欠压保护电压V_{UVP}为12 V，则由$U_{O3}+U_{D33}=\frac{N_A}{N_R}U_{INmin}>V_{UVP}+U_{D33}$可知

$$N_A>(V_{UVP}+U_{D33})\frac{N_R}{U_{INmin}}=(12+0.7)\times\frac{56}{176}\approx 4.04\text{ 匝}$$

由$U_{O3}+U_{D33}=\frac{N_A}{N_R}U_{INmax}<V_{OVP}+V_{D33}$可知

$$N_A<(V_{OVP}+U_{D33})\frac{N_R}{U_{INmax}}=(18+0.7)\times\frac{56}{374}\approx 2.8\text{ 匝}$$

显然，这两者要求相互矛盾，无法实现！当辅助绕组N_A取5匝时，保证了在最小输入电压下，V_{CC}引脚电压不小于欠压保护电压，但当输入电压达到最大值U_{INmax}时，辅助绕组输出电压$U_{O3}=\frac{N_A}{N_R}U_{INmax}-U_{D33}=\frac{5}{56}\times 374-0.7\approx 32.7$ V，又远大于过压保护电压。为此，可采用如图8.3.4所示的串联稳压电路给控制芯片V_{CC}引脚供电，此时限流电阻R_3阻值不大，但不宜取消，一般为10～20 Ω。该电路的优点是芯片V_{CC}引脚供电稳定度高，缺点是无法借助V_{CC}引脚感知驱动电源U_{IN}是否处于过压、欠压状态。

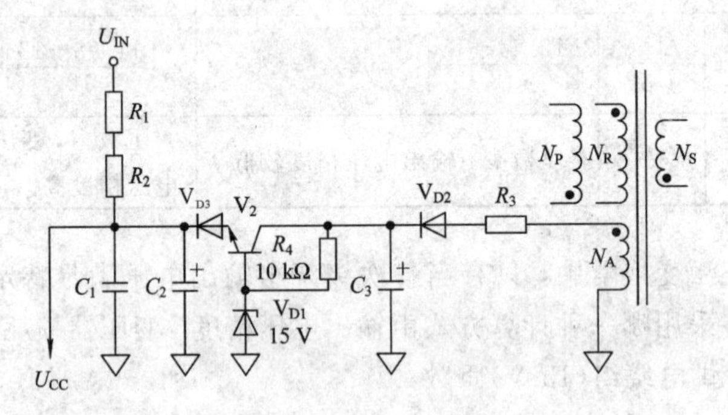

图8.3.4　二极管稳压、三极管扩流的芯片供电电路

6. 在最大输入电压状态下，计算每一绕组整流二极管与续流二极管的反向耐压

第一次级绕组(5 V)整流、续流二极管承受的最大反向电压

$$U_{DR21}=\frac{N_{S1}}{N_R}(U_{INmax}+U_{D1})-U_{D11}\approx\frac{N_{S1}}{N_R}U_{INmax}=\frac{4}{56}\times 374\approx 26.7\text{ V}$$

可采用反向耐压为40 V或60 V的肖特基整流二极管。

第二次级绕组(12 V)整流、续流二极管承受的最大反向电压

$$U_{DR22}=\frac{N_{S2}}{N_R}\times(U_{INmax}+U_{D2})-U_{D22}\approx\frac{N_{S2}}{N_R}\times U_{INmax}=\frac{9}{56}\times 374\approx 60.1\text{ V}$$

可采用反向耐压为80 V的肖特基整流二极管。

电源供电辅助绕组(15 V)整流二极管承受的最大反向电压

$$U_{DAR}=\frac{N_A}{N_P}(U_{INmax}-U_{SW})+U_{O3}\approx\frac{N_A}{N_P}U_{INmax}=\frac{5}{56}\times 374+32.7\approx 66.2\text{ V}$$

整流二极管反向耐压取100 V以上。

7. 计算输出滤波电感参数

正激、硬开关半桥及全桥等在正向变换器中，当次级存在多路输出时，输出滤波电感 L 宜采用耦合电感形式，以减少各绕组之间的交叉调制效应。所谓耦合电感，是指电感各绕组缠绕在同一磁芯的骨架上，如图8.3.5所示。

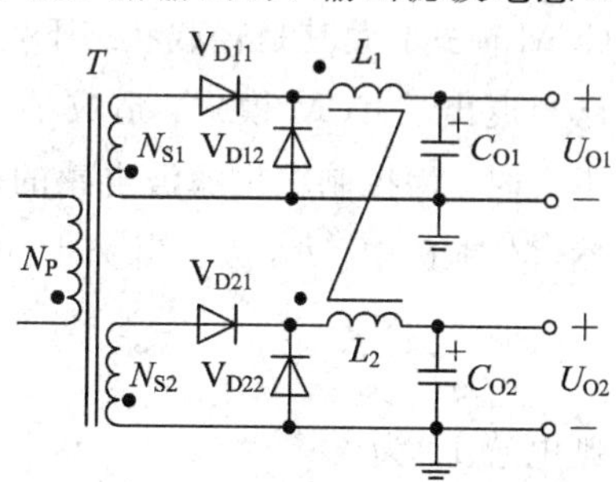

图 8.3.5　输出耦合电感器

由于输出滤波电路属于 Buck 变换器，因此需要在最大输入电压 U_{INmax} 下计算输出滤波电感磁芯的相关参数。

(1) 计算最小占空比。

最小占空比

$$D_{\min}=n\frac{U_{\mathrm{O1}}+U_{\mathrm{D31}}}{U_{\mathrm{INmax}}}=14.0\times\frac{5+0.5}{374}\approx 0.206$$

(2) 计算各绕组的电感量。

由于 N_1、N_2 绕在同一磁芯骨架上，电感系数 A_L 相同，根据电感定义 $L_1=N_1^2A_L$，$L_2=N_2^2A_L$，必然满足

$$\frac{L_1}{L_2}=\left(\frac{N_1}{N_2}\right)^2$$

根据电磁感应定律 $U_{\mathrm{off1}}=U_{\mathrm{O1}}+U_{\mathrm{D31}}=N_1\times\frac{\mathrm{d}\varphi}{\mathrm{d}t}$，$U_{\mathrm{off2}}=U_{\mathrm{O2}}+U_{\mathrm{D32}}=N_2\times\frac{\mathrm{d}\varphi}{\mathrm{d}t}$，必然满足

$$\frac{U_{\mathrm{off1}}}{U_{\mathrm{off2}}}=\frac{U_{\mathrm{O1}}+U_{\mathrm{D31}}}{U_{\mathrm{O2}}+U_{\mathrm{D32}}}=\frac{N_1}{N_2}$$

可见，多绕组输出时，在 Buck 滤波电感上各绕组匝比等于高频变压器各次级绕组的匝比，即

$$\frac{N_1}{N_2}=\frac{N_{\mathrm{S1}}}{N_{\mathrm{S2}}}=\frac{U_{\mathrm{O1}}+U_{\mathrm{D31}}}{U_{\mathrm{O2}}+U_{\mathrm{D32}}}$$

假设 N_1、N_2 绕组的电流纹波比分别为

$$\gamma_1=\frac{\Delta I_1}{I_{L1}},\ \gamma_2=\frac{\Delta I_2}{I_{L2}}$$

注意到 $I_{L1}=I_{\mathrm{O1}}$，$\Delta I_1=\frac{U_{\mathrm{off1}}}{L_1}T_{\mathrm{off}}$，$I_{L2}=I_{\mathrm{O2}}$，$\Delta I_2=\frac{U_{\mathrm{off2}}}{L_2}T_{\mathrm{off}}$，必然存在

$$\frac{\Delta I_1}{\Delta I_2}=\frac{U_{\mathrm{off1}}}{U_{\mathrm{off2}}}\times\frac{L_2}{L_1}=\frac{N_1}{N_2}\times\frac{L_2}{L_1}=\frac{N_2}{N_1}$$

$$\frac{\gamma_1}{\gamma_2}=\frac{\Delta I_1}{\Delta I_2}\times\frac{I_{\mathrm{O2}}}{I_{\mathrm{O1}}}=\frac{N_2}{N_1}\times\frac{I_{\mathrm{O2}}}{I_{\mathrm{O1}}}=\frac{(U_{\mathrm{O2}}+U_{\mathrm{D32}})I_{\mathrm{O2}}}{(U_{\mathrm{O1}}+U_{\mathrm{D31}})I_{\mathrm{O1}}}=\frac{12+0.4}{5+0.5}\times\frac{4}{10}\approx 0.902$$

可见，在理想状态下(忽略续流二极管压降 U_{D3} 时)，两绕组电流纹波比 $\frac{\gamma_1}{\gamma_2}\approx\frac{P_{\mathrm{O2}}}{P_{\mathrm{O1}}}$，即输出功率 P_{O} 越大，电流纹波比 γ 越小。

在正激变换器中，Buck 滤波电感电流纹波比 γ 一般控制在 0.4～0.6 之间。

当两绕组电流纹波比 γ 相差较大时，必须综合考虑 γ_1、γ_2 的取值，即既要保证小负载绕组输出纹波电压不太大(可适当增加输出滤波电容的容量以降低输出纹波电压)，又要使

大负载绕组不因电流纹波比 γ 太小，造成输出滤波电感体积迅速增加(由此也可以看出，在正激变换器中，如果两个绕组输出功率差别较大，则不一定能保证小负载绕组能工作在 CCM 模式，尤其是轻载状态下，负载较重绕组可能还处在 CCM 模式，而小负载绕组可能已经退出了 CCM 模式，造成小负载绕组输出纹波电压增加)；当两绕组电流纹波比 γ 相差不大时，为控制输出滤波电感的体积，可先确定输出功率 P_O 较大绕组的电流纹波比 γ。显然，在本例中，P_{O1} 大，当 γ_1 取 0.6 时，有

$$\gamma_2 = \frac{0.6}{0.902} \approx 0.665$$

则电感 L_1 为

$$L_1 = \frac{U_{O1} + U_{D31}}{I_{O1}\gamma_1 f_{SW}} \times (1 - D_{min}) \times 10^3 = \frac{5 + 0.5}{10 \times 0.6 \times 133} \times (1 - 0.206) \times 10^3 \approx 5.47\ \mu H$$

同理，电感 L_2 为

$$L_2 = \frac{U_{O2} + U_{D32}}{I_{O2}\gamma_2 f_{SW}}(1 - D_{min}) \times 10^3 = \frac{12 + 0.4}{4 \times 0.665 \times 133} \times (1 - 0.206) \times 10^3 \approx 27.83\ \mu H$$

(3) 计算 Buck 滤波电感等效电流纹波比 γ。

Buck 滤波电路总输出功率

$$P_O = U_{O1} I_{O1} + U_{O2} I_{O2} = 5.0 \times 10 + 12.0 \times 4 = 98\ W$$

Buck 滤波器等效输出电流

$$I_O = \frac{P_O}{U_{O1}} = \frac{98}{5.0} = 19.6\ A$$

因此，Buck 滤波器等效电感平均电流

$$I_L = I_O = 19.6\ A$$

由于 N_1、N_2 绕组电流同时增加或减小，等效电感 L 电流

$$i_L = i_{L1} + i_{L2} = I_{L1max} + I_{L2max} - \left(\frac{U_{off1}}{L_1} + \frac{U_{off2}}{L_2}\right)t$$

因此，等效电感 L 电流减小量

$$\Delta I = \Delta I_{L1} + \Delta I_{L2} = I_{O1} \times \gamma_1 + I_{O2} \times \gamma_2 = 8.66\ A$$

等效电感电流纹波比

$$\gamma = \frac{\Delta I}{I_L} = \frac{\Delta I}{I_O} = \frac{8.66}{19.6} \approx 0.442$$

(4) 估算 Buck 滤波电感的磁芯体积。

假设 Buck 变换器的效率 η_{Buck} 为 0.92，等效输入功率

$$P_{INBuck} = \frac{P_O}{\eta_{Buck}} = \frac{98}{0.92} \approx 106.5\ W$$

所需滤波电感磁芯体积为

$$V_e = 0.314 \times \frac{\mu_e}{B_{PK}^2} \times \frac{(2 + \gamma)^2}{\gamma} \times \frac{P_{INBuck}}{f_{SW}}(1 - D_{min})$$

$$= 0.314 \times \frac{\mu_e}{0.3^2} \times \frac{(2 + 0.442)^2}{0.442} \times \frac{106.5}{133} \times (1 - 0.206) \approx 30.0\mu_e$$

设置气隙后，将有效磁导率 μ_e 控制在 100～300 之间，则所需磁芯体积大约为 3000～9000 mm^3。

拟采用 EE25/11 磁芯，该磁芯有效截面积 $A_e=76.99\ mm^2$，有效体积 $V_e=4451\ mm^3$，未研磨气隙组合磁芯的电感系数 $A_L=3000\ nH/N^2$。

(5) 计算各绕组匝数。

$$\frac{N_2}{N_1}=\sqrt{\frac{L_2}{L_1}}=\sqrt{\frac{27.86}{5.48}}=2.255$$

由电磁感应定律可知

$$B_{PK1}=\frac{L_1 I_{LPK1}}{A_e N_1}=\frac{L_1 I_{L1}\left(1+\frac{\gamma_1}{2}\right)}{A_e N_1}=\frac{L_1 I_{O1}\left(1+\frac{\gamma_1}{2}\right)}{A_e N_1}$$

$$B_{PK2}=\frac{L_2 I_{LPK2}}{A_e N_2}=\frac{L_2 I_{L2}\left(1+\frac{\gamma_2}{2}\right)}{A_e N_2}=\frac{L_2 I_{O2}\left(1+\frac{\gamma_2}{2}\right)}{A_e N_2}$$

由于 N_1、N_2 绕组在滤波电感磁芯内产生的磁场叠加，因此必须保证

$$B_{PK1}+B_{PK2}=\frac{L_1 I_{O1}\left(1+\frac{\gamma_1}{2}\right)}{A_e N_1}+\frac{L_2 I_{O2}\left(1+\frac{\gamma_2}{2}\right)}{A_e N_2}<B_{PK}$$

$$\begin{aligned}N_1 &\geqslant \frac{1}{A_e B_{PK}}\times\left[L_1 I_{O1}\left(1+\frac{\gamma_1}{2}\right)+\sqrt{L_1 L_2}\,I_{O2}\left(1+\frac{\gamma_2}{2}\right)\right]\\ &=\frac{1}{76.99\times 0.3}\times\left[5.47\times 10\times\left(1+\frac{0.6}{2}\right)+\sqrt{5.47\times 27.83}\times 4\times\left(1+\frac{0.665}{2}\right)\right]\\ &\approx 5.92\end{aligned}$$

取 6 匝。

$$N_2=N_1\sqrt{\frac{L_2}{L_1}}=2.255\times 5.92\approx 13.3$$

取 14 匝。

考虑到$\frac{N_1}{N_2}=\frac{N_{S1}}{N_{S2}}$，因此最终确定 N_1 取 8 匝，N_2 取 18 匝。

另一选择方案是采用金属磁粉芯作为输出滤波电感 L 的磁芯。

在本例中当采用铁硅铝磁粉芯作为滤波电感的磁芯时，等效电感 $L=\frac{U_O+U_{D3}}{I_O\gamma f_{SW}}\times(1-D_{min})\times 10^3=\frac{5+0.5}{19.6\times 0.442\times 133}\times(1-0.206)\times 10^3\approx 3.8\ \mu H$，电感平均电流 $I_L=I_O=19.6\ A$，与电感能量有关的 $L\times I^2=0.0038\times 19.6^2\approx 1.46(mH\cdot A^2)$。查美磁公司提供的磁芯选型 (Kool Mμ® 环型磁芯)图可知，对应的零件号为 77314。为减小绕线匝数，选择天通公司的 TMS229090A 磁环(对应美磁公司的 77314－A7)。该铁硅铝磁环的参数为：涂层前外径 OD 为 22.90 mm，内径 ID 为 14.00 mm，初始磁导率 μ_e 为 90，0 A 时电感系数 A_L 为 (65±8%)nH/T^2，$A_e=33.1\ mm^2$，$l_e=56.7\ mm$，$V_e=1868\ mm^3$，$A_W=141\ mm^2$，$AP=4430\ mm^4$。

利用2.11.1节给出的计算方法，查天通公司提供的“铁硅铝直流偏置曲线”，经过不断的迭代计算后获得指定直流偏置下对应的电感系数 A_L 及绕组匝数 N，计算过程如表8.3.2所示。

表8.3.2 TMS229090A磁环匝数N迭代计算表

A_L/(nH/T^2)	$N=\sqrt{\frac{3.8\times10^3}{A_L}}$	$H=\frac{4\pi NI}{l_e}$/(Oe)	μ_e 下降幅度/(%)	A_L/(nH/T^2)
65×0.92=59.8	8	$\frac{4\pi\times8\times19.6}{56.7}=34.8$	72.5	59.8×72.5%=43.36
43.36	9.36(取10)	$\frac{4\pi\times10\times19.6}{56.7}=43.4$	63.5	59.8×63.5%=37.97
39.97	9.75(取10)	$\frac{4\pi\times10\times19.6}{56.7}=43.4$	63.5	59.8×63.5%=37.97

可见在指定直流偏置下，对应的电感系数 A_L 约为37.97 nH/T^2。

由于 L_1、L_2 绕在同一磁环上，因此电感系数 A_L 应该相同，根据电感定义有

$$L_1 = N_1^2A_L,\ L_2 = N_2^2A_L$$

由此可知

$$N_1=\sqrt{\frac{L_1}{A_L}}=\sqrt{\frac{5.48\times1000}{37.97}}\approx12.01$$

$$N_2=\sqrt{\frac{L_2}{A_L}}=\sqrt{\frac{27.86\times1000}{37.97}}\approx27$$

考虑到$\frac{N_1}{N_2}=\frac{N_{S1}}{N_{S2}}$，因此最终确定 N_1 取12匝，N_2 取27匝。

$$\begin{aligned}B_{PK1}+B_{PK2}&=\frac{L_1I_{O1}(1+\frac{\gamma_1}{2})}{A_eN_1}+\frac{L_2\times I_{O2}(1+\frac{\gamma_2}{2})}{A_e\times N_2}\\&=\frac{5.47\times10(1+\frac{0.6}{2})}{33.1\times12}+\frac{27.83\times4(1+\frac{0.665}{2})}{33.1\times27}\\&=0.179\ \text{T}+0.166\ \text{T}=0.345\ \text{T}\end{aligned}$$

小于铁硅铝磁粉芯的饱和磁通密度1.0 T，说明不会出现磁通饱和现象。

(6) 计算电感各绕组电流有效值。

电感各绕组电流有效值为

$$I_{L1rms}=I_{O1}\sqrt{1+\frac{\gamma_1^2}{12}}=10\times\sqrt{1+\frac{0.6^2}{12}}\approx10.15\ \text{A}$$

$$I_{L2rms}=I_{O2}\sqrt{1+\frac{\gamma_2^2}{12}}=4\times\sqrt{1+\frac{0.665^2}{12}}\approx4.07\ \text{A}$$

(7) 计算电感线圈各绕组的线径(不必考虑趋肤效应)。

N_1 绕组线径

$$d_1=\sqrt{\frac{4I_{L1rms}}{m\pi J}}\approx\sqrt{\frac{4\times10.15}{3.14\times6.5\times m}}\approx\sqrt{\frac{1.989}{m}}\ \text{(mm)}$$

其中，m 为导线股数；N_1 绕组匝数不多，长度短，电流密度取 6.5 A/mm^2，可用 2 股直径为 1.00 mm 的漆包线并绕。

N_2 绕组线径

$$d_2 = \sqrt{\frac{4I_{L2\text{rms}}}{m\pi J}} = \sqrt{\frac{4\times 4.07}{3.14\times 6.5\times m}} \approx \sqrt{\frac{0.7976}{m}}\ (\text{mm})$$

用 1 股直径为 1.00 mm 的漆包线绕制。

(8) 计算 Buck 滤波器输出滤波电容。

输出电压波纹(纹波电压为 2%)

$$\Delta U_{\text{O1}} = \Delta U_{\text{ESR1}} + \Delta U_{C1} \approx \Delta U_{\text{ESR1}} = \Delta I_{C1\max}\text{ESR}_{150\text{k}}$$

而

$$\Delta I_{C1\max} = \Delta I_1 = \gamma_1 \times I_{\text{O1}} = 0.6\times 10 = 6.0\ \text{A}$$

所以

$$\text{ESR}_{150\text{k}} = \frac{\Delta U_{\text{O1}}}{\Delta I_{C1\max}} = \frac{0.10}{6.0} \approx 0.017\ \Omega$$

$$I_{C1\text{rms}} = \sqrt{I_{L1\text{rms}}^2 - I_{\text{O1}}^2} = \sqrt{10.15^2 - 10^2} \approx 1.74\ \text{A}$$

经查 3300 μF/10 V 电容的 ESR 为 0.035 Ω，最大纹波电流为 2.230 A。因此，需要两只 3300 μF/10 V 电容并联形成 5 V 绕组输出滤波电容。

由于

$$\Delta I_{C2\max} = \Delta I_2 = \gamma_2 \times I_{\text{O2}} = 0.665\times 4 = 2.66\ \text{A}$$

因此

$$\text{ESR}_{150\text{k}} = \frac{\Delta U_{\text{O2}}}{\Delta I_{C2\max}} = \frac{0.24}{2.66} \approx 0.09\ \Omega$$

$$I_{C2\text{rms}} = \sqrt{I_{L2\text{rms}}^2 - I_{\text{O2}}^2} = \sqrt{4.07^2 - 4^2} \approx 752\ \text{mA}$$

经查 330 μF/25 V 电容的 ESR 为 0.080 Ω，最大纹波电流为 865 mA。因此，需要一只 330 μF/25 V 电容构成 12 V 绕组输出滤波电容。

8. 计算各次级绕组电流有效值

对于具有多个输出绕组的正激变换器，为求出初级绕组峰值电流 $I_{L\text{PK}}$ 与电流有效值 $I_{L\text{Prms}}$，可将所有输出绕组电流折算到基准绕组，即

$$I_L = I_{\text{O}} = \frac{P_{\text{O}}}{U_{\text{O}}} = \frac{98}{5} = 19.6\ \text{A}$$

等效次级绕组峰值电流为

$$I_{L\text{SK}} = I_L\left(1+\frac{\gamma}{2}\right) = 19.6\times\left(1+\frac{0.442}{2}\right) \approx 23.9\ \text{A}$$

根据初级绕组与次级绕组电流的关系，主绕组 N_{P} 峰值电流

$$I_{L\text{PK}} = \frac{I_{L\text{SK}}}{n} = \frac{23.9}{14} \approx 1.707\ \text{A}$$

因此开关管峰值电流 $I_{\text{VPK}} = I_{L\text{PK}} = 1.707\ \text{A}$

很显然，主绕组电流与等效次级绕组电流成比例关系，由此可以推断主绕组电流有效值

$$I_{LPrms} = \frac{I_L}{n}\sqrt{D_{max}\left(1+\frac{\gamma^2}{12}\right)} = \frac{I_O}{n}\sqrt{D_{max}\left(1+\frac{\gamma^2}{12}\right)}$$

$$= \frac{19.6}{14.0}\times\sqrt{0.4375\times\left(1+\frac{0.442^2}{12}\right)} \approx 0.934\ \text{A}$$

分别计算各次级绕组电流有效值，即

$$I_{LS1rms} = I_{LS1}\sqrt{D_{max}\left(1+\frac{\gamma_1^2}{12}\right)} = I_{O1}\sqrt{D_{max}\left(1+\frac{\gamma_1^2}{12}\right)}$$

$$= 10\times\sqrt{0.4375\times\left(1+\frac{0.6^2}{12}\right)} \approx 6.713\ \text{A}$$

$$I_{LS2rms} = I_{LS2}\sqrt{D_{max}\left(1+\frac{\gamma_2^2}{12}\right)} = I_{O2}\sqrt{D_{max}\left(1+\frac{\gamma_2^2}{12}\right)}$$

$$= 4\times\sqrt{0.4375\times\left(1+\frac{0.665^2}{12}\right)} \approx 2.694\ \text{A}$$

9. 计算变压器各绕组的线径

在计算变压器各绕组线径时，由于变压器各绕组电流不连续，脉动性很大，因此必须考虑趋肤效应。在80℃时，两倍趋肤深度

$$2\Delta = 2\times\frac{7.4}{\sqrt{f_{SW}}} = 2\times\frac{7.4}{\sqrt{133000}} \approx 0.406\ \text{mm}$$

即主绕组线径为

$$d = \sqrt{\frac{4I_{LPrms}}{m\pi J}} \approx \sqrt{\frac{4\times 0.934}{3.14\times 4.5m}}$$

其中，J 为电流密度，一般按 4.5 A/mm^2 计算；m 为导线的股数，m 从 1 开始，直到某一定值后，使计算出的导线直径 $d \leqslant 2\Delta$。

显然，当 $m=2$ 时，$d=0.364\text{mm}<2\Delta$，即主绕组需使用 2 股标称直径为 0.38 mm、外皮直径为 0.44 mm 的漆包线并行绕制。

5 V 输出次级绕组线径为

$$d = \sqrt{\frac{4I_{LS1rms}}{m\pi J}} = \sqrt{\frac{4\times 6.713}{3.14\times 4.5m}}$$

显然，当 $m=12$ 时，$d=0.398\ \text{mm}<2\Delta$，即 5 V 输出绕组需使用 12 股标称直径为 0.40 mm、外皮直径为 0.46 mm 的漆包线并行绕制。

实际上，当并绕的导线股数较多时，需要用利兹线绕制。例如，在本例中可用单股线径为 0.2 mm 的 50 股(或单股线径为 0.1 mm 的 200 股)利兹线绕制输出电压为 5.0 V 的次级绕组。当然，在这种情况下，使用铜皮绕制效果会更好，不仅能有效减小漏感，也便于绕制。

12 V 输出次级绕组线径为

$$d = \sqrt{\frac{4I_{LS2rms}}{m\pi J}} = \sqrt{\frac{4\times 2.694}{3.14\times 4.5m}}\ (\text{mm})$$

显然，当 $m=5$ 时，$d=0.391\ \text{mm}<2\Delta$，即 12 V 输出绕组需使用 5 股标称直径为

0.40 mm、外皮直径为 0.46 mm 的漆包线并行绕制。

8.4　二极管去磁双管正激变换器

当输入电压高，如最大直流输入电压为 400 V 左右时，三绕组去磁正激变换器中的开关管耐压至少在 900 V 以上，而高耐压 MOS 管导通电阻大，价格高，品种少。因此，在正激变换器中，当输入电压较高时，可考虑使用如图 8.4.1 所示的二极管去磁双管正激变换器电路。

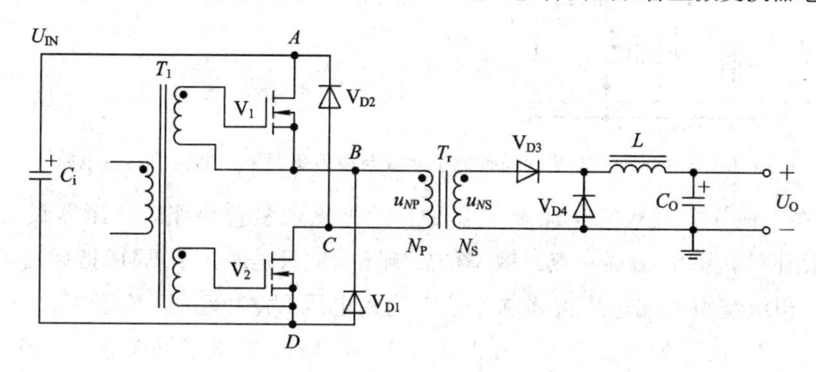

图 8.4.1　二极管去磁双管正激变换器电路

8.4.1　工作原理

二极管去磁双管正激变换器的工作过程与三绕组去磁正激变换器相似，在 T_{on} 期间，开关管 V_1、V_2 同时导通，在忽略开关管导通压降 U_{SW} 的情况下，输入电压 U_{IN} 施加到初级绕组 N_P 的 B 与 C 端，激磁及漏感能量泄放二极管 V_{D1}、V_{D2} 反偏，处于截止状态，初级绕组电流线性增加，次级整流二极管 V_{D3} 导通，续流二极管 V_{D4} 截止。可见，在 T_{on} 期间二极管去磁双管正激变换器与三绕组去磁正激变换器的工作状态完全相同，等效电路如图 8.4.2 所示。

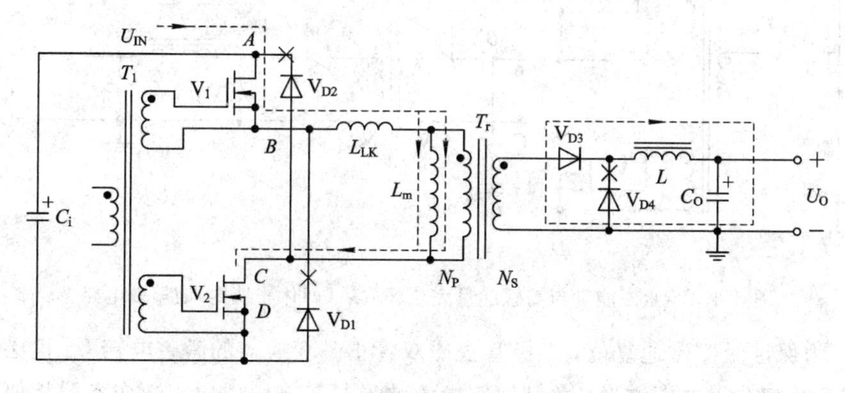

图 8.4.2　开关管导通期间的等效电路

在开关管 V_1、V_2 关断瞬间，由于激磁磁通、漏感磁通不能突变，初级绕组 N_P 电压反向，使 C 点为正，B 点为负。当 C 点电位略大于输入电压 U_{IN} 时，激磁及漏感能量泄放二极管 V_{D2}、V_{D1} 导通，存储在初级绕组中的激磁能量、漏感能量通过 V_{D2} 与 V_{D1} 对输入滤波电容 C_{IN} 充电，回收了绝大部分的激磁能量以及存储在漏感 L_{LK} 中的能量，并实现了磁通的复位操作，等效电路如图 8.4.3 所示。

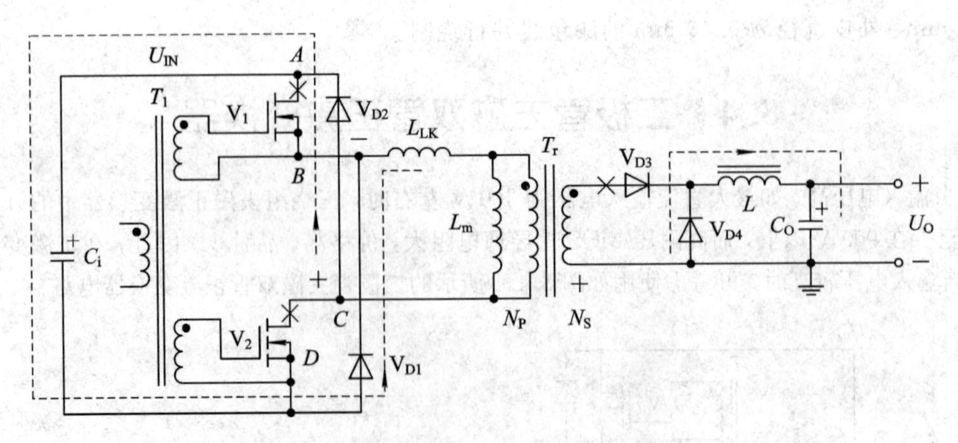

图 8.4.3 开关管关断后漏感能量泄放与激磁磁通复位期间的等效电路

可见，在二极管去磁双管正激变换器中，无需磁通复位绕组，变压器设计相对简单(初-次级绕组间漏感 L_{LK} 偏高一点对效率的影响不大，只是恶化了 EMI 指标)。此外，V_{D1}、V_{D2}导通后，初级绕组两端电压被强制钳位在输入电压 U_{IN}附近，开关管 V_1、V_2 承受的最大电压为 $U_{IN}+U_D$(U_D 为二极管 V_{D1} 或 V_{D2} 的导通压降)，降低了开关管 V_1、V_2 的电压应力，从而可使用耐压低一些的功率 MOS 管，而低耐压 MOS 管导通电阻小，降低了 MOS 管的导通损耗。例如，当最大输入电压为400 V时，若采用双管正激结构，V_1、V_2 的耐压可降到 500 V(已留有一定的余量)。

当激磁能量以及存储在漏感 L_{LK} 中的能量完全释放后，激磁磁通回零，C-B 间的压差也为 0，V_{D1}、V_{D2} 又返回到截止状态，如图 8.4.4 所示。

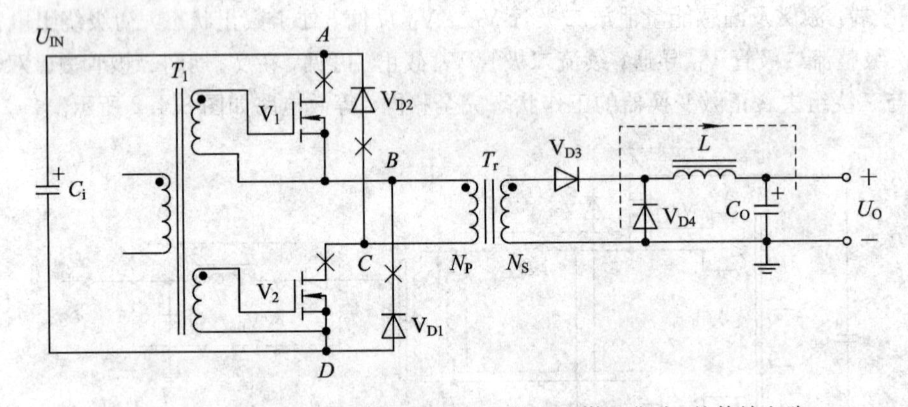

图 8.4.4 激磁能量与漏感能量完全释放后(即休止期内)的等效电路

可见，为保证激磁磁通复位，二极管去磁双管正激变换器的激磁电感 L_m 也必须工作在 DCM 状态，关键节点电压波形、关键回路电流波形与三绕组去磁正激变换器相似。

8.4.2 优缺点及设计

与三绕组去磁正激变换器相比，二极管去磁双管正激变换器具有如下优点：

(1) 不需要磁通复位绕组 N_R，变压器制作容易，激磁能量、漏感能量通过超快恢复二极管 V_{D1}、V_{D2} 回送至输入滤波电容，绝大部分激磁能量、漏感能量得到了利用。

(2) 开关管耐压要求低，在相同输入电压下，可以使用低耐压 MOS 管，而低耐压 MOS 管导通电阻 R_{on}小。因此，尽管在双管正激变换器中使用了两只 MOS 管，但在相同输出功率下导通损耗不会高于三绕组去磁正激变换器(但开通损耗、关断损耗较大)。

考虑到激磁电感 L_m 在 T_{on} 期间端电压 U_{on} 为 $U_{IN}-2U_{SW}$，在 T_{off} 期间端电压 U_{off} 为 $U_{IN}+2U_D$，导致 DCM 模式下去磁时间 T_{off}略小于激磁时间 T_{on}。因此，为保证磁通可靠复位，最大占空比 D_{max}必须小于 0.5(工程上一般取 0.45)。

二极管去磁双管正激变换器的参数设计过程与三绕组去磁正激变换器的基本相同，这里不再重复。

8.4.3　驱动电路设计

与双管反激变换器类似，在二极管去磁双管正激变换器中，也必须借助脉冲变压器驱动开关管 V_1、V_2，致使开关管的驱动电路显得稍微复杂一些。

1. 驱动电路形式

在双管正激、反激变换器中，可使用如图 8.4.5 所示的变压器驱动电路之一驱动开关管 V_1、V_2。其中 的 NPN 三极管可选用 8050(V_{CEO}为 20 V)、MCH3245 或 ZXTN2031F (V_{CEO}为 50 V、饱和压降低、最大集电极电流 I_{CEmax}为 2 A)，PNP 三极管可选用 8550 (V_{CEO}为 20 V)、MCH3145 或 ZXTP2025F(V_{CEO}为 50 V、饱和压降低、最大集电极电流 I_{CEmax}为 2 A)，而原边电容 C_1 为隔直电容，避免驱动变压器磁芯出现直流磁偏。

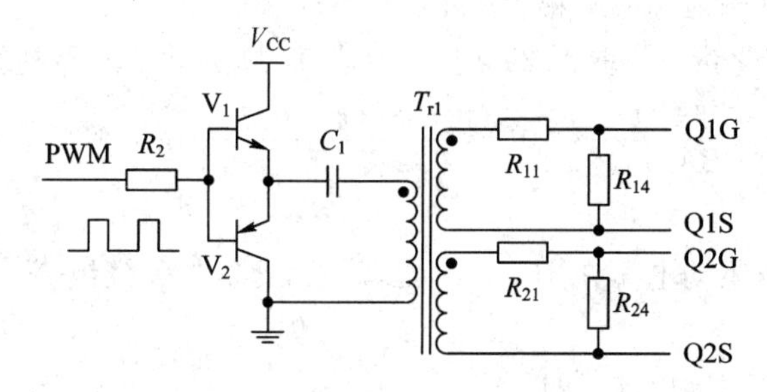

(a) PWM控制芯片输出信号借助BJT三极管推挽驱动

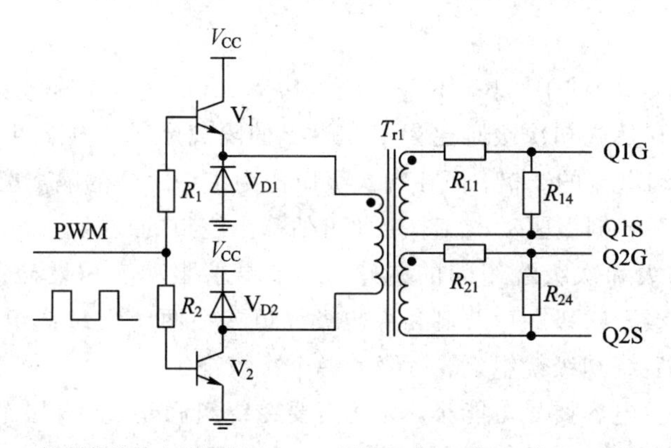

(b) PWM控制芯片输出信号通过NPN三极管驱动(V_{D1}和V_{D2}实现驱动变压器去磁)

图 8.4.5　借助脉冲变压器驱动开关管 V_1、V_2

不能使用技术成熟、类似半桥或全桥的高端驱动芯片驱动开关管 V_1。在图 8.4.1 中，尽管截止期间 B 点电位接近驱动电源 U_{IN} 负极的电位，但与驱动电源 U_{IN} 的负极没有电流通路，结果半桥、全桥高端驱动芯片外接的自举电容无法充电。

2. 驱动变压器设计

驱动变压器的工作原理与正激变换器中的变压器完全相同，只是传输功率小。根据功率 MOS 管所需的栅极驱动功率为

$$P_{Dr}=V_{GS}Q_g f_{SW}=C_{iss}V_{GS}f_{SW} \tag{8.4.1}$$

其中，V_{GS} 为 MOS 管栅极驱动电压，Q_g 为 MOS 管栅极总电荷，f_{SW} 为开关频率，C_{iss} 为 MOS 管 G 极的输入电容。

假设 V_{GS} 为 10V，Q_g 为 47 nC，f_{SW} 为 100 kHz，则栅极驱动功率 $P_{Dr}=V_{GS}Q_g f_{SW}=10\times 47\times 10^{-9}\times 100\times 10^3=47$ mW，同时驱动两只功率 MOS 管所需的驱动功率为 $2P_{Dr}$。在本例中，驱动变压器传输的功率没有超过 100 mW，无需用 AP 法估算驱动变压器的磁芯大小，可选择 EE11、EE13/3 等小尺寸磁芯。

根据电磁感应定律，初级绕组匝数

$$N_P=\frac{U_{on}T_{on}}{\Delta BA_e}=\frac{V_{CC}D}{\Delta BA_e f_{SW}} \tag{8.4.2}$$

其中，A_e 为磁芯中柱的有效截面积，ΔB 为磁通密度的变化量，f_{SW} 为开关频率，D 为最大占空比(对正激变换器来说，D 取 0.5；对反激变换器来说，由最小输入电压决定)。

例如，对于 EE13 磁芯来说，磁芯截面 $A_e=10.36\ mm^2$。当 $V_{CC}=12$ V，频率 $f_{SW}=133$ kHz，磁通密度变化量 ΔB 取 0.2T 时，$D=0.5$，则驱动变压器初级绕组匝数

$$N_P=\frac{V_{CC}D}{\Delta BA_e f_{SW}}\times 10^3=\frac{12\times 0.5}{0.2\times 10.36\times 133}\times 10^3\approx 21.8$$

取 22 匝。

由于 MOS 管栅极驱动电压在 10 到 15 之间，因此，次级绕组 $N_{S1}=N_{S2}=N_P$，即变比为 1∶1∶1。

根据 MOS 管栅极驱动电流，即

$$i_{GS}=\frac{Q_{gs}+Q_{gd}}{t_{don}+t_r} \tag{8.4.3}$$

可大致估算出栅极驱动电流的大小，不过一般大功率 MOS 管瞬态驱动电流约为 0.8A。假设不考虑传输损耗，显然在初次级匝比为 1∶1∶1 的隔离驱动变压器中，初级绕组输入电流应为 MOS 栅极驱动电流的 2 倍；而在初次级匝比为 1∶2∶2 的隔离驱动变压器中，初级绕组输入电流等于 MOS 栅极驱动电流。由此可估算出绕组的线径。

为尽可能减小初级和次级绕组间的漏感，除了要求驱动变压器磁芯长宽比尽可能大外，最好按次级—初级—次级顺序绕制，将初级绕组夹在两个次级绕组之间，即先绕其中的一个次级绕组，然后绕初级绕组，最后绕另一个次级绕组。

此外，绕组间寄生电容要尽可能小，为此需要在绕组间垫 2～3 层绝缘胶带(也提高了绕组间绝缘电压的等级)。

磁芯材料需要根据工作频率选择，对于驱动信号频率 f_{SW} 在 300 kHz 以内的隔离变压器，可使用价格较低的锰锌铁氧体材料；而对于驱动信号频率 f_{SW} 在 300 kHz 以上的隔离

变压器，可能需要使用价格相对较高的镍锌铁氧体材料。

3. 初级绕组驱动

由于初级绕组需要同时驱动两个 MOS 管，瞬态驱动电流较大，例如，在初-次级绕组匝比为 1∶1∶1 的隔离驱动变压器中，初级绕组输入电流等于 MOS 栅极驱动电流的 2 倍，因此，PWM 控制芯片驱动能力可能不足，初级绕组一般均需要外置驱动电路，如图 8.4.5(a)、(b)所示，除非 PWM 控制芯片驱动能力很强或 MOS 管驱动电流较小。

当然，也可以使用低压中小功率 MOS 代替图 8.4.5(a)、(b)中的双极型三极管。考虑到低压 N 沟功率 MOS 管品种多，价格低廉，因此多采用如图 8.4.6 所示的类似 RCD 去磁复位正激变换器的驱动方式。

在图 8.4.6 中，当电源 V_{CC} 为 8～16 V 时，低压 N 沟功率 MOS 管 V_1 耐压为 60 V 即可；V_{D1} 可选电流为 1 A，耐压不小于 50 V 的超快恢复二极管；C_1 容量一般取 0.1 μF，耐压为 63 V以上；在连续工作状态下，要求 C_1 端电压 U_{C1} 变化量 ΔU_{C1} 小于 5%，由式(8.5.1)可大致确定 R_2 的阻值，由式(8.5.2)可大致确定 R_2 消耗的功率。

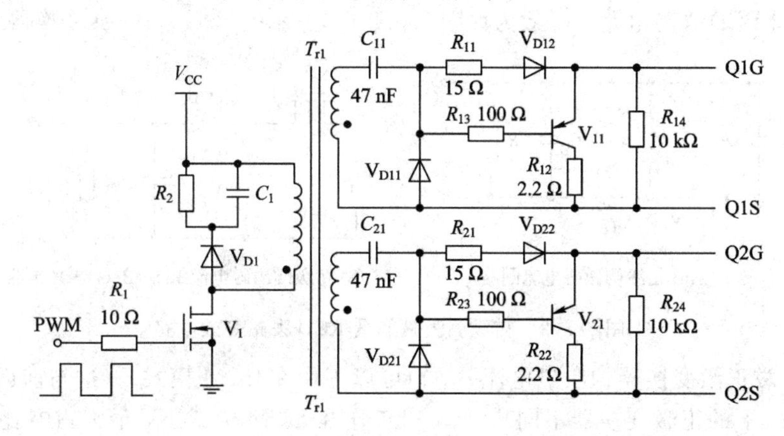

图 8.4.6　由低压 N 沟功率 MOS 管控制的驱动电路

8.5　RCD 去磁正激变换器

当然也可以借助类似反激变换器的 RCD 吸收电路来限制漏感尖峰脉冲幅度，消耗初级绕组的激磁能量，完成正激变压器磁通的复位操作，如图 8.5.1 所示。只是借助 RCD 去磁电路完成磁通复位方式的正激变换器效率有所降低，原因是激磁能量、漏感能量被 RCD 去磁电路中的电阻转化为热能消耗掉，没有得到再利用。

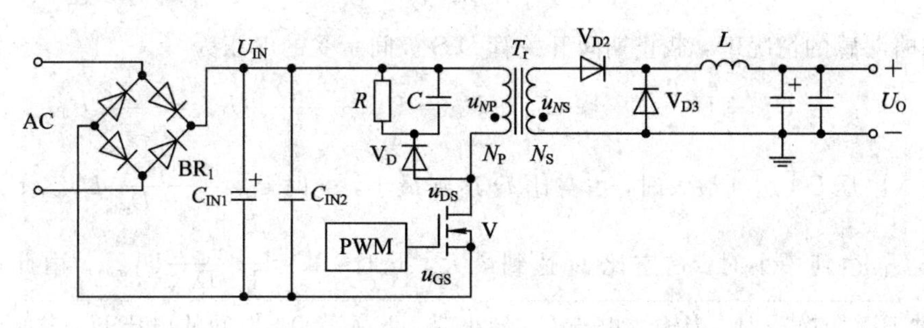

图 8.5.1　RCD 去磁正激变换器

在 RCD 去磁复位电路中，变压器制作相对容易，成本有所降低，最大占空比 D_{max} 允许超过 0.5，变压器体积可以小一些。在输出功率不大、激磁电流 $i_{Lm}(t)$ 小（磁芯相对磁导率高）、初级与次级绕组之间漏感 L_{LK} 小的正激变换器中采用 RCD 去磁复位方式可降低成本，提高性价比。

在 RCD 去磁正激变换器中，在开关管 V 导通期间，扣除初级侧主绕组 N_P 电流 I_{NP} 中的次级侧绕组电流 I_{NS} 的映射电流 I_{NSR} 后，一次侧激磁电流 $i_{Lm}(t)$ 回路如图 8.5.2(a)所示，激磁电流为

$$i_{Lm}(t) = I_{Lmmin} + \frac{U_{on}}{L_m}t$$

线性增加，当 $t=T_{on}$ 时，$i_{Lm}(t)$ 达到最大值 I_{LmPK}。在开关管 V 截止瞬间，激磁电流 $i_{Lm}(t)$ 对开关管 D-S 极间寄生电容 C_{DS} 充电，开关管 V 漏源电压 u_{DS} 迅速上升，当 $u_{DS}>U_{IN}+U_C$ 时，二极管 V_D 导通，激磁电流 $i_{Lm}(t)$ 流向 RCD 回路，从最大值 I_{LmPK} 线性减小，回到最小值 I_{Lmmin}，完成磁通的复位过程。由于寄生电容 C_{DS} 很小，假设忽略寄生电容 C_{DS} 的损耗，依据串联不分先后的原则，则 RCD 去磁电路可等效为如图 8.5.2 (b)所示的 Buck－Boost 变换器。

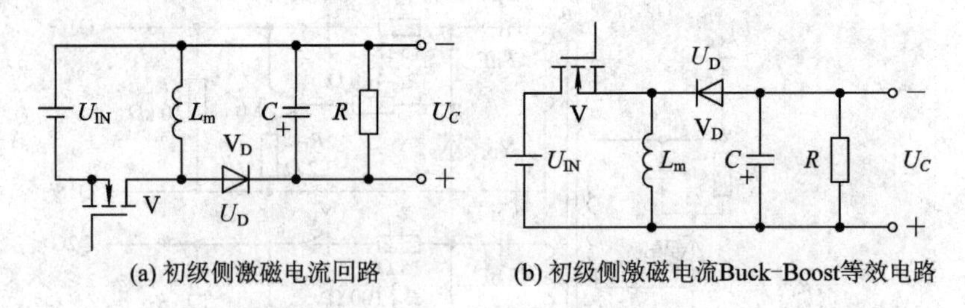

图 8.5.2　初级侧激磁能量 RCD 去磁等效电路

RCD 去磁正激变换器的激磁电流 $i_{Lm}(t)$ 可以工作在 CCM 模式下（这与前面介绍的两种去磁复位方式下的正激变换器不同），也可以工作在 DCM 模式下，最大占空比 D_{max} 也允许大于 0.5。

8.5.1　激磁电流处于 CCM 模式

可以证明，当 $\frac{2L_m f_{SW}}{R}>(1-D_{min})^2$ 时，激磁电流 $i_{Lm}(t)$ 处于 CCM 模式，激磁电流 $i_{Lm}(t)$ 的波形如图 8.5.3 所示。

根据 Buck－Boost 变换器输出电压与输入电压的关系，钳位电容 C 端电压为

$$U_C = \frac{D}{1-D}U_{IN}$$

在忽略漏感的情况下，截止期间开关管 D-S 极间承受的电压为

$$U_{DS} = U_{IN} + U_C + U_D \approx U_{IN} + U_C = U_{IN} + \frac{D}{1-D}U_{IN} = \frac{1}{1-D}U_{IN}$$

当输入电压 U_{IN} 达到最大时，占空比 D 达到最小，此时 $U_{DS}=\frac{1}{1-D_{min}}U_{INmax}$；反之，当输入电压 U_{IN} 达到最小时，占空比 D 达到最大，此时 $U_{DS}=\frac{1}{1-D_{max}}U_{INmin}$。由此可见，在 RCD 去磁正激变换器中，当输入电压 U_{IN} 最小时，开关管D-S极间的电压 U_{DS} 未必最小，甚

至可能超出输入电压 U_{IN} 达到最大时承受的电压，为此在 RCD 去磁正激变换器中最大占空比 D_{max} 必须限制在0.70以下，否则在最小输入电压下，开关管 D-S 极间承受的电压应力可能太大。

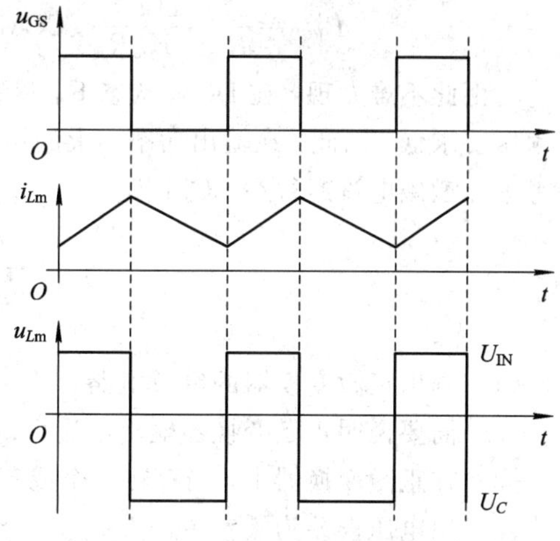

图 8.5.3　激磁电流处于 CCM 模式下的波形

由式(1.6.6)可知，Buck - Boost 输出纹波电压

$$\Delta U_C = \frac{DI_R}{f_{SW}C} = \frac{DU_C}{f_{SW}RC} \qquad (8.5.1)$$

设计时，一般将 ΔU_C 限制在 $1\%U_C \sim 5\%U_C$ 之间，由此可确定去磁电路的 RC 参数。RCD 去磁电路消耗的功率

$$P_{RCD} = \frac{U_C^2}{R} = \frac{D^2U_{IN}^2}{(1-D)^2R} \qquad (8.5.2)$$

为减小 RCD 去磁电路的损耗，除了要求激磁电感 L_m 尽可能大以外(所用磁芯的磁导率要高，端面尽可能平整、光滑)，还必须尽可能加大吸收电阻 R 的阻值，由 CCM 模式工作条件，可导出电阻 R 的上限，即

$$R < \frac{2L_m f_{SW}}{(1-D_{min})^2} \qquad (8.5.3)$$

一旦确定电阻 R 后，就可以求出钳位电容 C。

确定了 RCD 去磁电路参数后，变压器、二次侧滤波电感等元件参数的计算方式与三绕组去磁正激变换器的计算方式相同。

8.5.2　激磁电流处于 DCM 模式

当 $\frac{2L_m f_{SW}}{R} < (1-D_{min})^2$ 时，激磁电流 $i_{Lm}(t)$ 处于 DCM 模式，激磁电流 $i_{Lm}(t)$ 的波形如图 8.5.4所示。

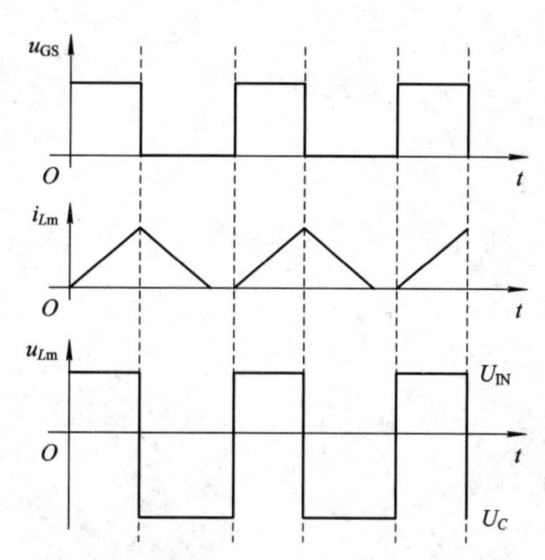

图 8.5.4　激磁电流处于 DCM 模式下的波形

DCM 模式下 Buck - Boost 变换器输出电压与输入电压关系如式(1.3.16)所示，则钳位电容 C 端电压为

$$U_C = \frac{DU_{IN}}{\sqrt{K_m}}$$

其中，$K_m = \frac{2L_m f_{SW}}{R}$。

在忽略漏感的情况下，截止期间开关管 D-S 极间承受的电压为

$$U_{DS} = U_{IN} + U_C U_D = U_{IN} + \frac{DU_{IN}}{\sqrt{K_m}} = U_{IN}\left(1 + \frac{D}{\sqrt{K_m}}\right)$$

RCD 去磁电路消耗的功率为

$$P_{RCD}=\frac{U_C^2}{R}=\frac{D^2U_{IN}^2}{K_mR}<\text{CCM 模式下 RCD 去磁电路消耗的功率}$$

由此不难发现，在 DCM 状态下，尽管 RCD 去磁损耗小，但在 CCM 状态下，对开关管耐压要求低。因此，在输出功率不大的情况下，若采用 RCD 去磁复位正激变换器，应尽量考虑让激磁电流运行在 CCM 模式下。

习　题

8-1　画出正激变换器的等效电路。

8-2　简要说明正激变换器输出电流可以比反激变换器大的原因。

8-3　在正激变换器中，当存在三个或三个以上次级绕组时，为什么不能保证所有绕组输出电压误差为零?

8-4　为什么说在正激变换器中初级绕组激磁电感 L_m 越大越好?

8-5　在正激变换器中，造成磁芯饱和的主要因素是什么?

8-6　简述正激变换器常见的磁复位方式。

8-7　画出三绕组去磁复位正激变换器的原理图，并简述三绕组能实现磁复位的原理。

8-8　应在什么条件下设计正激变换器的参数?

8-9　简述三绕组去磁正激变换器设计过程，并列出相关参数的计算公式。

8-10　画出二极管去磁正激变换器的原理电路，并简述去磁原理。

8-11　在二极管去磁正激变换器中，功率管 G-S 极一般采用什么驱动方式?

第 9 章　硬开关桥式及推挽变换器

在硬开关半桥、全桥变换器中，处于截止状态的开关管承受的电压接近输入电压 U_{IN}，关断时能将漏感能量回送输入滤波电容 C_{IN} 储存，消除了因漏感能量释放形成的尖峰脉冲高压，EMI 小，曾广泛应用于中大功率 AC－DC（不过随着效率更高的 *LLC* 谐振变换器的普及应用，硬开关桥式变换器仅用于中低压输入或超低压输出的隔离式 DC－DC 变换器中）或 DC－AC 变换器（如单相半桥、全桥及三相电压型桥式逆变器）中。此外，理解硬开关桥式变换器的组成、工作原理将有助于理解软开关桥式变换器，如全桥移相式、*LLC* 及 *LCC* 桥式谐振变换器的结构及工作过程。

推挽类变换器包括基本的推挽变换器与推挽正激变换器等，主要特征是拓扑结构相对简单，但处于截止状态的开关管将承受两倍以上的输入电压 U_{IN}，多用于低压输入的应用场合，如低压输入、高压输出的 DC－DC 或 DC－AC 变换器中。

硬开关半桥、全桥、推挽变换器的共同特征如下：

(1) 这三类变换器的开关管交替导通，两开关管驱动信号相位差为 180°，可使用相同的 PWM 控制芯片，如 TL494、UC1525、UC3846、UC1856（电流型控制）等。

(2) 磁芯双向磁化，激磁与去磁方式相同。一只（组）开关管导通时磁芯先释放能量（去磁），激磁电流线性减小到 0 后，再反向储能（激磁），激磁电流线性增加，而在开关管都截止期间，激磁磁通维持不变。

(3) 次级整流电路相同，根据输出电压高低可采用全波整流、倍流整流或桥式整流方式。

(4) 在分析、设计过程中，均可等效为 Buck 变换器。

(5) 理论占空比 $D \leqslant 0.5$，实际占空比 D 上限取 0.4，以便次级 Buck 滤波电感有时间释放在 T_{on} 期间吸收的能量。因此，在工程设计中先计算变压器的匝比 $n=\frac{N_P}{N_S}$，或初级绕组 N_P 和次级绕组 N_S。不过，当次级采用倍流整流电路时，占空比 D 仅受“上下两开关管不能同时导通”条件的约束，占空比 D 上限可放宽到 0.48。

当次级采用全波或桥式整流时，占空比 D 取值范围被限制在 0.15～0.40 之间，导致最大输入电压 U_{INmax} 一般不超过最小输入电压 U_{INmin} 的 2.5 倍；当次级采用倍流整流时，占空比 D 取值范围被限制在 0.15～0.48 之间，导致最大输入电压 U_{INmax} 一般不超过最小输入电压 U_{INmin} 的 3.2 倍，即硬开关半桥及全桥变换器、推挽变换器等不支持宽电压输入。

(6) 与正激变换器类似，初级绕组伏秒积 $U_{on}T_{on}=\frac{n(U_O+U_D)}{f_{SW}}$ 为常数，与输入电压 U_{IN} 无关。

9.1　半桥变换器

半桥（Half Bridge）变换器种类较多，主要包括传统硬开关半桥变换器、非对称软开关

半桥变换器、非对称软开关半桥反激变换器、半桥 LLC 谐振变换器、半桥 LCC 谐振变换器等。其中，硬开关半桥变换器在中高压输入状态下，开关损耗较大，目前主要用在中低压输入的中、大功率 DC－DC 变换器中，原因是输入电压低，开关损耗所占比重小；而半桥 LLC 谐振变换器及 LCC 谐振变换器效率高，EMI 小，功率密度大，是目前中高压输入半桥拓扑变换器的主流。

9.1.1 原理电路

硬开关半桥变换器的原理电路如图 9.1.1 所示。初级回路由开关管 V_1 和 V_2、分压电容 C_1 和 C_2，以及变压器初级绕组 N_P、次级绕组 N_S、次级整流滤波电路等部分组成。当开关管 V_1 与 V_2、电容 C_1 与 C_2 的特性完全一致时，A、B 两点静态电位均为 $\frac{1}{2}U_{IN}$，没有静态电流流过初级绕组 N_P。显然，A 点为初级侧的开关节点，次级整流二极管两端为次级侧的开关节点。

在半桥变换器中，开关管 V_1、V_2 轮流导通，即开关管 V_1、V_2 驱动信号波形存在 180° 相位差，且彼此之间有一定的死区时间，避免两管同时导通造成开关管 V_1 或 V_2 过流损坏，主要波形如图 9.1.2 所示。

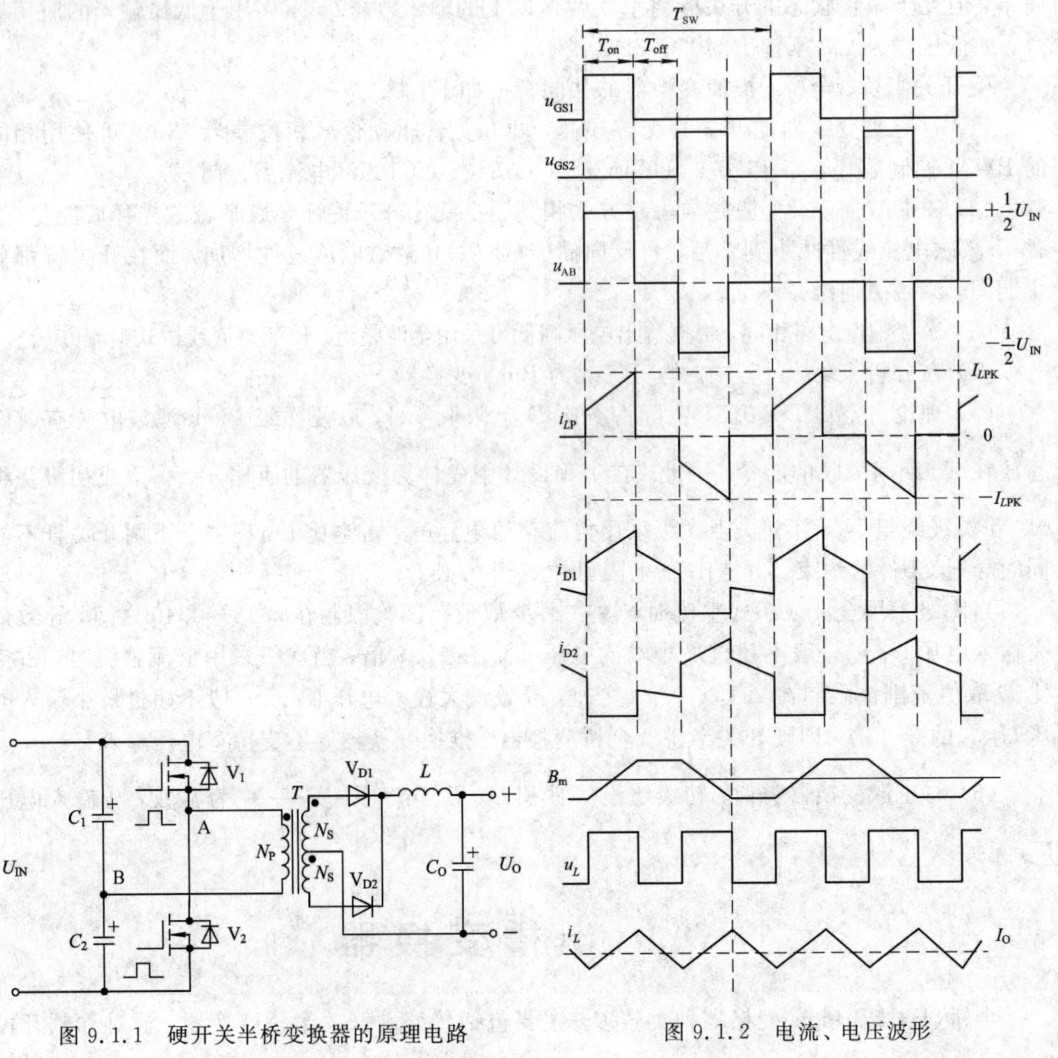

图 9.1.1 硬开关半桥变换器的原理电路

图 9.1.2 电流、电压波形

当 V_1 导通、V_2 截止时，V_2 管 D-S 极间承受的最大电压仅为 U_{IN}，分压电容 C_1 端电压 $\frac{1}{2}U_{IN}$ 加到初级绕组 N_P 的两端，极性是上正下负，同时次级绕组 N_S 感应电压 U_{INR} 也是上正下负，次级整流二极管 V_{D1} 导通，V_{D2} 截止。在稳定状态下，输出滤波电感 L 端电压 $U_{on}=U_{INR}-(U_{D1}+U_O)=\frac{0.5U_{IN}-U_{SW}}{n}-(U_{D1}+U_O)$ 为常数，使输出滤波电感 L 中的电流 i_L 线性增加，相应地，次级绕组 N_S 电流 i_{NS}、初级绕组 N_P 电流 i_{NP} 线性增加，初级、次级绕组电流通路如图 9.1.3(a)所示。与正激变换器类似，V_1 导通后，初级绕组 N_P 电流 i_{NP} 同样包含了次级绕组的映射电流 i_{NSR} 与激磁电流 i_{Lm}（V_1 导通后，激磁电感 L_m 先释放在 V_2 导通期间吸收的能量，磁通密度由 $-B_m$ 逐渐升高，经过 $T_{on}/2$ 时间后，磁通密度 B 和激磁电流 i_{Lm} 回零；接着再反向储能，到 T_{on} 时刻，磁通密度达到 $+B_m$）。

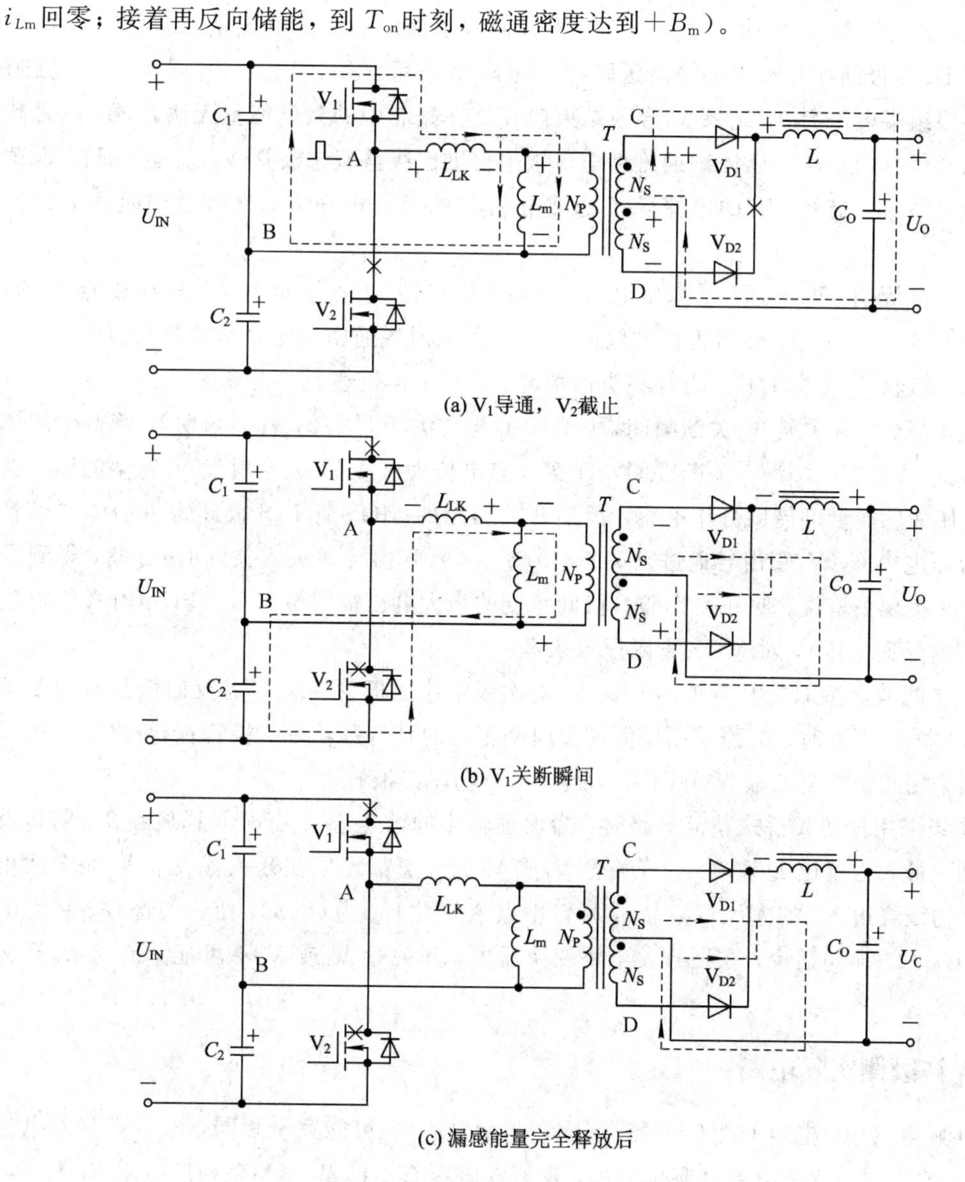

图 9.1.3　V_1 导通及截止期间电流通路

在 T_{on}时刻，V_1突然关断(此时 V_2未导通)，初级绕组端电压 u_{NP}极性反向(其中漏感 L_{LK}端电压极性突变为“右正左负”，结果存储在漏感 L_{LK}中的能量借助初级绕组 N_P、电容 C_2、开关管 V_2寄生的体二极管回送到分压电容 C_2存储)，使次级绕组 C 点电位 U_C 下降，D 点电位 U_D 上升，同时次级滤波电感 L 极性也突变为“右正左负”，结果次级整流二极管 V_{D1}、V_{D2}同时导通，形成了 Buck 滤波电感 L 的续流通路，如图 9.1.3(b)所示。当次级整流二极管 V_{D1}电流 i_{D1}与次级整流二极管 V_{D2}电流 i_{D2}相等时，次级绕组 N_S 端电压消失，强迫变压器初级绕组 N_P 端电压为 0，电流通路如图 9.1.3(c)所示。

在理想状态下，当漏感 L_{LK}中的能量完全释放后，漏感 L_{LK}端电压消失，结果 A、B 两点间电位差 U_{AB}为零，V_1、V_2管 D-S 极间承受的电压均为 $U_{IN}/2$。

可见，开关管 V_2寄生体二极管的存在不仅回收了漏感的大部分能量，也避免了 V_1管关断瞬间 D、S 极间存在瞬态尖峰高压脉冲。在 V_1截止后，由于 V_{D1}、V_{D2}同时导通，强迫变压器各绕组端电压为 0，结果 V_1导通结束前存储在磁芯中的激磁能量无法释放，激磁磁通密度依然保持为$+B_m$，激磁磁通维持电流被迫借助次级整流二极管 V_{D2}流动，即在 V_1截止期间流过整流二极管 V_{D2}的电流除了滤波电感 L 的部分电流外，尚有激磁磁通的维持电流。

在另一半周期，V_2开通后，激磁电感 L_m 端电压极性“下正上负”，L_m 先释放能量，磁通密度从$+B_m$ 下降到 0，然后再反向储能，在 V_2关断时磁通密度达到负的最大值$-B_m$。

在 V_2导通、V_1关断时段，也存在类似情况，这里不再赘述。

由此可见，在开关管 V_1关断瞬间，只要 B 点电位大于$U_{IN}/2$，就会触发 V_2管寄生的体二极管导通；而在开关管 V_2关断瞬间，只要 A 点电位大于U_{IN}，就会触发 V_1寄生的体二极管导通，使漏感能量可借助分压电容、承担开关功能的 MOS 管 D-S 极间寄生的体二极管回送到分压电容 C_2(V_1管由导通进入关断时)或 C_1(V_2管由导通进入关断时)存储，得到了再利用，并实现了箝位，使开关管 D-S 极间承受的最大电压被钳位为 $U_{IN}+U_D$(开关管寄生体二极管的导通电压)，对 MOS 管耐压要求低。

重载下滤波电感 L 工作在 CCM 模式，对次级整流二极管 V_{D1}、V_{D2}反向恢复时间要求高，当输出电压不高时，必须采用反向恢复时间很短的肖特基功率二极管;当输出电压较高时，必须采用超快恢复二极管(UFRD)，甚至 SiC 功率二极管。

当次级采用全波或桥式整流电路时，为保证输出滤波电感 L 有时间释放在 T_{on}期间吸收的能量，最大占空比 D 取 0.4。开关管 V_1或 V_2的开通都发生在开关管 V_1、V_2完全截止后，此时初级绕组 N_P 端电压U_{NP}为 0，桥臂中点 A 电位U_A 为$U_{IN}/2$，使开关管 D-S 极间电压 $u_{DS}=U_{IN}/2$。换句话说，在硬开关半桥变换器中，开关管 V_1或 V_2不可能具有 ZVS 开通条件。

9.1.2 初级侧实际电路

在实际电路中，电容 C_1、C_2的特性(容量与漏电流)不可能完全相同，即 B 点静态电位可能会偏离 $U_{IN}/2$。为此，在实际电路中，需要在电容 C_1、C_2 两端并联均压电阻 R_1 与 R_2，使 C_1、C_2 的端电压尽可能相等；V_1、V_2 管的特性也不可能完全一致，使 A 点电位偏离

$U_{IN}/2$。为避免 A、B 两点静态电位不一致，导致初级绕组存在静态电流，出现直流磁偏，需要在初级绕组支路串联隔直电容 C_3 如图 9.1.4 所示。

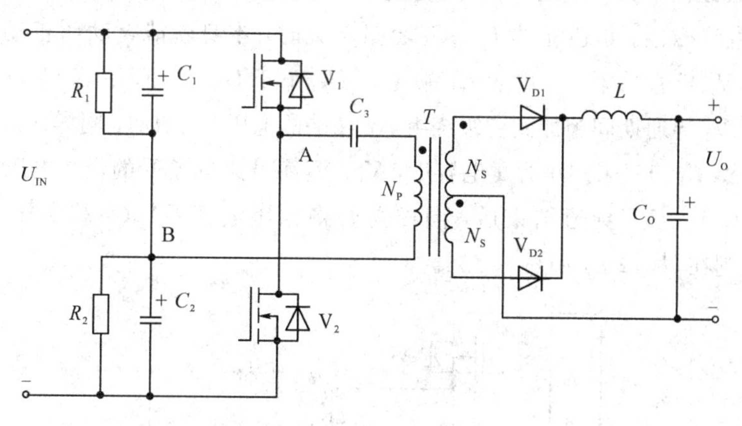

图 9.1.4　初级侧实际电路

此外，隔直电容 C_3 对动态磁偏也有较好的纠正作用。假设 V_1 导通时间为 T_{on1}，C_1 端电压 U_{C1} 施加到初级绕组 N_P 的两端，激磁磁通密度从负的最大值($-B_m$)沿磁化曲线增加到正的最大值($+B_m$)，激磁伏秒积为 $U_{C1}T_{on1}$。V_1 截止后，即在死区时间内，激磁磁通保持不变。V_2 导通时间为 T_{on2}，C_2 端电压 U_{C2} 施加到初级绕组 N_P 的两端，去磁磁通密度从正的最大值($+B_m$)沿磁化曲线减小到负的最大值($-B_m$)，去磁伏秒积为 $T_{on2}U_{C2}$。在理想状态下，B 点电位 $U_B=U_{IN}/2$，即 $U_{C1}=U_{C2}$，驱动波形严格对称，即 $T_{on1}=T_{on2}$，则激磁伏秒积 $U_{C1}T_{on1}$ 严格等于去磁伏秒积 $U_{C2}T_{on2}$，不存在磁偏积累现象，如图 9.1.5 所示。反之，若 $U_{C1}\neq U_{C2}$ 或 $T_{on1}\neq T_{on2}$，就会存在动态磁偏，经历若干开关周期后，磁芯有可能进入饱和状态，造成开关管 V_1 或 V_2 过流损坏。

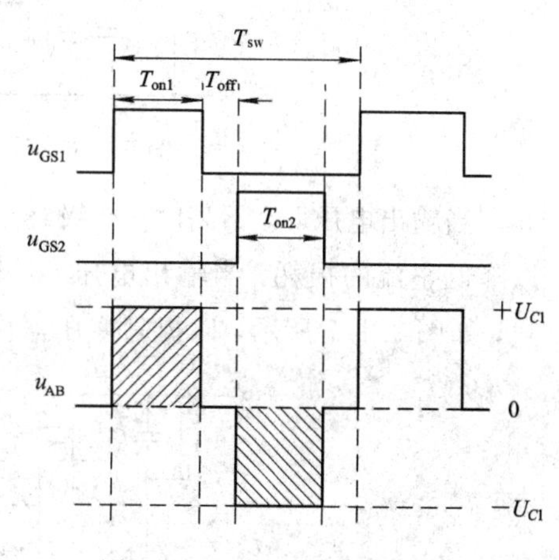

图 9.1.5　激磁与去磁平衡

串联隔直电容 C_3 后，激磁伏秒积为 $(U_{C1}+U_{C3})T_{on1}$，去磁伏秒积为 $(U_{C2}+U_{C3})\times T_{on2}$，即使 $U_{C1}\neq U_{C2}$ 或 $T_{on1}\neq T_{on2}$，通过 U_{C3} 的调节作用也依然能保证"伏秒积"的动态平衡。例如，在 $U_{C1}=U_{C2}$ 情况下，假设 $T_{on1}<T_{on2}$，则 V_1 导通结束后，电容 C_3 端电压 U_{C3}(极性为左正右负)比正常值小，使 V_2 导通期间施加到初级绕组 N_P 的平均电压($U_{C2}+U_{C3}$)变小，在 V_2 导通结束后，电容 C_3 端电压(极性为右正左负)U_{C3} 比正常值大，在 V_1 再次导通时施加到初级绕组 N_P 的平均电压($U_{C2}+U_{C3}$)变大，最终使 $(U_{C2}+U_{C3})T_{on2}=(U_{C1}+U_{C3})T_{on1}$，从而实现了"伏秒积"的动态平衡。

C_3 大小必须适中。C_3 太小，初级绕组端电压倾斜严重，导致初级绕组电流 i_{NP} 线性度变差，影响能量的正向传输；C_3 太大，不仅体积大，成本高，而且纠偏效果也会变差，对 B 点电位偏差的调节能力下降。C_3 最好采用高频损耗很小的聚丙烯材质 CBB 电容，容量选择原则是开关管导通结束后，C_3 端电压控制为 $U_{IN}/2$ 的 10%～15%之间。

在输出功率不大的硬开关半桥变换器中，C_1、C_2 也可以采用小容量的聚丙烯材质 CBB 电容，以便能取消功耗较大的均压电阻 R_1、R_2 及隔直电容 C_3，如图 9.1.6 所示。其原因是小容量电容的一致性远高于大容量电容，即 B 点电位更容易接近 $U_{IN}/2$。此外，小容量 CBB 电容漏电少，可忽略直流磁偏。再就是当 C_1、C_2 容量不大时，本身就能自动纠正动态磁偏。例如 $T_{on1}>T_{on2}$，则 V_1 导通结束后，电容 C_1 端电压 U_{C1} 小于 $U_{IN}/2$，而电容 C_2 端电压 U_{C2} 大于 $U_{IN}/2$，结果在 V_2 导通期间施加到初级绕组 N_P 两端的电压 U_{C2} 增加，同样保证了"伏秒积"的动态平衡。当然，C_1、C_2 采用小容量电容后，V_1、V_2 截止期间承受的最大电压会大于 $U_{IN}/2$。为此，在开关管 V_1、V_2 导通结束后，同样需要将分压电容 C_1、C_2 端电压变化量 $\Delta U_C=\Delta U_{C1}=\Delta U_{C2}$ 限制在 $U_{IN}/2$ 的 10%～15%。

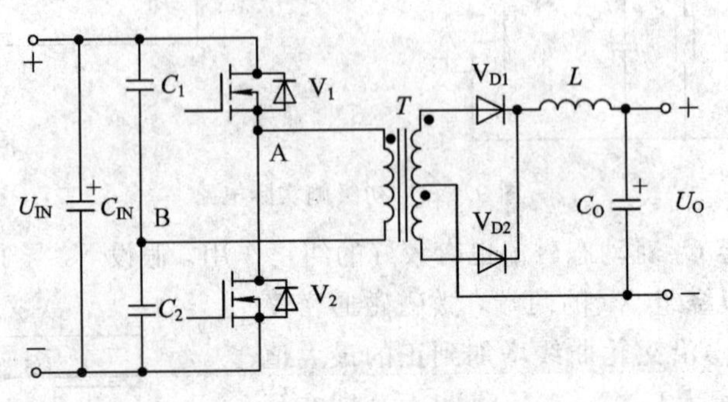

图 9.1.6　采用小容量分压电容的半桥变换器

当输出电压 U_O 不高时，次级绕组多采用全波整流方式，如图 9.1.4 和图 9.1.6 所示，以降低整流的损耗；当输出电压 U_O 较高、输出电流较小时，次级绕组多采用桥式整流方式，如图 9.1.7 所示，以提高变压器次级绕组 N_S 的利用率。

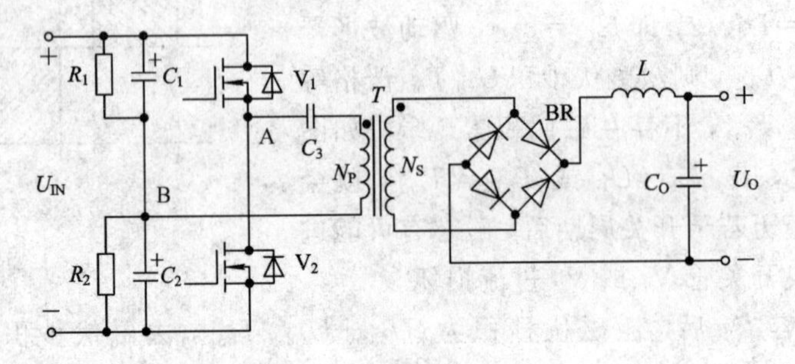

图 9.1.7　半桥变换器次级侧采用桥式整流电路

9.1.3　次级等效电路

在开关管 V_1 导通期间，次级绕组 N_S 感应电压上正下负，输出滤波电感 L 电流 i_L 线性增加，次级电流回路如图 9.1.8(a)所示；在开关管 V_2 导通期间，次级绕组 N_S 感应电压上负下正，滤波电感 L 电流 i_L 也在线性增加，次级电流回路如图 9.1.8(b)所示。

在开关管 V_1、V_2 截止期间，两次级绕组 N_S 端电压为 0，滤波电感 L 开始释放存储的能量，由于流经二极管 V_{D1}、V_{D2} 的电流大小相等，方向相反，在次级绕组 N_S 中产生的磁通相互抵消，两次级绕组 N_S 端电压被强制为 0，结果整流二极管 V_{D1}、V_{D2} 便充当了续流二极管的功能，如图 9.1.8(c)所示。

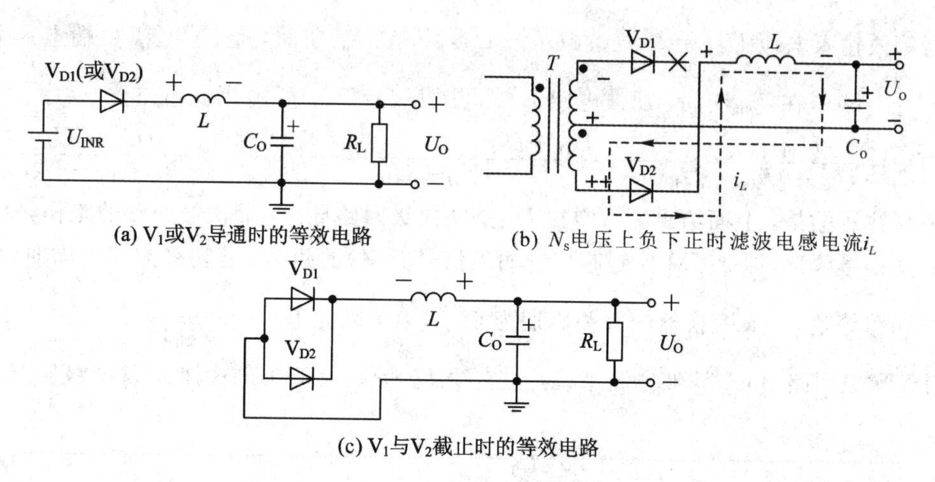

图 9.1.8　次级回路电流

由此可见，硬开关半桥变换器次级回路完全可用 Buck 变换器等效，如图 9.1.9 所示，且 Buck 变换器滤波电感 L 工作在 CCM 模式，工作频率是初级回路开关管驱动信号频率的两倍。

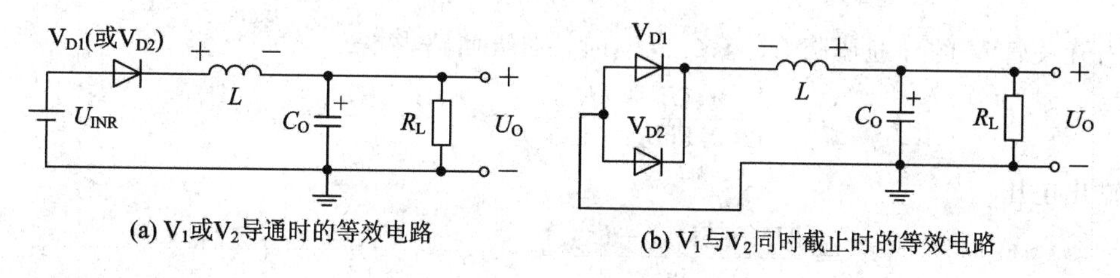

图 9.1.9　次级等效电路

1. 理想状态下输出电压 U_O 及占空比 D

在 V_1 导通期间，忽略开关管 V_1 导通压降 U_{SW}、整流二极管 V_{D1} 导通压降 U_{D1} 的情况下，Buck 变换器等效输入电压

$$U_{INR}=\frac{N_S}{N_P}\times\frac{1}{2}\times U_{IN}$$

在 T_{on} 期间，输出滤波电感 L 端电压

$$U_{on}=U_{INR}-U_O$$

在忽略 V_{D1}、V_{D2} 导通压降 U_{D1} 及 U_{D2} 的情况下，在 V_1、V_2 截止期间，滤波电感 L 端电压 $U_{off}=U_O$。因此，次级滤波电路的占空比

$$D_S=\frac{T_{on}}{T_{on}+T_{off}}=\frac{U_{off}}{U_{on}+U_{off}}=\frac{U_O}{U_{INR}}=\frac{2N_P}{N_S}\times\frac{U_O}{U_{IN}}=2n\frac{U_O}{U_{IN}} \tag{9.1.1}$$

输出电压

$$U_O=\frac{1}{2n}D_SU_{IN} \tag{9.1.2}$$

2. 实际输出电压 U_O 及占空比 D_S

在开关管 V 导通压降 U_{SW}、整流二极管 V_{D1} 导通压降 U_{D1} 及二极管 V_{D2} 导通压降 U_{D2} 不能忽略的情况下(电路结构对称，二极管 V_{D1}、V_{D2} 参数相同，导致 $U_{D1}=U_{D2}=U_O$)，Buck

变换器等效输入电压 $U_{INR}=\frac{N_S}{N_P}(0.5U_{IN}-U_{SW})$。在 T_{on} 期间，滤波电感 L 端电压 $U_{on}=U_{INR}-U_D-U_O$；在 T_{off} 期间，滤波电感 L 端电压 $U_{off}=U_O+U_D$。因此占空比

$$D_S=\frac{U_{off}}{U_{on}+U_{off}}=\frac{U_O+U_D}{U_{INR}-U_O-U_D+U_O+U_D}=\frac{U_O+U_D}{U_{INR}}=\frac{n(U_O+U_D)}{(0.5U_{IN}-U_{SW})}$$

值得注意的是，上面给出的占空比 D_S 是从次级回路导出，而次级回路的工作频率为开关管驱动信号频率(即 PWM 控制芯片的输出信号频率)的两倍，若初级侧开关周期为 T_{SW}，则次级回路等效 Buck 变换器的开关周期为 0.5 T_{SW}，因此 $D_S=\frac{T_{on}}{0.5T_{SW}}=2\times\frac{T_{on}}{T_{SW}}=2D$。显然，对于次级回路 Buck 滤波电路来说，占空比 D_S 可以大于 0.5。因此，从初级回路看，占空比

$$D=\frac{U_O+U_D}{2U_{INR}}=\frac{n(U_O+U_D)}{2(0.5U_{IN}-U_{SW})} \tag{9.1.3}$$

输出电压为

$$U_O=2DU_{INR}-U_D=\frac{2D(0.5U_{IN}-U_{SW})}{n}-U_D \tag{9.1.4}$$

当开关管 V 的导通压降 $U_{SW}\ll 0.5U_{IN}$ 时，初级回路占空

$$D=\frac{n(U_O+U_D)}{2(0.5U_{IN}-U_{SW})}\approx\frac{n(U_O+U_D)}{U_{IN}}$$

输出电压

$$U_O=\frac{2D(0.5U_{IN}-U_{SW})}{n}-U_D\approx\frac{1}{n}DU_{IN}-U_D$$

从开关管驱动信号角度看，占空比 $D=\frac{T_{on}}{T}=0.5D_S$。为避免开关管 V_1、V_2 同时导通而损坏，开关管驱动信号的占空比 D 一定要小于 0.5。当次级采用全波或桥式整流时，在工程设计中最大占空比 D 仅取 0.4 左右，以便次级 Buck 滤波电感 L 有足够时间释放存储的能量。

当次级采用桥式整流方式时，输出电压 U_O 的表达式同样有效，只是在桥式整流电路中，相当于多串联了一只整流二极管，二极管导通压降变为 $2U_D$，即 $U_O=\frac{1}{n}DU_{IN}-2U_D$。

9.1.4 半桥变换器磁芯的选择

在半桥变换器中，在开关管 V 导通期间，初级、次级绕组同时有电流流动，磁通相互抵消，造成变压器磁芯饱和的原因是激磁电流 I_{Lm} 引起的磁感应强度 B，这时宜用 AP 法估算磁芯尺寸，这与第 8 章介绍的正激变换器相同。

由式(2.6.4)可知绕组匝数 $N=\frac{K_U A_W}{A_{Cu}}$，将绕组匝数 N 代入电磁感应定律 $NA_e\Delta B=L\Delta I=U_{on}T_{on}$，整理后可得磁芯面积积

$$AP=A_W\times A_e=\frac{U_{on}T_{on}A_{Cu}}{K_U\Delta B}$$

而在半桥变压器中，当 $U_{IN}/2\gg U_{SW}$ 时，初级绕组 N_P 端电压 $U_{on}\approx 0.5U_{IN}$，于是

$$\mathrm{AP}=\frac{0.5U_{\mathrm{IN}}A_{\mathrm{Cu}}}{I_{\mathrm{PSC}}K_{\mathrm{U}}\Delta B}\times\frac{I_{\mathrm{PSC}}T_{\mathrm{on}}}{0.5T_{\mathrm{SW}}}\times 0.5T_{\mathrm{SW}}$$

其中，I_{PSC}为初级侧绕组斜坡电流的中值，而在$\frac{T_{\mathrm{SW}}}{2}$(半个开关周期)时间内，流过初级绕组的平均电流也就是$\frac{1}{2}U_{\mathrm{IN}}$驱动电源的输出电流，即变换器输入$I_{\mathrm{IN}}=\frac{I_{\mathrm{PSC}}T_{\mathrm{on}}}{0.5T}$。因此，$\frac{1}{2}U_{\mathrm{IN}}$驱动电源的输出功率也就等于变换器的输入功率为$P_{\mathrm{IN}}=\frac{1}{2}U_{\mathrm{IN}}I_{\mathrm{IN}}$，电流速度$J=\frac{I_{\mathrm{PSC}}}{A_{\mathrm{Cu}}}$，于是

$$\mathrm{AP}=\frac{P_{\mathrm{IN}}A_{\mathrm{Cu}}}{I_{\mathrm{PSC}}K_{\mathrm{U}}\Delta B}\times 0.5T_{\mathrm{SW}}=\frac{P_{\mathrm{IN}}}{2JK_{\mathrm{U}}f_{\mathrm{SW}}\Delta B}$$

可见，对于相同的输出功率，半桥变换器所需磁芯的体积比正激变换器小。当电流密度J的单位为$\mathrm{A/mm^2}$，开关管驱动信号频率f_{SW}的单位为kHz，磁通密度变化量ΔB的单位为T，输入功率P_{IN}的单位取W时，磁芯面积积

$$\mathrm{AP}=\frac{P_{\mathrm{IN}}}{2JK_{\mathrm{U}}f_{\mathrm{SW}}\Delta B}\times 10^{3}(\mathrm{mm^4})\tag{9.1.5}$$

在半桥变换器中，磁通密度摆幅大，为减小磁芯损耗，双向磁通密度变化量ΔB一般取0.10～0.20 T。

当开关管V导通压降$U_{\mathrm{SW}}\ll 0.5U_{\mathrm{IN}}$时，考虑到在工程上占空比$D$最大取0.4，由式(9.1.4)可知匝比

$$n=\frac{2D(0.5U_{\mathrm{IN}}-U_{\mathrm{SW}})}{U_{\mathrm{O}}+U_{\mathrm{D}}}\approx\frac{DU_{\mathrm{INmin}}}{U_{\mathrm{O}}+U_{\mathrm{D}}}\tag{9.1.6}$$

一旦选定了磁芯型号，就可以知道磁芯有效截面积A_{e}，然后利用

$$\begin{aligned}N_{\mathrm{P}}A_{\mathrm{e}}\Delta B&=L\Delta I=U_{\mathrm{on}}T_{\mathrm{on}}=(0.5U_{\mathrm{IN}}-U_{\mathrm{SW}})T_{\mathrm{on}}\\&=\frac{n(U_{\mathrm{O}}+U_{\mathrm{D}})}{2f_{\mathrm{SW}}}\end{aligned}\tag{9.1.7}$$

于是可以算出初级绕组的匝数，即

$$N_{\mathrm{P}}=\frac{n(U_{\mathrm{O}}+U_{\mathrm{D}})}{2f_{\mathrm{SW}}A_{\mathrm{e}}\times\Delta B}=\frac{D_{\max}(0.5U_{\mathrm{INmin}}-U_{\mathrm{SW}})}{f_{\mathrm{SW}}A_{\mathrm{e}}\Delta B}\approx\frac{D_{\max}U_{\mathrm{INmin}}}{2f_{\mathrm{SW}}A_{\mathrm{e}}\Delta B}\tag{9.1.8}$$

这说明在开关频率f_{SW}、磁芯有效截面积A_{e}、磁通密度变化量ΔB一定的情况下，初级绕组匝数N_{P}仅与最小输入电压U_{INmin}、最小输入电压对应的最大占空比$D_{\max}$有关，与输出功率P_{O}无关。

根据匝比n的定义，利用式(9.1.8)可得次级绕组

$$N_{\mathrm{S}}=\frac{N_{\mathrm{P}}}{n}=\frac{U_{\mathrm{O}}+U_{\mathrm{D}}}{2f_{\mathrm{SW}}A_{\mathrm{e}}\Delta B}\tag{9.1.9}$$

这说明在开关频率f_{SW}、磁芯有效截面积A_{e}、磁通密度变化量ΔB一定的情况下，次级绕组匝数N_{S}仅与输出电压U_{O}有关，与输出功率P_{O}也无关。

由式(9.1.7)可知，在硬开关半桥变换器中，初级绕组伏秒积$U_{\mathrm{on}}T_{\mathrm{on}}=(0.5U_{\mathrm{IN}}-U_{\mathrm{SW}})T_{\mathrm{on}}=\frac{n(U_{\mathrm{O}}+U_{\mathrm{D}})}{2f_{\mathrm{SW}}}$，与输入电压$U_{\mathrm{IN}}$大小无关(与正激变换器类似)。

假设变换器目标效率为η，输出功率为P_{O}，则

$$P_{\mathrm{IN}}=\frac{1}{2}U_{\mathrm{IN}}I_{\mathrm{IN}}=\frac{P_{\mathrm{O}}}{\eta}$$

由此可知，变换器平均输入电流

$$I_{IN}=\frac{I_{PSC}T_{on}}{0.5T_{SW}}=\frac{2P_O}{\eta U_{IN}}=\frac{2U_OI_O}{\eta U_{IN}}=\frac{2DI_O}{\eta n}$$

其中，I_{PSC}为在T_{on}期间初级绕组N_P斜坡电流中心值，即

$$I_{PSC}=\frac{I_{IN}}{2D}=\frac{I_O}{\eta n}$$

如果次级滤波电感的电流纹波比为γ，则初级绕组N_P电流有效值

$$I_{Lrms}=I_{PSC}\sqrt{2D\left(1+\frac{\gamma^2}{12}\right)}=\frac{I_O}{\eta n}\sqrt{2D\left(1+\frac{\gamma^2}{12}\right)}$$

流过滤波电感L的电流有效值

$$I_{Lrms}=I_L\sqrt{\left(1+\frac{\gamma^2}{12}\right)}=I_O\sqrt{\left(1+\frac{\gamma^2}{12}\right)}$$

对全波整流电路来说，在V_1、V_2截止期间，滤波电感L的续流电流也流经次级绕组N_S，显然次级滤波电感L斜坡电流的中值$I_L=I_{NSC}=I_O$，假设流过两个次级绕组的电流大小相同，则次级绕组N_S的电流有效值

$$\begin{aligned}I_{NSrms}&=\sqrt{DI_{NSC}^2\left(1+\frac{\gamma^2}{12}\right)+\frac{1}{4}(1-D_S)I_{NSC}^2\left(1+\frac{\gamma^2}{12}\right)}\\&=\frac{I_O}{2}\sqrt{(2D+1)\left(1+\frac{\gamma^2}{12}\right)}\end{aligned}\tag{9.1.10}$$

而对桥式整流电路来说，在V_1、V_2截止期间，滤波电感L的续流电流没有流过次级绕组N_S，次级绕组N_S的电流有效值

$$I_{NSrms}=I_O\sqrt{2D\left(1+\frac{\gamma^2}{12}\right)}\tag{9.1.11}$$

当次级存在两个或两个以上绕组时，如果N_{S1}绕组输出电压为U_{O1}，整流二极管导通压降为U_{D1}，N_{S2}绕组输出电压为U_{O2}，整流二极管导通压降为U_{D2}，则两个次级绕组匝比

$$\frac{N_{S1}}{N_{S2}}=\frac{U_{O1}+U_{D1}}{U_{O2}+U_{D2}}$$

在这种情况下，各次级输出绕组Buck滤波电感也同样需要采用耦合电感形式，滤波电感匝比同样要求满足$\frac{N_1}{N_2}=\frac{N_{S1}}{N_{S2}}$。Buck滤波电感的设计方法、计算公式与正变换器完全相同，这里不再赘述。

9.1.5 隔直电容C_3参数的计算

在T_{on}时间内，流经隔直电容C_3的平均电流I_{C3}就是初级绕组N_P斜坡电流的中值I_{PSC}，即

$$I_{C3}=I_{PSC}=\frac{I_{IN}}{2D}=\frac{P_O}{\eta DU_{IN}}$$

根据电容充电电流与端电压的关系，隔直电容容量

$$C_3=\frac{\Delta TI_{C3}}{\Delta U_{C3}}=\frac{T_{on}I_{C3}}{\Delta U_{C3}}=\frac{P_O}{\eta\Delta U_{C3}f_{SW}U_{INmin}}\tag{9.1.12}$$

其中，电容 C_3 端电压变化量 ΔU_{C3} 一般取$(10\%\sim15\%)\times\frac{1}{2}\times U_{\text{INmin}}$。可见，隔直电容 C_3 容量与输出功率 P_O、目标效率 η、开关频率 f_{SW} 及最小输入电压 U_{INmin} 等因素有关。

例如，当最小输入电压 U_{INmin} 为 370 V，输出功率 P_O 为 300 W，效率 η 为 0.85，开关频率 f_{SW} 为 66 kHz 时，如果 ΔU_{C3} 取 $10\%\times\frac{1}{2}\times U_{\text{INmin}}=18.50$ V，则

$$C_3=\frac{300}{0.85\times18.5\times66\times10^3\times370}\approx0.78\ \mu\text{F}$$

在本例中，隔直电容 C_3 可用容量为 0.82 μF 或 0.68 μF、耐压为 250 V 的聚丙烯材质 CBB 电容。

电容 C_3 的估算公式也可用于计算图 9.1.6 所示的小容量分压电容 C_1、C_2 的容量。

9.2　全桥变换器

全桥(Full Bridge)变换器主要包括传统硬开关全桥变换器、全桥 *LLC* 谐振变换器、全桥 *LCC* 谐振变换器、全桥移相式软开关变换器等。其中，全桥 *LLC* 谐振变换器及全桥移相式软开关变换器具有开关损耗小、效率高等优点，更容易通过 EMI 测试，已逐步成为中高压输入全桥拓扑变换器的首选结构。本节首先简要介绍硬开关全桥变换器的工作原理、特点及相关设计公式，以便读者能更好地理解其他全桥拓扑变换器的电路构成与工作原理。

一般来说，全桥变换器的工作过程与同类型半桥变换器的工作过程相同，只是输出功率更大，在大功率 AC-DC 及 DC-AC 变换器中得到了广泛应用。

9.2.1　原理电路

硬开关全桥变换器原理电路如图 9.2.1 所示，初级回路由开关管 $V_1\sim V_4$ 构成左右两个桥臂，初级绕组 N_P 通过隔直电容 C_3 连接在两个桥背的中点 A、B 之间。V_1、V_4 与 V_3、V_2 轮流导通，次级输出滤波电路与半桥变换器相同。隔直电容 C_3 的作用与半桥变换器中隔直电容 C_3 的作用也完全相同，容量选择依据也一样；硬开关全桥变换器与硬开关半桥变换器的工作原理也相同，唯一区别是全桥变换器初级绕组 N_P 输入电压为 U_{IN}，开关导通电阻为两开关管导通电阻 R_{on} 之和，开关损耗也是两开关管开关损耗之和。显然，在全桥变换器中 A、B 两点都是初级侧的开关节点，次级整流二极管两端为次级侧的开关节点。

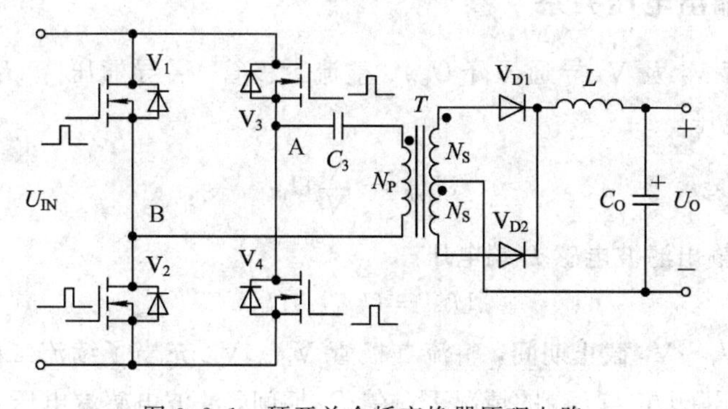

图 9.2.1　硬开关全桥变换器原理电路

全桥变换器次级等效电路与半桥变换器基本相同，如图 9.1.9 所示，区别仅仅是 Buck 滤波电路等效输入电压 U_{INR} 的大小不同。

与半桥变换器类似，全桥变换器也同样利用了开关管寄生的体二极管实现变压器初级绕组漏感能量的回收，并对尖峰脉冲电压实现钳位，如图 9.2.2 所示。在 V_2、V_3 管关断瞬间，只要 B 点电位略大于输入电压 U_{IN}，就会触发 V_1、V_4 管寄生的体二极管导通，将漏感能量回送输入滤波电容 C_{IN} 存储，并强制 V_2、V_3 管 D－S 极间电压箝位在 $U_{IN}+U_D$；在 V_1、V_4 管关断瞬间，只要 A 点电位略大于输入电压 U_{IN}，就会触发 V_3、V_2 管寄生的体二极管导通，将漏感能量回送输入滤波电容 C_{IN} 存储，并强制 V_4、V_1 管 D－S 极间电压箝位在 $U_{IN}+U_D$。

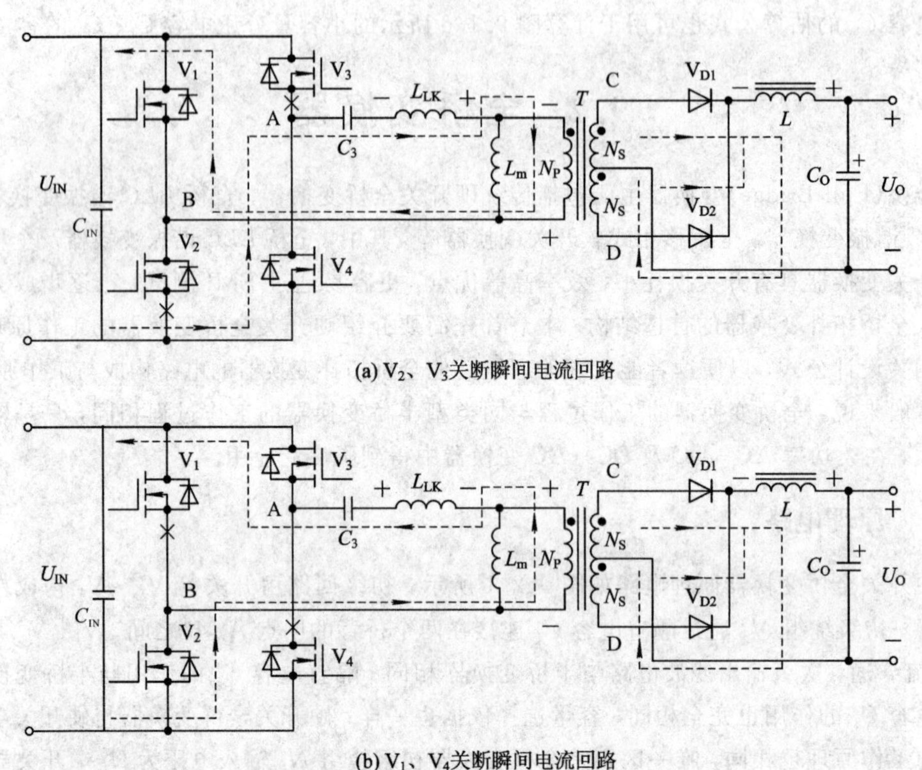

图 9.2.2 漏感能量释放时电流回路

9.2.2 输入、输出电压关系

在忽略开关管 V_3 及 V_2 导通压降 U_{SW}、整流二极管 V_{D1} 导通压降 U_{D1} 的情况下，Buck 变换器等效输入电压

$$U_{INR}=\frac{N_S}{N_P}U_{IN}$$

在 T_{on} 期间，输出滤波电感 L 端电压

$$U_{on}=U_{INR}-U_O$$

而在开关管 V_1～V_4 截止期间，整流二极管 V_{D1}、V_{D2} 充当了续流二极管的功能。在忽略 V_{D1}、V_{D2} 导通压降 U_{D1} 与 U_{D2} 的情况下，在 T_{off} 期间，滤波电感端电压 $U_{off}=U_O$。

次级回路占空比

$$D_S = \frac{T_{on}}{T_{on} + T_{off}} = \frac{U_{off}}{U_{on} + U_{off}} = \frac{U_O}{U_{INR} - U_O + U_O} = \frac{U_O}{U_{INR}} = \frac{N_P}{N_S} \times \frac{U_O}{U_{IN}} = n\frac{U_O}{U_{IN}}$$

输出电压

$$U_O = \frac{1}{n} D_S U_{IN} \tag{9.2.1}$$

考虑到初级回路驱动信号占空比

$$D = \frac{T_{on}}{T} = \frac{T_{on}}{2(T_{on} + T_{off})} = 0.5 D_S$$

因此输出电压为

$$U_O = \frac{2D \times U_{IN}}{n} \tag{9.2.2}$$

在开关管 $V_1 \sim V_4$ 导通压降 U_{SW}、整流二极管 V_{D1} 导通压降 U_{D1} 及二极管 V_{D2} 导通压降 U_{D2} 不能忽略的情况下(电路结构对称，整流二极管 V_{D1}、V_{D2} 参数相同，存在 $U_{D1} = U_{D2} = U_D$)，Buck 滤波器等效输入电压

$$U_{INR} = \frac{N_S}{N_P}(U_{IN} - 2U_{SW})$$

在 T_{on} 期间，滤波电感 L 端电压 $U_{on} = U_{INR} - U_D - U_O$；在 T_{off} 期间，滤波电感 L 端电压 $U_{off} = U_O + U_D$。

占空比

$$D_S = \frac{U_{off}}{U_{on} + U_{off}} = \frac{U_O + U_D}{U_{INR} - U_O - U_D + U_O + U_D} = \frac{U_O + U_D}{U_{INR}}$$

当驱动电源 U_{IN} 远大于开关管 V 导通压降 U_{SW} 的两倍时，占空比为

$$D_S = \frac{U_O + U_D}{\frac{N_S}{N_P} \times (U_{IN} - 2U_{SW})} \approx \frac{U_O + U_D}{\frac{N_S}{P} U_{IN}} = \frac{n(U_O + U_D)}{U_{IN}}$$

即输出电压(适用于次级全波)

$$U_O = D_S U_{INR} - U_D = \frac{1}{n} D_S (U_{IN} - 2U_{SW}) - U_D \approx \frac{2DU_{IN}}{n} - U_D \tag{9.2.3}$$

当次级采用桥式整流时，输出电压

$$U_O = D_S \times U_{INR} - 2U_D = \frac{1}{n} D_S (U_{IN} - 2U_{SW}) - 2U_D \approx \frac{2DU_{IN}}{n} - 2U_D$$

9.2.3　变压器参数计算

全桥变换器所需变压器磁芯的面积积

$$AP = \frac{U_{on} A_{Cu} T_{on}}{K_U \Delta B} = \frac{U_{IN} A_{Cu}}{I_{PSC} K_U \Delta B} \times \frac{I_{PSC} T_{on}}{0.5 T_{SW}} \times 0.5 T_{SW}$$

其中，I_{PSC} 为初级绕组斜坡电流的中值，而在 $\frac{T}{2}$ 时间(半个开关周期)内，驱动电源 U_{IN} 的平均输出电流(也就是流过初级绕组的平均电流)就等于变换器的平均输入电流，即

$$I_{IN} = \frac{I_{PSC} T_{on}}{0.5 T_{SW}}$$

考虑到驱动电源 U_{IN} 的输出功率就是变换器的输入功率 $P_{IN}=U_{IN}\times I_{IN}$，于是磁芯面积积

$$AP=\frac{P_{IN}}{2\frac{I_{PSC}}{A_{Cu}}K_U\Delta Bf_{SW}}=\frac{P_{IN}}{2JK_U\Delta Bf_{SW}}$$

当电流密度 J 的单位为 A/mm^2，频率 f_{SW} 的单位为 kHz，双向磁通密度增量 ΔB 的单位为 T，输入功率 P_{IN} 的单位为 W 时，磁芯面积积

$$AP=\frac{P_{IN}}{2JK_U f_{SW}\Delta B}\times 10^3(mm^4) \tag{9.2.4}$$

由此可知磁芯面积积 AP 与半桥变换器面积积 AP 的表达式完全相同。换句话说，对于相同的输出功率(或输入功率)，半桥、全桥变换器所需的磁芯尺寸完全相同。

一旦选定磁芯型号，就可以知道磁芯有效截面积 A_e，然后利用

$$N_P A_e\Delta B=L\Delta I=U_{on}T_{on}=(U_{IN}-2U_{SW})DT_{SW}=\frac{n(U_O+U_D)}{2f_{SW}}$$

就可以计算出初级绕组匝数 N_P。

可见，在硬开关半桥及全桥变换器中，初级绕组伏秒积 $U_{on}T_{on}$ 均为$\frac{n(U_O+U_D)}{2f_{SW}}$，与输入电压 U_{IN} 的大小无关。显然，输入电压 U_{IN} 低，导通时间 T_{on} 就长。

考虑到在工程上占空比 D 最大取 0.4，而 $D_S=2D$，由式(9.2.3)可得变压器匝比

$$n=\frac{N_P}{N_S}=\frac{2D(U_{INmin}-2U_{max})}{U_O+U_D}\approx\frac{2U_{max}U_{INmin}}{U_O+U_D} \tag{9.2.5}$$

显然，初级绕组匝数

$$N_P=\frac{n(U_O+U_D)}{2f_{SW}A_e\Delta B}=\frac{D_{max}(U_{INmin}-2U_{SW})}{f_{SW}A_e\Delta B}\approx\frac{D_{max}U_{INmin}}{f_{SW}A_e\Delta B}$$

可见，在其他条件相同情况下，全桥变换器初级绕组 N_P 比半桥变换器多了一倍。

根据匝比 n 的定义，利用式(9.2.5)可获得次级绕组为

$$N_S=\frac{N_P}{n}=\frac{(U_O+U_D)N_P}{2D_{max}(U_{INmin}-2U_{SW})}=\frac{U_O+U_D}{2f_{SW}A_e\Delta B} \tag{9.2.6}$$

当开关频率 f_{SW} 的单位取 kHz，磁芯截面 A_e 的单位取 mm^2，双向磁通密度变化量 ΔB 的单位取 T 时，初级绕组匝数为

$$N_P=\frac{n(U_O+U_D)}{2f_{SW}A_e\Delta B}\times 10^3 \tag{9.2.7}$$

值得注意的是，尽管全桥变换器初级绕组匝数 N_P 的表达式在形式上与半桥变换器一致，但两者的匝比 n 不同。在输入电压 U_{IN}、输出电压 U_O、占空比 D 相同的条件下，半桥变换器匝比 $n_{HBR}=\frac{DU_{INmin}}{U_O+U_D}$，而全桥变换器匝比 $n_{FBR}=\frac{2DU_{INmin}}{U_O+U_D}$，即 $n_{FBR}=2n_{HBR}$。由此可见，在相同条件(如输出功率、输入电压、输出电压)下，由半桥改为全桥时，初级绕组匝数 N_P 增加一倍。即可这样理解：传输功率相同，而全桥输入电压高，初级绕组匝数 N_P 自然要相应增加。由于电感量 $L_m=N_P^2A_L$，这表明对于同一磁芯来说，匝数增加为原来的两倍，电感量 L_m 将增加为原来的 4 倍，而全桥变换器输入电压仅是半桥变换器输入电压的两倍，这意味着在其他条件不变的情况下，一个开关周期内全桥变换器激磁电流增量 $\Delta I_{Lm}=\frac{U_{on}}{L_m}T_{on}$ 仅

为半桥变换器的 50%。因此，全桥变换器更适合于大功率输出的应用场合。

初级绕组 N_P 电流的有效值与半桥变换器的相同，即

$$I_{NPrms} = \frac{I_O}{\eta n}\sqrt{2D\left(1+\frac{\gamma^2}{12}\right)}$$

但由于匝比 n 大，结果全桥变换器输入电流有效值小。

由于在全桥变换器中，施加到初级绕组 N_P 两端的电压为 U_{IN}，因此不难导出全桥变换器隔直电容

$$C_3 = \frac{P_O}{2\eta\Delta U_{C3} f_{SW} U_{INmin}}$$

可见，在其他条件不变时，全桥驱动器所需隔直电容 C_3 的容量仅为半桥变换器的一半。原因也是其输入电流只有相同输入功率半桥变换器的一半。

9.3　倍流整流电路

在硬开关半桥及全桥、非对称半桥及全桥移相式变换器中，当输出电流大但变化范围不大时，次级整流电路宜采用如图 9.3.1 所示的倍流整流电路(Current Double Rectifier，CDR)代替全波整流电路，以获得更高的性价比。

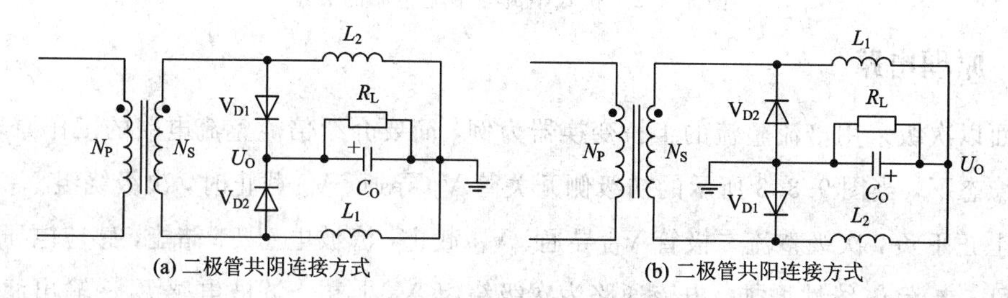

图 9.3.1　二极管倍流整流电路

次级侧采用倍流整流方式时，变压器只需一个次级绕组 N_S，结构相对简单，兼有全波整流与桥式整流的优点。倍流整流电路可以理解为将图 9.3.2(a)所示的桥式整流电路中的整流二极管 V_{D1} 和 V_{D2} 或 V_{D3} 和 V_{D4} 换成滤波电感 L_1、L_2 后就分别获得图 9.3.2(b)所示的二极管共阳连接方式的倍流整流电路和图 9.3.2(c)所示的二极管共阴连接方式的倍流整流电路。此外，在倍流整流电路中输出滤波电感 L_1、L_2 的纹波电流流经输出滤波电容 C_O 时相互抵消，使输出滤波电容 C_O 上的纹波电压 ΔU_O 变小；滤波电感 L_1、L_2 释放能量时，电感电流不流经次级绕组 N_S。更为重要的是，在输出滤波电感 L_1、L_2 磁芯骨架上增加驱动绕组后即可获得同步整流 MOS 管所需的驱动信号，进一步降低了整流电路的损耗。但值得注意的是，倍流整流电路中的滤波电感 L_1、L_2 交错储能，一般不能绕在同一磁芯的骨架上形成磁集成电感，需单独绕在各自的磁芯骨架上，构成彼此独立的滤波电感；此外，图 9.3.1所示的倍流整流电路不能工作在轻载，尤其是空载状态下，否则当滤波电感电流进入 DCM 模式后，将出现电流倒灌现象，这不仅降低了变换器的效率，而且严重时还会使变换器输出 U_O 不稳定。

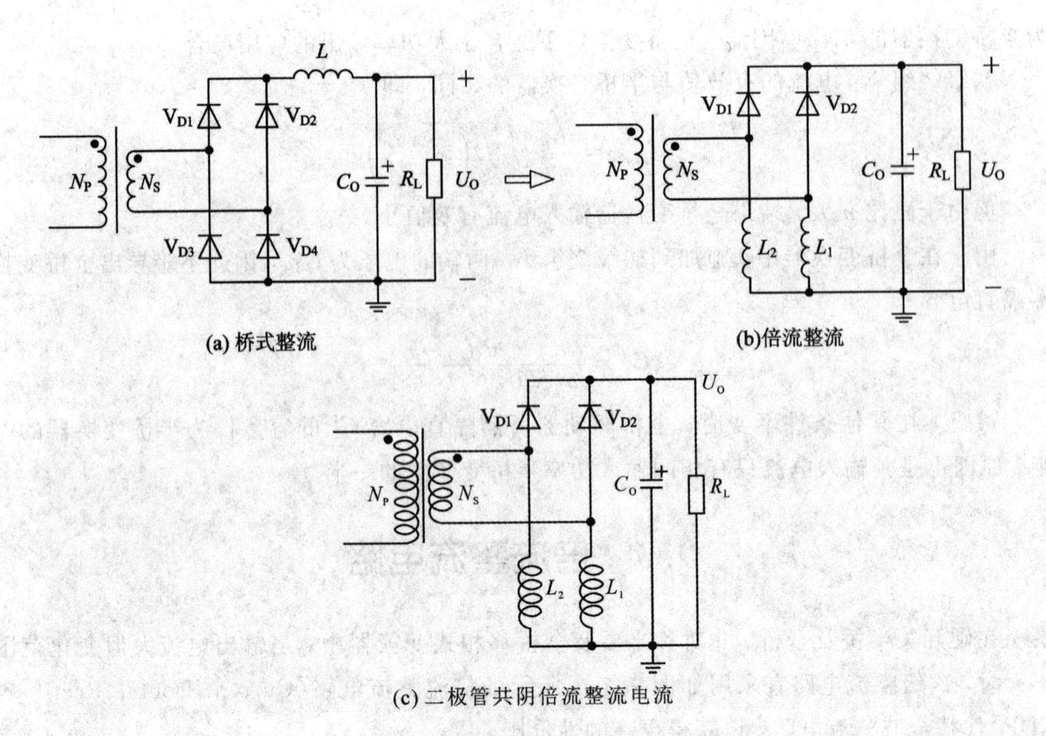

图 9.3.2　桥式整流与倍流整流的关系

9.3.1　原理电路

下面以次级采用倍流整流的半桥变换器为例，简要介绍倍流整流电路的工作原理。

在稳态下，当图 9.3.3 所示的初级侧开关管 V_1 导通、V_2 截止时，次级绕组 N_S 感应电压 U_{INR} 上正下负，次级整流二极管 V_{D1} 导通、V_{D2} 截止，滤波电感 L_1 储能，感应电压极性为左正右负，电流 i_{L1} 线性增加，电流通路为次级绕组 N_S 上端→滤波电感 L_1→输出滤波电容 C_O→二极管 V_{D1} 正极→二极管 V_{D1} 负极→次级绕组 N_S 下端；而滤波电感 L_2 释放能量，端电压极性为右正左负，电流 i_{L2} 线性下降，电流通路为滤波电感 L_2 右端→输出滤波电容 C→二极管 V_{D1} 正极→二极管 V_{D1} 负极→滤波电感 L_2 左端，如图 9.3.3(a)所示。显然，这期间流过二极管 V_{D1} 的电流 i_{D1} 为 $i_{L1}+i_{L2}$，次级绕组 N_S 电流 $i_{NS}=i_{L1}$。

在开关管 V_1、V_2 截止期间，次级绕组 N_S 端电压消失，二极管 V_{D1}、V_{D2} 同时导通，两只滤波电感均处于能量释放状态，电流通路如图 9.3.3(b)所示。

在开关管 V_1 截止、V_2 导通时，次级绕组 N_S 感应电压 U_{INR} 极性为下正上负，次级整流二极管 V_{D2} 导通、V_{D1} 截止，滤波电感 L_2 储能，端电压极性为左正右负，电流 i_{L2} 线性增加，电流通路为次级绕组 N_S 下端→滤波电感 L_2→输出滤波电容 C_O→二极管 V_{D2} 正极→二极管 V_{D2} 负极→次级绕组 N_S 上端；滤波电感 L_1 释放能量，端电压极性为右正左负，电流 i_{L1} 线性下降，电流通路为滤波电感 L_1 右端→输出滤波电容 C_O→二极管 V_{D2} 正极→二极管 V_{D2} 负极→滤波电感 L_1 左端，如图 9.3.3(c)所示。显然，这期间流过二极管 V_{D2} 的电流 i_{D2} 也等于 $i_{L1}+i_{L2}$，次级绕组 N_S 电流 $i_{NS}=i_{L2}$。

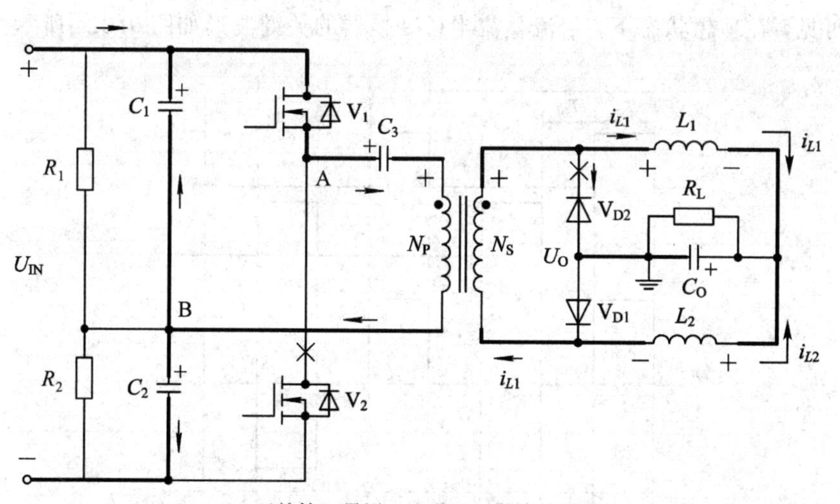

(a) 开关管V_1导通、V_2截止时的电流通路

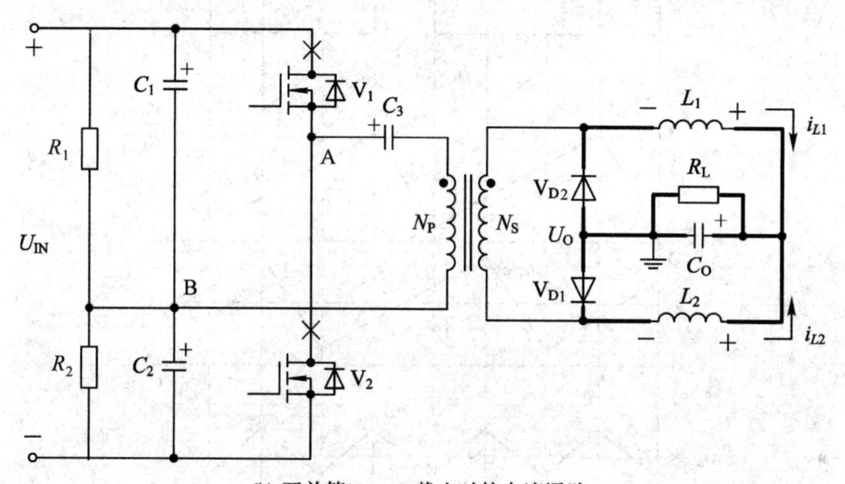

(b) 开关管V_1、V_2截止时的电流通路

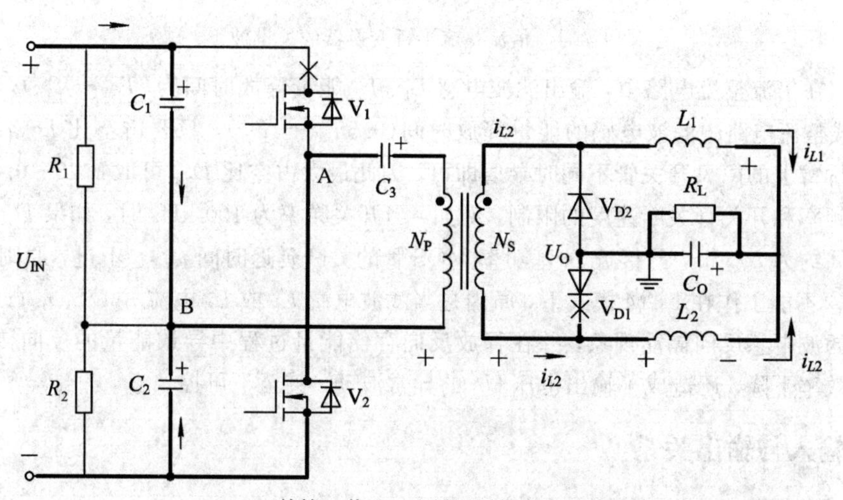

(c) 开关管V_1截止、V_2导通时的电流通路

图 9.3.3　不同开关状态下的电流通路

由此可见，在理想状态下，倍流整流半桥变换器的关键波形如图 9.3.4 所示。

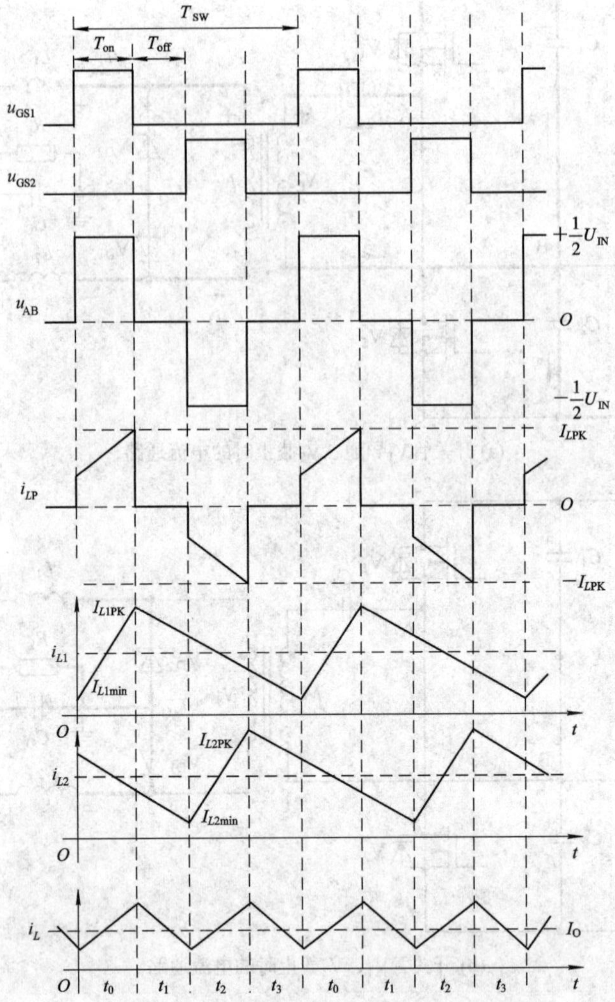

图 9.3.4　倍流整流半桥变换器的关键波形

可见，在倍流整流电路中，输出滤波电感 L_1、L_2 能量释放时间为($T_{SW}-T_{on}$)，大于全波整流、桥式整流电路中滤波电感的能量释放时间($0.5T_{SW}-T_{on}$)，只要占空比 D 略小于 0.5，确保同一桥臂上的两只开关管不同时导通即可，因此最大占空比 D_{max} 可取 0.45～0.48(D_{max} 上限受开关频率和开关管关断速度的限制，例如，当开关频率为 100 kHz 时，如果 D_{max} 取 0.48，则死区时间约为 200 ns，已接近 Si 基功率 MOS 管的关断延迟时间 t_{off})。不过，原则上滤波电感 L_1 与 L_2 不能工作在 DCM 模式下，原因是当滤波电感 L_1 或 L_2 电流 $i_{L1}(t)$、$i_{L2}(t)$ 小于 0 时将会出现滤波电感反向储能现象，并在释放反向存储能量过程中导致能量的反向传输，不仅使变换器效率下降，还造成了输出电压 U_O 的异常波动，甚至不可控。

9.3.2　输入与输出关系

1. 倍流整流半桥变换器中的输入与输出关系

假设次级整流二极管 V_{D1}、V_{D2} 特性相同，滤波电感 L_1、L_2 的电感量也相同，且滤波电

感工作在 CCM 或 BCM 模式下。由电感“伏秒积”平衡条件可知占空比

$$D=\frac{T_{on}}{T_{SW}}=\frac{U_O+U_D}{U_{INR}}=\frac{n(U_O+U_D)}{0.5U_{IN}-U_{SW}}\approx\frac{2n(U_O+U_D)}{U_{IN}} \tag{9.3.1}$$

输出电压

$$U_O=DU_{INR}-U_D=\frac{D(0.5U_{IN}-U_{SW})}{n}-U_D\approx\frac{DU_{IN}}{2n}-U_D \tag{9.3.2}$$

由此可得，变压器匝比

$$n=\frac{N_P}{N_S}=\frac{D(0.5U_{INmin}-U_{SW})}{U_O+U_D}\approx\frac{DU_{INmin}}{2(U_O+U_D)} \tag{9.3.3}$$

2. 倍流整流全桥变换器中的输入与输出关系

对全桥变换器来说，当次级采用倍流整流电路时，占空比

$$D=\frac{T_{on}}{T}=\frac{U_O+U_D}{U_{INR}}=\frac{n(U_O+U_D)}{U_{IN}-2U_{SW}}\approx\frac{n(U_O+U_D)}{U_{IN}} \tag{9.3.4}$$

输出电压

$$U_O=DU_{INR}-U_D=\frac{D(U_{IN}-2U_{SW})}{n}-U_D\approx\frac{DU_{IN}}{n}-U_D \tag{9.3.5}$$

由此可得变压器匝比

$$n=\frac{N_P}{N_S}=\frac{D(U_{INmin}-2U_{SW})}{U_O+U_D}\approx\frac{DU_{INmin}}{U_O+U_D} \tag{9.3.6}$$

可见，对于半桥、全桥变换器来说，当次级由全波整流、桥式整流改为倍流整流时，变压器匝比 n 将减半。换句话说，在其他条件不变的情况下，次级绕组 N_S 的匝数将加倍，即将全波整流改为倍流整流时，无需改动变压器次级绕组 N_S 的匝数，先将原全波整流的中间抽头悬空，再将倍流整流输入端接两次级绕组的输出端即可；但将桥式整流改为倍流整流时必须将变压器次级绕组的匝数加倍。换句话说，次级采用倍流整流方式时，并没有提高变压器次级绕组的利用率。

9.3.3　滤波电感 L_1 及 L_2 的设计

倍流整流电路相当于两个 Buck 滤波电路并联。显然，每个 Buck 滤波电感的平均电流 $I_{L1}=I_{L2}=\frac{1}{2}I_O$，也意味着每个 Buck 滤波电路的输出功率为变换器总输出功率的一半。为减小滤波电感 L_1、L_2 的体积，每一路滤波电感的电流纹波比 $\gamma=\frac{\Delta I_{L1}}{I_{L1}}=\frac{2\Delta I_{L1}}{I_O}$，一般取 0.4～0.6，避免负载轻微变化时，进入 DCM 模式，因此电感量

$$L=L_1=L_2=\frac{U_O+U_D}{\Delta I_{L1}}(T_{SW}-T_{on})=\frac{2(U_O+U_D)(1-D)}{\gamma I_O f_{SW}} \tag{9.3.7}$$

流过滤波电感 L_1、L_2 的电流有效值

$$I_{L1rms}=I_{L2rms}=I_{L1}\sqrt{1+\frac{\gamma^2}{12}}=\frac{I_O}{2}\sqrt{1+\frac{\gamma^2}{12}} \tag{9.3.8}$$

显然，在 V_1 导通期间，滤波电感 L_1 电流线性增加，而滤波电感 L_2 电流线性减小，即

$$i_{L1} = I_{L1\min} + \frac{U_{\text{on}}}{L_1}t = I_{L\min} + \frac{U_{\text{INR}} - U_{\text{O}} - U_{\text{D}}}{L}t$$

$$i_{L2} = \left(I_{L2\text{PK}} - \frac{U_{\text{off}}}{L_2}T_{\text{off}}\right) - \frac{U_{\text{off}}}{L_2}t = \left(I_{L\text{PK}} - \frac{U_{\text{O}} + U_{\text{D}}}{L}T_{\text{off}}\right) - \frac{U_{\text{O}} + U_{\text{D}}}{L}t$$

$$i_L = i_{L1} + i_{L2} = I_{L\min} + I_{L\text{PK}} + \frac{U_{\text{INR}} - 2(U_{\text{O}} + U_{\text{D}})}{L}t$$

于是输出纹波电流

$$\Delta I_{\text{O}} = \frac{U_{\text{INR}} - 2(U_{\text{O}} + U_{\text{D}})}{L}T_{\text{on}} \approx \frac{1 - 2D}{Lf_{\text{SW}}}(U_{\text{O}} + U_{\text{D}})$$

由式(9.3.7)可知 $Lf_{\text{SW}} = \dfrac{2(U_{\text{O}} + U_{\text{D}})(1 - D)}{\gamma I_{\text{O}}}$，因此输出纹波电流

$$\Delta I_{\text{O}} = \frac{1 - 2D}{2(1 - D)}\gamma I_{\text{O}} \tag{9.3.9}$$

由此可见，在输入电压越小、负载越重的情况下，占空比 D 越大，输出纹波电流 ΔI_{O} 越小。正因如此，在硬开关半桥、全桥变换器中，当次级侧采用倍流整流电路时最大占空比 D 宜取 0.45～0.48 之间，以降低输出纹波电流 ΔI_{O}。

变压器次级绕组 N_{S} 电流有效值 $I_{N\text{Srms}} = \dfrac{I_{\text{O}}}{2}\sqrt{2D\left(1 + \dfrac{\gamma^2}{12}\right)}$，初级绕组 N_{P} 电流有效值 $I_{N\text{Prms}} = \dfrac{I_O}{2n\eta}\sqrt{2D\left(1 + \dfrac{\gamma^2}{12}\right)}$。尽管形式不同，但在倍流整流桥式变换器中变压器匝比 n 比全波整流桥式变换器小了一半，因此对于相同输出电流的桥式变换器来说，在其他条件不变的情况下，初级绕组 N_{P} 电流有效值 $I_{N\text{Prms}}$ 并没有变化。

接下来就可以借助 CCM 模式 Buck 变换器的相关计算公式求出滤波电感 L_1、L_2 所需的磁芯体积 V_{e}，在选定了磁芯型号后，就可以确定磁芯的有效截面积 A_{e}，进而求出绕组匝数 N_{L1} 及 N_{L2}。

9.3.4 同步倍流整流电路

图 9.3.1 所示的倍流整流电路往往用在负载基本固定的低压、大电流输出场合，为进一步减小次级整流电路的损耗，在低压、大电流输出电路中，可采用导通电阻 R_{on} 达 mΩ 级的低压功率 MOS 管代替图 9.3.1(b)所示的倍流整流电路中的共阳肖特基整流二极管 V_{D1}、V_{D2}(二极管导通电压 U_{D} 较大，损耗高)，获得如图 9.3.5 所示的同步倍流整流电路。

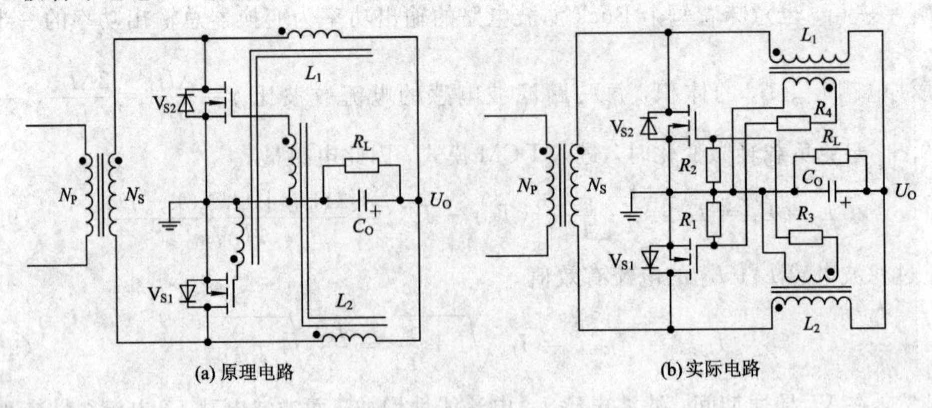

图 9.3.5 同步倍流整流输出电路

在同步倍流整流电路中，无需专用的同步整流驱动芯片给同步整流MOS管V_{S1}、V_{S2}提供驱动信号，原则上可在主变压器或输出滤波电感磁芯的骨架上增加驱动绕组的方式来获得同步整流MOS管所需的驱动信号。但为了降低主变压器的绕线难度，一般尽可能在滤波电感磁芯的骨架上增加驱动绕组以便获得同步整流MOS管所需的驱动信号，如图9.3.5所示。

采用同步倍流整流电路时，仅在滤波电感磁芯骨架上各自增加了一个功率MOS管驱动绕组，并不影响倍流整流电路中输入与输出之间的关系，以及滤波电感L_1与L_2的参数。

当次级绕组N_S感应电压极性为上正下负时，滤波电感L_1处于储能状态，端电压为左正右负，同步整流MOS管V_{S1}导通，滤波电感L_2处于放能状态，端电压为右正左负，同步整流MOS管V_{S2}截止，如图9.3.6(a)所示。

当初级侧开关管V_1及V_2均截止、次级绕组N_S端电压为零时，滤波电感L_1、L_2均处于放能状态，同步整流MOS管V_{S1}、V_{S2}均截止，被迫借助同步整流MOS管寄生的体二极管续流，如图9.3.6(b)所示。

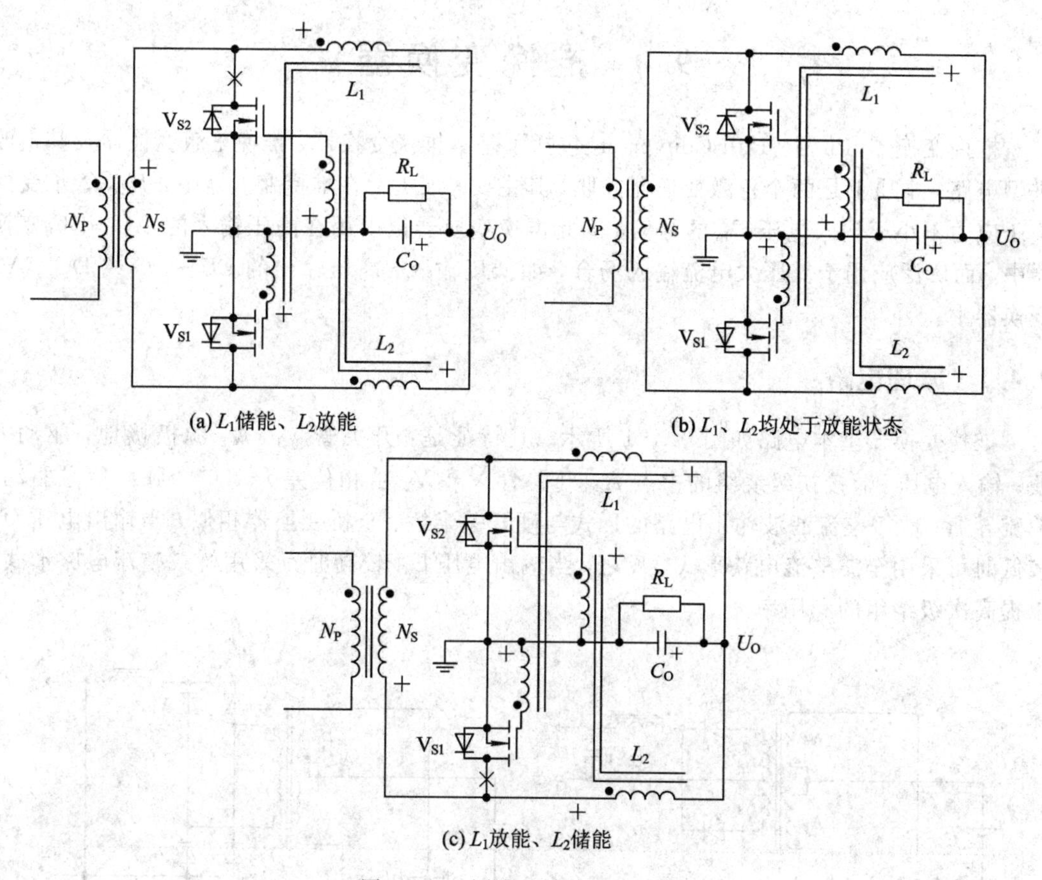

图9.3.6 同步整流管工作模态

而当次级绕组N_S感应电压极性为下正上负时，滤波电感L_2处于储能状态，端电压为左正右负，同步整流MOS管V_{S2}导通，滤波电感L_1处于能量释放状态，端电压为右正左负，同步整流MOS管V_{S1}截止，如图9.3.6(c)所示。

由此可见，在同步倍流整流电路中，只在初级侧开关管导通期间滤波电感L_1、L_2电流能借助同步整流 MOS 管 V_{S1} 或 V_{S2} 源-漏低阻通道流动，而在次级绕组 N_S 端电压为 0 期间，只能借助导通压降较高的寄生体二极管流动，影响了同步整流的效率。为此，在低压输出应用中，可在同步整流管 D－S 极间并联导通压降较小的肖特基整流二极管 V_{D1}、V_{D2}，如图 9.3.7 所示，以进一步降低同步整流电路的损耗。

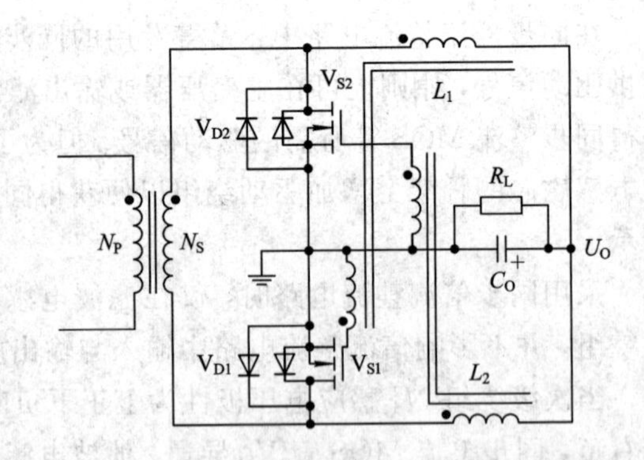

图 9.3.7　带肖特基二极管的同步倍流整流电路

考虑到在倍流整流电路中，同步整流 MOS 管驱动信号 u_{GS} 与滤波电感 L_1、L_2 储能期间端电压($U_{on}=U_{INR}-U_O-U_{SD}$)成正比，因此变换器输入电压 U_{IN} 变化范围不宜太大，否则会使同步整流 MOS 管驱动信号 u_{GS} 幅度偏高(导致 MOS 管 G－S 极过压击穿)或偏低(引起导通电阻增加，导通损耗上升，导致变换器效率下降)。

9.4　推挽变换器

推挽变换器(Push－Pull Converter)包括了基本推挽变换器、推挽正激变换器及其他改进型电路，本质上是两个正激变换器并联，其主要特征是：在推挽变换器中，开关管承受的电压应力不小于输入电压 U_{IN} 的两倍，因此推挽变换器很少用在高压输入的 AC－DC 变换器中，而广泛应用于低压大电流输入场合，如低压输入、高压输出的 DC－DC 或 DC－AC 变换器中。

9.4.1　原理电路

推挽变换器基本电路如图 9.4.1 所示。其特征是：开关管 V_1、V_2 源极接地，驱动方便；输入电压 U_{IN} 接初级绕组的中点 A，开关管 V_1、V_2 由相位差为 180°的脉冲信号驱动，轮流导通；次级整流滤波输出电路的形式与硬开关半桥、全桥变换器相似，当输出电压 U_O 较低时可采用全波整流电路形式，反之，当输出电压 U_O 较高时宜采用桥式整流电路形式，以提高次级绕组的利用率。

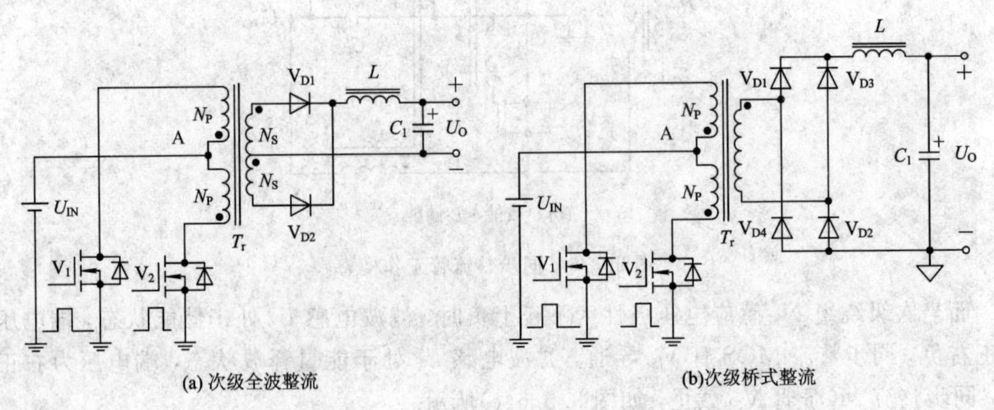

图 9.4.1　推挽变换器原理电路

9.4.2　工作原理

在推挽变换器中，开关管 V_1、V_2 驱动信号的波形与半桥变换器类似，也是两管轮流导通且彼此之间有一定的死区时间，以避免两管同时导通时引起初级绕组磁通相互抵消，造成开关管过流损坏，并使输出滤波电感 L 有时间释放存储的能量，如图 9.4.2 所示。

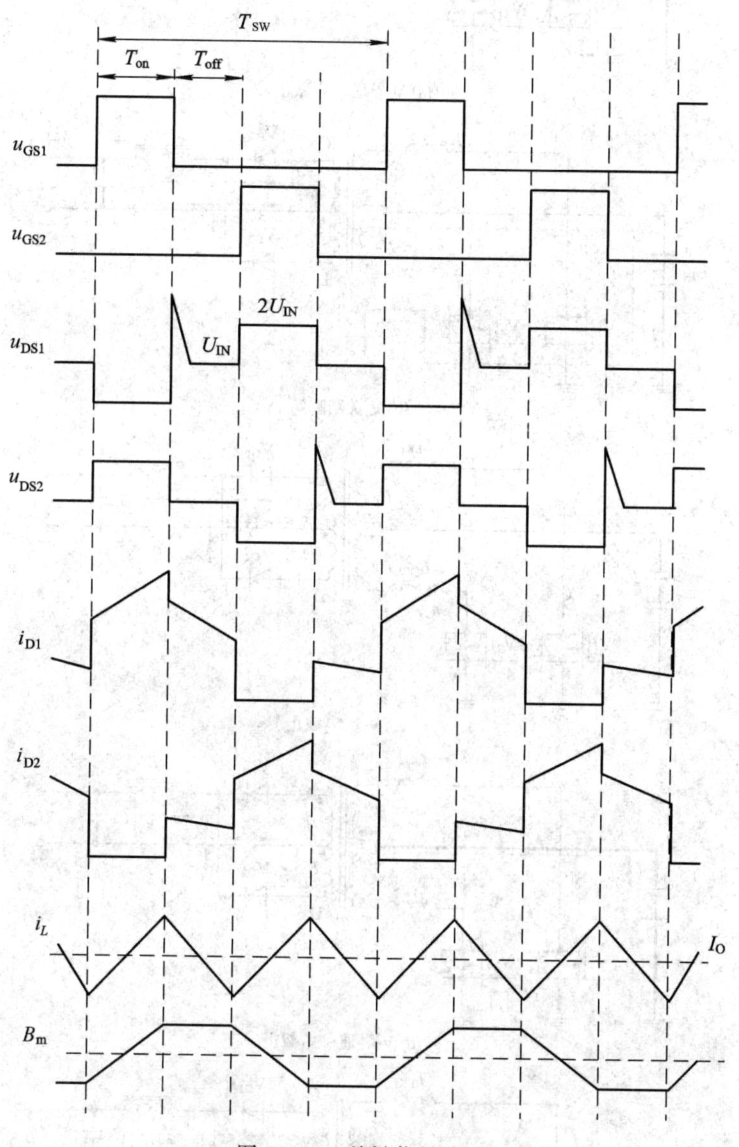

图 9.4.2　关键信号波形

当 V_1 导通、V_2 截止时，输入电压 U_{IN} 施加到初级绕组 N_P 上，电流方向如图 9.4.3(a) 所示，初级绕组 N_P 电流 i_{NP} 线性增加，i_{NP} 同样包含了激磁电流和负载映射电流。

显然，处于截止状态的 V_2 管 D－S 极间承受的电压为 $2U_{IN}$。可见，在推挽变换器中，处于截止状态的开关管承受的电压应力高。

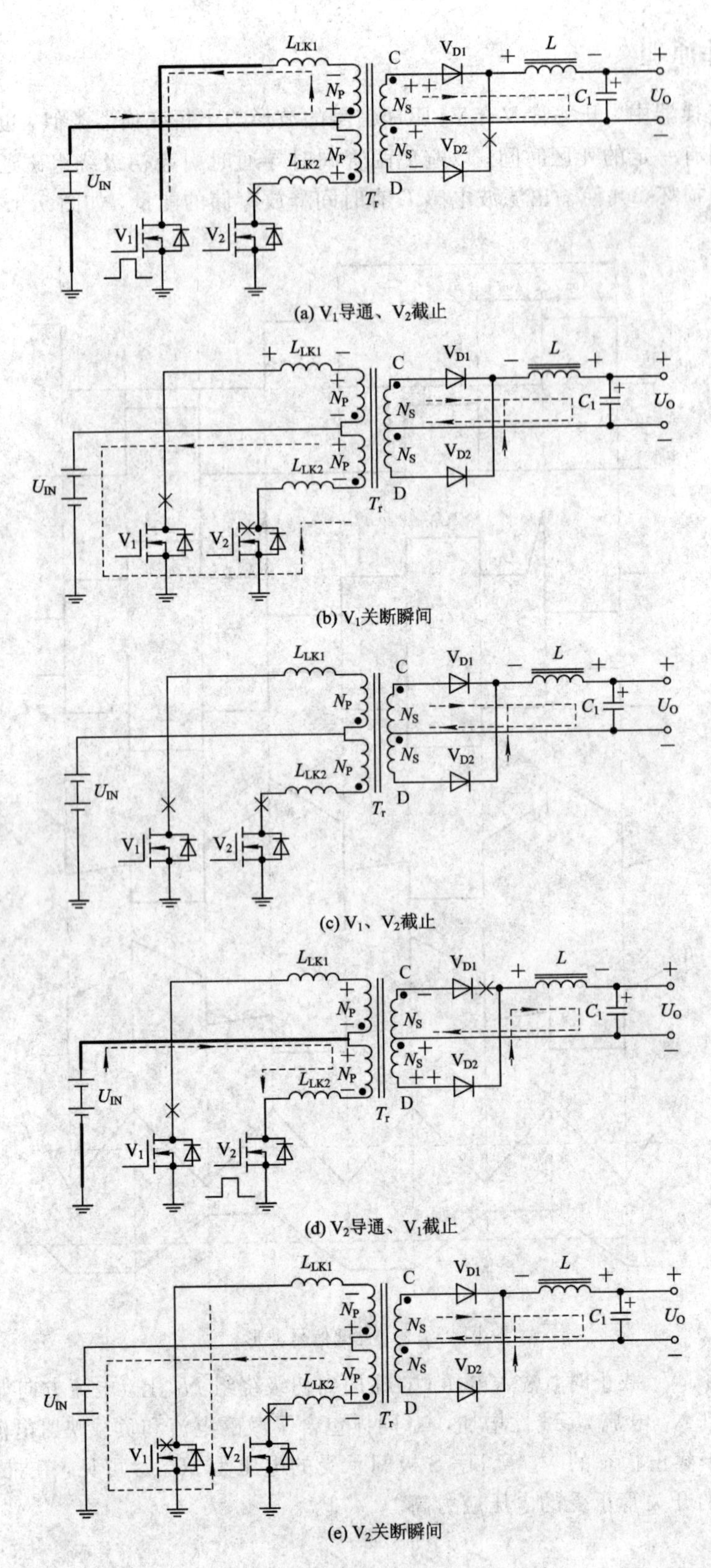

图 9.4.3　不同工作状态下的电流通路

在 $t=T_{on}$ 时刻，V_1 驱动信号消失，V_1 管进入关断状态，初级绕组 N_P、次级绕组 N_S、输出滤波电感 L 端电压极性突然反向，由于漏感 L_{LK1} 存储的能量无法释放，V_1 关断瞬间在 V_1 管 D−S 极间将出现大于 $2U_{IN}$ 的瞬态尖峰电压，激磁电流借助 V_2 管寄生的体二极管释放部分激磁能量，电流通路如图 9.4.3(b)所示。次级滤波电感 L 电压极性反向后，将使 C 点电位迅速下降、D 点电位迅速上升，当二极管 V_{D1}、V_{D2} 导通电流相等时，次级绕组 N_S 端电压为 0，进而强迫初级绕组 N_P 端电压为 0，激磁能量不能再借助初级绕组释放，变换器进入稳定的截止状态，如图 9.4.3(c)所示。

反之，当 V_2 导通、V_1 截止时，也存在类似情况。

与全桥变换器类似，推挽变换器输出电压

$$U_O = \frac{2D(U_{IN}-U_{SW})}{n} - U_D\text{（全波整流）}$$

$$U_O = \frac{2D(U_{IN}-U_{SW})}{n} - 2U_D\text{（桥式整流）}$$

其中，$D=\dfrac{T_{on}}{T_{SW}}$，为初级回路驱动信号的占空比 U_{SW} 为开关管的导通压降，一般不能忽略，除非输入电压 $U_{IN} \gg U_{SW}$。变压器磁芯估算方法、初级绕组 N_P 匝数、次级绕组 N_S 匝数、平均输入电流 I_{IN}、输入电流有效值 I_{INrms} 的计算公式与全桥变换器的完全一致。

9.4.3　推挽变换器与桥式变换器比较

与桥式变换器类似，导通期间初级绕组 N_P 电压也是 U_{IN}，但在推挽变换器中，存在两个初级绕组，因此绕线成本高，窗口利用率低，当输入电压较高时，初级绕组匝数较多，可能无法容纳，这也是推挽变换器不宜用在高压输入场合的原因之一。此外，关断瞬间开关管承受的最大电压为 $2U_{IN}$（考虑漏感引起的尖峰脉冲电压后，实际承受的瞬态电压大于 $2U_{IN}$），因此推挽变换器仅适用于低压大电流输入的应用场合。

此外，漏感能量没有得到再利用，效率低于半桥、全桥变换，EMI 也相应较高。为减小两初级绕组 N_P 之间的漏感，初级绕组常采用双线并绕方式绕制。

更为严重的是无法借助类似半桥、全桥隔直电容方式来避免直流磁偏，需要在磁芯中增加小气隙、串联小电阻或采用峰值电流控制方式防止出现直流磁偏，以提高变换器的可靠性。

习　　题

9-1　画出硬开关半桥变换器的原理电路，并简要概述其工作原理。

9-2　为什么正激变换器最大占空比 D 可取 0.45～0.48 之间，而次级采用全波整流、桥式整流的硬开关半桥变换器最大占空比 D 只能取 0.4？

9-3　在半桥变换器中串联隔直电容的目的是什么？

9-4　简述隔直电容容量的选择原则及各参数的计算过程。

9-5　请画出次级桥式整流电路在不同状态下的等效电路。

9-6　画出硬开关全桥变换器的原理电路。

9-7　半桥、全桥变换器开关管驱动信号为什么一定要呈现 180°的相位差？

9-8　简要说明全桥变换器更适合于输出功率大的应用场合。

9-9　画出倍流整流电路的原理图，并简要说明倍流整流电路的应用条件。

9-10　为什么说次级采用倍流整流方式时并没有提高变压器次级绕组的利用率?

9-11　在同步倍流整流电路中，在什么状态下只能依赖同步整流 MOS 管寄生的体二极管完成续流?当希望尽可能减小整流损耗时，可采取什么方式?

9-12　指出三种形式次级整流电路的优缺点和适用条件。

9-13　画出推挽变换器的原理电路，并简要说明推挽变换器的主要特征及应用场合。

第 10 章　软开关桥式变换器

传统硬开关变换器开关损耗大，效率低，不仅浪费了能源，也加剧了变换器的温升，降低了变换器的可靠性，缩短了变换器的寿命，并限制了开关变换器输出功率的进一步提升。为此，电源领域的工程师先后开发出了数百种具有零电压开通(ZVS)、零电流关断(ZCS)特性的变换器。本章在简要介绍非对称半桥、全桥移相式、*LLC*、*LCC* 等几种典型软开关变换器电路组成及工作原理的基础上，重点介绍 *LLC*、*LCC* 两种谐振变换器的设计方法。

10.1　软开关变换器概述

在硬开关变换器中，开关管负载往往为感性负载，导通期间开关管漏-源电流 i_{DS}线性或近似线性增加，关断时漏-源瞬态电流 i_{DS}往往很大，关断瞬间漏-源电流 i_{DS}并不能迅速下降到零，造成开关管关断期间漏-源电压 u_{DS}与 i_{DS}存在交叠现象，不可避免地存在较大的关断损耗 $P_{loss(off)}$；而在截止期间，开关管漏-源电压 u_{DS}往往是驱动电源电压 U_{IN}或 $U_{IN}/2$，甚至为 $U_{IN}+U_{OR}$(如反激类变换器)，开通瞬间漏-源电压 u_{DS}也不能迅速下降到零，导致开通瞬间 u_{DS}与 i_{DS}也存在交叠现象，形成了较大的开通损耗 $P_{loss(on)}$，如图 10.1.1 所示。开通损耗与关断损耗统称为开关损耗，显然在其他条件不变的情况下，开关损耗与开关频率 f_{SW}成正比。

软开关技术利用 *LC* 谐振网络瞬态电流或瞬态电压周期性过零的特征，使截止期间漏—源电压 u_{DS}按正弦规律下降到零后触发开关管导通，从而实现开关管的零电压开通(ZVS)或使导通期间漏—源电流 i_{DS}按正弦规律下降到零后使开关管关断，从而实现零电流关断(ZCS)，如图10.1.2所示。可见，软开关技术不仅降低了开关损耗，也提高了变换器的效率。

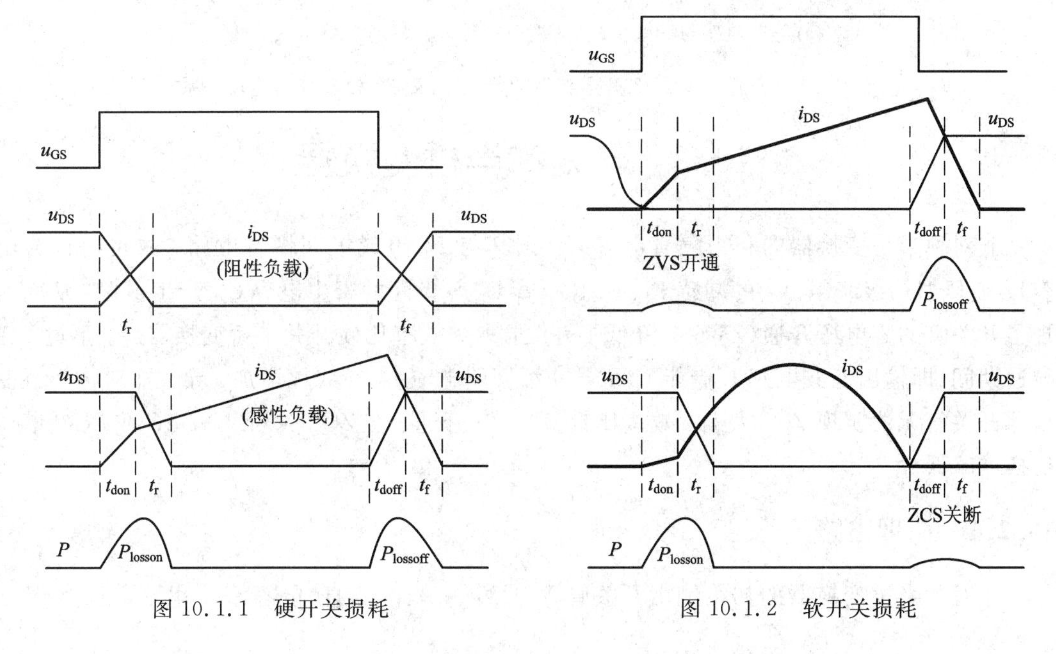

图 10.1.1　硬开关损耗　　　　图 10.1.2　软开关损耗

当然，利用多谐振技术，使开关管既能实现 ZVS 开通，又能实现 ZCS 关断，即具有 ZVZCS 开关特性的变换器开关损耗会更小，效率将更高。

能实现软开关功能的谐振变换器种类很多。根据谐振电容 C_r、谐振电感 L_r 连接方式不同，可分为串联谐振电路(Series Resonance Circuit，SRC)、并联谐振电路(Parallel Resonance Circuit，PRC)及串并联谐振(Series - Parallel Resonance Circuit，SPRC，如桥式 *LLC*、*LCC* 谐振变换器等)；根据 *LC* 谐振网络连接位置的不同，又可以分为半桥谐振变换器与全桥谐振变换器。有的谐振变换器需要外置谐振电容 C_r，如 *LLC*、*LCC* 串并联谐振变换器，而有的谐振变换器则利用开关管输出寄生电容 C_{oss} 充当谐振电容 C_r，如非对称半桥变换器、由 MOS 管构成的全桥移相式变换器等。

在谐振变换器中，位于谐振回路内的外置谐振电容、隔直电容等必须是绝缘电阻很大、耐压很高、损耗(介质极化损耗)很小、能承受大纹波电流的聚丙烯材质薄膜电容或 MKP 及 MMKP 类金属化聚丙烯电容(这类电容多采用 E12 分度)，不能采用高频损耗较大的聚酯类材质有机电容。

由于简单的 SRC、PRC 谐振变换器存在这样或那样的缺陷，因此没有得到具体的应用。在 SPRC 谐振变换器中，*LLC* 谐振变换器性能指标最好，近年来在 100 W 中高功率恒压输出变换器中得到了广泛的应用；而 *LCC* 谐振变换器恒流特性好，在 100 W 以上的中高功率 LED 驱动电源中得到了广泛应用。

在谐振变换器中，谐振网络必须能等效为电感 L_E 与等效负载 R_L 串联或并联形式，如图 10.1.3 所示，否则初级回路的开关管不可能具备 ZVS 开通特性。

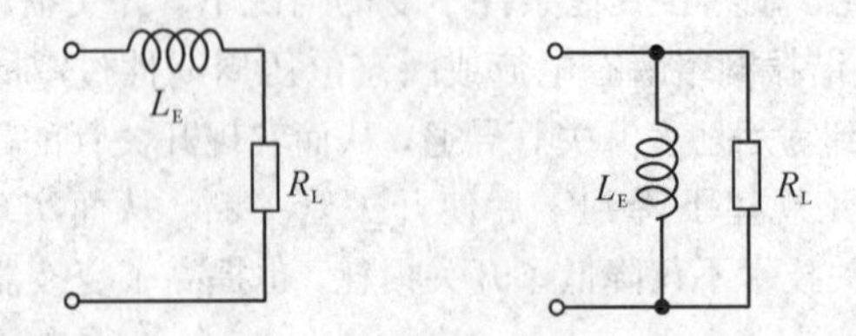

(a) 等效电感与等效负载串联　(b) 等效电感与等效负载并联

图 10.1.3　能实现 ZVS 开通特性的等效电感与等效负载的连接关系

10.2　非对称半桥变换器

非对称半桥变换器的利用隔直电容 C_d(因其与 L_r 组成级间耦合电路，故也称耦合电容)、变压器初级绕组 N_P 的漏感 L_{LK}、MOS 管 D、S 极间的寄生电容 C_{oss} 产生谐振，从而实现了开关管的零电压开通(ZVS)，降低了开关损耗。效率比硬开关半桥变换器高。不过，在导通期间(即输出滤波电感 *L* 储能期间)，初级回路电流 i_{NP} 在线性增加，导致非对称半桥变换器开关管无法实现 ZCS 关断，效率比具备“ZVS 开通、准 ZCS 关断”的 *LLC* 或 *LCC* 谐振变换器略低。

10.2.1　原理电路

非对称半桥变换器的初级侧由开关管 V_1、V_2、耦合(隔直)电容 C_d、串联谐振电感 L_r

（在磁集成变压器中，串联谐振电感 L_r 往往是初-次级绕组漏感 L_{LK}）、变压器初级绕组 N_P 组成，而次级整流电路与硬开关半桥、全桥变换器类似，如图 10.2.1 所示。

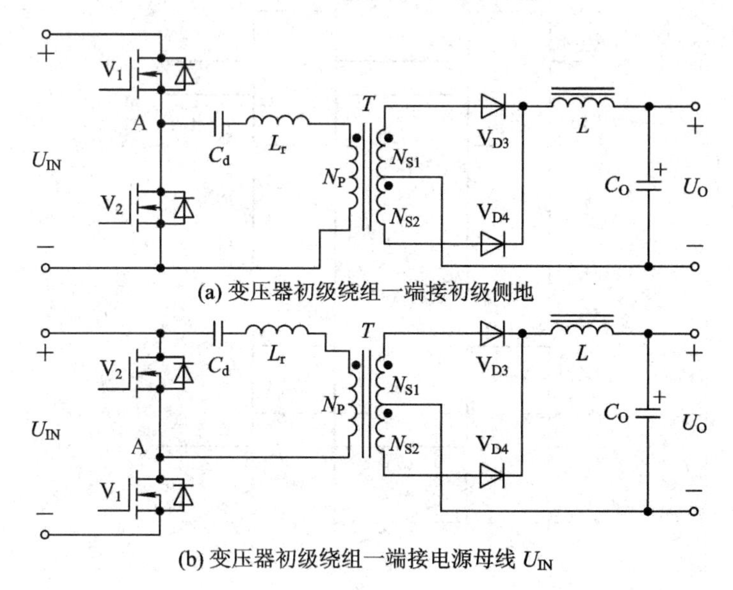

图 10.2.1　非对称半桥变换器原理电路

10.2.2　工作原理

非对称半桥变换器开关管 V_1、V_2 的驱动波形是一对互补的 PWM 信号，其工作状态与硬开关对称半桥变换器有着本质的区别，考虑功率 MOS 管 D、S 极间寄生电容 C_{oss}、寄生体二极管 V_D、变压器激磁电感 L_m 后，等效电路如图 10.2.2 所示。

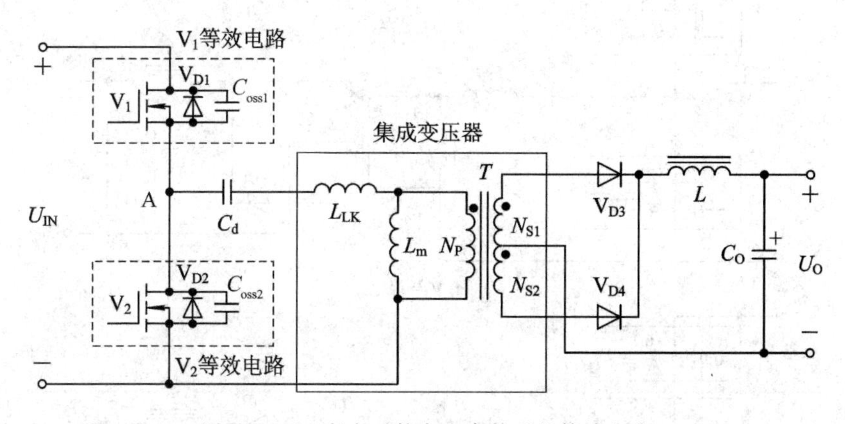

图 10.2.2　考虑元件寄生参数后的等效电路

在理想状态下（假设开关管 V_1 与 V_2、次级整流二极管 V_{D3} 与 V_{D4} 均为理想元件，开通、关断延迟时间为 0，导通压降也为 0，隔直电容 C_d 容量足够大，一个开关周期内 C_d 端电压 U_{Cd} 没有变化，漏感 L_{LK} 很小，可忽略不计），非对称半桥变换器各关键节点电压、回路电流的波形如图 10.2.3 所示。

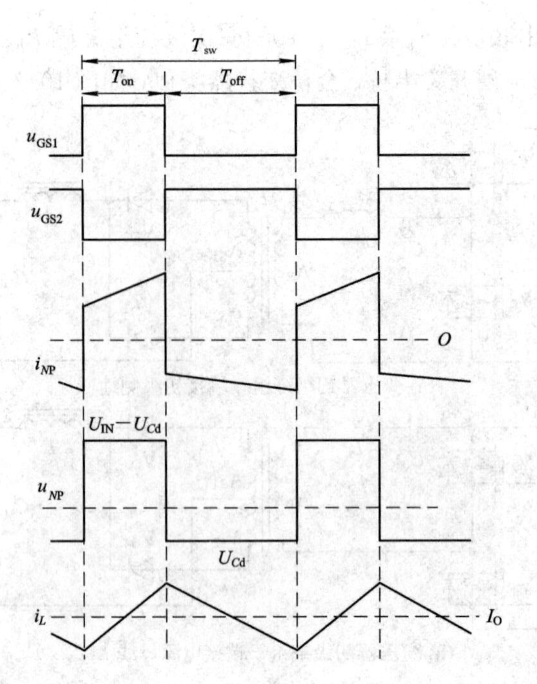

图 10.2.3 理想状态下关键回路电流及节点电压波形

在 T_{on}期间内，V_1 导通、V_2 截止(承受的最大电压为 U_{IN})，隔直电容 C_d 充电，初级绕组 N_P 端电压为 $U_{IN}-U_{Cd}$，初级绕组电流 i_{NP}线性增加，激磁电流 L_{Lm}也线性增加，变压器处于激磁状态；次级整流二极管 V_{D3} 导通、V_{D4} 截止，滤波电感 L 感应电压为左正右负，输出滤波电感 L 处于储能状态，如图 10.2.4(a)所示。

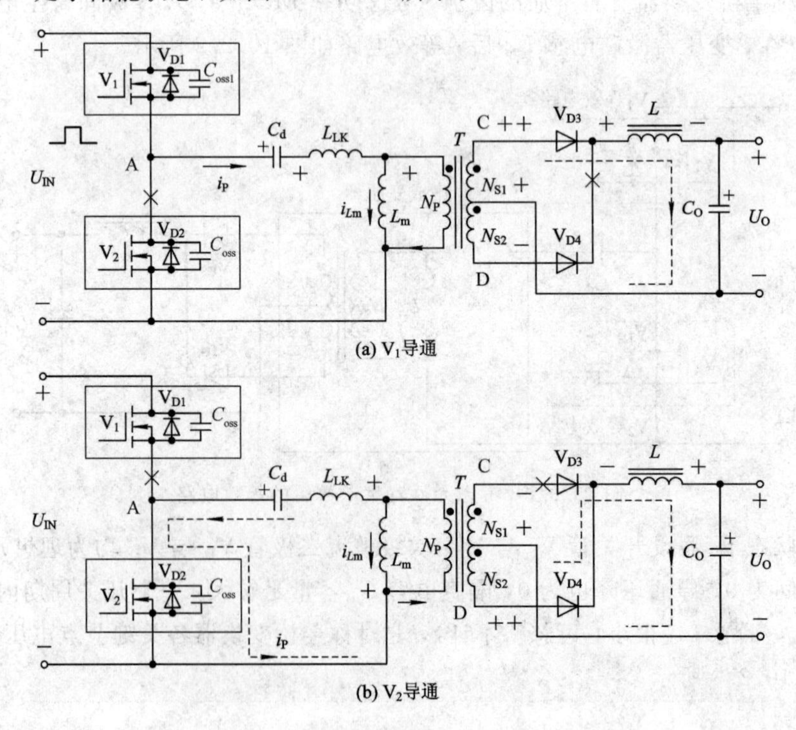

图 10.2.4 理想状态下电路状态

在 T_{off}期间内，V_2 导通、V_1 截止(承受的最大电压为 U_{IN})，隔直电容 C_d 通过初级绕组 N_P 放电，初级绕组 N_P 的端电压为 U_{Cd}，极性是下正上负，使初级绕组电流 i_{NP}反向线性增加，导致激磁电流 i_m 线性减小，变压器处于去磁状态；次级绕组 N_S 电压的极性为下正上负，结果次级整流二极管 V_{D4}导通、V_{D3}截止，滤波电感 L 端电压的极性为右正左负，滤波电感 L 处于能量释放状态，如图 10.2.4(b)所示。

在非对称半桥变换器中，开关管 V_1关断时输出电容 C_{oss1}充电，而开关管 V_2的输出电容 C_{oss2}放电，当 C_{oss2}完全放电(即 A 点电位接近地电位)时触发 V_2管开通，就会使 V_2管实现 ZVS 开通；同理，开关管 V_2关断时输出电容 C_{oss2}充电，而开关管 V_1的输出电容 C_{oss1}放电，当 C_{oss1}完全放电(即 A 点电位接近 U_{IN})时触发 V_1管开通，就会使 V_1管实现 ZVS 开通。可见，开关管 V_1、V_2可以具有 ZVS 开通特性，开通损耗小，但在开关管导通后初级绕组 N_P的电流 i_{NP}线性增加，使开关管不具有 ZCS 关断特性，关断损耗较大。因此，在 LLC 谐振变换器普及后，非对称半桥变换器已不再受到重视。

1. 稳态电流与电压关系

为确保在 T_{off}期间滤波电感 L 能够释放在 T_{on}期间存储的能量，次级绕组 N_{S2}感应电压 U_{NS2}必须小于输出电压 U_O，才能使滤波电感 L 端电压 U_{off}的极性为右正左负，即

$$U_{off} = U_O - U_{NS2} = U_O - \frac{N_{S2}}{N_P}U_{Cd} = U_O - \frac{U_{Cd}}{n_2} > 0$$

因此，在 CCM 模式下一个开关周期内，初级侧激磁电感 L_m“伏秒积”平衡条件为

$$(U_{IN} - U_{Cd})T_{on} = U_{Cd}T_{off} = U_{Cd}(T_{SW} - T_{on})$$

由此可知，隔直(耦合)电容 C_d 的端电压

$$U_{Cd} = DU_{IN}$$

次级侧滤波电感 L 的“伏秒积”平衡条件为

$$(U_{INR1} - U_O)T_{on} = (U_O - U_{INR2})T_{off}$$

考虑到 V_{D3}导通时次级绕组 N_{S1}感应电压 $U_{INR1} = \frac{N_{S1}}{N_P}(U_{IN} - U_{Cd}) = \frac{U_{IN} - U_{Cd}}{n_1}$，$V_{D4}$导通时次级绕组 N_{S2}感应电压 $U_{INR2} = \frac{N_{S2}}{N_P}U_{Cd} = \frac{U_{Cd}}{n_2}$，因此次级侧滤波电感“伏秒积”平衡条件为

$$\left(\frac{U_{IN} - U_{Cd}}{n_1} - U_O\right)\times DT_{SW} = \left(U_O - \frac{U_{Cd}}{n_2}\right)\times(1-D)\times T_{SW}$$

整理后可得输出电压

$$U_O = \frac{DU_{IN} - DU_{Cd}}{n_1} + \frac{U_{Cd} - DU_{Cd}}{n_2} = \left(\frac{1}{n_1} + \frac{1}{n_2}\right)D(1-D)U_{IN}$$

当匝比 $n_1 = n_2 = n$ 时，输出电压

$$U_O = \frac{2D(1-D)\times U_{IN}}{n}$$

电压增益

$$G_m = \frac{U_O}{U_{IN}} = \frac{2(D - D^2)}{n}$$

可见，G_m 与占空比 D 是抛物线关系，关系如图 10.2.5 所示。

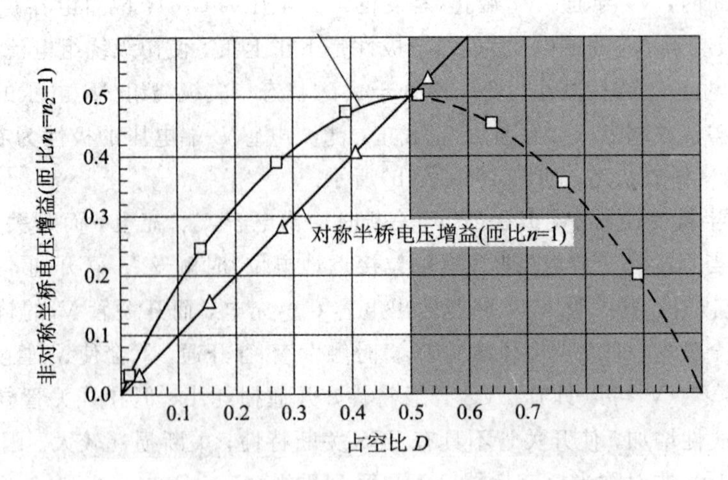

图 10.2.5　电压增益 G_m 与占空比 D 的关系

可见，在非对称半桥变换器中，当占空比 $D<0.5$ 时，U_{IN} 增加，为维持输出电压 U_O 不变，占空比 D 减小，使电压增益 G_m 下降；而当占空比 $D>0.5$ 时，U_{IN} 增加，为维持输出电压 U_O 不变，占空比 D 必须增加，使电压增益 G_m 下降。而 PWM 控制芯片多采用“输入电压增加，占空比 D 减小”的负反馈控制方式，因此在非对称半桥变换器中，占空比 D 理论上限为 0.5。

在一个开关周期内，初级绕组 N_P 激磁与去磁平衡，即 T_{on} 期间内激磁电流斜坡中值与 T_{off} 期间内去磁电流斜坡中值必然相等，并等于激磁电感 L_m 的平均电流 I_{Lm}。由隔直电容 C_d 的“安秒积”平衡条件可知

$$\left(\frac{I_O}{n_1}+I_{Lm}\right)T_{on}=\left(\frac{I_O}{n_2}-I_{Lm}\right)T_{off}$$

因此，初级绕组 N_P 激磁电感 L_m 的平均电流

$$I_{Lm}=\left(\frac{1-D}{n_2}-\frac{D}{n_1}\right)I_O$$

这说明在非对称半桥变换器中，初级绕组平均激磁电流 $I_{Lm}\neq 0$，即存在直流磁偏。为避免磁芯动态饱和，必须在非对称半桥变压器的磁芯中增加气隙，才能使变换器可靠工作。

为确保在 T_{off} 期间滤波电感 L 能够释放在 T_{on} 期间存储的能量，次级绕组 N_{S2} 感应电压 U_{NS2} 必须小于输出电压 U_O，即要求

$$\begin{aligned}U_{off}&=U_O-U_{NS2}=U_O-\frac{U_{Cd}}{n_2}=\left(\frac{1}{n_1}+\frac{1}{n_2}\right)D(1-D)U_{IN}-\frac{DU_{IN}}{n_2}\\&=DU_{IN}\left(\frac{1-D}{n_1}-\frac{D}{n_2}\right)>0\end{aligned}$$

由此可见，只要 $n_1\leqslant n_2$，即 $N_{S1}\geqslant N_{S2}$，就能保证在 T_{off} 期间 $U_{off}>0$，使滤波电感 L 去磁。

显然，在 T_{on} 期间，次级整流二极管 V_{D4} 截止，承受的最大反向电压

$$U_{D4}=\frac{N_{S1}+N_{S2}}{N_P}(U_{IN}-U_{Cd})=\left(\frac{1}{n_1}+\frac{1}{n_2}\right)(1-D)U_{IN}=\frac{U_O}{D}$$

而在 T_{off} 期间，次级整流二极管 V_{D3} 截止，承受的最大反向电压

$$U_{D3}=\frac{N_{S1}+N_{S2}}{N_P}U_{Cd}=\left(\frac{1}{n_1}+\frac{1}{n_2}\right)DU_{IN}=\frac{U_O}{1-D}$$

对负反馈控制方式来说，输入电压 U_{IN} 大，占空比 D 小，次级整流二极管 V_{D4} 耐压要求就高；反之，输入电压 U_{IN} 小，占空比 D 大，次级整流二极管 V_{D3} 耐压要求就高。因此，非对称半桥变换器输入端也需要 APFC 变换器来稳定输入电压。

2. 耦合电容 C_d 的容量计算

在 T_{on} 期间，耦合电容 C_d 充电，端电压变化量 ΔU_{Cd} 一般取输入电压 U_{IN} 的 2%～5%，而在 T_{on} 期间流过 C_d 的电流有负载映射电流与激磁电流。在 T_{on} 期间耦合电容 C_d 的平均充电电流

$$I_{Cd}=\frac{I_O}{n_1}+I_{Lm}=\frac{I_O}{n_1}+\left(\frac{1-D}{n_2}-\frac{D}{n_1}\right)I_O=\left(\frac{1}{n_1}+\frac{1}{n_2}\right)(1-D)I_O$$

因此，耦合电容 C_d 容量

$$C_d=\frac{I_{Cd}\Delta T}{\Delta U_{Cd}}=\frac{I_{Cd}T_{on}}{\Delta U_{Cd}}=\left(\frac{1}{n_1}+\frac{1}{n_2}\right)\times\frac{D(1-D)I_O}{(0.02\sim0.05)U_{IN}f_{SW}}$$

10.3 非对称半桥 PWM 反激变换器

非对称半桥 PWM 反激变换器与非对称半桥变换器类似，也是利用了耦合电容 C_d、变压器初-次级绕组漏感 L_{LK}、MOS 管 D、S 极间的寄生电容 C_{oss} 产生谐振，从而实现了开关管 ZVS(零电压)开通，降低了开关损耗。另一方面，存储在漏感 L_{LK} 中的能量和开关管 D、S 极间的寄生电容 C_{oss} 中的能量得到了再利用，因此效率比 QR 反激变换器略高。

10.3.1 原理电路

非对称半桥 PWM 反激变换器初级侧由开关管 V_1 及 V_2、耦合电容 C_d、串联谐振电感 L_r（在磁集成变压器中，串联谐振电感往往就是初级绕组的漏感 L_{LK}）、变压器初级绕组 N_P 组成；次级整流电路与硬开关反激变换器类似，由次级绕组 N_S、高频整流二极管 V_{D3}、输出滤波电容 C_O 组成，如图 10.3.1 所示。

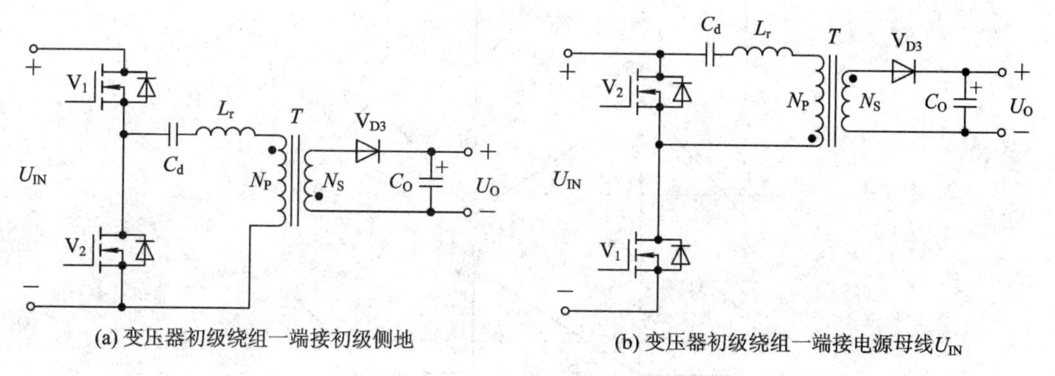

图 10.3.1 非对称半桥 PWM 反激变换器原理电路

10.3.2 工作原理

非对称半桥 PWM 反激变换器开关管 V_1、V_2 的驱动波形也是一对互补的 PWM 信号，工作状态与硬开关反激变换器略有区别，考虑到功率 MOS 管 D 极和 S 极间寄生电容 C_{oss}、

寄生体二极管 V_D、变压器激磁电感 L_m 后，等效电路如图 10.3.2 所示。

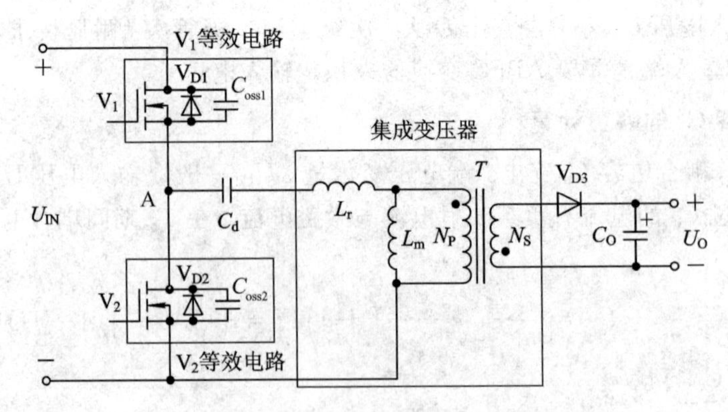

图 10.3.2　考虑元件寄生参数后的等效电路

由于寄生电容 C_{oss1}、C_{oss2} 的容量很小，为方便参数估算，忽略死区时间的影响；并假设耦合电容 C_d 容量足够大，在 T_{on}、T_{off} 期间，耦合电容 C_d 的端电压 U_{Cd} 不变；由于激磁电感 L_m 远大于串联电感 L_r，在参数估算时也忽略 L_r 的影响。理想化后的关键节点电压与回路电流波形如图 10.3.3 所示。

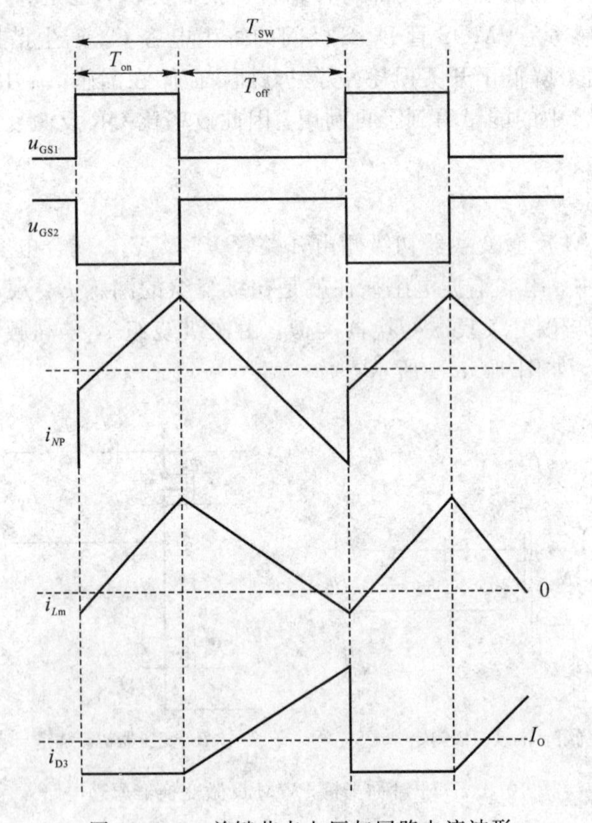

图 10.3.3　关键节点电压与回路电流波形

在 T_{on} 期间内，V_1 导通、V_2 截止(承受的最大电压为 U_{IN})。耦合电容 C_d 充电，初级绕组 N_P 端电压为 $U_{IN}-U_{Cd}$)，初级绕组电流 $i_{NP}=i_{Lm}$ 线性增加，变压器处于激磁状态，次级绕组电压极性是下正上负，次级整流二极管 V_{D3} 截止。

在 T_{off} 期间内，V_2 导通、V_1 截止（承受的最大电压为 U_{IN}）。耦合电容 C_d 通过初级绕组 N_P 放电，初级绕组 N_P 端电压为 U_{Cd}，极性是下正上负，激磁电流 i_{Lm} 线性减小，变压器处于去磁状态；次级绕组 N_S 电压极性突变为上正下负，次级整流二极管 V_{D3} 导通。

因此在 CCM 模式下，一个开关周期内，变压器初级侧“伏秒积”平衡条件为

$$(U_{IN}-U_{Cd})T_{on}=U_{Cd}T_{off}=U_{Cd}(T_{SW}-T_{on})$$

由此可得，耦合电容 C_d 端电压为

$$U_{Cd}=DU_{IN}$$

另一方面，在 T_{off} 期间次级绕组 N_S 端电压 $U_{NS}=U_O+U_{D3}$，而初级绕组 N_P 端电压 $U_{NP}=U_{Cd}$。因此

$$U_{Cd}=U_{NP}=\frac{N_P}{N_S}U_{NS}=n(U_O+U_{D3})$$

由此可导出输出电压

$$U_O=\frac{DU_{IN}}{n}-U_{D3}$$

其中，n 为变压器的匝比，U_{D3} 为次级整流二极管的导通压降。

可见，输出电压 U_O 与占空比 D 及输入电压 U_{IN} 呈线性关系，理论上最大占空比 D 没有限制，可以大于 0.5。

由于在一个开关周期内，初级绕组 N_P 激磁与去磁保持平衡，即 T_{on} 期间内激磁电流 i_{Lm} 斜坡中值与 T_{off} 期间内去磁电流 i_{Lm} 斜坡中值必然相等，并等于激磁电感 L_m 的平均电流 I_{Lm}。如果 T_{off} 期间整流二极管 V_{D3} 斜坡电流中值为 I_{D3}，那么根据耦合电容 C_d 的“安秒积”平衡条件可知

$$I_{Lm}T_{on}=\left(\frac{I_{D3}}{n}-I_{Lm}\right)T_{off}=\left(\frac{I_O}{n(1-D)}-I_{Lm}\right)T_{off}$$

因此，初级绕组 N_P 激磁电感 L_m 的平均电流

$$I_{Lm}=\frac{I_O}{n}$$

V_1 管平均电流 I_{V1} 与变换器的平均输入电流 I_{IN} 相同，即

$$I_{V1}=I_{IN}=\frac{I_{Lm}T_{on}}{T_{SW}}=\frac{DI_O}{n}$$

在 T_{on} 期间，次级整流二极管 V_{D3} 截止，V_{D3} 承受的最大反向电压

$$U_{D3(BR)}=\frac{U_{IN}-U_{Cd}}{n}+U_O=\frac{(1-D)U_{IN}}{n}+U_O=\frac{U_O}{D}$$

可见，输入电压 U_{IN} 越大，占空比 D 越小，对次级整流二极管 V_{D3} 的耐压要求就越高。为避免次级整流二极管 V_{D3} 过压击穿，在非对称半桥 PWM 反激变换器中输入电压 U_{IN} 变化范围不宜太大，即前级同样需要 *APFC* 电路实现预稳压。

考虑到 *LLC* 谐振变换器普及后，几乎不会再用非对称半桥 PWM 反激，因此无需深究其设计步骤。

10.4　具有 ZVS 开通特性的全桥变换器

具有 ZVS 开通特性常见的全桥变换器包括了全桥移相式变换器和下管调制的全桥变

换器，两者的共同特征是：开关管具有 ZVS 开通特性，效率较高，EMI 性能指标良好，技术成熟，是低压或超低压输出大功率 DC-DC 变换器的可选拓扑之一。TI、Intersil(英特矽尔，已被 Renesas Electronics，即瑞萨电子收购)等公司也先后开发出了相应的驱动芯片，如 TI 公司全桥移相式控制芯片 UCC2895 及 UCC28950(带同步整流驱动)、Renesas Electronics公司基于下管调制的全桥变换器控制芯片 ISL675X 系列(ISL6752、ISL6753、ISL6754、ISL6755)。

10.4.1 原理电路

基本的 ZVS 全桥移相式变换器的原理电路如图 10.4.1 所示，初级侧开关管 $V_1\sim V_4$ 可以是 N 沟功率 MOS 管，也可以是 BJT 管或 IGBT 管。当开关管 $V_1\sim V_4$ 为 N 沟功率 MOS 管时，$V_{D1}\sim V_{D4}$ 分别是开关管 $V_1\sim V_4$ 漏-源间寄生的体二极管，$C_1\sim C_4$ 是 MOS 管输出寄生电容 C_{oss}；反之，当开关管 $V_1\sim V_4$ 采用 BJT 或 IGBT 管时，$V_{D1}\sim V_{D4}$ 为外接的快恢复二极管 FRD 或超快恢复二极管 UFRD，$C_1\sim C_4$ 为外接的聚丙烯高频小电容。

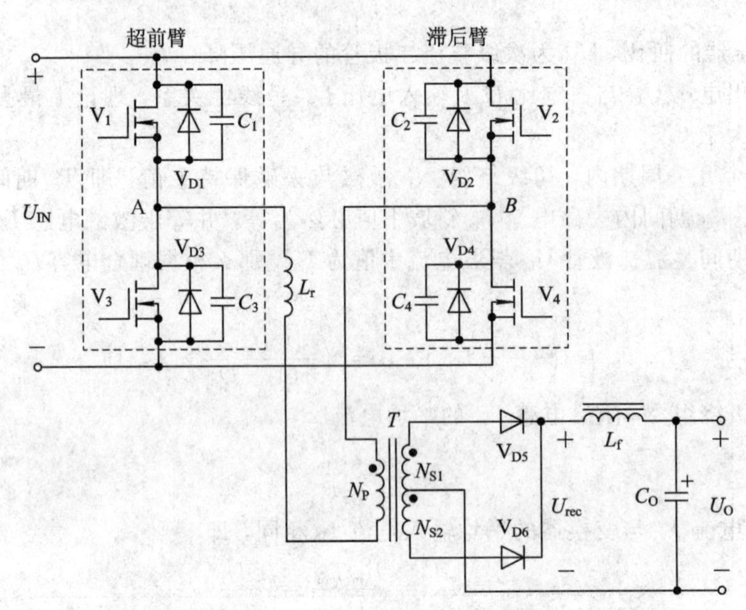

图 10.4.1 基本的 ZVS 全桥移相式变换器的原理电路

同一桥臂中的两只开关管驱动信号的相位差为 180°，轮流导通，且两管驱动信号有死区时间，以防止同一桥臂上的两只开关管同时导通——这点与传统硬开关全桥变换器相似；另一方面，在全桥移相式变换器中，左右两桥臂对角线上的两只开关管 V_1 与 V_4、V_3 与 V_2 驱动信号频率 f_{SW} 固定不变，但存在由输入电压大小、负载轻重控制的相位差，即移相角 δ，通过改变移相角 δ，而不是占空比 D 的大小实现输出电压 U_O 的稳定，这正是“全桥移相式”名称的来由。4 只开关管驱动信号波形如图 10.4.2(a)所示，因此在一个完整的开关周期内，开关管 $V_4\sim V_1$ 的通断组合方式共有 8 种组合 12 个开关状态——这与传统硬开关全桥变换器不同。在传统硬开关全桥变换器中，左右两桥臂对角线上的两只开关管 V_1 与 V_4、V_3 与 V_2 的驱动信号没有相位差，即移相角 δ 为 0，V_1 与 V_4、V_3 与 V_2 同时通或断，开关管驱动信号波形如图 10.4.2(b)所示，开关管 $V_4\sim V_1$ 的通断只有 3 种组合 4 个开关状态，采用 PWM 控制方式，通过调节占空比 D 的大小实现输出电压 U_O 的稳定。

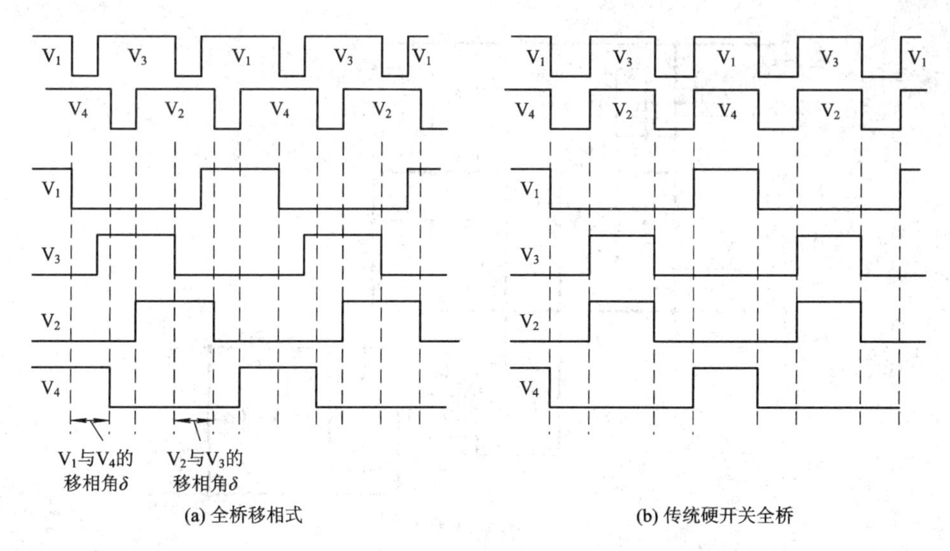

(a) 全桥移相式　　(b) 传统硬开关全桥

图 10.4.2　全桥移相式与传统硬开关全桥变换器驱动信号的比较

全桥移相式变换器输出电压 U_O 的大小与 V_1-V_4 同时导通、V_2-V_3 同时导通的持续时间长短有关，即与 V_1-V_4 驱动信号、V_2-V_3 驱动信号的移相角 δ 的大小有关。由于 V_1、V_3 管驱动信号总是超前 V_4、V_2 管的驱动信号，因此由 V_1、V_3 管构成的桥臂称为超前臂，而由 V_2、V_4 管构成的桥臂称为滞后臂。

与变压器初级绕组 N_P 串联的谐振电感 L_r 可以是初级绕组漏感 L_{LK} 或外接的独立电感。在实际电路中，V_1 与 V_3、V_2 与 V_4 的特性不可能完全对称，即静态时 A、B 中点电位差 U_{AB} 可能不为零，为避免变压器出现直流磁偏，与硬开关全桥变换器类似，同样需要在初级回路中串联隔直电容 C_B(容量选择规则与硬开关全桥变换器相同)，增加隔直电容 C_B 后不会影响到开通瞬间 LC 串联谐振的频率，原因是 C_B 与 C_1 及 C_3、C_2 及 C_4 串联，且 C_B 容量远大于电容 C_1～C_4 的容量。次级整流滤波电路与硬开关全桥、半桥变换器相同，根据输出电压 U_O 的高低，可采用桥式整流(适用于高压小电流输出模式)，也可以采用全波整流或倍流整流电路(适用于低压大电流输出模式)。

10.4.2　工作原理

在一个开关周期内，ZVS 移相式全桥变换器共有 12 个开关状态。为方便分析，假设：

(1) 所有开关管及二极管为理想器件：导通电阻为 0，导通阈值电压 $V_{GS(th)}$ 为 0，开关速度足够快。

(2) $C_1=C_3=C_{13}$，$C_2=C_4=C_{24}$。

(3) 输出滤波电感 L_f 折算到初级回路的等效电感 n^2L_f 远大于谐振电感 L_r。其中，$n=\dfrac{N_P}{N_{S1}}=\dfrac{N_P}{N_{S2}}$，为变压器的匝比。

(4) 输出滤波电容 C_O 的容量足够大，在一个开关周期内输出电压 U_O 恒定不变。

1. 开关状态 0(t_0 时刻前)

在 t_0 时刻前，V_1、V_4 导通，原边电流 i_{NP} 经驱动电源 U_{IN} 正极、V_1 管、谐振电感 L_r、变压器初级绕组 N_P、V_4 管返回驱动电源 U_{IN} 的负极，次级绕组感应电压为下正上负，整流二极管 V_{D6} 导通，V_{D5} 截止，电流通路如图 10.4.3(a)的粗线所示。

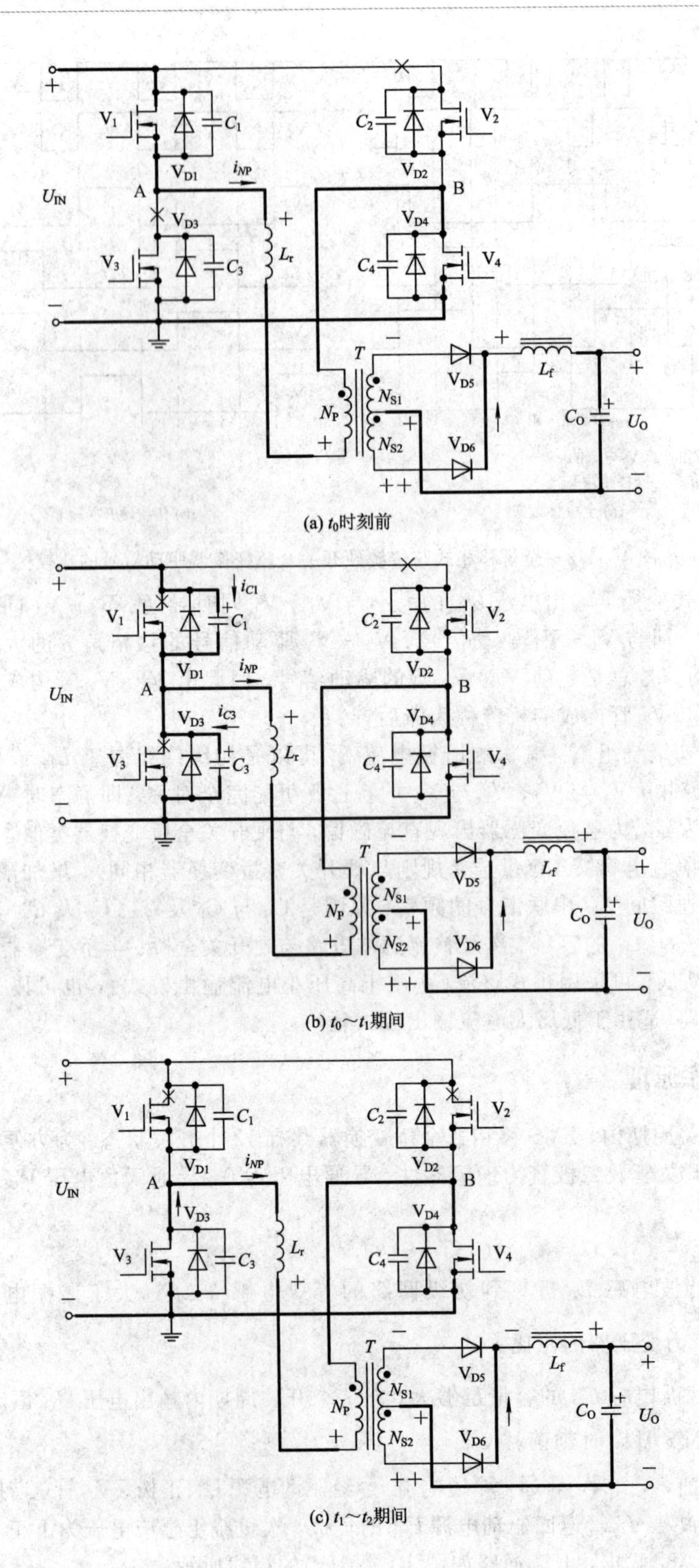

(a) t_0时刻前

(b) t_0～t_1期间

(c) t_1～t_2期间

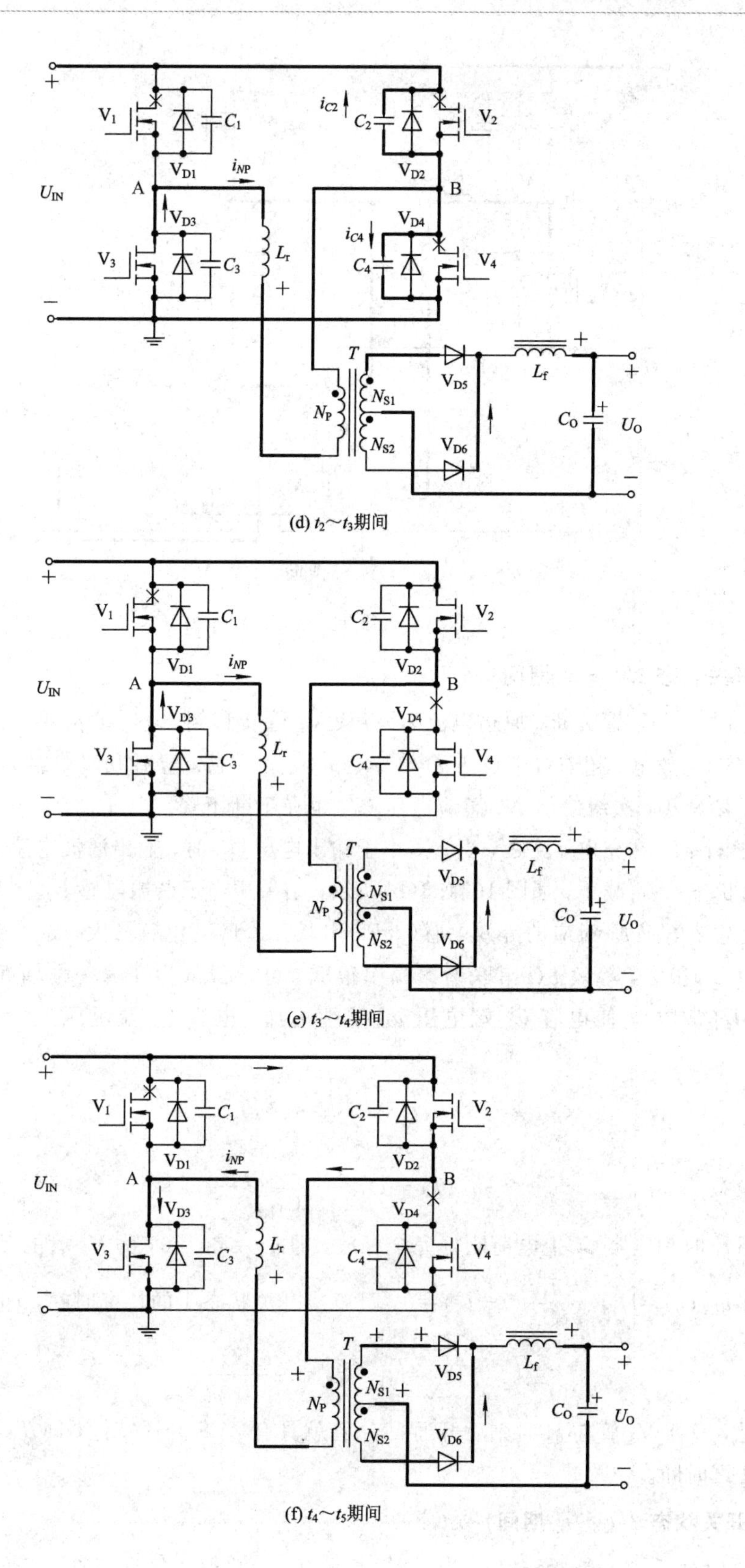
+
V1
C1
iC2
C2
V2
VD1
iNP
VD2
UIN
A
B
VD3
VD4
iC4
V3
C3
Lr
C4
V4
+
−
T
+
VD5
Lf
+
NS1
NP
CO
UO
NS2
VD6
−
(d) t2～t3期间
(e) t3～t4期间
(f) t4～t5期间

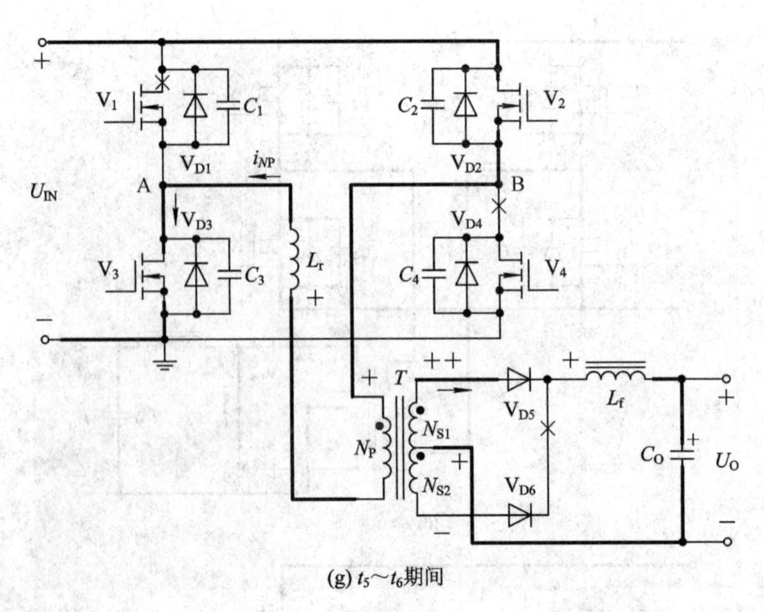

(g) t_5～t_6期间

图 10.4.3　各开关组态电流回路

2. 开关状态 1(t_0～t_1 期间)

在 t_0 时刻，V_1 管关断，原边电流 i_{NP}将从 V_1 管转移到电容 C_1 及 C_3 支路，使电容 C_1 充电、电容 C_3 放电，超前臂中点 A 电位 $u_A = u_{C3}$逐渐下降，导致初级绕组 N_P 端电压 $u_{NP} = u_A - u_{Lr}$不断减小，次级绕组 N_{S2}感应电压 u_{NS2}也在不断下降。当 u_{NS2}大于输出电压 U_O 时，输出滤波电感 L_f 在充电；反之，当 u_{NS2}小于输出电压 U_O 时，输出滤波电感 L_f 在放电，V_{D6}保持导通状态，V_{D5}截止，如图 10.4.3(b)所示，结果相当于谐振电感 L_r 与折算到初级侧回路的输出滤波电感 L_f 对应的等效电感(n^2L_f)串联。由于 L_f 电感量大，导致初级回路等效电感($L_r + n^2L_f$)很大，等效 LC 串联谐振频率很低，可近似认为在 t_0～t_1 期间初级回路电流 $i_{NP}(t) = I_1$(常数)，使电容 C_1 端电压 u_{C1}线性增加，电容 C_3 端电压 $u_{C3} = u_A$ 线性减小。此时有

$$u_{C1}(t) = \frac{I_1}{2C_{13}}(t - t_0)$$

$$u_{C3}(t) = U_{IN} - \frac{I_1}{2C_{13}}(t - t_0)$$

直到 t_1 时刻电容 C_3 上电荷刚好完全释放，即 $u_A = u_{C3} = 0$，为 V_3 管的 ZVS 开通创造了条件。由 $u_{C3}(t) = U_{IN} - \frac{I_1}{2C_{13}}(t - t_0) = 0$，可解出开关状态 1 的持续时间，即

$$T_{01} = t_1 - t_0 = \frac{2C_{13}U_{IN}}{I_1}$$

可见，只要 V_3 管在 t_1 时刻后开通，V_3 管就具有 ZVS 开通特性，即 T_{01}是 V_1、V_3 之间最短的死区时间。

3. 开关状态 2(t_1～t_2 期间)

在 t_1 时刻后，u_A 为 0，使 u_{AB}为 0，谐振电感 L_r 端电压极性反向，开始释放存储的能

量，初级绕组 N_P 电压极性依然为下正上负，次级整流二极管 V_{D6} 导通、V_{D5} 截止。当开关管 V_3 为 N 沟道功率 MOS 管时，在 V_3 未开通前，借助寄生的体二极管 V_{D3} 给初级回路电流 $i_{NP}(t)$ 提供通路，在 V_3 导通后，若 V_3 的导通压降小于二极管 V_{D3} 的导通电压，$i_{NP}(t)$ 将从 V_3 的 S 极流向 D 极（注意：当 V_3 管为 BJT 或 IGBT 管时，即使 V_3 导通，在 $t_1 \sim t_2$ 时刻也不会有电流流过 V_3，原因是 BJT 三极管电流不能倒向流动），如图 10.4.3(c)所示。$t_1 \sim t_2$ 期间初级回路电流 i_{NP} 是次级回路的映射电流 $i_{Lf}(t)/n$，即 $i_{NP}(t)=i_{Lf}(t)/n$。

4. 开关状态 3($t_2 \sim t_3$ 期间)

在 t_2 时刻，V_4 管关断，C_4 充电、C_2 放电，使滞后臂中点 B 的电位 $u_B=u_{C4}$ 不断上升，超前及滞后桥臂中点 A、B 电位差 u_{AB} 由 0 变负，使初级绕组 N_P 端电压 $u_{NP}=u_{Lr}-u_B$ 不断下降，经零变负，次级整流二极管 V_{D6} 电流 i_{D6} 不断下降，当初级绕组电压 U_{NP} 反向后，二极管 V_{D5} 电流 i_{D5} 从 0 开始增加，当 $i_{D5}=i_{D6}$ 时，次级绕组 N_{S1}、N_{S2} 端电压消失，初级绕组 N_P 端电压 u_{NP} 被钳位为 0，u_{AB} 直接施加到谐振电感 L_r 上，如图 10.4.3(d)所示。

在 $t_2 \sim t_3$ 期间，相当于谐振电感 L_r 与电容 C_2、C_4 发生谐振。为保证电容 C_2 完全放电，以便为 V_2 管 ZVS 开通创造条件，显然谐振电感 L_r 存储的能量不宜太小。

5. 开关状态 4($t_3 \sim t_4$ 期间)

在 t_3 时刻后，$u_B=U_{IN}$，$u_{AB}=-U_{IN}$，如果谐振电感 L_r 存储能量尚未完全释放，则在 V_2 导通前将借助二极管 V_{D2} 续流，在 V_2 导通后，对于 N 沟道 MOS 管来说，如果 V_2 导通压降小于 V_{D2} 的导通压降，则初级回路电流 $i_{NP}(t)$ 将流经 V_2 管（注意：当 V_2 为 BJT 或 IGBT管时，即使 V_2 导通，初级回路电流 $i_{NP}(t)$ 也无法借助 V_2 完成续流），如图 10.4.3(e)所示。

由于在 $t_3 \sim t_4$ 期间，初级绕组端电压 u_{NP} 为 0，谐振电感 L_r 端电压 $u_{Lr}=U_{IN}$，因此初级回路电流 $i_{NP}(t)$ 线性下降到 0。

6. 开关状态 5($t_4 \sim t_5$ 期间)

在 t_4 时刻谐振电感 L_r 存储的能量已完全释放，t_4 时刻后谐振电感 L_r 开始反向储能，初级绕组 N_P 电压极性变为上正下负，初级回路电流 $i_{NP}(t)$ 反向线性增加，相应地，次级绕组 N_{S1} 电压极性也变为上正下负。此时，V_{D5}、V_{D6} 管依然保持导通状态，但 V_{D5} 管导通电流较大，滤波电感 L 也依然在释放能量，如图 10.4.3(f)所示。

7. 开关状态 6($t_5 \sim t_6$ 期间)

在 t_5 时刻，$i_{NP}(t)$ 到达 $i_{Lf}(t)/n$，整流二极管 V_{D5} 导通而 V_{D6} 截止，同时输出滤波电感 L_f 也处于储能状态，$i_{NP}(t)$ 在增加，如图 10.4.3(g)所示。

到 t_6 时刻，$i_{NP}(t)$ 达到反向最大值 I_1，V_3 关断。

$t_6 \sim t_{12}$ 时刻各支路电流及节点电压变化与 $t_0 \sim t_6$ 时刻状态相同，不再重复。驱动信号、回路电流 $i_{NP}(t)$、两桥臂中点 AB 电位差 u_{AB} 以及次级滤波电路输入电压 u_{rec} 的波形如图 10.4.4所示。

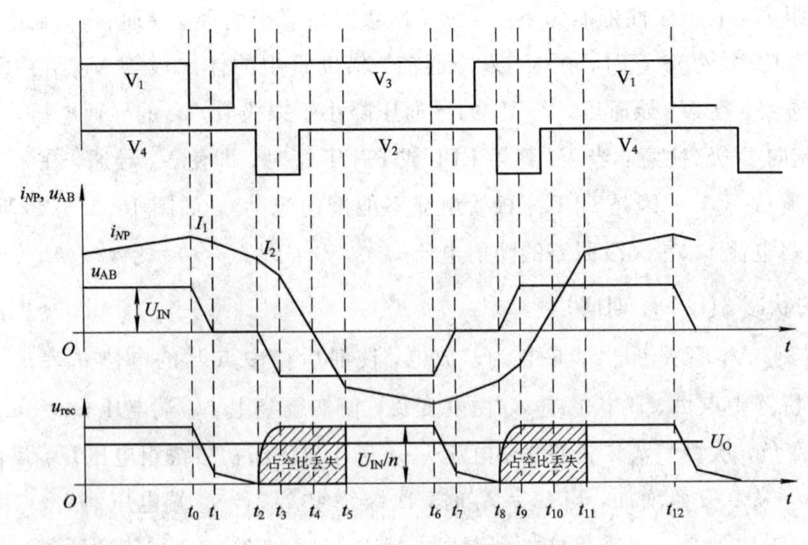

图 10.4.4　变换器关键波形

10.4.3　稳压原理

在全桥移相式变换器中，当负载变化时，控制芯片通过改变 V_1 与 V_4、V_2 与 V_3 驱动信号移相角 δ 的大小来稳定输出电压 U_O。

当负载变轻使输出电压 U_O 出现升高趋势时，V_2、V_4 管驱动信号上下沿后移 Δt 时间(驱动信号高低电平时间保持不变)，相当于 V_2、V_4 管驱动信号整体后移了 Δt 时间，而 V_1、V_3 管驱动信号上下沿不变，结果 V_1 与 V_4、V_3 与 V_2 驱动信号的移相角由 δ 增加到 δ'，导致 V_1 与 V_4 管、V_3 与 V_2 管同时导通的时间减小了 Δt，使输出电压 U_O 下降，如图 10.4.5 所示。

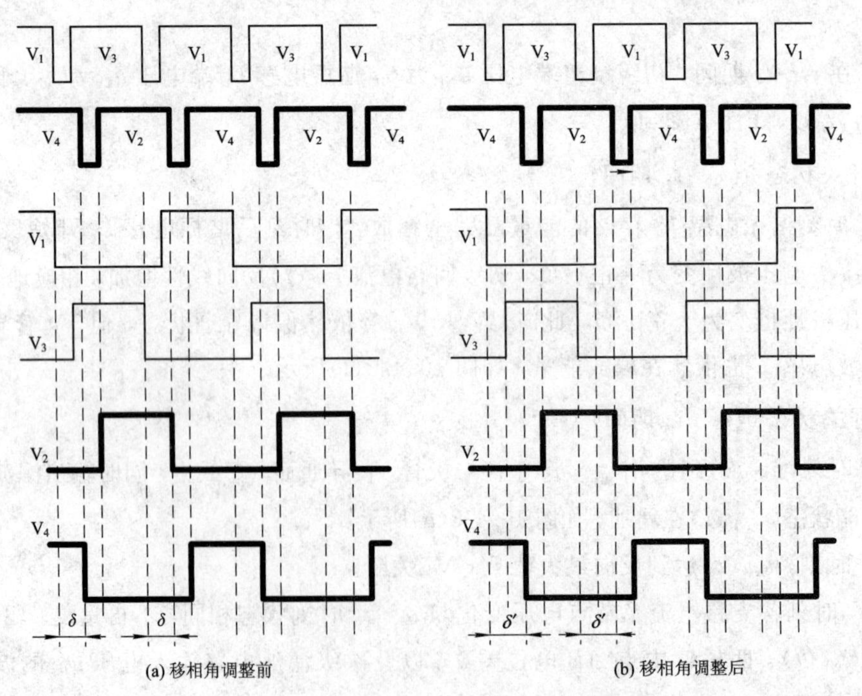

图 10.4.5　移相角 δ 随负载变化

反之，当负载变重使输出电压 U_O 出现下降趋势时，V_1、V_3 管驱动信号上下沿也固定不变，而 V_2、V_4 管驱动信号上下沿前移 Δt 时间，相当于 V_2、V_4 管驱动信号整体前移了 Δt 时间，使 V_1 与 V_4、V_3 与 V_2 驱动信号的移相角由 δ 减小到 δ'，导致 V_1 与 V_4 管、V_3 与 V_2 管同时导通的时间相应地增加了 Δt 时间，触发输出电压 U_O 回升。

由此可见，在输入电压 U_{IN} 或负载 R_L 发生变化时，全桥移相式变换器通过改变 V_1 与 V_4、V_3 与 V_2 管驱动信号移相角 δ 的大小来控制左右两桥臂对角线上开关管同时导通的时间来实现输出电压 U_O 的稳定，而占空比 D 及开关频率 f_{SW} 固定。

在输入电压最小、负载最重的情况下，V_4 管驱动信号相对于 V_1 管驱动信号的最小移相角 δ 对应的时间为 0，此时 V_1 与 V_4、V_3 与 V_2 同时导通时间最长，达到 $0.5T_{SW}-T_d$，如图 10.4.6(a)所示；在输入电压最大、空载的情况下，V_4 管驱动信号相对于 V_1 管驱动信号的最大移相角 δ 对应的时间接近 $0.5T_{SW}-T_d$，此时 V_1 与 V_4、V_3 与 V_2 同时导通时间接近 0，如图 10.4.6(b)所示。

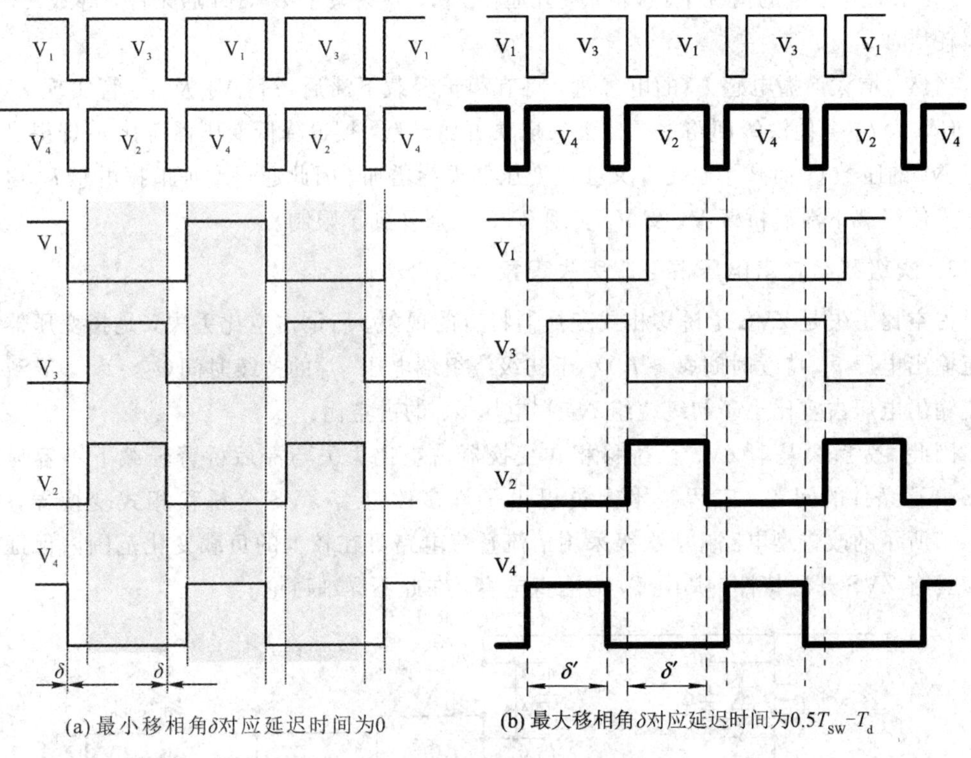

(a) 最小移相角 δ 对应延迟时间为0　　(b) 最大移相角 δ 对应延迟时间为 $0.5T_{SW}-T_d$

图 10.4.6　移相角上下限

10.4.4　固有缺陷

1. ZVS 开通条件

超前桥臂开关管 V_1 及 V_3 容易满足 ZVS 开通条件。其原因是对于 V_3 管来说，在 t_0 时刻 V_1 关断时，次级整流二极管 V_{D6} 导通、V_{D5} 截止，此时初级回路电流 $i_{NP}(t)$ 就是次级回路滤波电感 L_f 的映射电流 $i_{Lf}(t)/n$，该电流较大，结果与 V_3 并联的 C_3 电容端电压 u_{C3} 能迅速下降到 0，容易满足 V_3 管的 ZVS 开通条件。对于 V_1 来说，在 t_6 时刻 V_3 关断时，次级整

流二极管 V_{D5} 导通、V_{D6} 截止，初级回路电流 $i_{NP}(t)$ 也是次级回路滤波电感 L_f 的映射电流 $i_{Lf}(t)/n$，该电流较大，结果与 V_1 并联的 C_1 电容端电压 u_{C1} 也能迅速下降到 0，同样能满足 V_1 管的 ZVS 开通条件。

滞后桥臂开关管 V_2、V_4 在轻载下不容易满足 ZVS 开通条件。其原因是：在轻载下，V_1 关断时谐振电感 L_r 峰值电流 I_1 本来就不大，即谐振电感 L_r 存储的能量 $L_rI_1^2/2$ 有限；轻载下移相角 δ 大，即 $t_0 \sim t_2$ 持续时间长，在 t_2 时刻 V_4 关断时，存储在谐振电感 L_r 中的能量不足以将 C_2 的端电压 u_{C2} 放电到 0（在极轻载下，在 $t_1 \sim t_2$ 期间，谐振电感 L_r 存储的能量可能已完全释放，在 t_2 时刻 V_4 关断时，初级回路电流 $i_{NP}(t)$ 已下降到 0，次级整流二极管 V_{D6}、V_{D5} 同时导通），结果在 C_2 未完全放电的情况下，V_2 管被开通，使 V_2 失去 ZVS 开通条件，导致 V_2 开通损耗上升，同时存储在 C_2 中的能量也得不到有效利用。同理，在 t_8 时刻 V_2 关断时，存储在谐振电感 L_r 中的能量也不足以将 C_4 端电压 u_{C4} 放电到 0，导致电容 C_4 在未完全放电的情况下，V_4 管被开通，使 V_4 管失去了 ZVS 开通条件，导致 V_4 管开通损耗增加。

当然，增大谐振电感 L_r 的电感量，将有利于轻载下滞后桥臂 V_2 及 V_4 管实现 ZVS 开通，但增大 L_r 会使次级回路占空比丢失现象更加严重，被迫降低变压器匝比 n（即提高次级绕组 N_S 的匝数），而减小匝比 n 又会使变压器损耗增加，因此通过增加谐振电感 L_r 电感量的方式使轻载下滞后桥臂 V_2 及 V_4 实现 ZVS 开通受到了限制。

2. 次级绕组输出电压占空比丢失现象

占空比丢失是 ZVS 全桥移相式变换器特有的现象。所谓占空比丢失，是指变压器次级整流输出电压 u_{rec} 持续时间（$t_5 \sim t_7$）小于初级绕组端电压 u_{NP} 的持续时间（$t_2 \sim t_7$），导致次级整流输出电压占空比小于初级绕组 N_P 端电压 u_{NP} 的占空比。

因此，为解决基本 ZVS 全桥移相式变换器占空比丢失与滞后桥臂轻载下不容易满足 ZVS 开通条件的问题，工程技术人员提出了许多改进型 ZVS 全桥移相式变换器，如图 10.4.7所示的改进型电路中，次级采用倍流整流电路可在较大的负载变化范围内保证滞后桥臂具有 ZVS 开通特性，其中 C_B 为隔直电容，在此不详细讨论。

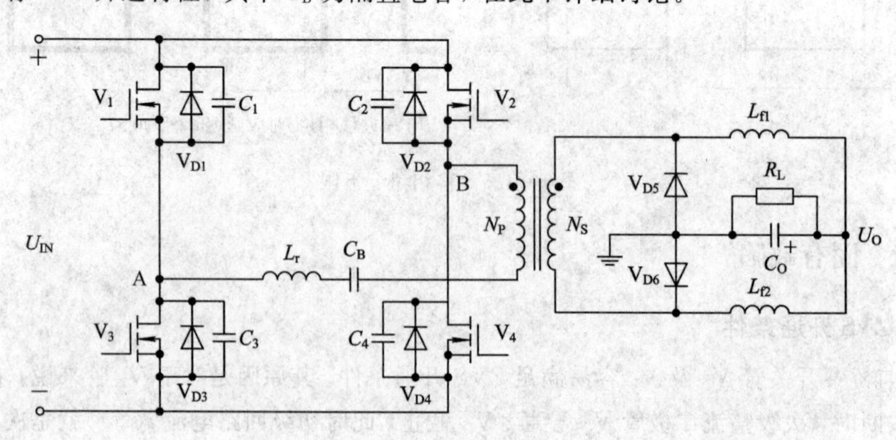

图 10.4.7 次级采用倍流整流的全桥移相式变换器

从图 10.4.4 可以看出，在基本全桥移相式变换器中，开关管 $V_1 \sim V_4$ 仅具有 ZVS 开通特性，但并不具有 ZCS 关断特性，导致开关管 $V_1 \sim V_4$ 的关断损耗依然较大，效率不可能很高，一般只有 94%左右，达不到下节将要介绍的 *LLC* 谐振变换器的效率。不过，在低压大电流输出状态下，全桥移相式变换器输出纹波电压 ΔU_O 远小于非交错式 *LLC* 谐振变换器，因此在 15 kW 以上的低压输出的超大功率 DC-DC 变换器中仍有应用价值。

10.4.5 下管调制的全桥变换器

Intersil 公司采用了图 10.4.8 所示的下管调制法控制全桥变换器，并开发出了基于下管调制法的 ISL675x 系列控制芯片，其特征是上开关管 V_1、V_2 采用占空比为 50%的方波驱动，彼此之间相位差为 180°，无须设置死区时间。通过调节下开关管 V_3 及 V_4 驱动信号的占空比来实现输出电压 U_O 的稳定，而各驱动信号的开关频率 f_{SW} 保持不变。显然，在这种控制方式中，下开关管 V_4 相对于上开关管 V_1 延迟了 t_d 时间，而下开关管 V_3 相对于上开关管 V_2 也延迟了 t_d 时间。

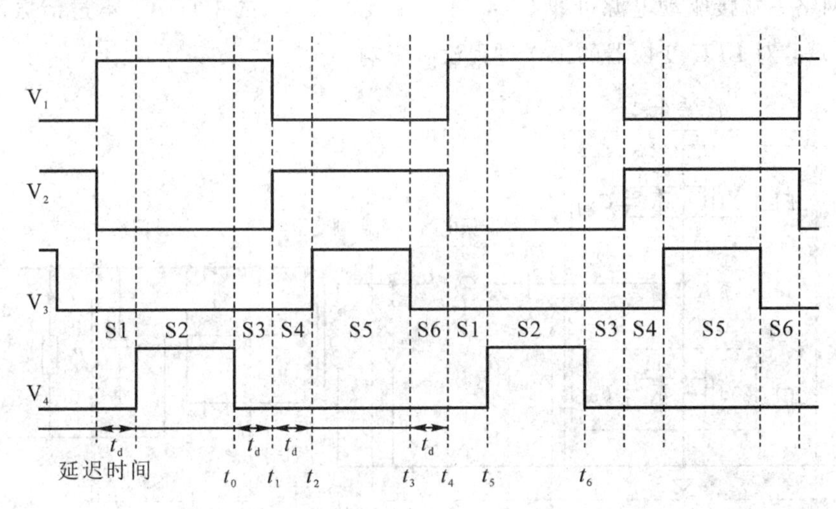

图 10.4.8 全桥变换器下管调制法的驱动波形

在下管调制方式中，上开关管 V_1、V_2 容易满足 ZVS 开通条件(类似于全桥移相式中超前臂上的 V_1、V_3 管)。而轻载状态下，下开关管 V_3、V_4 不容易满足 ZVS 开通条件(类似于全桥移相式中滞后臂上的 V_2、V_4 管)，致使轻载下开关管 V_3、V_4 开通损耗上升。与全桥移相式控制方式相比，次级同步整流控制信号获取容易(可将 V_1、V_2 管的驱动信号作为次级同步整流 MOS 管的驱动信号)，简化了次级同步整流 MOS 管控制电路的设计。此外，在全数字化控制的电源系统中，利用 MCU 芯片的输出比较功能，就容易获得开关管 $V_1 \sim V_4$ 的驱动信号，因而在低压大电流输出场合得到了广泛应用。

10.5 半桥 *LLC* 谐振变换器

LLC 谐振变换器(*LLC* Resonant Converter)包括半桥 *LLC* 谐振变换器和全桥 *LLC* 谐振变换器，分别由方波发生器、*LLC* 谐振网络、高频变压器、次级整流滤波网络等单元电路构成。由于 *LLC* 变换器的开关管具有 ZVS 开通、准 ZCS 关断(关断时开关管电流远小于

其峰值电流），效率高，可采用磁集成变压器，结构紧凑，输出功率密度大，近年来已成为100 W 以上中大功率、恒压输出 DC - DC 变换器的优选拓扑。不过，*LLC* 谐振变换器不适用于100 W以下的小功率应用场合，原因是所需谐振电感 L_r 较大，而磁集成变压器初级—次级绕组间的漏感 L_{LK} 较小，无法充当谐振电感 L_r，被迫采用独立电感，导致体积增大，成本上升；也不适合于输出电压不足 10 V 的低压或超低压应用场合，原因是在超低压输出状态下效率不高。此外，单级非交错式 *LLC* 谐振变换器输出电流纹波大，需要容量更大、ESR 更小的输出滤波电容。

10.5.1 原理电路

半桥 *LLC* 谐振变换器原理电路如图 10.5.1 所示。谐振网络可以与 V_2 管并联，此时谐振网络一端接 V_1、V_2 的中点 A，另一端接初级侧地。当然，谐振网络也可以与 V_1 并联，此时谐振网络一端接驱动电源母线 U_{IN}，另一端接 V_1、V_2 的中点 A。不过谐振网络与 V_1 或 V_2 管并联，对 *LLC* 变换器的工作过程没有影响。

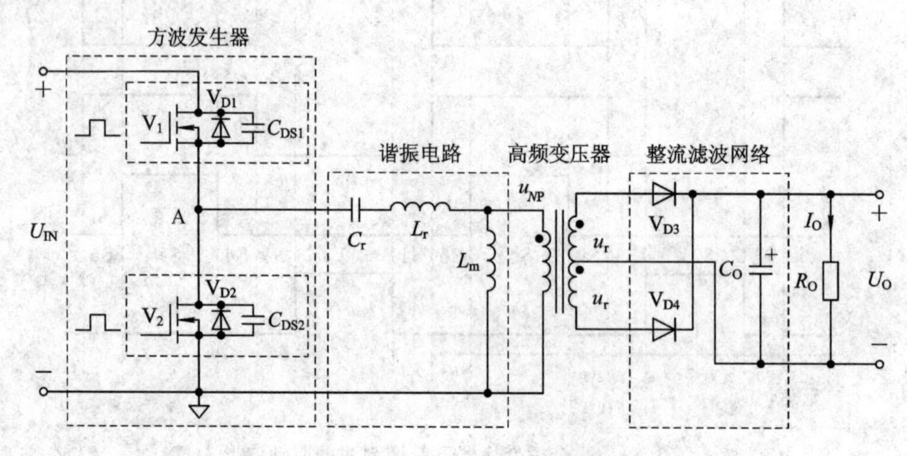

图 10.5.1 半桥 *LLC* 谐振变换器原理电路

1. 方波发生器

开关管 V_1、V_2 构成了半桥 *LLC* 谐振变换器的方波发生器，开关管 V_1、V_2 驱动信号的占空比 D 固定且略小于 0.5，相位差为 180°，使 V_1、V_2 轮流导通，结果在开关管 V_1、V_2 的中点 A 便获得了幅度为 U_{IN}、占空比 D 接近 0.5 的方波电压 u_A。

占空比 D 为 0.5 的方波电压 u_A 可以用直流及各次谐波分量表示，即

$$u_A = \frac{U_{IN}}{2} + \frac{2}{\pi}U_{IN}\sum_{n=1,3,5}\frac{1}{n}\sin(2n\pi f_{SW}t)$$

其中，基波电压分量

$$u_{A1} = \frac{2U_{IN}}{\pi}\sin(2\pi f_{SW}t) \tag{10.5.1}$$

2. 谐振网络及高频变压器

谐振网络由谐振电容 C_r、谐振电感 L_r 以及激磁电感 L_m 组成，如图 10.5.2 所示。

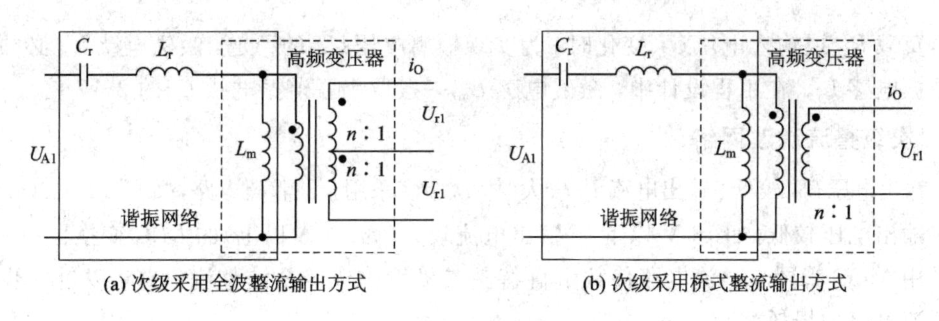

图 10.5.2　*LLC* 谐振网络及高频变压器

显然，*LLC* 谐振网络存在两个固有谐振频率，其中 *LC* 串联支路的谐振频率

$$f_r = \frac{1}{2\pi\sqrt{L_r C_r}}$$

当负载开路(即 *LLC* 网络等效负载电阻 R_{AC} 为∞)时，*LLC* 网络固有谐振频率

$$f'_0 = \frac{1}{2\pi\sqrt{(L_r + L_m)C_r}} = \frac{1}{2\pi\sqrt{m_L L_r C_r}} = \frac{f_r}{\sqrt{m_L}}$$

其中，初级回路总电感 $L_P = L_r + L_m$，电感比 $m_L = \frac{L_P}{L_r} = \frac{L_r + L_m}{L_r}$。由于电感比 m_L 经验取值范围在 3～8 之间，因此 *LLC* 网络固有谐振频率 $f'_0 \approx (0.35 \sim 0.58) f_r$。

在实际电路中，当输出功率大小适中时，为减小变换器的体积，多采用磁集成变压器构成 *LLC* 谐振变换器的磁性元件，这样谐振电感 L_r 实际上是变压器初、次级绕组间的漏感 L_{LK}(也包括了变压器初级绕组引脚的寄生电感、PCB 板上与初级绕组引脚相连的印制导线的寄生电感)，于是磁集成变压器等效电路可用图 10.5.3 表示。为调整激磁电感 L_m 的大小，并保持其稳定，无论采用独立电感方式还是磁集成变压器方式，都需要在高频变压器的磁芯中柱设置气隙 δ。

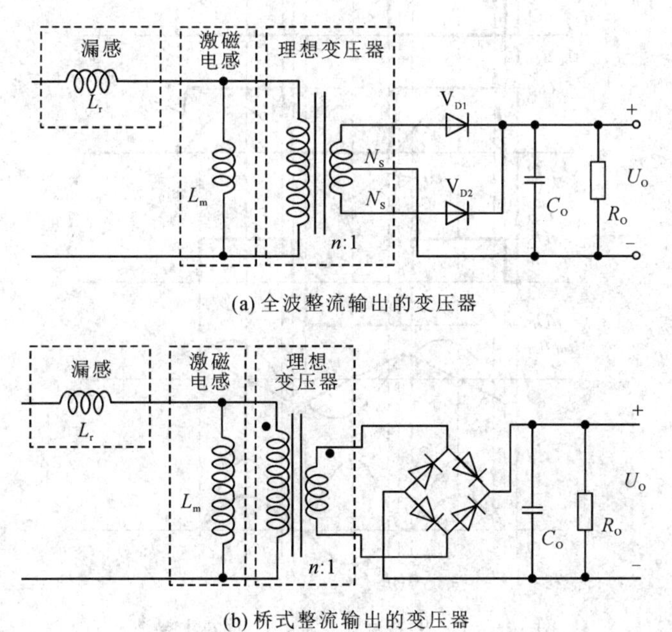

图 10.5.3　磁集成变压器等效电路

当负载 R_O 或输入电压 U_{IN} 变化时，为实现输出电压 U_O 的稳定，激磁电感 L_m 必须大于串联谐振电感 L_r。在工程设计中，激磁电感 L_m 一般取串联谐振电感 L_r 的 2～7 倍。

3. 次级整流滤波网络

当输出电压 U_O 较低、输出电流 I_O 较大时，次级多采用全波整流电路，如图 10.5.3(a)所示。

在输出电压较低(如 18 V 以下)、输出电流较大(如 20 A 以上)的 LLC 变换器中，甚至需要采用 MOS 管同步整流电路代替由肖特基二极管构成的全波整流电路，以进一步减小次级整流电路的损耗。

当然，如果输出电压 U_O 较高(如 100 V 以上)，输出电流 I_O 较小，则次级也可以采用桥式整流电路形式，以提高次级绕组的利用率，如图 10.5.3(b)所示。

10.5.2 工作原理

可以证明，带负载后，LLC 网络的谐振频率将从 f_0' 升高到 f_0(大小与负载轻重有关)。显然，$f_0'<f_0<f_r$。为保证开关管 V_1、V_2 具有 ZVS 开通特性，LLC 变换器的开关频率 f_{SW} 必须大于 f_0，使 LLC 网络呈现感性特征。因此，LLC 变换器存在三种工作模式。

1. 开关频率 $f_{SW}<f_r$

当开关频率 f_{SW} 位于 f_0～f_r 之间时，半桥 LLC 谐振变换器的主要波形如图 10.5.4 所示。一个开关周期内，LLC 变换器将先后经历 t_0～t_8 时段，共 8 个模态。

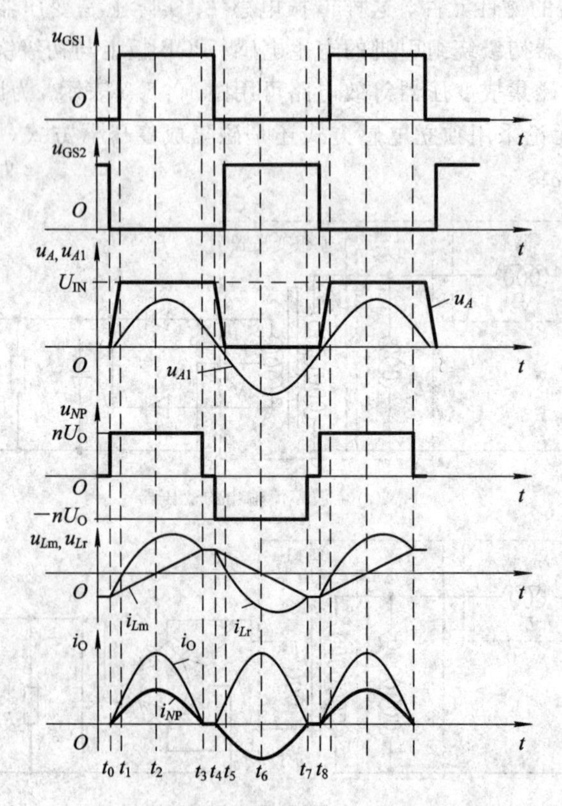

图 10.5.4 开关频率 $f_{SW}<f_r$ 时的主要波形

在 t_0 时刻前，V_2 管导通，电路状态与 $t_7 \sim t_8$ 期间相同。在 t_0 时刻，V_2 管突然被关断，激磁电感 L_m 端电压 u_{NP} 极性突变为上正下负，激磁电感 L_m 开始释放存储的能量；谐振电容 C_r 处于储能状态，而谐振电感 L_r 处于能量释放状态，谐振回路电流 i_{Lr}（即环路电流 i_P）按正弦规律减小，但方向不变，结果 V_2 管寄生电容 C_{ds2} 开始充电，而 V_1 管寄生电容 C_{ds1} 开始放电，中点 A 电位 u_A 逐渐升高，为 V_1 管 ZVS 开通创造了条件；次级整流二极管 V_{D3} 导通，初级绕组 N_P 端电压 u_{NP} 被钳位在 $n(U_O+U_D)$，激磁电感 L_m 电流 i_{Lm} 线性下降，变压器初级绕组电流 $i_{NP}=i_{Lm}-i_{Lr}$，从零开始增加。在 $t_0 \sim t_1$ 期间，LLC 变换器电流方向如图 10.5.5中粗线所示，L_m 不参与回路的谐振过程。不过，需要指出的是，在图 10.5.5 至图 10.5.12 中，谐振电容 C_r 两端的“＋”“－”号仅表示谐振电容 C_r 端电压 u_{Cr} 中交流分量的极性，并不是谐振电容 C_r 端电压 u_{Cr} 的瞬时极性。实际上，包含直流分量 $U_{IN}/2$ 在内的谐振电容 C_r 端电压瞬时值 u_{Cr} 的极性总是左正右负。

在 $t_0 \sim t_1$ 期间，当 V_1 管寄生电容 C_{ds1} 完全放电，使 A 点电位 u_A 升高到 U_{IN} 时，若 V_1 管仍保持关断状态，则寄生电容 C_{ds1} 将被反向充电，触发 V_1 管的寄生体二极管 V_{D1} 导通。

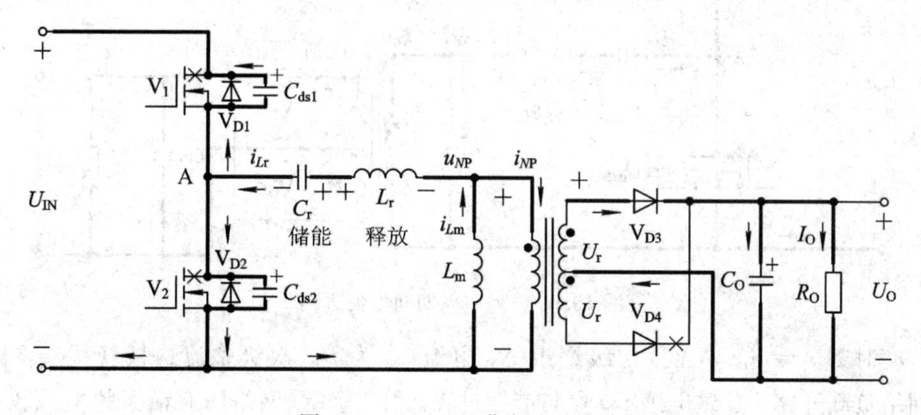

图 10.5.5　$t_0 \sim t_1$ 期间电流方向

从图 10.5.5 不难看出，V_2 关断到 V_1 开通延迟一段时间，不仅是为了避免 V_1、V_2 同时导通造成开关管过流损坏，也是为了保证 V_1 管实现 ZVS 开通的必要条件之一。这正是 V_1、V_2 管驱动信号占空比 D 必须略小于 0.5 的原因。

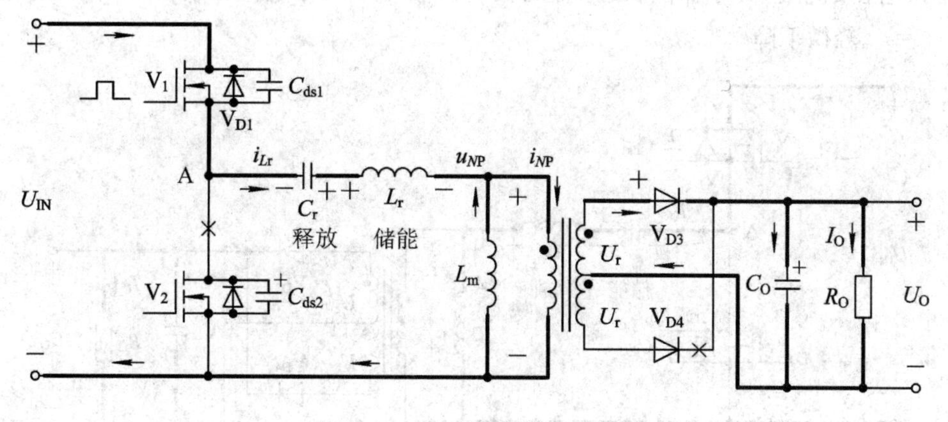

图 10.5.6　$t_1 \sim t_2$ 期间电流方向

在 t_1 时刻 V_1 管开通，激磁电感 L_m 继续释放能量，端电压 u_{NP} 极性依然维持上正下负，初级绕组 N_P 端电压继续被钳位在 $n(U_O+U_D)$，激磁电感 L_m 电流 i_{Lm} 线性下降，变压器初级绕组电流 $i_{NP}=i_{Lr}+i_{Lm}$ 在增加。到 t_2 时刻，激磁电感 L_m 电流 i_{Lm} 过零。在 $t_1\sim t_2$ 期间 LLC 变换器电流方向如图 10.5.6 中粗线所示。在此期间，谐振电容 C_r 释放能量，而谐振电感 L_r 存储能量，谐振回路电流 i_{Lr} 从零开始按正弦规律反向增加。

t_2 时刻后，激磁电感 L_m 电流 i_{Lm} 反向，L_m 开始储能，端电压 u_{NP} 的极性依然维持上正下负的状态，初级绕组 N_P 端电压继续被钳位在 $n(U_O+U_D)$，使激磁电感 L_m 电流 i_{Lm} 线性增加，而初级绕组 N_P 电流 $i_{NP}=i_{Lr}-i_{Lm}$ 从最大值开始下降，直到 t_3 时刻。显然，在 $t_2\sim t_3$ 期间 LLC 变换器电流方向如图 10.5.7 中粗线所示。在此期间，谐振电容 C_r 存储能量，谐振电感 L_r 释放能量，谐振回路电流 i_{Lr} 按正弦规律减小。

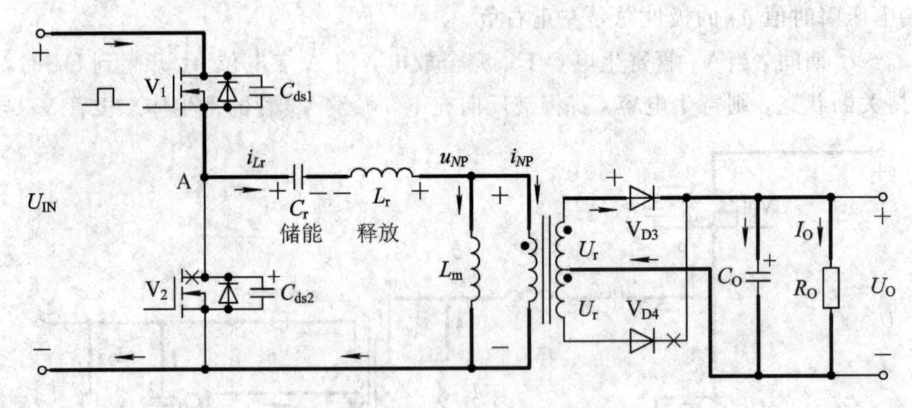

图 10.5.7　$t_2\sim t_3$ 期间电流方向

在 t_3 时刻 $i_{Lr}=i_{Lm}$，导致初级绕组 N_P 电流 i_{NP} 为零，次级整流二极管截止，相当于 LLC 网络负载开路，激磁电感 L_m 参与谐振过程。由于 LLC 网络固有谐振频率 f_0' 较低，而 $t_3\sim t_4$ 时段持续时间很短，因此可认为这期间激磁电感 L_m 电流 i_{Lm} 基本保持不变端电压 u_{NP} 近似为 0(实际上，端电压 u_{NP} 的极性下正上负，但幅度小于 $n(U_O+U_D)$，导致次级侧整流二极管 V_{D4} 截止)。$t_3\sim t_4$ 期间 LLC 变换器电流方向如图 10.5.8 中的粗实线所示。在此期间，谐振电容 C_r 依然处于储能状态，而谐振电感 L_r 也仍处于能量释放状态，因此谐振回路电流 $i_{Lr}=i_{Lm}$ 轻微下降。

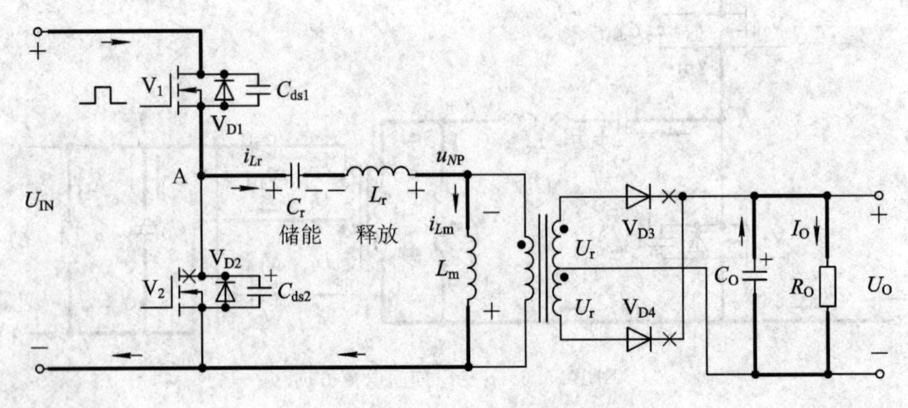

图 10.5.8　$t_3\sim t_4$ 期间电流方向

在 t_4 时刻 V_1 管被关断，激磁电感 L_m 端电压 u_{NP} 的极性为上负下正，L_m 开始释放在 $t_2 \sim t_3$ 期间存储的能量；谐振回路电流 i_{Lr} 方向不变，结果 V_1 管寄生电容 C_{ds1} 开始充电，而 V_2 管寄生电容 C_{ds2} 开始放电，V_1、V_2 中点 A 电位 u_A 将逐渐下降，为 V_2 管实现 ZVS 开通创造条件；次级整流二极管 V_{D4} 导通，初级绕组 N_P 端电压 u_{NP} 被钳位在 $-n(U_O+U_D)$，变压器初级绕组 N_P 电流 $i_{NP}=i_{Lm}-i_{Lr}$，从零开始反向增加，激磁电感 L_m 电流 i_{Lm} 线性下降，L_m 不再参与回路的谐振过程。显然，在 $t_4 \sim t_5$ 期间，LLC 变换器电流方向如图 10.5.9 中粗线所示。在此期间，谐振电容 C_r 依然处于储能状态，而谐振电感 L_r 仍处于能量释放状态，谐振回路电流 i_{Lr} 按正弦规律减小。

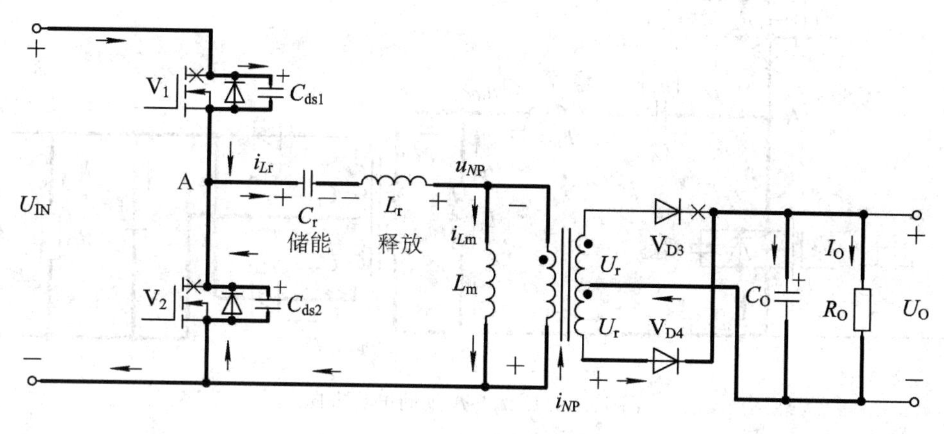

图 10.5.9 $t_4 \sim t_5$ 期间电流方向

在 $t_4 \sim t_5$ 期间，当 V_2 管寄生电容 C_{ds2} 完全放电、A 点电位 u_A 下降到 0 后，如果 V_2 仍保持关断状态，则寄生电容 C_{ds2} 将被反向充电，触发 V_2 管的寄生体二极管 V_{D2} 导通。

在 t_5 时刻 V_2 管开通，激磁电感 L_m 继续释放能量，端电压 u_{NP} 极性依然维持上负下正的状态，初级绕组 N_P 端电压 u_{NP} 继续被钳位在 $-n(U_O+U_D)$，结果电感 L_m 电流 i_{Lm} 保持线性下降，变压器初级绕组电流 $i_{NP}=i_{Lr}+i_{Lm}$ 在增加，在 t_6 时刻激磁电流 i_{Lm} 下降到零。显然，在 $t_5 \sim t_6$ 期间 LLC 变换器电流方向如图 10.5.10 中粗线所示。在此期间，谐振电容 C_r 处于能量释放状态，而谐振电感 L_r 处于储能状态，谐振回路电流 i_{Lr}(即 i_P)从零开始按正弦规律反向增加。

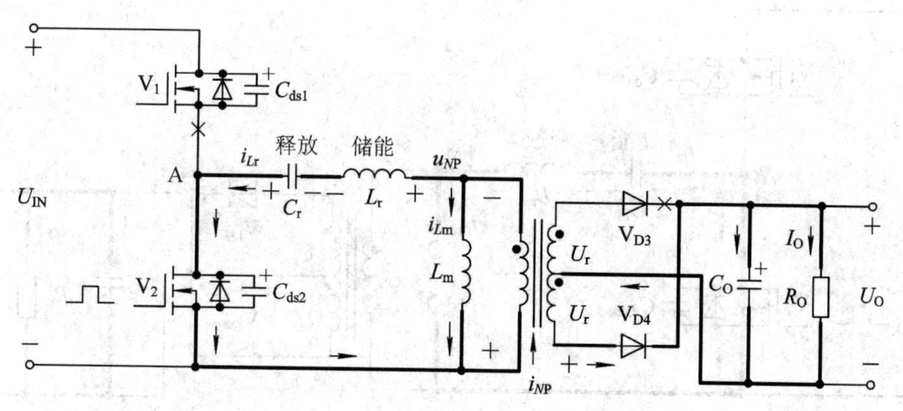

图 10.5.10 $t_5 \sim t_6$ 期间电流方向

t_6 时刻后，激磁电感 L_m 电流 i_{Lm}反向，L_m 再次储能，端电压 u_{NP}极性维持上负下正状态，初级绕组 N_P 端电压 u_{NP}继续被钳位在 $-n(U_O+U_D)$，使激磁电感 L_m 电流 i_{Lm}反向线性增加，而初级绕组电流 $i_{NP}=i_{Lr}-i_{Lm}$从最大值开始下降，直到 t_7 时刻。可见，在 $t_6\sim t_7$ 期间 LLC 变换器电流方向如图 10.5.11 中粗线所示。在此期间，谐振电容 C_r 处于储能状态，而谐振电感 L_r 处于能量释放状态，谐振回路电流 i_{Lr}按正弦规律减小。

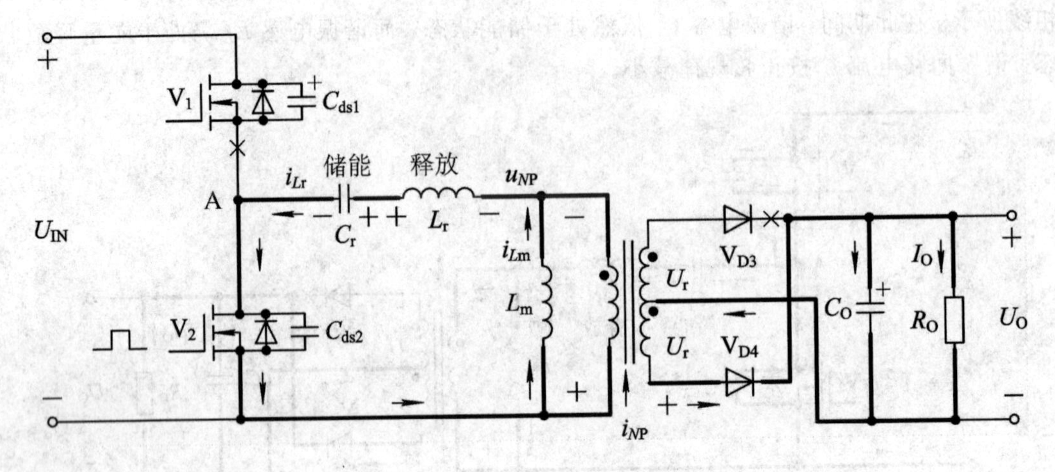

图 10.5.11　$t_6\sim t_7$ 期间电流方向

在 t_7 时刻 $i_{Lr}=i_{Lm}$，导致初级绕组电流 i_{NP}为零，次级整流二极管截止，相当于 LLC 网络负载开路，激磁电感 L_m 再度参与谐振过程。考虑到固有谐振频率 f_0'较低，而 $t_7\sim t_8$ 时段持续时间短，因此可认为这期间激磁电感 L_m 电流 i_{Lm}保持不变，端电压 u_{NP}近似为 0(实际上，端电压 u_{NP}极性上正下负，但幅度小于 $n(U_O+U_D)$，导致次级侧整流二极管 V_{D3}截止)。显然，在 $t_7\sim t_8$ 期间 LLC 变换器电流方向如图 10.5.12 中的粗实线所示。在此期间，谐振电容 C_r 依然处于储能状态，而谐振电感 L_r 也依然处于能量释放状态，谐振回路电流 $i_{Lr}=i_{Lm}$轻微减小。

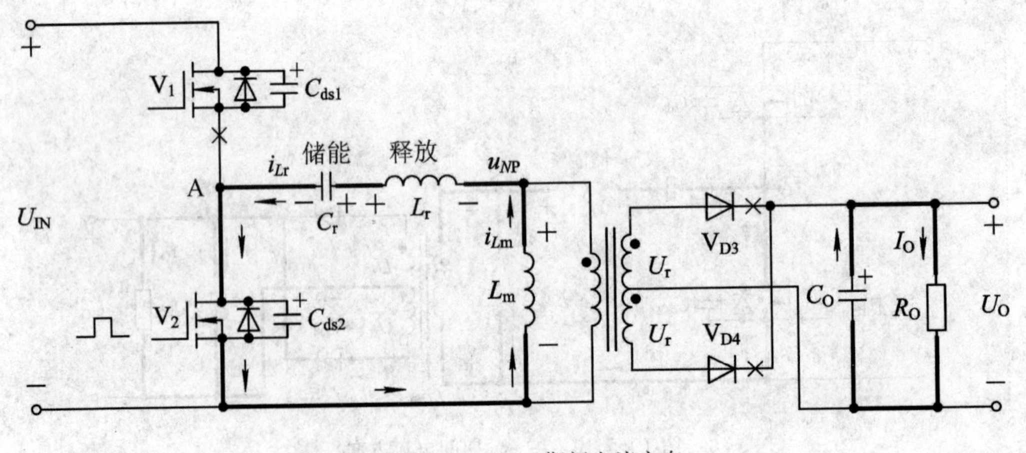

图 10.5.12　$t_7\sim t_8$ 期间电流方向

2. 开关频率 $f_{SW}=f_r$

当开关频率 $f_{SW}=f_r$ 时，一个开关周期内，*LLC* 谐振变换器先后经历 6 个模态，主要波形如图 10.5.13 所示。

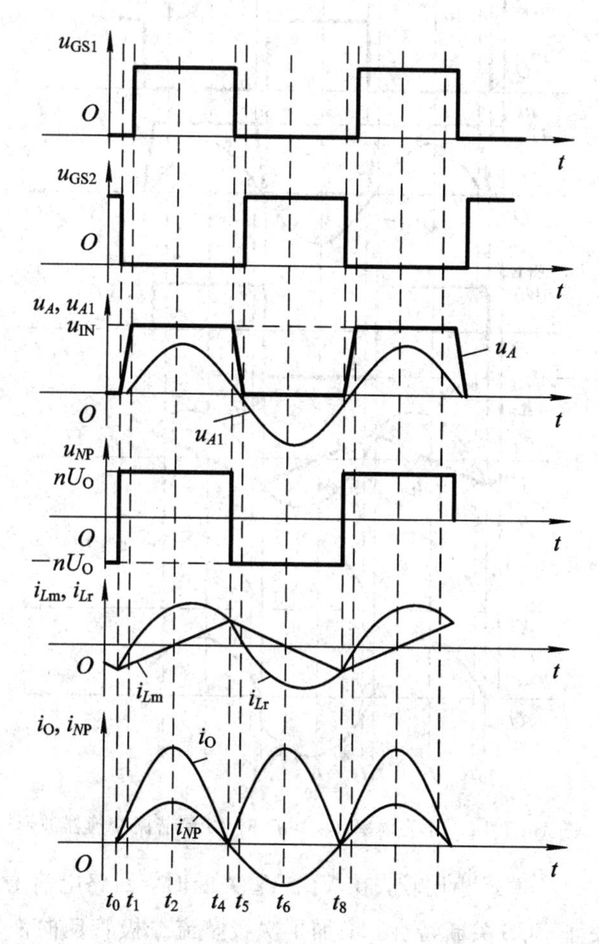

图 10.5.13　开关频率 $f_{SW}=f_r$ 时 *LLC* 谐振变换器波形

在 V_1 导通期间，当回路电流 i_{Lr} 等于激磁电流 i_{Lm} 时，V_1 刚好被关断。因此，与开关频率 $f_{SW}<f_r$ 模式相比，$t_3\sim t_4$ 模态不出现。

在 V_2 导通期间，当回路电流 i_{Lr} 等于激磁电流 i_{Lm} 时，V_2 刚好被关断。因此，与开关频率 $f_{SW}<f_r$ 模式相比，$t_7\sim t_8$ 模态也不出现。

可见，当开关频率 $f_{SW}=f_r$ 时，在一个开关周期内，激磁电感 L_m 均不参与谐振过程，流过变压器初级绕组 N_P 的电流 i_{NP} 连续性好，非常接近正弦波。

3. 开关频率 $f_{SW}>f_r$

当开关频率 $f_{SW}>f_r$ 时，一个开关周期内，*LLC* 谐振变换器也先后经历了 6 个模态，主要波形如图 10.5.14 所示。

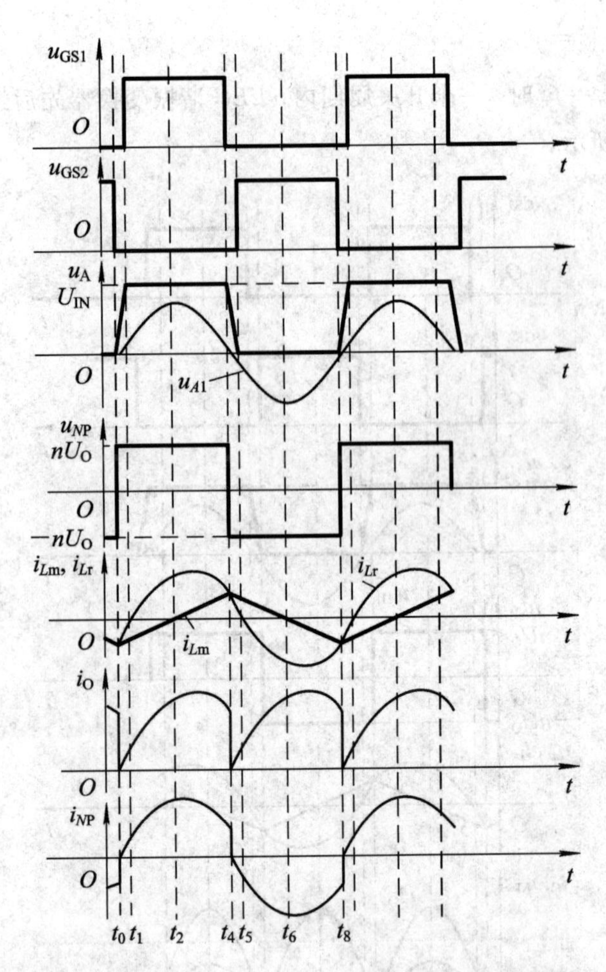

图 10.5.14　开关频率 $f_{SW}>f_r$ 时 LLC 谐振变换器波形

与开关频率 $f_{SW}=f_r$ 模式相比较，在 V_1、V_2 关断时，回路电流 i_{Lr}依然大于 i_{Lm}，结果次级整流二极管丧失了 ZCS 关断特性，增加了次级整流二极管反向恢复损耗，但开关频率高，环路电流小，适用于低压大电流输出的应用场合。

从 LLC 变换器的工作模式可以看出，当开关频率 $f_{SW}<f_r$ 时，在一个开关周期内，激磁电感 L_m 参与谐振的时间很短，大部分时间均表现为储能电感特性；而当开关频率 $f_{SW}\geqslant f_r$ 时，在整个开关周期内，激磁电感 L_m 均表现为储能电感特性，不参与回路的谐振过程。

10.5.3　等效电路

从半桥 LLC 谐振变换器初级绕组 N_P 电流 i_{NP}的波形可以看出，在串联谐振频率 f_r 附近，i_{NP}非常接近正弦波，变压器初级绕组端电压 u_{NP}也接近方波。因此，下面将采用 1988 年 Steigerwald 提出的 FHA(First Harmonic Approximation，基波近似)法绘制半桥 LLC 谐振变换器的电压增益特性曲线，并导出相应的设计公式。FHA 分析法假设谐振变换器从输入到输出的能量传输仅由电压以及电流的基波分量承担，而与高次谐波无关。该方法计算过程简洁，在谐振频率 f_r 附近精度较高，因此得到了广泛应用。半桥 LLC 谐振变换器 FHA 分析法等效电路如图 10.5.15 所示。

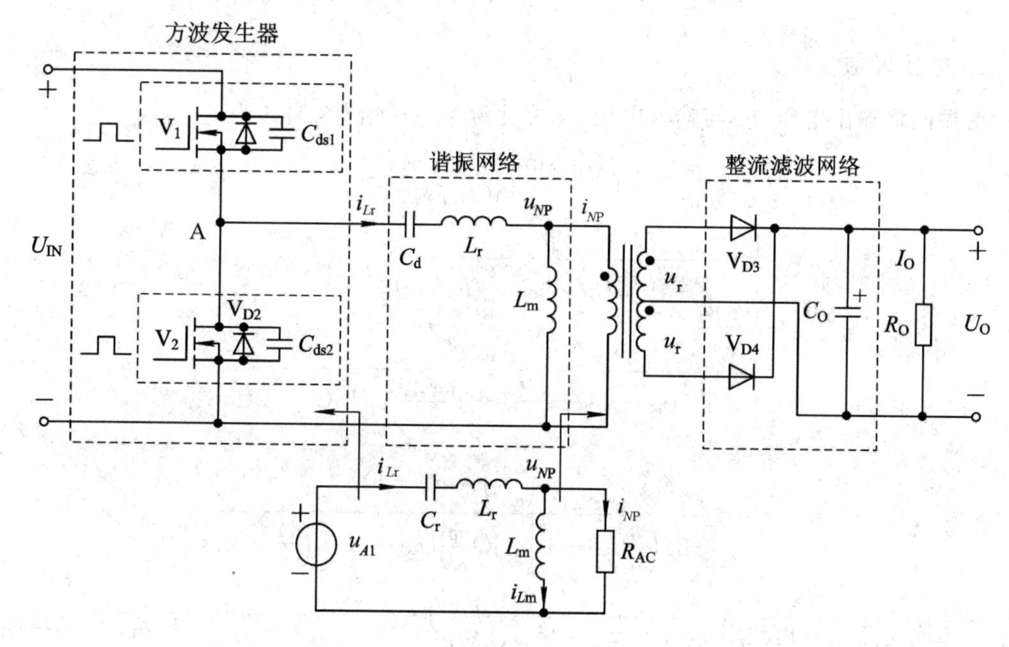

图 10.5.15 LLC 谐振变换器 FHA 分析法等效电路

在图 10.5.15 中，正弦电压源 u_{A1} 是方波电压 u_A 的基波分量，R_{AC} 为交流等效电阻，u_{NP} 为变压器初级绕组 N_P 的端电压。

如果输出电压 U_O 远远大于整流二极管的导通压降 U_D，则在忽略整流二极管导通压降 U_D 的情况下，次级整流电路输入电压

$$u_r = \begin{cases} U_O & (\text{当 } \sin(2\pi f_{SW} t + \varphi_r) > 0 \text{ 时}) \\ -U_O & (\text{当 } \sin(2\pi f_{SW} t + \varphi_r) < 0 \text{ 时}) \end{cases}$$

对应的基波分量

$$u_{r1} = \frac{4}{\pi} U_O \sin(2\pi f_{SW} t + \varphi_r) \tag{10.5.2}$$

由于负载平均电流为 I_O，利用单向正弦电流平均值与最大值的关系，不难构造出流过整流二极管的等效基波电流，即

$$i_{r1} = \frac{\pi}{2} I_O \sin(2\pi f_{SW} t + \varphi_r) \tag{10.5.3}$$

考虑到“整流输入电压 u_r 中只有基波分量 u_{r1} 参与能量传输”的假设，因此次级整流电路输入端(即次级绕组)的等效负载

$$R_e = \frac{u_{r1}}{i_{r1}} = \frac{8}{\pi^2} \frac{U_O}{I_O} = \frac{8}{\pi^2} R_O$$

相应地折算到变压器初级侧的交流等效阻抗

$$R_{AC} = \frac{u_{NP}}{i_{NP}} = \frac{nU_{r1}}{i_{r1}/n} = n^2 \frac{8}{\pi^2} R_O \tag{10.5.4}$$

根据变压器输入电压 u_{NP}、输出电压 u_{r1} 的关系，初级绕组 N_P 两端的基波电压为

$$u_{NP}=nu_{r1}=\frac{n\times 4}{\pi}U_O\sin(2\pi f_{SW}t+\varphi_r) \tag{10.5.5}$$

1. 电压增益

谐振网络输出电压 u_{NP} 与输入电压 u_{A1} 之比称为电压增益，即

$$\begin{aligned}M&=\frac{u_{NP}}{u_{A1}}=2n\frac{U_O}{U_{IN}}\frac{\sin(2\pi f_{SW}t+\varphi_r)}{\sin(2\pi f_{SW}t)}\\&=\frac{j\omega L_m//R_{AC}}{\frac{1}{j\omega C_r}+j\omega L_r+j\omega L_m//R_{AC}}\\&=\frac{\omega^2 L_m C_r}{\omega^2(L_m+L_r)C_r-1+j\frac{\omega L_m}{R_{AC}}(\omega^2 L_r C_r-1)}\\&=\frac{\left(\frac{\omega}{\omega_r}\right)^2(m_L-1)}{\left[m_L\left(\frac{\omega}{\omega_r}\right)^2-1\right]+jQ\frac{\omega}{\omega_r}(m_L-1)\left[\left(\frac{\omega}{\omega_r}\right)^2-1\right]}\end{aligned}$$

其中，串联支路谐振角频率 $\omega_r=\frac{1}{\sqrt{L_rC_r}}$，$Q=\sqrt{\frac{L_r}{C_r}}\frac{1}{R_{AC}}=\frac{1}{\omega_rC_rR_{AC}}=\frac{\omega_rL_r}{R_{AC}}$。显然，$Q$ 是串联谐振频率 f_r 处谐振电感 L_r 的感抗与交流等效电阻 R_{AC} 的比，因此 Q 也称为品质因数。

注意到角频率 $\omega=2\pi f_{SW}$，$\omega_r=2\pi f_r$，因此电压增益 M 也可以用开关频率 f_{SW} 表示，即

$$M=\frac{\left(\frac{f_{SW}}{f_r}\right)^2(m_L-1)}{\left[m_L\left(\frac{f_{SW}}{f_r}\right)^2-1\right]+jQ\frac{f_{SW}}{f_r}(m_L-1)\left[\left(\frac{f_{SW}}{f_r}\right)^2-1\right]}$$

显然，$f_{SW}=f_r$ 时，$M=1$(实数)。也就是说，当 C_r 与 L_r 构成的串联支路发生串联谐振时，相当于谐振网络的输入端与输出端被短路，输出电压 u_{NP} 与输入电压 u_{A1} 相等，彼此之间的相位差 $\varphi_r=0$。

2. 电压增益 M 与归一化开关频率 X 的特性曲线

若将 $\frac{f_{SW}}{f_r}$ 定义为归一化开关频率 X，则电压增益为

$$\begin{aligned}M&=\frac{\left(\frac{f_{SW}}{f_r}\right)^2(m_L-1)}{\left[m_L\left(\frac{f_{SW}}{f_r}\right)^2-1\right]+jQ\frac{f_{SW}}{f_r}(m_L-1)\left[\left(\frac{f_{SW}}{f_r}\right)^2-1\right]}\\&=\frac{(m_L-1)X^2}{(m_LX^2-1)+jQ(m_L-1)X(X^2-1)}\end{aligned}$$

电压增益 M 的模为

$$|M|=2n\frac{U_O}{U_{IN}}=\frac{X^2(m_L-1)}{\sqrt{(m_LX^2-1)^2+[Q(m_L-1)X(X^2-1)]^2}} \tag{10.5.6}$$

当 $m_L=\frac{L_P}{L_r}=3$ 时，电压增益 $|M|$ 随归一化开关频率 X 的变化规律如图 10.5.16 所示。从电压增益曲线可以看出，当输入电压 U_{IN} 或负载 R_O（即品质因数 Q）变化时，开关频率 f_{SW} 变化范围不大。换句话说，LLC 谐振变换器非常适合于恒压输出模式。

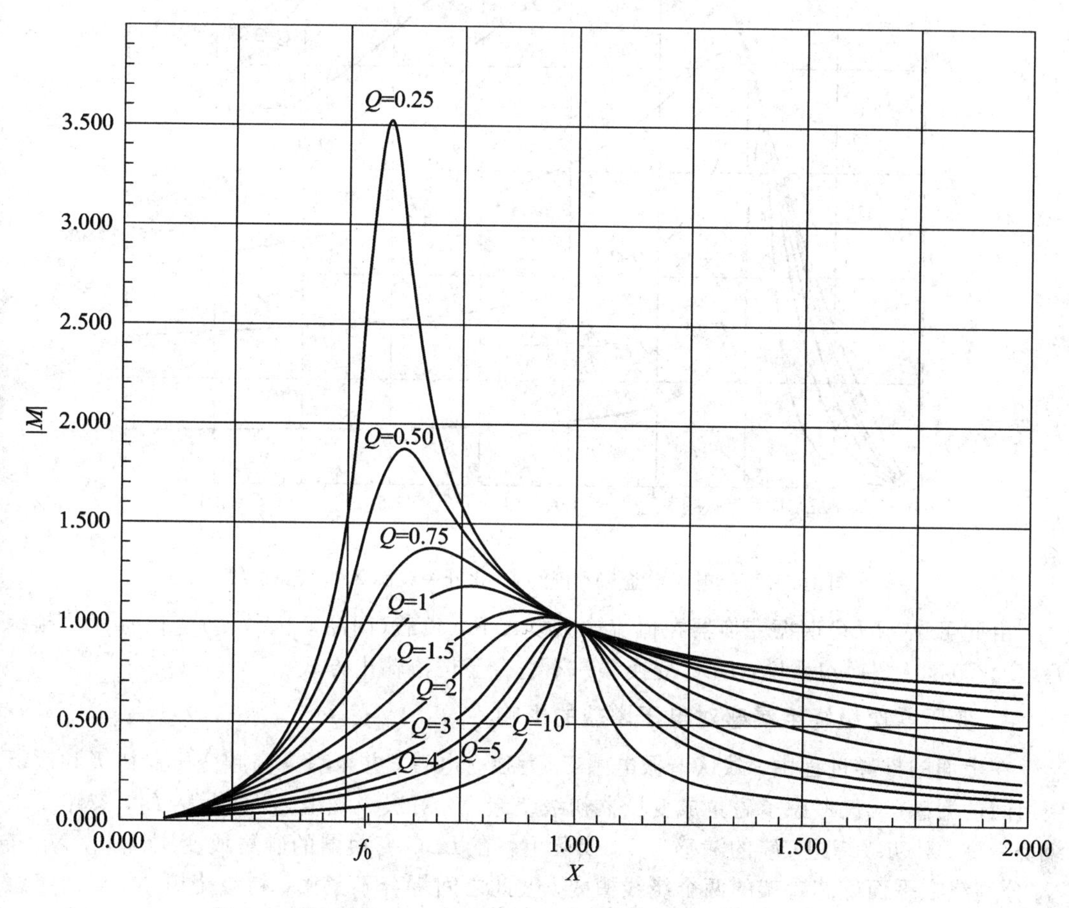

图 10.5.16　电压增益 $|M|$ 随归一化开关频率变化曲线（$m_L=3$）

3. 电流增益

LLC 谐振网络输出电流 i_{NP} 与输入电压 u_{A1} 之比称为电流增益。显然，电流增益 M_I 的模为

$$
|M_I|=\left|\frac{i_{NP}}{u_{A1}}\right|=\left|\frac{u_{NP}}{R_{AC}}\times\frac{1}{u_{A1}}\right|=\left|\frac{1}{R_{AC}}\times\frac{u_{NP}}{u_{A1}}\right|=\frac{\pi^2 I_O}{4nU_{IN}}
$$

$$
=\frac{X^2(m_L-1)}{\sqrt{\left[\frac{\omega_r L_r(m_L X^2-1)}{Q}\right]^2+\left[\omega_r L_r(m_L-1)X(X^2-1)\right]^2}}
$$

在电感比 $m_L=L_P/L_r=4.733$，感抗 $\omega_r L_r=65\Omega$ 的情况下，LLC 网络电流增益 $|M_I|$ 随归一化开关频率 X 的变化趋势如图 10.5.17 所示。

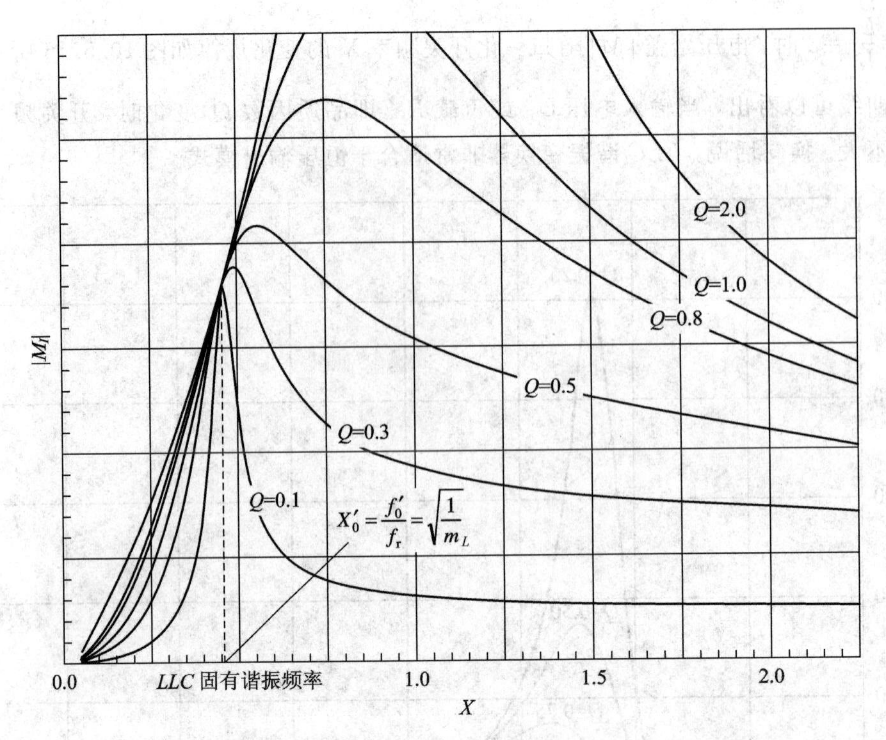

图 10.5.17　电流增益 $|M_I|$ 随归一化开关频率 X 的变化曲线

由此可见，LLC 谐振变换器在恒流输出模式下，负载(即品质因数 Q)变化时开关频率 f_{SW} 变化范围大。换句话说，LLC 变换器并不适合于恒流输出方式。

4. 变压器次级绕组漏感对电压增益的影响

在上面的推导过程中，默认谐振电感 L_r 为独立电感，并未考虑高频变压器初级和次级绕组间的漏感(或仅考虑了磁集成变压器初级绕组 N_P 对次级绕组 N_S 的漏感 L_1，忽略了次级绕组 N_S 对初级绕组 N_P 的漏感 L_2)。实际上，在 LLC 变换器的磁集成变压器中，N_P 与 N_S 分别绕在平面磁芯骨架的两个绕线槽内，彼此之间耦合不紧密，初级绕组 N_P 对次级绕组 N_S 存在较大的漏感 L_1。相应地，次级绕组 N_S 对初级绕组 N_P 同样存在较大的漏感 L_2，且满足 $L_1=n^2L_2$(即认为初级对次级漏感 L_1 与次级对初级漏感 L_2 有关。当 L_2 为 0 时，L_1 也为零。换句话说，L_1 的存在是由 L_2 引起的)。其磁集成变压器模型如图 10.5.18 所示。

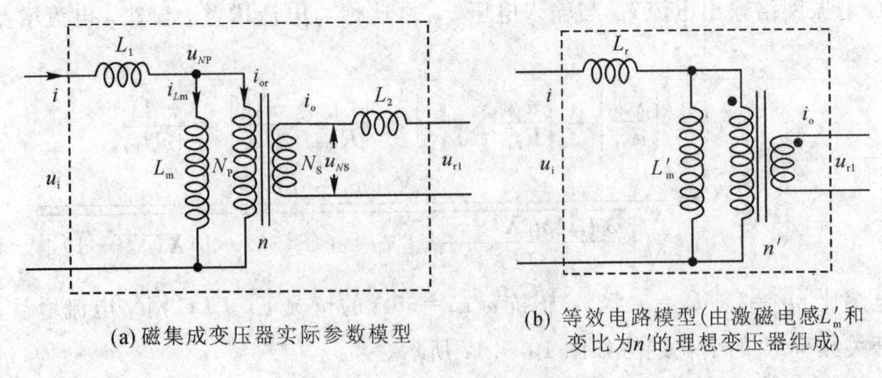

(a) 磁集成变压器实际参数模型

(b) 等效电路模型(由激磁电感L_m'和变比为n'的理想变压器组成)

图 10.5.18　磁集成变压器模型

显然存在

$$u_i = L_1 \frac{\mathrm{d}i}{\mathrm{d}t} + L_m \frac{\mathrm{d}i_{Lm}}{\mathrm{d}t}$$

$$L_m \frac{\mathrm{d}i_{Lm}}{\mathrm{d}t} = u_{NP} = nU_{NS} = n\left(L_2 \frac{\mathrm{d}i_O}{\mathrm{d}t} + u_{r1}\right)$$

而 $i=i_m+i_{or}=i_m+\frac{i_O}{n}$，所以

$$\frac{\mathrm{d}i_O}{\mathrm{d}t} = n\frac{\mathrm{d}i}{\mathrm{d}t} - n\frac{\mathrm{d}i_{Lm}}{\mathrm{d}t}$$

$$\begin{aligned} L_m \frac{\mathrm{d}i_{Lm}}{\mathrm{d}t} &= n\left[nL_2 \frac{\mathrm{d}i}{\mathrm{d}t} - nL_2 \frac{\mathrm{d}i_{Lm}}{\mathrm{d}t} + u_{r1}\right] \\ &= n^2 L_2 \frac{\mathrm{d}i}{\mathrm{d}t} - n^2 L_2 \frac{\mathrm{d}i_{Lm}}{\mathrm{d}t} + nu_{r1} \end{aligned}$$

考虑到 $L_1=n^2L_2$，上式整理可得

$$L_m \frac{\mathrm{d}i_{Lm}}{\mathrm{d}t} = L_1 \frac{\mathrm{d}i}{\mathrm{d}t} - L_1 \frac{\mathrm{d}i_{Lm}}{\mathrm{d}t} + nu_{r1}$$

$$\frac{\mathrm{d}i_{Lm}}{\mathrm{d}t} = \frac{L_1}{L_1+L_m} \times \frac{\mathrm{d}i}{\mathrm{d}t} + \frac{n}{L_1+L_m} u_{r1}$$

所以

$$\begin{aligned} u_i &= L_1 \frac{\mathrm{d}i}{\mathrm{d}t} + L_m \frac{\mathrm{d}i_{Lm}}{\mathrm{d}t} = L_1 \frac{\mathrm{d}i}{\mathrm{d}t} + \frac{L_1 L_m}{L_1+L_m} \times \frac{\mathrm{d}i}{\mathrm{d}t} + \frac{nL_m}{L_1+L_m} u_{r1} \\ &= \left(L_1 + \frac{L_1 L_m}{L_1+L_m}\right)\frac{\mathrm{d}i}{\mathrm{d}t} + \frac{nL_m}{L_1+L_m} u_{r1} \end{aligned}$$

从等效电路可以看出

$$u_i = L_r \frac{\mathrm{d}i}{\mathrm{d}t} + n' u_{r1}$$

因此不难发现考虑了变压器次级绕组对初级绕组漏感 L_2 后，等效谐振电感

$$L_r = L_1 + \frac{L_1 L_m}{L_1+L_m} = L_1 + L_m /\!/ L_1 \tag{10.5.7}$$

变压器的匝比由 n 变为 n'，即

$$n' = \frac{nL_m}{L_1+L_m} \tag{10.5.8}$$

显然，初级回路总电感 $L_P=L_1+L_m$，做等效变换后初级回路总电感依然为 $L_P=L_r+L'_m$，其中 L'_m 为等效激磁电感，显然 $L'_m=L_P-L_r$。将 $L_1=L_P-L_m$ 代入式(10.5.7)，得

$$L_r = L_1 + \frac{L_1 L_m}{L_1+L_m} = L_P - L_m + \frac{(L_P-L_m)L_m}{L_P}$$

两边同时乘以 L_P 后得

$$L_r L_P = L_P^2 - L_P L_m + (L_P - L_m)L_m = L_P^2 - L_m^2$$

因此 $L_m^2=L_P^2-L_PL_r$，即 $L_m=\sqrt{L_P^2-L_PL_r}$，理论匝比

$$n' = \frac{nL_m}{L_1+L_m} = \frac{n\sqrt{L_P^2-L_PL_r}}{L_P} = n\sqrt{\frac{m_L-1}{m_L}} = \frac{n}{M_V}$$

其中，$M_V=\sqrt{\dfrac{L_P}{L_P-L_r}}=\sqrt{\dfrac{m_L}{m_L-1}}$，$m_L=\dfrac{L_P}{L_r}$，其含义依然是回路总电感 L_P 与谐振电感 L_r 的比；实际匝比 $n=n'M_V$。

考虑变压器次级漏感 L_2 后，电压增益为

$$|M|=2n'\frac{U_O}{U_{IN}}=\frac{X^2(m_L-1)}{\sqrt{(m_LX^2-1)^2+[Q'(m_L-1)X(X^2-1)]^2}}$$

其中，$m_L=\dfrac{L_P}{L_r}=\dfrac{L'_m+L_r}{L_r}$，归一化开关频率 $X=\dfrac{f_{SW}}{f_r}$，$f_r=\dfrac{1}{2\pi\sqrt{L_rC_r}}$，$Q'=\sqrt{\dfrac{L_r}{C_r}}\times\dfrac{1}{R'_{AC}}=\dfrac{1}{\omega_rC_rR'_{AC}}=\dfrac{\omega_rL_r}{R'_{AC}}$，而 $R'_{AC}=(n')^2\times\dfrac{8}{\pi^2}\times R_O=\dfrac{R_{AC}}{M_V^2}$。

由此可见，在考虑变压器次级漏感 L_2 后，电压增益 M 的模为

$$|M|=2n\frac{U_O}{U_{IN}}=\frac{X^2(m_L-1)|M|_V}{\sqrt{(m_LX^2-1)^2+[Q'(m_L-1)X(X^2-1)]^2}} \tag{10.5.9}$$

考虑了变压器次级漏感后，当归一化频率 $X=1$，即 $f_{SW}=f_r$ 时，电压增益为

$$|M|_{f=f_r}=|M|_V=\sqrt{\frac{m_L}{m_L-1}} \tag{10.5.10}$$

在图 10.5.15 所示的等效电路中，并未考虑变压器初级绕组 N_P 匝间寄生电容 C_P 对电压增益 M 的影响，初级绕组 N_P 匝间寄生电容 C_P 与激磁电感 L_m 并联，形成了 $LLCC$ 谐振变换器，如图 10.5.19 所示。

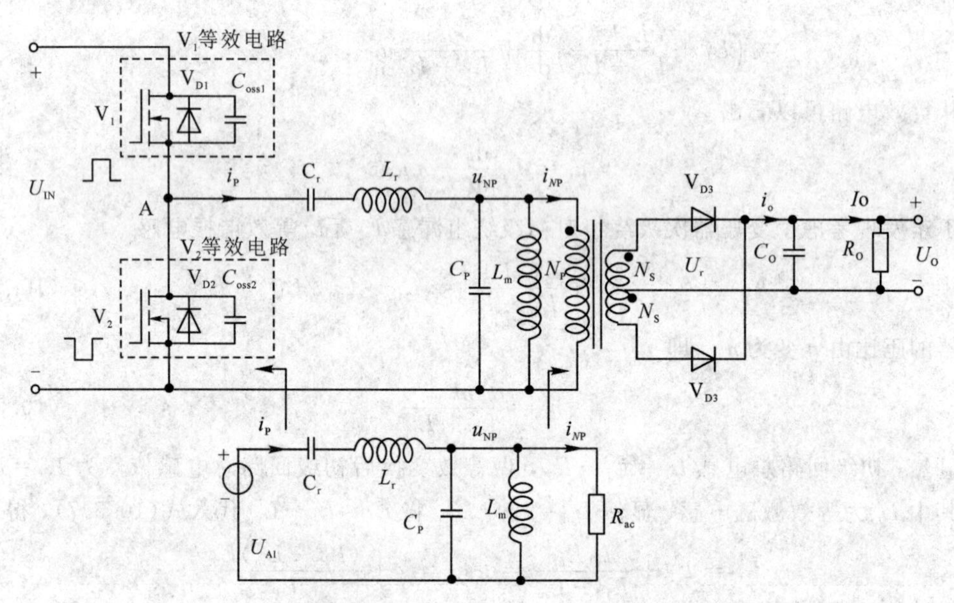

图 10.5.19　考虑初级绕组 N_P 匝间寄生电容 C_P 后的等效电路

可以证明，考虑了初级绕组 N_P 匝间寄生电容 C_P 后，电压增益 M 的模为

$$|M|=\frac{X^2(m_L-1)}{\sqrt{[X^2m_L-1-m_C(m_L-1)(X^2-1)X^2]^2+[Q(m_L-1)X(X^2-1)]^2}} \tag{10.5.11}$$

其中，$m_C = C_P / C_r$ 称为电容比。

当寄生电容 C_P 达到谐振电容 C_r 的 1% 以上，即电容比 $m_C > 0.01$ 时，则在轻载、空载下，C_P 对 LLC 谐振变换器电压增益 $|M|$ 的影响非常明显，如图 10.5.20 所示。

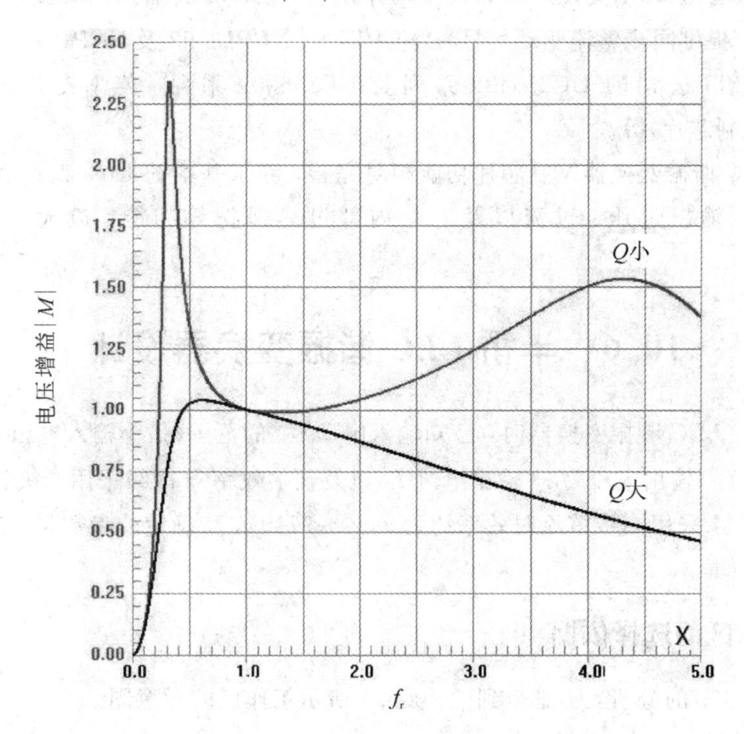

图 10.5.20　变压器初级绕组 N_P 匝间寄生电容 C_P 对电压增益 $|M|$ 的影响($m_C = 0.05$)

在低频区($f_{SW} \leqslant f_r$)，由于开关频率 f_{SW} 较小，初级绕组寄生电容 C_P 的容抗 X_{CP} 较大，分流效应不明显，C_P 对电压增益 M 的影响不大。但当开关频率 $f_{SW} \geqslant f_r$ 时，由于开关频率 f_{SW} 较高，寄生电容 C_P 的容抗 X_{CP} 随开关频率 f_{SW} 的增加而迅速减小，分流效应不能忽视，导致轻载尤其是空载下的电压增加 $|M|$ 大幅升高，甚至引起输出电压 U_O 失控。

10.5.4　稳压原理

对于特定的半桥 LLC 谐振变换器来说，谐振电容 C_r、谐振电感 L_r、激磁电感 L_m 等参数完全确定，即串联谐振频率 $f_r = \dfrac{1}{2\pi\sqrt{L_r C_r}}$、电感比 $m_L = \dfrac{L_P}{L_r}$ 等参数完全确定，只有品质因数 Q 会随负载 R_{AC} 的变化而变化。当输入电压 U_{IN}、负载电流 I_O 发生变化时，通过改变开关频率 f_{SW}，使 C_r、L_r 串联网络与 L_m、R_{AC} 并联网络的分压比发生变化，强迫变压器初级绕组 N_P 端电压 $u_{NP} = |M| u_{A1}$ 保持不变，从而实现输出电压 U_O 的稳定。

可见，LLC 谐振变换器通过改变开关频率 f_{SW} 来稳定输出电压 U_O，属于 PFM 调制方式，而开关管 V_1、V_2 驱动信号的占空比 D 始终维持不变，这与传统硬开关半桥变换器的稳压控制方式完全不同。

10.5.5　半桥 *LLC* 谐振变换器控制芯片

半桥 LLC 变换器需要使用专用的 LLC 谐振变换器控制芯片，不能使用传统的硬开关半桥或全桥控制芯片。目前 LLC 变换器控制芯片的品牌、型号不少，如 ST 公司的 L6599、L6599A(改进型的第二代 LLC 谐振变换器控制芯片)，安森美半导体的 FSFR 系列(如 FSFR1700、FSFR1800、FSFR2100 等)、FAN7621、FAN7631(第二代 LLC 变换器控制芯片)、FAN7688(提供同步整流驱动信号)、NCP1399、NCP13992 及 NCP1910(含 CCM 模式 PFC 控制器)，TI 公司的 UC25640x 系列及 UC25630x 系列，英飞凌公司的 ICL5101 (PFC+LLC 控制芯片)等。

第二代 LLC 谐振变换器控制芯片功能相对完善，除了基本的 LLC 谐振变换器控制特性外，还增加了输出过压、过流以及芯片内部过热保护等功能，最大开关频率可达 600 kHz。

10.6 半桥 LLC 谐振变换器设计

在设计半桥 LLC 谐振变换器时，已知输入电压 U_{IN} 的范围(最小输入电压、最大输入电压)、谐振频率 f_r、输出电压 U_O、输出电流 I_O 以及预估效率 η(次级采用二极管整流时效率约为 92%～95%，采用同步整流时效率约为 94%～97%)，待确定的参数是品质因数 Q、最大与最小开关频率。

10.6.1 工作区的选择依据

根据 10.5.3 节的分析，不难得到图 10.6.1 所示工作区的示意图。

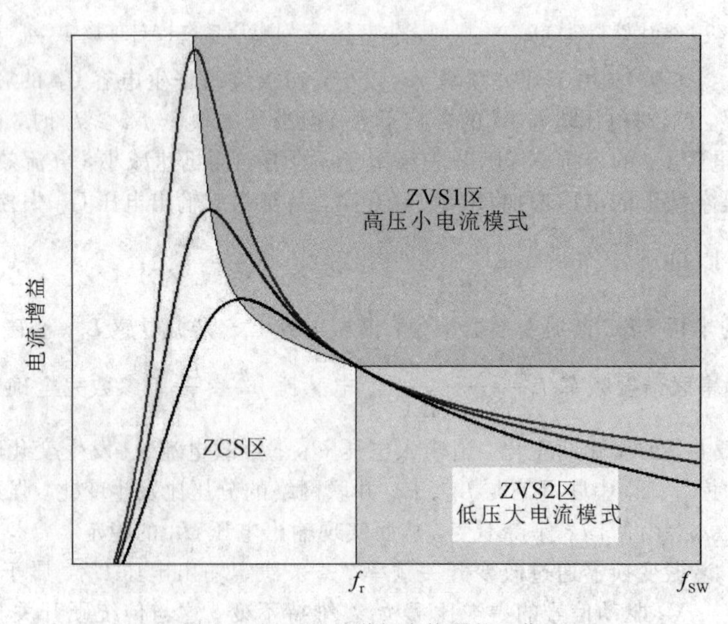

图 10.6.1 LLC 谐振变换器的工作区

在容性区，谐振回路电流 i_{Lr} 超前基波电压 u_{A1}，开关管 V_1、V_2 工作在 ZCS 开通状态，开通损耗较大，且电压增益 $|M|$ 随开关频率 f_{SW} 的升高而增加，原因是随着开关频率 f_{SW} 的升高，“C_r 与 L_r 串联支路”等效电容 C_r' 的容抗将减小，造成变压器初级绕组端电压 u_{NP} 增

加。此外，由于开关频率较低，导致激磁电感 L_m 的感抗较小，回路电流大，开关管的导通损耗高。因此，ZCS 区不宜作为 LLC 变换器的工作区。

在感性区(包括 ZVS1 区和 ZVS2 区)，谐振回路电流 i_{Lr}滞后于基波电压 u_{A1}，在开关管 V_1、V_2未导通前，回路电流 i_{Lr}强迫开关管输出电容 C_{oss1} 或 C_{oss2} 放电，使 V_1、V_2 管具有 ZVS 开通特性，开通损耗小，且随着开关频率 f_{SW} 的升高，电压增益 $|M|$ 减小，可作为 LLC 谐振变换器的工作区。

1. 开关频率 f_{SW} 位于 ZVS 1 区($f_{SW}<f_r$)的优缺点

当开关频率 f_{SW}位于 ZVS 1 区时，回路电流、激磁电流、次级整流二极管电流的波形如图 10.5.4 所示。

1) 优点

开关频率 f_{SW}位于 ZVS 1 区($f_{SW}<f_r$)的优点：

(1) 次级整流二极管工作在 ZCS 关断状态，对整流二极管反向恢复时间要求低，可使用高耐压快恢复或超快恢复二极管作为次级的整流二极管。

(2) 开关频率 f_{SW}变化范围较小。

(3) 上限开关频率 f_{SW}低，使轻载、空载状态下的开关损耗小，静态功耗较低。

(4) 开关频率 f_{SW}低，初级绕组 N_P 寄生电容 C_P 对电压增益 $|M|$ 的影响不大。

2) 缺点

开关频率 f_{SW}位于 ZVS 1 区($f_{SW}<f_r$)的缺点如下：

(1) 开关频率 f_{SW}相对较低，导致激磁电流 i_{Lm}较大，使开关管 V_1、V_2的导通损耗有所增加，需使用低导通电阻的开关管，以降低开关管的导通损耗。

(2) 初级绕组 N_P 匝数多，绕线损耗较大。

(3) LLC 控制芯片不易进入间歇振荡模式。

因此在控制芯片不支持间歇振荡模式的纯硬件控制方式中，当输出电压 U_O 较高、谐振频率 f_r 较大时，可选 ZVS1 区作为 LLC 谐振变换器的工作区。

2. 开关频率 f_{SW} 位于 ZVS 2 区($f_{SW}>f_r$)的优缺点

当开关频率 f_{SW}处于 ZVS2 区时，回路电流、激磁电流、次级整流二极管电流的波形如图 10.5.14 所示。

1) 优点

开关频率 f_{SW}位于 ZVS 2 区($f_{SW}>f_r$)的优点如下：

(1) 开关频率 f_{SW}高，激磁电流 i_{Lm}小，重载下开关管的导通损耗有所下降，对功率 MOS 管导通电阻要求低。

(2) 初级绕组 N_P 匝数少，绕线损耗小。

2) 缺点

开关频率 f_{SW}位于 ZVS 2 区($f_{SW}>f_r$)的缺点如下：

(1) 回路电流 i_{Lr}严重滞后于输入电压 u_{A1}，导致次级整流二极管丧失 ZCS 关断特性，对次级整流二极管反向恢复时间要求高，需使用反向恢复时间很短的肖特基二极管(在低压输出状态下)、超快恢复二极管甚至 SiC 功率二极管(在高压输出状态下)作为次级的整流二极管。

(2) 开关频率 f_{SW}变化范围大，在轻载，尤其是空载状态下，开关频率高，导致开关损耗大，静态功耗较高。

(3) 由式(10.5.6)及式(10.5.9)可知，在空载状态下(品质因素 $Q=0$)，最大开关频率

$$X_{max}=\sqrt{\frac{M_{min}}{M_{min}m_L-M_V(m_L-1)}}$$

显然，当 $M_{min}m_L-M_V(m_L-1)$趋近于 0 时，最大开关频率 X_{max}将趋近于无穷大，为此要求电感比 $m_L<\frac{U_{INmax}}{U_{INmax}-U_{INmin}}$，以降低轻载尤其是空载状态下的开关频率 f_{SW}，避免输出电压 U_O 偏高，甚至失控。

(4) 因开关频率 f_{SW}高，导致初级绕组 N_P 匝间寄生电容 C_P 对电压增益 M 的影响较大，如图 10.5.20 所示。

由于 ZVS2 区具有初级绕组 N_P 匝数少，绕线损耗低，容易触发控制芯片进入间歇振荡模式的优点，因此当输出电压 U_O 较小，负载电流变化不大，且谐振频率 f_r 较低时，可选 ZVS2 区作为 *LLC* 谐振变换器的工作区，以提高变换器的转换效率。

3. *LLC* 变换器工作区的选择策略

考虑到 *LLC* 变换器的前级一般为 APFC 变换器，因此为充分发挥 ZVS1 区和 ZVS2 区各自的优点，在实践中常允许开关频率 f_{SW}跨越 ZVS1 区和 ZVS2 区：当输入电压 U_{IN}小于特定值 U_{INR}(该电压也称为串联谐振输入电压，一般是前级 APFC 输出的谷底电压或比谷底电压低 3～5 *V* 的电压)时，开关频率 $f_{SW}<f_r$(ZVS1 区)；当输入电压 $U_{IN}=U_{INR}$时，开关频率 $f_{SW}=f_r$；而当输入电压 $U_{IN}>U_{INR}$时，开关频率 $f_{SW}>f_r$，使前级 APFC 稳定后 *LLC* 变换器只工作在 ZVS2 区，即仅在开、关机瞬间，*LLC* 变换器工作在开关频率 $f_{SW}<f_r$ 的 ZVS1 区，以提高环路的稳定性，如图 10.6.2 所示。

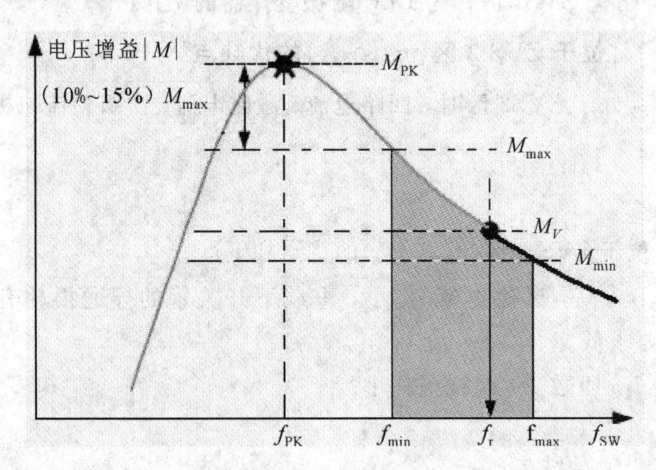

图 10.6.2　开关频率 f_{SW}跨越 ZVS1 区和 ZVS2 区

在负载不变(即 Q 值恒定)的情况下，若输入电压 U_{IN} 减小，则为维持 $2nU_O=|M|U_{IN}$ 不变，电压增益 $|M|$ 必然升高，使开关频率 f_{SW} 下降，有利于减小开关损耗。因此，LLC 谐振变换器在满载、低输入电压下效率最高。为防止在最小输入电压 U_{INmin} 状态下，电压增益越过电压增益峰值 $|M|_{PK}$，造成反馈控制混乱，必须限制最小输入电压 U_{INmin} 对应的最小开关频率 f_{SWmin}。

在 ZVS2 区，在输入电压 U_{IN} 保持不变情况下，当负载变小→等效交流电阻 R_{ac} 增加→Q 值下降时，开关频率 f_{SW} 必然升高，才能保证电压增益 $|M|$ 不变，这势必会增加轻载、空载状态下的开关损耗。为此，也必须限制空载状态下最大输入电压 U_{INmax} 对应的最大开关频率 f_{SWmax}(当开关频率已接近 f_{SWmax} 时，输出电压 U_O 偏高，可强迫控制芯片进入间歇振荡模式)。

10.6.2　电感比 m_L 的选择策略

电感比 m_L 大，可使激磁电感 $L_m=L_P-L_r=(m_L-1)L_r$ 增加，有助于降低环路电流，减小开关管的导通损耗。但随着电感比 m_L 的增加，获得相同电压增益 M 对应的开关频率变化范围大，造成输出纹波电压增加(或被迫使用更大容量的输出滤波电容)，使变压器体积增大。

此外，在 ZVS1 区($f_{SW}<f_r$)，电感比 m_L 不宜太大，否则会使重载下的电压增益 $|M|$ 严重偏小，如图 10.6.3(b)所示，导致变压器匝比 n 下降，使绕组匝数增加。

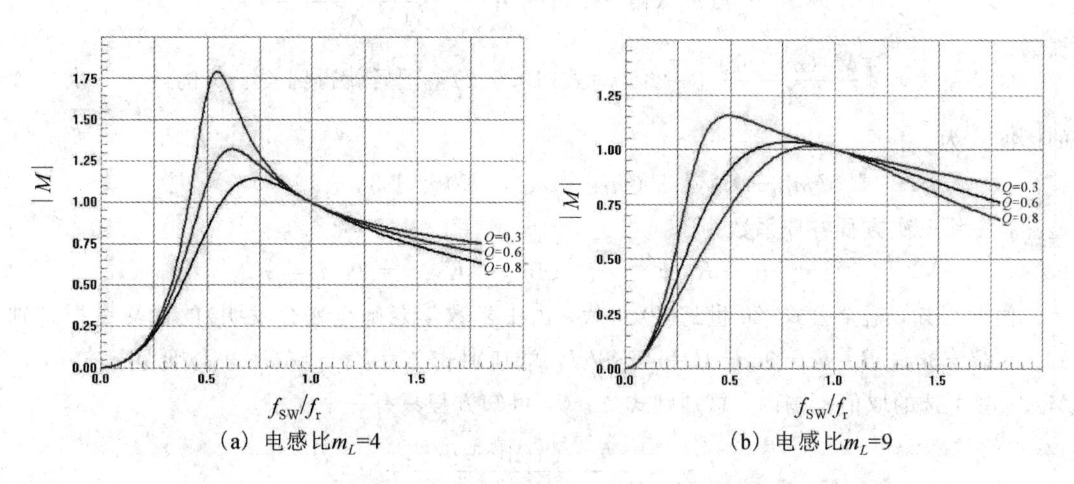

(a) 电感比 m_L=4　　(b) 电感比 m_L=9

图 10.6.3　电感比 m_L 对电压增益 M 的影响

为此，在纯硬件控制方式中一般将电感比 m_L 控制在 3～8 之间。为尽可能降低环路电流，当采用独立电感时，m_L 典型值取 4～5；而当采用磁集成变压器时，L_r 是变压器初级绕组的漏感，一般较小，且仅与初－次级绕组的相对位置有关，几乎不受磁芯气隙的影响，在完成了变压器初级、次级绕组的绕线后就基本固定不变，电感比 m_L 的典型值可取 5～6。此外，电感比 m_L 还与输出功率 P_O 大小有关，输出功率 P_O 越大，电感比 m_L 取值也将随之增加，否则会导致谐振电容 C_r 偏小，无法传输相应的功率。

10.6.3 品质因数 Q 的选择依据及确定方法

从图 10.6.3 可以看出，同一电压增益对应了多条不同品质因数 Q 的曲线簇，但在电感比 m_L、谐振频率 f_r、输出功率 P_O 确定的情况下，由品质因数 $Q'=\frac{\omega_r L_r}{R'_{AC}}$ 可知，随着 Q' 的增加，谐振电感 L_r、激磁电感 $L_m=(m_L-1)L_r$ 均增加，环路电流减小，损耗下降。因此，必须尽可能提高最小输入电压、最重负载状态下的品质因数 Q'。

为保证在最坏情况下，LLC 变换器仍处于 ZVS 区，电压增益峰值 $|M|_{PK}$ 一般取最大电压增益 $|M|_{max}$ 的 1.1～1.15 倍，即 $|M|_{PK}=(1.10\sim1.15)|M|_{max}$。可采用如下三种方法之一找出满足条件的最大品质因数 Q'。

1. 解方程法

由式(10.5.6)、式(10.5.9)可以看出，在电感比 m_L、品质因数 Q' 确定后，电压增益 $|M|$ 曲线的参数完全确定。对电压增益 $|M|$ 求导，并令其导数 $\mathrm{d}|M|/\mathrm{d}X=0$，即可求出电压增益峰值 $|M|_{PK}$ 对应的归一化频率 X_{PK}。

可以证明满足 $\mathrm{d}|M|/\mathrm{d}X=0$ 的归一化频率 X_{PK} 由下式决定，即

$$Q'^2(m_L-1)^2X_{PK}^2(X_{PK}^4-1)+2m_LX_{PK}^2-2=0 \tag{10.6.1}$$

显然，当 $X=X_{PK}$ 时，电压增益 $|M|$ 达到峰值，即

$$|M|_{PK}=\frac{X_{PK}^2(m_L-1)M_V}{\sqrt{(m_LX_{PK}^2-1)^2+\frac{2(m_LX_{PK}^2-1)(1-X_{PK}^2)}{1+X_{PK}^2}}} \tag{10.6.2}$$

令 $X_{PK}^2=y$，$\left[\frac{M_V(m_L-1)}{M_{PK}}\right]^2=K$，对式(10.6.2)整理后就得到关于 y 的一元三次方程的标准式为

$$(m_L^2-K)y^3+(m_L^2-4m_L-K)y^2+3y-1=0$$

显然，一元三次方程各项系数为

$$a=m_L^2-K,\ b=m_L^2-4m_L-K,\ c=3,\ d=-1$$

由此可知，盛金公式(20 世纪 80 年代，由中学数学老师范盛金发明)的最简重根判别式 $A=b^2-3ac$，$B=bc-9ad$，$C=c^2-3bd$，总判别式 $\Delta=B^2-4AC$，可以证明，在 M_{PK}、M_V、m_L 可选的取值范围内，总判别式 $\Delta>0$，可知方程只有一个实根

$$y=\frac{-b-(\sqrt[3]{Y_1}+\sqrt[3]{Y_2})}{3a}$$

其中，$Y_{1,2}=Ab+3a\left(\frac{-B\pm\sqrt{B^2-4AC}}{2}\right)$。

将 $y=X_{PK}^2$ 代入式(10.6.1)，得

$$Q'_{max}=\sqrt{\frac{2(m_LX_{PK}^2-1)}{(m_L-1)^2X_{PK}^2(1-X_{PK}^4)}} \tag{10.6.3}$$

就可以获得满足条件的最大品质因数 Q'_{max}。解方程法的优点是精度高、速度快，可对任意的电感比 m_L 进行计算，灵活性大。

2. 查图法

由式(10.6.1)可求出电压增益峰值$|M|_{PK}$对应的归一化开关频率X_{PK}与最大品质因数$Q'_{\max}$之间的函数关系$X_{PK}^2=f_1(Q'_{\max}, m_L)$。

将X_{PK}^2代入式(10.6.2)，即可求出电压增益峰值$|M|_{PK}$与最大品质因数$Q'_{\max}$及电感比m_L之间的函数关系，即$|M|_{PK}=f_2(Q'_{\max}, m_L)$，从而画出图 10.6.4 所示的原飞兆半导体公司制作的曲线族，以便能借助查图方式迅速找出特定电感比m_L、电压增益峰值$|M|_{PK}$对应的最大品质因数$Q'_{\max}$。查图法的优点是快捷，但主观性大，精度低，灵活性差。

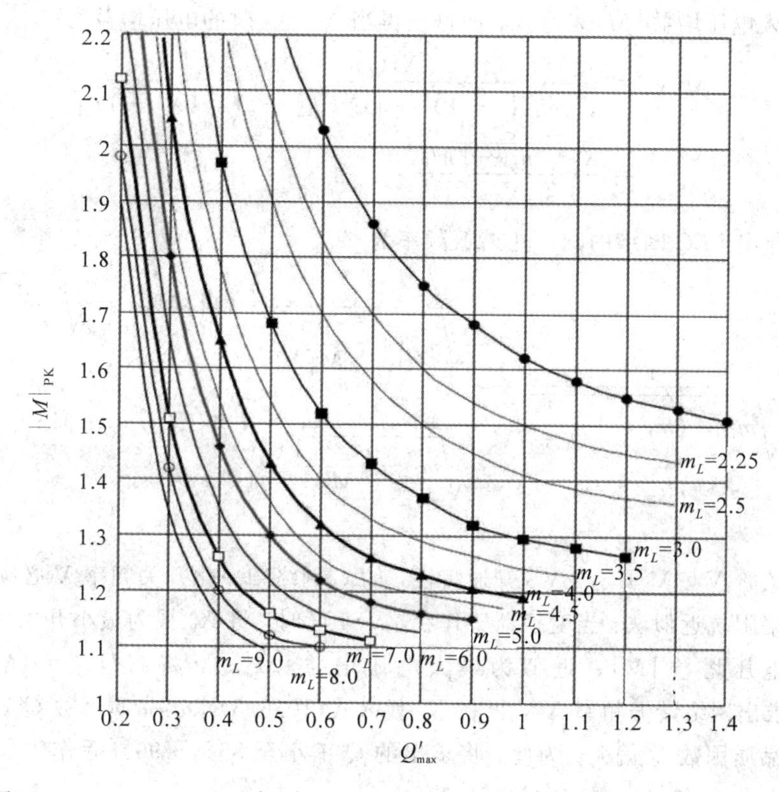

图 10.6.4　电压增益峰值$|M|_{PK}$与最大品质因数$Q'_{\max}$及电感比m_L之间的关系

3. 谐振网络阻抗近似法

显然，LLC谐振网络的输入阻抗

$$Z=\frac{1}{j\omega C_r}+j\omega L_r+j\omega L_m//R'_{AC}$$

$$=\frac{R'_{AC}(\omega L_m)^2}{(R'_{AC})^2+(\omega L_m)^2}+j\left[\frac{(R'_{AC})^2\omega L_m}{(R'_{AC})^2+(\omega L_m)^2}+\omega L_r-\frac{1}{\omega C_r}\right]$$

当虚部$\frac{(R'_{AC})^2\omega L_m}{(R'_{AC})^2+(\omega L_m)^2}+\omega L_r-\frac{1}{\omega C_r}=QR'_{AC}\left[\frac{X(m_L-1)}{1+[X(m_L-1)Q']^2}+X-\frac{1}{X}\right]=0$时，网络输入阻抗最小。整理后可得，当虚部为 0 时，归一化频率X满足

$$\frac{X(m_L-1)}{1+[X(m_L-1)Q']^2}+X-\frac{1}{X}=0 \tag{6.6.4}$$

这意味着对于特定的 Q' 值及电感比 m_L 来说，当归一化频率 X 为某一特定值 X_0 时，$\frac{X_0(m_L-1)}{1+[X_0(m_L-1)Q']^2}+X_0-\frac{1}{X_0}=0$，谐振网络电抗(即虚部)为 0，$LLC$ 谐振网络呈阻性特征；而当 $X<X_0$ 时，LLC 谐振网络呈容性；当 $X>X_0$ 时，LLC 谐振网络呈感性。当 $X=X_0$ 时，对应的品质因数为

$$Q'=\frac{1}{X_0(m_L-1)}\times\sqrt{\frac{m_LX_0^2-1}{1-X_0^2}}=\sqrt{\frac{1}{(m_L-1)(1-X_0^2)}-\frac{1}{[(m_L-1)X_0]^2}} \tag{10.6.5}$$

将 Q' 代入电压增益 $|M|$ 表达式，即可获得当 $X=X_0$ 时的电压增益为

$$\begin{aligned}|M|_{X_0}&=\frac{X_0^2(m_L-1)M_V}{\sqrt{(m_LX_0^2-1)^2+[Q'(m_L-1)X_0(X_0^2-1)]^2}}\\&=\frac{X_0\sqrt{m_L-1}M_V}{\sqrt{m_LX_0^2-1}}\end{aligned}$$

由此可导出 LLC 网络的归一化谐振频率为

$$X_0=\frac{1}{\sqrt{m_L-(m_L-1)\frac{M_V^2}{M_{X_0}^2}}}=\begin{cases}\dfrac{1}{\sqrt{m_L\left(1-\frac{1}{M_{X_0}^2}\right)}} & \left(\text{当}|M|_V=\sqrt{\frac{m_L}{m_L-1}}\text{时}\right)\\[2ex]\dfrac{1}{\sqrt{m_L-\frac{m_L-1}{M_{X_0}^2}}} & (\text{当}|M|_V=1\text{时})\end{cases} \tag{10.6.6}$$

为使开关管 V_1、V_2 具有 ZVS 开通特性，LLC 网络归一化开关频率 X 必须大于 X_0。

传统网络阻抗近似法：当变换器工作在 ZVS1 区时，将 X_0 视为最小开关频率 X_{min}，将 X_0 对应的电压增益 $|M|_{X_0}$ 近似为最大电压增益 $|M|_{max}$，将 $|M|_{X_0}=|M|_{max}$ 代入式(10.6.6)，求出网络谐振频率 X_0，再将 X_0 代入式(10.6.5)求出品质因数 Q'。不过用这种方法求出的品质因数 Q' 偏大。为此，将求出的 Q' 缩小至 85%～90%后作为最大品质因数 Q'_{max}，即 $Q'_{max}=(0.85\sim0.90)Q'$。

由此可见，谐振网络阻抗法的优点是无需解方程，但在计算初级、次级绕组匝数时，将网络谐振频率 X_0 视为最小开关频率 X_{min} 会使绕组匝数偏多，且概念不清。原因是 X_0 是 LLC 网络的谐振频率，当 $X=X_0$ 时，网络阻抗的虚部为 0，LLC 网络处于谐振状态，输入阻抗达到最小，回路电流 i_{Lr} 达到最大，但此时的电压增益并非最大，即 $|M|_{X_0}=\left|\frac{u_{NP}}{u_{A1}}\right|$ 既不是峰值电压增益 $|M|_{PK}$，也不是最小开关频率 X_{min} 对应的最大电压增益 $|M|_{max}$。

实际上，在电感比 m_L、品质因数 Q' 确定的情况下，由式(10.6.4)不难求出 LLC 网络的谐振频率

$$X_0=\sqrt{\frac{[Q'(m_L-1)]^2-m_L+\sqrt{\{[Q'(m_L-1)]^2-m_L\}^2+4[Q'(m_L-1)]^2}}{2[Q'(m_L-1)]^2}}$$

再将 X_0 代入式(10.5.6)或式(10.5.9)，即可求出 X_0 对应的电压增益 $|M|_{X_0}$。可以证明，

对于特定的 Q' 值来说，X_0 略大于 X_{PK} 而小于 X_{min}，并满足 $|M|_{max} < |M|_{X_0} < |M|_{PK}$，如图 10.6.5 所示。可见，$|M|_{X_0}$ 更接近 $|M|_{PK}$。

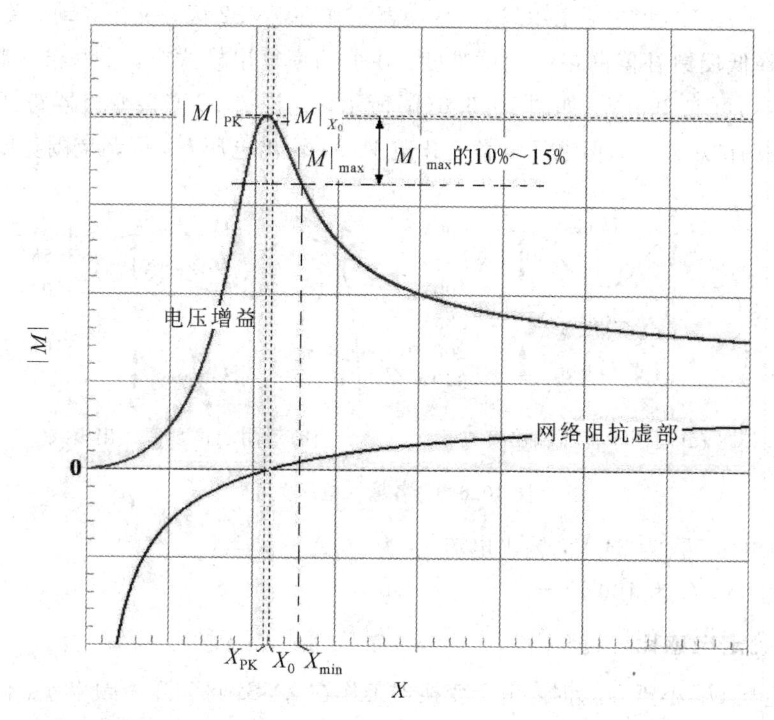

图 10.6.5　最大电压增益 $|M|_{max}$ 对应的开关频率 X_{min} 与网络谐振频率 X_0 的关系

为克服传统阻抗近似法的不足，当变换器工作在 ZVS1 区时，根据理论计算结果，在实践中总结出了精度更高的网络阻抗改进算法，其具体步骤如下：

(1) 将最大电压增益 $|M|_{max}$ 放大 k 倍(取值范围为 1.05～1.11，典型值取 1.08)后作为网络谐振频率 X_0 对应的电压增益 $|M|_{X_0}$，即 $|M|_{X_0} = k|M|_{max}$。

(2) 由式(10.6.6)求出网络谐振频率 X_0，将获得的 X_0 代入式(10.6.5)，获取品质因数 Q'。

(3) 将 X_0 放大 k 倍后近似为最大电压增益 $|M|_{max}$ 对应的最小开关频率 X_{min}，即 $X_{min} = kX_0$。

10.6.4　设计实例

下面通过具体实例介绍 *LLC* 谐振变换器开关频率 f_{SW} 跨越 ZVS1 和 ZVS2 区的设计过程及计算步骤。

假设变换器输入、输出参数如下：

(1) 最小输入电压 U_{INmin} 为 340 V(为提高最小开关频率 f_{SWmin}，最小输入电压可取高一些，如 350～360 V。缺点是上电启动速度稍慢；输入市电波动或缺少半个市电周期时，APFC 变换器输出电压可能小于指定的最小输入电压 U_{INmin}，需适当增加 APFC 的输出滤波电容)。

(2) 最大输入电压 U_{INmax} 为 400 V(假设前级 APFC 变换器额定输出电压为395 V，输出纹波电压为10 V)。

在恒压输出模式中，串联谐振频率 f_r 对应的输入电压 U_{INR} 可取 385 V，如图 10.6.6(a)所示，强制前级 APFC 稳定后 LLC 谐振变换器工作在 ZVS2 区，仅在启动、关闭瞬间掠过 ZVS1 区，可降低反馈补偿网络的调试难度。在恒功率输出模式中，串联谐振频率 f_r 对应的输入电压 U_{INR} 可取 395 V，如图 10.6.6(b)所示，允许 LLC 谐振变换器跨区工作，尽管反馈补偿网络调试难度大，但电压增益变化范围大，输出电压 U_O 可调范围宽度。

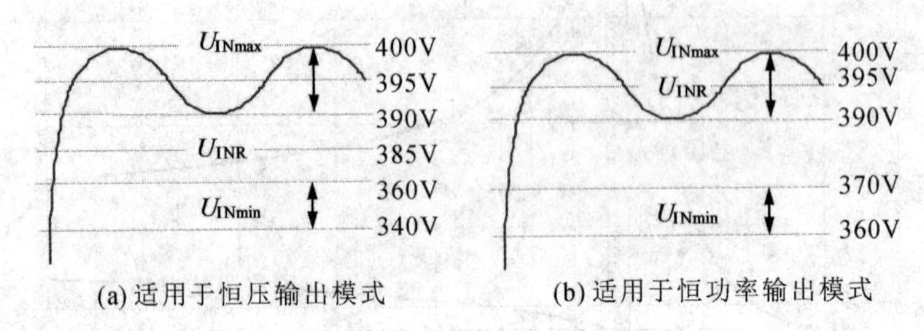

图 10.6.6 各输入电压关系

(3) 输出电压 U_O 为 24 V，输出电流 I_O 为 10 A。

(4) 谐振频率 f_r 为 100 kHz。

1. 初步确定电感比

当输入电压 U_{IN} 小于 U_{INR} 时，由于变换器工作在 ZVS1 区，开关频率 f_{SW} 低，环路电流较大，为减小低输入电压下的开关损耗，应适当提高电感比 m_L。在本例中，m_L 初步取 5。

2. 计算实际匝比 n 与理论匝比 n'

输入电压 U_{INR} 对应的电压增应为

$$M=\frac{2n(U_O+U_D)}{U_{INR}}=M_V=\sqrt{\frac{m_L}{m_L-1}}=\sqrt{\frac{5}{5-1}}\approx 1.118$$

实际匝比为

$$n=\frac{U_{INR}}{2(U_O+U_D)}M_V=\frac{U_{INR}}{2(U_O+U_D)}\sqrt{\frac{m_L}{m_L-1}}$$

$$=\frac{385}{2\times(24+0.7)}\times\sqrt{\frac{5}{5-1}}\approx 8.714$$

其中，U_D 为次级整流二极管的导通压降，由于输出电流仅为 10 A，在本例中 U_D 取 0.7 V。

确定了实际匝比 n 后，就可以计算理论匝比，即

$$n'=\frac{n}{M_V}\approx\frac{8.714}{1.118}\approx 7.79$$

3. 计算最小电压增益 $|M|_{min}$ 及最大电压增益 $|M|_{max}$

最大输入电压 U_{INmax} 对应的最小电压增益

$$|M|_{min}=\frac{2n(U_O+U_D)}{U_{INmax}}=\frac{U_{INR}}{U_{max}}M_V\approx\frac{385}{400}\times 1.118\approx 1.076$$

最小输入电压 U_{INmin} 对应的最大电压增益

$$|M|_{\max} = \frac{2n(U_O + U_D)}{U_{INR}} = \frac{U_{INR}}{U_{INmin}} M_V \approx \frac{385}{340} \times 1.118 \approx 1.266$$

4. 计算电压增益峰值$|M|_{PK}$

电压增益峰值

$$|M|_{PK} = (1 + 0.12)|M|_{\max} \approx 1.12 \times 1.266 \approx 1.418$$

5. 计算最大 Q 值

在$|M|_{PK}$、m_L、M_V 已知的情况下，通过求解式(10.6.2)所示的一元高次方程即可获得电压增益峰值$|M|_{PK}$对应的归一化开关频率 X_{PK}。当然，在工程上也可以借助计算机软件，如 Protel 99SE、MATLAB 画出$|M|_{PK}=F(m, X_{PK})$函数的图像，再通过图解法，求出电压增益峰值$|M|_{PK}$对应的归一化开关频率 X_{PK}，并计算出品质因数 $Q'_{\max}$。

在本例中，$m_L=5.0$，$|M|_{PK}\approx1.418$，通过解方程或图解法求出 $X_{PK}=0.576$，对应的品质因数

$$Q'_{\max} = \sqrt{\frac{2(m_L X_{PK}^2 - 1)}{(m_L - 1)^2 X_{PK}^2 (1 - X_{PK}^4)}} \approx 0.528$$

6. 计算等效负载

$$R_{AC} = n^2 \times \frac{8}{\pi^2} \times R_O = n^2 \times \frac{8}{\pi^2} \times \frac{U_O}{I_O} = 8.714^2 \times \frac{8}{\pi^2} \times \frac{24}{10} = \approx 147.7\ \Omega$$

$$R'_{AC} = n'^2 \times \frac{8}{\pi^2} \times R_O = \frac{m_L - 1}{m_L} \times n^2 \times \frac{8}{\pi^2} \times R_O = \frac{m_L - 1}{m_L} R_{AC}$$

$$\approx \frac{5-1}{5} \times 147.7 \approx 118.2\ \Omega$$

7. 计算最大电压增益$|M|_{\max}$对应的归一化开关频率 $X_{\min}$

由于 m、Q 以及电压增益$|M|_{\max}$已知，将有关参数代入式(10.5.9)或式(10.5.6)可求出$|M|_{\max}$对应的最小归一化开关频率 $X_{\min}$。在实践中，同样可通过图解法，如利用 Protel 99SE 或 MATLAB 画出函数$|M|=F(m_L, X)$的图像，借助图解法求出最大电压增益$|M|_{\max}$对应的最小开关频率 $X_{\min}$。

当然，也可以通过求解一元高次方程获得最大电压增益 $M_{\max}$对应的最小归一化开关频率 $X_{\min}$，大致过程如下：

将 $X=X_{\min}$，$|M|=|M|_{\max}$代入式(10.5.9)，并令 $X_{\min}^2=y$，$P=[Q'(m_L-1)]^2$，$K=\left[\frac{|M|_V(m_L-1)}{|M|_{\max}}\right]^2$，整理后就获得了关于中间变量 y 的一元三次方程，即

$$Py^3 + ({m_L}^2 - 2P - K)y^2 + (P - 2m_L)y + 1 = 0$$

显然，该一元三次方程各系数为：$a=P$，$b=m_L^2-2P-K$，$c=P-2m_L$，$d=1$。相应地，盛金公式中最简重根判别式：$A=b^2-3ac$，$B=bc-9ad$，$C=c^2-3bd$，总判别式 $\Delta=B^2-4AC$，根据电压增益函数$|M|$的特征，总判别式 $\Delta<0$，可知方程有三个不相等的实根，即

$$y_1 = \frac{-b - 2\sqrt{A}\cos\frac{\theta}{3}}{3a}, \quad y_{2,3} = \frac{-b + \sqrt{A}\left(\cos\frac{\theta}{3} \pm \sqrt{3}\sin\frac{\theta}{3}\right)}{3a}$$

其中，$\theta=\arccos T$，而 $T=\dfrac{2Ab-3aB}{2\sqrt{A^3}}$，且 $-1<T<1$。

舍去其中的负根及位于 ZCS 区的归一化频率点后，即可获得位于 ZVS 区的归一化频率 $X_{\min}=\sqrt{y_i}$。

在本例中，$m_L=5.0$，$Q'\approx0.528$，$|M|_{\max}\approx1.266$，对应的最小开关频率 $X_{\min}\approx0.785$。

8. 计算最小电压增益 $|M|_{\min}$ 对应的最大归一化开关频率 $X_{\max}$

在空载($Q=0$)状态下，当输入电压达到最大值 U_{INmax} 时，电压增益最小，开关频率最大。由式(10.5.9)可求出最大归一化开关频率为

$$X_{\max}=\sqrt{\frac{|M|_{\min}}{|M|_{\min}m_L-M_V(m_L-1)}}=\sqrt{\frac{|M|_{\min}}{M_{\min}m_L-\sqrt{m_L(m_L-1)}}}$$

$$=\sqrt{\frac{1.076}{1.076\times5-\sqrt{5(5-1)}}}\approx1.088$$

即最大开关频率 $f_{\text{SWmax}}=X_{\max}f_{\text{r}}==1.088\times100=108.8\text{ kHz}$。可见，在输入电压最大、空载状态下的最大开关频率不高，空载开关损耗也不大。

9. 计算变压器绕组匝数

在计算变压器绕组匝数时，可先利用半桥变换器的 AP 法大致估算磁芯参数，选择磁芯型号，从而确定磁芯的有效截面积 A_{e}。由电磁感应定律可知

$$N_{\text{P}}A_{\text{e}}\Delta B=L'_{\text{m}}\Delta I_{\text{m}}=L'_{\text{m}}\times\frac{U_{NP}}{L'_{\text{m}}}\times\frac{T_{\text{SW}}}{2}=n'(U_{\text{O}}+U_{\text{D}})\frac{1}{2f_{\text{SWmin}}}$$

$$=\frac{n}{M_V}(U_{\text{O}}+U_{\text{D}})\times\frac{1}{2f_{\text{SWmin}}}$$

因此初级绕组最小匝数为

$$N_{\text{Pmin}}=\frac{n(U_{\text{O}}+U_{\text{D}})}{2M_VA_{\text{e}}\Delta B\times f_{\text{SWmin}}}$$

在 LLC 谐振变换器中，考虑到磁芯中柱形气隙，剩磁 B_{r} 不大，且磁芯双向磁化，ΔB 可取 0.3～0.46T，典型值取 0.40 T。

在本例中，最小开关频率 $f_{\text{SWmin}}=X_{\min}f_{\text{r}}\approx0.785\times100=78.5\text{ kHz}$，假设所用磁芯磁路的有效截面积 $A_{\text{e}}=107\text{ mm}^2$，则初级绕组最小匝数为

$$N_{\text{Pmin}}\approx\frac{8.714\times(24+0.7)}{2\times1.118\times107\times10^{-6}\times0.4\times78.5\times10^3}\approx28.6$$

次级绕组匝数为

$$N_{\text{S}}=\frac{N_{\text{Pmin}}}{n}\approx\frac{28.6}{8.714}=3.28$$

取 4 匝。因此 $N_{\text{P}}=nN_{\text{S}}=8.714\times4\approx34.86$，取 35 匝。

10. 估算变压器次级与初级绕组电流有效值并确定绕组的线径

当次级采用全波整流时，次级绕组电流有效值为

$$I_{\text{NSrms}}=\sqrt{\frac{1}{T_{\text{SW}}}\int_0^{0.5T_{\text{SW}}}\left[\frac{\pi I_O}{2}\sin(2\pi f_{\text{SW}}t)\right]^2\text{d}t}=\frac{\pi I_O}{4}=\frac{\pi\times10}{4}\approx7.85\text{ A}$$

反之，当次级采用桥式整流时，次级绕组电流有效值为

$$I_{NSrms}=\frac{\pi I_O}{2\sqrt{2}}=\frac{\pi\times 10}{2\sqrt{2}}\approx 11.11\ \text{A}$$

初级回路电流 I_{Lm} 包括了激磁电流 I_m 以及传输能量的次级绕组映射电流 i_{r1}/n'，因此，初级绕组电流有效值(与次级整流滤波电路形式无关)为

$$I_{NPrms}=\sqrt{I_{Lm\_rms}^2+\left(\frac{\pi I_O}{2\sqrt{2}n'}\right)^2}$$

其中，激磁电流有效值为

$$I_{Lm\_rms}=\frac{1}{4\sqrt{3}}\times\frac{U_P}{L'_m}T_{SW}=\frac{1}{4\sqrt{3}}\times\frac{n'(U_O+U_D)}{L'_m}\times\frac{1}{f_{SWmin}}=\frac{n'(U_O+U_D)}{4\sqrt{3}L'_m f_{SWmin}}$$

初级回路电流还与初级绕组激磁电感 L'_m 有关，在变压器参数未确定前是未知参数，不过 I_{Lm_rms} 有效值不大，可先忽略不计。此时初级绕组电流有效值为

$$I_{NPrms}=\sqrt{I_{Lm\_rms}^2+\left(\frac{\pi I_O}{2\sqrt{2}n'}\right)^2}\approx\frac{\pi I_O}{2\sqrt{2}n'}\approx\frac{\pi\times 10}{2\sqrt{2}\times 7.794}\approx 1.43\ \text{A}$$

在电流密度确定的情况下，即可推算出初级绕组、次级绕组的线径及股数。

11. 绕制变压器并测量初级绕组的漏感 L_{LK}

当采用磁集成变压器的 LLC 变换器时，由于初级绕组、次级绕组分槽绕制，初-次级绕组漏感 L_{LK} 就是谐振电感 L_r。初-次级绕组漏感 L_{LK} 的大小主要由初级绕组 N_P 与次级绕组 N_S 的相对位置、绕线层数确定，受磁芯气隙长度的影响很小。为此，在完成了变压器初级、次级绕组绕制后，先插入磁芯，测量出漏感 L_{LK} 的初始值，然后研磨磁芯端面，调整气隙长度，使 L_P 接近 m_L。

假设在本例中，漏感 $L_{LK}=L_r$，其初始值为 112 μH，由此推断出 $L_P=m_LL_r=5.0\times 112=560$ μH。在研磨磁芯过程中，当 L_P 接近 560 μH 时，测到的漏感 L_{LK} 约为 105 μH，进一步细磨磁芯，使 $L_P=m_LL_r=5.0\times 105=525$ μH 即可，此时等效激磁电感 $L'_m=L_P-L_r=420$ μH。

12. 确定谐振电容参数

由于谐振电感 L_r、交流等效电阻 R_{AC}、品质因数 Q 已完全确定，因此唯一可变的参数是谐振频率 f_r。根据品质因数 Q 的定义，串联谐振频率上限为

$$f_{rmax}=\frac{Q_{max}R'_{AC}}{2\pi L_r}\approx\frac{0.528\times 118.2}{2\times 3.14\times 105}\approx 94.64\ \text{kHz}$$

如果 f_{rmax} 接近期望的串联谐振频率 f_r，则无需调整，否则必须按如下方式调整，并重新计算。

1) 当 $f_{rmax}<f_r$ 时

$f_{rmax}<f_r$ 表明在中大功率 LLC 变换器中，谐振电感 L_r(即磁集成变压器初一次级绕组漏感 L_{LK})偏大，解决办法是重绕变压器，调整初级、次级绕组相对位置，以降低漏感 L_{LK}。除非 f_{rmax} 仅比 f_r 低 5%以内，才允许适当降低电感比 m_L，并重新计算，原因是在 L_r 偏大的情况下，实际开关频率 f_{SW} 将小于目标串联谐振频率 f_r，在变压器绕组匝数不变的情况下，磁通密度变化量 ΔB 将增加，使磁芯损耗上升，严重时甚至会引起磁芯饱和。

2）当 $f_{rmax} > f_r$ 时

$f_{rmax} > f_r$ 表明在中小功率 LLC 变换器中，谐振电感 L_r（即初一次级绕组漏感 L_{LK}）偏小，解决方法如下：

(1) 当 f_{rmax} 仅比 f_r 高 20%以内时，不一定非要重绕变压器，可通过增加谐振电容 C_r 的容量来维持串联谐振频率 f_r 不变，使 LLC 变换器最大负载对应的品质因数 Q 小于由电压增益峰值 $|M|_{PK}$ 所确定的品质因数 Q_{max}。优点是开关频率不变，开关损耗没有增加；但缺点是减小了激磁电感 L_m，导致环路电流增加，使变换器效率有所下降。

(2) 当 f_{rmax} 仅比 f_r 高 20%以内时，也可以不用重绕变压器，将谐振频率 f_r 等比例提高。在电感比 m_L、变压器绕组匝数保持不情况下，由 $f_{rmax} = \frac{Q_{max}R'_{AC}}{2\pi L_r}$ 可知，$f_{rmax}L_r = \frac{Q_{max}R'_{AC}}{2\pi}$，为常数。缺点是开关频率升高，将导致开关损耗有所增加；但优点是激磁电感 L_m 的感抗 $2\pi f_r L_m$ 将随串联谐振频率 f_r 的升高而增加，使环路电流减小；另一方面，变压器绕组匝数不变，开关频率 f_{SW} 升高会导致磁通密度变化量 ΔB 减小，使磁芯损耗下降，最终使变换器效率基本不变。

(3) 当 f_{rmax} 远大于目标谐振频率 f_r 时，表明磁集成变压器初一次级绕组的漏感 L_{LK} 严重偏小。在这种情况下，通过增加谐振电容 C_r 容量或提高谐振频率 f_r 两种方式都可能会降低变换器的效率，只能重绕变压器，调整绕线方式或改变绕线槽的相对位置，来提高绕组间的漏感 L_{LK}。

作为特例，表 10.6.1 给出了电感比 $m_L = 3$，目标串联谐振频率 $f_r = 66$ kHz 时不同谐振电感 L_r 对应的谐振腔参数。

表 10.6.1 不同谐振电感 L_r 对应的谐振腔参数

谐振频率 f_r/kHz	谐振电感 L_r/μH	磁感应强度增量 ΔB/T	谐振电容 C_r/nF	初级侧电感 L_P/μH	激磁电感 L_m/μH	备注
66	220	0.28	27	660	440	目标参数
66	180	0.28	33	540	360	增加 C_r
81.5	180	0.225	22	540	360	增加 f_r

由此可得谐振电容

$$C_r = \frac{1}{L_r(2\pi f_r)^2} \approx \frac{1}{105 \times (2\pi \times 94.64)^2} \times 10^9 \approx 26.76\ \text{nF}$$

上式中的 f_r 是串联谐振频率上限 f_{rmax} 与设计值 f_r 中取值较小的一个。当谐振电容 C_r 取比计算值略大的标准值 27 nF 时，实际谐振频率

$$f_r = \frac{1}{2\pi\sqrt{L_r C_r}} = \frac{1}{2\pi\sqrt{105 \times 27 \times 10^{-9}}} \approx 94.5\ \text{kHz}$$

最终确定的最小开关频率

$$f_{\mathrm{SWmin}} = X_{\min} f_{\mathrm{r}} \approx 0.785 \times 94.5 \approx 74.2\ \mathrm{kHz}$$

需要注意的是，当采用独立电感时，可根据交流等效电阻 R_{AC}、品质因数 Q，先确定谐振电容：

$$C_{\mathrm{r}} = \frac{1}{2\pi f_{\mathrm{r}} Q_{\max} R_{\mathrm{AC}}}$$

为避免品质因数 Q 大于 $Q_{\max}$，谐振电容 C_{r} 同样取比计算值略大的标准值，然后再确定谐振电感：

$$L_{\mathrm{r}} = \frac{1}{C_{\mathrm{r}}\ (2\pi f_{\mathrm{r}})^{2}}$$

通过控制独立电感磁芯的气隙长度就可以获得所需的谐振电感量 L_{r}。不过，值得注意的是，由于标准小电容多采用 E12 分度，当谐振电容 C_{r} 的计算值偏离标准值较大时，可适当增加或减小电感比 m_L，并重新计算，使谐振电容 C_{r} 的计算值仅略小于标准值，以提高谐振频率 f_{r} 的精度。例如，在某设计例中，当电感比 m_L 预取 4 时，谐振电容 C_{r} 计算值为 40.1 nF，离标准值 47 nF 相差较大。重选电感比再计算发现：当电感比 m_L 增加到 4.8 时，谐振电容 C_{r} 的计算值约为 46.8 nF(接近标准值 47 nF)，此时谐振频率 f_{r} 的误差较小。

13. 计算次级侧电压及电流参数

当次级采用全波整流时，整流二极管承受的最大反向电压为

$$V_{\mathrm{DR}} = 2(U_{\mathrm{O}} + U_{\mathrm{D}}) = 2 \times (24 + 0.7) = 49.4\ \mathrm{V}$$

考虑到杂散电感的影响，实际需采用 60 V 以上耐压反向恢复时间很短的肖特基二极管。

次级整流二极管电流有效值为

$$I_{\mathrm{Drms}} = \sqrt{\frac{1}{T_{\mathrm{SW}}}\int_{0}^{0.5T_{\mathrm{SW}}} i_{\mathrm{r1}}^{2}(t)\,\mathrm{d}t} = \sqrt{\frac{1}{T_{\mathrm{SW}}} \times \int_{0}^{0.5T_{\mathrm{SW}}} \left[\frac{\pi I_{\mathrm{O}}}{2}\sin(2\pi f_{\mathrm{SW}} t)\right]^{2} \mathrm{d}t}$$
$$= \frac{\pi I_{\mathrm{O}}}{4} \approx 7.85\ \mathrm{A}$$

次级整流二极管峰值电流为

$$I_{\mathrm{Dmax}} = \frac{\pi}{2} I_{\mathrm{O}} = \frac{\pi}{2} \times 10 \approx 15.71\ \mathrm{A}$$

输出滤波电容电流有效值：

$$I_{\mathrm{COrms}} = \sqrt{I_{\mathrm{Orms}}^{2} - I_{\mathrm{O}}^{2}} = \sqrt{\left(\frac{\sqrt{2}\,\pi I_{\mathrm{O}}}{4}\right)^{2} - I_{\mathrm{O}}^{2}} = I_{\mathrm{O}}\sqrt{\frac{\pi^{2}}{8} - 1} \approx 4.82\ \mathrm{A}$$

由于输出纹波电压

$$\Delta U_{\mathrm{O}} = \frac{\pi}{2} I_{\mathrm{O}} R_{C(\mathrm{ESR})}$$

因此，可根据输出纹波电压 ΔU_{O} 的大小计算出滤波电容等效串联电阻 $R_{C(\mathrm{ESR})}$，以此推算出输出滤波电容的大小。显然，*LLC* 谐振变换器输出的纹波电流 ΔI_{O} 比硬开关桥式变换器输出的大，因此对于相同的输出电流，*LLC* 谐振变换器需要更大容量的输出滤波电容。

14. 计算初级侧电压及电流

由于激磁电感 L'_{m} 已确定，因此初级绕组电流有效值

$$I_{\mathrm{Prms}} = \sqrt{I_{\mathrm{Lm\_rms}}^2 + \left(\frac{\pi I_{\mathrm{O}}}{2\sqrt{2}n'}\right)^2} = \sqrt{\left(\frac{n'(U_{\mathrm{O}}+U_{\mathrm{D}})}{4\sqrt{3}L'_{\mathrm{m}}f_{\mathrm{SWmin}}}\right)^2 + \left(\frac{\pi I_{\mathrm{O}}}{2\sqrt{2}n'}\right)^2}$$

$$\approx \sqrt{\left(\frac{7.794\times(24+0.7)}{4\sqrt{3}\times 420\times 10^{-6}\times 74.2\times 10^3}\right)^2 + \left(\frac{3.14\times 10}{2\sqrt{2}\times 7.794}\right)^2}$$

$$\approx 1.68\ \mathrm{A}$$

流过谐振电容 C_{r} 电流的有效值为

$$I_{\mathrm{Cr\_rms}} = I_{\mathrm{Prms}} \approx 1.68\ \mathrm{A}$$

在选择谐振电容时，必须确保电容允许流过的纹波电流大于 $I_{\mathrm{Cr\_rms}}$，因此谐振电容 C_{r} 除了采用 ESR 很小的聚丙烯有机薄膜电容外，还必须核算所选谐振电容 C_{r} 容量对应的纹波电流，原因是电容允许通过的纹波电流受损耗因子 DF、电容容量、封装热阻及环境温度等因素制约。例如，若聚丙烯薄膜电容器的损耗因子 DF 为 0.001，那么耐压为 630 V、容量为 27 nF 的金属化聚丙烯薄膜电容器，在最小开关频率 f_{SWmin} 为 74.2 kHz 的条件下，对应的容抗

$$X_{Cr} = \frac{1}{2\pi f_{\mathrm{SWmin}} C_{\mathrm{r}}} = \frac{1}{2\pi\times 74.2\times 27}$$

约为 79.4 Ω，而等效串联电阻

$$\mathrm{ESR} = \frac{\mathrm{DF}}{2\pi f_{\mathrm{SWmin}} C_{\mathrm{r}}} = \frac{0.001}{2\pi\times 74.2\times 27}$$

约为 79.4 mΩ。因此，当最小输入电压 U_{INmin} 为 340 V 时，可通过的电流有效值

$$I_{\mathrm{Cr\_rms}} = \frac{U_{\mathrm{Cr\_rms}}}{\mathrm{ESR}+X_{\mathrm{Cr}}} \approx \frac{\dfrac{2U_{\mathrm{INmin}}}{\pi\sqrt{2}}}{X_{\mathrm{Cr}}} = 2\sqrt{2}U_{\mathrm{INmin}} f_{\mathrm{SW}} C_{\mathrm{r}}$$

$$\approx 2\sqrt{2}\times 340\times 74.2\times 27\times 10^{-6}$$

$$\approx 1.93\ \mathrm{A}$$

大于实际流过的最大纹波电流 1.68 A，否则必须适当提高电感比 m_L，并重新计算，以便获得更大容量谐振电容对应的谐振腔参数。

谐振电容承受的最大电压包括平均直流电压 $U_{\mathrm{INmax}}/2$ 以及谐振回路电流 i_{P} 流过谐振电容形成的电压，即

$$U_{\mathrm{CrT}} = \frac{U_{\mathrm{INmax}}}{2} + I_{\mathrm{Cr\_rms}}\times\sqrt{2}\times\frac{1}{2\pi f_{\mathrm{r}} C_{\mathrm{r}}}$$

$$\approx \frac{400}{2} + \frac{1.68\times\sqrt{2}}{2\times 3.14\times 94.5\times 10^3\times 27\times 10^{-9}} \approx 349.04\ \mathrm{V}$$

在实际上电路中，谐振电容耐压至少为计算值 U_{CrT} 的 1.5 倍，即 524 V，因此可选用 630 V 标准耐压的聚丙烯电容。

开关管 D、S 极间承受的最大电压 $U_{\mathrm{DS}} = U_{\mathrm{INmax}} = 400$ V，考虑 20% 裕量后，可选用 $U_{\mathrm{(BR)DS}}$ 为 500 V 的功率 MOS 管。

由于开关管 V_1、V_2 轮流导通，因此流过MOS管的电流有效值为

$$I_{\mathrm{MOS\_rms}}=\frac{I_{\mathrm{Prms}}}{\sqrt{2}}\approx\frac{1.68}{\sqrt{2}}=1.19\ \mathrm{A}$$

开关管峰值电流为

$$I_{\mathrm{MOSPK}}=\sqrt{2}\,I_{Cr\_\mathrm{rms}}=\sqrt{2}\times1.68\approx2.38\ \mathrm{A}$$

可以选择10 A/500V N沟道功率MOS管。

10.6.5　磁性元件的制作

1. 磁集成变压器

在 LLC 变换器中，当输出功率适中(如100～800 W以下)时，为减小变换器的体积，降低成本，可将初级绕组 N_P 与次级绕组 N_S 分段(也称为分槽)绕在同一平面磁芯的骨架上，使 N_P 与 N_S 绕组间的漏感 L_{LK} 比普通高频变压器的大，构成等效谐振电感 L_r，如图10.6.7所示，这就是所谓的 LLC 磁集成变压器。

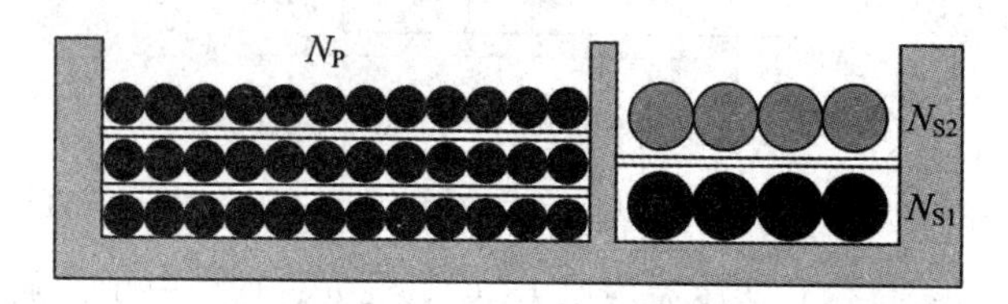

图10.6.7　初级绕组 N_P 与初级绕组 N_S 分段放置

采用磁集成变压器时，除了具有成本低、体积小等优点外，散热效果也较好，初-次级绕组间绝缘电压等级高。但由于初-次级绕组磁通耦合不紧密，漏磁通大，因此在一定程度上恶化了辐射干扰(RE)指标。

在磁集成变压器中，初-次级绕组间的漏感 L_{LK} 就是谐振电感 L_r，其大小主要由初级绕组 N_P 与次级绕组 N_S 的间距决定：间距小，L_r 减小；间距大，L_r 增加，L_r 受磁芯气隙长度影响很小。初级回路电感 L_P 主要由磁芯气隙长度决定。因此，在完成了初级、次级绕组的绕线后，先装上磁芯，测量初级绕组 N_P 与次级绕组 N_S 之间的漏感 L_{LK}，然后在研磨磁芯过程中不断测量次级开路状态下的初级绕组电感 L_{NP}，使 L_{NP} 接近目标值即可。

为保证在批量生产过程中，L_r、L_{NP} 参数误差小，N_S、N_P 绕组必须以密绕方式占满一个或多个整数层，如图10.6.7所示。如果绕组不是整数层，则必须通过调整初级、次级绕组的间距、线径或股数，使绕组为整数层。

由于在 LLC 变换器中，输出功率较大，初级、次级绕组电流的有效值较大，所需导线截面积较大，因此次级绕组 N_S 一般需用多股利兹线(Litz Wire)或铜皮绕制。

2. 独立电感

当 LLC 变换器输出功率较大(如800 W以上，辐射干扰不容易解决)、较小(如100 W以内，所需初-次级绕组漏感 L_{LK} 太大，磁集成变压器无法实现)，或不宜采用卧式变压器时，可采用独立电感与独立变压器形成谐振电感 L_r 和激磁电感 L_m，如图10.6.8所示。

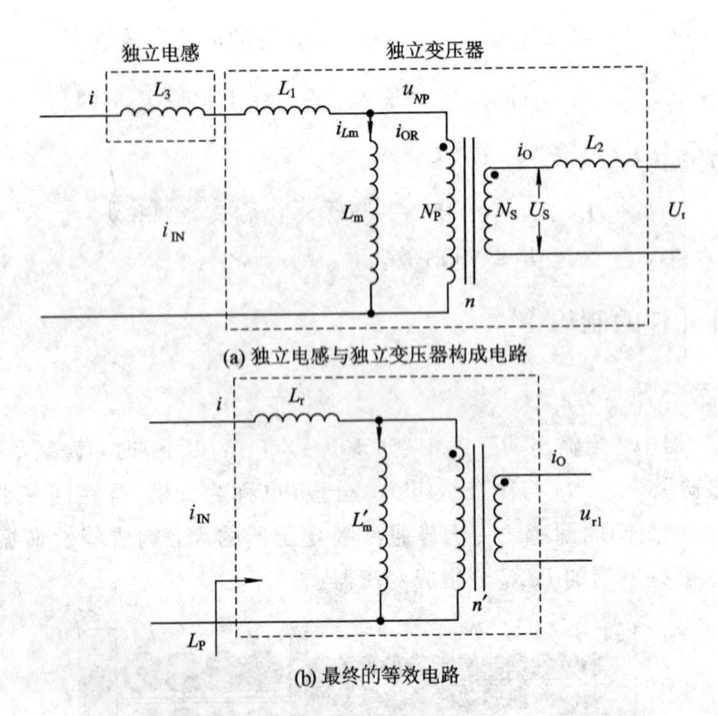

图 10.6.8 由独立电感与独立变压器构成 *LLC* 磁性元件

当使用独立电感 L_3 与独立变压器构成 *LLC* 磁性元件时，由于在独立变压器中，初级、次级绕组分层绕在同一磁芯的骨架上，磁耦合较紧密，次级绕组 N_S 对初级绕组 N_P 的漏感 L_2 很小，可忽略不计，因此等效谐振电感 L_r 由独立电感 L_3、独立变压器初级绕组漏感 L_1 以及实现独立电感与独立变压器引脚互联的 PCB 走线的寄生电感 L_{PCB}组成，即

$$L_r = L_3 + L_1 + L_{PCB} \approx L_3 + L_1$$

激磁电感 L'_m就是独立变压器次级开路电感 L'_P与次级短路测到的漏感 L_1 之差，即 $L'_m = L'_P - L_1$，因此谐振回路的总电感为

$$L_P = L_r + L'_P$$

当 $f_{SW} = f_r$ 时，电压增益 $M_V = 1$。

独立变压器参数的计算方法与磁集成变压器相同，在确定绕组匝数后，通过研磨磁芯方式使电感量接近设计值，但流过独立电感 L_3 的电流增量 Δi_{L3}与谐振电容峰值电流相同，即 $\Delta i_{L3} = \sqrt{2} I_{Cr\_rms}$，因此独立电感匝数：

$$N = \frac{L_3 \Delta i_{L3}}{\Delta B A_e} = \frac{L_3 \times \sqrt{2} I_{Cr\_rms}}{\Delta B A_e}$$

其中，ΔB 可取 0.3T，A_e 为独立电感磁芯的截面积。

虽然采用独立电感、变压器方式时，尽管漏磁通小，改善了辐射干扰指标，但也存在体积大、成本上升的缺陷，此外初-次级绕组绝缘电压等级也会下降，初级绕组的散热效果也会变差。

10.7 全桥 *LLC* 变换器与交错式 *LLC* 谐振变换器

单路半桥 *LLC* 谐振变换器输出功率有限，当输出功率较大时，可考虑采用全桥 *LLC* 或交错式 *LLC* 拓扑结构。

10.7.1　全桥 *LLC* 谐振变换器

全桥 *LLC* 谐振变换器(*LLC* Full Bridge Resonant Converter)原理电路如图10.7.1所示，同样由方波发生器、谐振网络、高频变压器、次级整流滤波网络等单元电路构成，与半桥 *LLC* 谐振变换器相比，没有本质的区别，仅仅是谐振网络的输入端分别连接到如图10.7.1所示的左右桥臂的中点A、B。

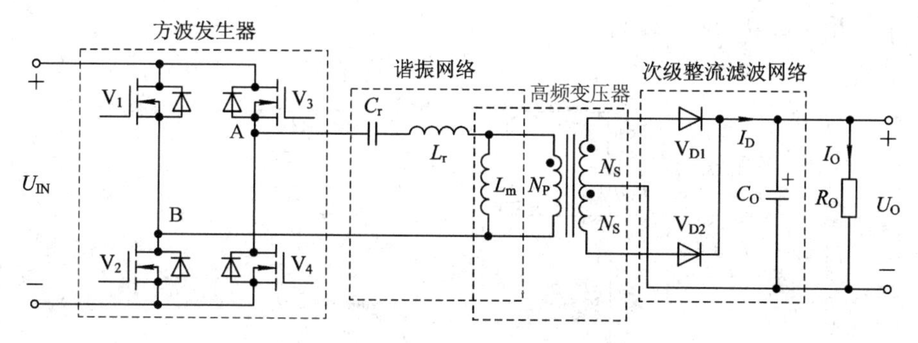

图10.7.1　全桥 *LLC* 变换器原理电路

当V_3、V_2导通，V_1、V_4截止时，A点电位接近U_{IN}，B点电位接近初级侧地电位，即$U_{AB}=+U_{IN}$；反之，当V_1、V_4导通，V_3、V_2截止时，B点电位接近U_{IN}，A点电位接近初级侧地电位，即$U_{AB}=-U_{IN}$，如图10.7.2所示。

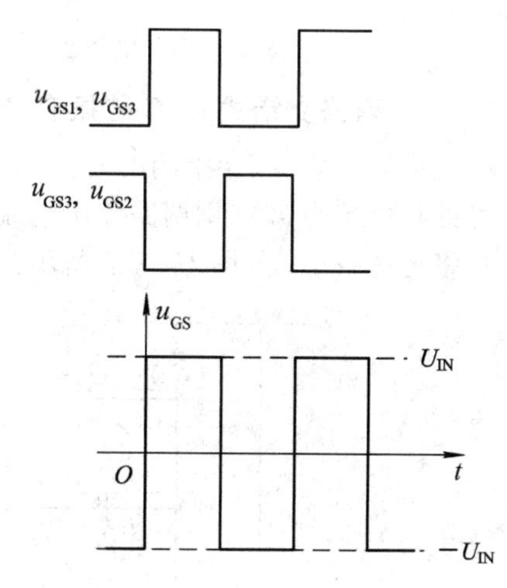

图10.7.2　开关管驱动信号及谐振网络输入电压波形

可见，与半桥 *LLC* 谐振变换器相比，谐振网络输入电压的幅度增加了1倍，谐振网络输入电压为

$$u_{AB}=\frac{4U_{IN}}{\pi}\sum_{n=1,3,5,\cdots,n}\frac{1}{n}\sin(2n\pi f_{SW}t)$$

其中，基波分量为

$$u_{A1}=\frac{4U_{IN}}{\pi}\sin(2\pi f_{SW}t)\qquad(10.7.1)$$

由此可见，相对于半桥 *LLC* 谐振变换器，基波电压幅度增加了1倍，这意味着对于相同的输出功率，全桥 *LLC* 变换器谐振回路基波电流的幅度降为原来的一半。换句话说，如果谐振回路基波电流幅度相同，则输出功率将提高1倍，因此全桥 *LLC* 变换器更适合于大功率恒压输出的应用场合。

由于谐振网络电路形式相同，因此全桥 *LLC* 变换器电压增益的模为

$$|M|=\frac{nU_O}{U_{IN}}=\frac{X^2(m_L-1)}{\sqrt{(m_LX^2-1)^2+[Q(m_L-1)X(X^2-1)]^2}}\qquad(10.7.2)$$

10.7.2　交错式 *LLC* 谐振变换器

单路 *LLC* 变换器输出纹波电流Δi_O较大，对输出滤波电容要求高，为获得较低的输出纹波电压ΔU_O，被迫使用容量更大、损耗因子DF更小、等效串联电阻ESR更低的输出滤波电容，使变换器的体积、成本增加。为此，在大电流输出应用中往往采用多路交错式

LLC 谐振变换器。

在理想状态下，图 10.5.1 所示的单路半桥 LLC 谐振变换器次级输出电流波形如图 10.7.3 所示，输出电流 $i_O=\frac{\pi}{2}I_O|\sin(2\pi f_{SW}t)|$，最小值为 0，最大值为$\frac{\pi}{2}I_O$，即输出纹波电流峰－峰值 $\Delta I_O=\frac{\pi}{2}I_O$，流过输出滤波电容 C_O 的纹波电流 $I_{COrms}=\sqrt{I_{Orms}^2-I_O^2}=\sqrt{\left(\frac{\pi I_O}{2\sqrt{2}}\right)^2-I_O^2}\approx 0.4834I_O$，偏高。

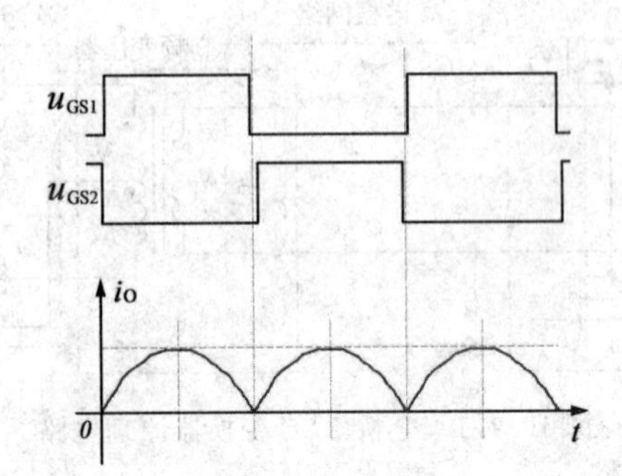

图 10.7.3　单路半桥 LLC 谐振变换器驱动信号及次级输出电流的波形

1. 两路交错式 LLC 谐振变换器

可以想象当采用图 10.7.4 所示的两路半桥 LLC 谐振变换器交错并联时，两路驱动信号的相位差为 90°，则两路输出电流叠加后，总输出电流 i_O 的波动幅度明显下降，纹波电流也将迅速减小，如图 10.7.5 所示。

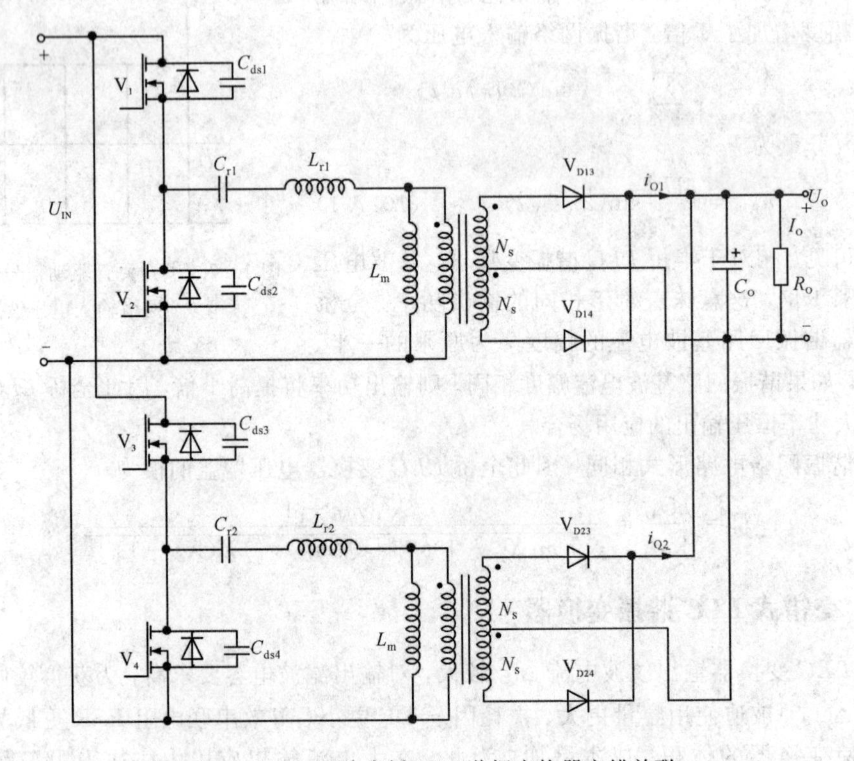

图 10.7.4　两路半桥 LLC 谐振变换器交错并联

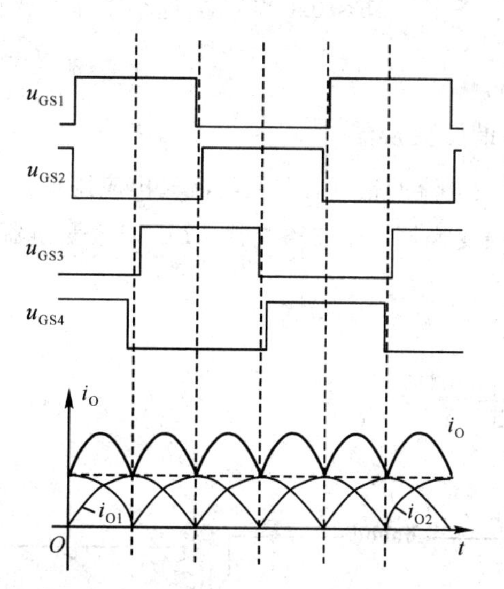

图 10.7.5 两路交错半桥 LLC 谐振变换器驱动信号及次级输出电流的波形

假设两路交错 LLC 谐振变换器总输出电流为 I_O，则每路输出电流的平均值为$\dfrac{I_O}{2}$，最大值为$\dfrac{\pi}{2}\times\dfrac{I_O}{2}$，而总输出电流 $i_O=\dfrac{\pi I_O}{4}\left|\sin(2\pi f_{SW}t)\right|+\dfrac{\pi I_O}{4}\left|\sin(2\pi f_{SW}t-\dfrac{\pi}{2})\right|$。不难导出，在 $0\sim\dfrac{T_{SW}}{4}$时间内，两路交错后等效输出电流

$$i_O=\frac{\pi I_O}{4}\left[\sin(2\pi f_{SW}t)-\sin(2\pi f_{SW}t-\frac{\pi}{2})\right]=\frac{\pi I_O}{4}\times\sqrt{2}\sin(2\pi f_{SW}t+\frac{\pi}{4})$$

显然，当时间 $t=0$ 时，等效输出电流 i_O 最小值为$\dfrac{\pi I_O}{4}$；当 $t=\dfrac{T_{SW}}{8}$时，等效输出电流 i_O 最大值为$\dfrac{\pi I_O}{4}\times\sqrt{2}$，即输出纹波电流峰-峰值 $\Delta I_O=\dfrac{\pi I_O}{2}\left(\dfrac{\sqrt{2}-1}{2}\right)$，约为$\dfrac{\pi I_O}{2}\times 0.207$，可见，采用两路交错后输出纹波电流峰-峰值 ΔI_O 只有单路半桥 LLC 谐振变换器的 0.207。

在 $0\sim\dfrac{T_{SW}}{4}$时间内，等效输出电流 i_O 的平均值

$$\frac{4}{T_{SW}}\int_0^{\frac{T_{SW}}{4}} i_O\mathrm{d}t=\frac{4}{T_{SW}}\int_0^{\frac{T_{SW}}{4}}\left[\frac{\pi I_O}{4}\times\sqrt{2}\sin(2\pi f_{SW}t+\frac{\pi}{4})\right]\mathrm{d}t=I_O$$

在 $0\sim\dfrac{T_{SW}}{4}$时间内，等效输出电流 i_O 有效值的平方

$$\begin{aligned}I_{Orms}^2&=\frac{4}{T_{SW}}\int_0^{\frac{T_{SW}}{4}} i_O^2\mathrm{d}t=\frac{4}{T_{SW}}\int_0^{\frac{T_{SW}}{4}}\left[\frac{\pi I_O}{4}\times\sqrt{2}\sin(2\pi f_{SW}t+\frac{\pi}{4})\right]^2\mathrm{d}t\\&=\left(\frac{\pi I_O}{4}\right)^2\left(1+\frac{2}{\pi}\right)\end{aligned}$$

因此，等效输出电流 i_O 有效值 $I_{Orms}=\dfrac{\pi I_O}{4}\sqrt{1+\dfrac{2}{\pi}}$，流过输出滤波电容 C_O 的纹波电流

$I_{\text{COrms}}=\sqrt{I_{\text{Orms}}^2-I_{\text{O}}^2}=\frac{I_{\text{O}}}{4}\sqrt{\pi^2+2\pi-16}\approx 0.0977I_{\text{O}}$，远小于非交错情况下流过输出滤波电容的纹波电流 $0.4834I_{\text{O}}$。

2. 三路交错式 *LLC* 谐振变换器

为进一步减小输出纹波电流的幅度，在大电流输出应用场合中，可采用图 10.7.6 所示的三路交错半桥 *LLC* 谐振变换器。在三路交错 *LLC* 谐振变换器中，各路驱动信号的相位差为 60°，如图 10.7.7 所示。

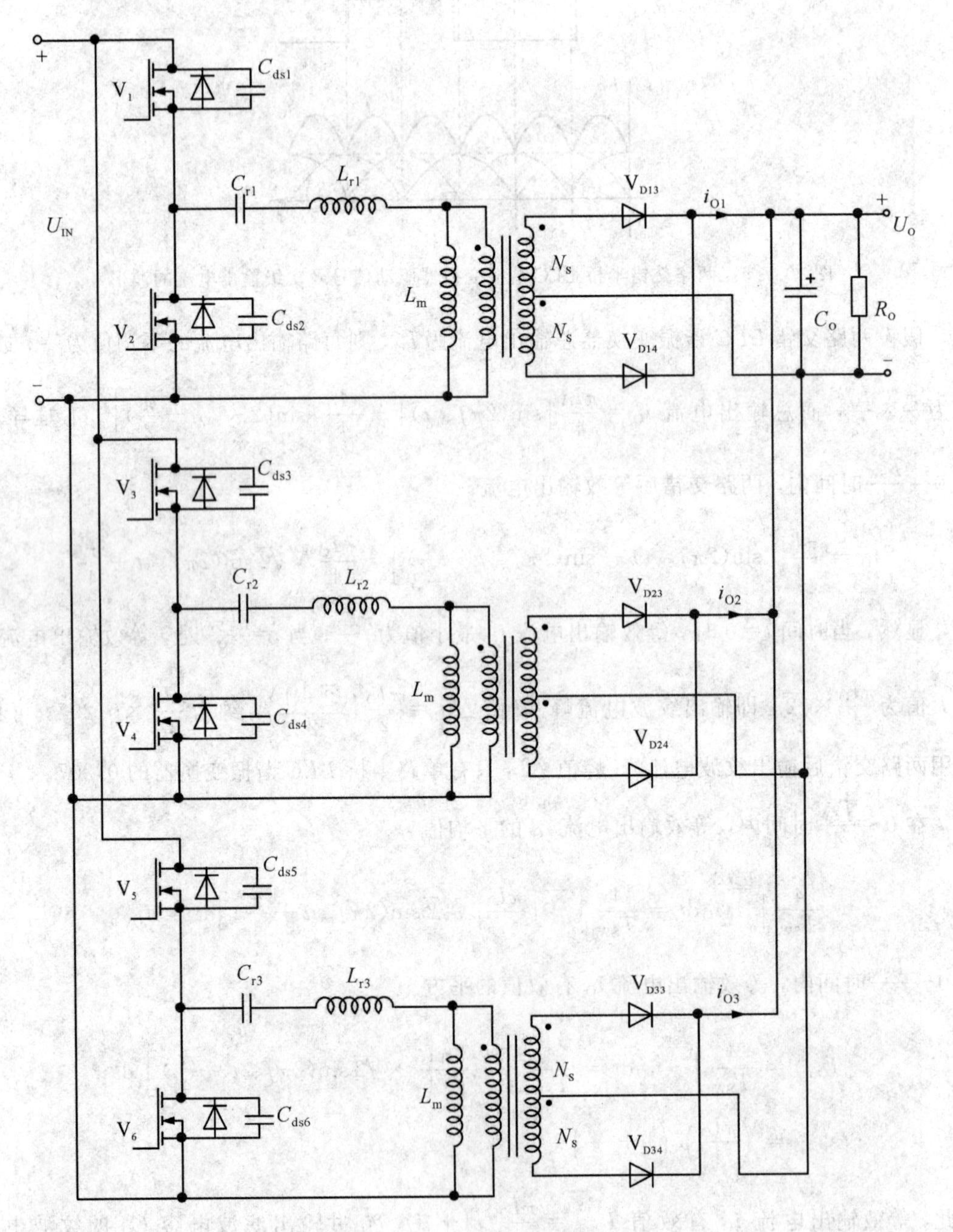

图 10.7.6　三路半桥 *LLC* 谐振变换器交错并联

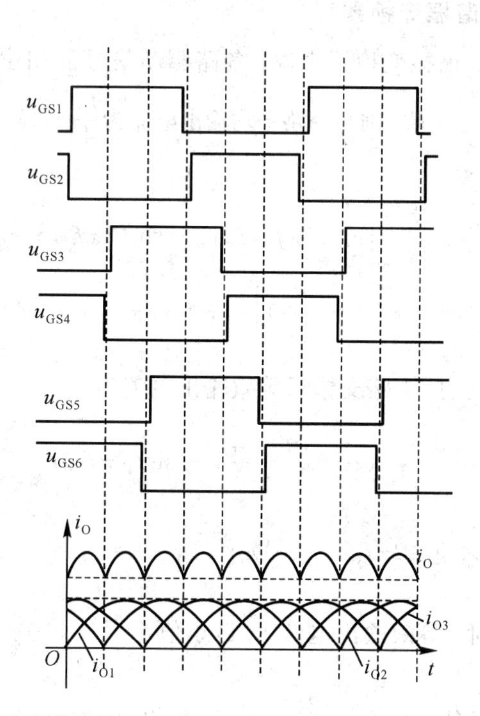

图 10.7.7 三路交错半桥 LLC 谐振变换器驱动信号及次级输出电流的波形

假设三路交错 LLC 谐振变换器总输出电流为 I_O，则每一路平均输出电流为 $I_O/3$，每路输出电流最大值为$\frac{\pi}{2}\times\frac{I_O}{3}$。三路交错后等效输出电流

$$i_O=\frac{\pi}{2}\times\frac{I_O}{3}\left|\sin(2\pi f_{SW}t)\right|+\frac{\pi}{2}\times\frac{I_O}{3}\left|\sin(2\pi f_{SW}t-\frac{\pi}{3})\right|+\frac{\pi}{2}\times\frac{I_O}{3}\left|\sin\left(2\pi f_{SW}t-\frac{2\pi}{3}\right)\right|$$

由此可知，在 $0\sim\frac{T_{SW}}{6}$时间内，三路交错后等效输出电流

$$\begin{aligned}i_O&=\frac{\pi I_O}{6}\left[\sin(2\pi f_{SW}t)-\sin(2\pi f_{SW}t-\frac{\pi}{3})-\sin(2\pi f_{SW}t-\frac{2\pi}{3})\right]\\&=\frac{\pi I_O}{2}\times\frac{2}{3}\sin\left(2\pi f_{SW}t+\frac{\pi}{3}\right)\end{aligned}$$

显然，当时间 $t=0$ 时，等效输出电流 i_O 最小值为$\frac{\pi I_O}{2}\times\frac{\sqrt{3}}{3}$；当 $t=\frac{T_{SW}}{12}$时，等效输出电流 i_O 最大值为$\frac{\pi I_O}{2}\times\frac{2}{3}$，即输出纹波电流峰-峰值 $\Delta I_O=\frac{\pi I_O}{2}\left(\frac{2-\sqrt{3}}{3}\right)$，约为$\frac{\pi I_O}{2}\times 0.0893$，可见，采用三路交错后输出纹波电流峰一峰值 ΔI_O 只有非交错情况下的 0.0893。

可以证明：等效输出电流 i_O 在 $0\sim\frac{T_{SW}}{6}$时间内的平均值 $\frac{6}{T_{SW}}\int_0^{\frac{T_{SW}}{6}} i_O^2\,dt$ 就是输出电流 I_O，输出电流有效值 $I_{Orms}=\frac{\pi I_O}{3}\sqrt{\frac{1}{2}+\frac{3\sqrt{3}}{4\pi}}$，流过输出滤波电容的纹波电流 $I_{COrms}=\sqrt{I_{Orms}^2-I_O^2}=\frac{I_O}{3}\sqrt{\frac{1}{2}\pi^2+\frac{3\sqrt{3}}{4}\pi-9}\approx 0.0420I_O$，远小于非交错情况下流过输出滤波电容的纹波电流 $0.4834I_O$。

3. 4路交错式LLC谐振变换器

对4路交错半桥LLC谐振变换器来说，各路驱动信号的相位差为45°。假设4路交错LLC谐振变换器总输出电流为I_O，则每一路平均输出电流为$\frac{I_O}{4}$，每路输出电流最大值为$\frac{\pi}{2}\times\frac{I_O}{4}$。4路交错后等效输出电流为

$$i_O=\frac{\pi}{2}\times\frac{I_O}{4}\left[|\sin(2\pi f_{SW}t)|+\left|\sin(2\pi f_{SW}t-\frac{\pi}{4})\right|+\left|\sin(2\pi f_{SW}t-\frac{2\pi}{4})\right|+\left|\sin(2\pi f_{SW}t-\frac{3\pi}{4})\right|\right]$$

由此可知，在$0\sim\frac{T_{SW}}{8}$时间内，4路交错后等效输出电流为

$$i_O=\frac{\pi}{2}\times\frac{I_O}{4}\left[\sin(2\pi f_{SW}t)-\sin(2\pi f_{SW}t-\frac{\pi}{4})-\sin(2\pi f_{SW}t-\frac{2\pi}{4})-\sin(2\pi f_{SW}t-\frac{3\pi}{4})\right]$$
$$=\frac{\pi I_O}{2}\times\frac{\sqrt{4+2\sqrt{2}}}{4}\times\sin(2\pi f_{SW}t+\frac{3\pi}{8})$$

显然，当时间$t=0$时，等效输出电流i_O最小值为$\frac{\pi I_O}{2}\times\frac{\sqrt{2}+1}{4}$；当$t=\frac{T_{SW}}{16}$时，等效输出电流$i_O$最大值为$\frac{\pi I_O}{2}\times\frac{\sqrt{4+2\sqrt{2}}}{4}$，即输出纹波电流峰－峰值$\Delta I_O=\frac{\pi I_O}{2}\left[\frac{\sqrt{4+2\sqrt{2}}-(\sqrt{2}+1)}{4}\right]$，约为$\frac{\pi I_O}{2}\times0.0497$，可见，采用4路交错后输出纹波电流峰-峰值$\Delta I_O$只有非交错情况下的0.0497。

可以证明：等效输出电流$i_O=\frac{\pi I_O}{2}\times\frac{\sqrt{4+2\sqrt{2}}}{4}\times\sin(2\pi f_{SW}t+\frac{3\pi}{8})$在$0\sim\frac{T_{SW}}{8}$时间内的平均值$\frac{8}{T_{SW}}\int_0^{\frac{T_{SW}}{8}}i_O^2\mathrm{d}t$就是输出电流$I_O$，有效值$I_{Orms}=\frac{\pi I_O}{2}\times\frac{\sqrt{4+2\sqrt{2}}}{4}\times\sqrt{\frac{1}{2}+\frac{\sqrt{2}}{\pi}}$，交流有效值(即流过输出滤波电容的纹波电流)$I_{COrms}=\sqrt{I_{Orms}^2-I_O^2}=\frac{I_O}{4}\sqrt{\left(1+\frac{\sqrt{2}}{2}\right)\left(\frac{\pi^2}{2}+\sqrt{2}\times\pi\right)-16}\approx0.0233I_O$，远小于非交错情况下流过输出滤波电容的纹波电流$0.4834I_O$。

以此类推，在大电流输出应用中，也可以采用5路(各路驱动信号相位差为36°)、6路(各路驱动信号相位差为30°)，甚至更多路交错并联，但从上面的计算结果可以看出，尽管输出纹波电流的峰－峰值ΔI_O、流过输出滤波电容C的电流有效值I_{COrms}等参数会随交错路数的增加而下降，但降幅逐渐变小，即性价比在下降；考虑到成本、控制电路复杂度等因素后，工程设计中很少采用4路以上交错式半桥LLC谐振变换器。

由此可见，在大电流输出应用场合中，一般多采用2～3路交错式半桥或全桥LLC变换器。这不仅降低了输出纹波电流的峰-峰值，也极大地减小了所需输出滤波电容的容量，且每路承担的输出电流减小了，亦有利于变压器的散热，以及每路LLC变换器元件参数的选择。在多路交错式LLC变换器中，每路参数的设计方法及计算步骤与单路桥式LLC变换器的完全相同，驱动信号的产生与相位差的控制也不难。尽管增加了元件数量，但所需

的输出滤波电容的容量在迅速下降，使交错后的变换器体积并不随输出功率的增加而显著增加。

10.8 桥式 LCC 谐振变换器

半桥 LCC 谐振变换器(LCC Half Bridge Resonant Converter)原理电路如图10.8.1(a)所示，由方波发生器、谐振网络、高频变压器、次级整流滤波网络等单元电路构成，其中开关管 V_1 及 V_2 的驱动波形、次级整流滤波电路的形式与 LLC 谐振变换器的完全相同。

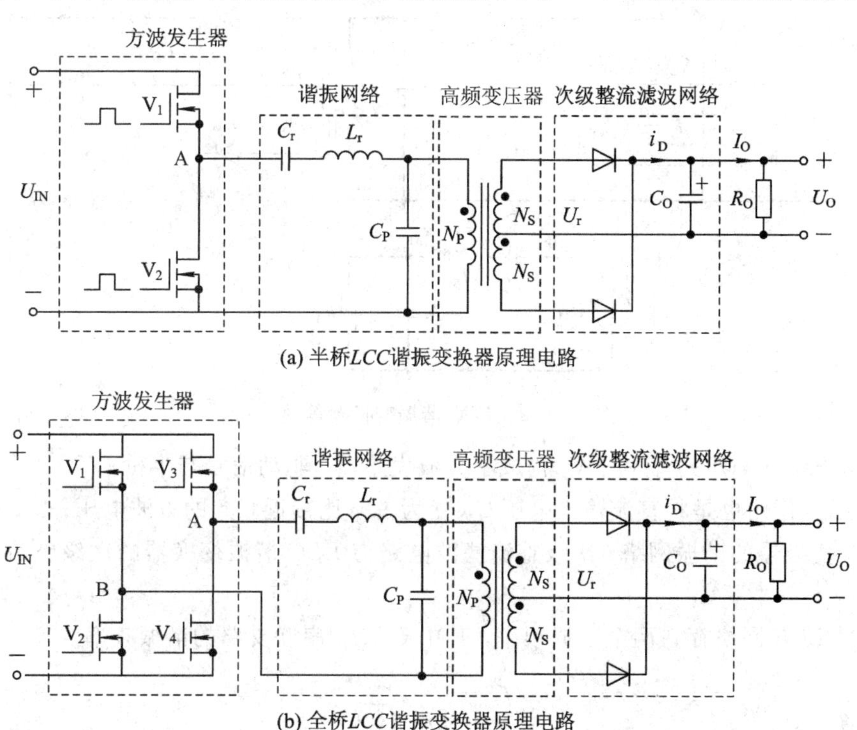

图 10.8.1 桥式 LCC 谐振变换器

全桥 LCC 谐振变换器原理电路如图 10.8.1(b)所示，与半桥 LCC 谐振变换器相比没有本质的区别，只是方波发生器为全桥结构，使 LCC 谐振网络输入基波电压的幅度增加了 1 倍，在相同输出功率条件下，初级回路电流只有半桥 LLC 谐振变换器的一半。

LCC 谐振变换器的优点是：在恒流输出模式中，输入电压 U_{IN}或负载(即输出电压 U_O)在较大范围内变化时，开关频率 f_{SW}变化范围小；输出电压 U_O 变化时，输出电流 I_O 基本恒定。因此，非常适合作为中大功率 LED 照明驱动电源的控制拓扑。

为使开关管具有 ZVS 开通特性，控制器开关频率 f_{SW}必须处于 LCC 谐振网络的感性区，导致 L_rC_r 串联谐振支路的电感 L_r 较大，电感损耗相对较高；在变压器初级绕组 N_P 两端并接了谐振电容 C_P(即使将谐振电容 C_P 等效后置到次级绕组两端，也可能因初级-次级绕组漏感 L_{LK}偏小而无法充当谐振电感 L_r)，致使谐振电感 L_r 只能采用独立电感形式；为降低环路电流，LCC 谐振变换器开关频率 f_{SW}一般不高，导致 LCC 谐振变换器体积较同功率磁集成式 LLC 谐振变换器的体积增大。

10.8.1 等效电路

考虑了功率 MOS 管输出寄生电容 C_{oss} 与寄生的体二极管 V_D 后，半桥 LCC 谐振变换器的等效电路如图 10.8.2 所示。

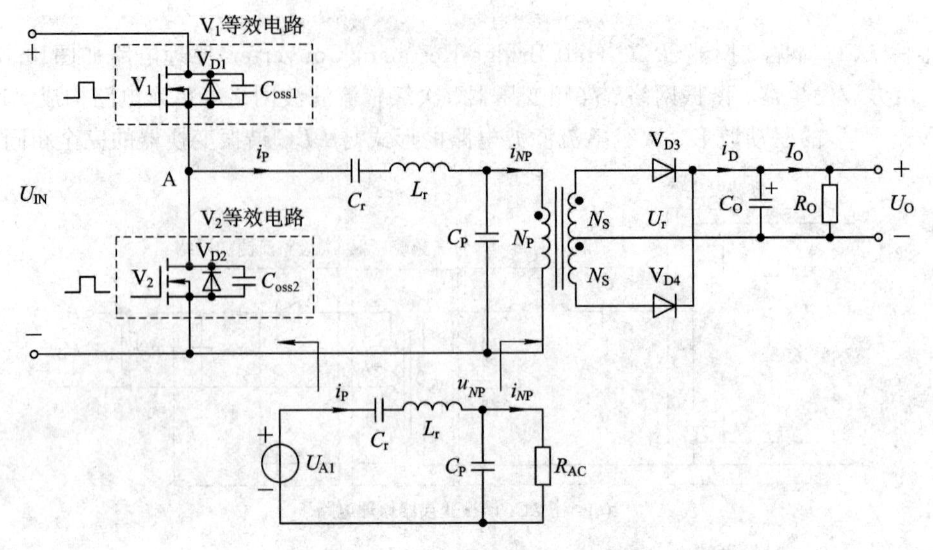

图 10.8.2　LCC 谐振变换器等效电路

图 10.8.2 中，开关管 V_1、V_2 构成了方波发生器，驱动信号与半桥 LLC 变换器的驱动信号相同，其作用也是将直流输入电压 U_{IN}变为占空比接近 0.5 的方波电压；L_r、C_r、C_P 构成了 LCC 变换器的谐振网络；次级整流滤波电路与 LLC 谐振变换器的次级整流滤波电路相同。

显然，LCC 网络存在两个谐振频率，其中 C_r、L_r 串联支路的谐振频率

$$f_r = \frac{1}{2\pi\sqrt{L_r C_r}}$$

当负载开路时，LCC 网络固有谐振频率

$$f'_0 = \frac{1}{2\pi\sqrt{L_r \dfrac{C_r C_P}{C_r + C_p}}}$$

在 $C_P \ll C_r$ 的情况下，$f_r \ll f'_0$。带负载后 LCC 网络的谐振频率 f_0 将会随负载的增加而下降，即 $f_r < f_0 < f'_0$。为保证开关管 V_1、V_2 具有 ZVS 开通特性，要求 LCC 网络必须呈现感性特征，即开关频率 $f_{SW} > f_0$。

根据 A 点方波电压 u_A 的特征，基波电压分量

$$u_{A1} = \frac{2U_{IN}}{\pi}\sin(\omega_{SW} t)$$

根据变压器输入电压 u_{NP}与输出电压 u_{r1}(整流输入电压)的关系，初级绕组 N_P 端电压

$$u_{NP} = nu_{r1} = \frac{n \times 4}{\pi}U_O \sin(2\pi f_{SW} t + \varphi_r)$$

依据变压器输入电流 i_{NP}(i_{NP}也就是流过等效电阻 R_{AC}的电流 i_{RAC})与输出电流 i_{r1} 的关

系，初级绕组 N_P 电流为

$$i_{NP}=\frac{i_{r1}}{n}=\frac{\pi}{2n}I_O\sin(2\pi f_{SW}t+\varphi_r)$$

交流等效阻抗为

$$R_{AC}=\frac{u_{NP}}{i_{NP}}=n^2R_e=n^2\frac{8}{\pi^2}R_O$$

1. 电压增益

LCC 网络输出电压 u_{NP} 与输入电压 u_{A1} 之比称为电压增益，即

$$M_U=\frac{u_{NP}}{u_{A1}}=\frac{2nU_O\sin(2\pi f_{SW}t+\varphi)}{U_{IN}\sin(2\pi f_{SW}t)}=\frac{\dfrac{1}{j\omega C_P}\ /\!/\ R_{AC}}{\left(\dfrac{1}{j\omega C_r}+j\omega L_r+\dfrac{1}{j\omega C_P}\ /\!/\ R_{AC}\right)}$$

$$=\frac{1}{(1+m_C-m_CX^2)+jQ\left(X-\dfrac{1}{X}\right)}$$

其中，$m_C=\dfrac{C_P}{C_r}$，称为电容比；$X=\dfrac{f_{SW}}{f_r}$，称为归一化开关频率；$Q=\dfrac{\omega_rL_r}{R_{AC}}$，称为品质因数。

电压增益 M_U 的模

$$|M_U|=\frac{2nU_O}{U_{IN}}=\frac{1}{\sqrt{[(1+m_C-m_CX^2)]^2+\left(Q\dfrac{X^2-1}{X}\right)^2}} \tag{10.8.1}$$

显然，当归一化频率 $X=1$，即 $f_{SW}=f_r$ 时，电压增益 $|M_U|_r=1$，与负载轻重(即 Q 值大小)无关，电压增益 $|M_U|$ 随归一化开关频率 X 的变化趋势如图 10.8.3 所示。

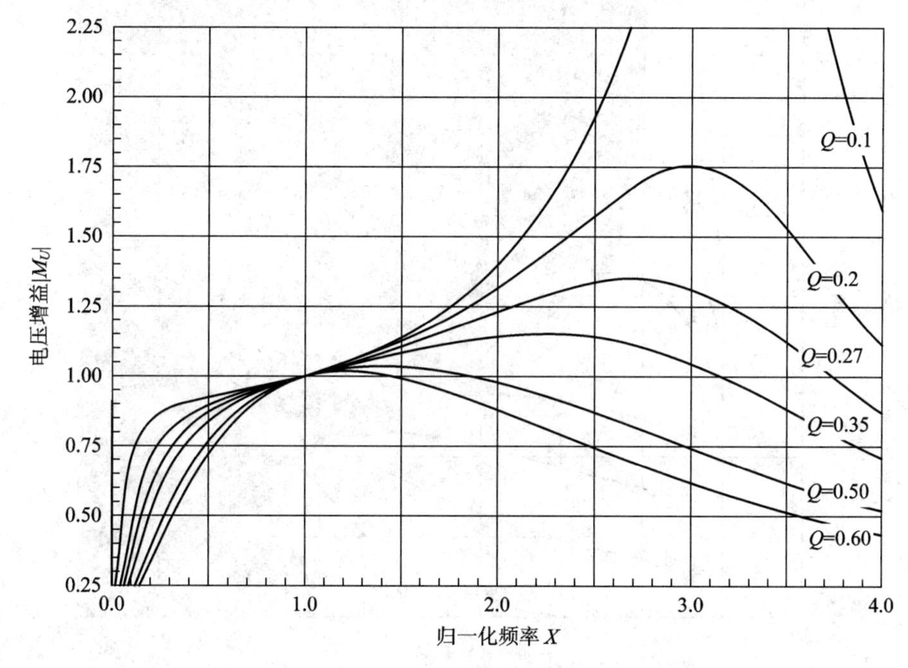

图 10.8.3　电压增益 $|M_U|$ 随归一化开关频率变化曲线($m_C=0.10$)

由于在恒压输出模式中，输出电压 U_O 保持不变，负载变化是由于输出电流 I_O 的变化

而引起的，因此，负载越重，即 I_O 越大，品质因数 $Q=\frac{\omega_r L_r}{R_{AC}}=\frac{\pi^2\omega_r L_r I_O}{8n^2 U_O}$ 也越大。

从电压增益 $|M_U|$ 曲线可以看出，当负载(即品质因数 Q)变化时，开关频率 f_{SW} 变化范围很大。可见，LCC 谐振拓扑并不适合于恒压输出模式。

2. 电流增益

流过谐振网络等效负载 R_{AC} 的电流 i_{RAC}(即变压器初级绕组电流 i_{NP})与输入电压 u_{A1} 之比称为电流增益，即

$$M_I=\frac{i_{NP}}{u_{A1}}=\frac{u_{NP}}{R_{AC}}\times\frac{1}{u_{A1}}=\frac{1}{R_{AC}}\times\frac{u_P}{u_{A1}}=\frac{\pi^2 I_O}{4nU_{IN}}\times\frac{\sin(2\pi f_{SW}t+\varphi_r)}{\sin(2\pi f_{SW}t)}$$

$$=\frac{\frac{1}{j\omega C_P}\ /\!/\ R_{AC}}{R_{AC}\left(\frac{1}{j\omega C_r}+j\omega L_r+\frac{1}{j\omega C_P}\ /\!/\ R_{AC}\right)}$$

$$=\frac{1}{R_{AC}(1+m_C-m_C X^2)+jQR_{AC}\left(X-\frac{1}{X}\right)}$$

于是电流增益 M_I 的模

$$|M_I|=\frac{\pi^2 I_O}{4nU_{IN}}=\frac{1}{\sqrt{\left[\frac{\omega_r L_r}{Q}(1+m_C-m_C X^2)\right]^2+\left(\omega_r L_r\frac{X^2-1}{X}\right)^2}} \tag{10.8.2}$$

当感抗 $\omega_r L_r=115.7\ \Omega$，电容比 $m_C=C_P/C_r=0.10$ 时，电流增益 $|M_I|$ 随归一化开关频率 X 的变化趋势如图 10.8.4 所示。

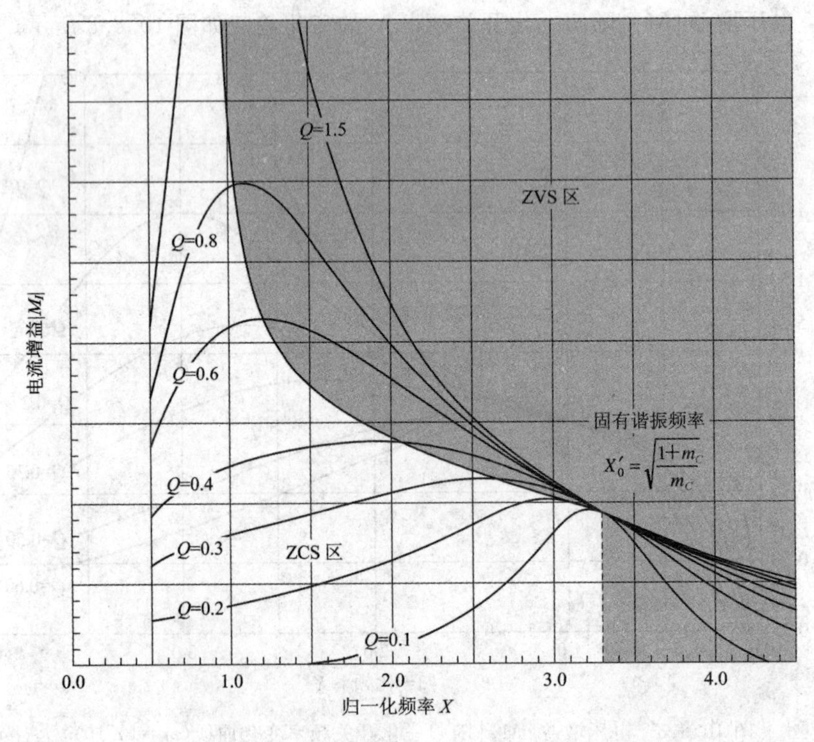

图 10.8.4 电流增益 $|M_I|$ 随归一化开关频率 X 变化的曲线簇($m_C=0.10$)

显然，当 $X=X_0'=\sqrt{\dfrac{1+m_C}{m_C}}$ 时，电流增益

$$|M_I|_{X_0'}=\frac{\pi^2 I_O}{4nU_{IN}}=\frac{1}{\omega_r L_r \dfrac{(X_0')^2-1}{X_0'}}=\frac{m_C}{\omega_r L_r}\sqrt{\frac{1+m_C}{m_C}}=m_C\omega_r C_r\sqrt{\frac{1+m_C}{m_C}} \quad (10.8.3)$$

与负载无关。从图 10.8.4 中可以看出，在恒流模式下，当负载(输出电压 U_O)变化时，开关频率变化范围不大，因此 LCC 变换器非常适合于恒流输出模式。

不过值得注意的是，在恒流输出模式中，输出电流 I_O 保持不变，负载变化是由于输出电压 U_O 的变化而引起的。轻载下，品质因数 $Q=\dfrac{\omega_r L_r}{R_{AC}}=\dfrac{\pi^2\omega_r L_r I_O}{8n^2 U_O}$，其反而因输出 U_O 的下降而增加，即负载越轻，Q 值越大。

实际上，固有谐振频率 $X_0'=\sqrt{\dfrac{1+m_C}{m_C}}$ 就是负载开路时 LCC 网络的谐振频率，因为

$$X_0'=\frac{f_0'}{f_r}=\frac{\dfrac{1}{2\pi\sqrt{L_r\dfrac{C_r C_P}{C_r+C_P}}}}{\dfrac{1}{2\pi\sqrt{L_r C_r}}}=\sqrt{\frac{C_r+C_P}{C_P}}=\sqrt{\frac{1+m_C}{m_C}}$$

10.8.2 工作区特征

1. 开关频率 $f_{SW}<f_r$

当开关频率 $f_{SW}<f_r$ 时，L_rC_r 串联支路处于失谐状态，L_rC_r 串联支路等效为电容 C_r'。显然，此时 LCC 网络呈现容性特征，输入电压$\dot{U}_{A1}$严重滞后于回路电流$\dot{I}_P$，如图 10.8.5 所示，其中，θ 是$\dot{U}_P$ 与$\dot{I}_P$ 之间的相位角，而 β 是$\dot{U}_{A1}$与$\dot{I}_P$ 之间的相位角。

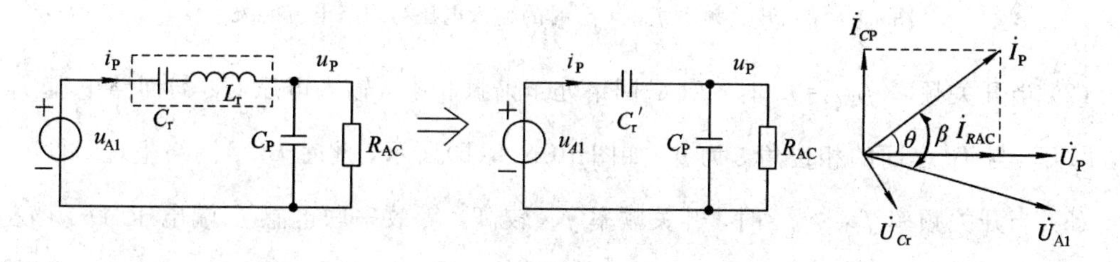

图 10.8.5　$f_{SW}<f_r$ 时的谐振网络电压与电流的关系

2. 开关频率 $f_{SW}=f_r$

当开关频率 $f_{SW}=f_r$ 时，谐振电容 C_r 与谐振电感 L_r 发生 LC 串联谐振，相当于“C_r 与 L_r 串联支路”被短路，输入电压$\dot{U}_{A1}$直接施加到变压器初级绕组 N_P 的两端，输入电压$\dot{U}_{A1}$与输出电压$\dot{U}_P$ 之间的相位差为 0，但输入电压 $\dot{U}_{A1}$ 依然滞后于回路电流 $\dot{I}_P$，LCC 网络本身依然呈现容性特征，$\dot{U}_{A1}$与 $\dot{I}_P$ 之间的相位角 $\beta=\theta$，如图 10.8.6 所示。

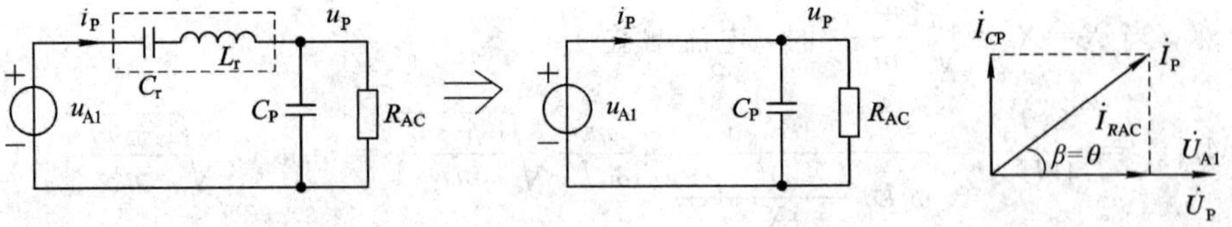

图 10.8.6　开关频率 $f_{SW}=f_r$ 时的等效电路

3. 开关频率 $f_{SW}>f_r$

当开关频率 $f_{SW}>f_r$ 时，L_rC_r 串联支路也处于失谐状态，L_rC_r 串联支路等效为电感 L'_r，如图 10.8.7 所示。

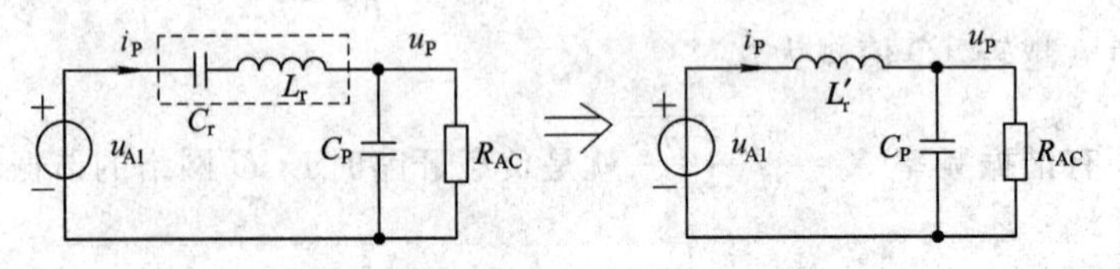

图 10.8.7　开关频率 $f_{SW}>f_r$ 时的等效电路

（1）当开关频率 $f_{SW}<f_0$ 时，由于开关频率 f_{SW} 较低，等效串联电感 L'_r 端电压 $|\dot{U}_{L'r}|$ 较小，LCC 谐振网络依然表现为容性特征，只是输入电压 $\dot{U}_{A1}$ 与回路电流 $\dot{I}_P$ 的夹角 β 小于 θ，如图 10.8.8(a)所示。

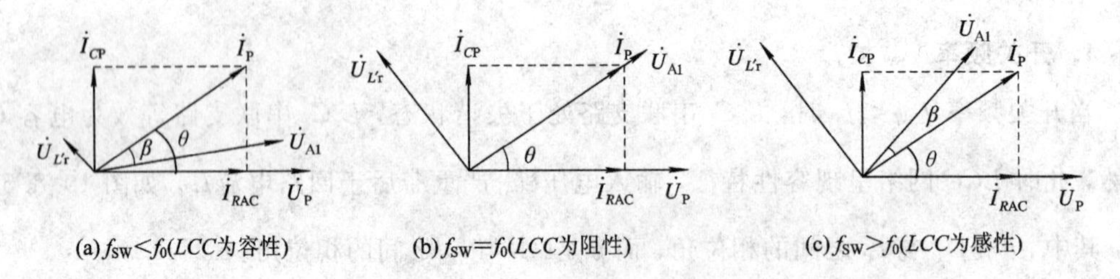

图 10.8.8　开关频率 $f_{SW}>f_r$ 时的输入电压与回路电流的关系

（2）当开关频率 $f_{SW}=f_0$ 时，LCC 网络处于谐振状态，输入电压 $\dot{U}_{A1}$ 与回路电流 $\dot{I}_P$ 同相，即 $\dot{U}_{A1}$ 与 $\dot{I}_P$ 之间的相位角 β 为 0，如图 10.8.8(b)所示，此时 LCC 网络呈现阻性特征。

（3）当开关频率 $f_{SW}>f_0$ 时，开关频率 f_{SW} 较高，等效串联电感 L'_r 端电压 $|\dot{U}_{L'r}|$ 较大，此时 LCC 网络呈现感性特征，回路电流 $\dot{I}_P$ 滞后于网络输入电压 $\dot{U}_{A1}$，如图 10.8.8(c)所示，为处于截止状态的 V_1 或 V_2 管的寄生电容 C_{oss} 放电提供了条件，使 V_1、V_2 管具有 ZVS 开通特性。可见，开关频率 $f_{SW}>f_0$ 是 LCC 谐振变换器唯一可选的工作区。在 ZVS 区，电流增益 $|M_I|$ 随开关频率 f_{SW} 的升高而减小，与 LLC 变换器工作区的特征完全相同，这样就可以用 LLC 变换器的控制芯片作为 LCC 变换器的控制芯片。

10.8.3　工作原理

当开关频率 $f_{SW}>f_0$ 时，半桥 LCC 谐振变换器的主要波形如图 10.8.9 所示，稳态工作过程可定性描述如下：

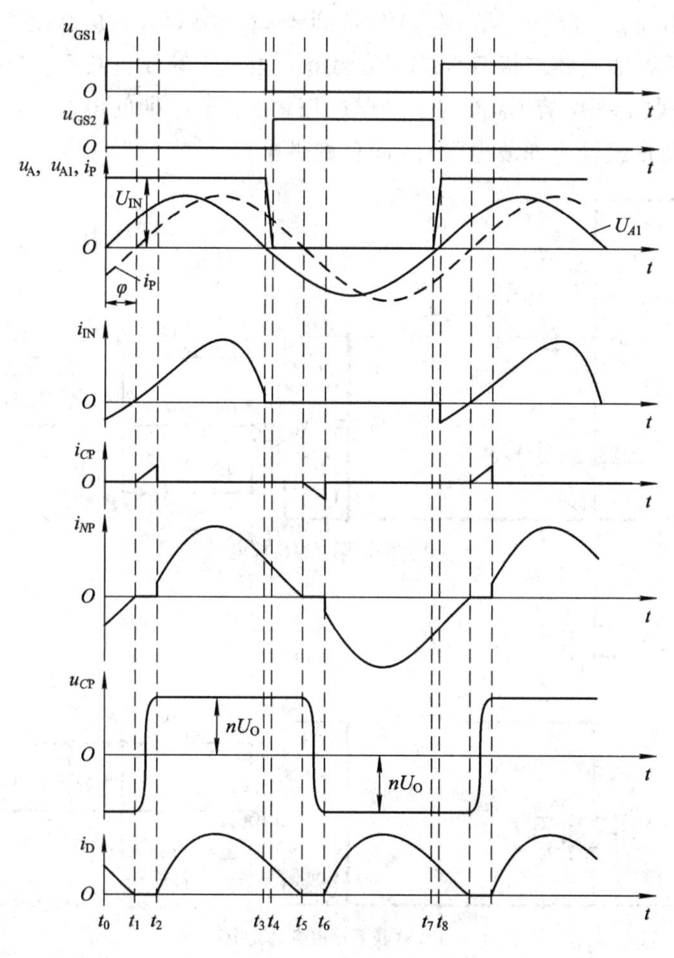

图 10.8.9　*LCC* 变换器主要波形

在 t_0 时刻前，V_1、V_2 均截止(电路状态与 $t_7 \sim t_8$ 期间相同)。在 t_0 时刻 V_1 导通，谐振回路电流 i_P 未过零，通过 V_1 管对驱动电源 U_{IN} 放电，此时变压器初级绕组 N_P 感应电压为“下正上负”，次级整流二极管 V_{D4} 导通，并联谐振电容 C_P 端电压 u_{CP} 被钳位在 $-n(U_O+U_D)$。在 $t_0 \sim t_1$ 期间电流方向如图 10.8.10 中粗线所示。

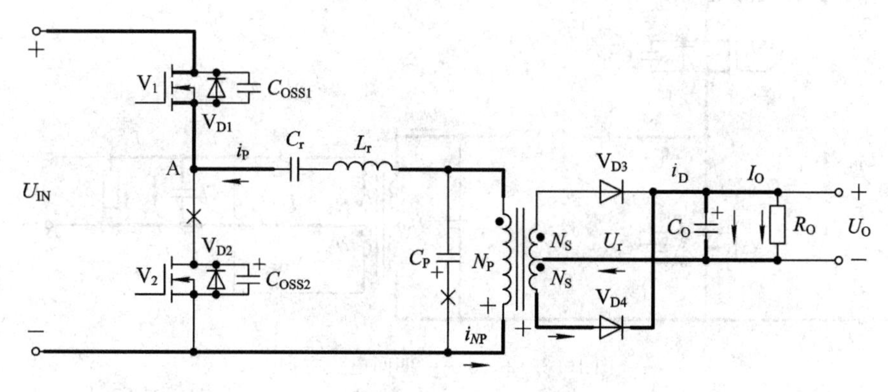

图 10.8.10　$t_0 \sim t_1$ 期间电流方向

到 t_1 时刻，谐振回路电流 i_P 刚好过零，t_1 时刻后 i_P 反向增加，并联谐振电容 C_P 先放电再反向充电，端电压由 $-n(U_O+U_D)$ 升高到 $+n(U_O+U_D)$，初级绕组端电压 u_{NP} 小于 $n(U_O+U_D)$，导致次级整流二极管 V_{D4}、V_{D3} 截止，相当于等效负载 R_{AC} 开路，回路电流 i_{NP} 经 C_P 流动，即并联谐振电容 C_P 参与了谐振过程。在 $t_1 \sim t_2$ 期间电流方向如图 10.8.11 中粗线所示，这期间依赖输出滤波电容 C_O 向负载供电。

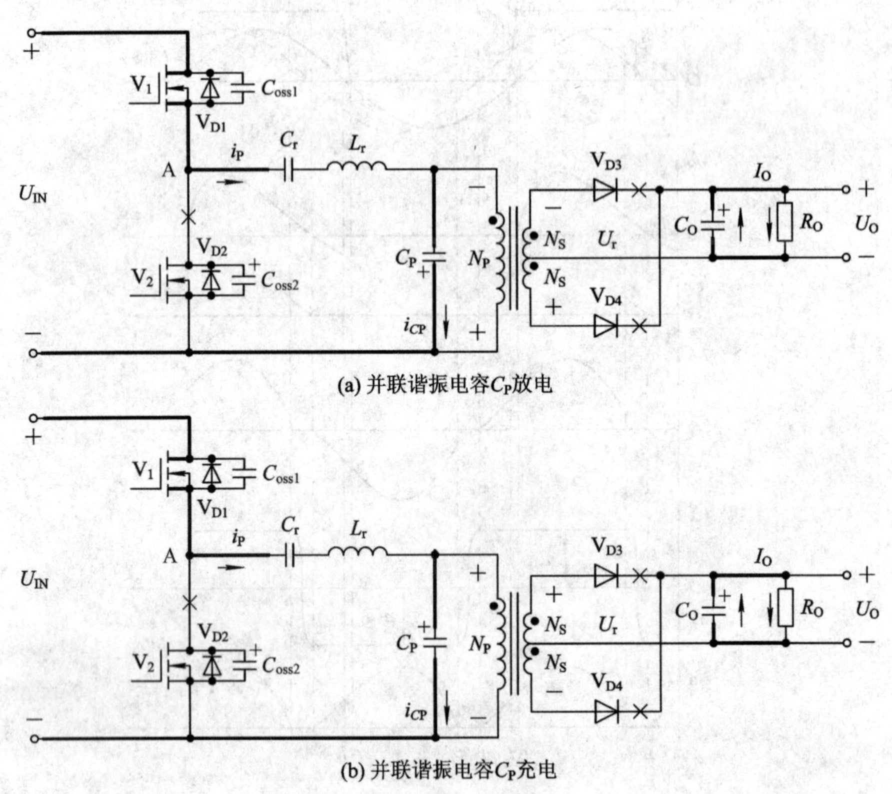

图 10.8.11　$t_1 \sim t_2$ 期间电流方向

到 t_2 时刻，并联谐振电容 C_P 升高到 $+n(U_O+U_D)$，次级整流二极管 V_{D3} 开始导通，回路电流 i_P 经变压器初级绕组 N_P 耦合到次级绕组 N_S，经整流、滤波后形成负载电流 I_O。在 $t_2 \sim t_3$ 期间电流方向如图10.8.12中粗线所示。

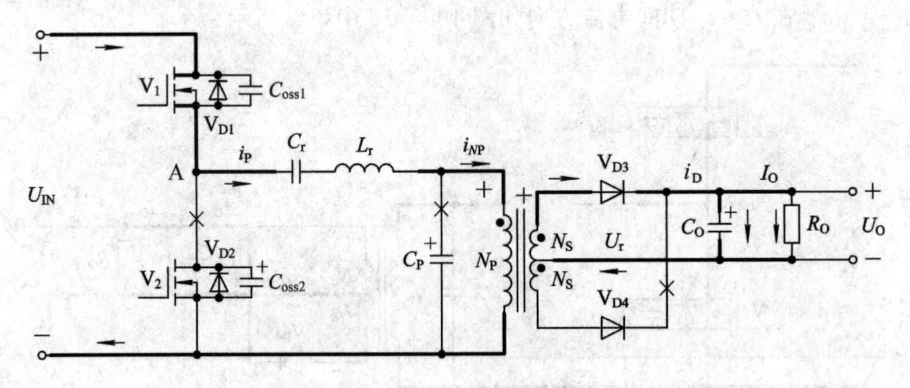

图 10.8.12　$t_2 \sim t_3$ 期间电流方向

在 t_3 时刻 V_1 管关断，V_1 管寄生电容 C_{oss1} 开始充电，V_2 管寄生电容 C_{oss2} 开始放电，A 点电位逐渐下降。当 A 点电位下降到0时，如果 V_2 管未及时导通，则寄生电容 C_{OSS2} 将被反向充电，强迫寄生的体二极管 V_{D2} 导通。可见，从 V_1 管截止到 V_2 管导通的最短时间是开关管寄生电容的充放电时间。在 $t_3 \sim t_4$ 期间电流方向如图10.8.13中粗线所示。

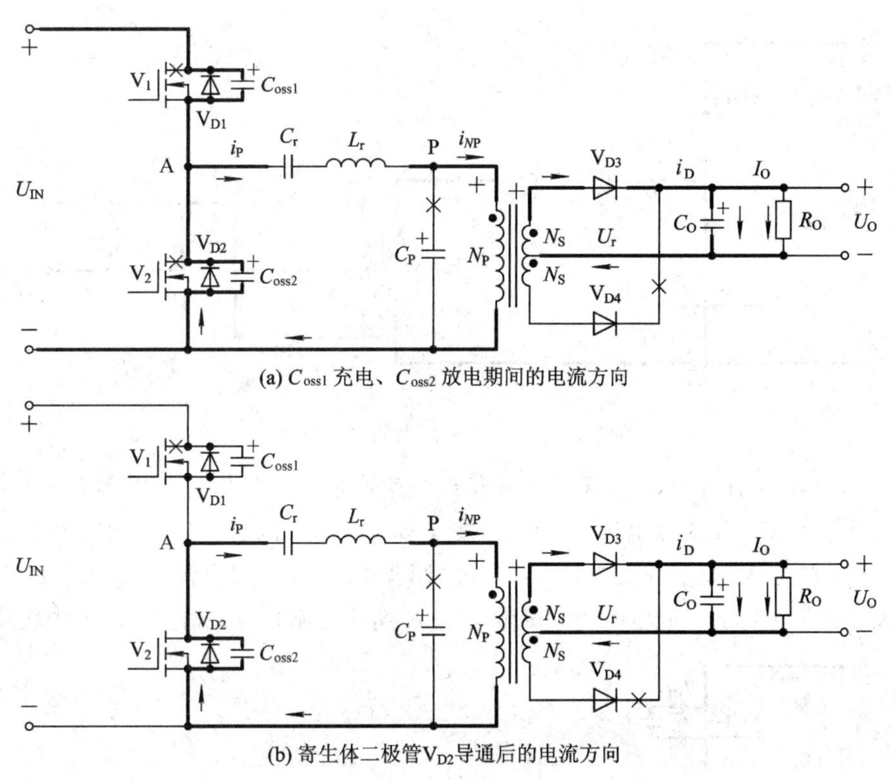

图10.8.13　$t_3 \sim t_4$ 期间电流方向

显然，在 $t_4 \sim t_5$ 期间，电流方式与图10.8.13(b)相似，只是 V_2 处于反向导通状态，回路电流 i_P 一部分经 V_2 管源极S流到漏极D。在 t_5 时刻，回路电流 i_P 减小到0，V_2 进入正向导通状态，并联谐振电容 C_P 先放电再反向充电，端电压 u_{CP} 由 $+n(U_O+U_D)$ 下降到 $-n(U_O+U_D)$，次级整流二极管 V_{D3}、V_{D4} 均截止，等效负载 R_{AC} 又处于开路状态，电容 C_P 再次参与谐振过程，直到 t_6 时刻。在 $t_5 \sim t_6$ 期间电流方向如图10.8.14中粗线所示，由于并联谐振电容 C_P 容量小，因此 $t_5 \sim t_6$ 持续时间也很短。

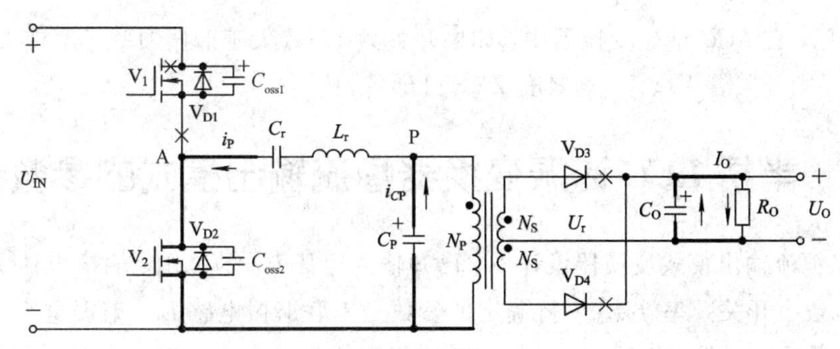

图10.8.14　$t_5 \sim t_6$ 期间电流方向

在 t_6 时刻，并联谐振电容 C_P 端电压 u_{CP} 被反向充电到 $-n(U_O+U_D)$，初级绕组 N_P 电压变为“下正上负”，次级整流二极管 V_{D4} 再度导通，回路电流 i_P 经变压器初级绕组 N_P 耦合到次级绕组 N_S，经整流、滤波后形成负载电流 I_O。显然，$t_6 \sim t_7$ 期间电流方向如图 10.8.15 中粗线所示。

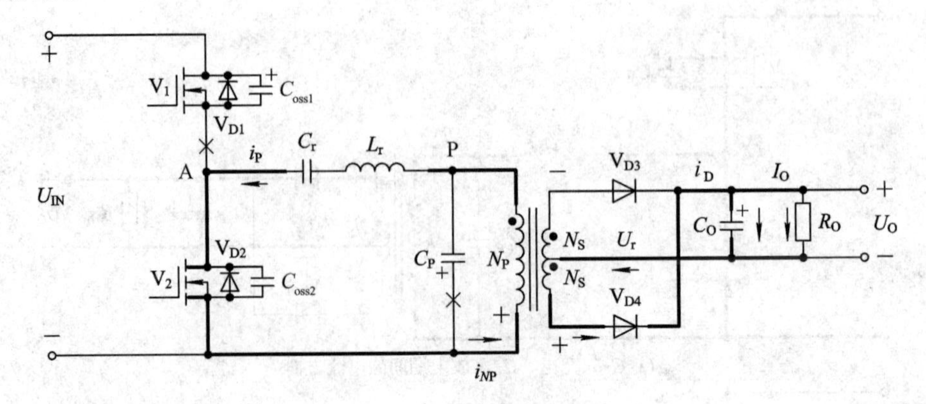

图 10.8.15　$t_6 \sim t_7$ 期间电流方向

到 t_7 时刻，V_2 管关断，V_2 管寄生电容 C_{oss2} 开始充电，V_1 管寄生电容 C_{oss1} 开始放电，A 点电位逐渐上升。当 A 点电位升高到 U_{IN} 后，如果 V_1 管未及时导通，则寄生电容 C_{oss1} 将被反向充电，强迫 V_1 寄生体二极管 V_{D1} 导通。可见，从 V_2 管截止到 V_1 管导通的最短时间也是开关管寄生电容的充放电时间。显然，$t_7 \sim t_8$ 期间电流方向如图 10.8.16 中粗线所示。

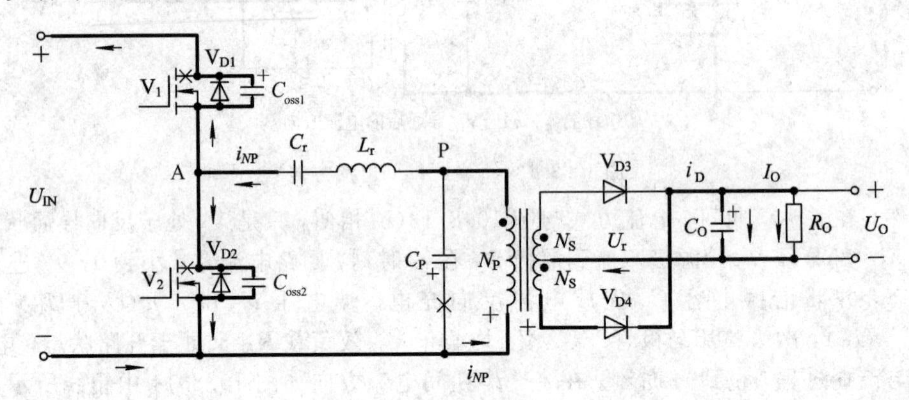

图 10.8.16　$t_7 \sim t_8$ 期间电流方向

由此可见，在 LCC 谐振变换器中，如果开关频率 f_{SW} 大于谐振频率 f_0，使 LCC 网络处于感性状态，则开关管 V_1、V_2 均具有 ZVS 开通特性。

10.9　半桥 *LCC* 谐振变换器恒流输出模式的参数设计

在 LCC 恒流输出模式变换器设计中，已知输入电压 U_{IN} 的范围、输出电流 I_O、最大输出电压 U_O、最小开关频率 f_{SWmin}；待确定的参数是串联谐振电感 L_r、谐振电容 C_r、并联谐振电容 C_P、高频变压器绕组匝数、谐振电感绕组匝数等。

下面通过具体实例介绍 LCC 恒流变换器参数计算步骤及过程。本实例设计参数为：最小输入电压为360 V，最大输入电压为410 V，最小开关频率 f_{SWmin} 为60 kHz，输出电流为2.0 A，最大输出电压为48 V。

尽管在 LCC 变换器中，变压器初级绕组 N_P 电流 i_{NP} 的连续性较差，偏离了标准正弦波形态，端电压 u_{CP} 也是被钳位了的正弦波，但当电容比 m_C 小于0.05时，并联谐振电容 C_P 容量小，LCC 网络固有谐振频率 f_0' 高，端电压 u_{CP} 上、下沿(如图10.8.9中的 $t_1 \sim t_2$、$t_5 \sim t_6$ 时段)过渡时间短，仍可近似为占空比接近0.5的方波。实践表明，在恒流输出模式中，运用FHA分析法获得的 LCC 变换器参数依然有效。

采用FHA分析法获取 LCC 变换器的设计参数时，必须明确如下参数：

1. 初步确定最大电压增益 $|M_U|_{max}$

为保证在输入电压最小、负载最重的状态下，输出电压 U_O 能达到设计值，变压器的匝比 n 由最大电压增益 $|M_U|_{max}=\dfrac{2n(U_O+U_D)}{U_{INmin}}$ 确定。

$|M_U|_{max}$ 增大，变压器匝比 n 变大，交流等效电阻 $R_{AC}=\dfrac{8n^2R_O}{\pi^2}$ 增加，也有利于降低初级绕组电流有效值 $I_{NP\_rms}=\dfrac{\sqrt{2}\pi I_O}{4n}$，但会使变压器初级绕组匝数 N_P、并联谐振电容 C_P 电流有效值 $I_{CP\_rms}=4\sqrt{2}nU_Of_{SW}C_P$ 增加，当 $|M_U|_{max}$ 升高到某一数值后，损耗可能会不降反升。此外，$|M_U|_{max}$ 偏大也容易造成最大电流增益 $|M_I|_{max}$ 接近甚至越过峰值电流增益 $|M_I|_{PK}$。因此，$|M_U|_{max}$ 的大小必须适中，典型值取0.80～0.95。

显然，最大电压增益 $|M_U|_{max}$ 确定后，变压器的匝比 n、交流等效负载电阻 R_{AC}、最大电流增益 $|M_I|_{max}$、最小电流增益 $|M_I|_{min}$ 也就确定了。

在本例中，$|M_U|_{max}$ 预取0.90，n、R_{AC}、$|M_I|_{max}$、$|M_I|_{min}$ 各参数分别为

$$n=\frac{U_{INmin}}{2(U_O+U_D)}|M_U|_{max}=\frac{360}{2\times(48+0.7)}\times 0.9\approx 3.326 \tag{10.9.1}$$

$$R_{AC}=\frac{8n^2U_O}{\pi^2 I_O}\approx\frac{8\times 3.326^2\times 48}{3.14^2\times 2}\approx 215.42\ \Omega \tag{10.9.2}$$

$$|M_I|_{max}=\frac{\pi^2 I_O}{4nU_{INmin}}=\frac{3.14^2\times 2}{4\times 3.326\times 360}\approx 0.0041172\ \mathrm{S} \tag{10.9.3}$$

$$|M_I|_{min}=\frac{\pi^2 I_O}{4nU_{INmax}}=\frac{3.14^2\times 2}{4\times 3.326\times 410}=0.0036151\ \mathrm{S} \tag{10.9.4}$$

2. 确定网络固有谐振频率 X_0' 对应的电流增益 $|M_I|_{X_0'}$

在 LCC 恒流输出变换器中，为减小环路电流 I_P，除了将开关频率 f_{SW} 限制在 LCC 网络谐振频率 $f_0 \sim f_0'$ 之间外，还必须尽可能地减小并联谐振电容 C_P 的容量。由式(10.8.3)可知

$$m_C\omega_r C_r\sqrt{\frac{1+m_C}{m_C}}=|M_I|_{X_0'}$$

考虑到 $m_CC_r=C_P$，$\sqrt{\dfrac{1+m_C}{m_C}}=X_0'$，因此并联谐振电容为

$$C_P=\frac{|M_I|_{X_0'}}{2\pi f_r X_0'}=\frac{|M_I|_{X_0'}}{2\pi f_0'}$$

可见，当固有谐振频率 X_0' 对应的电流增益 $|M_I|_{X_0'}$、固有谐振频率 f_0' 确定后，并联谐振电容 C_P 就确定了。因此，要想减小 C_P，就必须设法降低电流增益 $|M_I|_{X_0'}$。

理论计算及实践表明，在 LCC 谐振变换器中，在特定输入、输出条件下，串联谐振电感 L_r 受电容比 m_C、电流增益 $|M_I|_{X_0'}$ 影响不大。

因此，可将最小电流增益 $|M_I|_{min}$ 缩小为原来的 $1/K$ 后作为固有谐振频率 X_0' 对应的电流增益 $|M_I|_{X_0'}$，即 $|M_I|_{X_0'}=\dfrac{|M_I|_{min}}{K}$，如图 10.9.1 所示。

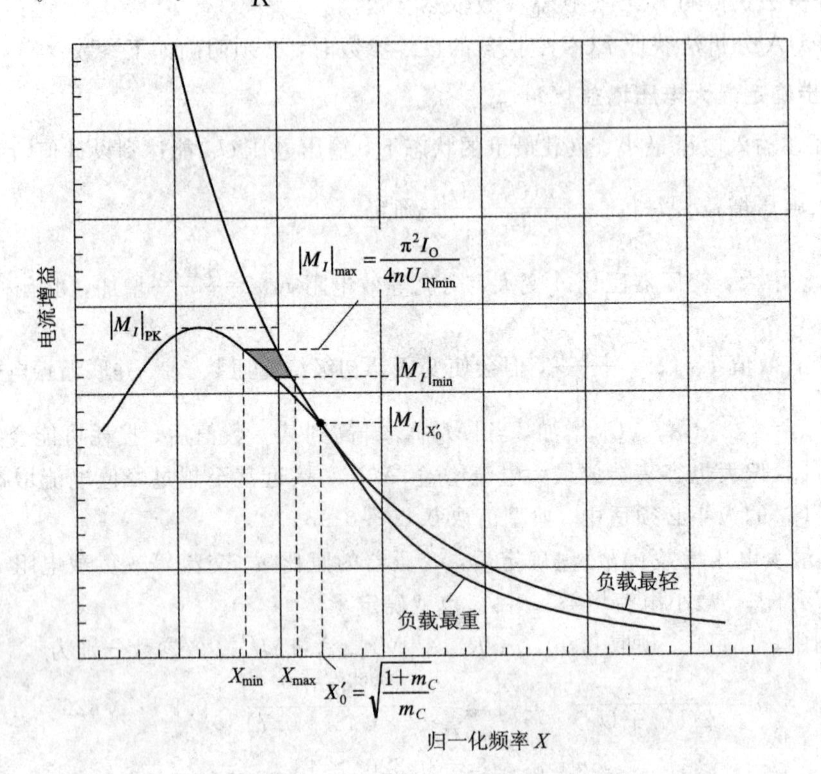

图 10.9.1　最大开关频率 X_{max} 与固有谐振频率 X_0' 的关系

K 一般取 1.5～3.5 之间，典型值为 2.5，最终数值由谐振电容 C_P、C_r 的标准值确定。K 值大小对并联谐振电容 C_P 的影响很大——K 越大，并联谐振电容 C_P 越小，越有利于减小环路电流，但开关频率变化范围 Δf_{SW} 会增加。

在本例中，K 取 2.0，固有谐振频率 X_0' 对应的电流增益

$$|M_I|_{X_0'}=\frac{|M_I|_{min}}{K}\approx\frac{0.0036151}{2}\approx 0.0018076\ \text{S}$$

3. 初步确定电容比 m_C

在电流增益 $|M_I|_{X_0'}$ 确定的情况下，电容比 $m_C=C_P/C_r$ 决定了串联谐振电容 C_r 的大小——m_C 越大，串联谐振电容 C_r 越小(不过实践表明，当串联谐振电容 C_r 偏小时，会出现轻载启动困难的现象)；另一方面，电容比 m_C 偏小，又会使开关频率变化范围 Δf_{SW} 增加。因此，电容比 m_C 大小必须适中，取值范围一般控制在 0.010～0.050 之间(典型值为 0.02～0.04)，具体数值由串联谐振电容 C_r 的标准值确定。

在电容比 m_C 确定后，固有谐振频率 $X'_0=\sqrt{\dfrac{1+m_C}{m_C}}$、串联谐振频率 f_r 对应的感抗 $\omega_r L_r=\dfrac{m_C}{|M_I|_{X'_0}}\sqrt{\dfrac{m_C+1}{m_C}}$、最小品质因数 $Q_{min}=\dfrac{\omega_r L_r}{R_{AC}}$也就确定了。

在本例中，电容比 m_C 初值取 0.03，相应地，X'_0、$\omega_r L_r$、Q_{min}参数如下：

$$X'_0=\sqrt{\frac{1+m}{m}}=\sqrt{\frac{1+0.03}{0.03}}\approx 5.859\,465$$

$$\omega_r L_r=\frac{m}{|M_I|_{X'_0}}\sqrt{\frac{m+1}{m}}\approx\frac{0.03}{0.001\,807\,6}\sqrt{\frac{0.03+1}{0.03}}\approx 97.247\ \Omega$$

$$Q_{min}=\frac{\omega_r L_r}{R_{AC}}\approx\frac{97.247}{215.42}\approx 0.45143$$

4. 约束条件

为避免重载下输入电压 U_{INmin} 意外下降，最大电流增益 $|M_I|_{max}$ 越过峰值电流增益 $|M_I|_{PK}$，导致控制芯片反馈混乱，由 Q_{min}确定的峰值电流增益 $|M_I|_{PK}$不能小于 $|M_I|_{max}$的 1.10～1.15 倍(即保留了 10%～15%的裕量)，否则必须适当调整最大电压增益 $|M_U|_{max}$或电容比 m_C，再重新计算。在品质因数 Q_{min}确定的情况下，对电流增益

$$|M_I|=\frac{\pi^2 I_O}{4nU_{IN}}=\frac{1}{\sqrt{\left[\dfrac{\omega_r L_r}{Q}(1+m-mX^2)\right]^2+\left(\omega_r L_r\dfrac{X^2-1}{X}\right)^2}}$$

求导，并令其导数$\dfrac{d|M_I|}{dX}=0$，求出由 Q_{min}确定的峰值电流增益 $|M_I|_{PK}$。

可以证明，峰值电流增益 $|M_I|_{PK}$对应的归一化开关频率 X_{PK}与 Q_{min}之间满足以下关系，即

$$Q_{min}=\sqrt{\frac{2m_C X_{PK}^4(1+m_C-m_C X_{PK}^2)}{X_{PK}^4-1}}\tag{10.9.5}$$

令 $X_{PX}^2=y$，整理后获得关于 y 的一元三次方程为

$$2m_C^2 y^3+[Q_{min}^2-2m_C(m_C+1)]y^2-Q_{min}^2=0\tag{10.9.6}$$

解式(10.9.6)所示的一元三次方程，就获得由 Q_{min}确定的峰值电流增益对应的开关频率 $X_{PX}=\sqrt{y}$，将品质因数 Q_{min}、X_{PK}代入式(10.8.2)，求出峰值电流增益，即

$$|M_I|_{PK}=\frac{1}{\omega_r L_r\sqrt{\left(\dfrac{1+m_C-m_C X_{PK}^2}{Q_{min}}\right)^2+\left(X_{PK}-\dfrac{1}{X_{PK}}\right)^2}}\tag{10.9.7}$$

5. 计算最小归一化开关频率 X_{min}

将最大电流增益 $|M_I|_{max}$、感抗 $\omega_r L_r$、品质因数 Q_{min}代入式(10.8.2)，得

$$\left(\frac{1+m_C-m_C X_{min}^2}{Q_{min}}\right)^2+\left(\frac{X_{min}^2-1}{X_{min}}\right)^2=\left(\frac{1}{\omega_r L_r\,|M_I|_{max}}\right)^2$$

令 $X_{min}^2=y, K=\left(\dfrac{1}{\omega_r L_r\,|M_I|_{max}}\right)^2$，整理后将获得关于 y 的一元三次方程，即

$$m_C^2 y^3+[Q_{min}^2-2m_C(m_C+1)]y^2+[(m_C+1)^2-2Q_{min}^2-Q_{min}^2 K]y+Q_{min}^2=0\tag{10.9.8}$$

解式(10.9.8)所示的一元三次方程，舍去其中不合理的负根以及 ZCS 区内的频点后，就获得了 ZVS 区内的最小开关频率 $X_{\min}=\sqrt{y}$。

本例中的 $X_{\min}\approx1.969\ 419$。

6. 计算串联谐振频率 f_r 及谐振腔参数

根据设定的最小开关频率 $f_{SW\min}$，就可以确定串联谐振频率 $f_r=\dfrac{f_{SW\min}}{X_{\min}}$。由于串联谐振频率 f_r 对应的电感 $\omega_r L_r$ 已知，因此串联谐振电感 $L_r=\dfrac{\omega_r L_r}{2\pi f_r}$，串联谐振电容 $C_r=\dfrac{1}{(2\pi f_r)^2 L_r}$，并联谐振电容 $C_P=m'_C C_r$。

接着将谐振电容 C_r、C_P 取标准值，再用实际电容比 $m'_C=\dfrac{C_P}{C_r}$ 替换初定的电容比 m_C，重新计算。

在本例中，这些参数值分别为

$$f_r=\frac{f_{SW\min}}{X_{\min}}=\frac{60}{1.969\ 419}\approx30.47\ \text{kHz}$$

$$L_r=\frac{\omega_r L_r}{2\pi f_r}=\frac{97.247}{2\times3.14\times30.47}\approx508.211\ \mu\text{H}$$

$$C_r=\frac{1}{(2\pi f_r)^2 L_r}=\frac{1}{(2\times3.14\times30.47)^2\times508.211}\approx53.739\text{nF}$$

$$C_P=m'_C C_r\approx0.03\times53.739\approx1.612\text{nF}$$

C_r 取 51nF，C_P 取 1.6nF，实际电容比为 $m_C=\dfrac{C_P}{C_r}=0.031\ 373$。用实际电容比 m_C 替换初选的电容比 m'_C，重新计算。

位于初级回路中的并联谐振电容 C_P 耐压要求较高，C_P 端电压最大为 $n(U_O+U_D)$。例如，当变压器匝比 n 为 3.5、输出电压为 48 V 时，考虑工程裕量后，C_P 电容耐压不小于 250 V。为此也可将 C_P 电容移到次级回路中，并接在两个次级整流二极管的正极之间，如图 10.9.2 所示。根据等效变换原则，C_P 移入次级回路后，对应的等效电容 $C_{PS}=\dfrac{n^2}{2}C_P$。

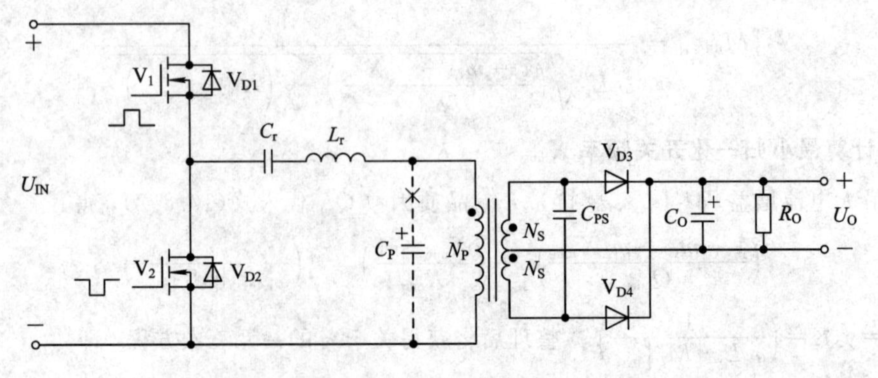

图 10.9.2　并联谐振电容移入次级回路

7. 计算变压器绕组匝数

在计算变压器绕组的匝数时，可先利用半桥变换器AP法近似估算磁芯尺寸，进而确定磁芯型号及磁路的有效截面A_e。由于在半个开关周期内，变压器初级绕组端电压u_{NP}近似恒定为$n(U_O+U_D)$，由电磁感应定律可知

$$N_P A_e \Delta B = L_m \Delta I_m = L_m \times \frac{u_{NP}}{L_m} \times \frac{T_{SW}}{2} = n(U_O+U_D)\frac{1}{2f_{SWmin}}$$

因此，初级绕组最小匝数为

$$N_{Pmin} = \frac{n(U_O+U_D)}{2A_e \Delta B f_{SWmin}}$$

考虑到在半桥LCC谐振变换器中磁芯双向磁化，ΔB可取0.3～0.4T之间。次级绕组匝数$N_S=N_P/n$，将次级绕组匝数N_S取整后，再最终确定初级绕组N_P的匝数。

鉴于绕线时只能按整数匝绕制，因此在确定了变压器初级绕组匝数N_P、次级绕组匝数N_S后，实际匝比$n=N_P/N_S$、最大电压增益$|M_U|_{max}=\dfrac{2n(U_O+U_D)}{U_{INmin}}$才最终确定。用实际匝比$n$对应的最大电压增益$|M_U|_{max}$替换初步确定的电压增益$|M_U|_{max}$，再度重新计算(在重新计算过程中，需要微调电流增益系数K，使C_r、C_P接近标准值，这时L_r值就是最终的谐振电感量)。

假设在本例中，A_e为119 mm^2，ΔB取0.32T，则

$$N_{Pmin} = \frac{n(U_O+U_D)}{2A_e \Delta B f_{SWmin}} = \frac{3.326\times(48+0.7)}{2\times 119\times 0.32\times 60} \approx 35.45$$

$$N_S = \frac{N_P}{n} \approx \frac{35.45}{3.326} \approx 10.66$$

最终确定的匝比为36∶11。

微调电流增益系数K到2.02，使$C_r=51.056$ nF，接近标准值51 nF，此时$L_r=514.9$ μH，即L_r最终取515 μH。

8. 计算最大开关频率

在最大输入电压U_{INmax}状态下，当负载最小(即输出电压为0，$R_{AC}=0$，$Q\to\infty$)时，开关频率达到最大值X_{max}。将$Q\to\infty$、$|M_I|_{min}$值代入式(10.8.2)，整理后即可求出最大开关频率，即

$$X_{max} = \frac{1+\sqrt{1+4\left(\omega_r L_r\,|M_I|_{min}\right)^2}}{2\omega_r L_r\,|M_I|_{min}} \tag{10.9.9}$$

在本例中，$X_{max}=3.08$，因此开关频率的变化范围

$$\Delta f_{SW} = f_r(X_{max}-X_{min}) \approx 33.8 \text{ kHz}$$

9. 计算变压器绕组与谐振电容电流有效值

变压器次级绕组电流有效值

$$I_{NS\_rms} = \frac{\pi I_O}{2\sqrt{2}\times\sqrt{2}} = \frac{\sqrt{2}\pi I_O}{4} \approx \frac{3.141\,593\times 2}{4} \approx 1.571 \text{ A}$$

初级绕组电流 i_{NP} 应包括激磁电流 i_{Lm} 以及承担能量传输的次级映射电流 $\frac{i_{AC}}{n}$，即 $i_{NP}=i_{Lm}+\frac{i_{AC}}{n}$，但在 LCC 变换器中，初-次级绕组耦合紧密，磁芯又不加气隙，因此变压器激磁电感 L_m 较大，激磁电流 i_{Lm} 相对较小，可忽略不计，即初级绕组 N_P 电流有效值

$$I_{NP\_rms}=\sqrt{I_{Lm\_rms}^2+\left(\frac{\pi I_O}{2\sqrt{2}n}\right)^2}\approx\frac{\sqrt{2}\pi I_O}{4n}\approx\frac{\sqrt{2}\times 3.14\times 2}{4\times 3.326}\approx 0.667\ \text{A}$$

由于变压器初级侧基波电压 $u_{NP}=nU_{r1}$，因此流过并联谐振电容 C_P 的电流有效值

$$I_{CP\_rms}=\frac{U_{Prms}}{X_{CP}}=\frac{\frac{2\sqrt{2}}{\pi}n(U_O+U_D)}{\frac{1}{2\pi f_{SWmin}C_P}}=4\sqrt{2}n(U_O+U_D)f_{SWmin}C_P$$

$$\approx 4\sqrt{2}\times 3.326\times(48+0.7)\times 60\times 10^3\times 1.6\times 10^{-9}\approx 0.088\ \text{A}$$

流过谐振电感 L_r 与谐振电容 C_r 的电流有效值

$$I_{Lr\_rms}=I_{Cr\_rms}=\sqrt{I_{CP\_rms}^2+I_{NP\_rms}^2}\approx 0.674\ \text{A}$$

流过输出滤波电容 C_O 的电流有效值

$$I_{CO\_rms}=\sqrt{\left(\frac{\pi I_O}{2\sqrt{2}}\right)^2-I_O^2}=\sqrt{\left(\frac{3.141\,593\times 2}{2\sqrt{2}}\right)^2-2^2}\approx 0.966\ \text{A}$$

在电流密度 J 确定的情况下，知道初级、次级绕组电流有效值后，就可以计算出绕组的线径。

10. 谐振电感 L_r 设计

谐振电感的设计方法与 LLC 变换器独立电感的设计方法相同，可参阅 10.6.5 节。谐振电感电流变化量 $\Delta I_{Lr}=\sqrt{2}I_{Lr\_rms}$，谐振电感 L_r 绕组匝数

$$N=\frac{L_r\Delta I_{Lr}}{\Delta BA_e}=\frac{L_r\times\sqrt{2}I_{Lr\_rms}}{\Delta BA_e}\approx\frac{515\times\sqrt{2}\times 0.674}{0.32\times 119}\approx 13$$

需要注意的是，对于恒流输出 LCC 变换器，不宜在空载状态下调试。为避免过载损坏，可在 70%负载下调试 LCC 变换器的反馈补偿网络。

习　题

10-1　简述 ZVS 开通与 ZCS 关断的含义。

10-2　简述谐振变换器的种类。

10-3　与谐振电感串联的谐振电容或隔直电容一般选用什么材质的电容？

10-4　画出基本全桥移相式变换器的原理电路，并简述其稳压原理。

10-5　简述全桥移相式变换器的优缺点。

10-6　简述全桥移相式变换器占空比丢失现象的成因。

10-7　简述下管调制全桥变换器驱动信号的特征。

10-8　画出 LLC 半桥谐振变换器的原理电路，并简述桥式 LLC 变换器的主要特征。

10-9 在桥式 LLC 变换器中，变压器磁芯为什么需要加气隙？

10-10 为使开关管具有 ZVS 开通特性，LLC 网络必须处于什么状态？

10-11 在半桥 LLC 变换器中，简述开关频率位于 ZVS1 区的优缺点。

10-12 在半桥 LLC 变换器中，简述开关频率位于 ZVS2 区的优缺点。

10-13 简述在 LLC 谐振变换器中，电感比 m_L 的取值依据。m_L 偏小有什么不足？m_L 偏大又有什么问题？

10-14 分别指出在什么输入、输出条件下，LLC 变换器开关频率最小和最大。

10-15 简述半桥 LLC 变换器的设计过程(开关频率在串联谐振频率附近)，并写出相应参数的计算式。

10-16 为什么说在输出功率小于 100W 的中小功率变换器中不宜用 LLC 谐振变换器？

10-17 简述 LLC 磁集成变压器的设计步骤。

10-18 简述交错式 LLC 谐振变换器的组成及特征。

10-19 画出半桥 LCC 谐振变换器的原理电路，并简述 LCC 谐振变换器的优缺点。

10-20 画出全桥 LCC 谐振变换器的原理电路。全桥 LLC 谐振变换器与半桥 LCC 谐振变换器相比有什么异同？

10-21 简述半桥 LCC 谐振变换器的设计步骤。

第 11 章 同步整流技术

电子器件的工作频率越来越高，为降低功耗，其工作电压越来越低。目前许多 IC 芯片的工作电压只有 3.3 V，甚至更低，迫使驱动电源在低压、大电流输出状态下工作，导致 DC－DC 变换器次级侧高频整流二极管损耗所占比重迅速上升。

例如，对于输出电流 I_O 为 10 A、输出电压 U_O 为 5.0 V 的正激变换器来说，假设次级整流二极管、续流二极管的导通压降 U_D 均为 0.50 V(已采用了低导通压降的肖特基二极管)。当输入电压达到最小值 U_{INmin} 时，最大占空比 $D_{max}=0.45$，则次级整流二极管消耗的功率达到最大，即

$$P_{D2max}=D_{max}I_OU_F=0.45\times10\times0.5=2.25\ W$$

此时，续流二极管消耗的功率最小，即

$$P_{D3min}=(1-D_{max})I_OU_D=0.55\times10\times0.5=2.75\ W$$

而当输入电压达到最大值 U_{INmax} 时，最小占空比 $D_{min}=0.25$，次级整流二极管消耗的功率

$$P_{D2min}=D_{min}I_OU_D=0.25\times10\times0.5=1.25\ W$$

达到最小，但续流二极管消耗的功率

$$P_{D3max}=(1-D_{min})I_OU_D=0.75\times10\times0.5=3.75\ W$$

反而最大。

由此可见，次级整流、续流二极管消耗的功率太大，不仅严重影响了变换器的效率，也加剧了变换器内部的温升，降低了变换器的可靠性。

此外，肖特基二极管反向漏电流大。因此，当 DC－DC 变换器输出电压较小、输出电流较大时，不宜再使用肖特基二极管作为次级整流二极管或续流二极管，而必须采用以 N 沟道功率 MOS 管为核心的同步整流电路，其原因是低压功率 MOS 管导通电阻 R_{DSon} 很小，可达 mΩ 级，截止时漏电流也远远小于肖特基整流二极管的漏电流。

在下列情况下，可考虑使用同步整流电路：

(1) 变换器输出电压小于 30 V，输出电流在 3 A 以上。使用低压功率 MOS 管作为同步整流器件，$V_{BR(DS)}$ 在 200 V 以下的 N 沟道功率 MOS 管导通电阻 R_{DSon} 低，即导通压降 U_{DSon} 为次级斜坡电流中值 I_L 与功率 MOS 导通电阻 R_{DSon} 的乘积 I_LR_{DSon}，必须小于0.5 V，否则就失去了使用 MOS 管同步整流的意义。

(2) 性价比不下降，甚至略有提升。采用 MOS 管同步整流电路后，次级整流电路的成本会有所增加，但如果效率提升明显，如增加 2%以上，那么可以考虑采用同步整流方式。

在反激、正激、全桥移相式、*LLC* 变换器中，当输出电压较低、输出电流较大时，尽可能采用同步整流方式。但值得注意的是，正向变换器同步整流方式往往不允许输出滤波电感工作在 DCM 模式，除非同步整流控制芯片在输出滤波电感电流下降到零时能自动关闭同步整流 MOS 管，以防止出现电流倒灌现象。

11.1　同步整流原理

图 11.1.1(a)是二极管半波整流电路。如果将其中的整流二极管 V_D 换成 N 沟道功率 MOS 管 V，就获得了如图 11.1.1(b)所示的同步整流电路。其中，并接在 MOS 管 D－S 极之间的二极管是 N 沟道功率 MOS 管寄生的体二极管。

在 MOS 管同步整流电路中，功率 MOS 管的工作状态与 DC－DC 变换器中承担开关功能的功率 MOS 管不同：在同步整流电路中，功率 MOS 管工作在“反向导通，正向阻断”状态，即当源极 S 电位高于漏极 D 电位时，体二极管导通，为减小导通损耗，使 $u_{GS}>V_{GS(th)}$，结果 MOS 管就处于反向导通状态，电流从源极 S 流向漏极 D；而当漏极 D 电位高于源极 S 电位时，寄生的体二极管自然截止，同时借助外部电路强迫 $u_{GS}<V_{GS(th)}$，确保 MOS 管处于正向阻断状态。因此，在同步整流电路中，功率 MOS 管栅极驱动信号 u_{GS} 与被整流电压波形必须保持同步，方能获得良好的整流效果。例如，在图 11.1.1(b)中，在输入电压 u_{IN} 的正半周，栅极驱动信号 $u_{GS}>V_{GS(th)}$，MOS 管导通，电流从 S 极流到 D 极，经负载 R_L 回到输入电压 u_{IN} 的负极；在 u_{IN} 的负半周，强迫驱动信号 u_{GS} 为 0，沟道消失，MOS 管截止，同时体二极管也处于反向截止状态，没有电流流过负载 R_L，结果 R_L 负载两端电压为 0，如图 11.1.2 所示。

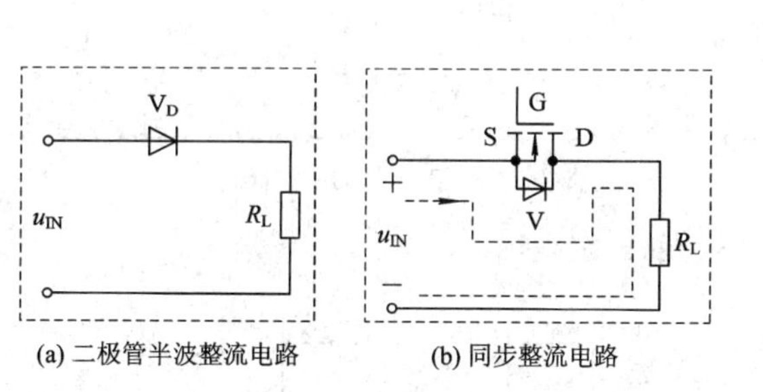

(a) 二极管半波整流电路　(b) 同步整流电路

图 11.1.1　半波整流电路

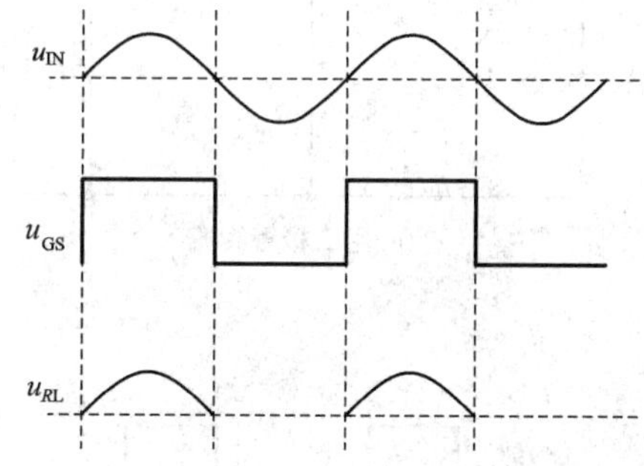

图 11.1.2　半波同步整流驱动信号时序

反之，如果栅极驱动信号 u_{GS} 与输入电压 u_{IN} 波形不严格同步，例如 u_{GS} 脉冲头宽度小于输入电压 u_{IN} 正半周的持续时间，如图 11.1.3 所示，则在 $t_0 \sim t_1$、$t_2 \sim t_3$ 时段内，功率 MOS 管寄生的体二极管导通，虽然仍可实现整流，但 MOS 管寄生的体二极管正向导通压降远大于肖特基二极管正向压降，因此导通损耗较高。此外，硅基功率 MOS 管寄生的体二极管反向恢复时间长，一般在几百纳秒以上，关断损耗也大。因此，在同步整流电路中，尽量避免依赖体二极管实现整流功能。

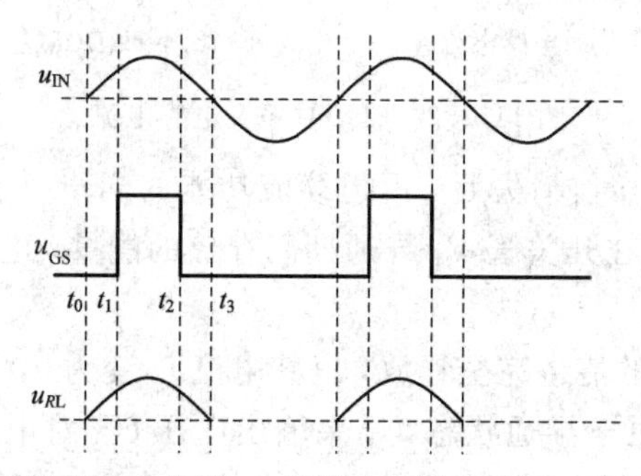

图 11.1.3　栅极驱动信号 u_{GS} 宽度小于输入电压 u_{in} 正半周期时间

当然，如果栅极驱动信号 u_{GS}宽度大于输入电压 u_{IN}正半周时间，那么在输入电压 u_{IN}负半周来到时，整流 MOS 管没有关断，电流将从 D 极流向 S 极，使 MOS 管丧失单向导电特性，不能实现整流。

可见，在整流电路中，用 MOS 管代替肖特基二极管实现整流时，MOS 管驱动信号与被整流电压的波形必须严格同步，这正是同步整流(Synchronous Rectifier，SR)名称的由来。

11.2 同步整流 MOS 管驱动方式

在同步整流电路中，MOS 管驱动信号的设计非常关键，除了时序正确外，还必须兼顾到负载的变化。例如，在图 11.2.1(*b*)所示的 Buck 变换器中，使用功率 MOS 管 V_2 代替图 11.2.1(a)中续流二极管 V_D 实现同步整流时，仅保证 V_2 驱动信号时序正确还不够，这会使轻载下出现电流倒向流动现象，如图 11.2.2 所示，造成额外损耗，同时也会导致输出电压 U_O 异常波动。

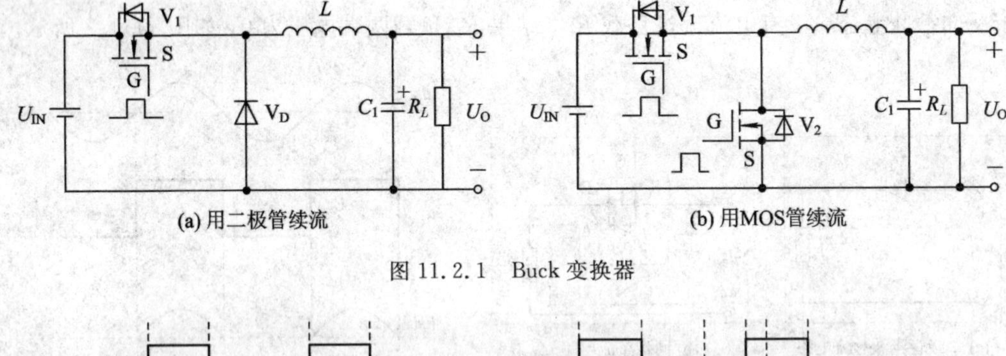

图 11.2.1　Buck 变换器

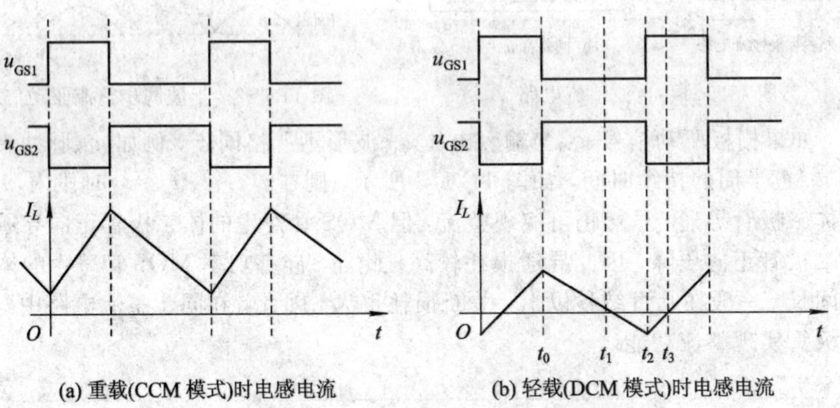

图 11.2.2　驱动时序及电感电流

在开关管 V_1 驱动信号 u_{GS1}消失后，承担续流功能的同步整流 MOS 管 V_2 的驱动信号 u_{GS2}有效，电感 L 开始释放在开关管 V_1 导通期间存储的能量，电感电流 i_L 线性下降，电流方向如图 11.2.3(a)所示。

在 t_1 时刻电感 L 存储的能量完全释放，电感电流 i_L 变为 0，但此时 MOS 管 V_2 驱动信号 u_{GS2}依然存在，V_2 仍然处于导通状态，结果输出电压 U_O 对电感 L 进行反向充电，电流方向如图11.2.3(b)所示。实际上是电感 L 与输出滤波电容 C_1 形成了 LC 并联谐振，振荡

周期 $2\pi\sqrt{LC_1}$ 较长，在 t_1 时刻后，输出滤波电容 C_1 向电感 L 反向充电，反向充电电流 i_L 几乎线性增加。

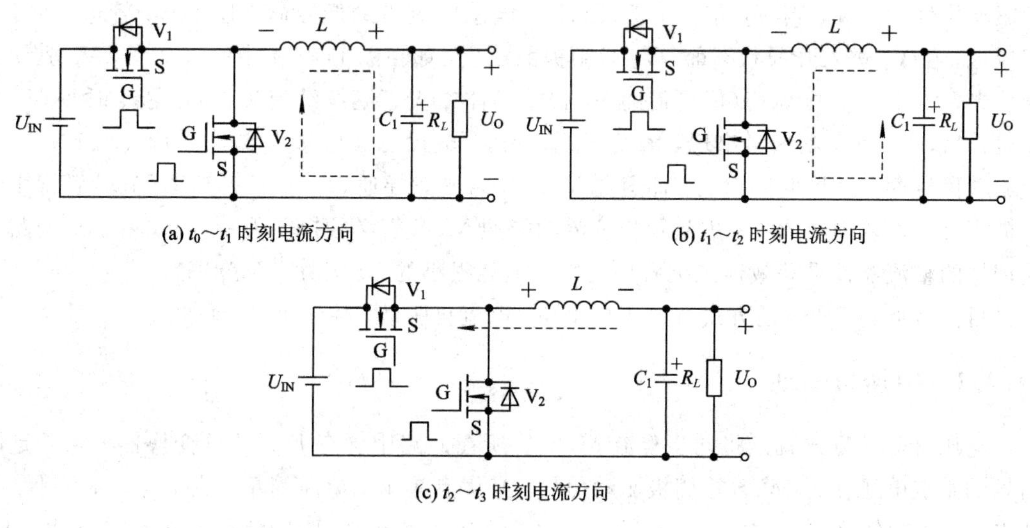

图 11.2.3　轻载时电流方向

在 t_2 时刻，开关管 V_1 再次导通，续流管 V_2 截止，电感 L 两端电压极性变为“左正右负”，电感 L 电流从 V_1 管的 S 极流向 D 极，借助 V_1 管对驱动电源 U_{IN} 释放反向存储的能量，如图 11.2.3(c)所示。

为避免轻载时电流反向流动现象，承担续流功能的功率 MOS 管的驱动信号 u_{GS2} 必须能够跟踪负载电流的变化，当电感 L 存储能量完全释放后，立即关闭 V_2，避免电流反向流动。

此外，在同步整流电路中必须避免两同步整流管同时导通，否则会出现瞬态大电流现象，形成很高的电流尖峰，严重恶化 EMI 指标，甚至会导致同步整流管过流损坏。由于功率 MOS 管开通、关断过程需要一定的时间，当两 MOS 管驱动信号 u_{GS1}、u_{GS2} 之间没有死区时间时，将会出现两管同时导通的现象，如在图 11.2.2 中的 t_0、t_2 时刻将会存在 V_1 与 V_2 同时导通的情形。因此，Buck 变换器中同步整流 MOS 管满载下合理的驱动信号的波形如图 11.2.4 所示。

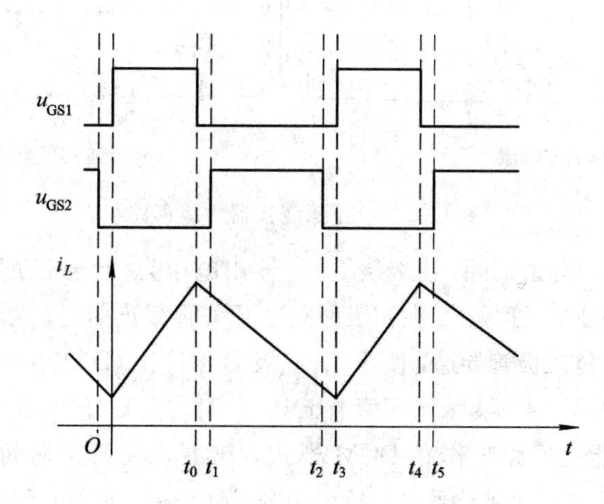

图 11.2.4　CCM 模式下 Buck 变换器合理的驱动信号波形

在 t_0 时刻，V_1 管驱动信号 u_{GS1} 消失，V_1 进入关断状态(但此时 V_2 管仍处于截止状态)，输出滤波电感 L 先借助 V_2 管寄生的体二极管续流，在 t_1 时刻 V_1 管可靠截止后，V_2 管驱动信号才出现，当 V_2 进入导通状态后，电感电流借助低导通电阻的 V_2 管进行续流；相应地，在 V_1 进入开通状态前，V_2 必须提前截止，如在图 11.2.4 中的 t_2 时刻，V_2 驱动信号消失，V_2 进入关断状态(但可借助 V_2 寄生的体二极管继续续流过程)，在 t_3 时刻 V_2 可靠截止后，V_1 管驱动信号出现，触发 V_1 管导通，输出滤波电感 L 储能。可见，当 V_1、V_2 管驱动信号存在死区时间时，方能避免 V_1、V_2 管同时导通。由于 Si 基功率 MOS 管寄生体二极管反向恢复损耗大，考虑到承担续流功能的 MOS 管必须提前关断，因此在 SR 电路中最理想的整流器件是等效体二极管反向恢复损耗很小的 GaN 功率 MOS 管。

目前常见的 SR 驱动方式有电压自驱动、电流自驱动、控制 IC 驱动等。

11.2.1 电压自驱动

电压自驱动方式就是将同步整流 MOS 管所在回路中含有 DC－DC 变换器 PWM 定时信号的某点电压作为 MOS 管栅极驱动信号。其优点是驱动电路简单，成本低，体积小。其缺点是：驱动信号连接方式与拓扑结构有关，没有统一形式，驱动信号未必能完全满足 SR 驱动要求(如驱动能力强，时序准确，存在死区时间等)；回路电流往往随负载变化，造成驱动信号提前变小或消失，不一定适用于 DCM 模式；电压自驱动方式往往不能及时关闭 SR 管，导致次级回路出现瞬时大环流(为此在电压自驱动方式中，不推荐使用 $V_{GS(th)}$ 较低的功率 MOS 管)，恶化了 EMI 指标，导致电压自驱动方式的应用范围受到了限制。

1. 正激变换器电压自驱动同步整流电路

借助二极管整流与续流的正激变换器次级回路如图 11.2.5(a)所示，对应的电压自驱动 SR 原理电路如图 11.2.5(b)所示。

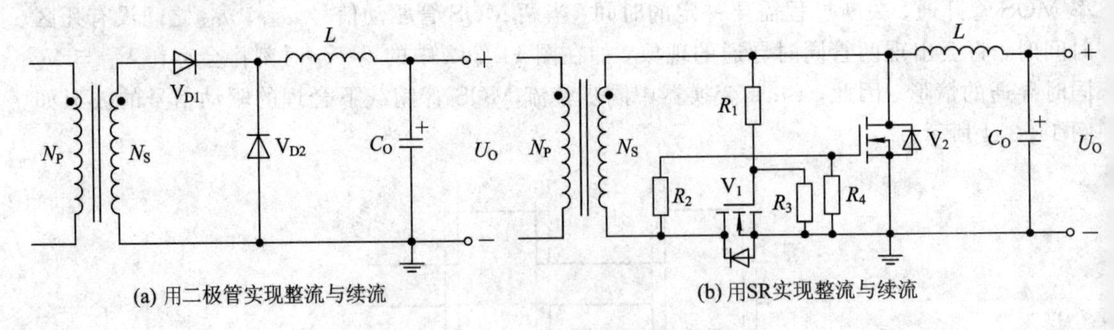

图 11.2.5　正激变换器次级回路

在主开关管(未画出)导通期间，次级绕组 N_S 输出电压为“上正下负”，承担整流功能的 V_1 管导通，承担续流功能的 V_2 管截止。在初级回路主开关管截止期间，次级绕组 N_S 感应电压为“下正上负”，V_2 管寄生体二极管导通，使 V_2 管漏极 D 电位比 GND 小，V_1 管截止，而 V_2 管栅极 G 电位高于源极 S 电位，当 u_{GS2} 大于阈值电压 $V_{GS(th)}$ 时，使 V_2 管导通，实现续流功能。

考虑到正激变换器主回路工作在 DCM 模式，在主开关截止期间，当变压器磁芯完成磁复位后，激磁电流回零，次级绕组 N_S 输出电压为 0，u_{GS2} 消失，导致 V_2 管提前关断，被迫借助 V_2 管体二极管继续续流，增加了续流损耗。为此，在正激变换器电压自驱动方式

SR 电路中，可在 V_2 管的 D、S 两端并联肖特基二极管 V_{D2}，这样在 V_2 管截止后，就可以借助肖特基二极管 V_{D2} 完成续流(尽管降低了续流损耗，但由于肖特基二极管反向漏电大，因此并联 V_{D2} 后，将增加 V_1 管导通期间的损耗)，如图 11.2.6 所示。

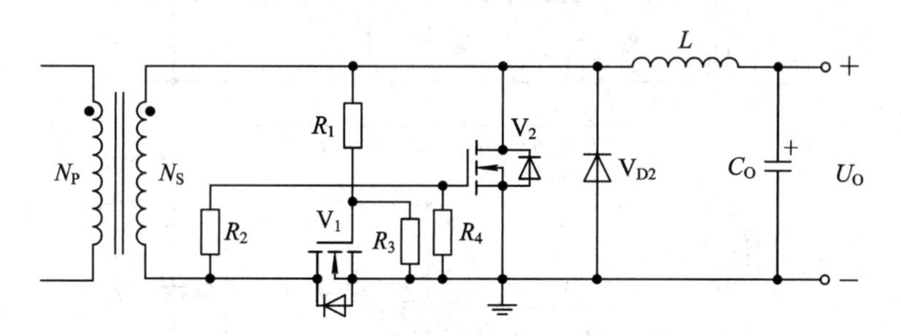

图 11.2.6　正激变换器电压自驱动 SR 实用电路

一个开关周期内，MOS 管栅极驱动信号波形与源-漏电流 i_{SD} 波形如图 11.2.7 所示。

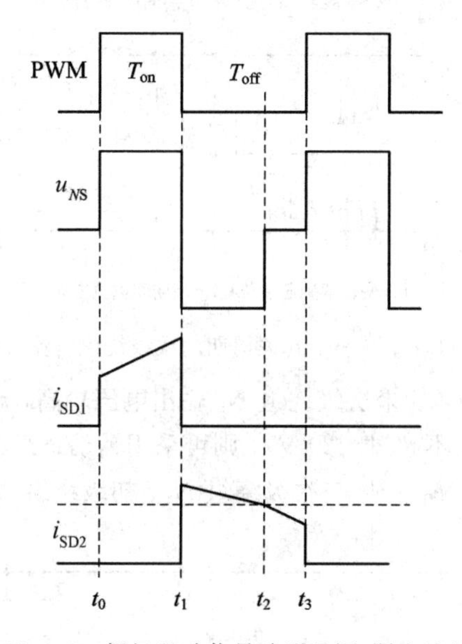

图 11.2.7　栅极驱动信号波形及源-漏电流波形

在 t_0 时刻主回路开关管导通，次级绕组 N_S 输出电压为“上正下负”，整流管 V_1 导通，续流管 V_2 截止，i_{SD1} 线性增加，输出滤波电感 L 存储能量，电流方向如图 11.2.8(a)所示。

在 t_1 时刻，主回路开关管截止，次级绕组 N_S 感应电压变为“上负下正”，整流管 V_1 截止，续流管 V_2 导通，输出滤波电感 L 释放能量，i_{SD2} 线性减小。在 V_2 导通期间，由于 MOS 管导通电阻小，结果使 u_{SD2} 小于肖特基二极管 V_{D2} 的导通电压，因此 V_{D2} 处于截止状态，电流方向如图11.2.8(b)所示。

到 t_2 时刻后，主变压器磁通完全复位，激磁电流下降到 0，N_S 绕组端电压消失，V_1、V_2 截止，输出滤波电感 L 借助导通正向压降较小的肖特基二极管 V_{D2} 继续释放能量，直到下一个开关周期开始，电流方向如图 11.2.8(c)所示。由于肖特基二极管 V_{D2} 导通压降比 V_2 管大，因此 V_2 截止后电感电流下降斜率略有增加。

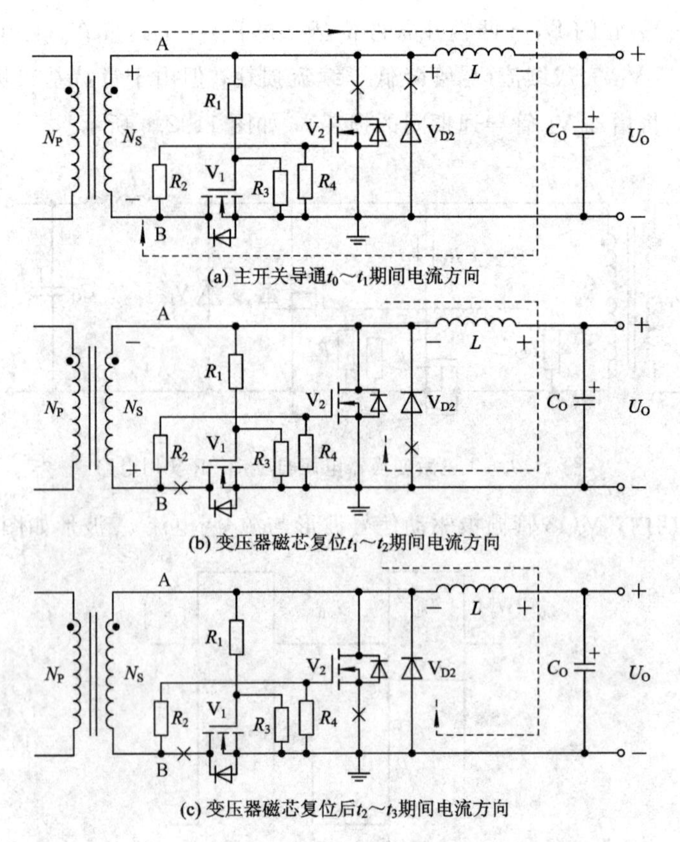

(a) 主开关导通t_0～t_1期间电流方向

(b) 变压器磁芯复位t_1～t_2期间电流方向

(c) 变压器磁芯复位后t_2～t_3期间电流方向

图 11.2.8　一个开关周期内次级绕组电流方向

在图 11.2.6 所示电路中，如果次级绕组 N_S 输出电压较高，超出了 MOS 管 V_{GS}所能承受的电压范围(MOS 管 V_{GS}一般不超过±20 V)，则可采用辅助绕组驱动同步整流 MOS 管，如图 11.2.9 所示，其中驱动绕组 N_{S1}、N_{S2}与次级绕组 N_S、初级绕组 N_P 绕在同一磁芯的骨架上。

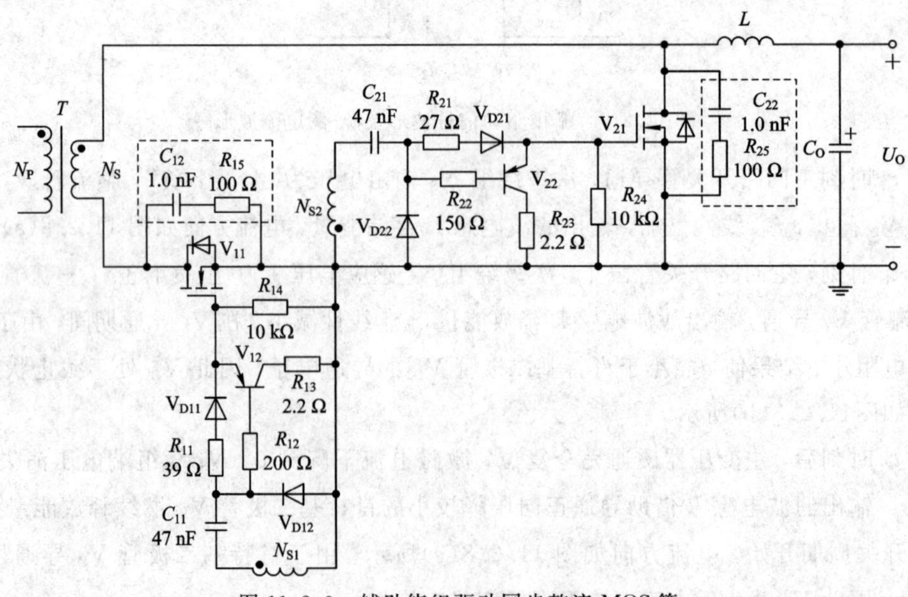

图 11.2.9　辅助绕组驱动同步整流 MOS 管

在图 11.2.9 中，增加由 V_{12}、V_{22} 三极管构成的有源关断加速电路后，必须增加耦合电容 C_{11}、C_{21}，以及反向充电二极管 V_{D12}、V_{D22}，否则在驱动绕组为负电压期间，驱动绕组等效负载电阻变小，驱动电流变大，增加了驱动绕组的损耗。如果同步整流 MOS 管漏、源之间存在高频振荡，则必要时可在 MOS 管 D、S 极之间增加 RC 尖峰吸收电路，如图 11.2.9 中的 C_{12}、R_{15}，以及 C_{22}、R_{25}，参数选择原则与整流二极管两端的 RC 尖峰吸收电路相同。

尽管图 11.2.6 及图 11.2.9 所示的同步整流电路在激磁能量完全释放后次级绕组感应电压消失，造成承担续流功能的 MOS 管 V_2 提前截止，被迫借助体二极管续流，效率有所下降，但优点是输出滤波电感 L 可以工作在 DCM 模式。其原因是对于三绕组去磁复位正激、二极管去磁双管正激变换器来说，尽管在轻载状态下输出滤波电感 L 会工作在 DCM 模式，但变压器激磁电流回零时间 T_{off} 总是小于滤波电感 L 的磁通复位时间 $T_{off\text{-}S}$。实践表明，当开关频率 f_{SW} 较高，如 133 kHz 以上时，如果负载电流变化范围较大，输出滤波电感 L 电流有可能进入 DCM 模式，则为避免 DCM 模式下电感电流倒灌，可适当降低最小输入电压下对应的最大占空比 D_{max}，如将 D_{max} 限制在 0.42 以下，保证承担续流功能的 V_2 管在滤波电感 L 磁通复位结束前可靠截止，就可以避免出现电流倒灌现象。占空比 D 越小，DCM 模式下出现电流倒灌现象时对应的负载电流就越小。当然，如果负载电流变化范围小，则滤波电感 L 总是处于 CCM 模式，为减少续流损耗，占空比 D_{max} 应尽可能取大一些，如取 0.46～0.48。

对于正激变换器来说，当采用电压自驱动方式时，一定要严格计算驱动绕组输出电压是否处于 MOS 管可承受的驱动电压范围内，否则可能会使 MOS 管处于欠驱动(驱动电压不足，导通电阻大，降低同步整流的效率)或过驱动(驱动电压偏高，可能会损坏同步整流 MOS 管)状态。

2. 半桥与全桥变换器次级电压自驱动同步整流电路

硬开关半桥及全桥变换器次级肖特基二极管全波整流电路如图 11.2.10(a)所示，对应的电压自驱动同步全波整流电路如图 11.2.10(b)、(c)所示。

以上半桥、全桥变换器输出同步整流对效率提升有限，原因是在 Buck 滤波电感 L 释放存储能量期间，电感电流 i_L 分两路同时流过上下两个次级绕组，磁通相互抵消，次级绕组感应电压为 0，结果 V_{11}、V_{21} 截止，只能依靠寄生的体二极管完成续流。

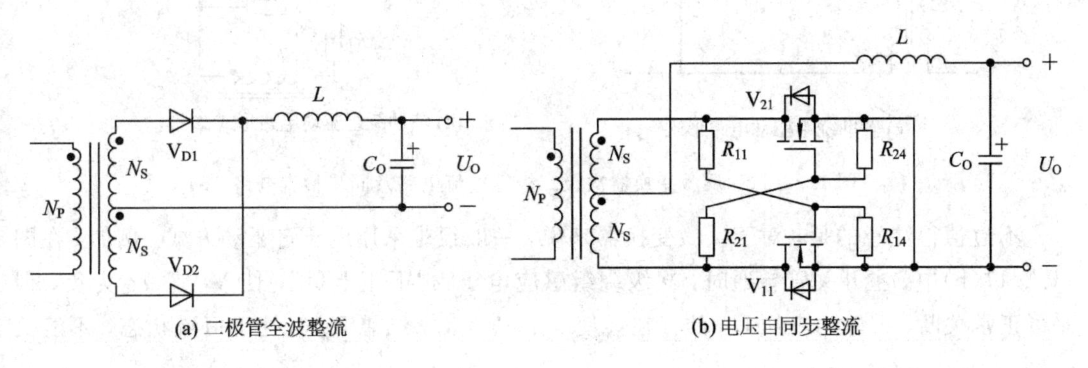

(a) 二极管全波整流　　(b) 电压自同步整流

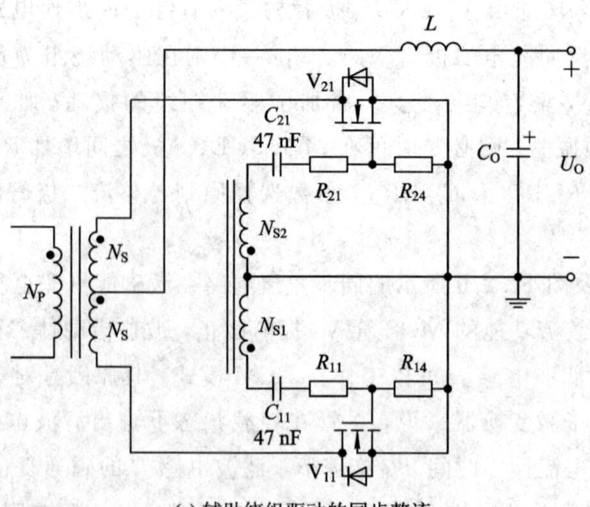

(c) 辅助绕组驱动的同步整流

图 11.2.10　半桥或全桥全波整流电路

3. 反激变换器次级同步整流电路

反激变换器次级二极管整流电路如图 11.2.11(a)所示，对应的电压自驱动同步整流电路如图 11.2.11(b)、(c)、(d)所示。

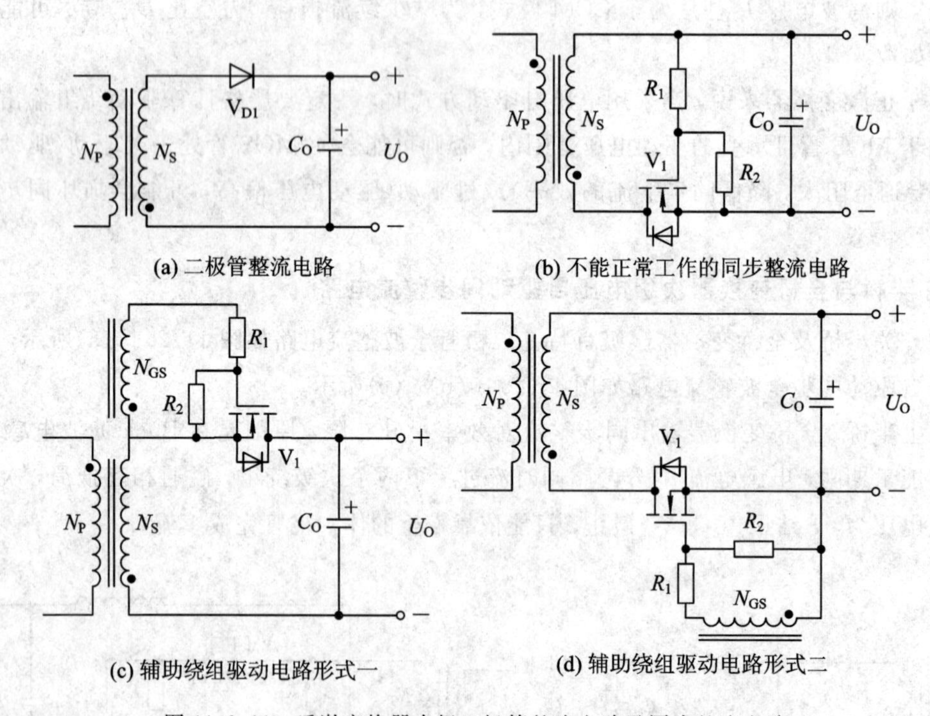

(a) 二极管整流电路　(b) 不能正常工作的同步整流电路

(c) 辅助绕组驱动电路形式一　(d) 辅助绕组驱动电路形式二

图 11.2.11　反激变换器次级二极管整流电路及同步整流电路

不过值得注意的是，对于反激变换器来说，一般很难采用电压自驱动方式。例如，在图 11.2.11(b)中，主开关管导通时，次级绕组感应电压为“下正上负”，使 V_1 管 u_{GD} 为负，似乎可正常关断，但输出电压 U_O 的存在会使 $u_{GS}>V_{GS(th)}$，结果 V_1 管处于恒流状态，不能关断，依然有电流流过 DS 极；对于图 11.2.11(c)、(d)来说，理论上可以正常工作，但考虑到反激变换器驱动绕组 N_{GS}反向输出电压大，除非输入电压 U_{IN}变化范围小，如前级采用 APFC 电路，否则驱动绕组 N_{GS}输出电压有可能超出低压 MOS 管栅、源之间最大可承受的电压，导致 MOS 管过压损坏，而在 MOS 管同步整流驱动电路中，一般并不能采用如图 11.2.12 所示的稳压二极管钳位方式，原因是 MOS 管开通限流电阻 R_1 小(10～30 Ω)，导致钳位时流过稳压二极管的电流很大。

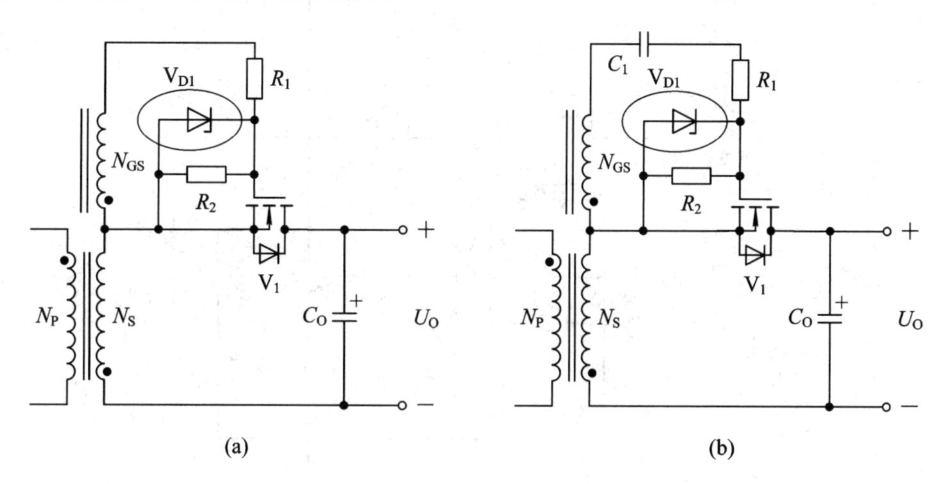

图 11.2.12　企图借助稳压二极管钳位的同步整流电路

此外，图 11.2.11(c)、(d)所示反激变换器同步整流电路也仅适用于 CCM、BCM 模式，原因是当次级绕组电流回零时，u_{GS}依然存在，V_1 管仍处于导通状态，结果输出电容 C 通过 V_1 管对次级绕组 N_S 放电，出现了电流倒灌现象，而倒灌电流产生的感应电压刚好使 V_1 管导通。

11.2.2　电流自驱动

电压自驱动方式一般仅适用于 CCM、BCM 模式，不一定适用于 DCM 模式。因此有人提出了如图 11.2.13 所示的可适用任何模式的电流自驱动方式。

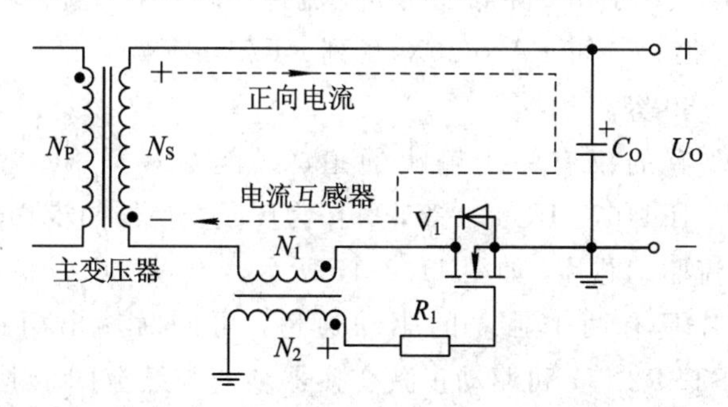

图 11.2.13　反激变换器电流自驱动同步整流原理电路

在电流自驱动方式中，通过电流互感器检测次级回路的电流：在主开关管(未画出)截止期间，当有正向电流流过电流互感器 N_1 绕组时，N_2 绕组感应出正电压，同步整流管导通；当反向电流流过电流互感器 N_1 绕组时，N_2 绕组将感应出负电压，结果同步整流管截止。这样电流自驱动方式就可应用于 DCM 模式，避免电流倒向流动。但在电流自驱动方式中，需要电流互感器检测次级回路的电流，电路体积大，功耗高。

图 11.2.14 给出了反激变换器实用的电流自驱动同步整流电路，其中 C_1 是高频滤波电容，V_2 管是预驱动级，而 V_3、V_4 构成了推挽驱动电路。

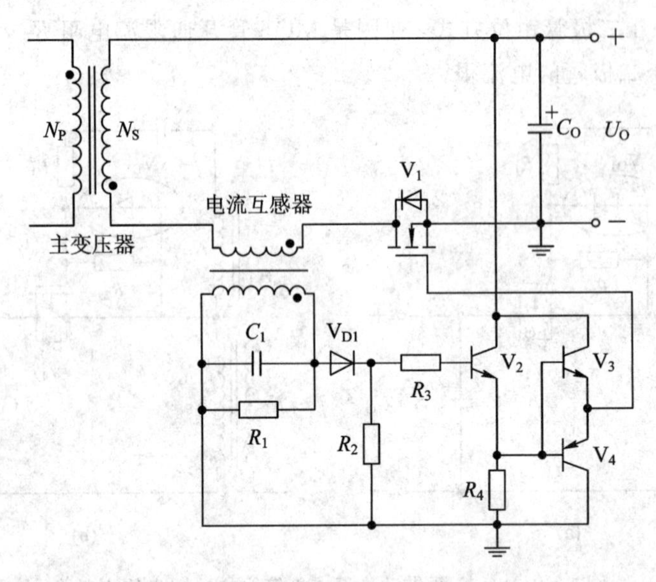

图 11.2.14 反激变换器电流自驱动同步整流电路

11.2.3 集成控制 IC 驱动

由于电压自驱动、电流自驱动方式都存在这样或那样的缺点，最近十多年间各半导体器件生产商相继开发了常见拓扑的集成同步整流控制驱动芯片，其主要特征如下：

(1) 监测了同步整流管 D、S 极间的电压，电流倒向流动时立即切断驱动信号。换句话说，集成控制驱动方式适用于包括 DCM 模式在内的任一模式。

(2) 控制时序准确，减小甚至避免了同步整流管寄生体二极管导通造成的损耗。

(3) 驱动信号幅度大小适中，降低了同步整流管导通电阻 $R_{DS(on)}$。

SR 驱动 IC 型号很多，如 FAN620X 系列、FAN6224、STSR2、STSR30、IR1166、IR1167、IR1168、IR1169 等。

这些集成驱动 IC 有的仅有一个输出通道，只能给一只 SR 管提供驱动信号，如 FAN6204、FAN6224、IR1167、IR1169 等，可作为反激变换器同步整流驱动芯片或正激变换器续流管的同步整流驱动芯片，如图 11.2.15 所示。

有些 SR 驱动芯片具有两个独立的驱动通道，可同时输出两路 SR 驱动信号，如 FAN6208、IR1168、STSR2 等，可驱动正激变换器整流与续流同步 MOS 管、桥式变换器全波 SR 整流 MOS 管。

近年来，个别控制芯片制造商将同步整流驱动电路嵌入到主流拓扑(如 *LLC*)的控制芯片中，以进一步减小变换器元件的数目，也降低了变换器的成本。

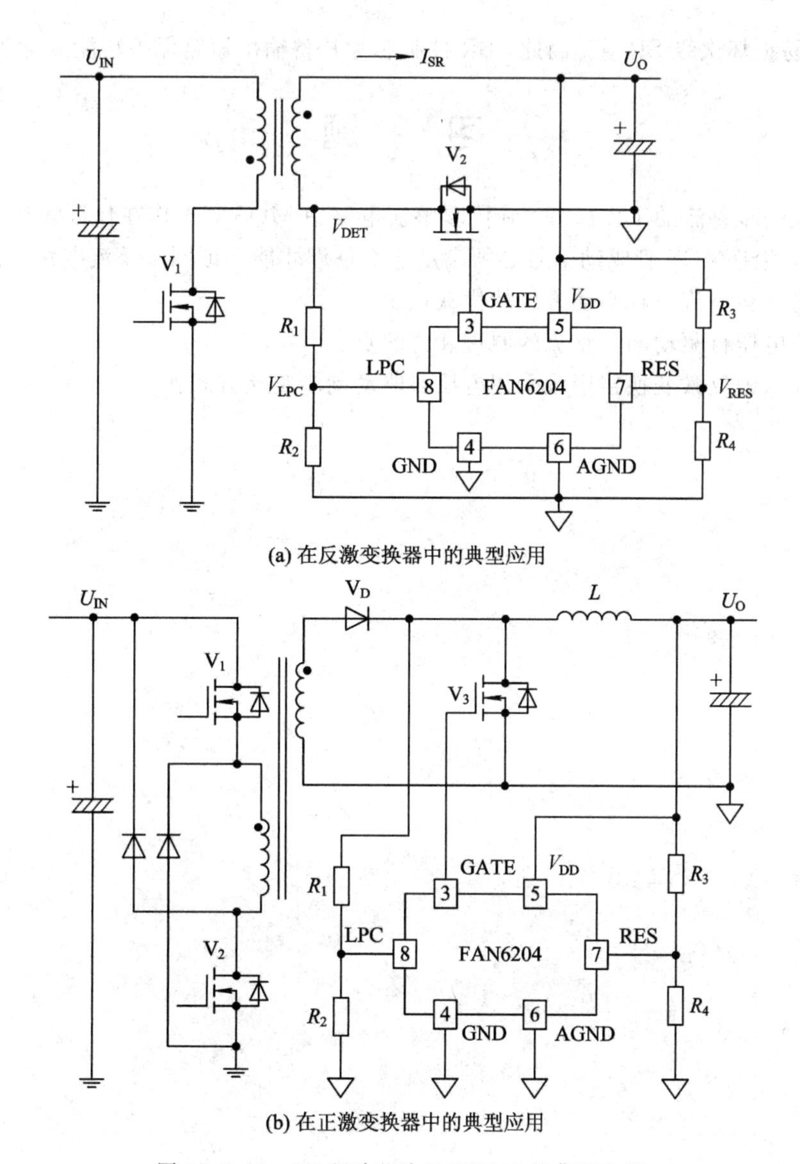

(a) 在反激变换器中的典型应用

(b) 在正激变换器中的典型应用

图 11.2.15　SR 驱动芯片 FAN6204 的典型应用

可按如下原则选择同步整流控制 IC：

(1) 芯片电源电压 V_{DD} 的范围要宽(如 5.0～25 V)，以便直接使用输出电压 U_O 作为整流控制芯片的电源。一般在输出电压低、输出电流大的情况下，才会用同步整流方式，因此同步整流控制芯片电源 V_{DD} 上限电压达到 25 V 已经足够。由于功率 MOS 管驱动电压最低为 4.5 V，因此电源电压下限为 5.0 V 似乎也能接受。

(2) 当电源电压 $V_{DD}>15$ V 时，栅极驱动输出控制信号具有限幅功能，驱动脉冲幅度被限制在 15 V 以内。

(3) 驱动能力要尽可能大。

(4) 具有电感电流回零检测功能，以便作为 DCM 模式反激整流、Buck 变换器续流 MOS 管的驱动芯片。

目前许多同步整流控制芯片没有输出短路保护功能，一旦输出短路，次级回路将出现大电流，容易损坏次级 SR 管。因此，SR 控制芯片具备输出短路保护功能显得非常必要。

习　题

11-1　简述同步整流的工作原理。在同步整流电路中 MOS 管工作在什么状态？

11-2　同步整流 MOS 管驱动信号必须满足什么条件才能保证同步整流电路工作正常？

11-3　简述同步整流三种驱动方式的优缺点。

11-4　简述电压自驱动同步整流的原理和优缺点。

11-5　为什么说反激变换器很难采用电压自驱动同步整流方式？

第 12 章　环路稳定性设计

在 DC－DC 变换器以及开关电源反馈环路设计中，首要任务是列出从控制到输出的网络传递函数，并画出相应的幅频特性、相频特性曲线图，然后选择与控制到输出的网络传递函数相匹配的反馈补偿网络，并推算出从输出到控制的反馈补偿网络传递函数的零点、极点，进而确定反馈补偿网络中各元件的参数，以便获得稳定的、带宽适中的闭环控制系统，使 DC－DC、AC－DC 变换器具有良好的抗干扰性能。

12.1　概　　述

在介绍 DC－DC 变换器反馈补偿网络选型、参数设计前，先介绍与反馈补偿网络有关的基本概念和知识。

12.1.1　二端口网络的传递函数

1. 波特图及其画法

对于图 12.1.1 所示的低通滤波器，其输出信号为

$$\dot{U}_{\mathrm{O}}=\frac{\frac{1}{\mathrm{j}\omega C}}{R+\frac{1}{\mathrm{j}\omega C}}\times\dot{U}_{\mathrm{i}}=\frac{1}{1+\mathrm{j}RC\omega}\times\dot{U}_{\mathrm{i}}$$

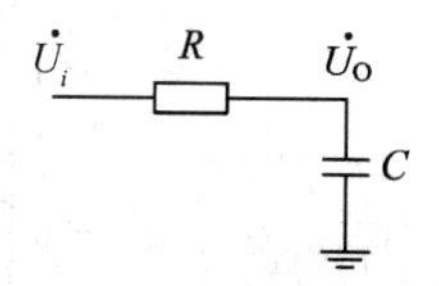

图 12.1.1　RC 低通滤波器

因此输出信号与输入信号的比，即电压增益为

$$\dot{A}_u=\frac{\dot{U}_{\mathrm{O}}}{\dot{U}_{\mathrm{I}}}=\frac{1}{1+\mathrm{j}\omega RC}=\frac{1}{1+\mathrm{j}2\pi RCf}=\frac{1}{1+\mathrm{j}\frac{f}{f_{\mathrm{P}}}}$$

其中：

$$f_{\mathrm{P}}=\frac{1}{2\pi RC}$$

于是电压增益的模(幅频特性)

$$|\dot{A}_u|=\frac{1}{\sqrt{1+\left(\frac{f}{f_{\mathrm{P}}}\right)^2}}$$

电压增益的相频特性

$$\theta=-\arctan\left(\frac{f}{f_{\mathrm{P}}}\right)$$

显然，当 $f=f_{\mathrm{P}}$ 时，$|\dot{A}_u|=\frac{1}{\sqrt{2}}$，$\theta=-\arctan\left(\frac{f_{\mathrm{P}}}{f_{\mathrm{P}}}\right)=-45°$。

在讨论滤波器的频率特性时，为展宽视野，往往采用对数坐标(即波特图)表示。在波

特图上，横坐标为频率的对数，即 $\lg f$，幅频特性曲线的纵坐标为 $20\lg|\dot{A}_u|$(单位为 dB)，而相频特性曲线的纵坐标仍然为 θ(单位为度)，如图 12.1.2 中实线所示。

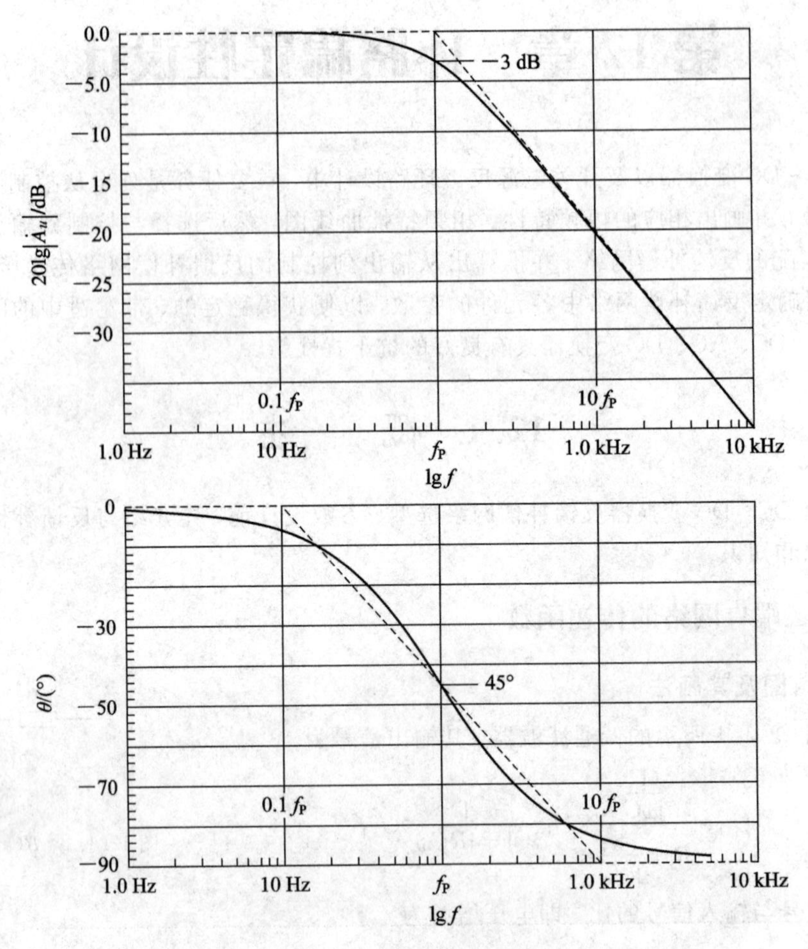

图 12.1.2　*RC* 低通滤波器幅频及相频特性($f_P=100$ Hz)

由于绘制幅频、相频特性曲线比较麻烦，因此在分析电路幅频、相频特性时常用折线近似曲线，如图 12.1.2 中的虚线所示。例如，对 *RC* 低通滤波器的幅频特性来说，近似认为：当 $f\leqslant f_P$ 时，幅度不变；当 $f>f_P$ 时，幅频特性以"−20dB/十倍频"斜率下降。可见，对幅频特性来说，用折线近似的最大误差为 3 dB(出现在转折频率 f_P 处)。对 *RC* 低通滤波器的相频特性来说，近似认为：当 $f<0.1f_P$，以及 $f>10f_P$ 时，相位不变，用直线段近似，而当$0.1f_P<f<10f_P$时直线下降，在转折频率 f_P 处($f=f_P$)相移为 45°。可以证明，对相频特性来说，用折线近似的最大误差为 5.71°。

2. 网络传递函数

在分析二端口网络的电压增益时，将 *RLC* 元件用 *S* 平面阻抗形式表示更简单、方便，即 $Z_R(s)=R$，$Z_L(s)=sL$，$Z_C(s)=\dfrac{1}{sC}$，这样处理后，二端口网络传递函数 $G(s)=\dfrac{u_o(s)}{u_i(s)}$就是 s 的代数式，将 s 换成 $j\omega$ 后就获得电压放大倍数 $A_U(j\omega)$的表达式(频域分析)。

例如，对于图 12.1.1 所示的 *RC* 低通滤波器的网络传递函数为

$$G(s)=\frac{u_{\mathrm{o}}(s)}{u_{\mathrm{i}}(s)}=\frac{\frac{1}{sC}}{R+\frac{1}{sC}}=\frac{1}{1+RCs}$$

同理，可知一阶 RC 高通滤波器的网络传递函数为

$$G(s)=\frac{u_{\mathrm{o}}(s)}{u_{\mathrm{i}}(s)}=\frac{R}{\frac{1}{sC}+R}=\frac{RCs}{1+RCs}$$

可以证明，任意二端口网络的网络传递函数均可表示为如下形式，即

$$G(s)=\frac{u_{\mathrm{o}}(s)}{u_{\mathrm{i}}(s)}=K\times\frac{(Z_0+s)(Z_1+s)(Z_2+s)\cdots(Z_m+s)}{(P_0+s)(P_1+s)(P_2+s)\cdots(P_n+s)}$$

其中，K 为比例系数。

12.1.2　极点、零点的概念及性质

1. 网络传递函数的极点

使网络传递函数 $G(s)$ 分母等于 0 的点称为极点。例如，对于一阶 RC 低通滤波器来说，当 $1+RCs=0$，即 $s=-\frac{1}{RC}$ 时，其传递函数 $G(s)=\frac{1}{1+RCs}$ 的分母等于 0，导致传递函数的值为无穷大。

根据极点的特征，可将极点分为以下 3 类：

(1) 分母等于 0 时，$s<0$，则该极点位于 S 平面左半部，称为 LHP(Left Half Plane)极点。

(2) 分母等于 0 时，$s=0$，则该极点位于 S 平面的原点，称为零极点。

(3) 分母等于 0 时，$s>0$，则该极点位于 S 平面右半部，称为 RHP(Right Half Plane)极点。如果网络传递函数存在 RHP 极点，那么在该极点处会引起网络振荡。

极点频率用 f_{P} 表示。单个 LHP 极点 f_{P} 与零极点在幅频特性曲线上的波特图上按“-20dB/十倍频”下降，而在极点处，直流增益小 3 dB；在相频特性曲线上的波特图上极点处具有 $-45°$ 相移，而在极点 f_{P} 的左右两侧按“$-45°$/十倍频”变化，变化范围为 $0°\sim-90°$，如图 12.1.3 所示。

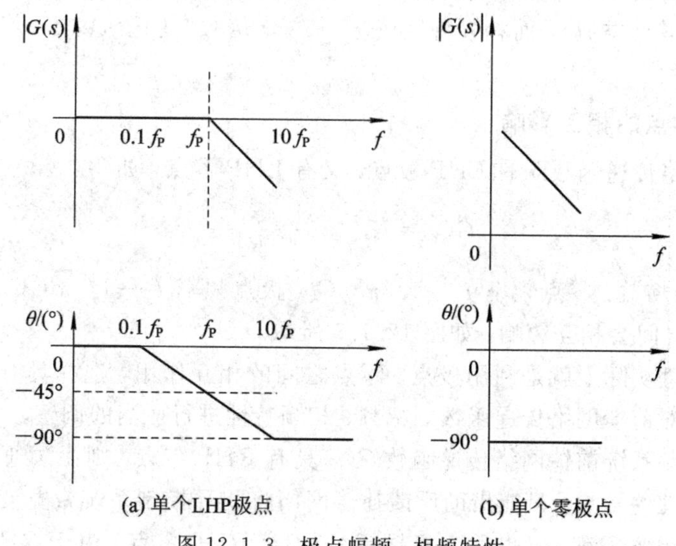

图 12.1.3　极点幅频、相频特性

2. 网络传递函数的零点

使网络传递函数 $G(s)$分子等于 0 的点称为零点。例如，对一阶 RC 高通滤波器来说，当 $s=0$ 时，其传递函数 $G(s)=\frac{RCs}{1+RCs}$的分子等于 0，导致传递函数的值为 0。

根据零点的特征，也可以将零点分为以下 3 类：

(1) 当分子等于 0 时，$s<0$，则该零点位于 S 平面左半部，称为 LHP 零点。

(2) 当分子等于 0 时，$s=0$，则该零点位于 S 平面的原点，称为零零点。

(3) 当分子等于 0 时，$s>0$，则该零点位于 S 平面右半部，称为 RHP 零点。

零点频率用 f_Z 表示。单个 LHP 零点与零零点 f_Z 在幅频特性曲线的波特图上按"20dB/十倍频"增加，而在零点 f_Z 处，直流增益大 3 dB；在相频特性曲线的波特图上零点处具有 45°相移，而在零点 f_Z 的左右两侧按"45°/十倍频"变化，变化范围为 0°～90°，如图 12.1.4 所示。

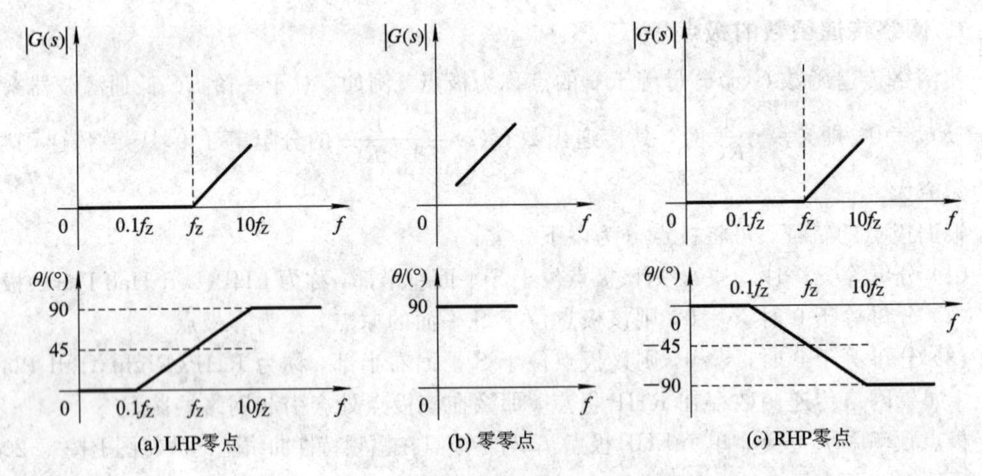

图 12.1.4　零点幅频、相频特性

需要注意的是，RHP 零点的特性与 LHP 零点完全不同，其幅频特性按"20dB/十倍频"增加(这与 LHP 零点类似)，而相频特性按"−45°/十倍频"变化(这与 LHP 极点类似)，如图 12.1.4(c)所示。

3. 极点与零点的相互影响

如果一个网络传递函数既有 LHP 极点，又有 LHP 零点，如

$$G(s)=K_{DC}\times\frac{1+sR_1C_1}{1+sR_2C_2}$$

其中，K_{DC}为直流增益，零点频率 $f_Z=1/2\pi R_1C_1$，极点频率 $f_P=1/2\pi R_2C_2$。由于两者特性不同，因此彼此之间会相互影响，如图 12.1.5 所示。

环路补偿原理实际上就是利用极点、零点之间的相互作用，选择具有特定极点、零点的反馈补偿网络对前馈网络传递函数的幅频、相频特性进行适当的调整。

如果闭环控制系统前馈网络传递函数 $G(s)$具有 RHP 零点，则无法通过反馈网络消除该零点对环路特性的影响，只能借助反馈补偿网络将闭环控制系统带宽变窄，强迫环路网络传递函数零的增益频率 f_C(也称为穿越频率)远离 RHP 零点。由于 RHP 零点幅频特性

按"20dB/十倍频"增加，似乎可用按"－20dB/十倍频"衰减的极点补偿，但这样做，相频特性的相位稳定裕度将迅速下降；而用零点补偿时，虽然可以增加相位稳定裕度，但幅频特性的增益迅速变大，导致输出端高频干扰信号的幅度迅速上升，也不合适。

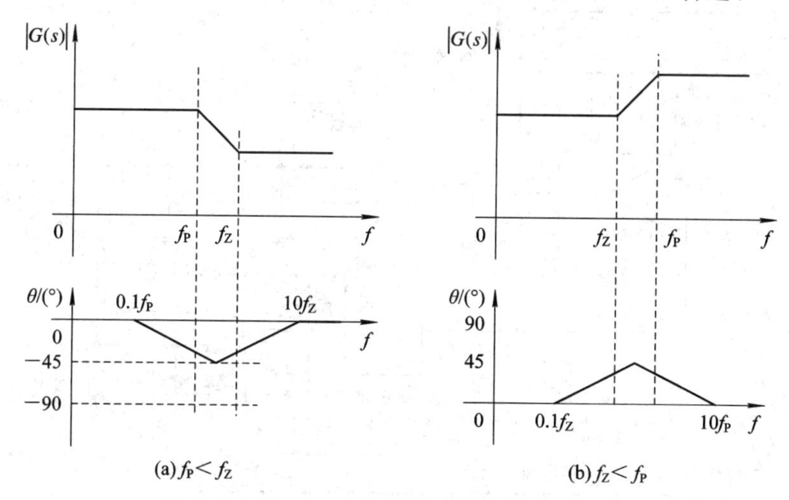

图 12.1.5　极点与零点的相互作用(直流增益 $K_{DC}>0$)

12.1.3　闭环控制及网络传递函数

典型闭环控制系统如图 12.1.6 所示，其中 $G(s)$称为前馈网络传递函数，而 $H(s)$称为反馈网络传递函数。

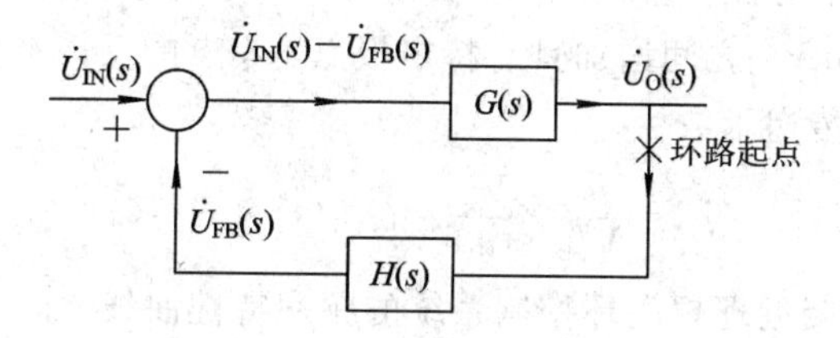

图 12.1.6　闭环控制系统

显然，引入负反馈后，前馈网络的净输入信号为 $\dot{U}_{IN}(s)-\dot{U}_{FB}(s)$，因此输出为

$$\dot{U}_O(s)=G(s)[\dot{U}_{IN}(s)-\dot{U}_{FB}(s)]=G(s)[\dot{U}_{IN}(s)-H(s)\dot{U}_O(s)]$$

即闭环传递函数(闭环增益)为

$$\frac{\dot{U}_O(s)}{\dot{U}_{IN}(s)}=\frac{G(s)}{1+H(s)G(s)}$$

其中，$T(s)=H(s)G(s)$称为环路增益。

12.2　开关电源闭环控制

12.2.1　闭环控制系统概述

开关电源闭环控制系统如图 12.2.1 所示。该系统由主功率级、控制两大部分组成，其中控制部分包含了 PWM 比较器、反馈补偿网络。

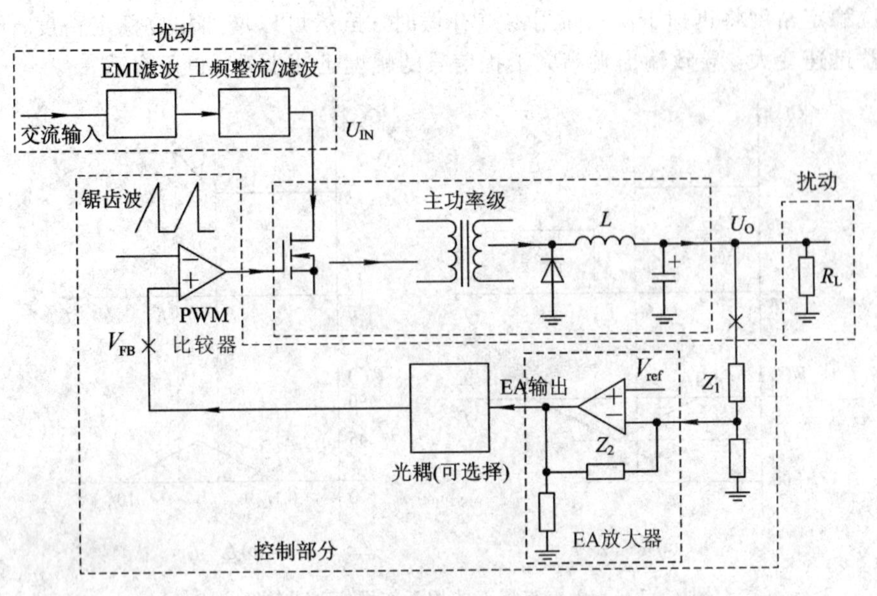

图 12.2.1　DC－DC 变换器及开关电源闭环控制系统

从控制(即 PWM 比较器的同相输入端 V_{FB})经主功率级到输出 u_O 的传递函数 $G_{VC}(s)$ 的特性由变换器拓扑结构(是 Buck 还是 Flyback 或其他)、控制方式(电压型还是电流型)、工作模式(CCM 还是 BCM、DCM)、输出滤波电路形式(LC 滤波还是 CC 电容滤波)等因素决定，与理想的环路频率特性相差甚远，无法保证开关电源系统正常、稳定工作，为此需要在输出 u_O 到控制输入端 V_{FB} 之间增加具有特定极点、零点的反馈补偿网络，使 AC－DC 或 DC－DC 变换器的环路传递函数

$$T(s)=\frac{u_O}{V_{FB}}\times\frac{V_{FB}}{u_O}=G_{VC}(s)\times H_{CV}(s)$$

的频率特性曲线尽可能接近理想闭环控制系统的频率特性曲线。

上式中，$G_{VC}(s)=\frac{u_O}{V_{FB}}$，称为由控制到输出的传递函数；$H_{CV}(s)=\frac{V_{FB}}{u_O}$，称为反馈补偿网络的传递函数。

输入电压 U_{IN} 及负载 R_L 的突变相当于外部的扰动信号。

12.2.2　理想环路的频率特性曲线

开关电源理想的环路幅频特性、相频特性曲线如图 12.2.2 所示，其主要特征如下：

(1) 直流到低频段，幅频特性增益越大越好，这样可使直流输出电压 U_O 的误差达到最小。

(2) 穿越频率 f_C(即当 $f=f_C$ 时，幅频特性增益为 0 dB，换句话说，环路放大倍数为 1)的大小要适中，使闭环系统具有良好的响应速度和优良的抗干扰性能。f_C 偏小，对扰动(如负载突变、输入电压突变等)的响应速度慢；f_C 偏大，对高频噪声衰减的效果差，结果输出电压中寄生高频噪声信号幅度大，尤其是开关频率附近噪声干扰幅度会显著上升。为此，穿越频率 f_C 必须小于开关频率 f_{SW} 的 1/10～1/6。例如，当 f_{SW} 为 66 kHz 时，穿越频

率 f_C 应该在 6.6～10 kHz 之间。

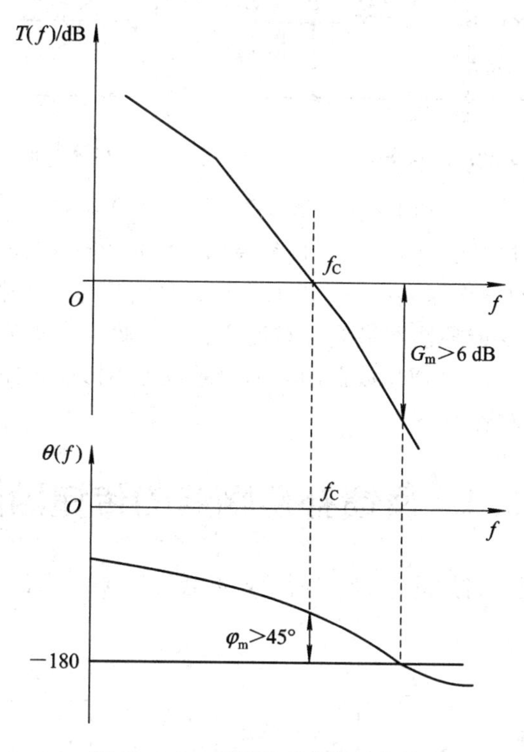

图 12.2.2　理想的环路特性曲线

(3) 幅频特性曲线最好以"−20dB/十倍频斜率"穿越 0 dB，同时必须保证在穿越频率 f_C 处有45°以上的相位稳定裕度，即 $\varphi_m=\theta(f_C)-(-180°)>45°$。

为使闭环系统稳定，必然要引入负反馈。而负反馈本身就存在−180°的相移，因此环路传递函数 $T(s)$最多只能有−135°的相移，否则相位稳定裕度就不足 45°。

(4) 在幅频特性曲线中，当 $f>(2\sim3)f_C$ 时，幅频特性曲线最好以−40dB/十倍频，甚至更大斜率衰减，以尽可能削弱高频噪声。

(5) 在相频特性曲线中，当环路相移达到−180°时，幅频特性曲线增益 $G_m<-6$ dB，即必须保证有 6 dB 的增益余量。

为此，必须根据输出 U_O 对控制 U_{FB}的传递函数 $G_{VC}(s)$的特性选择合适的补偿网络，外置的反馈补偿网络必须保证：环路特性稳定，不能自激；具有尽可能高的直流及低频增益；尽可能削弱高频噪声。

在开关电源闭环控制设计中，最关键的问题是如何获得特定 DC－DC 拓扑结构从控制到输出的传递函数 $G_{VC}(s)$，以便能依据 $G_{VC}(s)$的特性，按上面的补偿原则选择相应的补偿网络。

12.2.3　输出取样点的选择

当 AC－DC 或 DC－DC 变换器输出端带有 LC 低通滤波器时，闭环反馈电压取样点可以是图 12.2.3 中的 A 点(即 LC 低通滤波器的输入端)，也可以是图 12.2.3 中的 B 点(即 LC 低通滤波器的输出端)。

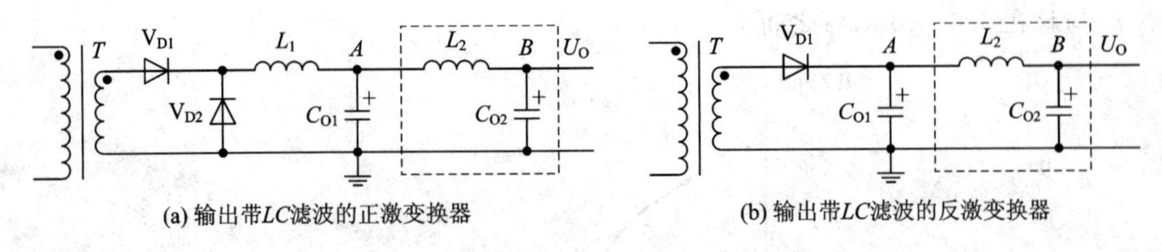

图 12.2.3　输出带 LC 低通滤波器

当选择 B 点时，直接对输出电压 U_O 进行采样，在补偿网络设计得当的情况下，输出电压 U_O 稳定性高，高频纹波电压幅度小，然而在环路网络传递函数中引入了由 LC 低通滤波器引起的双重极点，使反馈补偿网络设计难度增大。为此，一般选择 A 点，尽管不直接采样输出电压 U_O，但输出 LC 低通滤波器固有的双重极点不影响环路的网络传递函数，反馈补偿网络设计、调试相对容易。

12.3　反馈补偿网络的传递函数

反馈补偿网络原理电路如图 12.3.1 所示，该电路包含了基准电压源 V_{ref}、运算放大器 EA，以及偏置、反馈元件 Z_1 与 Z_2。

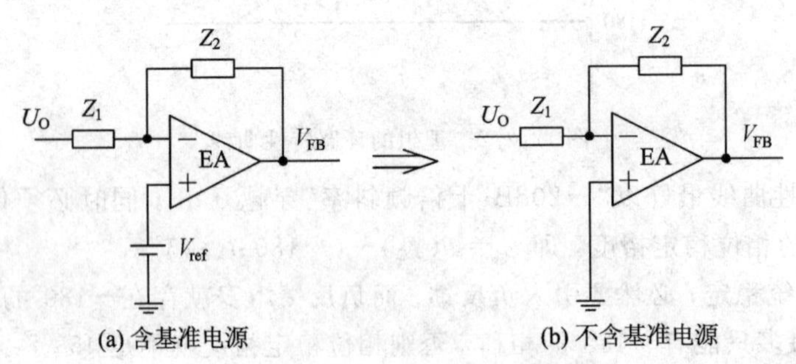

图 12.3.1　反馈补偿网络

假设误差放大器 EA 为理想的电压型运放，对图 12.3.1(a)来说，根据“虚断”与“虚短”原则，必然存在

$$\frac{U_O-V_{ref}}{Z_1}=\frac{V_{ref}-V_{FB}}{Z_2}$$

整理后，得

$$U_{FB}=\frac{Z_1+Z_2}{Z_1}V_{ref}-\frac{Z_2}{Z_1}U_O \tag{12.3.1}$$

在交流小信号分析过程中，不用考虑直流偏置，可将 EA 同相端参考电压 U_{ref} 视为 0 (即在交流等效电路中将电压源视为短路)，于是有

$$V_{FB}=-\frac{Z_2}{Z_1}U_O$$

如果不考虑反相关系，则传递函数

$$H(s)=\frac{V_{FB}}{U_O}=\frac{Z_2}{Z_1} \tag{12.3.2}$$

在反馈补偿网络中，只能采用反相放大。在低频段，能使放大倍数大于 1，以便获得更

高的低频增益；在高频段，能使放大倍数小于 1，以便尽可能削弱高频噪声信号的幅度。一般不宜采用同相放大，原因是同相放大时，放大倍数总是大于 1，不利于削弱高频噪声信号的幅度。

12.3.1 Ⅰ型反馈补偿网络的传递函数

Ⅰ型反馈补偿网络仅有一只反馈电容 C_1，如图 12.3.2 所示。

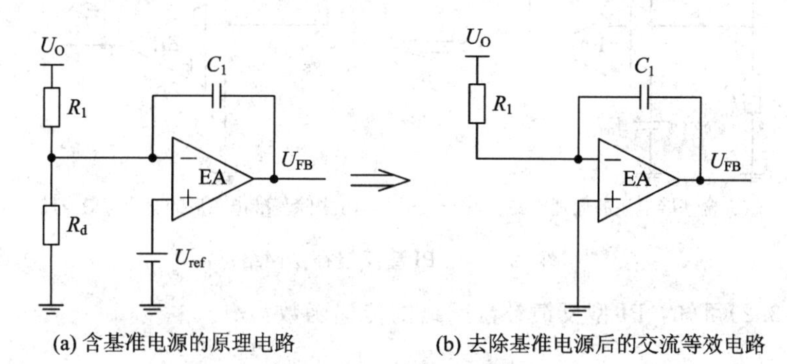

图 12.3.2 Ⅰ型反馈补偿网络

在图 12.3.2(b)中，忽略下取样电阻 R_d 的原因是，稳态时根据“虚短”原则，运放 EA 反相输入端和同相输入端的静态电位均为 V_{ref}，在交流等效电路中被视为虚地。

由式(12.3.2)可知，Ⅰ型反馈补偿网络的网络传递函数为

$$H(s)=\frac{U_{FB}}{U_O}=\frac{Z_2}{Z_1}=\frac{\frac{1}{sC_1}}{R_1}=\frac{1}{sR_1C_1} \tag{12.3.3}$$

显然，Ⅰ型反馈网络的网络传递函数只有一个“零极点”，幅频、相频特性如图 12.3.3 所示。

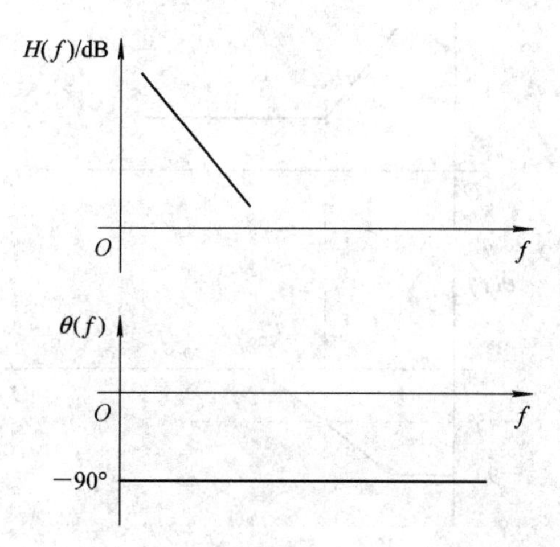

图 12.3.3 Ⅰ型反馈补偿网络幅频及相频特性

可见，Ⅰ型反馈补偿网络低频增益大，保证了输出电压的精度，但带宽窄，即截止频率 f_C 偏小，虽然可使系统稳定，却牺牲了系统响应速度，仅适合作为 DCM 模式下由电流型 PWM 控制器控制的 DC-DC 变换器的反馈补偿网络。

12.3.2 PI 型反馈补偿网络的传递函数

PI 型反馈补偿网络的电路结构如图 12.3.4 所示，反馈元件为以串联方式连接的 RC 元件。

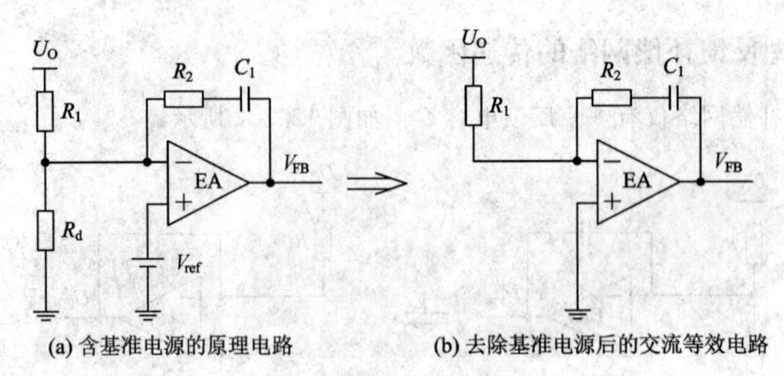

图 12.3.4 PI 型反馈补偿网络

由式(12.3.2)可知，PI 型反馈补偿网络的传递函数为

$$H(s)=\frac{U_{FB}}{U_O}=\frac{Z_2}{Z_1}=\frac{R_2+\dfrac{1}{sC_1}}{R_1}=\frac{R_2}{R_1}\times\frac{1+sR_2C_1}{sR_2C_1} \tag{12.3.4}$$

可见，PI 型反馈补偿网络除了有一个零极点外，还有一个左半平面零点 $f_Z=\dfrac{1}{2\pi R_2C_1}$。显然，在零点处(即当 $f=f_Z=\dfrac{1}{2\pi R_2C_1}$ 时)幅频特性曲线增益为 $\dfrac{R_2}{R_1}\times\sqrt{2}$，在波特图上为 $20\lg\dfrac{R_2}{R_1}-3\text{ dB}\approx 20\lg\dfrac{R_2}{R_1}$。PI 型反馈补偿网络的幅频及相频特性如图12.3.5所示。

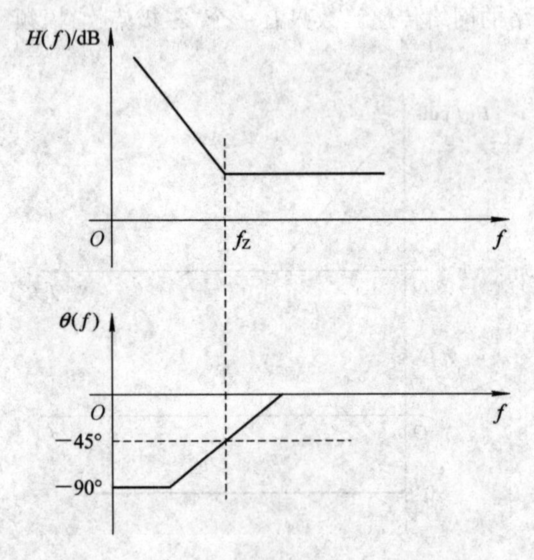

图 12.3.5 PI 型反馈补偿网络的幅频及相频特性

可见，PI 型反馈补偿网络低频段增益大，而中、高频段增益不变，可作为没有 RHP 零点(如 DCM、BCM 模式反激变换器)的反馈补偿网络，但高频增益较大，不能很好地削弱高频噪声信号。

12.3.3　Ⅱ型反馈补偿网络的传递函数

Ⅱ型反馈补偿网络的电路结构如图 12.3.6 所示，本质上是Ⅰ型及 PI 型反馈网络的组合。

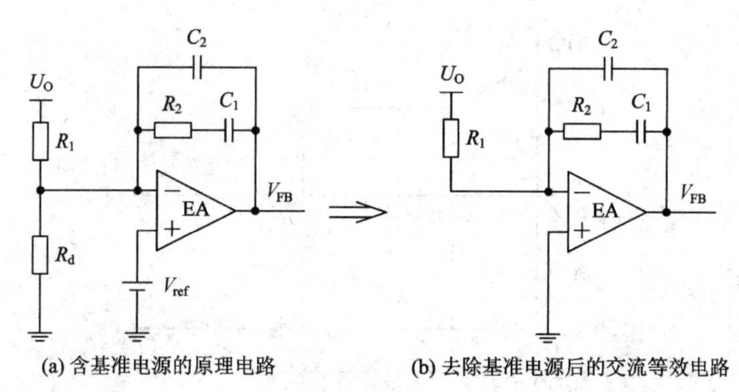

图 12.3.6　Ⅱ型反馈补偿网络

由式(12.3.2)可知，Ⅱ型反馈补偿网络的传递函数

$$H(s)=\frac{V_{FB}}{U_O}=\frac{Z_2}{Z_1}=\frac{\left(R_2+\frac{1}{sC_1}\right)/\!/\frac{1}{sC_2}}{R_1}=\frac{R_2C_1}{R_1(C_1+C_2)}\times\frac{1+sR_2C_1}{(sR_2C_1)\times\left(1+sR_2\times\frac{C_1C_2}{C_1+C_2}\right)}$$

可见，Ⅱ型补偿网络除了一个零极点、一个左半平面零点 $f_Z=\frac{1}{2\pi R_2C_1}$外，还有一个左半平面极点 $f_P=\frac{1}{2\pi R_2\frac{C_1C_2}{C_1+C_2}}$。在左半平面零点 f_Z 处，幅频特性曲线增益近似为 $20\lg\left(\frac{R_2C_1}{R_1(C_1+C_2)}\right)$。

显然，$f_Z<f_P$。在实际应用中，为了获得更大的带宽，通常要求 $f_Z\ll f_P$，即电容 $C_1\gg C_2$。在这种情况下，网络传递函数

$$H(s)=\frac{V_{FB}}{U_O}\approx\frac{R_2}{R_1}\times\frac{1+sR_2C_1}{(sR_2C_1)(1+sR_2C_2)}\tag{12.3.5}$$

可见，在 $C_1\gg C_2$ 的情况下(一般 C_1 取 C_2 的 9～10 倍。例如，对于输入电压相对稳定的反激、正激变换器，C_1 一般取 0.1μF，C_2 可取 4.7～10 nF)，Ⅱ型补偿网络在零点 f_Z 处的增益近似为 $20\lg\left(\frac{R_2C_1}{R_1(C_1+C_2)}\right)\approx20\lg\left(\frac{R_2}{R_1}\right)$，左半平面极点 $f_P=\frac{1}{2\pi R_2\frac{C_1C_2}{C_1+C_2}}\approx\frac{1}{2\pi\times R_2\times C_2}$。在 $C_1\gg C_2$ 的情况下，Ⅱ型补偿网络的幅频、相频特性如图 12.3.7 所示。

显然，在Ⅱ型反馈补偿网络中，C_2 取值可以小一些，但不能太小或为 0。原因是当 $C_2=0$，即去掉电容 C_2 后，左半平面极点 f_P 消失，Ⅱ型反馈补偿网络便退化为 PI 型反馈补偿网络。也不允许出现 C_2 接近 C_1 的情况，否则 f_P 离 f_Z 太近，频带变窄，而当 C_2 远远大于 C_1 时，$\frac{C_1C_2}{C_1+C_2}$接近于 C_1，f_P 与 f_Z 重叠，极点、零点相互抵消，Ⅱ型反馈补偿网络将

退化为Ⅰ型反馈补偿网络。

Ⅱ型反馈补偿网络适合作为由控制到输出的传递函数 $G_{VC}(s)$ 中只有一个极点的变换器的反馈补偿网络，如CCM、BCM、DCM模式下的电流型控制以及DCM模式下的电压型控制，通用性强。

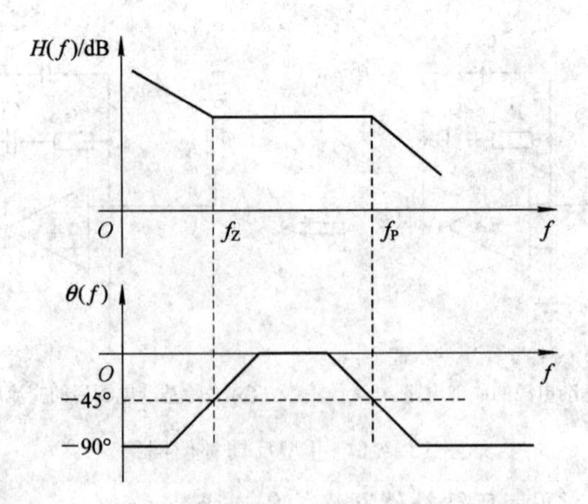

图 12.3.7　Ⅱ型反馈补偿网络的幅频及相频特性

12.3.4　Ⅲ型反馈补偿网络的传递函数

Ⅲ型反馈补偿网络的电路结构如图 12.3.8 所示，主要用作由电压型控制器构成的DC-DC变换器的反馈补偿。由于近年来电压型控制器已被电流型控制器所取代，因此在DC-DC变换器中已不常见。

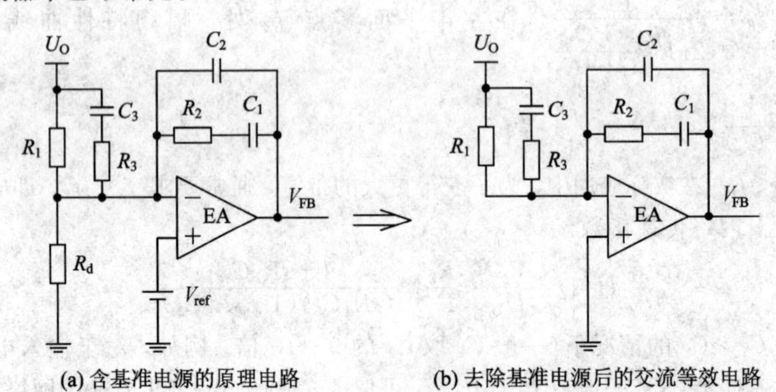

图 12.3.8　Ⅲ型反馈补偿网络

由式(12.3.2)可知，Ⅲ型反馈补偿网络的传递函数

$$H(s)=\frac{V_{FB}}{U_O}=\frac{Z_2}{Z_1}=\frac{\left(R_2+\frac{1}{sC_1}\right)/\!/\frac{1}{sC_2}}{\left(R_3+\frac{1}{sC_3}\right)/\!/R_1}$$

$$=\frac{R_2C_1}{R_1(C_1+C_2)}\times\frac{(1+sR_2C_1)\times[1+s(R_1+R_3)C_3]}{(sR_2C_1)\left(1+sR_2\times\frac{C_1C_2}{C_1+C_2}\right)(1+sR_3C_3)}$$

可见，Ⅲ型反馈补偿网络具有两个左半平面的零点，分别为

$$f_{Z1}=\frac{1}{2\pi R_2 C_1}$$

$$f_{Z2}=\frac{1}{2\pi(R_1+R_3)C_3}$$

除具有一个零极点外，还具有两个左半平面的极点，分别为

$$f_{P1}=\frac{1}{2\pi R_2\times\dfrac{C_1C_2}{C_1+C_2}}$$

$$f_{P2}=\frac{1}{2\pi R_3 C_3}$$

在实际应用中，一般满足 $R_1\gg R_3$，$C_1\gg C_2$，这时传递函数

$$H(s)=\frac{V_{FB}}{U_O}=\frac{Z_2}{Z_1}\approx\frac{R_2}{R_1}\times\frac{(1+sR_2C_1)\cdot(1+sR_1C_3)}{(sR_2C_1)\cdot(1+sR_2C_2)\cdot(1+sR_3C_3)}$$

$$f_{Z1}=\frac{1}{2\pi R_2 C_1}$$

$$f_{Z2}=\frac{1}{2\pi(R_1+R_3)C_3}\approx\frac{1}{2\pi R_1 C_3}$$

$$f_{P1}=\frac{1}{2\pi R_2\times\dfrac{C_1C_2}{C_1+C_2}}\approx\frac{1}{2\pi R_2 C_2}$$

$$f_{P2}=\frac{1}{2\pi R_3 C_3}$$

且满足 $f_{Z1}<f_{Z2}<f_{P1}<f_{P2}$。在这种情况下，Ⅲ型反馈补偿网络的幅频、相频特性曲线如图 12.3.9 所示。

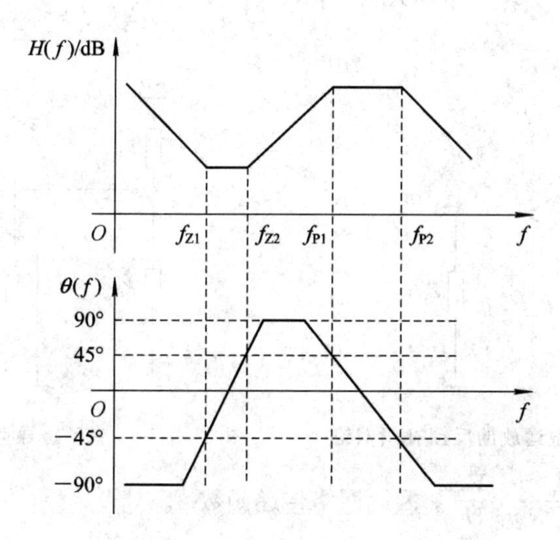

图 12.3.9　Ⅲ型反馈补偿网络的幅频及相频特性

12.3.5　基于跨导型运算放大器的反馈补偿网络的传递函数

在前面的讨论中均默认反馈补偿网络中的运放为通用运算放大器(简称电压型运放)，在其应用电路中，输出端与反相输入端之间必须存在反馈元件。不过，反馈补偿网络中的

运放也可以是跨导型运算放大器(简称电流型运放)，如图 12.3.10 所示。

对于跨导型运放，输入与输出之间没有反馈通路，属于开环放大器，输出电流的变化量 ΔI 与两输入端电位差 ΔU 之比称为跨导，即 $g_m=\dfrac{\Delta I}{\Delta U}$。

显然

$$\Delta U=\frac{Z_2}{Z_1+Z_2}\times U_O\text{(不考虑直流偏置)}$$

$$\Delta I=g_m\times\Delta U=g_m\times\frac{Z_2}{Z_1+Z_2}\times U_O$$

$$V_{FB}=\Delta I\times Z_O=g_m\times\frac{Z_2\times Z_O}{Z_1+Z_2}\times U_O$$

因此，跨导型运放反馈补偿网络从输出到控制的传递函数

$$H(s)=\frac{V_{FB}}{U_O}=g_m\times\frac{Z_2Z_O}{Z_1+Z_2}\tag{12.3.6}$$

对于图 12.3.11 所示的常用跨导型运放反馈补偿网络来说，不难推导出其传递函数

$$H(s)=\frac{V_{FB}}{U_O}=g_m\times\frac{R_d}{R_1+R_d}\times\left[\frac{1}{sC_2}/\!/\left(R_2+\frac{1}{sC_1}\right)\right]$$

$$=g_m\times\frac{R_d}{R_1+R_d}\times\frac{1+sR_2C_1}{s(C_1+C_2)\times\left(1+sR_2\times\dfrac{C_1C_2}{C_1+C_2}\right)}$$

$$=g_m\times\frac{R_dR_2C_1}{(R_1+R_d)(C_1+C_2)}\times\frac{1+sR_2C_1}{sR_2C_1\left(1+sR_2\times\dfrac{C_1C_2}{C_1+C_2}\right)}$$

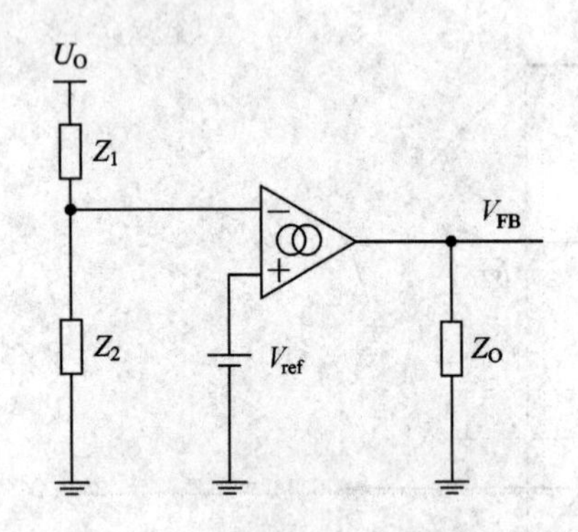

图 12.3.10 基于跨导型运放的反馈补偿网络

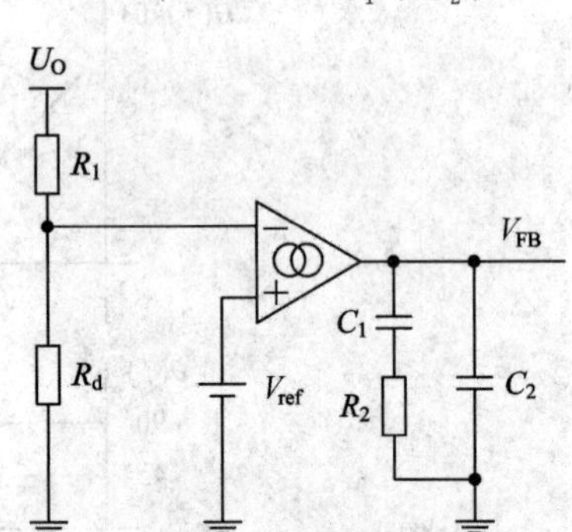

图 12.3.11 基于跨导型运放的常用反馈补偿网络

对直流来说，$\dfrac{R_d}{R_1+R_d}=\dfrac{V_{ref}}{U_O}$，因此网络传递函数

$$H(s)=\frac{V_{FB}}{U_O}=g_m\times\frac{V_{ref}}{U_O}\times\frac{R_2C_1}{C_1+C_2}\times\frac{1+sR_2C_1}{sR_2C_1\times\left(1+sR_2\times\dfrac{C_1C_2}{C_1+C_2}\right)}$$

可见，基于电流型运放的Ⅱ型反馈补偿网络的传递函数与基于通用运放的Ⅱ型反馈补偿网络的传递函数在形式上完全相同，也具有一个零极点、一个左半平面零点 $f_Z=\dfrac{1}{2\pi R_2C_1}$

和一个左半平面极点 $f_P=\dfrac{1}{2\pi R_2\times\dfrac{C_1C_2}{C_1+C_2}}$。在左半平面零点 f_Z 处，幅频特性曲线增益近似为 $20\lg\left(g_m R_2\times\dfrac{C_1}{C_1+C_2}\times\dfrac{V_{ref}}{U_O}\right)$，相应地，频率特性曲线与图 12.3.7 相似，仅仅是在左半平面零点 f_Z 处，幅频特性曲线增益不同。

显然，当 $C_1\gg C_2$ 时，由输出到控制的网络传递函数为

$$H(s)=\frac{V_{FB}}{U_O}=g_m\times\frac{V_{ref}}{U_O}\times R_2\times\frac{1+sR_2C_1}{sR_2C_1(1+sR_2C_2)}$$

12.4　加入光耦及 TL431 后补偿网络的传递函数

12.4.1　基于Ⅰ型的补偿网络

基于Ⅰ型补偿网络的反馈控制电路如图 12.4.1 所示，主要用在基于电流型 PWM 控制器控制的工作在 BCM 或 DCM 模式的反激变换器中。

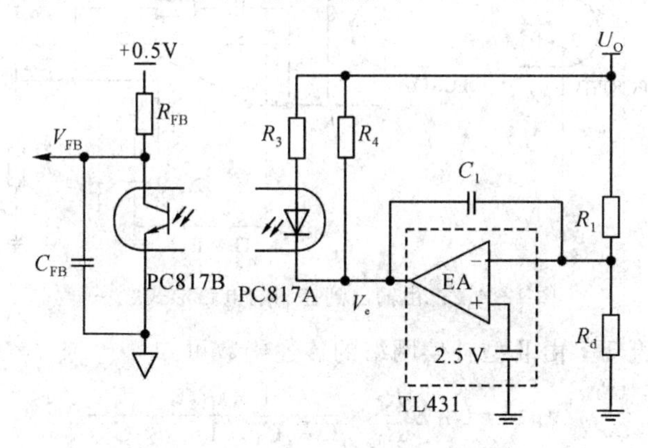

图 12.4.1　由输出到控制的电路形式

其中，R_{FB}为芯片反馈输入端内置的上拉电阻，典型值为 18 kΩ，C_{FB}为外置的补偿电容。由式(12.3.3)所示的Ⅰ型补偿网络传递函数可知

$$V_e=-\frac{U_O}{sR_1C_1}$$

其中，负号的含义是放大器输出信号 v_e 与输出电压交流分量 u_O 的相位相反。PC817 内部发光二极管电流

$$i_F=\frac{U_O-v_F-V_e}{R_3}$$

由于仅考虑交流分量，而光耦内 LED 的工作电压 V_F、输出电压 U_O 几乎不变，即

$$i_f\approx-\frac{v_e}{R_3}=\frac{U_O}{R_3}\times\frac{1}{sR_1C_1}$$

如果 PC817 光耦的电流传输比为 K_{CTR}，则输出电流

$$i_C=K_{CTR}i_f$$

因此，控制 IC 反馈输入端电压

$$v_{FB}=-i_C\left(R_{FB}//\frac{1}{sC_{FB}}\right)=-\frac{U_O K_{CTR} R_{FB}}{R_3}\times\frac{1}{(sR_1C_1)(1+sR_{FB}C_{FB})}$$

于是由输出到控制的传递函数

$$H(s)=\frac{v_{FB}}{U_O}=-\frac{K_{CTR}R_{FB}}{R_3}\times\frac{1}{(sR_1C_1)(1+sR_{FB}C_{FB})} \tag{12.4.1}$$

可见，采用Ⅰ型补偿网络时，补偿网络传递函数只有一个零极点和一个左半平面的极点 $f_P=\frac{1}{2\pi\times R_{FB}\times C_{FB}}$，没有左半平面的零点。

12.4.2 基于Ⅱ型的补偿网络

基于Ⅱ型补偿网络的反馈控制电路如图 12.4.2 所示。

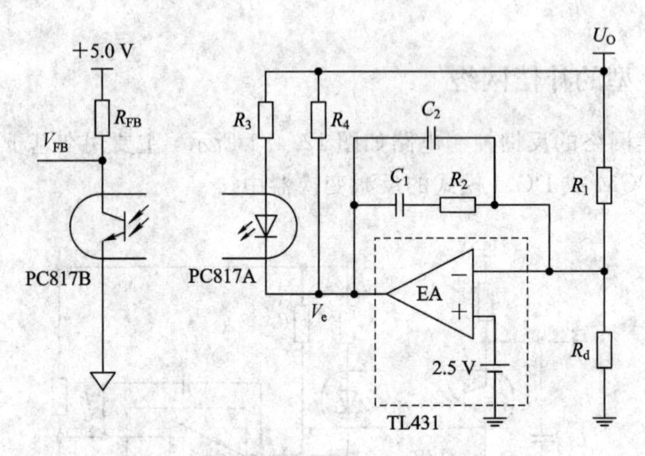

图 12.4.2　由输出到控制的电路形式之一

在 $C_1 \gg C_2$ 的情况下，由Ⅱ型补偿网络的传递函数可知

$$V_e\approx -U_O\times\frac{R_2}{R_1}\times\frac{1+sR_2C_1}{(sR_2C_1)(1+sR_2C_2)}$$

而 PC817 内部发光二极管电流

$$i_F=\frac{U_O-V_F-V_e}{R_3}$$

由于仅考虑交流分量，而光耦内 LED 工作电压 V_F、输出电压 U_O 几乎不变，即

$$i_f\approx-\frac{V_e}{R_3}=\frac{U_O}{R_3}\times\frac{R_2}{R_1}\times\frac{1+sR_2C_1}{(sR_2C_1)(1+sR_2C_2)}$$

如果 PC817 光耦的电流传输比为 K_{CTR}，则输出电流

$$i_C=K_{CTR}\times i_f$$

因此控制 IC 反馈输入端电压

$$V_{FB}=-i_C\times R_{FB}=-\frac{U_O K_{CTR} R_{FB} R_2}{R_3R_1}\times\frac{1+sR_2C_1}{(sR_2C_1)(1+sR_2C_2)}$$

由输出到控制的网络传递函数

$$H(s)=\frac{V_{FB}}{U_O}=-\frac{K_{CTR}R_{FB}R_2}{R_3R_1}\times\frac{1+sR_2C_1}{(sR_2C_1)(1+sR_2C_2)} \tag{12.4.2}$$

可见，基准电源 TL431 偏置电阻 R_4 不影响反馈补偿网络的网络传递函数。

可以证明，在其他条件不变的情况下，将电阻 R_4 并接到光耦的输入端，获得如图 12.4.3 所示的反馈补偿网络，由控制到输出的传递函数形式不变，只是电阻 R_3 阻值不同。

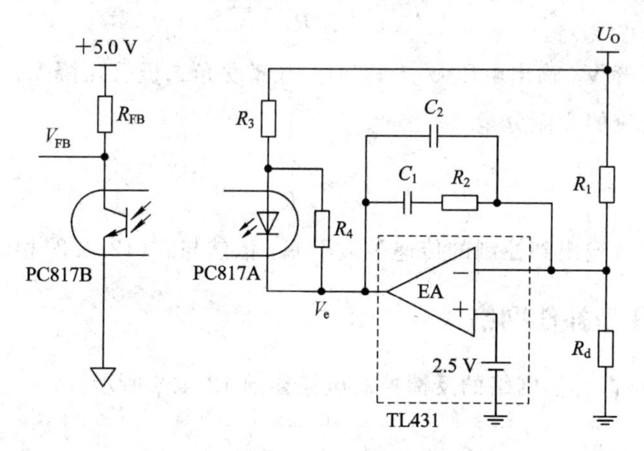

图 12.4.3　由输出到控制的电路形式之二

显然，流过电阻 R_3 的电流

$$i_{R3}=\frac{U_O-V_e-V_F}{R_3}$$

因此，流过 PC817 光耦内部 LED 的电流

$$i_F=i_{R3}-i_{R4}=\frac{U_O-V_e-V_F}{R_3}-\frac{V_F}{R_4}$$

由于发光二极管端电压 V_F、输出电压 U_O 几乎不变，因此光耦输入电流的交流分量依然为

$$i_f=-\frac{V_e}{R_3}$$

可见，在这种情况下，从输出到控制的传递函数不变，与式(12.4.2)完全相同，但由于 R_3 的阻值有变化，因此对传递函数"零点"处的增益有影响。

当输出电压 $U_O>36$ V，超出 TL431 允许的耐压范围时，往往需要通过稳压二极管降压后才能作为光耦、TL431 的电源，如图 12.4.4 所示。

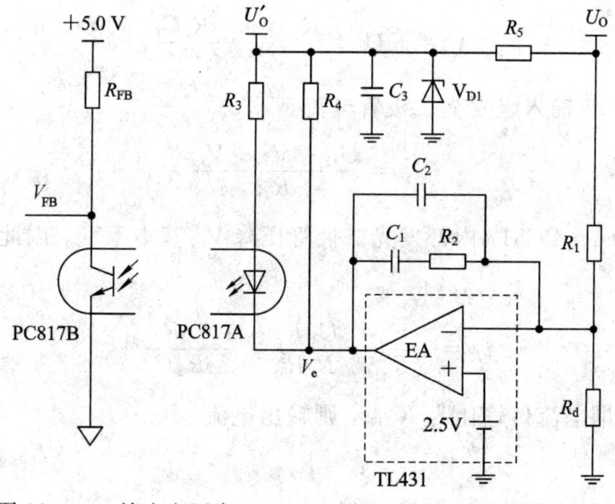

图 12.4.4　输出电压大于 TL431 耐压时的Ⅱ型反馈补偿电路

在这种情况下，PC817 输入级发光二极管电流

$$i_F=\frac{U'_O-V_F-V_e}{R_3}$$

由于稳压二极管 V_{D1} 输出电压 U'_O、PC817 内部发光二极管压降 V_F 基本不变，因此流过发光二极管的电流的交流分量

$$i_f=-\frac{V_e}{R_3}$$

同样可以证明从输出到控制的传递函数不变，依然与式(12.4.2)相同。

12.4.3 基于 PI 型补偿网络

基于 PI 型的反馈补偿网络的反馈控制电路如图 12.4.5 所示。

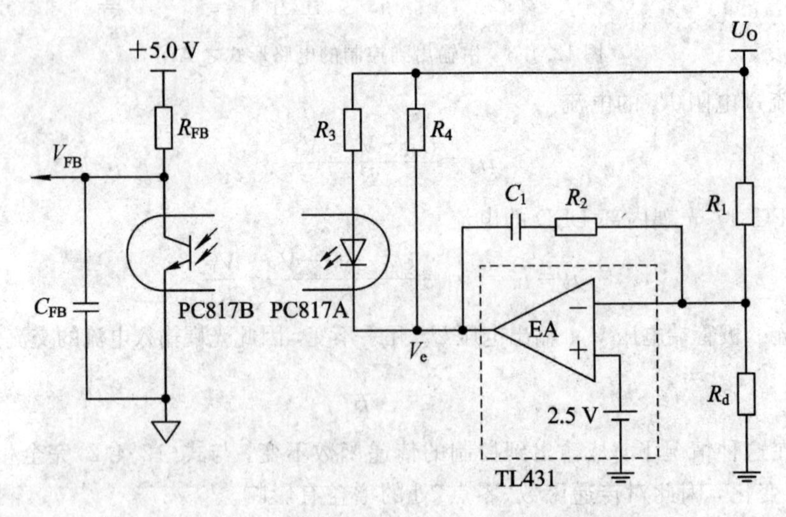

图 12.4.5　基于 PI 型补偿网络的反馈控制电路

由式(12.3.4)PI 型反馈补偿网络的网络传递函数可得

$$V_e=-U_O\times\frac{R_2}{R_1}\times\frac{1+sR_2C_1}{sR_1C_1}$$

在这种情况下，PC817 输入级发光二极管电流

$$i_F=\frac{U_O-V_F-V_e}{R_3}$$

由于输出电压 U_O、PC817 内部发光二极管压降 V_F 基本不变，因此流过发光二极管电流的交流分量

$$i_f=-\frac{V_e}{R_3}=\frac{U_OR_2}{R_3R_1}\times\frac{1+sR_2C_1}{sR_2C_1}$$

如果 PC817 光耦电流传输比为 K_{CTR}，则输出电流

$$i_C=K_{CTR}i_f$$

因此控制 IC 反馈输入电压

$$V_{FB}=-i_C\times\left(R_{FB}/\!/\frac{1}{sC_{FB}}\right)$$
$$=-\frac{U_OK_{CTR}R_{FB}R_2}{R_3R_1}\times\frac{1+sR_2C_1}{(sR_2C_1)\times(1+sR_{FB}C_{FB})}$$

由输出到控制的网络传递函数

$$H(s)=\frac{V_{FB}}{U_O}=-\frac{K_{CTR}R_{FB}R_2}{R_3R_1}\times\frac{1+sR_2C_1}{(sR_2C_1)\times(1+sR_{FB}C_{FB})}$$
$$=-\frac{K_{CTR}R_{FB}R_2}{R_3R_1}\times\frac{1+sR_2C_1}{(sR_2C_1)\times(1+sR_{FB}C_{FB})}\tag{12.4.3}$$

可见，在光耦输出端并联滤波电容 C_{FB}后，由 PI 型反馈补偿网络传递函数同样获得一个左半平面极点，传递函数形式与Ⅱ型补偿网络完全相同，即

$$f_Z=\frac{1}{2\pi R_2C_1}$$
$$f_P=\frac{1}{2\pi R_{FB}C_{FB}}$$

在 PI 型的反馈补偿网络中，为获得良好的补偿效果，必须保证零点频率 f_Z 小于极点频率 f_P。

当输出电压 $U_O>36$ V，超出 TL431 允许的耐压范围时，往往需要通过稳压二极管降压后作为光耦、TL431 的电源，如图 12.4.6 所示。

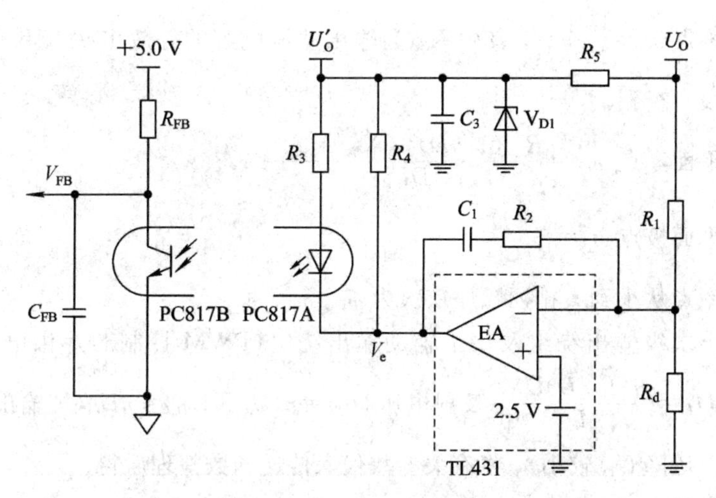

图 12.4.6　输出电压大于 TL431 耐压的反馈补偿电路

而 PC817 发光二极管的电流

$$i_F=\frac{U'_O-V_F-V_e}{R_3}$$

由于稳压二极管 V_{D1} 输出电压 U'_O、PC817 内部发光二极管压降 V_F 基本不变，因此流过发光二极管电流的交流分量

$$i_f=-\frac{V_e}{R_3}$$

由此可见，输出电压 U_O 经二极管降压、稳压后给发光二极管及 TL431 供电时，反馈补偿网络的网络传递函数 $H(s)$形式相同。

12.5 常见变换器环路设计

12.5.1 CCM模式下反激变换器由控制到输出的传递函数

在CCM模式下，反激变换器由控制到输出的传递函数为

$$
\begin{aligned}
G_{VC} &= \frac{U_O}{V_{FB}} \\
&= \frac{KR_L U_{IN}(N_P/N_{S1})}{2U_{OR}+U_{IN}} \times \frac{(1+s/\omega_Z)(1-s/\omega_{RZ})}{(1+s/\omega_P)} \\
&= G_{VC}(DC) \times \frac{(1+s/\omega_Z)(1-s/\omega_{RZ})}{(1+s/\omega_P)}
\end{aligned}
$$

其中，$G_{VC}(DC)$称为直流增益，即 $G_{VC}(DC)=\dfrac{KR_L U_{IN}(N_P/N_{S1})}{2\times U_{OR}+U_{IN}}$；$N_{S1}$就是提取反馈信号的次级绕组的匝数；$U_{IN}$为直流输入电压；$U_{OR}$为反射电压；$R_L$ 为总有效负载，$R_L=\dfrac{U_{O1}^2}{P_O}$；$K$ 为电压-电流转换因子，$K=\dfrac{I_{LPK}}{V_{FB}}=\dfrac{1}{R_{CS}}$。

左半平面零点 $\omega_Z=\dfrac{1}{R_{CO}C_O}$，其中 R_{CO}为输出滤波电容的等效串联电阻ESR，大小可从电容技术参数表中查到。

右半平面零点 $\omega_{RZ}=\dfrac{R_L\ (1-D)^2\ (N_P/N_{S1})^2}{DL_P}$

左半平面极点 $\omega_P=\dfrac{1+D}{R_L C_O}$

这三个频率点从小到大排列顺序依次为 ω_P、ω_Z、ω_{RZ}。

当只有一个次级输出绕组及一个辅助输出绕组(PWM控制芯片供电绕组)时，匝比 $n=\dfrac{N_P}{N_S}=\dfrac{N_P}{N_{S1}}$，$U_{IN}=\dfrac{n(1-D)U_O}{D}$，反射电压 $U_{OR}=n(U_O+U_D)\approx nU_O$(即输出电压 U_O 较高，次级整流二极管压降 U_D 较小)，将有关参数代入传递函数整理后得

$$
\begin{aligned}
G_{VC} &= \frac{U_O}{V_{FB}} = \frac{KR_L n(1-D)}{1+D} \times \frac{(1+s/\omega_Z)(1-s/\omega_{RZ})}{1+s/\omega_P} \\
&= G_{VC}(DC) \times \frac{(1+s/\omega_Z)(1-s/\omega_{RZ})}{(1+s/\omega_P)}
\end{aligned}
$$

由此可以大致画出CCM模式下反激变换器从控制到输出的传递函数 G_{VC}的幅频特性曲线，如图12.5.1所示。

从图12.5.1中可以看出，左半平面零点频率 $f_Z=\dfrac{\omega_Z}{2\pi}$与负载无关，仅与输出滤波电容大小及ESR大小有关。但左半平面极点频率 $f_P=\dfrac{\omega_P}{2\pi}$随负载增加而上升，右半平面零点频

率 $f_{RZ}=\frac{\omega_{RZ}}{2\pi}$ 随负载增加而下降，因此应该在最小输入电压、最大负载下设计补偿网络。

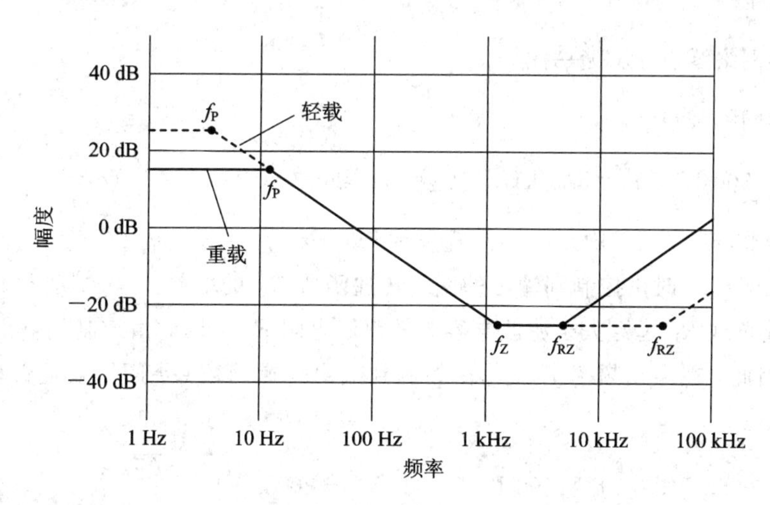

图 12.5.1　CCM 模式下 G_{VC} 函数的幅频特性曲线

12.5.2　CCM 模式下反激变换器反馈补偿网络设计

由于 f_P 较小，为获得高的直流及低频增益，希望反馈补偿网络具有一个零极点；为抵消右半平面零点 f_{RZ} 的影响，希望反馈补偿网络具有一个频率小于 $f_{RZ}/3$ 的极点 f_{PC}；为使环路幅频特性 $T(f)$ 以“−20dB/十倍频”穿越 0 dB，又希望反馈补偿网络在 G_{VC} 特性曲线的极点 f_P 与零点 f_Z 之间存在一个零点 f_{ZC}，该零点 f_{ZC} 必须位于环路特性曲线 $T(f)$ 穿越频率 f_C 的左侧。因此，可选择Ⅱ型或 PI 型反馈补偿网络，以便获得如图 12.5.2 所示的环路特性曲线。

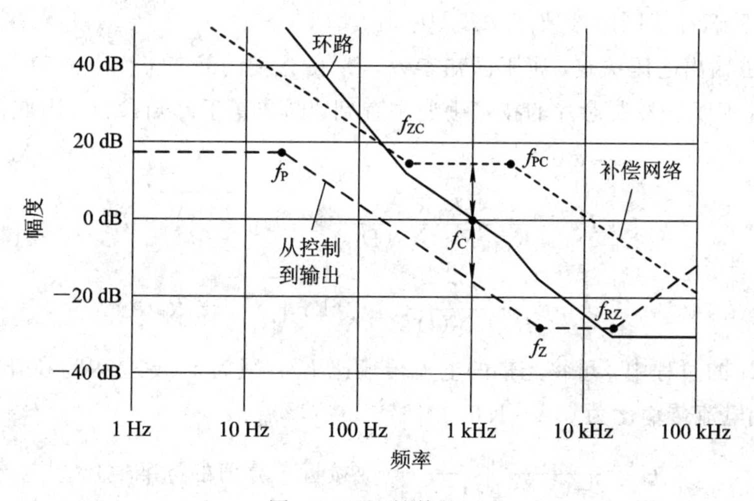

图 12.5.2　补偿校正

(1) 为使环路稳定，各频率点关系必须满足 $f_P<f_{ZC}<f_C<f_{PC}<f_Z<f_{RZ}$。

(2) 确定校正后的环路曲线穿越频率 f_C。对于 CCM 模式来说，要求 $f_C<f_{SW}/10\sim f_{SW}/6$，并满足 $f_C<f_{RZ}/3$，以尽可能降低 f_{RZ} 对环路特性的影响。对于 DCM 及 BCM 来说，

由于没有 f_{RZ}，可适当提高穿越频率 f_C，即只要求 $f_C < f_{SW}/10 \sim f_{SW}/6$，环路穿越频率 f_C 一般取 5 kHz 以下。

(3) 补偿网络零点 f_{ZC} 取 $\frac{f_C}{3}$。

(4) 补偿网络极点 f_{PC} 取 $3f_C$。

假设 $f_P = 300$ Hz，$f_Z = 5.3$ kHz，$f_{RZ} = 54$ kHz，$f_{SW} = 66.7$ kHz。由 $f_C = \frac{f_{PC}}{3} < \frac{f_Z}{3} = 1.77$ kHz，可将 f_C 取 1.5 kHz，$f_{ZC} = f_C/3 = 500$ Hz，$f_{PC} = 3 \times f_C = 4.5$ kHz。

(5) 计算 $f = f_C$ 时由控制到输出的网络传递函数 G_{VC} 的增益。

由于等效负载 R_L 远远大于滤波电容等效串联电阻 R_{CO}，因此由控制到输出传递函数极点 $f_P \ll f_Z$。因此，在穿越频率 f_C 处，由控制到输出传递函数 G_{VC} 的增益近似(即忽略零点的影响)为

$$G_{VC}(f_C) = 20\lg[G_{VC}(DC)] - 20\lg\sqrt{1 + \left(\frac{f_C}{f_P}\right)^2}$$

$G_{VC}(f_C)$ 一般小于 0，除非极点 f_P 处增益很高。

(6) 确定由输出到控制的Ⅱ型反馈补偿网络零点处增益，即令Ⅱ型或具有类似特性的反馈补偿网络的传递函数零点处增益 $H(f_Z)$ 等于 $|G_{VC}(f_C)|$，即

$$20\lg\left[\frac{K_{CTR}R_{FB}(R_1 + R_2)}{R_3R_1}\right] = |G_{VC}(f_C)|$$

由此解出

$$\frac{K_{CTR}R_{FB}(R_1 + R_2)}{R_3R_1} = \frac{\sqrt{1 + \left(\frac{f_C}{f_P}\right)^2}}{G_{VC}(DC)}$$

(7) 确定反馈补偿网络参数 C_1、R_2、C_{FB}。

由于 R_1 由输出电压决定，属于已知参数，R_3 由光耦的静态工作电流确定，也属于已知参数，R_{FB} 可从 PWM 控制芯片的技术手册中查到，同样属于已知参数，因此需要确定的参数仅仅是 C_1、R_2、C_{FB}。

$$R_2 = \frac{R_1R_3}{K_{CTR}R_{FB}G_{VC}(DC)} \times \sqrt{1 + \left(\frac{f_C}{f_P}\right)^2} - R_1$$

$$= \frac{R_1R_3}{R_{FB}G_{VC}(DC)} \times \sqrt{1 + \left(\frac{f_C}{f_P}\right)^2} - R_1$$

在计算 R_2 的过程中，可将光耦的电流传输比 K_{CTR} 视为 1。这是因为在开关电源中，一般选取的光耦电流传输比为 0.8～1.6。

$$C_1 = \frac{1}{2\pi(R_1 + R_2)f_{ZC}} \quad \text{(取接近计算值的标准值)}$$

$$C_{FB} = \frac{1}{2\pi R_{FB}f_{PC}} \quad \text{(取接近计算值的标准值)}$$

为进一步消除右半平面零点 f_{RZ} 对环路的影响，强化高频干扰信号的抑制效果，可采用如图 12.5.3 所示的反馈补偿网络。

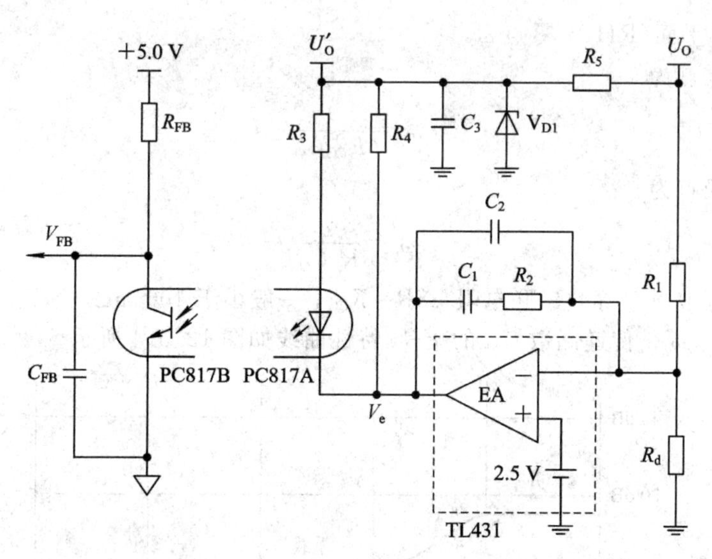

图 12.5.3　高频段抑制效果良好的反馈补偿网络

可以证明，该补偿网络的传递函数

$$H(s)=\frac{V_{FB}}{U_O}=-\frac{K_{CTR}R_{FB}R_2}{R_3R_1}\times\frac{1+sR_2C_1}{(sR_2C_1)(1+sR_{FB}C_{FB})(1+sR_2C_2)}\tag{12.5.1}$$

可见，该补偿网络左半平面零点频率为

$$f_{ZC}=\frac{1}{2\pi R_2C_1}$$

两个左半平面极点分别为

$$f_{PC1}=\frac{1}{2\pi R_2C_2},\qquad f_{PC2}=\frac{1}{2\pi R_{FB}C_{FB}}$$

为强化高频段的抑制效果，通过选择电容 C_{FB}，使 f_{PC2} 频率位于 $f_Z\sim\frac{f_{RZ}}{3}$之间。

由此也可以看出：

(1) 在开关电源中，当输出电压偏高或偏低时，只能调节输出电压取样电路中的电阻 R_d，不能轻易改变取样电阻 R_1，否则会改变反馈补偿网络的零点(f_{ZC})、极点(f_{PC})频率参数，影响环路的稳定性(跨导型运放补偿网络除外)。

(2) 在开关电源中，当输出滤波电容 C_O 偏大时，由控制到输出传递函数极点(f_P)、零点(f_Z)频率下降，使补偿后的环路穿越频率 f_C 太低，降低了对扰动的响应速度；反之，当输出滤波电容 C_O 偏小时，由控制到输出传递函数极点(f_P)、零点(f_Z)频率上升，补偿后的环路穿越频率 f_C 偏高，造成输出电压中高频干扰信号幅度增加。因此，输出滤波电容 C_O 的大小必须适中，并非越大越好。

12.5.3　BCM 及 DCM 模式下反激变换器由控制到输出的传递函数

在 BCM 及 DCM 模式下，由控制到输出的传递函数为

$$G_{VC}=\frac{U_{O1}}{V_{FB}}=\frac{U_{O1}}{V_{FB}}\times\frac{(1+s/\omega_Z)}{(1+s/\omega_P)}$$

其中，U_{O1} 为受控输出绕组的输出电压；V_{FB} 为直流反馈电压。可见，在 BCM 及 DCM 模式

下，不存在右半平面(RHP)零点 ω_{RZ}。

左半平面零点为

$$\omega_Z = \frac{1}{R_{CO}C_O}$$

左半平面极点为

$$\omega_P = \frac{2}{R_L C_O}$$

由于输出滤波电容等效串联电阻 ESR$=R_{CO}$，一般小于 100 mΩ，远远小于等效负载电阻 R_L，因此 $\omega_P < \omega_Z$。传递函数 G_{VC} 的幅-频特性曲线如图 12.5.4 所示。

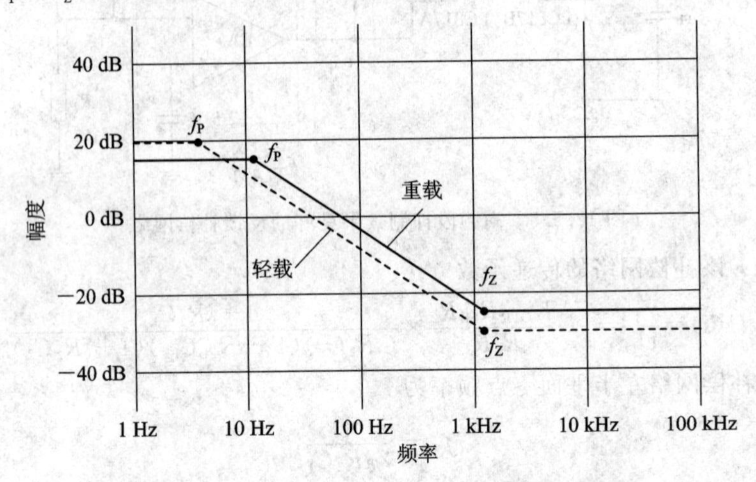

图 12.5.4　DCM 模式下 G_{VC} 函数的幅-频特性曲线

从图 12.5.4 中可以看出，在 DCM、BCM 模式下即使不用反馈补偿，输出也不会自激，但其直流增益、低频段增益不高，而另一方面高频段增益衰减幅度不足，高频噪声偏大，同样需要反馈补偿网络。

由于在 BCM 或 DCM 状态下，从控制到输出的网络传递函数 G_{VC} 不存在右半平面零点，因此环路特性曲线穿越频率 f_C 可以取高一些，各频率点关系如图 12.5.5 所示。

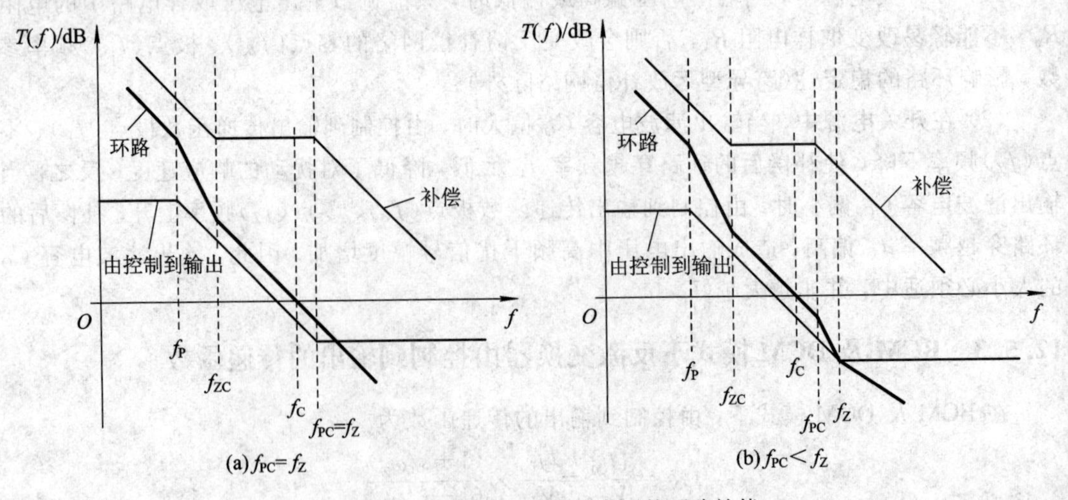

图 12.5.5　BCM 及 DCM 状态下的环路补偿

在图 12.5.5(a)中，$f_{PC}=3\times f_C=f_Z$，在 $f>f_{ZC}$后，以“−20dB/十倍频”斜率下降。假设 $f_P=300$ Hz，$f_Z=5.3$ kHz，$f_{SW}=66.7$ kHz，由 $f_C=\frac{f_{PC}}{3}\leqslant\frac{f_Z}{3}=1.77$ kHz，可使 f_C 取 1.77 kHz，则 $f_{ZC}=\frac{f_C}{3}=590$ Hz，$f_{PC}=3\times f_C=5.3$ kHz。

而在图 12.5.5(b)中，$f_{PC}=3\times f_C<f_Z$，在 $f>f_{PC}$后，先以“−40dB/十倍频”斜率下降，接着以“−20dB/十倍频”斜率下降。

对于输入电压变化很大的反激变换器，如带 APFC 功能的反激变换器，无论其工作在 BCM 模式还是 CCM 模式，PWM 控制芯片反馈输入端(即 COM 或 FB 引脚)往往不宜采用单电容的Ⅰ型补偿网络，依然需要采用Ⅱ型补偿网络，如图 12.5.6 所示，否则无法保证全输入电压下环路的稳定性。

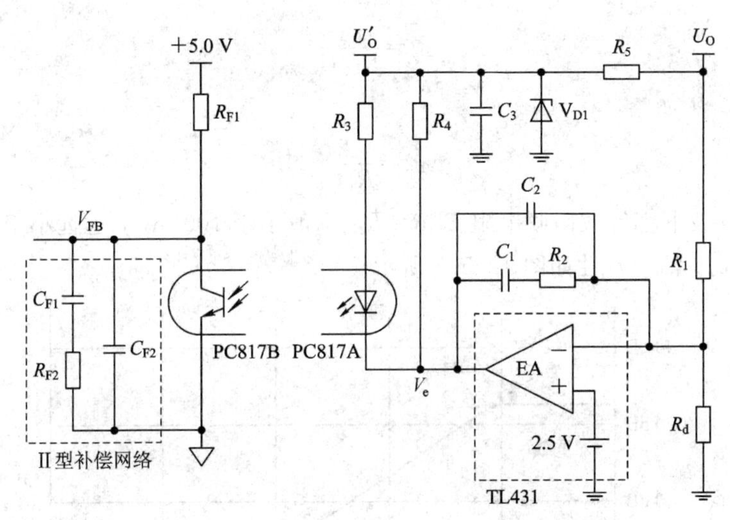

图 12.5.6 芯片反馈输入端采用Ⅱ型补偿

显然，芯片反馈输入端Ⅱ型补偿网络对地阻抗

$$Z_{FC}=\frac{1}{sC_{F2}}//(R_{F2}+\frac{1}{sC_{F1}})=\frac{1+sR_{F2}C_{F1}}{[s(C_{F1}+C_{F2})]\left(1+sR_{F2}\times\frac{C_{F1}C_{F2}}{C_{F1}+C_{F2}}\right)}$$

反馈端总阻抗

$$\begin{aligned}Z_F&=Z_{FC}//R_{F1}\\&=\frac{R_{F1}(1+sR_{F2}C_{F1})}{1+s(R_{F1}C_{F1}+R_{F1}C_{F2}+R_{F2}C_{F1})+s^2R_{F1}R_{F2}C_{F1}C_{F2}}\\&=\frac{R_{F1}(1+s/f_{FZ})}{(1+s/f_{FP1})(1+s/f_{FP2})}\end{aligned}\tag{12.5.2}$$

相当于在反馈网络传递函数中增加了两个左半平面极点(f_{FP1}、f_{FP2})和一个左半平面零点 f_{FZ}。

可以证明，当 $C_{F1}\gg C_{F2}$，$R_{F2}\gg R_{F1}$时，极点频率 f_{FP1} 非常接近零点频率 $f_{FZ}=\frac{1}{2\pi R_{F2}C_{F1}}$，而 $f_{FP2}\approx\frac{1}{2\pi R_{F1}C_{F2}}$，此时反馈端总阻抗

$$Z_F = Z_{FC} /\!/ R_{F1} \approx \frac{R_{F1}}{1+s/f_{FP2}}$$

12.5.4 正激变换器环路设计

当正激变换器一次侧主绕组工作在DCM状态，输出滤波电感工作在CCM状态时，若采用电流型PWM控制芯片，那么由控制到输出的网络传递函数

$$G_{VC} = \frac{U_{O1}}{V_{FB}} = K \times R_L \times \frac{N_P}{N_{S1}} \times \frac{(1+s/\omega_Z)}{(1+s/\omega_P)}$$

其中，U_{O1}为受控输出绕组的输出电压；R_L为总的等效负载，即$R_L = U_{O1}^2/P_O$；N_{S1}为二次侧受控绕组的匝数；K称为电流-电压转换比，$K = I_{LPK}/V_{FB} = 1/R_{CS}$。

左半平面零点为

$$\omega_Z = \frac{1}{R_{CO}C_O}$$

左半平面极点为

$$\omega_P = \frac{2}{R_L C_O}$$

由于输出滤波电容等效串联电阻ESR$=R_{CO}$一般小于100 mΩ，远远小于等效负载电阻R_L，因此$\omega_P < \omega_Z$，幅频特性如图12.5.7所示。

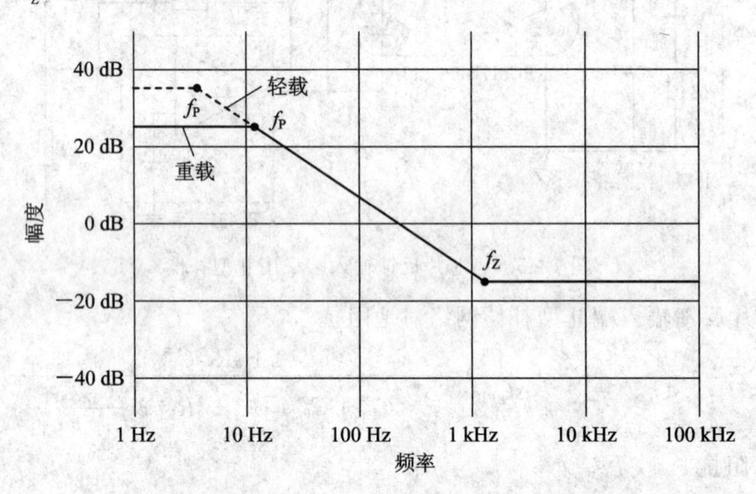

图12.5.7　Buck滤波电感在CCM模式下正激变换器G_{VC}的幅频特性

这同样需要Ⅱ型反馈补偿网络，反馈补偿网络零点频率f_{ZC}、极点频率f_{PC}的选择策略与BCM、DCM模式反激变换器相同。

12.5.5 BCM模式APFC变换器环路设计

在BCM模式下，APFC变换器由控制到输出的网络传递函数

$$G_{VC} = \frac{U_{O1}}{V_{FB}} = K \times \frac{U_{IN}^2 R_L}{4U_O L} \times \frac{1}{1+s/\omega_P}$$

显然，网络传递函数只有一个左半平面极点$\omega_P = 2/(R_L C_O)$，其中R_L为等效负载电阻，C_O为输出滤波电容，L为电感量，K为比例系数，一般与PFC控制芯片内部误差放大器的

增益有关。

同样需要Ⅱ型补偿网络，反馈补偿网络零点频率 f_{ZC}、极点频率 f_{PC} 的选择策略与BCM、DCM模式反激变换器相同。补偿后穿越频率 f_C 一般取市电整流后频率的 $\frac{1}{10}\sim\frac{1}{5}$（对全电压器输入来说，取12～24 Hz，典型值为18 Hz；对220 V输入电压来说，取10～20 Hz，典型值为15 Hz）；补偿网络零点 f_{ZC} 应位于 $f_P\sim f_C$ 之间，而补偿网络极点 f_{PC} 至少大于 $10f_C$，即 f_{PC} 频率在150～600 Hz之间。

例如，输出电压 $U_O=390$ V，输出功率为200 W，则等效负载 $R_L=\frac{U_O^2}{P_O}=\frac{390^2}{200}=760.5\ \Omega$；输出电容 C_O 为47 μF，则由控制到输出的网络传递函数 G_{VC} 的极点频率

$$f_P=\frac{2}{2\pi R_L C_O}=\frac{2}{2\pi\times 760.5\times 47}\approx 8.9\ \text{Hz}$$

假设 f_C 取15 Hz，则 f_{ZC} 应在8.9～15 Hz之间，取中间值12 Hz，f_{PC} 取 f_C 的20倍，即300 Hz左右。

如果传递函数 G_{VC} 参数全部已知，则可借助类似12.5.2节的方法计算出补偿网络的所有参数，否则可先指定 C_1 取1.0 μF，然后用如下方法估算电阻 R_2 及电容 C_2 的值，并通过实验微调。

$$R_2=\frac{1}{2\pi C_1 f_{ZC}}=\frac{1}{2\pi\times 1\times 12}\approx 13.26\ \text{k}\Omega\text{（取标准值13 k}\Omega\text{，对应的 }f_{ZC}\text{ 为12.2 Hz）}$$

$$C_2=\frac{1}{2\pi R_2 f_{PC}}=\frac{1}{2\pi\times 13\times 300}\approx 40.08\ \text{nF（取标准值39 nF，对应的 }f_{PC}\text{ 为314 Hz）}$$

当然，C_2 也可以取其他的标准值，如33 nF（相应的 f_{PC} 为371 Hz）、36 nF（相应的 f_{PC} 为340 Hz）、47 nF（相应的 f_{PC} 为260 Hz）等。

12.5.6 反馈补偿网络元件参数的快速估算

对于特定的拓扑来说，一般很难准确获得由控制到输出的传递函数 $G_{VC}(s)$ 的直流增益、左半平面极点频率 f_P（300 Hz以下）、左半平面零点频率 f_Z（约为2～6 kHz）以及补偿难度很大的右平面零点频率 f_{RZ}（10 kHz以上），除非使用阻抗测试仪分别测出由控制到输出的传递函数 $G_{VC}(s)$ 的幅频特性和相频特性曲线。为此，在实践中可依据经验数据迅速估算出反馈补偿网络的元件参数，并借助实验方式确认。下面通过实例介绍在没有传递函数 $G_{VC}(s)$ 幅频特性、相频特性各参数的情况下，如何迅速确定常用典型反馈补偿网络的元件参数。

为获得良好的闭环控制效果，在参数快速估算过程中，做了如下假设：

(1) 对输入电压 U_{IN} 相对稳定的变换器（如市电整流后用大电容滤波或前级为APFC校正电路），其闭环传递函数 $T(s)$ 的穿越频率 f_C 可取800 Hz～1.6 kHz，典型值取1.0～1.4 kHz。

(2) 反馈补偿网络传递函数 $H(s)$ 左半平面零点频率 $f_{ZC}=\frac{f_C}{3}$。

(3) 反馈补偿网络传递函数 $H(s)$ 左半平面极点频率 $f_{PC}=3f_C$，并使 f_{PC} 小于由控制到输出的传递函数 $G_{VC}(s)$ 的左半平面零点频率 f_Z。

(4) 如果反馈补偿网络传递函数 $H(s)$存在第2个左半平面极点 f_{PC2}，则将 f_{PC2}设在 f_Z之后，并令 $f_{PC2}=(1.3\sim1.6)f_{PC}$，典型值取 $1.4f_{PC}$。

1. Ⅱ型反馈补偿网络元件参数的快速估算与实验确认

对于图12.4.2、图12.4.3、图12.4.4、图12.5.3所示的Ⅱ型反馈补偿网络来说，电阻 R_1、R_3、R_4、R_{FB}(控制芯片 FB 输入引脚片内上拉电阻，不同芯片的 R_{FB}有差异，典型值约为18 kΩ)等元件的参数已知，只有 R_2、C_1、C_2、C_{FB}等元件的参数未定。

对输入电压相对稳定的变换器来说，闭环传递函数 $T(s)$的穿越频率 f_C 取1.0 kHz(典型值)，则 $f_C=1.0\ \text{kHz}$，$f_{ZC}=\dfrac{f_C}{3}=333\ \text{Hz}$，$f_{PC}=3f_C=3.0\ \text{kHz}$，$f_{PC2}=1.4f_{PC}=4.2\ \text{kHz}$。$C_1$ 经验值为33～100 nF，当 C_1 取47 nF时，由式(12.4.2)、式(12.5.1)可知

$$R_2=\frac{1}{2\pi C_1 f_{ZC}}=\frac{1}{2\pi\times47\times333}\approx10.16\ \text{k}\Omega(\text{取标准值}10\ \text{k}\Omega)$$

$$C_2=\frac{1}{2\pi R_2 f_{PC}}=\frac{1}{2\pi\times10\times3}\approx5.3\ \text{nF}(\text{取标准值}5.1\ \text{nF})$$

$$C_{FB}=\frac{1}{2\pi R_{FB} f_{PC2}}=\frac{1}{2\pi\times18\times4.2}\approx2.05\ \text{nF}(\text{取标准值}2.0\ \text{nF 或 }2.2\ \text{nF})$$

2. PI型反馈补偿网络元件参数的快速估算

对图12.4.5、图12.4.6所示的仅适用于DCM或BCM模式反激变换器或正激变换器的PI型反馈补偿网络来说，电阻 R_1、R_3、R_4、R_{FB}等元件的参数已知，只有 R_2、C_1、C_{FB}元件的参数未定。

在PI型反馈补偿网络中，对输入电压相对稳定的变换器来说，闭环传递函数 $T(s)$的穿越频率 f_C 取1.0 kHz(典型值)，则

$$f_C=1.0\ \text{kHz},\ f_{ZC}=\frac{f_C}{3}=333\ \text{Hz},\ f_{PC}=3f_C=3.0\ \text{kHz},$$

电容 C_1 的经验值也在33～100 nF之间，当 C_1 取47 nF时，由式(12.4.3)可知

$$R_2=\frac{1}{2\pi C_1 f_{ZC}}=\frac{1}{2\pi\times47\times333}\approx=10.16\ \text{k}\Omega(\text{取标准值}10\ \text{k}\Omega)$$

$$C_{FB}=\frac{1}{2\pi R_{FB} f_{PC}}=\frac{1}{2\pi\times18\times3.0}\approx2.95\ \text{nF}(\text{取标准值}2.7\ \text{nF、}3.0\ \text{nF、}3.3\ \text{nF})$$

3. Ⅰ型反馈补偿网络元件参数的快速估算

对图12.4.1所示的Ⅰ型反馈补偿网络来说(仅适用于电流型控制的 DCM 模式的反激变换器)，电阻 R_1、R_3、R_4、R_{FB}等元件的参数已知，只有 C_1、C_{FB}元件的参数未定。

由于输入电压 U_{IN}相对稳定，闭环传递函数 $T(s)$穿越频率 f_C 可取1.0 kHz(典型值)，则 $f_{PC}=3f_C=3.0\ \text{kHz}$。

由式(12.4.1)可知

$$C_{FB}=\frac{1}{2\pi R_{FB} f_{PC}}=\frac{1}{2\pi\times18\times3.0}\approx2.95\ \text{nF}(\text{取标准值}3.0\ \text{nF、}3.3\ \text{nF 或 }2.7\ \text{nF})$$

由于没有左半平面零点频率 f_{ZC}，C_1 取值大小仅影响直流增益的高低，C_1 的经验值为10～100 nF，可通过实验最终确认。

习　题

12-1　简述零点、极点概念及其种类。

12-2　为什么说“控制到输出”传递函数中的 RHP 零点无法补偿？可采取什么措施避免它对环路传递函数的影响？

12-3　在 DC-DC 变换器中，“控制到输出”传递函数的极点、零点由什么因素决定？

12-4　简述理想闭环传递函数的特征。

12-5　在“输出到反馈”回路中增加补偿网络的目的是什么？

12-6　画出 PI 型补偿网络的原理图、幅频及相频特性图。PI 型补偿网络能否作为 CCM 模式反激变换器的反馈补偿网络？

12-7　画出Ⅱ型补偿网络的原理图、幅频及相频特性图，并分别指出与极点、零点频率有关的电容容量的取值原则。

12-8　如果输出电压精度不高，如何调节Ⅱ型补偿网络中的元件参数？

12-9　如果输出电压高频噪声幅度较大，如何调节Ⅱ型补偿网络中的元件参数？

第13章　开关电源PCB设计

开关电源工作在高频(50 kHz以上)、高压(峰值电压大小与输入电压以及开关电源拓扑结构有关)、大电流(瞬态峰值电流大小与输出功率、拓扑结构等因素有关)状态，使开关电源PCB设计过程中的元件布局、布线操作变得异常重要。

良好的PCB设计是保证开关电源正常工作的必要条件，不仅能最大限度地减少电磁干扰(EMI)，使开关电源产品达到相应的电磁兼容(EMC)标准，也保证了电源本身及包含电源电路的电子产品符合相应的安规认证标准，确保使用者及电源或包含电源电路的电子产品本身的安全。此外，合理的元件布局也有利于开关电源内部发热元件，如低频整流桥(二极管)、输入滤波电容、开关管、高频变压器、高频整流二极管、输出滤波电容等的散热，进而提高了开关电源的可靠性，延长了开关电源的寿命。

13.1　与PCB设计相关的安规知识

许多国家及地区都要求在其境内销售、使用的特定产品应通过相应的安全认证，目的在于保护产品使用者的人身安全，同一产品在不同地区、国家要求执行的安规标准也不完全相同，因此安规标准很多，主要有IEC(国际电工委员会制定的基本标准，IEC是The International Electrotechnical Commission的简称)、CE(欧洲)、TUV(欧洲，尤其是德国)、UL(北美地区)、CSA(加拿大)、3C(中国)、PSE(日本)等。

值得注意的是，一些认证标志除了包含安规标准外，尚包含电磁兼容(EMC)标准。例如，开关电源产品必须分别通过CE的低电压指令(安规部分)和电磁兼容指令(EMC部分)测试，才能在产品上贴上CE认证标志。

安规认证涉及防电击(触电事故)、防爆(能量危险)、防火(阻燃特性)、机械属性(如具有一定机械强度、防划伤设计)、热量属性(防烫伤或灼伤)、辐射、化学属性(释放有害化学物质污染环境或损害使用者健康)等多方面的内容。有的涉及元器件、材料的选用，如Y电容耐压等级与容量限制，焊料是否含铅，电源线、地线等的裸铜线径；有的涉及绝缘材料；有的涉及制造工艺，如元器件的间距(电气间距和爬电间距)、变压器绕制等。本节将简要介绍与开关电源元件布局、PCB布线有关的安规知识。

13.1.1　电器产品防电击设计的分类

根据电器产品防电击设计标准，可将电器产品分为如下5类：

Class 0：仅依赖基本绝缘来防电击事故，没有保护地，若基本绝缘失效，则防电击将依赖于使用环境，如湿度、尘埃等。

Class 01：防电击事故主要依赖基本绝缘，整体带有接地端，但电源线、电源插头没有接地线(点)，如荧光灯的镇流器。

Class Ⅰ：接地型产品，特征是电源插头为三插式，具有L、N、G三条接线，易接触的导电体(如金属外壳)连接到保护地，万一基本绝缘失效时，依赖保护地来防止可能的触电事故，一旦对地出现漏电，将触发漏电保护开关动作，切断电器设备与电网的连接，避免产生触电事故，如电冰箱、洗衣机、微机电源、机床等。

Class Ⅱ：无接地型产品，特征是电源插头为二插式，只有L、N两条接线，没有接保护地，依赖双重绝缘或加强绝缘提供防电击保护，如手机充电器、绝大部分机顶盒、部分电视接收机等小功率电器/设备。

Class Ⅲ：在安全超低电压(SELV)下工作，且不会产生危险电压的电子产品，如大部分非隔离式DC-DC变换器、电池驱动的电动牙刷及电动剃须刀等，其特征是没有初级回路。

13.1.2　电源产品执行的安规标准

不同用途的电源产品要求执行的安规标准不同，相同用途的电源产品在不同地区、国家要求执行的安规标准也不尽相同，同一产品在同一地区不同的时期要求执行的安规标准也可能不同。表13.1.1给出了不同用途电源产品常见的安规标准。

表13.1.1　电源产品执行的安规标准

电源用途	执行标准	对应的国家标准
一般用途电源	IEC/EN61558	GB19212.1—2008
信息类(ITE)产品电源	IEC/EN60950-1	GB4943
音频、视频产品电源	IEC/EN60065	GB8898
家用充电器	IEC/EN/60335-2-29	GB4706.18，GB4943.1
LED驱动电源	IEC/EN61347-2-13，IEC/EN61347-1	GB19510.14，GB19510.1
医疗产品电源	IEC/EN60601-1	GB4793.1
测量、控制、实验室设备电源	IEC/EN61010	GB4793.1

13.1.3　绝缘等级与安全间距

根据防电击能力的强弱，可将绝缘等级分为以下几种：

(1) 操作绝缘(Functional Insulation)：无危险电压的部件之间的绝缘，如二次侧元件与元件之间(包括导电图形)、低压非隔离式DC-DC变换器元件(包括导电图形)之间的绝缘。操作绝缘有时也称为功能绝缘。

(2) 基本绝缘(Basic Insulation)：有危险电压，但对使用者没有造成直接危害的部件之间的绝缘，如初级侧L、N之间，L(N)与PE(保护地)之间的绝缘。

(3) 双重绝缘(Double Insulation)：有危险电压，且对使用者可能构成直接危害的部件之间的绝缘，如一次侧与金属外壳、一次侧与二次侧之间的绝缘。在基本绝缘的基础上，通过增加辅助绝缘手段可实现双重绝缘。

(4) 辅助绝缘(Supplementary Insulation)：是指构成双重绝缘的组件或材料，例如在变压器一次侧与二次侧绕组之间增加3层绝缘胶带或引线套管(增加引脚与磁芯之间的耐压等级)等辅助绝缘材料，使一次侧与二次侧之间实现双重绝缘。增加辅助绝缘的目的是一旦基本绝缘失效后，仍然可以借助辅助绝缘防止可能产生的触电事故。又如，在没有保护地的AC-DC变换器中，采用绝缘性能良好、坚硬的塑料外壳，即可实现一次侧与外壳之间的双重绝缘。

(5) 加强绝缘(Reinforced Insulation)：通过单一结构达到双重绝缘效果，防止带有危险电压的部件对使用者可能造成的直接危害，如一次侧与金属外壳之间的绝缘材料。

开关电源不同部位之间采用的绝缘等级与彼此间的最大电压差有关。开关电源内不同部位要求的绝缘等级如表13.1.2所示。

表13.1.2　开关电源内不同部位要求的绝缘等级

位　置	绝 缘 等 级
保险丝(管)引脚间	基本绝缘
初级侧 L-N	基本绝缘
初级侧整流前 L(N)与 PE	基本绝缘
初级侧整流后直流电源母线与 PE	基本绝缘
初级-次级	加强绝缘
初级侧与金属外壳间	加强绝缘或双重绝缘
初级侧绕组与次级侧绕组间	双重绝缘
次级侧元件间	操作绝缘

导电体(包括PCB板上的导电图形，如印制导线、焊盘、过孔等)间距与导体间最大电压差、安规测试电压值有关。不同安规标准的测试电压值如表13.1.3所示，不同绝缘等级对应的最小安全间距如表13.1.4所示。

表13.1.3　测试电压值(持续时间1 min)

位置＼标准	IEC60950	IEC61558	IEC60065	IEC60601
初级-次级	3000 V	3750 V	4242 V	4000 V
初级对可接触部分	3000 V	3750 V	4242 V	4000 V
初级对 PE	1500 V	1250 V	2121 V	1500 V
初级对变压器磁芯	1500 V	1250 V	2121 V	1500 V
次级对变压器磁芯	1500 V	1250 V	2121 V	1500 V

表 13.1.4　最小安全间距(单位为 mm，输入电压有效值≤250 Vrms)

绝缘等级	标　准							
	EN60601-1		EN60950-1		EN61010		UL1310(外壳无孔)	
	空间距离	爬电距离	空间距离	爬电距离	空间距离	爬电距离	空间距离	爬电距离
基本绝缘	2.5	4.0	2.0	2.5	1.5	3.0	4.8	4.8
辅助绝缘	2.5	4.0	2.0	2.5	1.5	3.0	4.8	4.8
双重绝缘	5.0	8.0	4.0	5.0	3.3	6.0	4.8	4.8
加强绝缘	5.0	8.0	4.0	5.0	3.3	6.0	4.8	4.8

操作绝缘的安全间距与两个导电图形(元件)之间的电位差、平行走线长度有关。电位差越大，间距越大；平行走线的长度越大，间距越大。

13.2　PCB 设计规则

尽管开关电源拓扑结构种类多，输入电压范围宽窄、高低不同，输出功率有大有小，但 PCB 布局、布线设计还是存在一定的共性的。在开关电源 PCB 设计过程中，需要特别关注如下问题：

(1) 元件及导电图形间距必须满足相应的安规要求，以保证电源系统正常工作，并顺利通过相应的安规测试。

(2) 电磁兼容设计。良好的电磁兼容设计不仅是开关电源系统正常工作的前提，也是保证电源系统能满足相应 EMI 规范的必要条件。为此，在布局、布线前，必须明确待排板的目标拓扑所包含的关键回路(如直流或低频大电流回路、高频大电流回路、高频高压大电流回路)、开关节点、地线种类及接地点(即不同回路公共电位参考点)的位置。

例如，反激变换器初级侧、次级侧关键回路与开关节点(用粗实线表示)大致如图 13.2.1所示；Buck 变换器关键回路与开关节点如图 13.2.2(a)所示，正激变换器次级侧关键回路与开关节点如图 13.2.2(b)所示，硬开关桥式及全桥移相式变换器次级侧关键回路与开关节点如图 13.2.2(c)所示，桥式 *LLC* 及 *LCC* 谐振变换器次级侧关键回路与开关节点如图 13.2.2(d)所示；而 Boost 变换器关键回路与开关节点如图 13.2.3 所示。

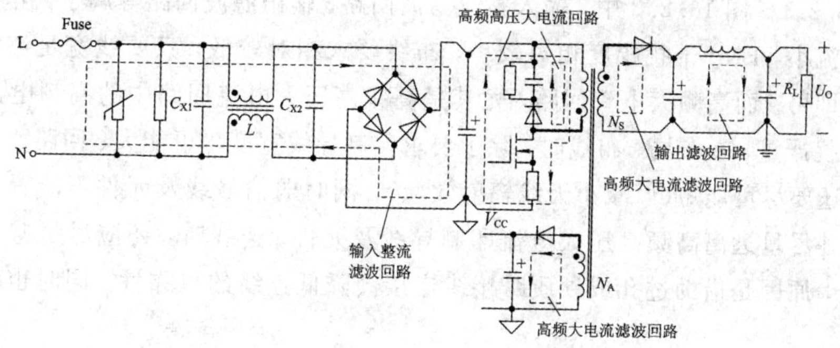

图 13.2.1　反激变换器关键回路与开关节点(粗实线)

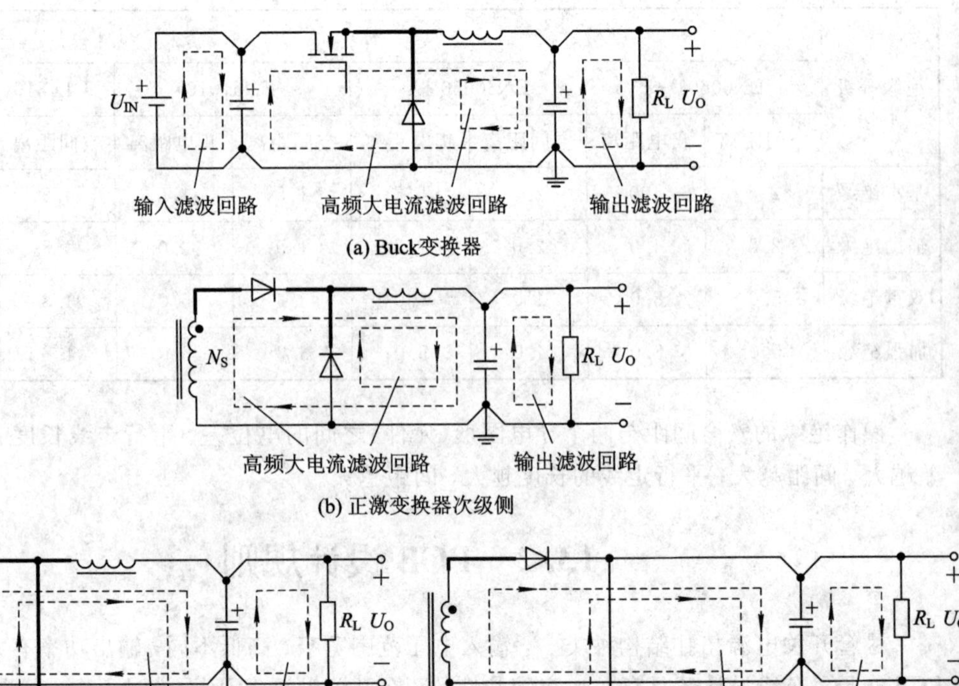

(a) Buck变换器

(b) 正激变换器次级侧

(c) 硬开关桥式与全桥移相式变换器次级侧

(d) 桥式*LLC*及*LCC*变换器次级侧

图 13.2.2　Buck 变换器与常见正向变换器次级侧关键回路及开关节点(粗实线)

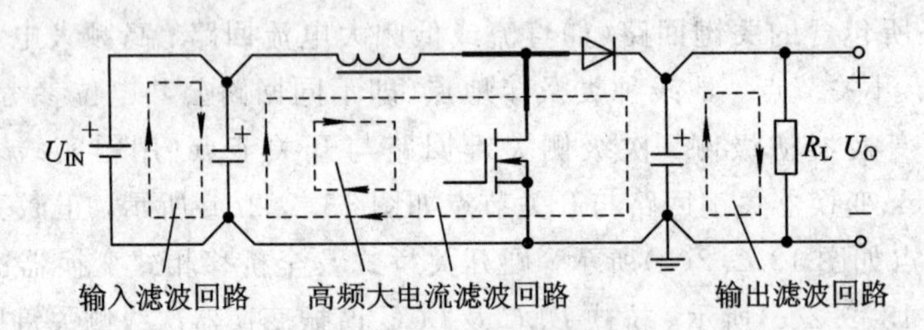

图 13.2.3　Boost 变换器关键回路与开关节点(粗实线)

在图 13.2.1～图 13.2.3 中，输入整流滤波回路、输出滤波回路等属于大电流回路，但高频纹波电流小，EMI 干扰幅度相对较小，布线要求相对较低，只要线宽足够大，回路面积尽可能小即可。而高频大电流回路，尤其是高频高压大电流回路中的高频电流变化幅度大，EMI 干扰严重，在布局、布线时，除了要求印制导线宽度尽可能大、回路面积应尽可能小外，连线还要尽可能短(以减小天线辐射效应)；同时弱信号线及元件不能置于高频大电流回路内，并尽量远离高频高压大电流印制导线及元件。连线时，还应尽量避免断开大电流印制导线，原因是借助过孔或硬质跨接线连接会降低连线的可靠性，同时也增加了电磁辐射干扰。

开关节点处高频电压变化幅度大，容易产生电磁辐射干扰，连线应尽可能粗、短，并远离弱信号线。

不同大电流回路地、信号地必须分开走线，并尽可能形成单点接地形式。图 13.2.4 给出了三种典型拓扑公共电位参考点与地线连接的参考方式。

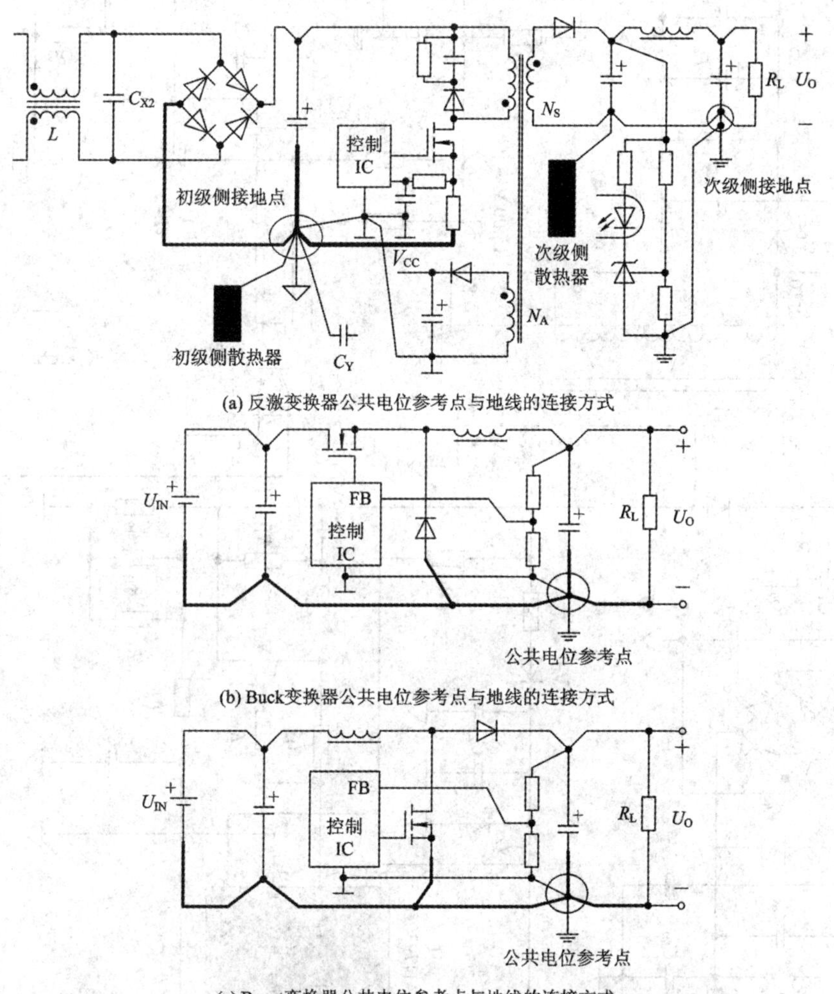

图 13.2.4　典型拓扑公共电位参考点与地线的连接方式

对于隔离式，如反激变换器来说，原边公共电位参考点为输入整流滤波电容(即输入滤波电容)的负极，副边为最后一级输出滤波电容的负极；而对于 Buck、Boost 等 DC－DC 变换器来说，公共电位参考点是输出滤波电容的负极或正极(如 Buck－Boost 变换器公共电位参考点)。

(3) 散热设计。在布局时，热敏感元件必须远离高发热元件；根据散热方式精心安排高发热元件在 PCB 板上的位置，并控制好彼此的间距，避免通过热辐射方式相互加热。

下面就以图 13.2.5 所示的 APFC 反激变换器为例，具体介绍开关电源布局、布线的规律。

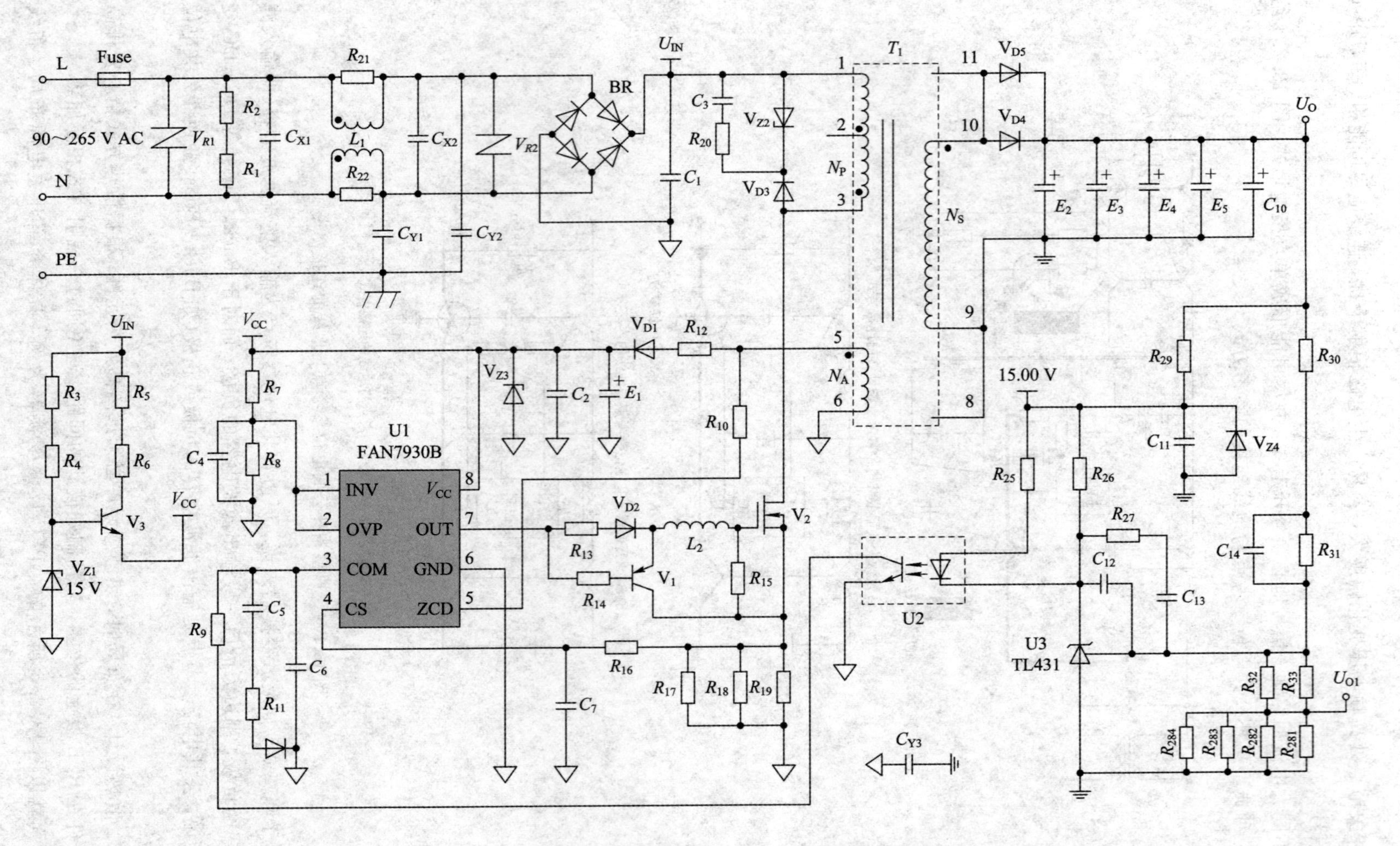

图 13.2.5 基于 FAN7930B 的 APFC 反激变换器原理电路

13.2.1 PCB 板工艺规划

在排板前，先根据开关电源的使用环境、生产成本、性能指标等要求，确定 PCB 板的工艺，原因是不同工艺的排板策略、排板质量不同，元件封装方式的选择也不完全相同。

1. 板层结构

传统开关电源一般采用单面板，以降低 PCB 板的成本。但随着开关频率 f_{SW} 的不断提高，尺寸的不断缩小，也可以采用双面板，以改善 EMI 指标，提高布线密度，减小 PCB 板的尺寸，进而缩小电源产品的体积。

2. 小功率元件封装方式

在传统开关电源中，包括小功率电阻、电容、二极管在内的所有元件均采用轴向或径向引线穿通封装方式，以便能在元件的引脚焊盘间走线，提高 PCB 连线的布通率，减小跨接线的数目，但是轴向引线穿通封装元件价格高，插件前需要弯脚，焊接后需要剪脚，且引脚寄生电感、寄生电阻比贴片元件大，造成 EMI 干扰幅度偏大。随着电源开关频率 f_{SW} 的不断提高，除大功率、高耐压元件外，低压小功率元件，如小功率电阻、二极管、小容量耐低压电容、低压小功率三极管等建议采用贴片封装方式，如表 13.2.1 所示。这不仅能有效减小 EMI 干扰，也降低了生产成本(贴片元件价格低，插件前无需弯脚、焊接后不用剪脚，生产工艺简单，生产效率高，生产成本低)，甚至还能提高电源产品的成品率。

表 13.2.1　开关电源小功率贴片元件常用封装形式

元件类型	优选封装方式	可选封装方式
小功率电阻/贴片电感/贴片磁珠	0805、1206	0603、1210、2512
小容量低压电容	0805、1206	0603
小功率二极管	SOD-123、SOD-323	SOT23、SOD-523
整流二极管与 TVS 管	SOD-123F、SMA、SMB、SMC	TO-252
中高功率 MOS 管	TO252、TO263	SOT89
低压小功率三极管	SOT23	SOT89
精密基准电压源芯片	SOT23	—
PWM 控制芯片	SO、SOP	—

注：SOD-123(F)贴片封装的长宽尺寸与 1206 封装接近，SOD-323(F)贴片封装的长宽尺寸与 0805 封装接近，SOD-523(F)贴片封装的长宽尺寸与 0603 封装接近。带后缀字母 F 时，表示引脚从封装底部引出。

对小功率电阻来说，当采用贴片封装形式时，必须注意高阻值电阻的耐压问题。低阻值电阻的耐压由其耗散功率决定，如 0805 封装电阻的耗散功率为 1/10W，则 10 kΩ 的 0805 封装贴片电阻的耐压 $U=\sqrt{PR}=\sqrt{0.1\times10000}$，约为 31.6 V，但高阻值电阻的耐压则由电阻材料的电学特性、焊盘间距等因素确定，具体情况如表 13.2.2 所示。

表 13.2.2　开关电源用贴片电阻的耐压

封　装	下限阻值/kΩ	最大工作电压/V	最大过负荷耐压/V	耗散功率/W	备　注
0603	39	50	100	1/16	—
0805 常规系列	100	100	150	1/10	耗散功率在 1/10～1/8 W 之间
0805 功率提升系列	180	150	300	1/8	—
1206 常规系列	330	200	400	1/8	耗散功率在 1/8～1/4 W 之间
1206 功率提升系列	160	200	400	1/4	—
1210	160	200	400	1/4	耗散功率在 1/4～1/2 W 之间

因此，对于输入交流电压上限为 264 V 的开关电源，当连接在 L、N 线间的压敏电阻的压敏电压 V_{1mA} 为 470 V 时，X 安规滤波电容残压泄放电阻应采用两只 1206 封装、阻值相同或相近的电阻串联才能保证电阻不会出现过压击穿现象，如图 13.2.5 中的 R_1 与 R_2。而当连接在 L、N 线间的压敏电阻的压敏电压 V_{1mA} 为 510 V 或 560 V 时，X 安规滤波电容残压泄放电阻应采用三只 1206 封装、阻值相同或相近的电阻串联才能保证雷电高压脉冲来到时泄放电阻不会出现过压击穿。

同理，PWM 控制芯片启动限流电阻也需要用两只 1206 封装、阻值相同或相近的电阻串联，如图 13.2.5 中的 R_3 与 R_4、R_5 与 R_6。

当单个贴片电阻的耗散功率小于实际消耗的功率时，可采用多个阻值相同或相近的电阻并联分担所需的耗散功率，如图 13.2.5 中的开关管电流取样电阻由 R_{17}、R_{18}、R_{19} 组成，次级恒流输出电流取样电阻也由 R_{281}～R_{284} 组成。

在开关电源中，当初级侧电流取样电阻阻值小于 1.0 Ω 时，也建议采用多个阻值≥1.0 Ω 的电阻并联获得所需的阻值，原因是 1.0 Ω 以下的低阻值电阻价格高，寄生感抗大，在高频状态下，电阻体及其引线寄生电感的影响不能忽略。(但在恒流输出模式中，次级输出电流采样电阻可采用 5～910 mΩ 高频特性良好的合金片状电阻，原因是次级输出电流几乎是直流电流)。

在电路中，有时也会用串、并联方式获得标准阻值外的电阻值，如图 13.2.5 中的 R_{32}、R_{33}。

在高压电路中采用轴向引线穿通封装电阻时同样需要注意电阻的耐压问题，穿通封装电阻耐压与电阻体长度(耗散功率)、类型有关，如表 13.2.3 所示。

表 13.2.3　穿通封装电阻耐压

类型	电阻体尺寸/mm	最大工作电压/ V	最大负荷电压/V	最高脉冲电压/V	最高绝缘电压/ V
碳膜电阻	3.2～3.5	150	300	500	300
	6.0	250	500	750	500
	9.0	350	700	1000	700
	11.0	500	1000	1000	1000
金属氧化膜电阻	6.0～9.2	250	500	—	300
	11.0	350	600	—	350
金属膜电阻	3.2～3.5	150	300	500	300
	6.0	250	500	750	500
	9.0	350	700	1000	700
	11.0	500	1000	1000	1000

3. 元件安装方式的选择及注意事项

对双面板来说，最常见的元件安装方式是“单面 SMD＋THC 混装”方式，如图 13.2.6(a)所示。其优点是工艺流程简单；缺点是元件密度低，占用 PCB 板的面积大。

对于单/双面板来说，也可采用如图 13.2.6(b)所示的“A 面 THC，B 面 SMD”安装方式，其优点是 PCB 空间利用率较高；缺点是工艺相对复杂，且 B 面只能放置厚度不超过 1.0 mm 的小功率贴片元件，如 0603、0805、1206 封装的贴片电阻及贴片电容，以及 SOT23 封装的三极管、基准电压源芯片 TL431 等，否则不能保证波峰焊接质量，且剪脚时刀具容易撞坏厚度较高的元件，除非插件前先控制好穿通封装元件的引脚长度，波峰焊接后无需剪脚操作。

对于双面板来说，当单面混装实在无法放置所有元件时，也可以采用如图 13.2.6(c)所示的“A 面 SMD＋THC，B 面 SMD”放置方式。当然，位于 B 面上的贴片元件其厚度也同样不宜超过 1.0 mm。

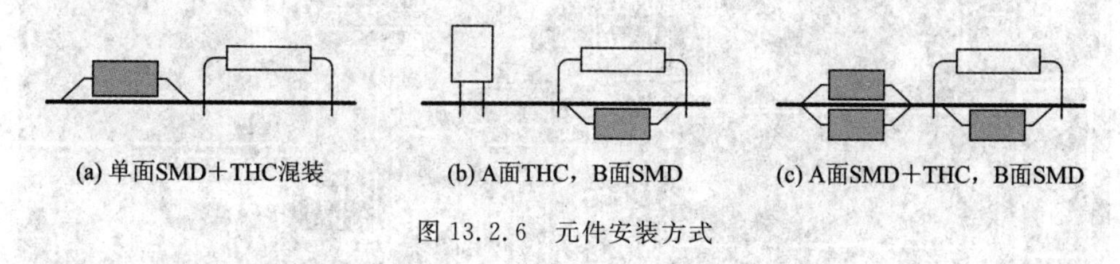

图 13.2.6　元件安装方式

4. 板材铜膜厚度的选择

在线宽一定的情况下，板材铜膜厚度越大，允许流过的电流就越大。

对于中小功率开关电源来说，板材铜膜厚度一般选 1OZ(35 μm)；对于中功率开关电源，必要时可选择铜膜厚度为 1.5OZ(50 μm)的板材；对于大功率开关电源，当元件密度较大、线宽受限制时，也可选择铜膜厚度为 2.0OZ(70 μm)的板材。

13.2.2 AC 输入滤波电路的布局布线原则

对 AC 输入滤波电路来说，总的布局原则是从 AC 输入端开始，沿电流前进方向呈“一”字形、“L”形或倒“L”形排列；元件间距合理，在满足绝缘要求的前提下，既不能过密(插件困难，散热不好)，也不能太稀疏(走线长，导致 EMI 增加，PCB 板面积增大)。

元件带电部位与金属外壳间的距离必须满足加强绝缘要求，或采用辅助绝缘方式，使元件带电部位与金属外壳之间符合双重绝缘标准。

布线间距满足相应安规的基本绝缘要求，考虑到爬电距离后，L 与 N 之间、L(或 N)与 PE 之间最小间距一般不小于 2.5 mm。

最小线宽与 PCB 板铜膜厚度有关，对于 1OZ 铜膜厚度来说，最小线宽按“1 mm/A”经验值选取。在间距许可的情况下，线宽越大越好，一方面导线宽度越大，寄生的电感就越小；另一方面，在开关电源中，流过 L、N 印制导线的瞬态(即脉动)电流远高于其平均电流。

在 AC 输入滤波电路布局、布线设计过程中，既要兼顾安规要求，又要保证 L、N 线宽，同时还要避免环路面积过大，为此在大致确定元件布局后，可先试连线，当确认间距、线宽均满足要求时，再细调元件位置。

图 13.2.5 所示 APFC 反激变换器 AC 输入滤波电路布局、布线的参考结果如图 13.2.7 所示。

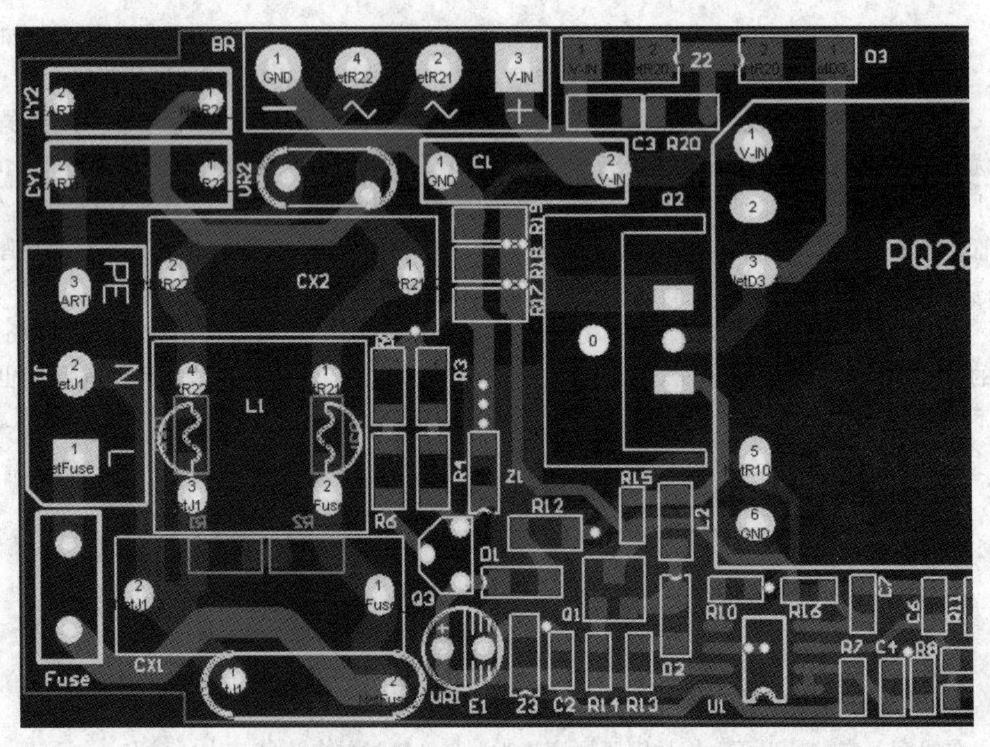

图 13.2.7　AC 输入滤波电路布局、布线参考结果

在 PCB 板形状、尺寸确定的情况下，当不能通过调整元件间距或元件引脚焊盘方向及形状，使焊锡面(Bottom Layer)内某一印制导线段的宽度满足要求时，应优先考虑在其阻焊层内沿导线走向放置一条宽度略小的印制导线，过波峰焊炉时借助敷锡方式增加印制导线的厚度，以增加导线的截面积，如图 13.2.8 所示。

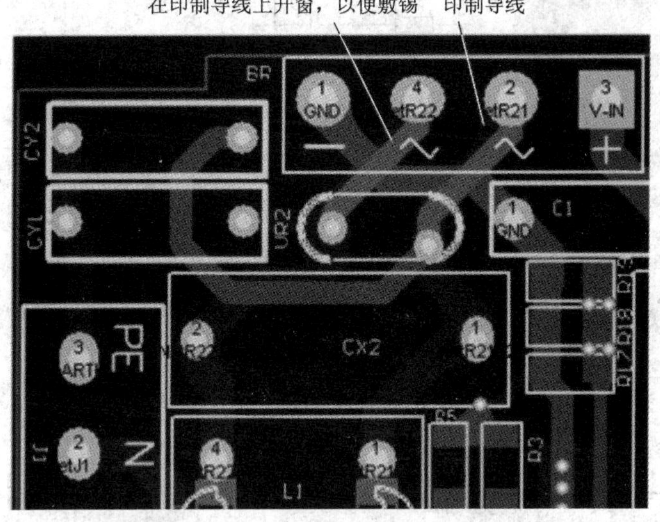

图 13.2.8　在印制导线上开窗敷锡

如果空间严重不足，或根本不能通过开窗、敷锡方式增加印制导线段的厚度，则为保证走线宽度而减小走线间距时，可考虑在 PCB 板上开槽(槽宽一般取 1 mm,长度视情况确定)，以增加爬电距离，提高导电图形的抗电击强度，如图 13.2.9 所示。

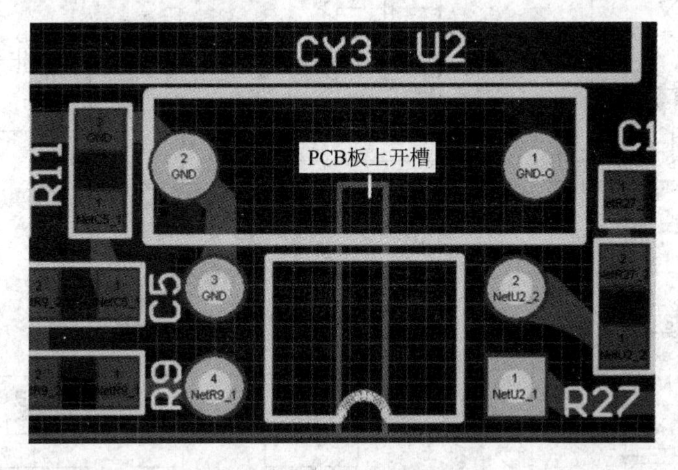

图 13.2.9　PCB 板上局部开槽

不过开槽会降低 PCB 板的机械强度，是没有办法的办法，要非常慎重。

13.2.3　关键回路与节点走线

1. 大电流回路与开关节点

在开关电源中，大电流回路与开关节点如图 13.2.10 所示。

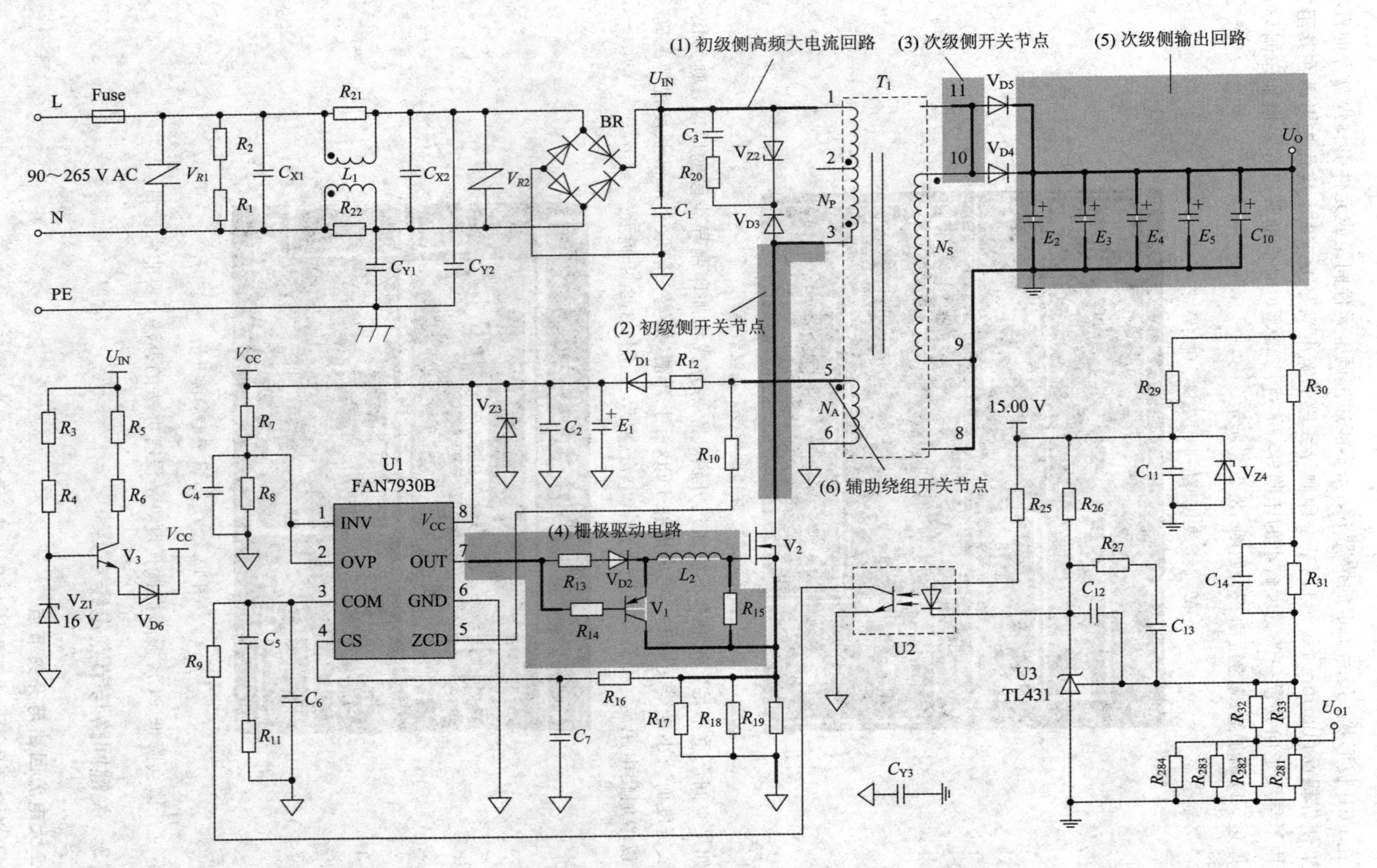

图 13.2.10 大电流回路与开关节点

图 13.2.10 中包括：

(1) 初级侧高频大电流回路，其路径为整流桥后滤波电容 C_1 的正极→高频变压器初级主绕组 N_P→开关管→初级主绕组 N_P的电流取样电阻($R_{17}\sim R_{19}$)→整流桥后滤波电容 C_1 的负极。

(2) 初级侧开关节点为初级主绕组 N_P入线端与功率 MOS 管漏极 D 之间的连线(同时也是高频大电流回路的一部分)。在一个开关周期内，该节点电压变化幅度很大(从接近 0 V 到($U_{INmax}+U_{Clamp}$))，走线必须尽可能短，以减小潜在的电磁辐射效应。此外，辅助绕组 N_A的入线端电压变化幅度也很大，也是初级侧的另一个开关节点。

(3) 次级侧开关节点为次级绕组 N_S入线端与高频整流二极管 V_{D4}、V_{D5}正极之间的连线。该节点电位在一个开关周期内的变化幅度也很大($-\dfrac{N_S}{N_P}U_{INmax}\sim(U_O+U_D)$)。

(4) 初级侧功率 MOS 管栅极驱动电路。尽管 MOS 管属于电压驱动器件，但栅极瞬态驱动电流较大，甚至达安培级。

以上关键回路、节点走线必须尽可能短(目的是减小连线寄生电感)，线宽要尽可能大(为了减小连线寄生电感和连线的寄生电阻)，回路面积必须尽可能小，方能有效降低 EMI 干扰幅度，确保开关电源内部器件动作的可靠性，如图 13.2.11 所示。

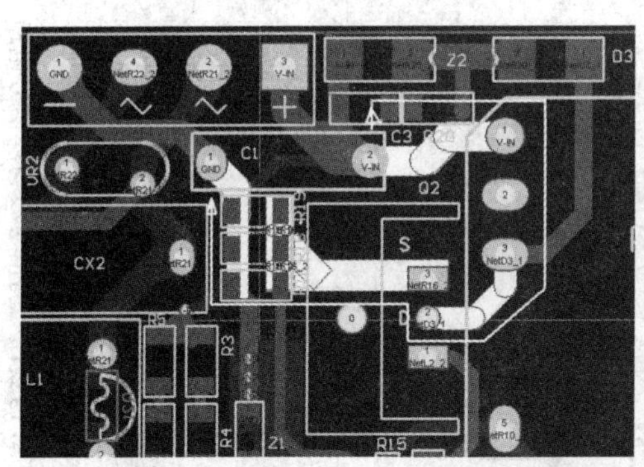

(a) 高频大电流回路与初级侧开关节点布线

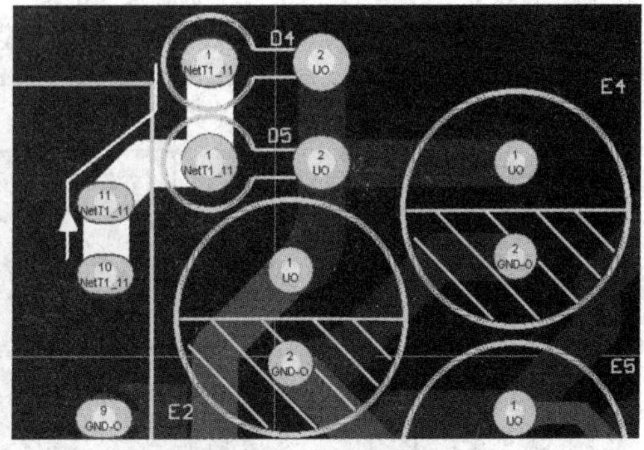

(b) 次级侧开关节点布线

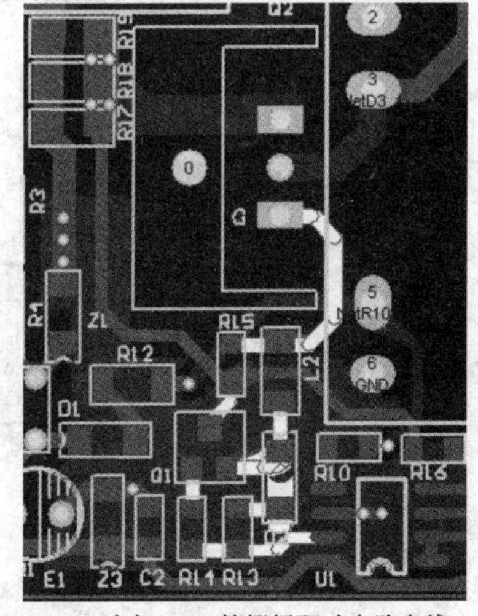

(c) 功率 MOS 管栅极驱动电路布线

图 13.2.11　关键回路、节点的布线实例

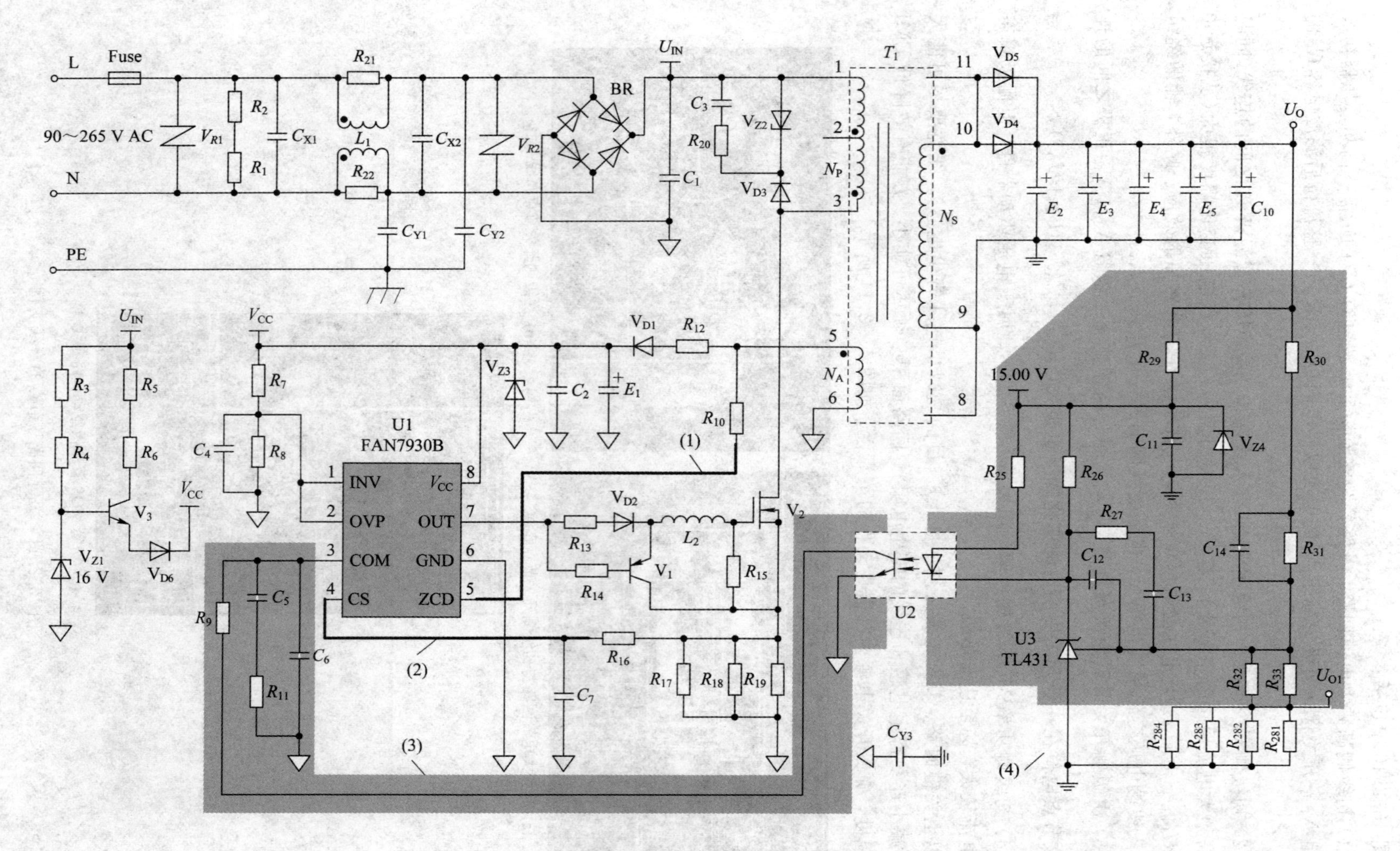

图 13.2.12　弱信号线与弱信号电路

(5) 次级侧输出回路。尽管次级侧输出回路电流的主要成分为直流，但输出电流大，走线也不宜太长，回路面积也不宜太大。

此外，在布线过程中还必须保证大电流印制导线的完整性，不轻易折断大电流回路的连线，尤其是高频大电流回路的印制导线，原因是借助过孔、硬质跨接线的焊盘连接时，将额外引入寄生电感，增加了EMI干扰，此外，也会降低连接的可靠性。

2. 弱信号线与弱信号电路

在APFC反激变换器中，容易被强信号干扰的弱信号线与弱信号电路如图13.2.12所示。

图13.2.12中包括：

(1) ZCD信号检测线。

(2) 初级侧主绕组N_P电流检测线。

(3) 初级侧反馈补偿网络。

(4) 次级侧输出电压采样及反馈补偿网络。

在布线时，这些微弱信号线(电路)必须尽可能远离高频大电流回路、开关节点、整流后的电源母线U_{IN}以及辅助绕组N_A入线端到PWM控制芯片供电整流二极管V_{D1}负极的连线；微弱信号电路更不能放在高频大电流环路内，以免受到强信号的干扰，造成PWM控制芯片误动作。

13.2.4　并联滤波电容的连线方式

在DC-DC变换器输入及输出滤波电路中，考虑到大容量电解电容散热困难，往往使用两只或以上小容量电解电容并联以获得所需的等容量大电容，如图13.2.5中输出滤波电容E_2～E_5。在排板时，可采用图13.2.13(a)所示的连线长度大致相等的星形连接方式，或图13.2.13(b)所示的岛型焊盘连接方式，当然也可以采用图13.2.13(c)所示的一字形连接方式。当多个滤波电容不在同一条水平或垂直线上时，在单面板中最好采用图13.2.13(d)所示的连接方式，使流过每只滤波电容的高频纹波电流尽可能相等。避免采用图13.2.13(e)所示的一字形连接方式，否则不仅滤波效果差，还会造成各滤波电容发热不均衡，结果发热量大的电容最先失效，降低了DC-DC变换器的可靠性，并缩短了变换器的寿命。

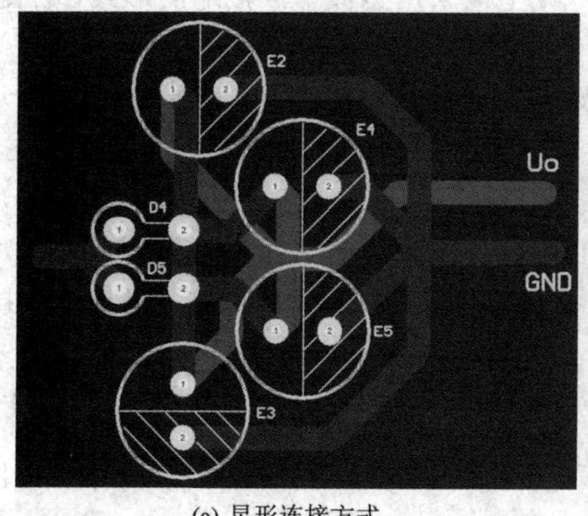

(a) 星形连接方式

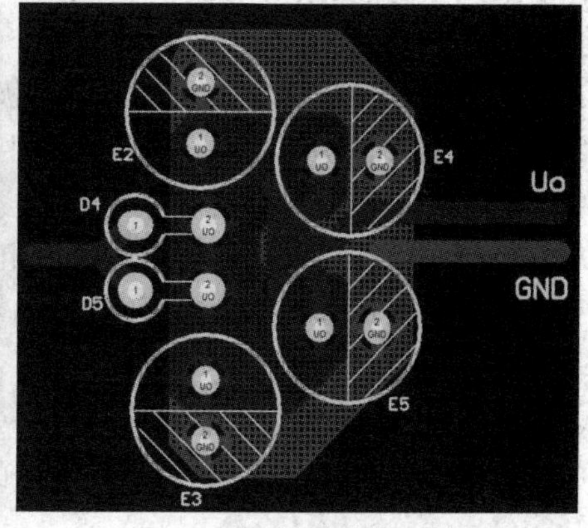

(b) 岛型焊盘连接

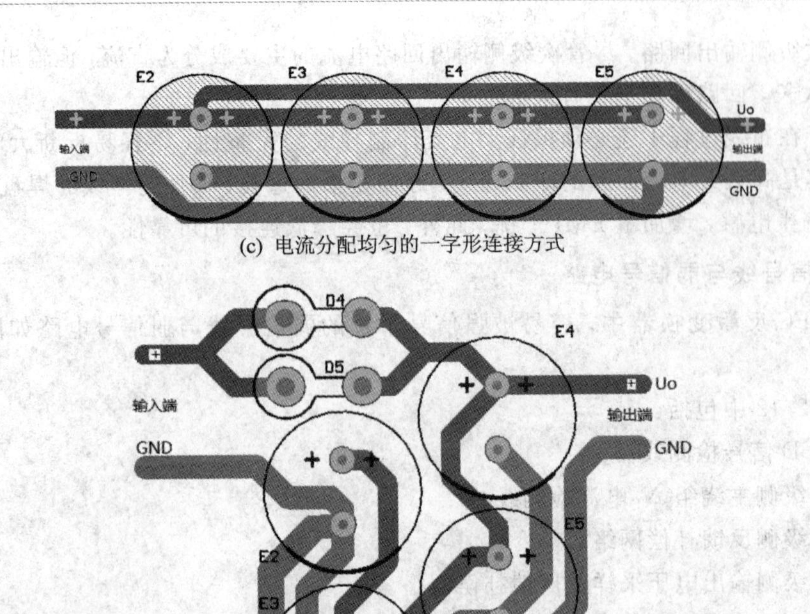

(c) 电流分配均匀的一字形连接方式

(d) 滤波电容不在一条水平线上但电流分配均匀的连接方式

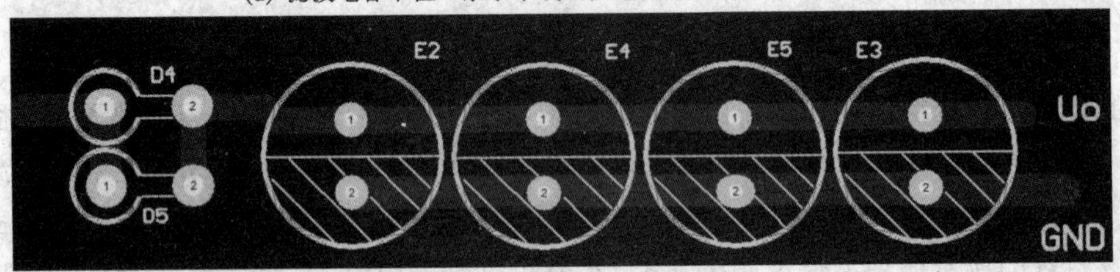

(e) 电流分配均匀度最差的一字形连接方式

图 13.2.13　并联滤波电容布局及连线举例

13.2.5　地线处理

开关电源初级侧地线的连接非常关键，原则上应采用类似单点接地的形式，否则 EMI 干扰将很大，甚至无法正常工作。

(1) 整流桥地与整流后滤波电容 C_1 的负极连在一起，作为(1)号地，如图 13.2.14 所示。

(2) PWM 控制芯片供电辅助绕组 N_A 接地端与整流后滤波电容 E_1 的负极连在一起，作为(2)号地。

(3) 高频大电流回路地(即电流取样电阻接地点)作为(4)号地。

(4) 初级-次级共模干扰退耦电容 C_{Y3} 的一端作为(5)号地，可直接连到整流滤波接地点(1)处。

(5) PWM 控制芯片接地端、反馈补偿网络接地端等作为(3)号地。

在连线时，一般按(3)→(2)→(4)→(1)的顺序连接。

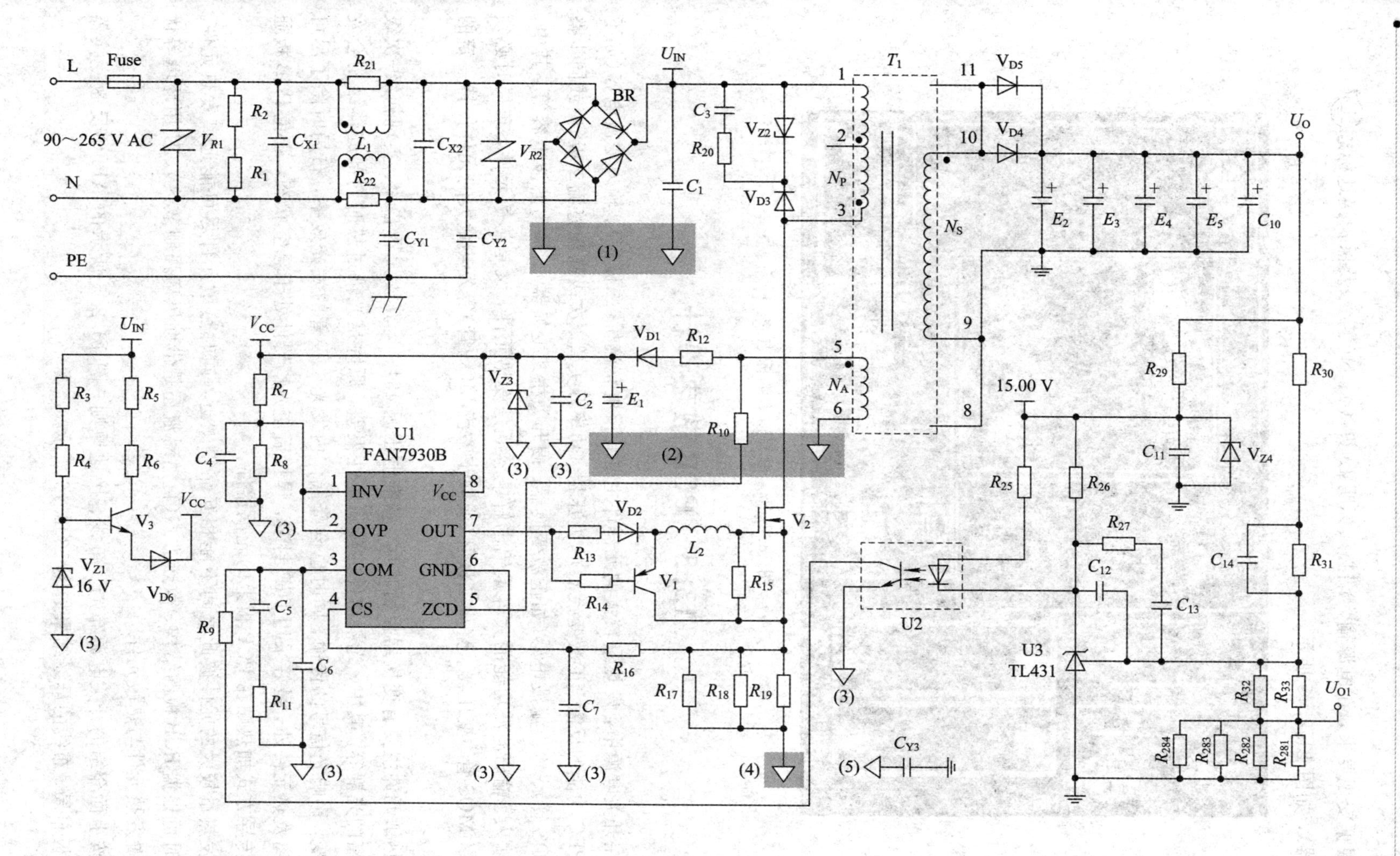

图 13.2.14　初级侧地线分类

根据安规要求，在电源输入端必须标明 L(火线)、N(零线)及保护接地标志⏚(对于Ⅰ类电器)，如图 13.2.15 所示。

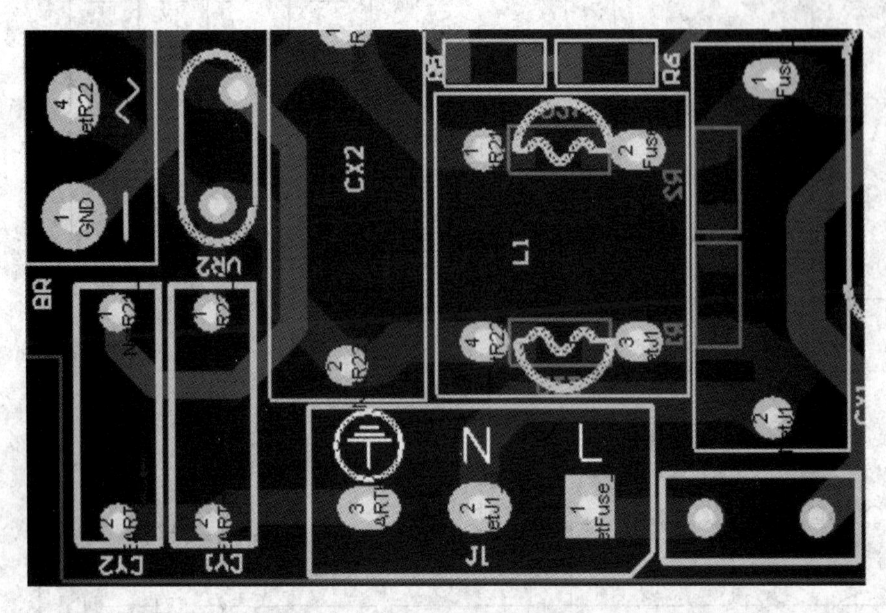

图 13.2.15　电源输入端标志

13.3　PCB 散热设计

在开关电源中，发热量较大的元器件主要有市电整流桥(二极管)、输入滤波电容(如不带 APFC 功能的反激、正激变换器)、变压器、功率开关管、次级高频整流二极管(或同步整流 MOS 管)、输出滤波电感(如正激变换器、硬开关桥式变换器)、输出滤波电容等。其中，承担输入、输出滤波功能的大容量铝电解电容既是发热元件，又是热敏元件，布局时必须与功率 MOS 管、变压器、整流二极管(或同步整流 MOS 管)等发热量大的元件保持一定的距离。

热敏元件主要有变换器控制芯片、基准电压源 431、运算放大器芯片、实现初级-次级电隔离的光耦等。其中，光耦器件的热稳定性很差，原因是光耦过热时内部腔体结构会发生形变，影响光信号的传输，同时也会降低体内发光二极管的发光效率，布局时除了尽可能远离发热元件外，最好采用 DIP 封装，焊接后使光耦器件处于悬空状态，避免 PCB 板通过热传导方式加热贴在 PCB 板上的光耦器件。

发热量较大的元件彼此之间不能相互靠得太近，同时热敏元件尽可能远离发热元件。布局时可根据 PCB 板的结构、散热方式(自然对流还是借助风扇强制散热)、使用环境等优先放置发热元件与热敏元件。

按上面介绍的开关电源布局、布线、接地原则，图 13.2.5 所示的 APFC 反激变换器 PCB 板布局、布线的最终结果如图 13.2.16 所示。

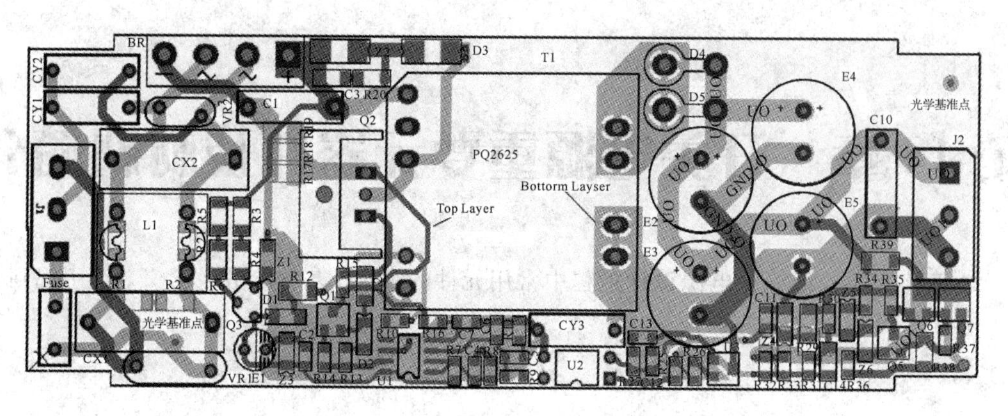

图13.2.16 APFC反激变换器PCB板布局及布线参考结果

习 题

13-1 列举目前主要的安规标准。

13-2 根据电器产品防电击设计标准，电器产品可分为哪几类？手电筒应归为什么类？

13-3 有危险电压且对使用者可能构成直接危害的部件之间必须采用什么绝缘方式？

13-4 列出开关电源内部关键部位的绝缘等级。

13-5 简述开关电源PCB板采用单面板和双面板的优缺点。

13-6 简述AC输入滤波电路布局、布线的规则和技巧。

13-7 指出反激变换器初级侧大电源回路。

13-8 次级侧开关节点在什么位置？

13-9 大电流回路、开关节点布线的原则是什么？

13-10 为什么弱信号线及电路不能位于强信号回路内？

13-11 指出开关电源中高发热元件及热敏感元件。

第14章　开关电源重要元器件及材料简介

本章将简要介绍开关电源设计过程中常用元件的种类、基本参数及含义、选用规则。

14.1　功率二极管

在开关电源中使用的功率二极管主要有低频整流二极管(整流桥)、高频小功率开关管(如1N4148)、快恢复二极管(FRD)、超快恢复二极管(UFRD或SFRD)、SiC势垒二极管(简称SiC-SBD)、Si-SBD以及GaAs-SBD二极管。其中，Si-SBD、GaAs-SBD二极管正向导通压降小，反向恢复时间短，反向恢复损耗小，但反向漏电流较大，反向击穿电压较低，适用于高频低压大电流应用场合；FRD、UFRD以及SiC-SDB反向漏电流小，反向恢复时间较短，反向击穿电压高，但正向导通压降比Si及GaAs基底肖特基二极管大，常用于高频高压小电流整流场合；低频整流二极管(整流桥)反向恢复时间长，反向恢复损耗大，主要用于低频市电整流。

14.1.1　功率二极管的主要参数

1. 正向参数

(1) 正向导通电压V_F。V_F是额定正向电流下的正向导通电压。V_F越小，导通损耗就越小。

(2) 正向平均电流I_F。I_F与管芯面积、封装热阻、环境温度等因素有关。当环境温度升高时，必须适当减小I_F，否则二极管的结温会超出允许值。

(3) 正向脉冲电流I_{FSM}。I_{FSM}的大小体现了二极管瞬态过流能力，I_{FSM}一般比I_F大10倍以上。

2. 反向参数

(1) 最大反向电压V_{RMM}。

(2) 反向漏电流I_R。I_R决定了阻断状态的损耗，I_R越小，阻断损耗就越小。I_R随温度升高而增大。

3. 动态参数

(1) 反向恢复时间t_{rr}以及与之关联的反向恢复电荷Q_{rr}。t_{rr}越小，关断损耗就越小。其中，反向恢复电荷为

$$Q_{rr}=\frac{1}{2}t_{rr}I_{rr}$$

其中，I_{rr}为反向恢复峰值电流。

(2) 反偏状态下的结电容C_j。

14.1.2　整流二极管的开关特性及损耗

在开关电路中，整流二极管在截止(阻断)、开通、导通、关断四个状态之间轮流切换，如图 14.1.1 所示，相应地二极管损耗也包括了这四个阶段的损耗，即开通损耗、关断损耗、通态损耗、阻断损耗。

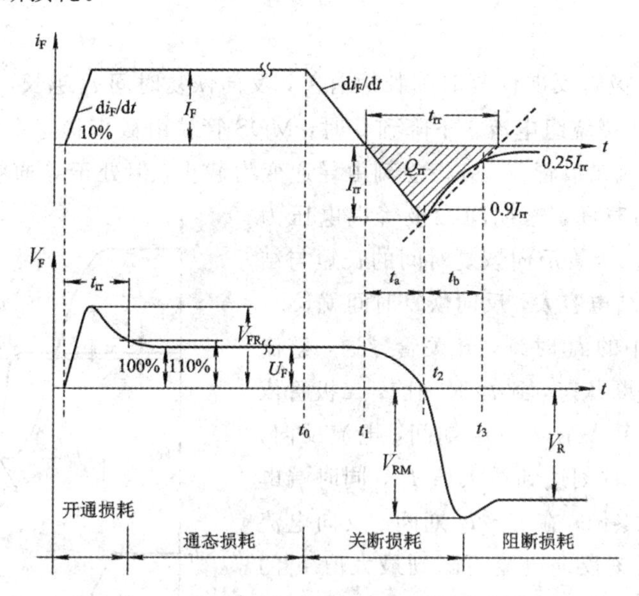

图 14.1.1　整流二极管四个工作过程及其损耗

1. 通态损耗

通态损耗即稳定导通期间的损耗 P_{Don}。P_{Don} 由二极管的导通压降 V_F 与导通期间流过二极管的平均电流 I_{DSC} 决定。CCM 模式下反激变换器次级整流二极管的导通损耗

$$P_{Don}=\frac{1}{T}\int_0^{T_{off}}V_F i_D \mathrm{d}t\, V_F\times\frac{I_{DSC}\,T_{off}}{T_{SW}}=V_F I_O$$

因此，在输出电流 I_O 一定的情况下，总希望尽可能减小二极管导通压降 V_F，以减小通态损耗。

2. 阻断损耗

阻断损耗即稳定截止期间的损耗 P_{Doff}。P_{Doff} 由反向漏电流与截止期间承受的反向电压确定。反激变换器次级整流二极管的阻断损耗

$$P_{Doff}=\frac{1}{T_{SW}}\int_0^{T_{on}}V_R I_R \mathrm{d}t=V_R I_R D=\left(\frac{U_{IN}}{n}+U_O\right)I_R D$$

从表面上看，阻断损耗 P_{Doff} 随输入电压的变化而变化，但变化幅度并不大，原因是输入电压减小，占空比 D 增加，而输入电压增大，占空比 D 减小。假设二极管反向漏电流 I_R 为10 μA，反激变换器匝比 n 为 2.4，输出电压为 45 V。当输入电压达到最小值 90 V(对应的最大占空比 D 为 0.571)时，阻断损耗

$$P_{Doff}=\left(\frac{90}{2.4}+45\right)\times 10\times 0.571\approx 0.471\ \mathrm{mW}$$

而当反激变换器输入电压达到最大值 375 V(对应的最小占空比 D 为 0.231)时，阻断损耗

$$P_{\mathrm{Doff}}=(\frac{375}{2.4}+45)\times10\times0.231\approx0.465\ \mathrm{mW}$$

显然，P_{Doff}与二极管反向漏电流的关系非常密切。在本例中，如果二极管反向漏电流 I_R 不是 10 μA，而是 10 mA，则阻断损耗将增加 1000 倍，达 471 mW。正因如此，在反激变换器中，尽量避免使用漏电流达 1 mA 以上的肖特基二极管，除非输出电压较低、输出电流较大。

3. 关断损耗

关断损耗与二极管反向恢复时间长短有关，反向恢复时间 t_{rr}越长，关断损耗就越大。在 CCM 模式下，次级绕组电流未下降到 0 时，MOS 管就由截止状态变为导通状态，次级绕组电压反向，整流二极管 V_D 应该立刻由导通变为截止，但处于导通状态的二极管变为截止时需要一定的时间，这期间二极管端电压为 $U_{NS}+U_O$(很大)。二极管反向恢复时间的长短与结电容的大小有关，结电容大，反向恢复时间就长。

在图 14.1.1 中的 t_0 时刻，开关管导通，整流二极管开始进入关断状态，到 t_1 时刻前，二极管依然正偏，端电压为 V_F；在 $t_1\sim t_2$ 期间，电流反向，且线性增加，在 t_2 时刻达到最大值 I_{rr}，同时端电压 V_F 由正偏变为零偏；在 $t_2\sim t_3$ 期间，反向电流逐渐减小，在 t_3 时刻反向电流下降到最大值 I_{rr}的 25%，端电压由最大反向峰值电压 V_{RM}下降到阻断状态下的反向电压 V_R。

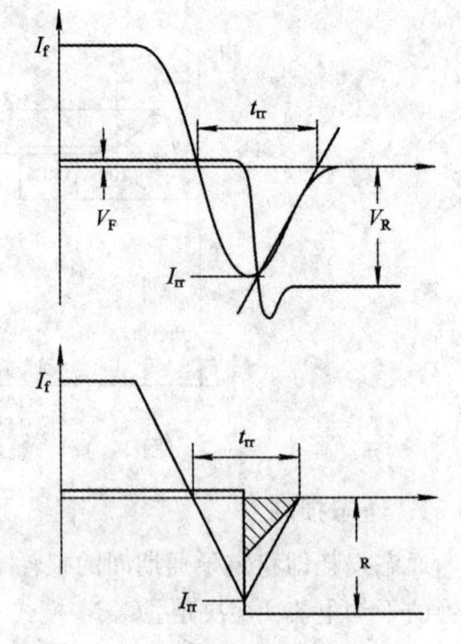

图 14.1.2　关断损耗近似计算示意图

要精确计算二极管关断损耗有一定的难度，可通过如下假设近似估算出关断损耗。假设 $t_a=t_b=t_{rr}/2$；在 t_a 时间内，二极管没有承受反向高压；在 t_b 时间内，反向恢复漏电流线性下降，且承受的反向电压为 V_R，如图 14.1.2 所示。

关断损耗：

$$P_{\mathrm{Don\text{-}off}}=V_R\times\frac{I_{rr}}{2}\times\frac{t_{rr}}{2}\times f_{SW}+V_F\times\frac{I_{rr}}{2}\times\frac{t_{rr}}{2}\times f_{SW}=0.25\left(\frac{U_{IN}}{n}+U_O+V_F\right)I_{rr}t_{rr}f_{SW}$$

$$\approx0.25\times\frac{U_{IN}}{n}+U_O\Big)\times I_{rr}\times t_{rr}\times f_{SW}$$

4. 开通损耗

开通损耗的计算过程更复杂，不过开通过冲电压幅度不大，其损耗远小于关断损耗。

14.1.3　常见整流二极管的特性

快恢复二极管(Fast Recovery Diode，FRD)常见于开关频率小于 50 kHz 的 DC - DC 变换器中，反向恢复时间 t_{rr}为 100 ns～1 μs。常用的小功率快恢复二极管有 FR101～FR107(1 A)、FR201～FR207(2 A)、FR301～FR307(3 A)、FR501～FR507(5A)，反向恢复时间约为 150～500 ns。

超快恢复二极管(Ultra Fast Recovery Diode，UFRD)常见于开关频率大于 50 kHz 的 DC－DC 变换器中，反向恢复时间 t_{rr}为 20～70 ns。常用的小功率超快恢复二极管有 ES1～ES5 系列(电流容量为 1～5 A，反向恢复时间约为 35 ns)，US1 (1 A)～US5(5 A)系列(SMA、SMB 或 SMC 封装，反向恢复时间为 50 ns)，SF1～SF16 系列(穿通封装，反向恢复时间为 35 ns)，UF4000～UF4008(1 A)系列、UF5400～UF5408(3 A)系列，反相恢复时间约为 50 ns。

FRD 和 UFRD 的共同特点是：反向耐压 V_R 高，最大可达 1000 V(如 FR307、US3M)；反向漏电流 I_R 小，一般在 50 μA 以下；正向导通电压 V_F 偏大，为 0.70～1.8 V(反向耐压越高，V_F 越大)；PN 结寄生电容小，适用于高压小电流整流场合。

SiC 基肖特基二极管(简称 SiC－SBD)的特性与超快恢复二极管(UFRD)类似，但反向恢复时间 t_{rr}很短，反向恢复损耗远小于 UFRD 二极管，高频铃振现象也很小，几乎不需要并联 RC 尖峰脉冲吸收电路，是目前较理想的高频高压整流器件，唯一缺点是正向导通电压 V_F 比 Si－SBD 二极管大，其 V_F 大小与 FRD、UFRD 二极管接近。

Si 基肖特基二极管(简称 Si－SBD)、GaAs 基肖特基二极管(简称 GaAs－SBD) 的特性与 FRD、UFRD 的特性刚好相反，其反向恢复时间 t_{rr}很短，仅为 10 ns 左右；正向导通电压 V_F 小，为 0.30～0.70 V。但反向耐压 V_R 低，一般不超过 200 V；反向漏电流 I_R 大，均在 1 mA以上；PN 结寄生电容大，适用于低压大电流场合。

常见功率整流二极管的主要特性如表 14.1.1 所示。

表 14.1.1　功率整流二极管的主要特性

参　数	低频整流二极管	FRD	UFRD	Si－SBD	GaAs－SBD	SiC－SBD
V_R/V	50～1 k	50～1 k	50～1 k	15～100	100～350	400～1 k
I_R	<100 μA	<100 μA	<100 μA	<10 mA	<10 mA	<100 μA
V_F/V	0.9～1.4	0.7～1.8	0.7～1.8	0.3～0.7	0.7～1.5	1.2～1.8
t_{rr}	>1 μs	100 ns～1 μs	20～70 ns	10～20 ns	5～10 ns	10 ns
最高结温/℃	120	120	120	120	150	175
结电容	大	小	小	大	较小	很小
整流频率	<400 Hz	<100 kHz	<300 kHz	<1 MHz	≥1 MHz	≥1 MHz
用途	市电整流	高频整流	高频整流	高频整流	高频整流	高频整流

14.2　功率 MOS 管

在开关电源中，所用功率开关管包含了 IGBT 管、Si－MOS 管，以及开关速度更快、开关损耗更小的 SiC－MOS 管与 GaN－MOS 管，它们的特性比较如表 14.2.1 所示。

表 14.2.1　常用功率开关管特性比较

参数＼种类	IGBT	Si－MOS	SiC－MOS	GaN－MOS
开关频率	低(20～100 kHz)	中	较高	较高
耐压	高(1000～2000 V)	低中高(＜1200 V)	中高(600～1800 V)	低中高
开通速度	较快	较快	快	快
关断速度	较慢	较快	快	快
寄生体二极管	无	有，反向恢复损耗大	有，反向恢复损耗小	无，但具备 Si－MOS 寄生体二极管的特性，反向恢复损耗很小，无需并联 *RC* 吸收元件
驱动电压	10～15 V	5.0～15 V	15～20 V	5.0～10 V
用途	开关元件(高压大电流)	开关元件/同步整流	高压小电流开关元件	低损耗高品质开关元件/同步整流

Si 基功率 MOS 管结构主要有 LDMOS(平面功率 MOS 管)、VVMOS(纵向 V 槽 MOS 管)、VUMOS(平底 V 槽 MOS 管)、VDMOS(垂直双扩散功率 MOS 管)和 UMOS(垂直 U 型槽 MOS 管)等，其中 VDMOS、UMOS 是当前 Si 基功率 MOS 管的主流结构。

Si－MOS 管与 SiC－MOS 管的等效电路如图 14.2.1(a)所示(未考虑 MOS 管体及引脚寄生串联电感与寄生串联电阻)，主要包含了 MOS 管、极间寄生电容、体寄生二极管。其中，SiC－MOS 管反向恢复时间短，反向恢复损耗小；EMI 小，无需在 D、S 极间并联 *RC* 吸收元件；工作温度范围大，但驱动电平与 Si－MOS 管略有区别。

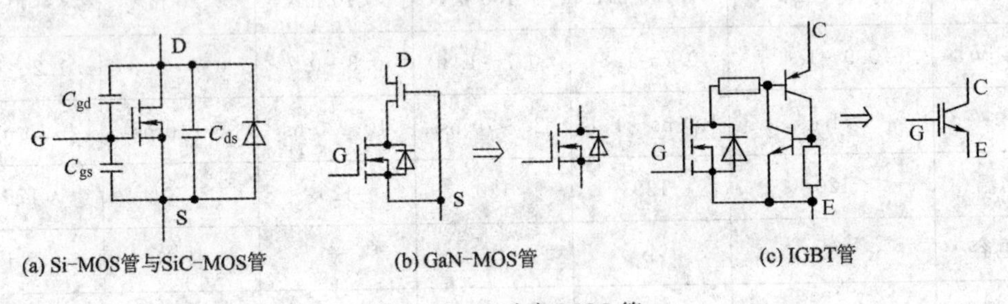

图 14.2.1　功率 MOS 管

GaN－MOS 管本质上属于 N 沟耗尽型，V_{GS}为 0 V 时已处于开通状态，需要在栅极施加负电压才能关断。为方便开关控制，一般需要与 30 V 耐压的低压 N 沟增强型 MOS 串联，构成增强型 N 沟 GaN－MOS 功率管，因此内部等效电路如图 14.2.1(b)所示(未画出极间寄生电容)。反向恢复特性仅由低压 N 沟增强型功率 MOS 管寄生的体二极管决定，反向恢复损耗小(低压 N 沟 MOS 管寄生的体二极管反向恢复时间很短)；EMI 小，无需在 D－S极并联 RC 吸收元件；其栅极驱动特性及驱动电路与低压 N 沟功率 MOS 管完全兼容，但由于串联的低压 N 沟功率 MOS 管阈值电压 $V_{GS(th)}$ 较低，要求驱动电路输出更小的低电平电压，确保 GaN－MOS 管可靠关断，极间寄生电容小，驱动电流不大；与 SiC 功率 MOS 管类似，工作温度范围比 Si－MOS 管宽，是目前最为理想的开关元件和同步整流器件。

IGBT 管可看成 N 沟增强型小功率 MOS 管与大功率 PNP 管构成的大功率复合管，等效电路如图 14.2.1(c)所示(未画出极间寄生电容)。由于输入管是 MOS 管，属于电压驱动器件，因而驱动功率小；而流过大电流的功率管为 PNP 型 BJT 三极管，在大电流状态下，饱和压降 V_{CES}小。

14.2.1　功率 MOS 管的主要参数

功率 MOS 管的参数很多，可分为极限参数、静态参数以及动态参数三大类。

1. 极限参数

V_{DSS}(或 V_{DS})：在栅极 G 与源极 S 短路(即 $V_{GS}=0$)的情况下，漏-源(s)之间最大可承受电压 V_{DSS}与静态参数中的漏-源击穿电压 $V_{(BR)DS}$的含义相同。目前功率 MOS 管 $V_{(BR)DS}$在 20～1200 V 之间，$V_{(BR)DS}$越大，导通电阻 $R_{DS(on)}$越大。

I_D：最大漏-源连续电流。I_D 是指 MOS 管正常工作时允许流过的最大漏极电流。在使用过程中，必须注意随着结温的升高，I_D 应适当减小。

I_{DM}：漏-源间允许通过的最大脉冲电流。脉冲持续时间越长，对应的 I_{DM}越小。

P_D：漏-源间能承受的最大耗散功率。该参数与封装方式、散热条件、环境温度等因素有关。

V_{GSS}：在漏极 D 与源极 S 短路(即 $V_{DS}=0$)的情况下，栅-源之间最大可承受的电压。多数 Si－MOS 管的 V_{GSS}为±20 V，少数达到±30 V。但 SiC－MOS 管的 V_{GSS}负压小，一般仅为几伏，这也是造成 SiC－MOS 管驱动电路与传统 Si－MOS 管不兼容的原因之一。

T_j：最大工作结温。T_j 通常为 150℃ 或 175℃，器件实际工作时结温不得超出该参数，并留有一定的余量。

2. 静态参数

$V_{(BR)DSS}$：漏-源击穿电压。其含义是 $V_{GS}=0$ 时 MOS 管所能承受的最大漏源电压。$V_{(BR)DSS}$具有正温度系数特性，典型值为 0.1 V/℃。在选择 MOS 管时，加在 MOS 管上的最大工作电压必须小于 $V_{(BR)DSS}$，并留有 10%(或 50 V)以上的余量。

$R_{DS(on)}$：在特定 V_{GS}、结温及漏极电流条件下 MOS 管导通时漏-源间的最大阻抗。它是一个非常重要的参数，决定了 MOS 管导通损耗的大小。V_{GS}越大，$R_{DS(on)}$越小；结温升高，$R_{DS(on)}$会有所增加。

$V_{GS(th)}$：开启电压(阈值电压)。当外加的栅-源电压 V_{GS}超过 $V_{GS(th)}$时，栅极区下方形成反型层，漏、源区连通。在 $V_{GS}=V_{DS}$的情况下，当 $I_{DS}=0.25$ mA 时，对应的 V_{GS}就称为 $V_{GS(th)}$。$V_{GS(th)}$一般会随结温的升高而有所降低。

I_{DSS}：在 $V_{GS}=0$ 时 D－S 极之间的漏电流。它实际上是寄生 PN 结(寄生体二极管)的反向饱和漏电流，随温度的升高而迅速增加。

3. 动态参数

g_{FS}：跨导，是漏极输出电流变化量 Δi_{DS}与栅源电压变化量 ΔV_{GS}之比，其大小体现了栅

源电压 V_{GS}对漏极电流 i_{DS}的控制能力。

C_{iss}：输入电容，$C_{iss}=C_{gs}+C_{gd}$。

输入电容越小，意味着所需的栅极驱动电流就越小。例如，C_{iss}为 1500 pF，那么在 50 ns时间内 u_{GS}从 0 上升到 10 V 所需的驱动电流 $i_{GS}=C_{iss}\times\frac{\Delta V_{GS}}{\Delta t}=1.5\times\frac{10}{50}=0.3$ A；如果 C_{iss}增加到 3000 pF，那么所需的驱动电流将变为 0.6 A。

C_{oss}：输出电容。$C_{oss}=C_{ds}+C_{gd}$。输出电容越小，意味着一个开关周期内输出电容充放电造成的损耗就越小，因此总希望硬开关电路中功率 MOS 管的输出电容 C_{oss}尽可能小。

C_{rss}：反向传输电容。$C_{rss}=C_{gd}$。

Q_g：栅极总电荷量。该参数与输入电容 C_{iss}关联，C_{iss}越大，Q_G 也越大。在其他条件相同的情况下，Q_g 越小，栅极驱动电流就越小。Q_g实际上是图 14.2.2(b)中 MOS 管开通期间 $t_0\sim t_4$ 时段内栅极 G 平均驱动电流 i_{GG}与时间(t_4-t_0)的乘积，即 $Q_g=i_{GG}(t_4-t_0)$。可见，Q_g越大，所需要的驱动电流就越大。

Q_{gs}：栅-源电荷量。该参数与栅-源寄生电容 C_{gs}关联，C_{gs}越大，Q_{gs}也就越大。Q_{gs}实际上是图 14.2.2(b)中 MOS 管开通期间 $t_0\sim t_2$ 时段内栅极 G 平均驱动电流 i_{GG}与时间(t_2-t_0)的乘积，即 $Q_{gs}=i_{GG}(t_2-t_0)$。

Q_{gd}：栅-漏电荷量。Q_{gd}也称为弥勒电荷，它实际上是图 14.2.2(b)中 MOS 管开通期间 $t_2\sim t_3$ 时段内栅极 G 平均驱动电流 i_{GG}与时间(t_3-t_2)的乘积，即 $Q_{gd}=i_{GG}(t_3-t_2)$。

$t_{d(on)}$：导通延迟时间。$t_{d(on)}$是从 u_{GS}上升到 10%开始直到 u_{DS}下降至其幅值的 90%所经历的时间。

t_r：上升时间。t_r 是输出电压 u_{DS}从 90%下降到 10%所经历的时间。

$t_{d(off)}$：关断延迟时间。$t_{d(off)}$是从 u_{GS}下降到 90%开始直到 u_{DS}上升至其幅值的 10%所经历的时间。

t_f：下降时间。t_f 是输出电压 u_{DS}从 10% 上升到 90% 所经历的时间。

4. 寄生体二极管参数

寄生体二极管参数包括了最大正向平均电流 I_S、最大正向脉冲电流 I_{SM}、正向导通电压 V_{DS}、反向恢复时间 T_{rr}、反向恢复电荷 Q_{rr}等。

功率 MOS 管漏-源之间寄生体二极管性能指标较差。例如，Si - MOS 的寄生体二极管的反向恢复时间 t_{rr}较长，在 100 ns～1 μs 之间(与快恢复二极管 FRD 相当)，相应地反向恢复电荷 Q_{rr}高达数百纳库仑到几微库仑，而 SiC - MOS 寄生体二极管的正向导通压降 V_{DS}又很高。因此，在实际电路中，尽量避免依赖体二极管完成某一特定功能。

14.2.2 功率 MOS 管的开关特性及损耗

在开关电源中，承担开关功能的功率 MOS 管会在截止、开通、导通、关断 4 个状态之间轮流切换，如图 14.2.2 所示。

在开关电源中承担开关功能的 MOS 管总损耗 P_D 由截止损耗 P_{off}、开通损耗 P_{off-on}、导通损耗 P_{on}、关断损耗 P_{on-off}以及输出电容充放电损耗 P_{Cds}五部分组成。

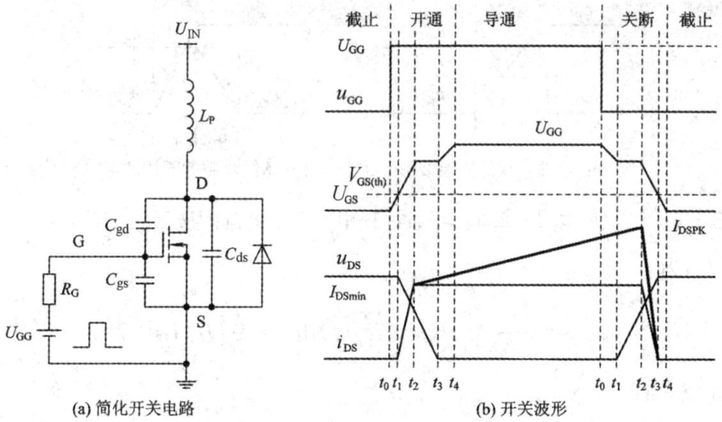

图 14.2.2　MOS 管开通及截止过程

1. 截止期

当 $u_{GS}<V_{GS(th)}$ 时，MOS 管处于截止状态。在 CCM 模式反激变换器中，截止期间 MOS 功耗为

$$P_{off}=\frac{U_{DS}I_{DSS}T_{off}}{T_{SW}}=U_{DS}I_{DSS}(1-D)$$

由于功率 MOS 管漏电流 I_{DSS}很小，一般在 10 μA 以下，因此截止期间消耗的功率 P_{off}为 mW 级，不大。

2. 开通过程及其损耗

在 t_0 时刻，栅极驱动信号 u_{GG}开始上升，经驱动信号源内阻 R_G(包括与栅极外串联的外部消振电阻)对输入电容 C_{iss}(主要是栅-源寄生电容 C_{gs})充电，u_{GS}电位逐渐上升，在 t_1 时刻，$u_{GS}=V_{GS(th)}$。可见，在 $t_0\sim t_1$ 期间，由于 $u_{GS}<V_{GS(th)}$，因此 MOS 管并未导通，I_{DS}依然为 I_{DSS}，u_{DS}也没有下降。

在 t_1 时刻后，u_{GS}电位继续上升，i_{DS}从 I_{DSS}开始线性增加，同时 u_{DS}也开始下降，直到 t_2。由于 u_{DS}开始下降，因此跨接在 G、D 之间的寄生电容 C_{gd}开始放电。

在 t_2 时刻后，u_{GS}电位不再增加，出现平顶现象，原因是 u_{DS}已经下降到接近 u_{GS}，驱动信号 U_{GG}通过电阻 R_G 开始对 C_{gd}进行反向充电(或者也可以理解为 C_{gd}米勒效应显著，等效输入电容迅速增加)，u_{DS}继续下降，直到 t_3 时刻，此时 u_{DS}下降到接近稳定导通期间的 D、S 极间电压。

在 t_3 时刻后，栅极驱动信号 U_{GG}继续通过 R_G 对输入电容 C_{iss}(包括栅-源寄生电容 C_{gs}和栅-漏寄生电容 C_{gd})充电，u_{GS}又继续上升。在 t_4 时刻，u_{GS}电位达到 U_{GG}，输入电容充电过程结束，MOS 管进入稳定的导通状态。对于电阻性负载来说，i_{DS}也达到稳定值 I_{DS}，如图 14.2.2(b)中的细实线，而对于感性负载来说，i_{DS}将继续线性增加，如图 14.2.2(b)中的粗实线。

要精确计算开通过程的功耗 P_{off-on}有难度，对于阻性负载来说，在开通过程中 i_{DS}与 u_{DS}几乎同步变化，持续时间大致为 t_r，如图 14.2.3(a)所示；对于感性负载来说，在开通过程 i_{DS}与 u_{DS}变化不同步，最恶劣的情况是 i_{DS}已上升到稳定值 I_{DS}，u_{DS}才开始下降，如图 14.2.3(b)所示。

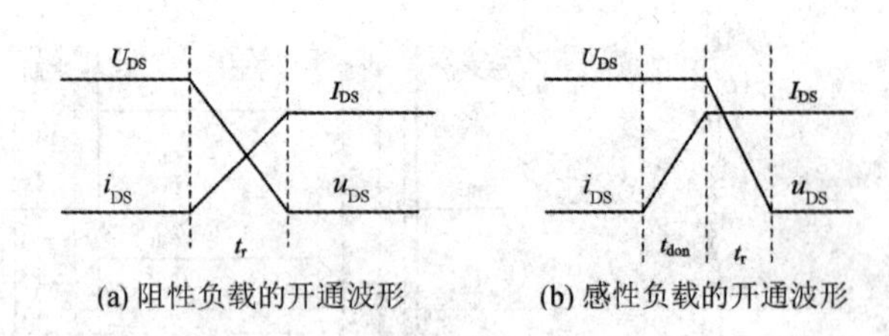

(a) 阻性负载的开通波形　(b) 感性负载的开通波形

图 14.2.3　开通过程中电压、电流的波形

对于电阻性负载，有

$$P_{\text{off-on}} = \frac{1}{T_{SW}}\int_0^{t_r} u_{DS}(t)i_{DS}(t)\mathrm{d}t = \frac{1}{6}U_{DS}I_{DS}t_r f_{SW}$$

对于感性负载，有

$$P_{\text{off-on}}=\frac{1}{T_{SW}}\left(\frac{I_{DS}}{2}U_{DS}t_{don}+\frac{U_{DS}}{2}I_{DS}t_r\right)=\frac{1}{2}\times U_{DS}I_{DS}(t_{don}+t_r)f_{SW}$$

由此可见，感性负载的开通损耗比阻性负载大。对于具有 ZVS 开通特性的变换器，MOS 管开通损耗会很小。

不过在实际应用中，尽管感性负载的开通损耗比阻性负载大，但也达不到上式估算值那么高。

3. 导通期及其损耗

当 $u_{GS}>V_{GS(th)}$ 时，MOS 管处于稳定导通状态。导通期间 MOS 的功耗为

$$P_{on}=R_{DS(on)}I_{DSrms}^2$$

导通损耗 P_{on} 与导通电阻 $R_{DS(on)}$ 成正比，与一个开关周期 T_{SW} 内流过 MOS 管的电流有效值 I_{DSrms} 的平方成正比。

4. 关断过程及其损耗

在 t_0 时刻，栅极驱动信号 u_{GG} 跳变为 0，输入电容 C_{iss} 通过内阻 R_G 放电，u_{GS} 电位逐渐下降，直到 t_1 时刻。但在 $t_0\sim t_1$ 期间，u_{DS} 基本不变，对阻性负载来说，i_{DS} 基本不变；而对于感性负载来说，i_{DS} 仍在线性增加。

在 t_1 时刻后，由于 u_{GS} 电位比导通状态小，导通电阻 $R_{DS(on)}$ 略为升高，使 u_{DS} 开始上升。跨接在 G、D 之间的寄生电容 C_{gd} 开始放电，米勒效应明显，结果 u_{GS} 电位基本维持不变，直到 t_2 时刻。在此期间，i_{DS} 的变化情况与 $t_0\sim t_1$ 期间基本相同。

在 t_2 时刻后，u_{GS} 电位继续下降，u_{DS} 继续上升，跨接在 G、D 之间的寄生电容 C_{gd} 开始反向充电，原因是 u_{DS} 已经上升到接近 u_{GS}，驱动信号 U_{GG} 通过电阻 R_G 开始对 C_{gd} 进行反向充电，i_{DS} 迅速下降到 I_{DSS}，直到 t_3 时刻。

在 t_3 时刻后，$u_{GS}<V_{GS(th)}$，MOS 管进入截止状态，栅-源寄生电容 C_{gs} 继续放电，u_{GS} 电位继续下降。到达 t_4 时刻后，u_{GS} 电位接近 0，MOS 管也就进入稳定的截止状态，完成了关断操作过程。

要精确计算关断过程的功耗 $P_{\text{on-off}}$ 也有难度，对于阻性负载来说，在关断过程中，i_{DS} 与 u_{DS} 几乎同步变化，持续时间大致为 t_f，如图 14.2.4(a)所示；对于感性负载来说，在关断过程中，i_{DS} 与 u_{DS} 不同步变化，最恶劣的情况是 u_{DS} 已经上升到稳定值 U_{DS}，而 i_{DS} 才开始下降，

如图 14.2.4(b)所示。

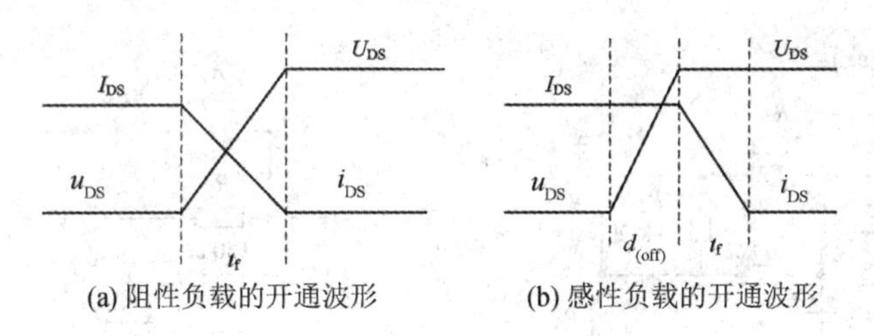

(a) 阻性负载的开通波形　(b) 感性负载的开通波形

图 14.2.4　关断过程电压电流波形

对于电阻性负载，有

$$P_{on\text{-}off} = \frac{1}{T_{SW}}\int_0^{t_f} u_{DS}(t)i_{DS}(t)\mathrm{d}t = \frac{1}{6}U_{DS}I_{DS}t_f f_{SW}$$

对于多数功率 MOS 管来说，由于下降时间 t_f 小于上升时间 t_r，因此电阻性负载的关断损耗小于开通损耗。

对于感性负载，有

$$P_{on\text{-}off} = \frac{1}{T_{SW}}\left(\frac{I_{DS}}{2}U_{DS}t_{d(off)} + \frac{U_{DS}}{2}I_{DS}t_f\right) = \frac{1}{2}U_{DS}I_{DS}(t_{d(off)} + t_f)f_{SW}$$

对于多数功率 MOS 管来说，关断延迟时间 $t_{d(off)}$ 远远大于开通延迟时间 $t_{d(on)}$。此外，对于感性负载来说，在 MOS 导通期间，电感电流 i_L 线性增加，关断时电感电流达到峰值 $I_{LPK} = I_{DS}$，大于开通时的 I_{DS}。因此，感性负载的关断损耗大于开通损耗。对于具有 ZCS 关断特性的变换器，MOS 管的关断损耗 $P_{on\text{-}off}$ 很小。

5. 输出电容 C_{oss} 充放电造成的损耗

承担开关功能的 MOS 管，在一个开关周期内输出电容 C_{oss} 显然会经历放电-充电过程，其造成的损耗

$$P_{CDS} = \frac{1}{2}C_{oss}U_{DS}^2 f_{SW}$$

使用该式计算输出电容的充放电损耗时，一定要注意 U_{DS} 的大小，其原因是 MOS 管数据手册中给出的 C_{oss} 数据是在 $U_{DS} = 25$ V 条件下的测试结果，而实际情况是随着 U_{DS} 的增加，C_{oss} 会迅速减小。

14.2.3　功率 MOS 管的常见驱动电路

在开关电源中，功率 MOS 管的驱动电路形式与驱动信号的性质有关。

1. PWM 控制芯片输出信号驱动功率 MOS 管

如果 MOS 管驱动信号直接由 PWM 控制芯片产生，相对于 MOS 管源极 S 来说，驱动脉冲低电平为 0，高电平为 10～20 V，则可以采用如图 14.2.5 所示的驱动方式。

在图 14.2.5(a)中，MOS 管输入电容 C_{iss} 充、放电过程均通过限流电阻 R_1，因此 C_{iss} 充、放电速率相同，R_1 阻值与 PWM 芯片输出驱动信号的幅度、MOS 管输入电容 C_{iss} 的大小有关，一般取值在 3.3～30 Ω 之间。R_1 阻值偏大，则开通、关断过程的持续时间长，损耗大；R_1 偏小，则 MOS 管栅-源驱动信号可能存在上冲或下冲，容易恶化 EMI 指标，甚至损

坏 MOS 管。当然，用直流磁珠替换电阻 R_1 效果会更好。

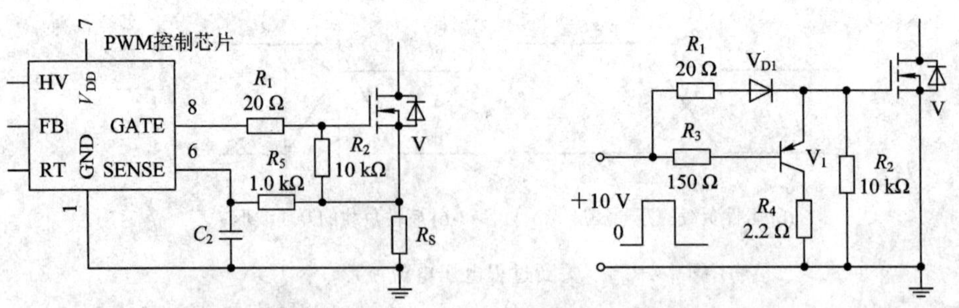

(a) 开通、关断速率相同的驱动方式　　(b) 开通速率慢、关断速率快的驱动方式(未画出PWM控制芯片)

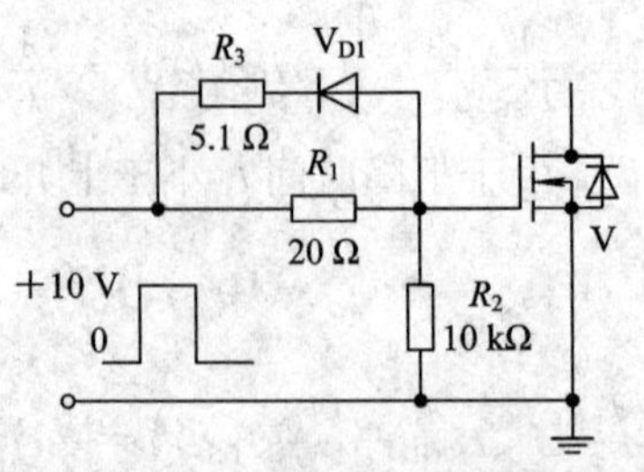

(c) 开通、关断速率独立可控的驱动方式

图 14.2.5　由 PWM 输出信号驱动

在图 14.2.5(b)中，采用有源快速放电电路，当驱动脉冲电平下降到某一特定值后，V_1 管导通，放电速率由电阻 R_4 决定。放电阻断二极管 V_{D1} 一般不能省略，否则在驱动脉冲下沿开始及结束阶段会因为 R_1 端电压偏小，造成 V_1 管截止，可能会延缓 MOS 管的关断进程。

在图 14.2.5(c)中，MOS 管输入电容 C_{iss} 充电限流电阻为 R_1，放电限流电阻为 R_3，因此充、放电速率单独可控制，但驱动效果不如图 14.2.5(b)好。

2. 由变压器绕组驱动

当功率 MOS 管由变压器绕组驱动时，驱动脉冲高低电平绝对值相等，符号相反，即驱动脉冲低电平不是 0，而是负电压，因此可使用图 14.2.6 所示的驱动电路。

对于图 14.2.6(a)来说，辅助绕组 N_D 输出的脉冲电压经限流电阻 R_1 施加到 MOS 管栅-源极之间，因此 u_{GS} 波形与绕组输出波形相似，同样存在负电压；在图 14.2.6(b)中，耦合电容 C_1 的容量取 47～100 nF 之间，远大于 MOS 输入电容 C_{iss}，因此当驱动脉冲为“上负下正”时，耦合电容 C_1 电压极性为“左负右正”，大小接近驱动脉冲幅度，于是在驱动脉冲上升沿过后，u_{GS} 正脉冲幅度接近驱动绕组输出电压的两倍，因此当绕组输出驱动脉冲幅度偏小时，应优先采用该驱动电路；在图 14.2.6(c)中，当驱动脉冲为“上正下负”时，u_{GS} 高电平幅度接近驱动绕组 N_D 输出脉冲信号的幅度，而当驱动脉冲变为“上负下正”时，二极管 V_{D2} 导通，使电容 C_1 快速放电，并触发 V_1 导通，使 MOS 管 V 输入电容 C_{iss} 快速放电，强迫 V 管迅速截止。

在图 14.2.5、14.2.6 所示的 MOS 管驱动电路中，开通限流电阻 R_1 取值在 3.3 Ω～30 Ω 之间，大小与 MOS 管输入电容 C_{iss}、栅极驱动信号源内阻 R_g 有关。

根据导通延迟时间 $i_{d(on)}$、上升时间 t_r 的含义，开通瞬间栅极所需的驱动电流 i_{GS} 与 MOS 管数据手册中给出的栅-源电荷 Q_{gs}、栅-漏电荷 Q_{gd} 之间的关系大致如下：

$$i_{GG}=\frac{Q_{gs}+Q_{gd}}{t_{d(on)}+t_r}$$

例如，某型号功率 MOS 管 $t_{d(on)}$ 为 16 ns、t_r 为 14 ns，而栅-源电荷 Q_{GS} 为 6 nC、栅-漏电荷 Q_{gd} 为 13 nC，则开通瞬间流过栅极的驱动电流 $i_{GG}=\frac{Q_{gs}+Q_{gd}}{t_{d(on)}+t_r}=\frac{6+13}{16+14}=0.633$ A。如果栅-源驱动脉冲幅度为 10 V，则包含驱动信号源内阻在的开通限流电阻 $(R_G+R_D)=\frac{U_{GG}}{i_{GG}}=\frac{10}{0.633}=15.8\ \Omega$。

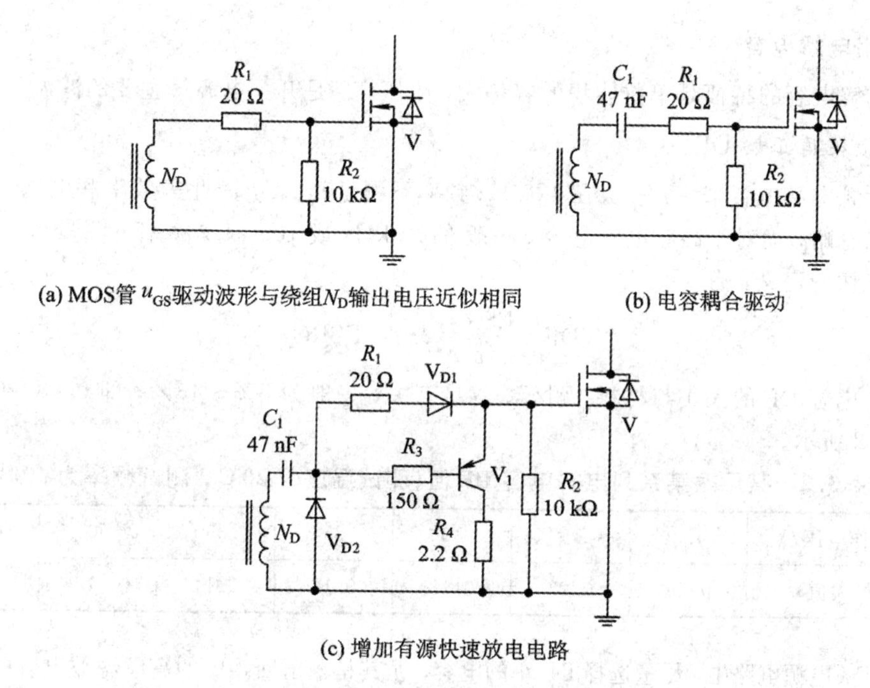

图 14.2.6　驱动脉冲信号由变压器绕组提供

14.3　常用电容

14.3.1　电解电容

在开关电源中常用电解电容对输出电压进行平滑滤波。根据等效串联电阻 ESR 的大小，可将电解电容分为低频电容(主要用于低频，如工频滤波)和高频电容(主要用于 DC－DC 变换器的高频滤波)两大类。

体现电解电容性能指标的参数有很多，如表 14.3.1 所示。在电解电容诸多重要参数中，除了电类技术人员容易理解的参数，如容量(单位为 μF)、耐压(单位为 V)、工作温度范围、漏电流大小、外形尺寸等参数外，还包含损耗角正切(也称为损耗因子，用 DF 表示)、温度特性、频率因子、最大纹波电流等其他需要一定专业知识才能理解的参数。

表 14.3.1　电解电容的重要参数

参数	典型值	备注	参数	典型值	备注
容量	≥1 μF	单位体积容量越大越好	DF	0.08～0.45	小好
耐压	6.3～450 V	已系列化	最大纹波电流	—	大好
漏电流	—	与材料及容量有关，尽可能小	纹波电流-频率系数	—	大好
最高工作温度	85℃、105℃	尽可能高	低温阻抗比	—	小好
寿命	1000h 以上	尽可能长	外形尺寸	—	小好

1. 铝电解电容

铝电解电容的特征是单位体积的容量大，耐压高，是开关电源最主要的滤波元件。

1）损耗角正切 DF

对低频电解电容来说，一般在 120 Hz 频率下测量其 DF，因此等效串联电感 L 的影响完全可以忽略；而对于高频电解电容，一般在 10 kHz 或 100 kHz 频率下测量其 DF。根据损耗角正切的定义，有

$$\mathrm{DF}=\frac{\mathrm{ESR}}{X_C}=2\pi f_{120}\mathrm{ESRC}$$

电解电容 DF 的大小与材料、耐压、容量有关，一般为 8%～45%，即 0.08～0.45，如表 14.3.2 所示。

表 14.3.2　某厂家某系列电解电容 DF 值(测试温度为 20℃，测试频率为 120 Hz)

额定工作电压/V	6.3	10	16	25	35	50	160～450
DF(最大值)	0.26	0.22	0.18	0.16	0.14	0.12	0.15

在开关电源电路中，尽量选择 DF 小的电容，尤其是输出回路中的高频滤波电容(有时也称为输出滤波电容)的 DF 要尽可能小，而市电整流后滤波用电解电容的 DF 大一点也问题不大。

由于 $\mathrm{ESR}=\frac{\mathrm{DF}}{2\pi f_{120}C}$，因此 DF 越小，意味着等效串联电阻 ESR(包括了介质极化损耗等效电阻与引脚寄生电阻)越小，通过相同纹波电流(有效值)引起的损耗就越小，温升也就越低。

这也意味着，在 DF 一定的情况下，滤波电容 C 的容量不能太小，否则在相同纹波电流下，损耗会增加，引起变换器效率下降，同时会加剧电容内部的温升，缩短电容的寿命。

2）最大纹波电流

由于 ESR 电阻的存在，电容在不断重复充电、放电的过程中，交流分量(即纹波电流)流经电容时必然会使电容发热，导致电容内部温度升高，而每一电容均有特定的上限工作温度，如 85℃、105℃或 125℃。所谓最大纹波电流，是在特定频率下电容温升不超过上限工作温度时允许流过的交流电流。例如，耐压为 400 V、容量为 47 μF 的电解电容，在 120 Hz 频率下，最大纹波电流为 0.42 A。在耐压相同的情况下，容量越大，ESR 就越小，允许流过的纹波电流也就越大。

在选择滤波电容时，实际流过电容的纹波电流必须小于允许的最大纹波电流，否则电容内部温度就可能超出允许值。

3) 纹波电流-频率系数(Multiplier for Ripple Current)

生产厂家一般仅给出 120 Hz 或 100 kHz 频率下电容允许通过的最大纹波电流有效值，并不会给出所有频率下电容允许通过的最大纹波电流。为此，提供了纹波电流-频率系数参数，如表 14.3.3 所示。

表 14.3.3　某厂家某系列电解电容纹波电流-频率修正系数

频率	50(60)Hz	100(120)Hz	1000 Hz	10 kHz	≥100 kHz
系数	0.25	0.50	0.80	0.90	1.00

一般规律是：在最高工作频率上限范围内，频率越高，允许通过的纹波电流越大。通过该参数可以求出指定频率下的 ESR。

尽管不同频率下等效串联电阻 ESR_f 及最大允许通过的纹波电流 I_f 不同，但消耗功率相同，即

$$I_{120Hz}^2 \times ESR_{120Hz} = I_f^2 \times ESR_f$$

由此可知，在特定工作频率下，等效串联电阻(在计算开关电源输出纹波电压时，往往需要知道输出滤波电容在特定频率下的 ESR 值)，即

$$ESR_f = \frac{I_{120Hz}^2}{I_f^2} \times ESR_{120Hz} = \left(\frac{I_{120Hz}}{I_f}\right)^2 \times ESR_{120Hz}$$

假设 47 μF/400 V 电容在 120 Hz 频率下的 DF 为 0.15，即 $ESR_{120Hz} = \frac{DF}{2\pi fC} \approx 4.23\ \Omega$，则

$$ESR_{100kHz} = \left(\frac{I_{120Hz}}{I_{100kHz}}\right)^2 \times ESR_{120Hz} = \left(\frac{0.5}{1}\right)^2 \times 4.23 = 1.06\ \Omega$$

高频(如 100 kHz)下纹波电流系数越大，低频(如 120 Hz)下纹波电流系数越小，则高频下等效串联电阻 ESR 就越小，说明该电容更适合在高频状态下工作。

4) 温度系数

电解电容的参数对温度较为敏感，尤其在低温状态下，容量会变小。因此，生产厂家一般会提供不同温度下电容的阻抗比，如表 14.3.4 所示。

由于测试频率低，寄生电感的影响可忽略，而 ESR 一般仅占 10%～20%，因此不同环境温度下的阻抗比基本上体现了电容值的变化。

表 14.3.4　某厂家某系列电解电容在不同温度下的阻抗比(测试频率为 120 Hz)

额定工作电压/V	6.3	10	16	25	35	50	63	100	160～250	160～250
$Z(-25℃)/Z(20℃)$	4	3	2	2	2	2	2	2	3	6
$Z(-40℃)/Z(20℃)$	8	6	4	3	3	3	3	3	4	8

可见，铝电解电容低温特性很差，例如对于耐压为 50 V 的铝电解电容，若 $Z(-25℃)/Z(20℃)$ 为 2，则意味着在 −25℃ 环境温度下，容量只有 20℃ 环境温度下的一半左右。

此外，由表14.3.4也可以看出，低温/常温阻抗比与电容耐压值有关，16 V以下及160 V以上耐压电容在低温下的阻抗更大(即低温下容量下降更加明显)。

也正因如此，含电解电容的开关电源需要在低温下测试其启动、工作状态是否正常。

5) 寿命

普通铝电解电容的寿命一般在1000～3000 h，长寿命品种在3000～8000 h，超长寿命品种在8000～12 000 h。

电解电容在使用过程中，电解液会逐渐干枯，造成容量下降，损耗角正切DF增加(意味着ESR等比例增加)，漏电流增大。当以上三个参数中的任何一个参数超出允许范围时，均认为电容已处于失效状态。

影响铝电解电容寿命的主要因素是工作温度(环境温度与纹波电流引起的温升)。寿命与环境温度及纹波电流的大致关系如图14.3.1所示，其中横轴为环境温度，纵轴为实际纹波电流 I_A 与额定纹波电流 I_R 之比。

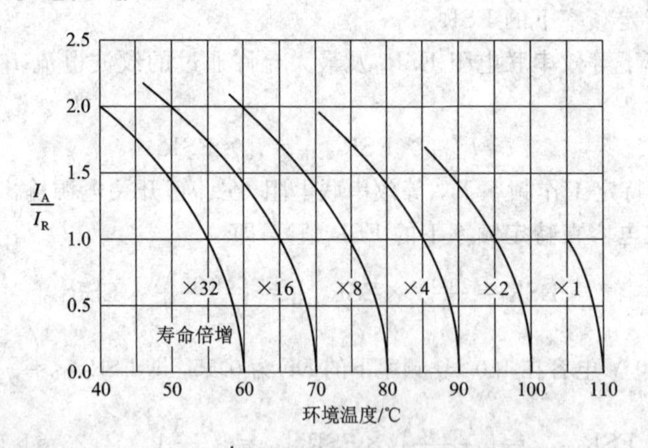

图14.3.1　寿命与环境温度及纹波电流的关系

例如，对于在105℃环境下寿命为5000小时的电解电容，如果环境温度下降到75℃以内，且纹波电流小于额定值，则寿命大约会延长8倍，即达到40 000小时。

由环境温度以及纹波电流在ESR电阻上发热引起的温升决定了电容的寿命，铝电解电容寿命的经验值为

$$L=L_d\times 2^{\frac{T_0-T}{10}}\times K^{-\frac{\Delta T}{10}}$$

其中，L_d 为直流工作电压下的使用寿命(即电容标称寿命)；T_0 为电容工作温度上限值(单位为℃)；T 为环境温度(单位为℃)；K 为纹波电流加速因子，当纹波电流在允许范围内时 K 取2，当纹波电流超出允许范围时 K 取4；ΔT 为电容中心温升(单位为℃)。

这意味着：环境温度每降低10℃，电容寿命延长一倍；在纹波电流允许范围内，纹波电流引起的温升，每升高10℃，电容寿命缩短为原来的一半；在纹波电流允许范围外，纹波电流引起的温升，每升高10℃，电容寿命缩短为原来的1/4。

而由纹波电流引起的中心温升

$$\Delta T=\frac{I^2\mathrm{ESR}}{AH}$$

其中，I 为纹波电流有效值(A)；ESR为等效串联电阻(Ω)；A 为电容器的表面积(cm^3)；H

为散热系数，约为$(1.5\sim2.0)\times10^{-3}$。对于最高工作温度为85℃的电容来说，$\Delta T$应控制在10℃以内；对于最高工作为105℃的电容来说，ΔT应控制在5℃以内。实际上，电容器生产厂家就是按该原则确定最高工作温度下的最大纹波电流的。

例如，某尺寸电容在105℃条件下，厂家注标的最大纹波电流为0.89 A，则当纹波电流为0.50 A时，电容中心温升为

$$\Delta T=\left(\frac{I}{I_0}\right)^2\times\Delta T_0=\left(\frac{0.5}{0.89}\right)^2\times5\approx1.6℃$$

由于测量电容的中心温度存在一定的困难，因此只能通过测量电容的表面温度推算出其中心温度，而两者之间存在较大的温差，大小与电容体的直径有关，如表14.3.5所示。

表14.3.5 电容中心温升与表面温升之间的关系

电容体直径/mm	≤10	14.5～16	18	22	25	30	35
中心温升/表面温升	1.1	1.2	1.25	1.3	1.4	1.6	1.65

可见，直径越大的电容，其散热效果越差。因此，在开关电源中，有时会使用数只小直径电容并联获得等容量的大电容。

纹波电流引起的温升大小受环境温度限制，环境温度低，纹波电流温升可以大一点，如表14.3.6所示。

表14.3.6 环境温度、最大温升及中心温度的关系

环境温度 T_a/℃	40	55	65	85	105
最大温升 ΔT/℃	30	30	25	15	5
中心温度/℃	70	85	90	100	110

2. 钽电解电容

与铝电解电容相比，钽电解电容的特征是单位体积容量大，DF小，但钽电解电容耐压低，过压击穿时容易引起明火，因此在开关电源中一般尽量避免使用钽电解电容。

14.3.2 瓷片电容

贴片电容介质多为陶瓷材料，根据陶瓷材料稳定性的不同，将贴片电容分为Class 1（温度补偿型）和Class 2（温度稳定型）两大类。其中，Class 1类贴片电容，如C0G（NPO，即独石电容）、U2J等电容的优点是其容量几乎不随温度、直流偏压变化，介质损耗低，但容量小、价格高；而Class 2类贴片电容的容量稳定性较差，其容量会随温度、直流偏压、存储及使用时间变化，介质损耗也较大，但容量密度大，价格低。Class2类陶瓷贴片电容往往用3个代码分别表示其下限及上限的工作温度、静态容量误差，如图14.3.2所示。

C0G电容稳定性很高，介质损耗小，但单位体积容量小，主要用在高频电路中，如晶体振荡电路中。常见的X7R贴片电容稳定性较高，介质损耗较小，工作温度范围宽（－55～＋125℃），容量较大，主要作为开关电源、低频模拟、数字电路的滤波或去耦电容，可部分替代体积较大的聚酯类材质CBB电容。Y5V、Y5U、Z5V贴片电容稳定性较差，损耗较大，

但单位体积容量大，可部分替代低容量低耐压铝或钽电解电容。多层陶瓷贴片电容的特性如表 14.3.7 所示。

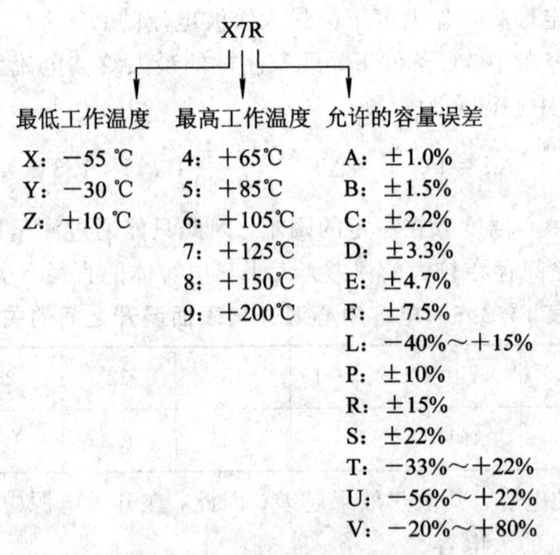

图 14.3.2　*Class* 2 陶瓷电容特定代码的含义

表 14.3.7　多层陶瓷贴片电容的特性

材　质	DF	工作温度/℃	温度系数
C0G(NPO)	≤0.5%(5 pF 以下) ≤0.15%(5 pF 以上)	−55～125	$(30\sim60)\times10^{-6}$/℃
X7R	≤2.5%	−55～125	15%
Y5V	≤5.0%	−25～85	60%～30%

值得注意的是，对于 Class 2 多层陶瓷贴片电容来说，生产厂家给出的标称容量往往是静态容量(即直流偏压为 0 时的容量)，施加直流偏压后，实际容量将小于标称容量。例如，对于 6.3 V 耐压贴片电容，当端电压为 3.3 V 时，容量会下降 25%左右，而端电压为 5.0 V 时，容量会下降 60%左右，即贴片陶瓷电容的容量会随端电压增加而迅速下降。也正因如此，除 C0G 贴片电容外，在振荡电路中不宜使用 X7R、Y5U、Y5V 等贴片电容作为参数电容，只能被迫使用体积较大的有机薄膜电容，如聚苯乙烯电容、聚丙烯电容；在反馈补偿环路中，只能使用 X7R 或 C0G 材质的贴片电容，不能使用稳定性很差的 Y5V 或 Y5U 电容。也正因为这样，所用多层陶瓷贴片电容的标称耐压应尽可能高一些，在电路中电容两端的最大端电压一般控制在标称耐压的 50%。

14.3.3　有机薄膜电容

有机薄膜电容介质为有机薄膜材料，主要包括涤纶电容、聚丙烯电容(包括金属化聚丙烯电容)、聚乙酯电容(包括金属化聚乙酯电容)、聚酯电容、聚苯乙烯电容、聚碳酸酯电容等，主要特性如表 14.3.8 所示。

表 14.3.8 常用有机薄膜电容的特性

种 类	特 点			
	耐压/V	介质损耗(1 kHz，25℃)	绝缘电阻	用 途
聚乙酯电容	50～100(偏低)	1%	大	容量较小，通用滤波、耦合
金属化聚乙酯电容	100～630(中等)	1%	大	容量较大，通用滤波、耦合
金属化聚酯电容	50～630	0.8%	大	滤波
涤纶电容	63～630	0.3%～0.7%	大	滤波
金属化涤纶电容	63～630	0.7%	大	滤波，体积较小，但损耗较大，温度系数略高
聚丙烯电容	250～630(中等)	0.1%(小)	大	高频电路中的滤波、耦合
金属化聚丙烯电容	100～1600(中等)	0.1%(小)	大	容量大，稳定性好，寄生电阻小，电流冲击特性好，可作高频电路(如开关电源电路)中的滤波、缓冲、耦合电容
聚苯乙烯电容	100～30 000	0.01%(很小)	大	容量小，稳定性好，是信号处理滤波电路中的首选电容

14.4 漆包线参数

漆包线种类、品种很多，其绝缘电压等级、耐热性能、抗腐蚀能力等性能指标均略有不同，表 14.4.1 给出了常用漆包线的种类及其主要特性。

表 14.4.1 常用漆包线的种类及其主要特性

类别	型号	名称	耐热等级	特 点	主要用途
油性漆包线	Q	油性漆包圆铜线	A (105℃)	(1) 漆膜均匀； (2) 耐溶剂性差	中、高频线圈及仪表电器等的线圈
缩醛漆包线	QQ-1 QQ-2	缩醛漆包圆铜线	B (130℃)	(1) 漆膜均匀，热冲击性好； (2) 漆膜耐刮性好； (3) 耐解性能好	普通中小型电机、微电机绕组、油浸变压器的线圈，电器、仪表等的线圈
聚氨酯漆包线	QA-1 QA-2 QA-3	聚氨酯漆包圆铜线	E (120℃)	(1) 高频下介质损耗角小； (2) 可直接焊接，不需刮去漆膜	要求 Q 值稳定的高频线圈，电视机线圈和仪表用线圈
环氧漆包线	QH-1 QH-2	环氧漆包圆铜线	E (120℃)	(1) 耐水解性能好； (2) 耐潮性好； (3) 耐酸碱腐蚀、耐油性好	油浸变压器的线圈和耐化学腐蚀、耐潮湿电机的绕组

续表

类别	型号	名称	耐热等级	特 点	主要用途
聚酯漆包线	QZ-1 QZ-2	聚酯漆包圆铜线	B (130℃)	(1) 在干燥和潮湿条件下，耐电压击穿性能好； (2) 软化击穿性能好	适用于中小电机的绕组，以及干式变压器和电器仪表的线圈
聚酰亚胺漆包线	QY-1 QY-2	聚酰亚胺漆包圆铜线	C (220℃)	(1) 漆膜的耐热性是目前漆包线中最佳的一种； (2) 软化击穿及热冲击性好，能承受短时间过载负荷； (3) 耐低温性优； (4) 耐辐射性优； (5) 耐溶剂及化学药品腐蚀性优	耐高温电机的绕组，干式变压器、密封式继电器的线圈
聚酯亚胺漆包线	QZY-1 QZY-2	聚酯亚胺漆包圆铜线	F (155℃)	(1) 在干燥和潮湿条件下，耐电压击穿性能优； (2) 热冲击性能较好； (3) 软化击穿性能较好	高温电机和制冷装置中电机的绕组，以及干式变压器和电器仪表的线圈
聚酰胺酰亚胺漆包线	QXY-1 QXY-2	聚酰胺酰亚胺漆包圆铜线	C (200℃)	(1) 耐热性优，热冲击及击穿性能优； (2) 耐刮性好； (3) 在干燥和潮湿条件下耐击穿电压高； (4) 耐化学药品腐蚀性能好	高温重负荷电机、牵引电机、制冷设备电机的绕组，干式变压器和电气仪表的线圈，以及密封式电机的绕组
特种漆包线	QAN	自黏直焊漆包圆铜线	E (120℃)	在一定温度时间条件下不需刮去漆膜，可直接焊接，同时不需浸渍处理，能自行黏合成形	微型电机、仪表的线圈和电子元件，无骨架的线圈

表 14.4.1 中：

(1) 缩醛漆包线(QQ-1 及 QQ-2)具有良好的机械强度，附着性好，但耐潮性能差，热软化击穿温度低，目前仅用作油浸变压器、充油电机的绕组。

(2) 普通聚酯漆包线的耐热等级为 130℃，改性聚酯漆包线的耐热等级为 155℃。其优点是机械强度高，并具有良好的弹性，耐刮，附着力强，是我国目前生产量最大的漆包线品种，约占三分之二，广泛应用在各种电机、电器仪表、电信器材及家电产品中；缺点是耐热冲击性能差，耐潮性能较差。

(3) 聚氨酯漆包线(QA)的最大特点是可以直焊，无需去漆，高频特性好，易着色，耐潮湿，广泛应用于家电和精密仪器、电信仪表中；其不足是机械强度稍差，耐热性能不好，大规格线径的柔韧性和附着性较差，因此 QA 线以中小及微细线径为主。

(4) 聚酯亚胺/聚酰胺复合漆包线(QZY)的特征是热冲击性能好，软化击穿温度高，机械强度优良，耐溶剂及耐冷冻剂性能均较好；其缺点是在封闭条件下易水解，广泛用作耐热要求较高的电机、电器仪表、电动工具、电力干式变压器等绕组。

(5) 聚酯亚胺/聚酰胺酰亚胺复合层漆包线(QXY)是目前国内外使用较为广泛的耐热

漆包线，其耐热等级为 200℃。其特点是耐热性高，还具有耐冷冻剂、耐严寒、耐辐射等特性，机械强度高，电气性能稳定，超负荷能力强，广泛应用于冰箱压缩机、空调压缩机、电动工具、防爆电动机，以及高温、高寒、高辐射、超负荷等条件下使用的电机与电器中。

DC－DC 变换器中的电感或变压器所用的漆包线以 QA－1(薄漆膜聚氨酯漆包圆铜线，由于漆膜厚度小，只能用作非隔离、低压电感类绕线)、QA－2(厚漆膜聚氨酯漆包圆铜线，能满足一般绝缘要求)、QA－3(特厚漆膜聚氨酯漆包圆铜线，只用在对绝缘等级有特殊要求的变压器中)以及 QAN 为主，原因是聚氨酯漆包线可以直接浸锡焊接，无需除漆操作。

常用漆包线裸铜直径、外径、电阻率如表 14.4.2 所示。

表 14.4.2　常用漆包线裸铜直径、外径及电阻率(摘选)

裸铜直径 /mm	直流电阻 20℃/(Ω/m)	外径 /mm		裸铜直径 /mm	直流电阻 20℃/(Ω/m)	外径 /mm	
		QZ－2 QY－2	QA－2			QZ－2 QY－2	QA－2
0.063	5.484	0.083	0.083	0.450	0.108	0.513	0.513
0.071	4.318	0.091	0.091	0.500	0.087	0.566	0.566
0.080	3.401	0.101	0.101	0.530	0.077	0.600	—
0.090	2.678	0.113	0.113	0.560	0.069	0.630	0.630
0.100	2.176	0.125	0.125	0.600	0.060	0.674	0.674
0.112	1.735	0.139	0.139	0.630	0.055	0.704	0.704
0.118	1.563	0.145	—	0.670	0.048	0.749	0.749
0.125	1.393	0.154	0.154	0.710	0.043	0.789	0.789
0.140	1.110	0.171	0.171	0.750	0.039	0.834	—
0.160	0.850	0.194	0.194	0.800	0.034	0.884	0.884
0.180	0.672	0.217	0.217	0.850	0.030	0.939	—
0.200	0.544	0.239	0.239	0.900	0.027	0.989	0.989
0.224	0.433	0.266	0.266	1.000	0.022	1.094	1.094
0.250	0.348	0.297	0.297	1.060	0.019	1.157	1.157
0.280	0.278	0.329	0.329	1.120	0.017	1.217	1.217
0.315	0.219	0.367	0.367	1.180	0.016	1.279	1.279
0.355	0.173	0.411	0.411	1.250	0.014	1.349	1.349
0.380	0.151	0.439	0.439	1.320	0.012	1.422	1.422
0.400	0.136	0.459	0.459	1.400	0.011	1.502	1.502
0.420	0.123	0.483	—	1.500	0.0097	1.606	1.606

在开关电源中，有时会遇到英规导线(AWG)。AWG 的关键参数如表 14.4.3 所示。

表 14.4.3 英规导线(AWG)关键参数

AWG	裸铜直径/mm	外直径/mm	直流电阻20℃/(Ω/m)	直流电阻100℃/(Ω/m)	AWG	裸铜直径/mm	外直径/mm	直流电阻20℃/(Ω/m)	直流电阻100℃/(Ω/m)
10	2.59	2.73	0.0033	0.0044	26	0.40	0.46	0.1339	0.1789
11	2.31	2.44	0.0041	0.0055	27	0.36	0.41	0.1689	0.2256
12	2.05	2.18	0.0052	0.0070	28	0.32	0.37	0.2129	0.2845
13	1.83	1.95	0.0066	0.0088	29	0.29	0.33	0.2685	0.3587
14	1.63	1.74	0.0083	0.0111	30	0.25	0.30	0.3385	0.4523
15	1.45	1.56	0.0104	0.0140	31	0.23	0.27	0.4296	0.5704
16	1.29	1.39	0.0132	0.0176	32	0.20	0.24	0.5384	0.7192
17	1.15	1.24	0.0166	0.0222	33	0.18	0.22	0.6789	0.9070
18	1.02	1.11	0.0209	0.0280	34	0.16	0.20	0.8560	1.1437
19	0.91	1.00	0.0264	0.0353	35	0.14	0.18	1.0795	1.4422
20	0.81	0.89	0.0333	0.0445	36	0.13	0.16	1.3612	1.8186
21	0.72	0.80	0.0420	0.0561	37	0.11	0.14	1.7165	2.2932
22	0.64	0.71	0.0530	0.0708	38	0.10	0.13	2.1644	2.8917
23	0.57	0.64	0.0668	0.0892	39	0.09	0.12	2.7293	3.6464
24	0.51	0.57	0.0842	0.1125	40	0.08	0.10	3.4427	4.5981
25	0.45	0.51	0.1062	0.1419	41	0.07	0.09	4.3399	5.7982

在导线参数中，生产商一般仅给出 20℃条件下的直流电阻，不过设计工程师完全可根据铜的电阻率温度系数计算出特定温度下的导线电阻。当温度为 T(单位为℃)时，铜电阻率为

$$\rho=\rho_{20}\left(1+\frac{T-20}{234.5}\right)$$

在 20℃时，电阻率 $\rho_{20}=1.724\times10^{-8}\ \Omega\cdot\text{m}$。直径为 d 的铜导线其截面积 $A_{\text{Cu}}=\left(\frac{d}{2}\right)^2\pi$，那么 20℃时导线单位长度的直流电阻 $R_{20}=\rho_{20}\frac{1\ \text{m}}{A_{\text{Cu}}}$。例如，对于直径为 0.100 mm 的导线，20℃时单位长度的电阻为

$$R_{20}=\frac{1.724\times10^{-8}}{\left(\frac{0.1\times10^{-3}}{2}\right)^2\pi}\approx2.196\ \Omega/\text{m}$$

对于同一导线来说，截面相同，那么任意温度 T 下的单位长度导线电阻为

$$R_T = R_{20}\left(1+\frac{T-20}{234.5}\right)$$

例如，对于直径为 0.10 mm 的导线，100℃下的单位长度电阻为

$$R_{100} = R_{20}\left(1+\frac{100-20}{234.5}\right) \approx 2.944\ \Omega/\mathrm{m}$$

习　题

14-1　简述开关电源电路中常见的功率二极管的种类及特征。

14-2　简述开关电源电路中常见的功率开关元件的种类及特征。

14-3　简述功率元件在开关电路中的 4 种工作状态。

14-4　简述电解电容的种类及主要参数的含义。

14-5　简述开关电源中常用有机薄膜电容的种类及主要参数。

14-6　简述开关电源中常用贴片电容的种类及特性。

14-7　在开关电源中常用什么种类的漆包圆铜线？

参考文献

[1] MANIKTALAV S. 精通开关电源设计[M]. 王志强，译. 北京：人民邮电出版社，2008.

[2] 赵修科. 实用电源技术手册：磁性元器件分册[M]. 沈阳：辽宁科学技术出版社，2002.

[3] http://www.fairchildsemi.com/. FAN6757 - mWSaver™PWM 控制器. Rev 1.0.0，2013.

[4] http://www.fairchildsemi.com/. 采用 FPS 的反激式隔离 AC - DC 开关电源设计指南. Rev 1.0.0，2011.

[5] 沈霞，王洪诚，蒋林，等. 基于反激变换器的高功率因数 LED 驱动电源设计[J]. 电力自动化设备，2011，31(6).

[6] 张占松，蔡宣三. 开关电源原理与设计[M]. 北京：电子工业出版社，1998.

[7] 黄济青，黄小军. 通信高频开关电源[M]. 北京：机械工业出版社，2004.

[8] 李振森. 单级 PFC 反激式 LED 驱动电源的设计与研究[D]. 杭州：杭州电子科技大学，2009.

[9] 元倩倩. 高 PF 反激临界模式开关电源的环路设计(J). 电子设计工程，2012，20(12).

[10] 韩林华，史小军. 反激电源中基于 PC817A 和 TL431 配合的环路动态补偿设计[J]. 电子工程师，2005(11).

[11] 江雪，龚春英. *LLC* 半桥谐振变换器参数设计法的比较与优化[J]. 电力电子技术，2009，43(11).

[12] 战美. *LLC* 半桥谐振变换器的研究[D]. 西安：西安科技大学，2012.

[13] http://www.mag - inc.com/Design/Technical - Documents. 美磁磁粉芯产品目录(2020 年中文版)，2020